"十二五""十三五"国家重点图书出版规划项目

风力发电工程技术丛书

风电场应急预案编制及范例

中国三峡新能源有限公司　编

中国水利水电出版社
www.waterpub.com.cn
·北京·

内 容 提 要

本书是《风力发电工程技术丛书》之一，共分十一章，分别是应急预案管理、风电场应急预案编制、综合应急预案、自然灾害专项预案、事故灾难专项预案、公共卫生事件专项预案、社会安全事件专项预案、人身伤亡事故处置方案、设备事故处置方案、火灾事故处置方案、电力信息系统安全防护应急处置方案等。本书针对风电场地处戈壁、山间、草原等复杂地貌，风机机位分散、点多面广、风机吊装与电气安装工序交叉等安全风险，依据发电企业应急预案要求，介绍风电场应急预案的编写和范例。

本书可作为风电场专（兼）职安全管理人员应急预案编制的参考用书，也可作为风电场各类技术人员的学习、培训教材。

图书在版编目（CIP）数据

风电场应急预案编制及范例 / 中国三峡新能源有限公司编. -- 北京 : 中国水利水电出版社, 2017.3
（风力发电工程技术丛书）
ISBN 978-7-5170-5504-4

Ⅰ. ①风… Ⅱ. ①中… Ⅲ. ①风力发电—发电厂—电力安全 Ⅳ. ①TM614

中国版本图书馆CIP数据核字(2017)第126926号

书　　名	风力发电工程技术丛书 **风电场应急预案编制及范例** FENGDIANCHANG YINGJI YU'AN BIANZHI JI FANLI
作　　者	中国三峡新能源有限公司　编
出版发行	中国水利水电出版社 （北京市海淀区玉渊潭南路1号D座　100038） 网址：www.waterpub.com.cn E-mail：sales@waterpub.com.cn 电话：（010）68367658（营销中心）
经　　售	北京科水图书销售中心（零售） 电话：（010）88383994、63202643、68545874 全国各地新华书店和相关出版物销售网点
排　　版	北京万水电子信息有限公司
印　　刷	北京瑞斯通印务发展有限公司
规　　格	184mm×260mm　16开本　33.25印张　788千字
版　　次	2017年3月第1版　2017年3月第1次印刷
定　　价	**128.00**元

凡购买我社图书，如有缺页、倒页、脱页的，本社营销中心负责调换

版权所有・侵权必究

《风力发电工程技术丛书》

编　委　会

顾　　问　陆佑楣　张基尧　李菊根　晏志勇　周厚贵　施鹏飞

主　　任　徐　辉　毕亚雄

副 主 任　汤鑫华　陈星莺　李　靖　陆忠民　吴关叶　李富红

委　　员　（按姓氏笔画排序）

马宏忠　王丰绪　王永虎　申宽育　冯树荣　刘　丰
刘　玮　刘志明　刘作辉　齐志诚　孙　强　孙志禹
李　炜　李　莉　李同春　李承志　李健英　李睿元
杨建设　吴敬凯　张云杰　张燎军　陈　刚　陈　澜
陈党慧　林毅峰　易跃春　周建平　郑　源　赵生校
赵显忠　胡立伟　胡昌支　俞华锋　施　蓓　洪树蒙
祝立群　袁　越　黄春芳　崔新维　彭丹霖　董德兰
游赞培　蔡　新　糜又晚

丛书主编　郑　源　张燎军

丛书总策划　李　莉

主要参编单位 （排名不分先后）

河海大学
中国长江三峡集团公司
中国水利水电出版社
水资源高效利用与工程安全国家工程研究中心
水电水利规划设计总院
水利部水利水电规划设计总院
中国能源建设集团有限公司
上海勘测设计研究院有限公司
中国电建集团华东勘测设计研究院有限公司
中国电建集团西北勘测设计研究院有限公司
中国电建集团中南勘测设计研究院有限公司
中国电建集团北京勘测设计研究院有限公司
中国电建集团昆明勘测设计研究院有限公司
中国电建集团成都勘测设计研究院有限公司
长江勘测规划设计研究院
中水珠江规划勘测设计有限公司
内蒙古电力勘测设计院
新疆金风科技股份有限公司
华锐风电科技股份有限公司
中国水利水电第七工程局有限公司
中国能源建设集团广东省电力设计研究院有限公司
中国能源建设集团安徽省电力设计院有限公司
华北电力大学
同济大学
华南理工大学
中国三峡新能源有限公司
华东海上风电省级高新技术企业研究开发中心
浙江运达风电股份有限公司

本书编委会

主　　编　陈小群

参编人员　（按姓氏笔画排序）

邢新强　成润弈　刘玉颖　刘艳阳　闫晶晶

安佰慧　李　明　肖立佳　吴国磊　邵彩娥

林浩然　胡永辉　姚立阔　袁　娜　高东星

董卫平　焦占一　雷发霄

前　言

风是风力发电的原动力，它是由于太阳照射到地球表面各处受热不同，产生温差引起大气运动形成的，台风、高温、雷电、沙尘暴、寒冷等恶劣天气都直接影响到风电场的安全。近年来，随着风电场的增多，发生了各种安全事故，如风机倒塌、风机火灾、风电机组飞车、塔筒法兰折断、叶片折断、起重机吊臂断裂等。因此，做好风电场应急预案编制工作，对保证风电场的安全稳定运行，促进风电安全健康发展具有十分重要的意义。本书按照"横向到边，纵向到底"的原则建立覆盖全面、上下衔接的电力应急预案体系的要求，结合风电场实际情况，编制应急预案范例。

本书由中国三峡新能源有限公司负责组织编写，由陈小群主编。本书共分为十一章，其中：第一章至第三章由陈小群编写，第四章至第十一章由陈小群、刘玉颖、李明、肖立佳、邵彩娥、刘艳阳、闫晶晶、成润弈、姚立阔、安佰慧、高东星、董卫平、焦占一、姚经春、胡永辉、袁娜、邢新强、林浩然、吴国磊、雷发霄等同志参与编写。本书编写过程中得到中国长江三峡集团公司质量安全部、中国三峡新能源有限公司领导的大力支持以及相关单位、部门的积极配合，在此表示衷心感谢。本书编写过程中参阅了大量的参考文献，在此对其作者一并表示感谢。

由于作者水平有限，疏漏之处恳请读者批评指正。

作者

2017 年 1 月

目　录

前言

第一章　应急预案管理 …… 1
第一节　应急预案概述 …… 1
第二节　应急预案管理 …… 4
第三节　电力企业应急预案管理 …… 6

第二章　风电场应急预案编制 …… 10
第一节　风电场的安全要求 …… 10
一、风电场设计的安全要求 …… 10
二、风电场建设的安全要求 …… 11
三、风电并网的安全管理 …… 11
四、风电场运行的安全要求 …… 11
第二节　风电场应急预案概述 …… 12
一、综合应急预案的编制要求 …… 12
二、专项应急预案的编制要求 …… 12
三、现场处置方案的编制要求 …… 13
第三节　风电场风险评估 …… 13
一、自然灾害因素 …… 13
二、工程建设安全风险 …… 13
三、风电场运行的安全风险 …… 14
第四节　风电场应急预案的编制 …… 15
一、编制综合应急预案 …… 16
二、编制专项应急预案 …… 16
三、编制现场处置方案 …… 18
第五节　风电场应急预案的评审、实施与备案 …… 19
一、应急预案评审 …… 19
二、应急预案实施 …… 25

三、应急预案备案 …… 25
第六节　风电场应急预案的培训与演练 …… 26
一、应急预案的培训 …… 26
二、应急预案的演练 …… 26
第七节　风电场应急预案修订 …… 28
第三章　综合应急预案 …… 29
第一节　综合应急预案概述 …… 29
第二节　综合应急预案范例 …… 29
第四章　自然灾害专项预案 …… 46
第一节　自然灾害概述 …… 46
第二节　自然灾害专项应急预案范例 …… 46
一、防大风、防汛、防雷电天气应急预案 …… 46
二、防雨雪、防冰冻、防严寒应急预案 …… 58
三、防大雾应急预案 …… 71
四、防地震灾害应急预案 …… 83
五、防地质灾害应急预案 …… 97
六、防重大沙尘暴灾害应急预案 …… 109
第五章　事故灾难专项预案 …… 122
第一节　事故灾难概述 …… 122
第二节　事故灾难专项应急预案范例 …… 122
一、人身事故应急预案 …… 122
二、设备事故应急预案 …… 135
三、大型施工机械事故应急预案 …… 147
四、网络信息系统安全事故应急预案 …… 158
五、火灾事故应急预案 …… 171
六、森林火灾应急预案 …… 184
七、草原火灾应急预案 …… 196
八、交通事故应急预案 …… 208
九、突发环境污染事故应急预案 …… 219
十、风机大规模脱网事故应急预案 …… 231
十一、生产调度通信中断应急预案 …… 243
十二、全站停电事故应急预案 …… 255
第六章　公共卫生事件专项预案 …… 268
第一节　公共卫生事件概述 …… 268
第二节　公共卫生事件专项应急预案范例 …… 268
一、传染病疫情事件应急预案 …… 268
二、群体性不明原因疾病事件应急预案 …… 282

三、食物中毒事件应急预案……………………………………………………… 295
第七章　社会安全事件专项预案………………………………………………… 308
第一节　社会安全事件概述……………………………………………………… 308
第二节　社会安全事件专项应急预案范例……………………………………… 308
一、群体性突发社会安全事件应急预案……………………………………… 308
二、突发新闻媒体事件应急预案……………………………………………… 322
三、反恐怖事件应急预案……………………………………………………… 333
第八章　人身伤亡事故处置方案………………………………………………… 345
第一节　人身伤亡事故概述……………………………………………………… 345
第二节　人身伤亡事故处置方案范例…………………………………………… 345
一、触电伤亡事故处置方案…………………………………………………… 345
二、高处坠落伤亡事故处置方案……………………………………………… 352
三、机械伤害事故处置方案…………………………………………………… 358
四、物体打击伤亡事故处置方案……………………………………………… 364
第九章　设备事故处置方案……………………………………………………… 372
第一节　设备事故概述…………………………………………………………… 372
第二节　设备事故处置方案范例………………………………………………… 372
一、电气误操作事故处置方案………………………………………………… 372
二、继电保护事故处置方案…………………………………………………… 377
三、接地网事故处置方案……………………………………………………… 385
四、开关设备事故应急处置方案……………………………………………… 390
五、风机叶尖遭雷击事故处置方案…………………………………………… 396
六、风机倒塌事故处置方案…………………………………………………… 401
七、风机超速事故处置方案…………………………………………………… 406
八、风机桨叶掉落事故处置方案……………………………………………… 410
九、发电机损坏事故处置方案………………………………………………… 414
十、污闪事故应急处置方案…………………………………………………… 420
十一、自动化设备故障应急处置方案………………………………………… 425
十二、电缆事故处置方案……………………………………………………… 430
十三、变压器及互感器爆炸处置方案………………………………………… 436
十四、蓄电池爆炸事故处置方案……………………………………………… 443
第十章　火灾事故处置方案……………………………………………………… 449
第一节　火灾事故概述…………………………………………………………… 449
第二节　火灾事故处置方案范例………………………………………………… 449
一、主控室火灾事故现场处置方案…………………………………………… 449
二、变压器火灾事故处置方案………………………………………………… 455
三、电缆火灾事故处置方案…………………………………………………… 461

四、发电机组火灾事故处置方案…………………………………………………… 467
五、食堂火灾事故处置方案………………………………………………………… 473
六、档案火灾事故处置方案………………………………………………………… 479
第十一章　电力信息系统安全防护应急处置方案…………………………………… 486
第一节　电力信息系统事故概述……………………………………………………… 486
第二节　电力信息系统安全防护应急处置方案范例………………………………… 486
附件1　风电场发电检修危险源辨识、评价、控制措施清单 ……………………… 492
附件2　风电场发电运行危险源辨识、评价、控制措施清单 ……………………… 495
附件3　风电场施工危险源辨识、评价、控制措施清单 …………………………… 501
附件4　风电场办公、生活区危险源辨识、评价、控制措施清单…………………… 515

第一章　应急预案管理

第一节　应急预案概述

应急预案管理是各级人民政府及其部门、基层组织、企事业单位、社会团体等为依法、迅速、科学、有序应对突发事件，最大程度减少突发事件及其造成的损害而预先制定的工作方案。加强应急预案管理工作，是维护国家安全、社会稳定和人民群众利益的重要保障，是履行政府社会管理和公共服务职能的重要内容。《中华人民共和国安全生产法》颁布实施以来，我国加强了安全生产领域的应急救援、应急管理的机制和法制建设，初步形成了应急预案体系，制订了应急救援规划，组建了国家安全生产应急救援指挥中心，应急管理工作不断向前推进，形成了应急管理的“一案三制”体系。

“一案”为国家突发公共事件应急预案体系；“三制”为体制、机制、法制，即要建立健全应急工作的管理体制、运行机制和相关法律制度。在应急管理体制方面，主要是要建立健全集中统一、坚强有力、政令畅通的指挥机构；在运行机制方面，主要是建立健全监测预警机制、应急信息报告机制、应急决策和协调机制；在法制建设方面，主要通过依法行政，努力使突发公共事件的应急处置逐步走上规范化、制度化和法制化轨道。

我国应急预案管理经历不断丰富、完善、发展的阶段。

2003 年 5 月 7 日，国务院第 7 次常务会议审议通过了《突发公共卫生事件应急条例》；同年 12 月，国务院办公厅成立应急预案工作小组。

2003 年 10 月，党的十六届三中全会提出，提高公共卫生服务水平和突发性公共卫生事件应急能力。

2004 年 5 月，国务院办公厅将《省（区、市）人民政府突发公共事件总体应急预案框架指南》印发各省，要求各省人民政府编制突发公共事件总体应急预案。

2004 年 9 月，党的十六届四中全会进一步明确提出：要建立健全社会预警体系，形成统一指挥、功能齐全、反应灵敏、运转高效的应急机制，提高保障公共安全和处置突发事件的能力。按照党中央、国务院的决策部署，全国的突发公共事件应急预案编制工作有条不紊地展开：国务院在安排 2004 年工作时，把加快建立健全突发公共事件应急机制，提高政府应对公共危机的能力，作为全面履行政府职能的一项重要任务做出了部署。

2005 年 1 月 26 日，国务院第 79 次常务会议通过《国家突发公共事件总体应急预案》和 25 件专项预案、80 件部门预案，共计 106 件。

2005 年 4 月，国务院做出关于实施国家突发公共事件总体应急预案的决定；同年 5—6 月，国务院印发 4 大类 25 件专项应急预案，80 件部门预案和省级总体应急预案也相继发布。

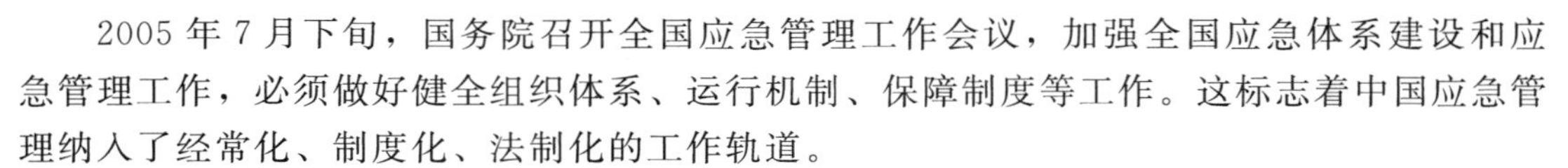

2005年7月下旬，国务院召开全国应急管理工作会议，加强全国应急体系建设和应急管理工作，必须做好健全组织体系、运行机制、保障制度等工作。这标志着中国应急管理纳入了经常化、制度化、法制化的工作轨道。

2006年1月6日，国务院授权新华社全文播发了《国家自然灾害救助应急预案》。

2006年1月8日，国务院授权新华社全文播发了《国家突发公共事件总体应急预案》；总体预案是全国应急预案体系的总纲，明确了各类突发公共事件分级分类和预案框架体系，规定了国务院应对特别重大突发公共事件的组织体系、工作机制等内容，是指导预防和处置各类突发公共事件的规范性文件。

2006年1月10日起，国务院授权新华社陆续摘要播发5件自然灾害类突发公共事件专项应急预案和9件事故灾难类突发公共事件专项应急预案。

按国务院的总体部署和要求，国家安全生产监督管理总局负责起草了《国家安全生产事故灾难应急预案》，经国务院批准，国务院办公厅颁布实施。2006年1月23日新华社发布《国家安全生产事故灾难应急预案》。2006年6月15日，新华社发布《国务院关于全面加强应急管理工作的意见》（国发〔2006〕24号）。

2006年8月31日在北京召开全国安全生产应急管理工作会议。

2006年9月19日国家安全生产监督管理总局发布《关于加强安全生产应急管理工作的意见》（安监总应急〔2006〕196号）。

2007年2月28日国务院办公厅转发安全监管总局等部门关于加强企业应急管理工作意见的通知（国办发〔2007〕13号）。

2007年4月9日国务院发布《生产安全事故报告和调查处理条例》（中华人民共和国国务院令第493号），执行日期2007年6月1日。

2007年8月30日《中华人民共和国突发事件应对法》由中华人民共和国第十届全国人民代表大会常务委员会第二十九次会议通过，《中华人民共和国突发事件应对法》（第六十九号主席令），自2007年11月1日起施行。

2007年9月27日第一届中国国际安全生产应急管理和应急救援论坛在北京召开。

2010年7月《国务院关于进一步加强企业安全生产工作的通知》（国发〔2010〕23号）要求企业应急预案要与当地政府应急预案保持衔接，并定期进行演练。赋予企业生产现场带班人员、班组长和调度人员在遇到险情时第一时间下达停产撤人命令的直接决策权和指挥权。因撤离不及时导致人身伤亡事故的，要从重追究相关人员的法律责任。

2010年11月《国务院安委会办公室关于贯彻落实国务院〔通知〕精神 进一步加强安全生产应急救援体系建设的实施意见》（安委办〔2010〕25号）对加快建设更加高效的安全生产应急救援体系，提出国家矿山应急救援队依托黑龙江鹤岗、山西大同、河北开滦、安徽淮南、河南平顶山、四川芙蓉、甘肃靖远等7个国家矿山应急救援队，力争到2011年年底前全部建成；依托现有国家石化、石油企业的应急救援队，建设6个国家危险化学品应急救援队、14个区域危险化学品应急救援队、7个区域油气田应急救援队和1个危险化学品应急救援技术咨询中心。企业要全面建立健全安全生产动态监控及预报预警机制，做好安全生产事故防范和预报预警工作，做到早防御、早响应、早处置。

我国经济建设步入工业化进程，不可避免会发生经济快速发展与安全生产基础薄弱的

矛盾，并处于安全生产事故的“易发期”。近年来，国家高度重视和进一步加强了对安全生产应急预案管理，不断进行完善应急预案的管理水平。

2015 年 2 月《企业安全生产应急管理九条规定》（安监总局令第 74 号）对企业做好应急管理工作提出九条规定。

2015 年 7 月《关于进一步加强安全生产应急预案管理的通知》（安委办〔2015〕11 号）文件要求各地区、各有关部门和生产经营单位要进一步加强应急预案工作的组织领导，坚持以习近平总书记、李克强总理等党中央、国务院领导同志系列重要讲话和指示批示精神为指导，按照“管行业必须管安全、管业务必须管安全、管生产经营必须管安全”的要求，强化红线意识，坚持问题导向，树立“预案不完善就是隐患、培训不到位就是隐患、演练不到位就是隐患”的理念，落实责任、深化管理、加强执法，通过强化风险评估、预案修订、培训演练、监督检查等工作，深入开展应急预案优化工作，推动应急预案专业化、简明化、卡片化，完善体系、提升质量，实现应急预案科学、易记、好用。

2015 年 11 月《国务院办公厅关于印发国家大面积停电事件应急预案的通知》（国办函〔2015〕134 号）文件，对大面积停电事件应急预案按照事件严重性和受影响程度分为特别重大、重大、较大和一般等四级。同时，提出坚持“统一领导、综合协调，属地为主、分工负责，保障民生、维护安全，全社会共同参与”原则。明确地方人民政府及其有关部门、能源局相关派出机构、电力企业、重要电力用户的职责分工和相关预案开展处置工作。

2016 年 3 月《国务院国家自然灾害救助应急预案》（国办函〔2016〕25 号）对建立健全应对突发重大自然灾害救助体系和运行机制，规范应急救助行为，提高应急救助能力等提出要求。

2016 年 5 月财政部国家安全生产监督管理总局《安全生产预防及应急专项资金管理办法》（财建〔2016〕280 号）明确安全生产预防及应急专项资金为中央财政通过一般公共预算和国有资本经营预算安排，专门用于支持全国性的安全生产预防工作和国家级安全生产应急能力建设等方面的资金。

2016 年 6 月修订后的《生产安全事故应急预案管理办法》（安监总局令第 88 号）自 2016 年 7 月 1 日起施行，新修订的《生产安全事故应急预案管理办法》重点强化部门监管责任和企业主体责任的落实，规范了应急预案编制程序，严格了应急预案动态管理，对提高应急预案的针对性和实用性，充分发挥应急预案核心作用具有重要指导意义。

2016 年 8 月《关于加强安全生产应急管理执法检查工作的意见》（安监总厅应急〔2016〕74 号）明确对安全生产应急管理执法检查对象、主要内容、实施主体、检查方式等基本要素和执法检查组织实施要求等责任，同时，制定了《安全生产应急管理执法检查清单》。

2016 年 8 月《2016 年度省级政府安全生产工作考核细则》（安委〔2016〕8 号）将健全省、市、县安全生产应急救援管理体系；制定实施矿山、危险化学品、油气输送管道等专业化应急救援队伍和基地建设规划；建立应急物资储备制度；完善安全生产应急预案，实现政府和企业间预案的有效衔接；建立应急处置评估和专家技术支撑制度等内容纳入考核主要内容。

第二节 应急预案管理

根据新修订的《生产安全事故应急预案管理办法》（安监总局令第88号）文件规定，应急预案管理实行属地为主、分级负责、分类指导、综合协调、动态管理的原则。对生产经营单位应急预案分为综合应急预案、专项应急预案和现场处置方案。

《国务院安委会办公室关于进一步加强安全生产应急预案管理工作的通知》（安委办〔2015〕11号）对应急预案管理的总体要求、管理责任、修订工作、教育培训及演练、备案管理和监督检查等工作内容提出了要求。

1. 总体要求

根据《国务院安委会办公室关于进一步加强安全生产应急预案管理工作的通知》（安委办〔2015〕11号）文件规定，应急预案管理总体要求是：各地区、各有关部门和生产经营单位要进一步加强应急预案工作的组织领导，按照“管行业必须管安全、管业务必须管安全、管生产经营必须管安全”的要求，强化红线意识，坚持问题导向，树立“预案不完善就是隐患、培训不到位就是隐患、演练不到位就是隐患”的理念，落实责任、深化管理、加强执法，通过强化风险评估、预案修订、培训演练、监督检查等工作，深入开展应急预案优化工作，推动应急预案专业化、简明化、卡片化，完善体系、提升质量，实现应急预案科学、易记、好用。

2. 管理责任

（1）生产经营单位主体责任。生产经营单位：要把应急预案工作纳入本单位安全生产总体布局，同步规划、同步实施，落实机构、人员和经费，切实做好应急预案的编制与实施工作。生产经营单位主要负责人是本单位应急预案工作的第一责任人，负责组织制定并实施本单位的应急预案；各分管负责人要按职责分工落实分管领域的应急预案工作责任。

（2）属地管理责任。地方各级安委会要建立应急预案属地监管机制，将应急预案工作纳入本级安委会工作内容，定期研究落实应急预案工作：要督促有关部门履行应急预案编制实施、监督管理等方面的职责；要组织有关部门制定本行政区域内专项应急预案，监督本行政区域内有关部门编制和实施好部门应急预案，推动有关部门广泛深入开展应急预案培训、演练、修订等工作；要落实政企应急预案衔接责任，在政府相关预案中明确生产经营单位在信息报告、警戒疏散、指挥权转移、医疗救治、交通控制等方面的衔接要求。

（3）部门监管责任。安全生产监督管理部门要履行应急预案监督管理责任，负责本部门应急预案的编制与实施工作，监督管理本行业、本领域生产经营单位的应急预案工作，研究制定规章标准、督促生产经营单位编制预案、做好预案衔接、规范预案评审备案等。

3. 开展应急预案修订工作

（1）应急预案简明化。生产经营单位要结合本单位实际，梳理和明确不同层级间应对事故的职责和措施，在保证衔接性的基础上避免应急预案内容重复，并根据本单位的实际

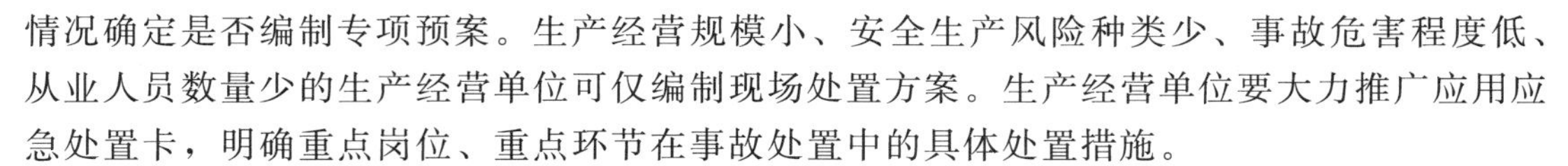

情况确定是否编制专项预案。生产经营规模小、安全生产风险种类少、事故危害程度低、从业人员数量少的生产经营单位可仅编制现场处置方案。生产经营单位要大力推广应用应急处置卡，明确重点岗位、重点环节在事故处置中的具体处置措施。

（2）开展风险评估和应急资源调查。风险评估和应急资源调查是预案编制、修订的基础。编制和修订应急预案前，必须认真、科学识别本地区、本部门、本单位存在的安全生产风险，分析可能发生的事故类型、后果、危害程度和影响范围，提出防范和控制风险的措施；必须全面调查掌握本地区、本部门、本单位第一时间可调用的应急队伍、装备、物资及场所等应急资源状况和合作区域内可请求援助的应急资源状况，结合风险评估结果制定应急响应措施。应急预案应附有风险评估结果和应急资源调查清单。

（3）加强政企预案衔接与联动。地方各级安委会、有关部门和生产经营单位应急预案中要增加预案衔接内容，在做好不同层级应急预案衔接的基础上，明确生产经营单位与属地政府应急预案的衔接。生产经营单位应急响应级别可按照事故是否超出厂区范围、自身应急能力能否满足应急处置需要、危及人员数量等因素综合划定。生产经营单位不同层级应急预案应明确应急响应启动条件和影响范围。

4．宣传教育和培训演练

（1）应急预案宣传教育。各地区、各有关部门和生产经营单位要加强应急预案基本知识的宣传教育，特别要注重对基层一线和社会公众的宣传教育，使社会公众和生产经营单位职工了解、掌握自身所涉及应急预案的核心内容，增强应急意识、提升自救互救能力；要充分发挥报纸、电视等传统媒体和网络、微博、微信等新媒体的宣传教育作用，制作通俗易懂、好记管用的宣传普及材料，向公众免费发放，推动应急预案宣传教育“进机关、进基层、进社区、进工厂、进学校”，做到应急预案宣传教育全覆盖。

（2）应急预案培训。应急预案发布单位要强化对应急预案涉及人员特别是指挥机构、各工作组成员、救援队伍等的培训，使其了解各自职责、信息报送程序、所在岗位应急措施等关键要素，做到内化于意识、外化于行动，科学有序有效应对事故灾难。明确员工入厂“三级安全教育”（三级安全教育指公司入职教育、电力生产部门教育和班组岗位教育）和全员安全培训中的应急预案培训要求，通过强化应急预案培训，使生产经营单位从业人员和各级应急指挥人员牢记应急措施和实施步骤，提高快速响应和有效应对事故灾难的能力。

（3）全面推进应急预案演练。各地区、各有关部门和生产经营单位要建立应急演练制度，广泛开展应急预案演练活动，并进行总结评估，查漏补缺，切实达到提升预案实效、普及应急知识、完善应急准备的目的。新编制的应急预案在颁布实施前要经过演练检验。政府专项和部门应急预案每三年至少演练一次；生产经营单位综合或专项预案每年至少演练一次，现场处置方案应经常性开展演练，切实提升带班领导、调度、班组长、生产骨干等关键岗位人员的响应速度和应急能力，提高现场作业人员的应急技能。

5．备案管理和监督检查

（1）应急预案备案。按照分级属地原则，健全完善应急预案备案制度。各级安全监管部门负责非煤矿山、金属冶炼、危险化学品的生产、经营、存储和油气输送管道运营等生产经营单位的应急预案备案工作。其他生产经营单位应急预案向所在地其他负有安全生产监督管理职责的部门备案并抄送同级安全监管部门。安全监管部门要将应急预案体系建设作为安全生产标准化创建的重要内容，在标准化创建评审中加大应急预案权重，推动生产经营单位应急预案工作。

(2) 应急预案监管监察。各地区、各有关部门要将应急预案工作列入各级安全监管监察执法范围，将应急预案编制、备案和实施等内容作为安全生产检查、督查、专项行动的重要内容，通过加大执法检查力度推动重点行业生产经营单位应急预案工作；要以“四不两直”(四不两直指不发通知、不打招呼、不听汇报、不用陪同和接待，直奔基层、直插现场）暗查暗访等方式组织开展应急预案专项检查，并通过主流媒体及时予以公开，选择典型案例进行曝光，增强执法检查震慑作用。

(3) 严肃责任追究。对未按照规定制订应急预案或者未定期组织演练的生产经营单位依法进行处罚。全面落实新《安全生产法》和《国务院安委会关于进一步加强生产安全事故应急处置工作的通知》(安委〔2013〕8号）要求，在日常执法检查和生产安全事故应急处置评估工作中加强对应急预案执行情况的检查和评估。对发生生产安全事故的单位，要严格检查预案编制、演练、修订、评审备案、宣传教育和启动等情况，对因预案工作不到位导致应急处置不当、救援响应不及时等造成事故扩大的，要依法依规追究相关人员责任。

6.《生产经营单位生产安全事故应急预案编制导则》简介

2013年7月国家质检总局与国家标准化委员会发布《生产经营单位生产安全事故应急预案编制导则》(GB/T 29639—2013)，2013年10月1日实施。该标准适用于生产经营单位的应急预案编制工作，其他社会组织和单位的应急预案可参照执行，规定了生产经营单位编制生产安全事故应急预案的编制程序、体系构成和综合应急预案、专项应急预案、现场处置方案以及附件。

《生产经营单位生产安全事故应急预案编制导则》由前言、范围、规范性引用文件、术语和定义、应急预案编制程序、应急预案体系、综合应急预案主要内容、专项应急预案主要内容、现场处置方案主要内容、附件、附录A（资料性附录）应急预案编制格式和要求等内容组成。

2016年4月6日，国家安全生产应急救援指挥中心印发了《关于征求〈生产经营单位生产安全事故应急预案编制导则〉修订意见的函》(应指信息函〔2016〕1号)，拟对《生产经营单位生产安全事故应急预案编制导则》(GB/T 29639—2013）进行修订。

第三节 电力企业应急预案管理

随着火电、水电、风能、核电、太阳能及其他新能源的装机规模及并网发电的快速增长，电力设备设施的先进技术应用越来越广泛，施工作业环境条件越来越复杂，地震、台风、暴雨、山洪、滑坡、泥石流等自然灾害和设备质量缺陷，施工不安全状态和人员业务能力低而违反操作规程的各种安全风险，对电力企业安全生产工作造成影响，对电力企业人员的人身安全构成威胁，为确保在意外事故发生时能有效、有序地应对，使事故造成的影响和损失降至最低，做好应急预案管理工作具有十分现实的意义。

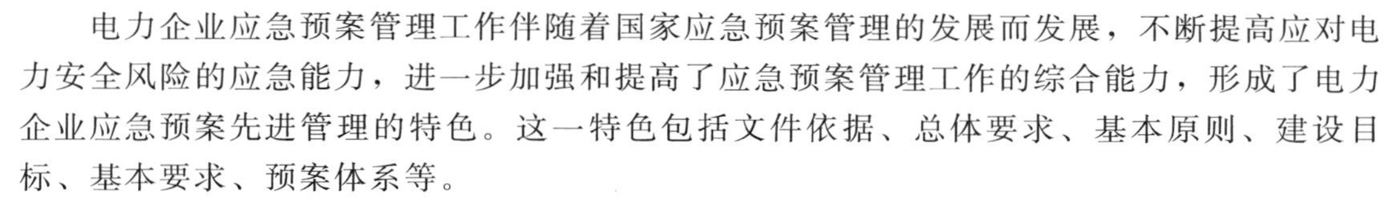
第三节 电力企业应急预案管理

电力企业应急预案管理工作伴随着国家应急预案管理的发展而发展，不断提高应对电力安全风险的应急能力，进一步加强和提高了应急预案管理工作的综合能力，形成了电力企业应急预案先进管理的特色。这一特色包括文件依据、总体要求、基本原则、建设目标、基本要求、预案体系等。

1. 文件依据

2004年6月《国务院办公厅关于加强中央企业安全生产工作的通知》（国办发〔2004〕52号）文件，对中央企业生产安全事故的应急救援和调查处理提出要求。

2006年8月《关于进一步加强电力应急管理工作的意见》（电监安全〔2006〕29号）文件提出，在“十一五”期间，建成覆盖全电力行业的电力应急预案体系；健全分类管理、分级负责、条块结合、属地为主的电力应急管理体制，加强电力应急管理机构和电力应急救援队伍建设；构建统一指挥、反应灵敏、协调有序、运转高效的电力应急管理机制；完善电力应急管理法规规章，建设电力突发事件预警预报信息系统和专业化、社会化相结合的应急管理保障体系，形成政府主导、电力监管机构协调、企业与地方政府配合、应急管理与调度管理结合的电力应急管理工作格局。

2007年12月《关于深入推进电力企业应急管理工作的通知》（电监安全〔2007〕11号）文件明确企业应急管理工作目标，电力企业应当在2007年年底前全面完成各级各类应急预案编制工作；建立健全应急管理组织体系，把应急管理纳入企业管理的各个环节；形成上下贯通、多方联动、协调有序、运转高效的电力企业应急管理机制；建立起训练有素、反应快速、装备齐全、保障有力的电力企业应急队伍；加强危险源监控，实现电力企业突发事件预防与处置的有机结合；全面提高电力企业应对突发事件的能力。

2009年12月《电力企业应急预案管理办法》（电监安全〔2009〕61号）、《关于印发〈关于加强电力应急体系建设的指导意见〉的通知》（电监安全〔2009〕60号）等文件提出，从电力行业应对电力突发公共安全事件的实际出发，预防与应急并重、常态和非常态结合，充分整合和利用现有资源，以处置电网大面积停电事件为重点，在完善电力应急预案体系和健全电力应急法制、体制、机制的基础上，全面加强监测预警、信息与指挥、应急队伍、物资保障、培训演练、恢复重建、科技支撑等重要应急环节的建设，提高电力行业应对突发公共安全事件的综合处置能力，保障电力系统安全稳定运行，维护国家安全和社会稳定。

2013年2月《中央企业应急管理暂行办法》（国资委第31号令）文件指出，国务院国有资产监督管理委员会对中央企业的应急管理工作履行监管职责，中央企业应当认真履行应急管理主体责任，贯彻落实国家应急管理方针政策及有关法律法规、规定，建立和完善应急管理责任制，应急管理责任制应覆盖本企业全体职工和岗位、全部生产经营和管理过程。

2014年11月《电力企业应急预案管理办法》（国能安全〔2014〕508号）文件经修订印发，明确电力企业是电力应急预案管理工作的责任主体，应当按照规定，建立健全电力应急预案管理制度，完善应急预案体系，规范开展应急预案的编制、评审、发布、备案、培训、演练、修订等工作，保障应急预案的有效实施。国家能源局负责对电力企业应急预案管理工作进行监督和指导。国家能源局派出机构在授权范围内，负责对辖区内电力企业应急预案管理工作进行监督和指导。

2014年12月《电力企业应急预案评审和备案细则》（国能安全〔2014〕953号）文件，对电力企业综合应急预案，自然灾害类专项应急预案，事故灾害类专项应急预案的评审和备案等工作内容做出要求。

2. 总体要求

根据《关于加强电力应急体系建设的指导意见》的通知（电监安全〔2009〕60号）、《电力企业应急预案管理办法》（国能安全〔2014〕508号）、《电力安全生产监督管理办法》（国家发改委令第21号）等一系列文件规定，电力应急管理总体要求是：从电力行业应对电力突发公共安全事件的实际出发，预防与应急并重、常态和非常态结合，充分整合和利用现有资源，以处置电网大面积停电事件为重点，在完善电力应急预案体系和健全电力应急法制、体制、机制的基础上，全面加强监测预警、信息与指挥、应急队伍、物资保障、培训演练、恢复重建、科技支撑等重要应急环节的建设，提高电力行业应对突发公共安全事件的综合处置能力，保障电力系统安全稳定运行，维护国家安全和社会稳定。

3. 基本原则

电力应急管理体系建设工作应遵循以下原则：

（1）统一领导、分级负责。国家能源局统一领导电力应急体系建设工作；国家能源局各派出机构会同各省（自治区、直辖市）人民政府有关部门，组织、协调本地区电力应急体系建设工作；各相关电力企业按照要求，结合本单位实际，具体实施电力应急体系建设工作。

（2）统筹安排、分步实施。国家能源局依据国家相关法规和规章，对电力应急体系建设工作提出总体要求，国家能源局各派出机构和各相关电力企业结合实际制定本地区本单位电力应急体系建设规划或方案，逐步加强电力应急监测预警、应急处置、应急保障、恢复重建等方面的能力建设。

（3）整合资源、突出重点。电力应急管理体系建设应充分利用电力行业现有资源，实现应急资源的有机整合。重点加强应急处置薄弱环节建设，优先解决应急响应时效不强、指挥协调不畅、信息共享困难等突出问题，提高第一时间快速应急响应的能力。

（4）先进适用、标准规范。根据电力应急工作的现状和发展需要采用成熟技术和装备，注重实用性，兼顾先进性，保证电力应急体系高效、可靠运转。加强电力应急体系标准化建设，实现应急体系建设与运行的规范化管理。

4. 建设目标

按照国家应急体系建设的总体目标要求，结合电力行业实际，电力应急体系建设的目标是：形成统一指挥、结构合理、功能齐全、反应灵敏、运转高效、资源共享、保障有力的，能够有效应对各类电力突发公共安全事件的电力应急体系，提高电力应急综合处置能力，为国家突发公共事件应急体系建设提供必要的支持。

5. 基本要求

根据《电力企业应急预案管理办法》（国能安全〔2014〕508号）文件要求，电力企业编制应急预案应当符合的基本要求：

（1）应急组织和人员的职责分工明确，并有具体的落实措施。

（2）有明确、具体的突发事件预防措施和应急程序，并与应急能力相适应。

（3）有明确的应急保障措施，并能满足本单位的应急工作要求。

（4）预案基本要素齐全、完整，预案附件提供的信息准确。

（5）相关应急预案之间以及与所涉及的其他单位或政府有关部门的应急预案在内容上应相互衔接。

6. 应急预案体系

为指导和规范电力企业做好电力应急预案编制工作，依据《中华人民共和国突发事件应对法》《电力监管条例》《国家突发公共事件总体应急预案》《国家处置电网大面积停电事件应急预案》《生产经营单位安全生产事故应急预案编制导则》等有关文件，国家能源局组织编写了《电力企业综合应急预案编制导则（试行）》《电力企业专项应急预案编制导则（试行）》《电力企业现场处置方案编制导则（试行）》等文件，形成了电力应急预案体系。

（1）电力企业应当根据本单位的组织结构、管理模式、生产规模、风险种类、应急能力及周边环境等，组织编制综合应急预案。

综合应急预案是应急预案体系的总纲，主要从总体上阐述突发事件的应急工作原则，包括应急预案体系、风险分析、应急组织机构及职责、预警及信息报告、应急响应、保障措施等内容。

（2）电力企业应当针对本单位可能发生的自然灾害类、事故灾难类、公共卫生事件类和社会安全事件类等各类突发事件，组织编制相应的专项应急预案。

专项应急预案是电力企业为应对某一类或某几类突发事件，或者针对重要生产设施、重大危险源、重大活动等内容而制定的应急预案。专项应急预案主要包括事件类型和危害程度分析、应急指挥、机构及职责、信息报告、应急响应程序和处置措施等内容。

（3）电力企业应当根据风险评估情况、岗位操作规程以及风险防控措施，组织本单位现场作业人员及相关专业人员共同编制现场处置方案。

现场处置方案是电力企业根据不同突发事件类别，针对具体的场所、装置或设施所制定的应急处置措施，主要包括事件特征、应急组织及职责、应急处置和注意事项等内容。

第二章　风电场应急预案编制

风能利用的主要形式就是风力发电，风力发电作为绿色能源广受重视。美国著名学者莱斯特·R·布朗在他的新书《B模式》中指出，我们要提倡风力发电，由于风能丰富、价格便宜、能源不会枯竭；又可以在很大范围内取得，干净没有污染，不会对气候造成影响。我国“三北”地区（西北、华北北部、东北）与东南沿海地区丰富的风能资源，在国家优惠政策的扶持和各投资企业的高度重视下，得到快速开发。根据国家能源局公布的数据，到2015年年底，我国风电装机容量已达1.2亿kW，占全部发电装机容量的8%，位居全球第一。2015年的发电量1850亿kWh，占全国发电总量的3.3%，成为继火电、水电之后的第三大电源。中国风能资源丰富，陆上3级及以上风能技术开发量（70m高度）在26亿kW以上，现有技术条件下实际可装机容量可以达到10亿kW以上。此外，在水深不超过50m的近海海域，风电可装机容量约为5亿kW。未来，国家对风电的开发建设将处于高速发展时期。

风是风力发电的原动力，它是由于太阳照射到地球表面各处受热不同，产生温差引起大气运动形成的，台风、高温、雷电、沙尘暴、寒冷等灾难性天气都会对风电场的安全产生直接影响。近年来，风电场发生了多起风机倒塌、风机火灾、风电机组飞车、塔筒法兰折断、叶片折断、起重机吊臂断裂等事故。因此，做好风电场应急预案编制工作，对保证风电场安全稳定运行和可靠供电，促进风电安全健康发展具有十分重要的意义。

第一节　风电场的安全要求

风力发电是风轮在风力的作用下旋转，将风的动能转变为风轮轴的机械能，再带动发电机发电，转换成电能。近年来，国内风电机组的单机容量持续增大，随着单机容量不断增大和利用效率提高，主流机型已经从750～850kW增加到1.5～2.0MW。为进一步强化风电设计、建设、运行和调度等全过程安全管理，保证电力系统安全稳定运行和电力的可靠供应，促进风电安全健康发展，国家能源局《关于加强风电安全工作的意见》（电监安全〔2012〕16号）提出了安全要求。

一、风电场设计的安全要求

风电场设计阶段，设计单位对符合核准新建风电场，要严格设计流程、加强设计管理，加强风资源、建场条件的论证，在预可研、可研、施工设计等各阶段的设计方案要满足相关设计深度要求并通过设计审查。如建设项目的设计方案有重大变更，应组织开展论证，必要时要重新开展该阶段勘察设计与审查工作。电力调度机构应参与接入系统的设计审查，根据电网运行情况，提出具体审查意见。风电场二次系统设计要满足国家和行业相关技术标准以及电力系统安全稳定运行要求，并应征求电力调度机构意见。风电场监控系统设计要满足电力二次系统安全防护的相关规定，实现风电场运行信息和测风信息上传电力调度机构，满足风电场有功功率、无功电压自动调节远程控制的要求，并设置统一的时钟系统。禁止通过公共互联网络直接对风电机组进行远程监测、控制和维护。

设计单位在技术上要优化风电场集电系统设计，优先选用上出线机端升压变压器，以减少电缆终端使用数量；集电系统电缆终端应选用冷缩型或预制型，适当提高电缆终端交流耐压和雷电冲击耐压水平。集电系统应综合考虑系统可靠性、保护灵敏度及短路电流状况，选择合理的中性点接地方式，实现集电系统永久接地故障的可靠快速切除。设计单位应根据风电场所在地区合理确定雷电过电压保护设计等级及保护接线，多雷区风电场应适当提高设备防雷设计等级，防雷引线选型和风电场接地电阻应满足相关防雷标准要求，机组叶片引雷线及防雷引下线应优先采用铜质导线。海上、海岛、沿海地区风电场应注重差异化设计，提高风电机组的防台风、防腐蚀能力。

二、风电场建设的安全要求

风电场建设阶段，建设单位要认真履行安全生产全面管理责任，履行在工程建设期间安全生产组织、协调、监督职责，建立健全组织机构和工作机制，落实参建各方职责，完善各项安全管理制度。项目开工15个工作日内，将风电建设项目的安全生产管理情况向所在地能源局派出机构备案。建设单位要加强设计、施工、监理单位的资质管理，建立和完善设计、监理、施工、调试、设备制造企业等单位的安全资质审查制度。参建单位应取得相应的资质，不得超越资质承揽工程，严禁工程非法转包和违法分包。特种作业人员应持证上岗。建设项目单位和施工单位要加强对风电机组吊装、工程爆破施工等重大特殊施工作业方案的审查工作。工程使用的特种设备、燃爆器材、危险化学品等应按国家有关规定要求，加强运输、储存、使用等各环节安全管理工作。监理单位要审查施工各项准备措施和方案，对吊装作业、工程爆破、隐蔽工程等重要施工作业实行旁站监理。加强风电机组吊装、电缆终端、电力二次接线、接地网等各环节施工质量控制与管理，防止由于质量控制不到位造成的安全隐患。

三、风电并网的安全管理

风电并网安全管理工作，要组织开展新建风电场机组并网检测工作；按照《发电机组并网安全性评价管理办法》要求，开展并网安全性评价。风电并网检测应由具备相应资质的检测机构进行。检测机构应规范检测程序，加强检测能力建设。对于风电场内抽检测试未通过的机型和抽检合格批次产品中因更换主要部件导致风电机组性能不满足并网技术要求的机型，检测机构应及时报告电力监管机构和电力调度机构，并于每月底前将通过检测的风电机组型号及检测汇总报告报送电力监管机构备案，并同时抄送当地电力调度机构和风电企业。

四、风电场运行的安全要求

风电场投入商业运营后，要建立健全安全生产规章制度，落实企业安全生产主体责任，加强安全生产管理，保证必要的安全投入。配置专（兼）职安全员和技术人员，履行安全职责，强化现场安全生产管理，开展电力安全生产标准化工作。加强安全、运行、检修等规程的编制和修订工作，按有关规程要求对输变电设备开展预防性试验和运行维护工作。电场运行规程应报当地电力调度机构备案。风电企业运行人员应熟悉电力系统调度管理规程和相关规定，严格遵守调度纪律，及时准确向电力调度机构汇报事故和故障情况。记录保存故障期间的有关运行信息，配合开展调查分析。风电场因继电保护或安全自动装置动作导致风电机组脱网时，应及时报告电力调度机构，未经电力调度机构同意，禁止自行并网。风电企业要加强电力二次系统管理，开展二次系统隐患排查治理工作。规范继电保护定值计算、审核、批准制度，建立和完善继电保护运行管理规程；相关涉网二次系统及设备定值应报电力调度机构审核和备案；每年应根据系统参数变化等情况进行继电保护定值复核，保证电力二次设备安全运行。风电企业要建立隐患排查治理工作常态机制，定期开展风电机组、集电系统、变电设备和无功补偿装置等电气设备的隐患排查治理工作。已投运风电场应采取措施，实现集电系统永久接地故障的可靠快速切除。

风电企业要加强应急管理，完善应急预案体系，重点编制自然灾害、火灾、人身伤亡、风机大规模脱网等专项应急预案和现场处置方案，并按照相关规定强化应急预案管理，开展应急演练。风电企业要强化应急队伍建设，做好应急物资储备工作，提高风电场应急处置能力。

第二节 风电场应急预案概述

近年来，为指导和规范电力企业做好电力应急预案编制工作，国家能源局制定了《电力企业应急预案管理办法》（国能安全〔2014〕508号）、《电力企业应急预案评审和备案细则》（国能安全〔2014〕953号）、《电力安全生产监督管理办法》（国家发改委令第21号）、《电力企业综合应急预案编制导则（试行）》、《电力企业专项应急预案编制导则（试行）》、《电力企业现场处置方案编制导则（试行）》等文件，形成了电力企业完整的应急预案体系。

一、综合应急预案的编制要求

风电场应结合自身安全生产和应急管理工作实际情况，编制综合应急预案。综合应急预案的内容应满足以下基本要求：

（1）符合与应急相关的法律、法规、规章和技术标准的要求。

（2）与事故风险分析和应急能力相适应。

（3）职责分工明确、责任落实到位。

（4）与相关企业和政府部门的应急预案有机衔接。

二、专项应急预案的编制要求

风电场针对周围自然环境和设备设施情况，可能发生自然灾害类、事故灾难类、公共卫生事件类和社会安全事件类等各类突发事件，组织编制相应的专项应急预案，其内容应

满足以下基本要求：

（1）自然灾害类专项应急预案的内容应以防范、控制和消除自然灾害影响为主，对由于自然灾害导致的次生或衍生事件应急处置内容应根据事件性质由相应的专项应急预案予以明确。

（2）事故灾难类专项应急预案中，风电场针对可能发生的人身事故、设备事故、火灾事故、交通事故等各类电力生产事故编制事故灾难类专项应急预案。

（3）公共卫生事件类专项应急预案可以根据事件类别分别编制专项应急预案，明确各类公共卫生事件的应急处置程序和措施。公共卫生事件类专项应急预案的内容除应符合导则的基本要求外，还应符合国家相关法律、法规、规章及技术标准要求。

（4）社会安全事件类专项应急预案除应符合本导则的基本要求外，还应符合国家制定的相关法律、法规、规章及技术标准要求。

三、现场处置方案的编制要求

风电场根据风险评估情况、岗位操作规程以及风险防控措施，编制现场处置方案，其内容应满足以下基本要求：

（1）电力企业应组织基层单位或部门针对特定的具体场所（如集控室、制氢站等）、设备设施（如汽轮发电机组、变压器等）、岗位（如集控运行人员、消防人员等），在详细分析现场风险和危险源的基础上，针对典型的突发事件类型（如人身事故、电网事故、设备事故、火灾事故等），制定相应的现场处置方案。

（2）现场处置方案应简明扼要、明确具体，具有很强的针对性、指导性和可操作性。

第三节 风电场风险评估

风电场较多在戈壁、山间、草原等人烟稀少的地方选点建设，常年伴有5～8级大风气候，风电场的建设工期相比于火电、水电项目具有施工短、速度快、设备供货急等特点，这些凸显了风电场的安全风险十分复杂。根据风电工程的项目特点，可能发生的主要安全风险有高空坠落事故、机械伤害事故、触电事故、火灾爆炸事故、交通安全事故等。

一、自然灾害因素

风电场特殊的地理位置和环境，台风、低温、雷暴、洪水、沙尘暴、地震、泥石流、森林火灾等对风电场构成安全风险。地震发生时，对风机设备、主厂房建筑物带来直接危险，强烈地震可造成机毁人亡，企业陷入瘫痪甚至倒闭；强对流天气带来电闪雷鸣，台风破坏力强、暴雨成灾，洪水暴发，淹没厂房，冲毁机器设备，带来极大安全风险。风电场运维人员在塔筒工作，塔内作业空间狭窄，温度高，噪音大，对员工的健康带来影响，导致不安全因素增多。

二、工程建设安全风险

风电场在工程建设施工过程中，风机机位施工分散，点多面广，施工人员分散，风机吊装、电气安装等工序交叉施工，工程建设期间不确定安全风险十分复杂。

1. 基础施工阶段危险源

在基础工程施工阶段（包括风机基础工程、集送电线路基础工程、升压站基础工程），主要危险源是基坑开挖过程中的土石方坍塌；焊接及各种施工电器设备的安全保护；基础混凝土施工中模板与支撑、物料提升、脚手架失稳造成倒塌意外；施工工程车辆运行、维修、货物装卸中造成的意外伤害。

2. 电气设备安装及调试阶段危险源

风机设备吊装作业的大型设备主要有：塔筒、机舱、轮毂叶片等。升压站设备吊装作业的大型设备主要有：构架组立安装，变压器安装，辅助设施安装。在集电线路施工过程中，大型设备主要有：铁塔及电杆组立安装，架空输电线路安装等。

在设备安装施工过程中的起重吊装、高空作业、金属切割、物料提升及堆放、垂直交叉作业、大吨位吊车的拆装等为主要危险源。可能产生大型吊装机械的起重危害；在高空作业中因防护措施不到位、人员未配系安全绳造成的人员踩空、滑倒、高空坠落等伤害；垂直作业面交叉作业过程中，物料提升及堆放可能产生物体坠落使人员受到打击伤害等。脚手架失稳坍塌、人员触电、机械伤害等较大安全事故。

电气设备安装及调试各单元工程开始组网连接并调试，容易发生人员触电伤害事故。电气设备安装及调试必须设立清晰的施工间隔和分界点，合理地安排分界点施工工序及人员，严格执行操作程序。每个工作间隔必须有监护人员，防止因为施工分界点不明晰而造成伤害事故。

集送电线路工程施工容易造成机械伤害事故，施工人员高空作业时安全带、安全帽、安全防护设施必须符合施工安全规范标准，防止导致高空坠物伤害和人员高空坠落伤害事故。

三、风电场运行的安全风险

风电场的运行管理包括风力发电机组及输变电设备的日常运行管理，安全风险因素表现在主要设备设施运行的故障隐患。据相关资料对风电机组故障发生率统计，电控系统13％、齿轮箱12％、偏航系统8％、发电机5％、驱动系统5％、并网部分5％。

发电机组容易发生的故障有轴承损坏、轴及轴承室磨损、放电点蚀、绕组局部过热、匝间短路、绝缘水平低，绕组烧毁、遭受雷击等；叶片断裂、损坏的主要原因有雷击、老化、承载超过极限值等；风电机组液压系统损坏最多的是密封件及连接件，有时也出现液压油缸磨损、高压胶管破裂、储压罐（稳压罐）压力不稳、控制阀工作不到位、停泵故障等。风机的控制运行安全保护系统（大风保护安全系统、参数越限保护、电压保护、电流保护控制系统、振动保护、开机保护、关机保护、紧急停机安全链保护等）、电气接地保护系统、微控制器抗干扰保护系统、多重保护安全系统（主电路保护、过压保护、过流保护、瞬态保护、防雷保护等）等控制系统的运行故障是风机设备主要安全风险。

风电场开展安全风险评价主要是组织对生产系统和作业活动中的各种危险、有害因素可能产生的后果进行全面辨识，包括食堂使用的液化石油气、天然气，备用电源的柴油、

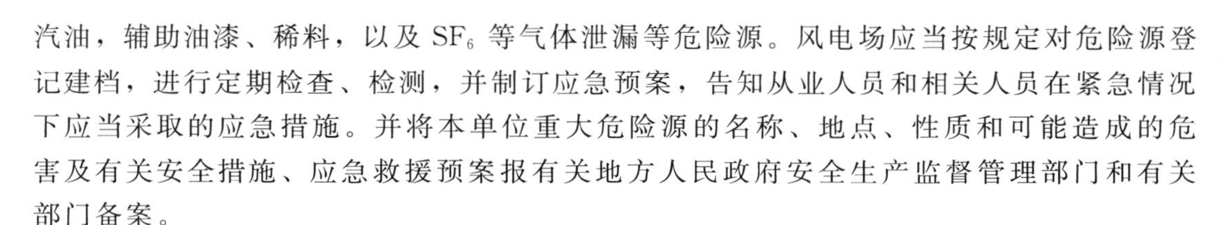

汽油，辅助油漆、稀料，以及 SF_6 等气体泄漏等危险源。风电场应当按规定对危险源登记建档，进行定期检查、检测，并制订应急预案，告知从业人员和相关人员在紧急情况下应当采取的应急措施。并将本单位重大危险源的名称、地点、性质和可能造成的危害及有关安全措施、应急救援预案报有关地方人民政府安全生产监督管理部门和有关部门备案。

风电场发电检修危险源辨识、评价、控制措施清单见附录1；风电场发电运行危险源辨识、评价、控制措施清单见附录2；风电场施工危险源辨识、评价、控制措施清单见附录3；风电场办公、生活区危险源辨识、评价、控制措施清单见附录4。

第四节　风电场应急预案的编制

根据《国务院安委会办公室关于进一步加强安全生产应急预案管理工作的通知》（安委办〔2015〕11号）、《电力企业应急预案管理办法》（国能安全〔2014〕508号）等文件要求，风电场应当依据有关法律、法规、规章和规范性文件要求，结合本单位实际情况，编制相关应急预案，并按照“横向到边，纵向到底”的原则建立覆盖全面、上下衔接的电力应急预案体系。风电场应急预案体系一般由综合应急预案、专项应急预案和现场处置方案构成。编制的综合应急预案、专项应急预案和现场处置方案之间应当相互衔接，并与所涉及的其他单位的应急预案相互衔接。

风电场应急预案的编制一般可以分为6个步骤，具体如下：

（1）成立应急预案编制工作组。风电场结合本单位部门职能和分工，成立以单位主要负责人（或分管负责人）为组长，单位相关部门人员参加的应急预案编制工作组，明确工作职责和任务分工，制定工作计划，组织开展应急预案编制工作。

（2）资料收集。应急预案编制工作组应收集与预案编制工作相关的法律法规、技术标准、应急预案、国内外同行业企业事故资料，同时收集本单位安全生产相关技术资料，周边环境影响，应急资源等有关资料。

（3）风险评估。风险评估主要内容包括：①分析生产经营单位存在的危险因素，确定事故危险源；②分析可能发生事故的类型及后果，并指出可能产生的次生、衍生事故；③评估事故的危害程度和影响范围，提出风险防控措施。

（4）应急能力评估。在全面调查和客观分析生产经营单位应急队伍、装备、物资等应急资源状况基础上开展应急能力评估，并依据评估结果，完善应急保障措施。

（5）编制应急预案。依据生产经营单位风险评估及应急能力评估结果，组织编制应急预案。应急预案编制应注重系统性和可操作性，做到与地方政府预案、上级主管单位以及相关部门的预案相衔接。

（6）应急预案的评审与发布。应急预案编制完成后，应组织评审，评审分为内部评审和外部评审，内部评审由单位主要负责人组织有关部门和人员进行，外部评审由外部有关专家和人员进行评审。应急预案评审合格后，由单位主要负责人签发实施，并进行备案管理。

一、编制综合应急预案

风电场根据《电力企业综合应急预案编制导则（试行）》的基本要求，编制综合应急预案。综合应急预案从总体上阐述处理事故的应急方针、政策，应急组织结构及相关应急职责，应急行动、措施和保障等基本要求和程序。

1. 综合应急预案的编制要求

风电场综合应急预案的内容应满足以下基本要求：

（1）符合与应急相关的法律、法规、规章和技术标准的要求。

（2）与事故风险分析和应急能力相适应。

（3）职责分工明确、责任落实到位。

（4）与相关企业和政府部门的应急预案有机衔接。

2. 综合应急预案的主要内容

（1）总则。总则包括：编制目的、编制依据、适用范围、工作原则、预案体系等内容。

（2）风险分析。风险分析包括：单位概况、危险源与风险分析、突发事件分级等内容。

（3）组织机构及职责。组织机构及职责包括：应急组织体系、应急组织机构的职责等内容。

（4）预防与预警。预防与预警包括：危险源监控、预警行动、信息报告与处置等内容。

（5）应急响应。应急响应包括：应急响应分级、响应程序、应急结束等内容。

（6）信息发布。信息发布包括：应急处置期间相关信息的发布原则、发布时限、发布部门和发布程序等内容。

（7）后期处置。后期处置包括：应急结束后突发事件后果影响消除、生产秩序恢复、污染物处理、善后理赔、应急能力评估、对应急预案的评价和改进等方面工作要求的内容。

（8）应急保障。应急保障包括：应急队伍、应急经费、应急物资装备、通信与信息等方面应急资源和保障措施的内容。

（9）培训和演练。培训和演练包括：培训、演练等主要内容。

（10）奖惩。奖惩包括：奖励和惩罚的条件和内容。

（11）附则。

（12）附件。

风电场可结合本单位的组织结构、管理模式、生产规模、风险种类、应急能力等特点对综合应急预案框架结构等要素进行适当调整。

二、编制专项应急预案

风电场根据《电力企业专项应急预案编制导则（试行）》的基本要求，编制专项应急预案。专项应急预案原则上分为自然灾害、事故灾难、公共卫生事件和社会安全事

件四大类。组织编制相应专项应急预案，明确具体应急处置程序、应急救援和保障措施。

1．自然灾害

风电场面临的气象灾害［主要包括雨雪冰冻、强对流天气（含暴雨、雷电、龙卷风等）、台风、洪水、大雾］、地震灾害、地质灾害（主要包括山体崩塌、滑坡、泥石流、地面塌陷）、森林火灾等自然灾害编制自然灾害专项应急预案。

（1）防大风、防汛、防雷电天气应急预案。

（2）防雨雪、冰冻、严寒应急预案。

（3）防大雾应急预案。

（4）防地震灾害应急预案。

（5）防地质灾害应急预案。

（6）防森林火灾应急预案。

（7）防重大沙尘暴灾害应急预案。

2．事故灾难

风电场针对可能发生的人身事故、电网事故、设备事故、网络信息安全事故、火灾事故、交通事故及环境污染事故等各类电力生产事故编制事故灾难类专项应急预案。

（1）人身事故应急预案。

（2）设备事故应急预案。

（3）大型施工机械事故应急预案。

（4）网络信息系统安全事故应急预案。

（5）火灾事故应急预案。

（6）森林火灾应急预案。

（7）草原火灾应急预案。

（8）交通事故应急预案。

（9）突发环境污染事故应急预案。

（10）风机大规模脱网事故应急预案。

（11）生产调度通讯中断应急预案。

（12）全场停电事故应急预案。

3．公共卫生事件类

风电场针对可能发生的传染病疫情、群体性不明原因疾病、食物中毒等突发公共卫生事件编制公共卫生事件类专项应急预案。

（1）传染病疫情事件应急预案。

（2）群体性不明原因疾病事件应急预案。

（3）食物中毒事件应急预案。

4．社会安全事件

社会安全事件类专项应急预案除应符合《电力企业专项应急预案编制导则（试行）》基本要求外，还应符合国家制定的相关法律、法规、规章及技术标准要求。

（1）群体性突发社会安全事件应急预案。

（2）突发新闻媒体事件应急预案。

（3）反恐怖事项应急预案。

5. 专项应急预案的主要内容

（1）总则。

（2）应急处置原则。

（3）事件类型和危害程度分析。

（4）事件等级。

（5）应急指挥机构及职责。

（6）预防与预警。

（7）信息报告。

（8）应急响应。

（9）后期处置。

（10）应急保障。

（11）培训和演练。

（12）附则。

（13）附件。

三、编制现场处置方案

风电场根据特定的风电场设备设施、岗位，在分析现场风险和危险源的基础上，针对典型的突发事件类型（如人身事故、电网事故、设备事故、火灾事故等），制定相应的现场处置方案。

1. 人身伤亡事故现场处置方案

（1）高处坠落伤亡事故处置方案。

（2）机械伤害伤亡事故处置方案。

（3）物体打击伤亡事故处置方案。

（4）触电伤亡事故处置方案。

2. 设备事故现场处置方案

（1）电气误操作事故处置方案。

（2）继电保护事故处置方案。

（3）接地网事故处置方案。

（4）开关设备事故处置方案。

（5）风机叶片遭雷击事故处置方案。

（6）风机倒塌事故处置方案。

（7）风机超速事故处置方案。

（8）风机桨叶掉落事故处置方案。

（9）发电机损坏事故处置方案。

（10）污闪事故处置方案。

（11）自动化设备故障应急处置方案。

（12）电缆事故处置方案。

（13）变压器及互感器爆炸处置方案。

（14）蓄电池爆炸处置方案。

3. 火灾事故现场处置方案

（1）主控室火灾事故现场处置方案。

（2）变压器火灾事故处置方案。

（3）电缆火灾事故处置方案。

（4）发电机组火灾事故处置方案。

（5）食堂火灾事故处置方案。

（6）档案火灾事故处置方案。

4. 电力信息系统现场处置方案

（1）电力二次系统安全防护处置方案。

（2）生产调度通信系统故障处置方案。

5. 现场处置方案的主要内容

（1）总则。

（2）事件特征。

（3）应急组织及职责。

（4）应急处置。

（5）注意事项。

（6）附件。

第五节　风电场应急预案的评审、实施与备案

根据《电力企业应急预案评审与备案实施细则》（国能综安全〔2014〕953号）文件要求，风电场应急预案编制修订完成后，应当按照规定及时组织开展应急预案评审、实施及备案工作。

一、应急预案评审

根据《生产经营单位生产安全事故应急预案评审指南（试行）》（安监总厅应急〔2009〕73号）文件要求对应急预案进行评审。

1. 评审方法

应急预案评审采取形式评审和要素评审两种方法。形式评审主要用于应急预案备案时的评审，要素评审用于单位组织的应急预案评审工作。应急预案评审采用符合、基本符合、不符合三种意见进行判定。对于基本符合和不符合的项目，应给出具体修改意见或建议。

（1）形式评审。依据电力行业有关规范，对应急预案的层次结构、内容格式、语言文字、附件项目以及编制程序等内容进行审查，重点审查应急预案的规范性和编制程序。应急预案形式评审的具体内容及要求见表2-1。

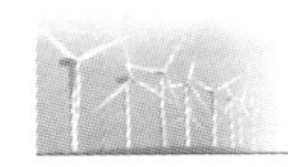

表 2-1　应急预案形式评审表

评审项目	评 审 内 容 及 要 求	评审意见
封面	应急预案版本号、应急预案名称、生产经营单位名称、发布日期等内容	
批准页	1. 对应急预案实施提出具体要求 2. 发布单位主要负责人签字或单位盖章	
目录	1. 页码标注准确（预案简单时目录可省略） 2. 层次清晰，编号和标题编排合理	
正文	1. 文字通顺、语言精练、通俗易懂 2. 结构层次清晰，内容格式规范 3. 图表、文字清楚，编排合理（名称、顺序、大小等） 4. 无错别字，同类文字的字体、字号统一	
附件	1. 附件项目齐全，编排有序合理 2. 多个附件应标明附件的对应序号 3. 需要时，附件可以独立装订	
编制过程	1. 成立应急预案编制工作组 2. 全面分析本单位危险因素，确定可能发生的事故类型及危害程度 3. 针对危险源和事故危害程度，制定相应的防范措施 4. 客观评价本单位应急能力，掌握可利用的社会应急资源情况 5. 制定相关专项预案和现场处置方案，建立应急预案体系 6. 充分征求相关部门和单位意见，并对意见及采纳情况进行记录 7. 必要时与相关专业应急救援单位签订应急救援协议 8. 应急预案经过评审或论证 9. 重新修订后评审的，一并注明	

（2）要素评审。依据国家有关法律法规和有关行业规范，从合法性、完整性、针对性、实用性、科学性、操作性和衔接性等方面对应急预案进行评审。为细化评审，采用列表方式分别对应急预案的要素进行评审。评审时，将应急预案的要素内容与评审表中所列要素的内容进行对照，判断是否符合有关要求，指出存在问题及不足。应急预案要素分为关键要素和一般要素。应急预案要素评审的具体内容及要求见表 2-2～表 2-5。

表 2-2　综合应急预案要素评审表

评审项目		评 审 内 容 及 要 求	评审意见
总则	编制目的	目的明确，简明扼要	
	编制依据	1. 引用的法规标准合法有效 2. 明确相衔接的上级预案，不得越级引用应急预案	
	应急预案体系①	1. 能够清晰表述本单位及所属单位应急预案组成和衔接关系（推荐使用图表） 2. 能够覆盖本单位及所属单位可能发生的事故类型	
	应急工作原则	1. 符合国家有关规定和要求 2. 结合本单位应急工作实际	
适用范围①		范围明确，适用的事故类型和响应级别合理	
危险性分析	生产经营单位概况	1. 明确有关设施、装置、设备以及重要目标场所的布局等情况 2. 需要各方应急力量（包括外部应急力量）事先熟悉的有关基本情况和内容	

续表

评审项目		评审内容及要求	评审意见
危险性分析	危险源辨识与风险分析①	1. 能够客观分析本单位存在的危险源及危险程度 2. 能够客观分析可能引发事故的诱因、影响范围及后果	
组织机构及职责①	应急组织体系	1. 能够清晰描述本单位的应急组织体系（推荐使用图表） 2. 明确应急组织成员日常及应急状态下的工作职责	
	指挥机构及职责	1. 清晰表述本单位应急指挥体系 2. 应急指挥部门职责明确 3. 各应急救援小组设置合理，应急工作明确	
预防与预警	危险源管理	1. 明确技术性预防和管理措施 2. 明确相应的应急处置措施	
	预警行动	1. 明确预警信息发布的方式、内容和流程 2. 预警级别与采取的预警措施科学合理	
	信息报告与处置①	1. 明确本单位24小时应急值守电话 2. 明确本单位内部信息报告的方式、要求与处置流程 3. 明确事故信息上报的部门、通信方式和内容时限 4. 明确向事故相关单位通告、报警的方式和内容 5. 明确向有关单位发出请求支援的方式和内容 6. 明确与外界新闻舆论信息沟通的责任人以及具体方式	
应急响应	响应分级①	1. 分级清晰，且与上级应急预案响应分级衔接 2. 能够体现事故紧急和危害程度 3. 明确紧急情况下应急响应决策的原则	
	响应程序①	1. 立足于控制事态发展，减少事故损失 2. 明确救援过程中各专项应急功能的实施程序 3. 明确扩大应急的基本条件及原则 4. 能够辅以图表直观表述应急响应程序	
	应急结束	1. 明确应急救援行动结束的条件和相关后续事宜 2. 明确发布应急终止命令的组织机构和程序 3. 明确事故应急救援结束后负责工作总结部门	
后期处置		1. 明确事故发生后，污染物处理、生产恢复、善后赔偿等内容 2. 明确应急处置能力评估及应急预案的修订等要求	
保障措施①		1. 明确相关单位或人员的通信方式，确保应急期间信息通畅 2. 明确应急装备、设施和器材及其存放位置清单，以及保证其有效性的措施 3. 明确各类应急资源，包括专业应急救援队伍、兼职应急队伍的组织机构以及联系方式 4. 明确应急工作经费保障方案	
培训与演练①		1. 明确本单位开展应急管理培训的计划和方式方法 2. 如果应急预案涉及周边社区和居民，应明确相应的应急宣传教育工作 3. 明确应急演练的方式、频次、范围、内容、组织、评估、总结等内容	
附则	应急预案备案	1. 明确本预案应报备的有关部门（上级主管部门及地方政府有关部门）和有关抄送单位 2. 符合国家关于预案备案的相关要求	
	制定与修订	1. 明确负责制定与解释应急预案的部门 2. 明确应急预案修订的具体条件和时限	

① 为应急预案的关键要素。

表 2-3　专项应急预案要素评审表

评审项目		评审内容及要求	评审意见
事故类型和危险程度分析①		1. 能够客观分析本单位存在的危险源及危险程度 2. 能够客观分析可能引发事故的诱因、影响范围及后果 3. 能够提出相应的事故预防和应急措施	
组织机构及职责①	应急组织体系	1. 能够清晰描述本单位的应急组织体系（推荐使用图表） 2. 明确应急组织成员日常及应急状态下的工作职责	
	指挥机构及职责	1. 清晰表述本单位应急指挥体系 2. 应急指挥部门职责明确 3. 各应急救援小组设置合理，应急工作明确	
预防与预警	危险源监控	1. 明确危险源的监测监控方式、方法 2. 明确技术性预防和管理措施 3. 明确采取的应急处置措施	
	预警行动	1. 明确预警信息发布的方式及流程 2. 预警级别与采取的预警措施科学合理	
信息报告程序①		1. 明确 24 小时应急值守电话 2. 明确本单位内部信息报告的方式、要求与处置流程 3. 明确事故信息上报的部门、通信方式和内容时限 4. 明确向事故相关单位通告、报警的方式和内容 5. 明确向有关单位发出请求支援的方式和内容	
应急响应①	响应分级	1. 分级清晰合理，且与上级应急预案响应分级衔接 2. 能够体现事故紧急和危害程度 3. 明确紧急情况下应急响应决策的原则	
	响应程序	1. 明确具体的应急响应程序和保障措施 2. 明确救援过程中各专项应急功能的实施程序 3. 明确扩大应急的基本条件及原则 4. 能够辅以图表直观表述应急响应程序	
	处置措施	1. 针对事故种类制定相应的应急处置措施 2. 符合实际，科学合理 3. 程序清晰，简单易行	
应急物资与装备保障①		1. 明确对应急救援所需的物资和装备的要求 2. 应急物资与装备保障符合单位实际，满足应急要求	

① 为应急预案的关键要素。如果专项应急预案作为综合应急预案的附件，综合应急预案已经明确的要素，专项应急预案可省略。

表 2-4　现场处置方案要素评审表

评审项目	评审内容及要求	评审意见
事故特征①	1. 明确可能发生事故的类型和危险程度，清晰描述作业现场风险 2. 明确事故判断的基本征兆及条件	
应急组织及职责①	1. 明确现场应急组织形式及人员 2. 应急职责与工作职责紧密结合	
应急处置①	1. 明确第一发现者进行事故初步判定的要点及报警时的必要信息 2. 明确报警、应急措施启动、应急救护人员引导、扩大应急等程序 3. 针对操作程序、工艺流程、现场处置、事故控制和人员救护等方面制定应急处置措施 4. 明确报警方式、报告单位、基本内容和有关要求	

续表

评审项目	评审内容及要求	评审意见
注意事项	1. 佩戴个人防护器具方面的注意事项 2. 使用抢险救援器材方面的注意事项 3. 有关救援措施实施方面的注意事项 4. 现场自救与互救方面的注意事项 5. 现场应急处置能力确认方面的注意事项 6. 应急救援结束后续处置方面的注意事项 7. 其他需要特别警示方面的注意事项	

① 为应急预案的关键要素。现场处置方案落实到岗位每个人，可以只保留应急处置。

表 2－5　应急预案附件要素评审表

评审项目	评审内容及要求	评审意见
有关部门、机构或人员的联系方式	1. 列出应急工作需要联系的部门、机构或人员至少两种以上联系方式，并保证准确有效 2. 列出所有参与应急指挥、协调人员姓名、所在部门、职务和联系电话，并保证准确有效	
重要物资装备名录或清单	1. 以表格形式列出应急装备、设施和器材清单，清单应当包括种类、名称、数量以及存放位置、规格、性能、用途和用法等信息 2. 定期检查和维护应急装备，保证准确有效	
规范化格式文本	给出信息接报、处理、上报等规范化格式文本，要求规范、清晰、简洁	
关键的路线、标识和图纸	1. 警报系统分布及覆盖范围 2. 重要防护目标一览表、分布图 3. 应急救援指挥位置及救援队伍行动路线 4. 疏散路线、重要地点等标识 5. 相关平面布置图纸、救援力量分布图等	
相关应急预案名录、协议或备忘录	列出与本应急预案相关的或相衔接的应急预案名称，以及与相关应急救援部门签订的应急支援协议或备忘录	

注： 附件根据应急工作需要而设置，部分项目可省略。

关键要素是指应急预案构成要素中必须规范的内容。这些要素涉及生产经营单位日常应急管理及应急救援的关键环节，具体包括危险源辨识与风险分析、组织机构及职责、信息报告与处置和应急响应程序与处置技术等要素。关键要素必须符合生产经营单位实际和有关规定要求。

一般要素是指应急预案构成要素中可简写或省略的内容。这些要素不涉及生产经营单位日常应急管理及应急救援的关键环节，具体包括应急预案中的编制目的、编制依据、适用范围、工作原则、单位概况等要素。

2. 评审程序

应急预案编制完成后，单位应在广泛征求意见的基础上，对应急预案进行评审。

（1）评审准备。成立应急预案评审工作组，落实参加评审的单位或人员，将应急预案及有关资料在评审前送达参加评审的单位或人员。应急预案评审之前，电力企业应当组织相关人员对专项应急预案进行桌面演练，以检验预案的可操作性。如有需要，电力企业也可对多个应急预案组织开展联合桌面演练。演练应当记录，存档。

（2）组织评审。评审工作由编制应急预案的电力企业或其上级单位组织，由单位主要负责人或主管安全生产工作的负责人主持。组织应急预案评审的单位应组建评审专家组，对应急预案的形式，要素进行评审。评审工作可邀请预案涉及的有关政府部门，国家能源局及其派出机构和相关单位人员参加。应急预案评审工作组讨论并提出会议评审意见。电力企业也可根据本单位实际情况，委托第三方机构组织评审工作。

评审专家组由电力应急专家库的专家组成，参加评审的专家人数不应少于2人。国家能源局及其派出机构负责组建全国和区域电力应急专家库，并负责电力应急专家的聘任、应急专业培训等工作。应急预案外部评审前，电力企业应落实参加外部评审的人员，将单位编写的应急预案及有关资料提前7日送达相关人员。

（3）修订完善。单位应认真分析研究评审意见，按照评审意见对应急预案进行修订和完善。专家组会议评审意见要求重新组织评审的，单位应当按要求修订后重新组织评审。

3. 评审要点

应急预案评审应坚持实事求是的工作原则，结合单位工作实际，按照有关规范，从以下七个方面进行评审。

（1）合法性。符合有关法律、法规、规章和标准，以及有关部门和上级单位规范性文件要求。

（2）完整性。具备导则所规定的各项要素。

（3）针对性。紧密结合本单位危险源辨识与风险分析。

（4）实用性。契合本单位工作实际，与生产安全事故应急处置能力相适应。

（5）科学性。组织体系、信息报送和处置方案等内容科学合理。

（6）操作性。应急响应程序和保障措施等内容切实可行。

（7）衔接性。综合、专项应急预案和现场处置方案形成体系，并与相关部门或单位应急预案相互衔接。

4. 评审专家职责

（1）严格按照电力企业应急预案管理的有关法律法规进行评审，不得擅自改变评审方法和评审标准。

（2）坚持独立、客观、公平、公正、诚实、守信原则，提供的评审意见要准确可靠，并对评审意见承担责任。

（3）不得利用评审活动之便或利用评审专家的特殊身份和影响力，为本人或本项目以外的其他项目谋取不正当的利益。

（4）不得擅自向任何单位和个人泄露与评审工作有关的情况和所评审单位的商业秘密等。

（5）与所评审预案的电力企业有利益关系或在评审前参与所评预案咨询、论证的，应当回避。

5. 应急预案评审会议记录内容

（1）应急预案名称。

（2）评审地点、时间、参会人员信息。

（3）专家组书面评审意见。

(4) 参会人员（签名）。

二、应急预案实施

根据《突发事件应急预案管理办法》（国办发〔2013〕101号）、《生产安全事故应急预案管理办法》（安监总局令〔2009〕第17号）、《电力企业应急预案评审与备案实施细则》（国能综安全〔2014〕953号）等文件规定，风电场应急预案经评审或论证合格后，由单位主要负责人（主要负责人或分管负责人）签署印发实施。

三、应急预案备案

根据《突发事件应急预案管理办法》（国办发〔2013〕101号）、《电力企业应急预案评审与备案实施细则》（国能综安全〔2014〕953号）等文件规定，涉及需要与所在地政府联合应急处置的中央单位应急预案，应当向所在地县级人民政府备案。法律法规另有规定的从其规定。

(1) 风电场应急预案正式签署印发后20个工作日内，将本单位相关应急预案按以下规定进行备案：

1) 中央电力企业（集团公司或总部）向国家能源局备案。中国南方电网有限责任公司同时向当地国家能源局区域派出机构备案。

2) 国家能源局派出机构监管范围内，地调以上调度的发电企业向所在地派出机构备案。国家能源局派出机构监管范围内地（市）级以上的供电企业向所在地派出机构备案。国家能源局派出机构监管范围内工期两年以上的电力建设工程，其电力建设单位向所在地派出机构备案。

3) 政府其他有关部门对应急预案有备案要求的，同时报备。

(2) 风电场进行应急预案备案时，应先登录预案报备系统进行网上申请，填写应急预案备案申请表（表2-6），并提交以下材料：

表2-6　电力企业应急预案备案申请表

单位名称			
联系人		联系电话	
传真		电子信箱	
法定代表人		资产总额	万元
行业类型		从业人数	人
单位地址		邮政编码	
根据《电力企业应急预案管理办法》，现将我单位编制的： 等预案报上，请予备案。 （单位公章） 年　月　日			

1) 本单位应急预案目录。

2）应急预案形式评审表，应急预案评审意见表的扫描件。

3）应急预案发布相关文件的扫描件。

（3）国家能源局及其派出机构通过应急预案互联网报备管理系统对企业提交的申请按下列规定办理：

1）申请材料不齐全或者不符合要求的，应当在10个工作日内一次性告知申请单位需要补正的全部内容。

2）申请材料齐全，自收到申请材料之日起即为受理（表2-7）。

表2-7　电力企业应急预案备案登记表

备案编号：

单位名称			
单位地址		邮政编码	
法定代表人		经办人	
联系电话		传真	
你单位上报的： 经形式审查符合要求，准予备案。 （盖章） 年　月　日			

注：应急预案备案编号由“NY”加县级及以上行政区划代码（6位）、年份（4位）和流水序号（3位）组成。

第六节　风电场应急预案的培训与演练

一、应急预案的培训

根据《突发事件应急预案管理办法》（国办发〔2013〕101号）文件要求，应急预案编制单位应当通过编发培训材料，举办培训班，开展工作研讨等方式，对与应急预案实施密切相关的管理人员和专业救援人员等组织开展应急预案培训。对需要公众广泛参与的非涉密的应急预案，编制单位应当充分利用互联网、广播、电视、报刊等多种媒体广泛宣传，制作通俗易懂，好记管用的宣传普及材料，向公众免费发放。

根据《电力企业应急预案管理办法》（国能安全〔2014〕508号）文件要求，风电场应当组织开展应急预案培训工作，确保所有从业人员熟悉本单位应急预案，具备基本的应急技能，掌握本岗位事故防范措施和应急处置程序。应急预案教育培训情况应当记录在案。风电场应当将应急预案的培训纳入本单位安全生产培训工作计划，每年至少组织一次预案培训，并进行考核。

二、应急预案的演练

1．演练目的

为了检验突发事件应急预案，提高应急预案针对性、实效性和操作性；为了完善突发

事件应急机制，强化政府、企业及相关各方之间的协调与配合；为了锻炼风电场应急队伍，提高应急人员在紧急情况下妥善处置突发事件的能力；为了推广和普及应急知识，提高公众对突发事件的风险防范意识与能力；为了发现可能发生事故的隐患和存在问题；需要对突发事件应急预案在一定的周期内进行演练。

2. 演练原则

（1）依法依规，统筹规划。应急演练工作必须遵守国家相关法律、法规、标准及有关规定，科学统筹规划，纳入各级政府、电力建设施工企业、相关各方的应急管理工作的整体规划，并按规划组织实施。

（2）突出重点，讲求实效。应急演练应结合本单位实际，针对性设置演练内容。演练应符合事故或事件发生、变化、控制、消除的客观规律，注重过程、讲求实效，提高突发事件应急处置能力。

（3）协调配合，保证安全。应急演练应遵循“安全第一”的原则，加强组织协调，统一指挥，保证人身、设备及人民财产、公共设施安全，并遵守相关保密规定。

3. 演练分类、形式

应急演练分类、形式为综合演练、单项演练、现场演练、桌面演练。

（1）综合演练。针对应急预案中多项或全部应急响应功能开展演练活动。

（2）单项演练。针对应急预案中某项应急响应功能开展的演练活动。

（3）现场演练。选择（或模拟）生产经营活动中的设备、设施、装置或场所，设定事故情景，依据应急预案而模拟开展的演练活动。

（4）桌面演练。针对事故情景，利用图纸、沙盘、流程图、计算机、视频等辅助手段，依据应急预案而进行交互式讨论或模拟应急状态下应急行动的演练活动。

4. 应急演练准备

应急演练准备是演练的基础和开始，演练准备工作包括成立组织机构、编写演练文件、落实保障措施以及其他准备事项等。各项准备工作应围绕演练题目和范围来制定。

5. 落实保障措施

保障措施是应急演练成功的支撑骨架，包括组织保障、资金与物资保障、技术保障、安全保障、宣传保障。组织保障要落实演练总指挥、现场指挥、演练参与单位（部门）和人员等，必要时考虑替补人员。资金与物资保障要落实演练经费、演练交通运输保障，筹措演练器材、演练情景模型。技术保障要落实演练场地设置、演练情景模型制作、演练通信联络保障等。安全保障要落实参演人员、现场群众、运行系统安全防护措施，进行必要的系统（设备）安全隔离，确保所有参演人员和现场群众的生命财产安全，确保运行系统安全。宣传保障要根据演练需要，对涉及演练单位、人员及社会公众进行演练预告，宣传电力应急相关知识。

6. 演练评估、总结

演练评估是对演练准备、演练方案、演练组织、演练实施、演练效果等进行评价，目的是确定应急演练是否已达到应急演练目的和要求，检验相关应急机构指挥人员及应急响应人员完成任务的能力。

风电场组织演练评估应掌握事件和应急演练场景，熟悉被评估岗位和人员的响应程

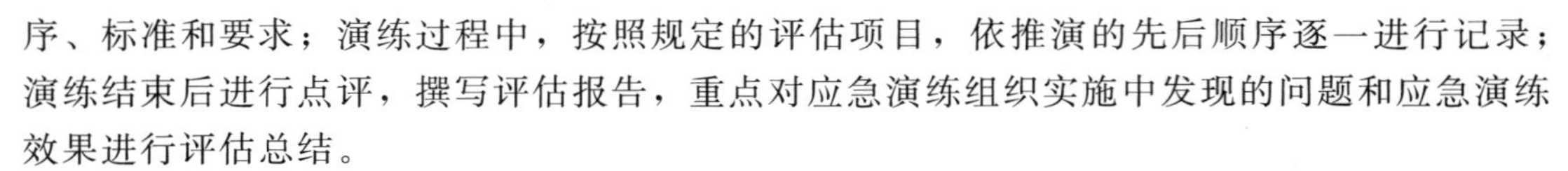

序、标准和要求；演练过程中，按照规定的评估项目，依推演的先后顺序逐一进行记录；演练结束后进行点评，撰写评估报告，重点对应急演练组织实施中发现的问题和应急演练效果进行评估总结。

7. 工作要求

根据《突发事件应急预案管理办法》（国办发〔2013〕101号）文件要求，应急预案编制单位应当建立应急演练制度，根据实际情况采取实战演练、桌面推演等方式，组织开展人员广泛参与，处置联动性强，形式多样，节约高效的应急演练。专项应急预案，部门应急预案至少每三年进行一次应急演练。应急演练组织单位应当组织演练评估。

根据《电力企业应急预案管理办法》（国能安全〔2014〕508号）文件要求，风电场应当建立健全应急预案演练制度，根据实际情况采取灵活多样的演练形式，组织开展人员广泛参与，处置联动性强，节约高效的应急预案演练。风电场或风电场上一级单位应当对应急预案演练进行整体规划，并制定具体的应急演练计划。风电场根据本单位的风险防控重点，每年应当至少组织一次专项应急预案演练，每半年应当至少组织一次现场处置方案演练。在开展应急预案演练前，应制定演练方案，明确演练目的、演练范围、演练步骤和保障措施等，保证演练效果和演练安全。在开展应急预案演练后，应当对演练效果进行评估，并针对演练过程中发现的问题对相关应急预案提出修订意见。评估和修订意见应当有书面记录。

第七节　风电场应急预案修订

根据《突发事件应急预案管理办法》（国办发〔2013〕101号）文件要求，应急预案编制建立定期评估制度，分析评价预案内容的针对性、实用性和可操作性，实现应急预案的动态优化和科学规范管理。

根据《电力企业应急预案管理办法》（国能安全〔2014〕508号）文件要求，风电场编制应急预案应当每三年至少修订一次，预案修订结果应当详细记录。仅涉及其他内容的，修订程序可根据情况适当简化。

风电场有下列情形之一的，应当及时对应急预案进行相应修订：

（1）企业生产规模发生较大变化或进行重大技术改造的。

（2）企业隶属关系发生变化的。

（3）周围环境发生变化，形成重大危险源的。

（4）应急指挥体系、主要负责人、相关部门人员或职责已经调整的。

（5）依据的法律、法规和标准发生变化的。

（6）应急预案演练、实施或应急预案评估报告提出整改要求的。

（7）国家能源局及其派出机构或有关部门提出要求的。

第三章　综 合 应 急 预 案

第一节　综合应急预案概述

综合应急预案是从总体上阐述处理事故的应急方针、政策，应急组织结构及相关应急职责，应急行动、措施和保障等基本要求和程序，是应对各类事故的综合性文件。生产经营单位风险种类多、可能发生多种事故类型的，应当组织编制本单位的综合应急预案。生产经营单位编制的综合应急预案、专项应急预案和现场处置方案之间应当相互衔接，并与所涉及的其他单位的应急预案相互衔接。

依据《生产经营单位安全生产事故应急预案编制导则》（GB/T 29639—2013）规定，综合应急预案的主要内容包括：总则、生产经营单位的危险性分析、组织机构及职责、预防与预警、应急响应、信息发布、后期处置、保障措施、培训与演练、奖惩及附则等要素。依据《电力企业综合应急预案编制导则（试行）》规定，电力企业应结合自身安全生产和应急管理工作实际情况编制综合应急预案，综合应急预案的内容应满足以下基本要求：

（1）符合与应急相关的法律、法规、规章和技术标准的要求。

（2）与事故风险分析和应急能力相适应。

（3）职责分工明确、责任落实到位。

（4）与相关企业和政府部门的应急预案有机衔接。

第二节　综合应急预案范例

某风力发电公司
综合应急预案

1　总则

1.1　编制目的

为了不断提高公司处置突发事件的能力，最大限度地预防和减少突发事件的发生及其造成的损害，保障人身、设备和财产安全，制定本预案。

1.2　编制依据

《中华人民共和国安全生产法》（中华人民共和国主席令第 13 号）

《中华人民共和国突发事件应对法》（中华人民共和国主席令第 69 号）

《国家突发公共事件总体应急预案》

《突发公共卫生事件应急条例》(国务院令第376号)

《生产安全事故报告和调查处理条例》(中华人民共和国国务院令第493号)

《生产安全事故应急预案管理办法》(安监总局令第88号)

《生产经营单位安全生产事故应急预案编制导则》(GB/T 29639—2013)

《电力安全生产监督管理办法》(中华人民共和国国家发展和改革委员会令第21号)

《电力企业应急预案管理办法》(国能安全〔2014〕508号)

《电力企业应急预案评审和备案细则》(国能综安全〔2014〕953号)

《电力企业综合应急预案编制导则(试行)》

《某风电公司应急管理办法》

1.3　适用范围

本预案适用于企业针对突发自然灾害、生产事故灾难、公共卫生、社会安全突发事件应急救援和现场事故处置工作。

1.4　工作原则

(1)以人为本，减少危害，保障员工生命安全和身体健康。最大限度地预防、减少、消除突发事件，造成的人员伤亡、财产损失、社会影响，切实加强突发事件管理工作。

(2)统一领导，分级负责。在企业应急指挥机构的统一组织协调下，各应急处置工作组按照各自的职责和权限，负责突发事件的应急处置工作，健全完善应急预案和应急预案管理机制。

(3)依靠科学，依法规范。采用先进的救援装备和技术，增强应急救援能力。依法规范应急救援工作，确保应急预案的科学性、权威性和可操作性。

(4)预防为主，平战结合。贯彻落实“安全第一，预防为主，综合治理”的方针，坚持突发事件的应急与预防相结合。做好预防、预测、预警和预报工作，做好常态下的风险评估、物资储备、队伍建设、完善装备、预案演练等工作。

1.5　预案体系

企业应急预案体系，由综合预案、专项预案和现场处置方案构成。

(1)综合预案。综合预案是总体、全面的预案，主要阐述应急救援的方针、政策、应急组织机构及相应的职责、应急行动的总体思路、预案体系、响应分级、响应程序、事故预防、应急保障、应急培训、预案演练等，是应急救援工作的基础和总纲。见应急预案体系图(见附件)

(2)专项预案。专项预案主要针对某种特有或具体的事故、事件类别、危险源和应急保障而制定的计划或方案，是综合应急预案的组成部分，应按照综合应急预案的程序和要求组织制定，并作为综合应急预案的附件，专项应急预案应制定明确的救援程序和具体的救援措施。

(3)现场处置方案。现场处置方案主要是针对具体的装置、场所或设施、岗位所制定的应急处置措施。现场处置方案应具体、简单、针对性强。现场处置方案应根据风险评估及危险性控制措施逐一编制，做到事故相关人员应知应会，掌握，并通过应急演练，做到迅速反应、正确处置。

2　风险分析

2.1　单位概况

（略）

2.2　危险源与风险

（1）事故灾难方面：主要有人身事故（包括触电、高处坠落、机械伤害、物体打击、起重伤害、车辆伤害、灼烫、中毒和窒息、火灾、交通、误操作造成等），设备事故（包括设备损坏、爆炸、坍塌、倾倒、各种火灾、建筑物和设施倒塌、误操作造成的设备损坏等）。

（2）自然灾害方面：主要是气象、地震、地质灾害带来的危害；部分风电场地理位置，部分设备在雷电天气下，有发生地质灾害的可能性。

（3）公共卫生方面：主要有传染病、中毒等对人员造成的危害。

（4）社会安全方面：社会突发事件对国家和社会、企业及人员造成的各种影响、危害。

2.3　突发事件分级

突发事件的分级标准依据《生产安全事故报告和调查处理条例》（国务院令第493号）、《电力安全事故应急处置和调查处理条例》（国务院令第599号令）、《国家突发公共事件总体应急预案》及其他相关部委的应急预案等国家有关条例、预案、规定，各类突发事件按照其性质、严重程度、可控性和影响范围等因素，一般分为四级，即Ⅰ级（特别重大）、Ⅱ级（重大）、Ⅲ级（较大）和Ⅳ级（一般）。

2.3.1　事故灾难类四级划分

Ⅰ级（特别重大）、Ⅱ级（重大）、Ⅲ级（较大）和Ⅳ级（一般），具体情况如下：

（1）Ⅰ级：造成或可能造成30人以上死亡，或者100人以上重伤（包括急性工业中毒），或者1亿元以上直接经济损失的，或对公司产生严重负面影响的各类突发事件。

（2）Ⅱ级：造成或可能造成10人以上30人以下死亡，或者50人以上100人以下重伤（包括急性工业中毒），或者5000万元以上1亿元以下直接经济损失未构成特大事故的重大事故，对公司产生较大负面影响的各类突发事件。

（3）Ⅲ级：造成或可能造成3人以上10人以下死亡，或者10人以上50人以下重伤（包括急性工业中毒），或者1000万元以上5000万元以下直接经济损失未构成重大事故的，较大设备事故等各类突发事件。

（4）Ⅳ级：造成或可能造成3人以下死亡，或者10人以下重伤（包括急性工业中毒），或者1000万元以下直接经济损失未构成较大事故的，一般设备损坏、机组停运等各类突发事件。

2.3.2　自然灾害类四级划分

Ⅰ级（特别重大）、Ⅱ级（重大）、Ⅲ级（较大）和Ⅳ级（一般），具体情况如下：

（1）地震四级划分。

Ⅰ级：特别重大地震灾害，一次死亡300人以上，震级达到7.0级以上。

Ⅱ级：重大地震灾害，一次死亡20至300人，震级达到6.0～7.0级。

Ⅲ级：较大地震灾害，一次死亡 20 人以下，震级达到 5.5～6.0 级。

Ⅳ级：一般地震灾害，一次死亡 2 人及以下，震级达到 5.0～5.5 级。

（2）地质灾害灾情、险情四级划分。

Ⅰ级：特别重大地质灾害，死亡 30 人以上或者直接经济损失 1000 万元以上的；受威胁人数在 1000 人以上或者可能造成的经济损失在 1 亿元以上的。

Ⅱ级：重大地质灾害，死亡 10 人以上 30 人以下或者直接经济损失 500 万元以上 1000 万元以下的；受威胁人数在 500 人以上 1000 人以下或者可能造成的经济损失在 5000 万元以上 1 亿元以下的。

Ⅲ级：较大地质灾害，死亡 3 人以上 10 人以下或者直接经济损失 100 万元以上 500 万元以下；受威胁人数在 100 人以上 500 人以下或可能造成的经济损失在 500 万元以上 5000 万元以下。

Ⅳ级：一般地质灾害，死亡 3 人以下或者直接经济损失 100 万元以下的；受威胁人数在 100 人以下或者可能造成的经济损失在 500 元以下的。

（3）雨雪、冰冻、严寒四级划分。

Ⅰ级：出现连续 15 天以上的低温雨雪、冰冻、严寒天气，预计未来 24h 内降雪量折合水量仍将达到 15mm 以上；公司重要生产设备因冰冻发生严重损坏事故。

Ⅱ级：出现连续 10 天以上的低温雨雪、冰冻、严寒天气，预计未来 24h 内降雪量折合水量仍将达到 10mm 以上；重要生产设备因冰冻发生损坏事故。

Ⅲ级：出现连续 5 天以上的低温雨雪、冰冻、严寒天气，预计未来 24h 内降雪量折合水量仍将达到 10mm 以上；生产设备因冰冻发生损坏事故。

Ⅳ级：出现低温雨雪、冰冻、严寒天气，预计未来 24h 内降雪量折合水量仍将达到 5mm 以上；线路出现结冰现象；生产设备因冰冻发生损坏事故。

（4）大雾天气三级划分。

Ⅰ级：2h 内可能出现能见度小于 50m 的雾，或已经出现能见度小于 50m 的大雾并将持续。

Ⅱ级：6h 内可能出现能见度小于 200m 的雾，或已经出现能见度小于 200m、不小于 50m 的大雾并将持续。

Ⅲ级：12h 内可能出现能见度小于 500m 的雾，或已经出现能见度小于 500m、不小于 200m 的大雾并将持续。

2.3.3　公共卫生四级划分

Ⅰ级（特别重大）、Ⅱ级（重大）、Ⅲ级（较大）和Ⅳ级（一般），具体情况如下：

Ⅰ级：特别重大公共卫生事件，发现鼠疫、非典型性肺炎、禽流感、霍乱病例。

发现其他乙类、丙类传染病，严重影响生产、生活和社会秩序的；一次食物中毒发病人数 100 例以上，并出现死亡病例；发生急性职业中毒人数 50 人以上或死亡人数 30 人以上；

Ⅱ级：重大公共卫生事件，1 周内发现 10～29 例霍乱病例和带菌者；一次食物中毒发病人数在 30～99 例；发生急性职业中毒人数 30～49 人，或者死亡 29 人及以下；

Ⅲ级：较大公共卫生事件，一次食物中毒发病人数在 10～29 例，或造成 3 人以上 9 人以下死亡；发生急性职业中毒人数 10～29 人，或造成 3 人以上 9 人以下死亡。

Ⅳ级：一般公共卫生事件，一次食物中毒发病人数在10人以下事件；发生急性职业中毒人数在10人以下事件；短时间出现1例原因不明的疾病。

2.3.4 社会安全四级划分

Ⅰ级（特别重大）、Ⅱ级（重大）、Ⅲ级（较大）和Ⅳ级（一般），具体情况如下：

（1）群体性突发社会安全事件四级划分。

Ⅰ级：特别重大突发性事件，参与上访人数在500人及以上的事件。

Ⅱ级：重大突发事件，参与上访人数在100人及以上、500人以下的事件。

Ⅲ级：较大突发事件，参与上访人数在15人及以上、100人以下的事件。

Ⅳ级：一般突发事件，参与上访人数在5人及以上、15人以下的事件。

（2）新闻突发事件四级划分。

Ⅰ级特大突发新闻媒体事件：国家或中央新闻媒体报道的事件。

Ⅱ级重大新闻媒体事件：省级新闻媒体报道的事件。

Ⅲ级较大新闻媒体事件：市级新闻媒体报道的事件。

Ⅳ级一般新闻媒体事件：县级新闻媒体报道的事件。

3　组织机构及职责

3.1　应急组织体系

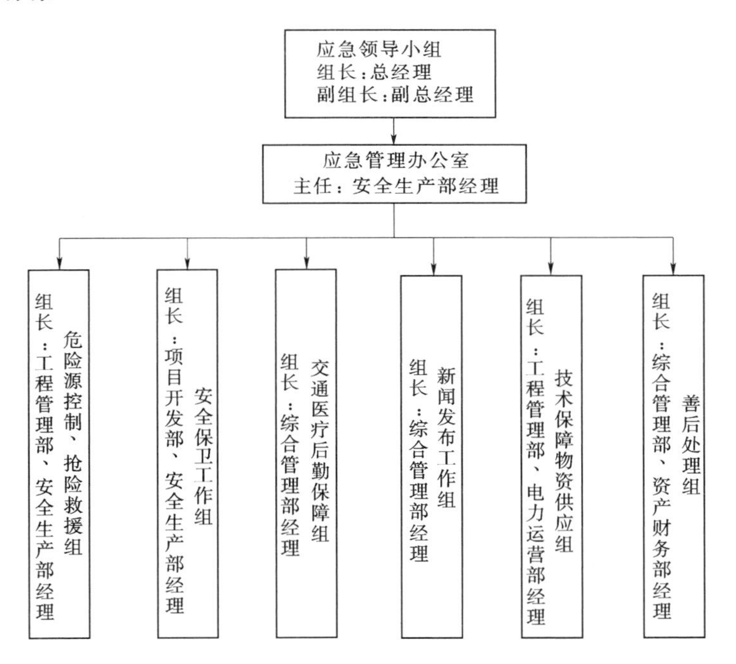

企业建立突发事件应急领导小组，下设应急管理办公室和6个应急处置工作组，负责突发事件的应急管理工作。

3.1.1 应急领导小组

组　长：总经理

副组长：副总经理

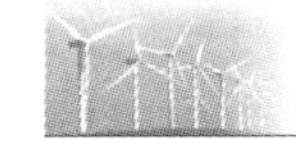

成　员：综合管理部经理、资产财务部经理、项目开发部经理、工程管理部经理、电力运营部经理、安全生产部经理

3.1.2　应急管理办公室

主任：安全生产部经理

3.1.3　应急处置工作组

（1）危险源控制、抢险救援组　组长：工程管理部、安全生产部经理

（2）安全保卫工作组　组长：项目开发部、安全生产部经理

（3）交通医疗后勤保障组　组长：综合管理部经理

（4）新闻发布工作组　组长：综合管理部经理

（5）技术保障物资供应组　组长：工程管理部、电力运营部经理

（6）善后处理组　组长：综合管理部、资产财务部经理

3.2　职责

3.2.1　应急领导小组职责

（1）贯彻落实国家有关突发事件应急管理工作的法律、法规、制度，执行上级公司和政府有关部门关于突发事件处理的重大部署。

（2）监督应急管理责任制的落实情况，协调各部门职责的划分，并监督各部门专业应急预案的编写、学习、演练和修订完善。

（3）负责总体指挥，协调突发事件的处理，负责出现突发事件时应急预案的启动和应急预案的终结。

（4）部署重大突发事件发生后的善后处理及生产、生活恢复工作。

（5）及时向政府应急管理部门、上级公司管理部门报告重大突发事件发生及处置情况。

（6）负责监督、指导各职能机构对各类突发事件进行调查分析，并对相关部门或人员落实考核。

（7）签发审核论证后的应急预案。

3.2.2　应急管理办公室职责

（1）应急管理办公室是突发事件应急管理的常设机构，负责应急领导指挥机构的日常工作。

（2）及时向应急领导小组报告突发事件。

（3）组织落实应急领导小组提出的各项措施、要求，监督各单位的落实。

（4）监督检查各单位突发事件的应急预案、日常应急准备工作、组织演练的情况；指导、协调突发事件的处理工作。

（5）突发事件处理完毕后，认真分析突发事件发生原因，总结突发事件处理过程中的经验教训，进一步完善相应的应急预案。

（6）对公司突发事件管理工作进行考核。

（7）指导相关部门做好善后工作。

3.2.3　应急处置工作组职责

3.2.3.1　危险源控制、抢险救援组职责

按照保人身、保电网、保设备的原则，做好应急抢险救援工作。抢险救援时首先抢救

受伤人员，然后按其职责开展其他救援处置工作。

（1）负责事故运行方式调整和安全措施落实。

（2）负责风电场电气设备保护及自动装置的应急处理。

（3）负责所辖区域内的公用系统突发事件的处理。

（4）负责伤员的第一救护，报告紧急医疗救护部门。

3.2.3.2　安全保卫组职责

（1）维持现场秩序、现场警戒，划定警戒区域，负责监督应急情况处理时各项安全措施的执行，防止救援时人身事故的发生。

（2）控制现场人员，无关人员不准出入现场，确保抢险、救灾人员疏散时的人身安全，做好安置、维持现场秩序、安全警戒装置的设置工作。

（3）负责抢险现场安全隔离措施的检查，并督促相关部门执行到位。

（4）组织实施事故恢复所必须采取的临时性措施。

（5）协助完成事故（发生原因、处理经过）调查报告的编写和上报工作。

3.2.3.3　交通医疗后勤保障组职责

（1）负责车辆管理部门。

1）平时加强车辆维护、检查，确保应急抢险救援时所需车辆正常使用。

2）应急时提供紧急救护车辆，提供应急救援抢险和应急物资、设备设施运送所需车辆。

（2）负责通信管理部门。

1）固定电话、移动电话、载波通信、应急呼叫通信等通信设施完好。

2）应急时确保生产调度和现场应急通信畅通。

（3）负责医疗后勤保障部门。

1）接警后及时赶赴事发地，对受伤人员采取现场紧急救治，及时抢救伤员。

2）及时联系市120急救中心或市医院，将伤员转送医院进行治疗。

3）做好日常相关医疗药品和器材的维护和储备工作。

4）做好食物、卫生、环境方面的防范工作，防止灾后发生疫情，做好生活区异常情况的处理。

3.2.3.4　新闻发布工作组职责

（1）在应急领导小组的指导下将突发事件情况汇总，做好对外信息发布工作。

（2）根据应急领导小组的决定对突发事件情况向政府新闻主管部门、上级单位进行报告。

（3）负责新闻媒体及当地政府有关部门和上级相关部门的接待工作。

3.2.3.5　技术保障物资供应组职责

（1）全面提供应急救援时的技术支持。

（2）掌握本公司各设备、建筑、装备、器材、工具等专业技术。

（3）掌握本公司各设备、设施、建筑在事故灾难情况下的应急处置方法。

（4）按照公司要求做好各类突发事件相应物资储备和供给工作。

（5）应急时，负责应急物资、各种器材、设备的供给。

(6) 负责与其他外部救援力量进行沟通联络，及时做好应急物资的补给工作。

3.2.3.6 善后处理组职责

(1) 负责伤亡家属接待、安抚、慰问和补偿等善后工作。

(2) 负责人员伤亡、设备、财产损失统计理赔工作。

(3) 负责事故、灾难调查、处理、报告填写和上报工作。

4 预防与预警

4.1 危险源监控

按照《中华人民共和国突发事件应对法》，结合公司周边自然情况，对设备、人员情况，开展风险评估和隐患排查、季节性安全检查、专项安全检查及安全性评价等。同时积极利用试验、监测、监控、检验及各类报警装置，发现和监控危险源，做到早发现、早报告、早处置。任何部门获得突发事件信息立即向应急管理办公室汇报，应急管理办公室汇总信息后立即上报应急领导小组。

4.2 预警行动

4.2.1 预警信息发布的条件

预警级别依据突发事件可能造成的紧急程度和发展势态，一般划分为四级，即Ⅰ级(特别严重)、Ⅱ级(严重)、Ⅲ级(较重)和Ⅳ级(一般)，依次用红色、橙色、黄色和蓝色表示。

4.2.2 预警信息发布的对象

针对自然灾害、事故灾难、公共卫生、社会安全突发事件实施预警。

4.2.3 预警信息发布的程序

突发事件信息经应急领导小组审批后，由应急管理办公室对可能发生和可以预警的突发事件进行预警。预警信息的发布一般通过短信、电话、通知等方式进行，预警信息包括突发事件的类别、预警级别、起始时间、可能影响范围、警示事项、应采取的措施和发布单位等。

4.2.4 预警相应的预防措施

预警信息发布后应急领导小组所有成员及各应急工作小组的行动和措施要求：

(1) 发布红色Ⅰ级预警后，应急领导小组组长和所有成员及六个应急工作小组立即到达相应岗位，针对应急救援措施要求开展工作。

(2) 发布橙色Ⅱ级预警后，应急领导小组组长和所有成员及六个应急工作小组立即到达相应岗位，针对应急救援措施要求开展工作。

(3) 发布黄色Ⅲ级预警后，应急领导小组副组长和六个应急工作小组立即到达相应岗位，针对应急救援措施要求开展工作。

(4) 发布蓝色Ⅳ级预警后，按应急管理办公室要求的应急工作小组成员立即到达相应岗位，针对应急救援措施要求开展工作。

4.3 信息报告与处置

(1) 联系电话。

24h 值班电话：×××。

应急处置办公电话：×××。

移动电话：×××。

（2）突发事件发生后，应急管理办公室用电话、传真或电子邮件上报应急领导小组，应急领导小组最迟不得超过1h按规定上报所在地方政府应急管理部门。上报的信息内容包括：突发事件的时间、地点、灾害类型、规模、可能引发的灾害和发展趋势等。对已造成后果的灾害，速报内容还要包括伤亡和失踪的人数以及造成的直接经济损失。

（3）应急处置过程中，要及时续报有关情况。

（4）应急救援工作结束后，应急领导小组按照有关规定对应急救援工作进行总结，并上报当地政府应急管理部门备案。

（5）在事故结束后上报《事故调查报告》。

（6）《事故调查报告》由事故调查的组织部门以文件形式在事故发生后的30天内报出，特殊情况下可延至45天。由政府应急管理部门组织调查的事故上报时限（依据599号令较大和一般事故调查不得超过45天，重大和特大事故调查不得超过60天）从其规定，在接到地方政府批复事故结案后7日内逐级上报。

5 应急响应

5.1 应急响应分级

按突发事件的可控性、严重程度和影响范围，结合本公司实际情况，突发事件的应急响应一般分为特别重大（Ⅰ级响应）、重大（Ⅱ级响应）、较大（Ⅲ级响应）、一般（Ⅳ级响应）四级。

（1）Ⅰ级响应：由公司总经理组织启动响应，所有部门进行联动。

（2）Ⅱ级响应：由公司总经理组织启动响应，所有部门进行联动。

（3）Ⅲ级响应：由副总经理组织启动响应；相关部门和电厂联动。

（4）Ⅳ级响应：由项目公司总经理组织启动响应。

5.2 响应程序

5.2.1 响应启动条件

（1）Ⅰ级响应：造成3人以上死亡4人以上重伤、10人以上轻伤，或者造成1000万元以上直接经济损失的事故。

（2）Ⅱ级响应：造成3人以下死亡、2～3人重伤、4～9人轻伤，或者造成300万元以上1000万元以下直接经济损失的事故。

（3）Ⅲ级响应：造成1人重伤2～3人轻伤，或者造成100万元以上300万元以下直接经济损失事故。

（4）Ⅳ级响应：造成1人轻伤，或者造成100万元以下直接经济损失的事故。

本条第一款所称的“以上”包括本数，所称的“以下”不包括本数。

5.2.2 突发事件应急响应程序和要求

（1）应急管理办公室接到报告后，立即与突发事件的发生单位取得联系，掌握事件进展情况，及时将信息报告给应急领导小组，启动应急预案，控制事态影响防止扩大。

（2）立即由应急领导小组组织现场应急救援工作。

（3）及时向上级公司和地方政府应急管理部门报告突发事件基本情况和应急救援的进展情况，根据地方政府的要求开展应急救援工作。

（4）组织专家组分析情况，根据专家的建议，通知相关应急救援力量随时待命，为政府应急指挥机构提供技术支持。

（5）派出相关应急救援力量和专家赶赴现场，参加、指导现场应急救援，必要时调集事发地周边地区专业应急力量（医疗、消防、公安、交通）实施增援。需要有关应急力量支援时，应及时向地方政府应急管理部门汇报请求支援。

5.2.3　应急指挥

由应急领导小组统一指挥应急救援、处置各项工作。

5.2.4　应急处置

5.2.4.1　先期处置

突发事件发生后，事发单位在做好信息报告的同时，要立即按照现场处置方案，组织应急救援工作，抢救受伤人员，疏散、撤离、安置受到威胁的人员；控制危险源；标明危险区域；封锁危险场所，落实应急救援各项安全技术措施，按规定及时向所在地政府及有关部门报告。对因本单位的问题引发的社会安全事件，相关单位要迅速派出负责人赶赴现场进行疏导工作。

5.2.4.2　应急处置

对应本预案的响应级别，应急响应启动后，应急指挥机构要坚持专项预案的应急响应程序及处置原则，并按对应的现场处置方案组织好应急救援工作。

5.2.4.3　应急响应调整

应急领导小组要根据现场处置的事态发展变化，及时研究和判断提高或降低应急响应级别，同时请求行业和外部各方面的应急救援力量及资源参与应急救援工作。

5.3　应急结束

（1）应急终止条件。

1）事件现场得到控制，事件条件已经消除。

2）环境符合有关标准。

3）事件所造成的危害已经彻底消除，无次生、衍生事故隐患继发可能。

4）事件现场的各种专业应急处置行动已无继续的必要。

5）采取了必要的防护措施以保护公众免受再次危害。

6）经应急领导小组批准。

（2）由原应急响应发布部门宣布应急响应结束。

（3）应急结束后善后处理组要向上级主管单位上报突发事件应急救援工作总结。

6　信息发布

6.1　信息发布的原则和责任部门

在发生破坏性地震等自然灾害、较大传染病疫情、较大食物和职业中毒以及其他比较影响职工健康的公共卫生事件、较大生产和人员安全事故、涉外突发事件、群体性上访等较重影响企业形象和稳定的事件、较大网络安全事故和其他较大突发事件后，要做好对外

新闻报道和舆论引导等工作，统一对外进行信息发布。

公司应急管理办公室是对外信息发布的归口管理部门，其他相关部门配合，保证信息一致性发布。

6.2 信息发布程序

由信息发布责任部门负责组织信息发布稿件，报应急领导小组审批后，按要求时限进行发布。

7 后期处置

应急结束后，要对设备和设施状况进行针对性的检查。必要时，应开展技术鉴定工作，认真查找设备和设施在危急事件后可能存在的安全隐患，污染物处理等积极采取措施予以消除，尽快恢复生产、生活秩序。

应急结束后妥善处理相关损失的善后理赔工作，对整体应急能力（包括对应急预案的评价和改进等方面的后期处置工作要求）进行评估总结并记录在案。

8 应急保障

8.1 队伍保障

8.1.1 内部队伍保障

（1）专职应急队伍：运行、保卫、维护人员及专家组等。

（2）兼职应急队伍（群众性救援队伍）：义务消防队员等。

8.1.2 外部队伍保障

社会应急救援力量的利用：企业及所辖项目公司要掌握本单位周围地区的外部救援力量与通信、设备制造厂、供应商及技术服务人员等外部救援力量签订应急协议，做到与当地政府应急管理部门（医疗、消防、公安、交通等）建立快速联系通道保障在应急状态下及时获得外部应急救援力量的支持。

8.2 物资保障

做好应急装备与备品备件的储备和配置，包括应急救援的机械设备、监测仪器仪表、交通工具、个人防护、医疗设施、药品及其他保障物资。做好应急物资的管理工作，进行定期的检查、维护、更新，使其始终处于良好状态。

基本公共应急物资储备表

序号	物资名称	数量	存放地点	负责人	办公电话	负责人电话	备注
1	逃生绳						
2	电筒						
3	工具箱						
4	对讲机						
5	急救箱						
6	应急车辆						
7	消防栓						

续表

序号	物资名称	数量	存放地点	负责人	办公电话	负责人电话	备注
8	消防水带						
9	灭火器						
10	床						
11	被褥						
12	桶						
13	锹						
14	编织袋						

8.3 通信与信息保障

突发事件应急管理必须依靠健全、畅通的通信网络，通信网络包括有线电话系统、无线移动通信系统、对讲机、计算机网络等。

应急处置办公电话：×××。

移动电话：×××。

8.4 其他保障

（1）成立以部门负责人为组长的层层连接、环环相扣的突发事件领导小组，以及突发事件专项小组的组织机构，明确职责分工、任务、目标和运作程序等。

（2）根据不同的突发事件建立专职或兼职应急救援队伍，加强应急队伍的建设，熟悉应急知识，充分掌握各类突发事件处置措施，提高其应对突发事件的素质和能力。

（3）配置完善的应急物资和技术装备，建立并落实严密的日常检查、维护等标准化管理制度，使各类事故处于可控状态，应急系统处于完备状态。

（4）对于可能发生的各种突发事件，针对每一类突发事件的特点进行具体分析，制定相应的应急预案并报公司备案。

（5）各基层单位要按照职责分工和相关预案做好突发事件的应对工作，同时根据总体预案切实做好应对突发事件的人力、物力、财力、交通运输、医疗卫生及通信保障等工作，保证应急救援工作的需要，以及恢复重建工作的顺利进行。

9 演练与培训

9.1 培训

（1）将应急管理培训工作纳入年度培训计划，有针对性地对应急救援和管理人员进行培训，提高其专业技能。要求生产一线人员100%经过心肺复苏法培训，100%经过消防器材使用的培训，电气人员100%经过触电急救培训及相关专业信息报告（报警）程序的培训。

（2）每年至少组织一次应急管理培训，培训的主要内容应该包括：本单位的应急预案体系构成，应急组织机构及职责、应急程序、应急资源保障情况和针对不同类型突发事件的预防和处置措施等。

9.2 预案演练

9.2.1 演练频度

应急预案的演练方式可以选择实战演练、桌面演练两者中的一种，每年年初制定演练

计划，专项应急预案演练每年不少于 1 次，现场处置演练不少于 2 次，其中消防类、防全站停电类、防汛类应急预案必须采取实战演练。

9.2.2　演练的范围和内容

突发事件涉及相关的范畴，全体应急管理人员、专兼职应急救援人员参加，主要内容是本应急综合预案、专项应急预案。

10　奖惩

（1）突发事件应急处置工作实行责任追究制。

（2）对突发事件应急管理工作中做出突出贡献的先进集体和个人要给予表彰和奖励。

（3）对迟报、谎报、瞒报和漏报突发事件重要情况或者应急管理工作中有其他失职、渎职行为的，依法对有关责任人给予行政处分；构成犯罪的，依法追究刑事责任。

11　附则

11.1　术语和定义

11.1.1　突发事件

突发事件是指突然发生，造成或者可能造成人员伤亡、电力设备损坏、电网大面积停电、环境破坏等危及电力企业、社会公共安全稳定，需要采取应急处置措施予以应对的紧急事件。

11.1.2　应急预案

应急预案指针对可能发生的各类突发事件，为迅速、有序地开展应急行动而预先制定的行动方案。

11.1.3　危险源

危险源指可能导致伤害或疾病、财产损失、环境破坏、社会危害或这些情况组合的根源或状态。

11.1.4　风险

风险指某一特定突发事件发生的可能性和后果的组合。

11.1.5　预警

预警指为了高效地预防和应对突发事件，对突发事件征兆进行监测、识别、分析与评估，预测突发事件发生的时间、空间和强度，并依据预测结果在一定范围内发布相应警报，提出相应应急建议的行动。

11.1.6　突发事件分级

突发事件分级指根据突发事件的严重程度和影响范围所确定的事件等级。

11.1.7　应急响应分级

应急响应分级指根据突发事件的等级和事发单位的应急处置能力所确定的应急响应等级。

11.2　备案

本预案按照要求向当地政府安全监督部门、行业主管部门备案。本预案自发布之日起至少三年修订一次，有下列情形之一及时修订，修订后按照程序重新备案：

（1）公司生产规模发生较大变化或进行重大调整。

（2）公司隶属关系发生变化。

（3）周围环境发生变化，形成重大危险源。

（4）依据的法律、法规和标准发生变化。

（5）应急预案评估报告提出整改要求。

（6）上级有关部门提出要求。

11.3　制定

本预案由安全生产部负责制定、解释。

11.4　实施

本预案自发布之日起执行，原相关预案同时废止。

12　附件

（1）应急预案体系框架图。

（2）应急预案目录。

（3）现场处置方案目录。

（4）应急救援相关人员联系方式。

（5）突发事件信息报告流程。

（6）应急处置流程。

12.1　应急预案体系框架图

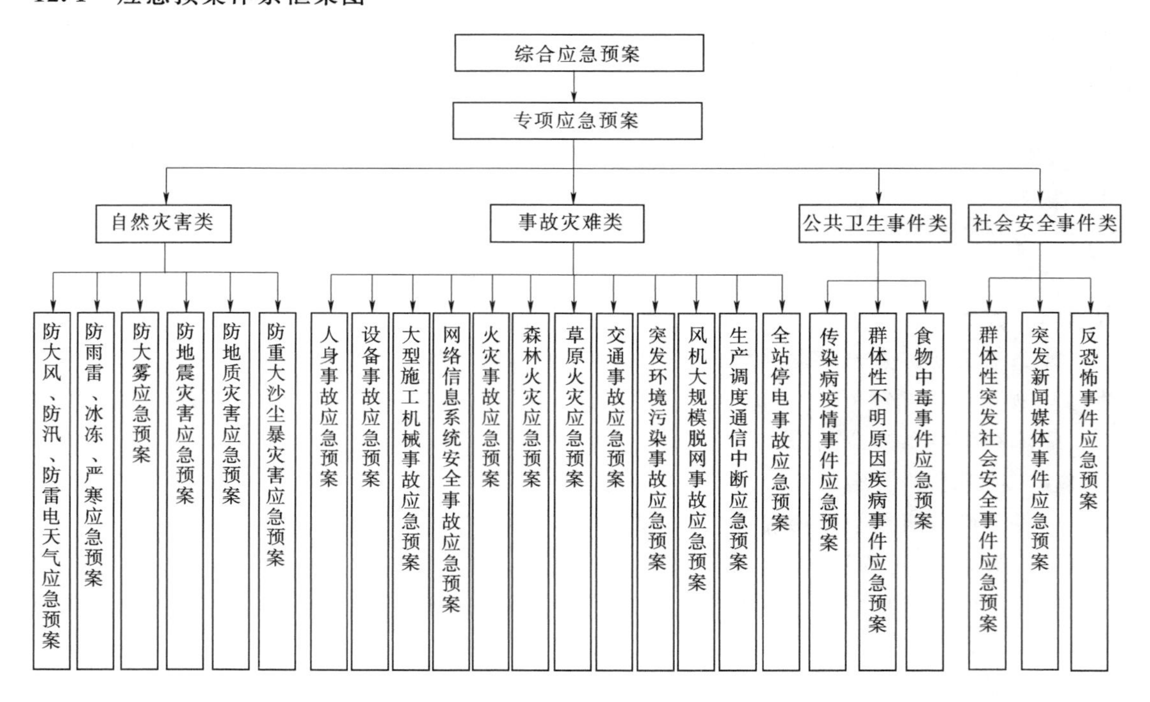

12.2 应急预案目录

序号	预 案 名 称	备 注
一	综合预案	
1	综合应急预案	
二	专项预案	
(一)	自然灾害类	
1	防大风、防汛、防雷电天气应急预案	
2	防雨雪、冰冻、严寒应急预案	
3	防大雾应急预案	
4	防地震灾害应急预案	
5	防地质灾害应急预案	
6	防重大沙尘暴灾害应急预案	
(二)	事故灾难类	
1	人身事故应急预案	
2	设备事故应急预案	
3	大型施工机械事故应急预案	
4	网络信息系统安全事故应急预案	
5	火灾事故应急预案	
6	森林火灾应急预案	
7	草原火灾应急预案	
8	交通事故应急预案	
9	突发环境污染事故应急预案	
10	风机大规模脱网事故应急预案	
11	生产调度通信中断应急预案	
12	全站停电事故应急预案	
(三)	公共卫生事件类	
1	传染病疫情事件应急预案	
2	群体性不明原因疾病事件应急预案	
3	食物中毒事件应急预案	
(四)	社会安全事件类	
1	群体性突发社会安全事件应急预案	
2	突发新闻媒体事件应急预案	
3	反恐怖事件应急预案	

12.3 现场处置方案目录

序号	处置方案名称	备注
1	主控室火灾事故现场处置方案	
2	变压器火灾事故处置方案	
3	电缆火灾事故处置方案	
4	发电机组火灾事故处置方案	
5	食堂火灾事故处置方案	
6	电气误操作事故处置方案	
7	继电保护事故处置方案	
8	接地网事故处置方案	
9	开关设备事故应急处置方案	
10	触电伤亡事故处置方案	
11	高处坠落伤亡事故处置方案	
12	机械伤害事故处置方案	
13	物体打击伤亡事故处置方案	
14	风机叶尖遭雷击事故处置方案	
15	风机倒塌事故处置方案	
16	风机超速事故处置方案	
17	风机桨叶掉落事故处置方案	
18	发电机损坏事故处置方案	
19	档案火灾事故处置方案	
20	污闪事故应急处置方案	
21	自动化设备故障应急处置方案	
22	电力信息系统安全防护应急处置方案	
23	电缆事故处置方案	
24	变压器及互感器爆炸处置方案	
25	蓄电池爆炸事故处置方案	

12.4 应急救援相关人员联系方式

12.4.1 应急领导小组人员和联系方式

序号	岗位	姓名	办公电话	移动电话	备注
1	总经理				
2	副总经理				
3	综合管理部经理				
4	资产财务部经理				
5	项目开发部经理				
6	工程管理部经理				
7	电力运营部经理				
8	安全生产部经理				

12.4.2 相关政府职能部门、抢险救援机构联系方式

序号	单　　位	联系方式	备注
1	地方应急管理委员会		
2	安全生产监督管理局		
3	生产调度机构		
4	当地国家能源派出机构		
5	当地气象部门		
6	国土资源机构		
7	急救中心		
8	公安报警		
9	交通报警		
10	消防报警		

12.5 突发事件信息报告流程

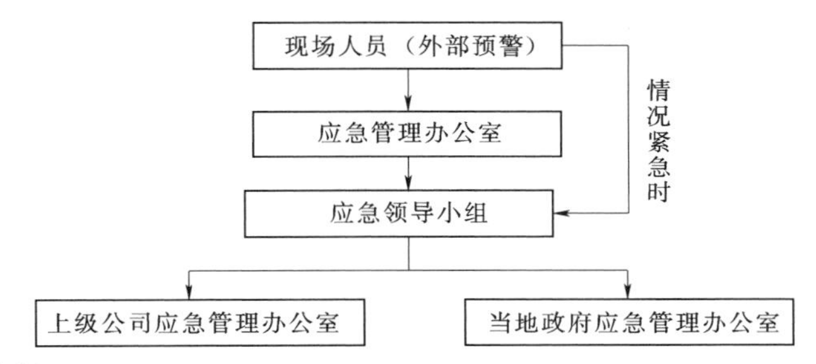

12.6 应急处置流程

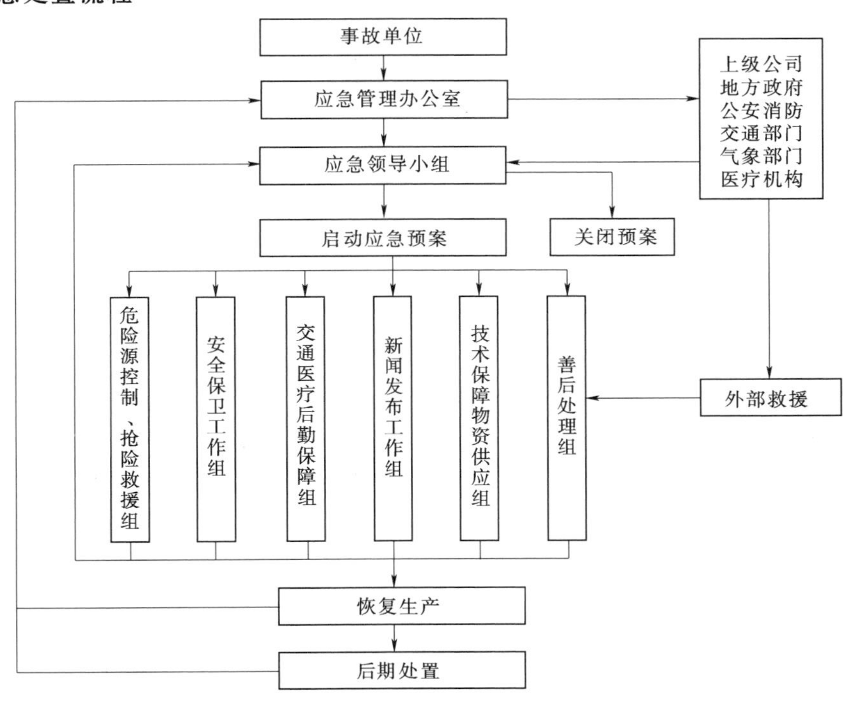

第四章　自然灾害专项预案

第一节　自然灾害概述

依据《国家自然灾害救助应急预案》（国办函〔2016〕25号）规定，自然灾害主要包括干旱、洪涝灾害，台风、风雹、低温冷冻、雪、沙尘暴等气象灾害，火山、地震灾害，山体崩塌、滑坡、泥石流等地质灾害，风暴潮、海啸等海洋灾害，森林草原火灾等。

风电场分布区域广泛，气候环境复杂多样，往往面临不同程度和类型的自然灾害。例如，低温、冰冻和沙尘暴给风电场设备和线路造成的危害，雷电、暴雨、冰雹、龙卷风等对风电场正常施工和运行带来的影响。因此，风电场在设计、施工和运行时应充分考虑自然灾害对风电场的影响。

第二节　自然灾害专项应急预案范例

一、防大风、防汛、防雷电天气应急预案

某风力发电公司
防大风、防汛、防雷电天气应急预案

1　总则

1.1　编制目的

为高效有序地做好公司应对突发大风、汛情、雷电天气等自然灾害的应急处置和救援工作，避免或最大限度地减少灾害造成的损失，保障员工生命和公司财产安全，维护社会稳定，特编制本预案。

1.2　编制依据

《中华人民共和国安全生产法》（中华人民共和国主席令第13号）

《中华人民共和国突发事件应对法》（中华人民共和国主席令第69号）

《国家突发公共事件总体应急预案》

《国家自然灾害救助应急预案》（国办函〔2016〕25号）

《中华人民共和国防汛条例》（国务院令第441号）

《中华人民共和国防洪法》（2015年4月24日第二次修订）

《气象灾害防御条例》（国务院令第570号）

《国家气象灾害应急预案》(2010 年 3 月 8 日发布实施)

《突发气象灾害预警信号发布试行办法》(气发〔2004〕206 号)

《自然灾害救助条例》(国务院令第 577 号)

《国家防汛抗旱应急预案》(国办函〔2005〕37 号)

《电力安全生产监督管理办法》(中华人民共和国国家发展和改革委员会令第 21 号)

《电力企业应急预案管理办法》(国能安全〔2014〕508 号)

《电力企业应急预案评审和备案细则》(国能综安全〔2014〕953 号)

《电力企业专项应急预案编制导则(试行)》

《电力安全事故应急处置和调查处理条例》(国务院令第 599 号)

《某风电公司综合应急预案》

1.3　适用范围

本预案适用于企业突发大风、汛情、强对流灾害天气的应急处置和应急救援工作。

2　应急处置基本原则

遵循以人为本“安全第一，预防为主，综合治理”的方针，坚持防御和救援相结合，坚持保人身、保电网、保设备的原则，依托政府、统一领导、分工负责、加强联动、快速响应，最大限度地减少突发事件造成的损失。

3　事件类型和危害程度分析

3.1　风险的来源、特性

风险信息来自省、市气象部门的预报，突发大风、汛情、雷电天气具有来势凶猛的特点。大风：云区范围非常广，覆盖面积大，风力强度大。洪水：季节性明显，具有峰高量大的特点。

3.2　事件类型、影响范围及后果

汛期大风或雷电天气导致暴雨、洪涝灾害，可能发生风机倒塌、飞车、送出和集电线路杆塔倒塌或输电线路断裂，对各类高空构筑物造成威胁，发生重大及以上人身伤亡事故。

恶劣天气可能严重影响公众健康或社会秩序、经济发展等，严重时会造成社会恐慌，需要采取紧急措施。

4　事件分级

按照大风、汛情、雷电天气灾害的严重性和紧急程度，该类突发事件分为四级，具体情况如下：

(1) Ⅰ级(特别严重灾情)：气象部门发布大风、汛情、雷电天气的紧急警报。

(2) Ⅱ级(严重灾情)：气象部门发布大风、汛情、雷电天气的警报。

(3) Ⅲ级(较重灾情)：气象部门发布大风、汛情、雷电天气的消息。

(4) Ⅳ级(一般灾情)：气象部门发布 24h 内可能或者已经受影响，沿海或者陆地平均风力达 6 级以上，或者 8 级以上并可能持续。

5　组织机构及职责

5.1　应急组织体系

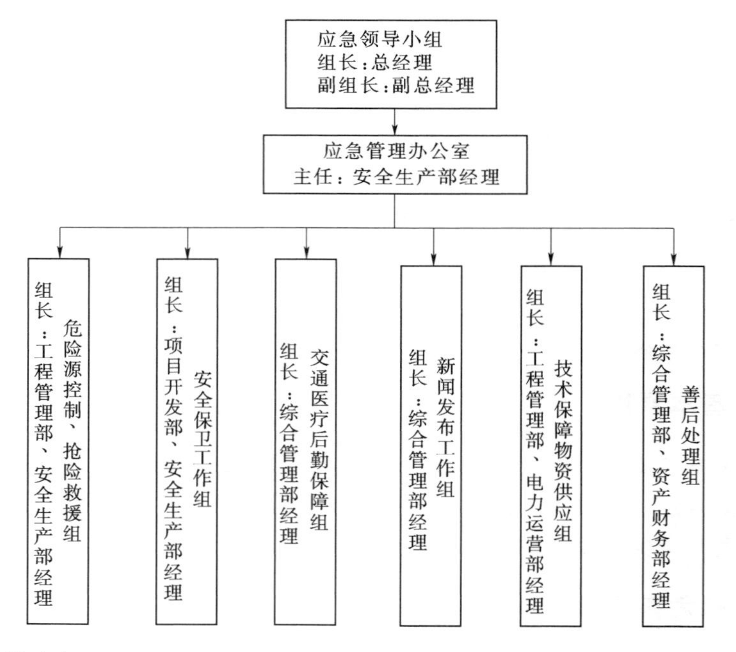

5.1.1　应急领导小组

组　长：总经理

副组长：副总经理

成　员：综合管理部经理、资产财务部经理、项目开发部经理、工程管理部经理、电力运营部经理、安全生产部经理

5.1.2　应急管理办公室

主　任：安全生产部经理

5.1.3　应急处置工作组

（1）危险源控制、抢险救援组　　组长：工程管理部、安全生产部经理

（2）安全保卫工作组　　组长：项目开发部、安全生产部经理

（3）交通医疗后勤保障组　　组长：综合管理部经理

（4）新闻发布工作组　　组长：综合管理部经理

（5）技术保障物资供应组　　组长：工程管理部、电力运营部经理

（6）善后处理组　　组长：综合管理部、资产财务部经理

5.2　职责

5.2.1　应急领导小组职责

（1）贯彻落实国家及公司有关重大突发事件管理工作的法律、法规、制度，执行公司和政府有关部门关于重大突发事件处理的重大部署。

（2）监督应急管理责任制的落实情况，协调各部门职责的划分，并监督各部门专业应

急预案的编写、学习、演练和修订完善。

（3）负责总体指挥，协调各类不安全和不稳定突发事件的处理，负责出现危急事件时应急预案的启动和应急预案的终结。

（4）部署重大突发事件发生后的善后处理及生产、生活的恢复工作。

（5）及时向地方政府部门及公司管理部门报告重大突发事件的发生及处理情况。

（6）负责监督、指导各职能部门对各类突发事件进行调查分析，并对相关部门或人员进行考核。

（7）签发审核论证后的应急预案。

5.2.2　应急管理办公室职责

（1）应急管理办公室是突发事件应急管理的常设机构，负责应急指挥机构的日常工作。

（2）及时向应急指挥机构领导小组报告较大突发事件。

（3）负责传达政府、行业及公司有关突发事件应急管理的方针、政策和规定。

（4）组织落实应急指挥机构领导小组提出的各项措施、要求，监督各单位的落实。

（5）组织制定公司突发事件管理工作的各项规章制度和突发事件典型预案库，指导公司系统突发事件的管理工作。

（6）监督检查公司突发事件的应急预案、日常应急准备工作、组织演练的情况；指导、协调突发事件的处理工作。

（7）大风、汛情、雷电天气突发事件处理完毕后，认真分析事件发生原因，总结事件处理过程中的经验教训，完善相应的应急预案。

（8）对公司系统较大突发事件管理工作进行考核。

（9）指导相关部门做好大风、汛情、防雷电天气发生的善后工作。

5.2.3　应急处置工作组职责

5.2.3.1　危险源控制、抢险救援组职责

按照保人身、保电网、保设备的原则，做好大风、汛情、雷电天气的应急抢险救援工作。抢险救援时首先抢救受伤人员，然后按其职责开展其他救援处置工作。

（1）运行应急人员负责事件发生时风电设备的运行方式调整和安全措施落实。

（2）电气专业负责电气设备、端子箱、保护室、控制箱、保护及自动装置的应急处理。

（3）公用系统应急人员负责所辖区域内的危急事件处理。

5.2.3.2　安全保卫工作组职责

（1）维持现场秩序、现场警戒，划定警戒区域，负责监督应急情况处理时各项安全措施的执行，防止救援时发生人身事故。

（2）设置安全警戒装置，控制现场人员，无关人员未经允许不准进入现场，确保抢险、救灾人员疏散时的人身安全，维持现场秩序。

（3）负责抢险现场安全隔离措施的检查，并督促相关部门执行到位。

（4）组织实施事故恢复所必须采取的临时性措施。

（5）协助完成事故（发生原因、处理经过）调查报告的编写和上报工作。

5.2.3.3　交通医疗后勤保障组职责

（1）负责车辆管理部门。

1）平时加强车辆维护、检查，确保应急抢险救援时所需车辆正常使用。

2）应急时提供紧急救护车辆，提供应急救援抢险和应急物资、设备设施运送所需车辆。

（2）负责通信部门。

1）固定电话、移动电话、载波通信、应急呼叫通信等通信设施完好。

2）应急时确保生产调度和现场应急通信畅通。

（3）负责医疗后勤保障部门。

1）接警后及时赶赴事发地，对受伤人员采取现场紧急救治，及时抢救伤员。

2）及时联系120急救中心或当地医院，将伤员转送医院进行治疗。

3）做好日常相关医疗药品和器材的维护和储备工作。

4）做好饮食、卫生、环境方面的防范工作，防止灾后发生疫情，做好生活区异常情况的处理。

5.2.3.4　新闻发布工作组职责

（1）在应急领导小组的指导下，负责将突发事件情况汇总，根据领导小组的决定做好对外信息发布工作。

（2）根据领导小组的决定对突发事件情况向政府新闻主管部门、上级单位进行报告。

（3）负责新闻媒体及当地政府有关部门和上级相关部门的接待工作。

5.2.3.5　技术保障物资供应组职责

（1）全面提供应急救援时的技术支持。

（2）掌握本公司各类设备、建筑、装备、器材、工具等专业技术。

（3）掌握设备设施、建筑在大风、汛情、防雷电天气灾难情况下的应急处置方法。

（4）按照公司要求做好各类危急事件相应物资储备和供给工作。

（5）保证大风、汛情、雷电天气灾难发生时，负责应急物资、各种器材、设备的供给。

（6）负责与其他外部救援力量进行沟通联络，及时做好应急物资的补给工作。

5.2.3.6　善后处理组职责

（1）负责大风、汛情、雷电天气灾难造成的伤亡员工家属的接待、安抚、慰问和补偿等善后工作。

（2）负责大风、汛情、雷电天气灾难造成人员伤亡、设备、财产损失的数据统计和保险理赔工作。

（3）负责大风、汛情、雷电天气造成灾难的调查、处理、报告填写和上报工作。

6　预防与预警

6.1　风险监测

6.1.1　风险监测的责任部门和人员

安全生产部是大风、汛情、雷电天气风险监测的责任部门，安全生产部经理是风险信息收集的责任人，及时收集大风、汛情、雷电天气预报等信息。

6.1.2　风险监测的方法和信息收集渠道

（1）有关气象信息，包括汛情、雨情、大风信息等主要来自当地气象部门。

（2）值长及时与调度部门联系，并负责收集机组目前的状况和影响机组安全运行的情况。

（3）设备维护、运行巡检人员，负责生产区域水情、汛情信息收集。

6.1.3 风险监测所获得信息的报告程序

当发生大风、汛情、雷电天气突发事件时，发现人所在单位应立即将发生的情况（包括时间、地点、灾难的简要情况等）报告给应急管理办公室。应急管理办公室负责按照规定要求上报应急领导小组，应急领导小组根据情况向电监局、当地政府应急管理部门报告。

6.2 预警发布与预警行动

6.2.1 预警分级

预报等级按国家统一标准，大风、汛情、雷电天气划分为四级，颜色依次为红色、橙色、黄色和蓝色，分别代表特别严重、严重、较重和一般。当同时出现或预报可能出现多种气象灾害时，可按照相对应的标准同时发布多种预警信号。

（1）Ⅰ级：红色预警，特别严重灾害。

（2）Ⅱ级：橙色预警，严重灾害。

（3）Ⅲ级：黄色预警，较重灾害。

（4）Ⅳ级：蓝色预警，一般灾情。

6.2.2 预警发布程序和相关要求

应急管理办公室收到信息后，应根据大风、汛情可能影响范围、严重程度、可能后果和应急处理的需要等，判断是否进入预警状态，提出预警级别建议，报应急领导小组，经应急领导小组确定级别后，由应急管理办公室发布预警信息。发布预警信息，采用办公电话、移动电话、计算机网络等方式通知各应急处置工作组，启动相应级别的预警。

6.2.3 预警发布后的应对程序和措施

发生大风、汛情、雷电天气后，应急处置工作组应立即进入应急预警状态实施24h值班制度，对异常情况进行监控，同时向应急领导小组进行报告，落实各项应急准备和预警控制措施。

6.3 预警结束

6.3.1 预警结束的条件

大风、汛情、雷电天气事件发生的可能消除，无继发可能，现场没有应急处置的必要。

6.3.2 预警结束程序

经应急领导小组确认无发生大风、汛情、雷电天气事件的可能性时，发布预警解除，由应急管理办公室统一发布预警结束信息，用短信、电话、计算机网络等方式通知各应急处置工作组，预警结束。

7 信息报告

7.1 内部报告程序、方式、内容和时限

大风、汛情、雷电天气灾难发生后，现场人员应立即向当值值长报告，当值值长接到

报告后立即向公司应急管理办公室负责人报告，办公室负责人接到报告后立即利用电话、传真、电子邮件等方式向应急领导小组报告，应急领导小组根据灾难情况布置应急救援和应急处置，并及时向上级公司应急管理办公室和当地政府应急管理办公室报告。情况紧急时，现场人员或当值值长可直接先向应急领导小组报告。

7.2　外部报告程序、方式、内容和时限

应急领导小组根据灾难情况在1h内向公司所在地政府安全生产监督管理部门和负有安全生产监督管理职责的有关部门报告灾情。

灾难速报的内容主要包括险情或灾情出现的时间、地点、灾害类型、规模、可能引发的灾害和发展趋势等。对已造成后果的灾害，速报内容还要包括伤亡和失踪的人数以及造成的直接经济损失。

8　应急响应

8.1　响应分级

在本预案中将灾害的应急响应级别分为4级。

（1）Ⅰ级响应：对应特别重大灾害红色预警，由公司总经理组织响应，所有部门进行联动。

（2）Ⅱ级响应：对应重大灾害橙色预警，由公司总经理组织响应，所有部门进行联动。

（3）Ⅲ级响应：对应较大灾害黄色预警，由公司副总经理组织响应，所有部门进行联动。

（4）Ⅳ级响应：对应一般灾害蓝色预警，由应急管理办公室主任组织响应，相应部门联动。

8.2　响应程序

8.2.1　应急响应启动条件

（1）Ⅰ级响应：6h内可能或者已经受大风影响，平均风力可达12级以上，或者已达12级以上并可能持续；3h降雨量将达100mm以上，或者已达100mm以上且降雨可能持续。

（2）Ⅱ级响应：12h内可能受强热带风暴影响，平均风力可达10级以上，或阵风11级以上；或者已经受强热带风暴影响，平均风力为10～11级，或阵风11～12级并可能持续；3h降雨量将达50mm以上，或者已达50mm以上且降雨可能持续。

（3）Ⅲ级响应：24h内可能受热带风暴影响，平均风力可达8级以上，或阵风9级以上；或者已经受热带风暴影响，平均风力为8～9级，或阵风9～10级并可能持续；6h降雨量将达50mm以上，或者已达50mm以上且降雨可能持续。

（4）Ⅳ级响应：24h内可能受热带低压影响，平均风力可达6级以上，或阵风7级以上；或者已经受热带低压影响，平均风力为6～7级，或阵风7～8级并可能持续；12h内降雨量将达50mm以上，或者已达50mm以上且降雨可能持续。

8.2.2　响应启动

（1）Ⅰ级响应：由公司总经理启动应急响应。

（2）Ⅱ级响应：由公司总经理启动应急响应。

（3）Ⅲ级响应：由公司副总经理启动应急响应。

（4）Ⅳ级响应：由公司应急管理办公室主任启动应急响应。

8.2.3　响应行动

各级响应发布后，由应急领导小组负责现场处置，并组织有关人员召开应急会议，部署警戒、疏散、信息发布、现场处置及善后等相关工作，各应急处置工作组按照职责进行处置。

8.2.4　按响应级别和职责开展应急行动

在应急领导小组统一领导下，各部门、各应急处置工作组认真履行自己的职责，按照不同级别开展应急响应行动。

8.2.5　响应报告

现场人员应将应急响应情况向应急管理办公室报告，应急管理办公室立即向应急领导小组报告、应急领导小组及时准确向当地政府应急管理部门等报告大风、汛情、雷电天气灾难的情况。

8.3　应急处置

8.3.1　先期处置

（1）大风、汛情、雷电天气灾难发生时，现场人员应及时避险。

（2）当发生人身伤害时，相关应急救援人员应立即进行现场救护并报警。

（3）当运行设备发生异常、受损时，运行部门应立即按运行规程紧急处置规定或事故应急处置方案进行紧急运行方式调整及处置。

（4）当有毒、有害物资发生泄漏、着火等紧急情况时，应急救援人员应立即按运行规程和应急处置方案采取紧急隔离措施，组织现场救援等。

8.3.2　应急处置

（1）各岗位工作人员应立即展开应急行动，此时应急领导小组统一指挥，具体应急事宜由安全生产部来执行（公司值班领导到达后，由值班领导执行，安全生产部经理作为生产的总指挥），各部门经理即为现场各岗位的应急指挥，直到本预案规定的负责人到岗后再交接岗位。

（2）当紧急情况升级时，安全生产部经理或公司值班领导应决定召集应急处置工作组和其他专业救援小组到位参加应急救援工作。控制室仍为应急指挥中心。应急领导小组组长根据主控室和其他相关人员提供的信息和警报，判断受灾情况，处理协调各应急处置工作组和其他专业小组行动，向公司和地方政府部门报告受灾情况。

（3）应急管理办公室保持与抢险现场指挥的通信联络，协调抢险突击队的活动，给应急领导小组组长计划和启动行动提出建议；帮助进行减缓、降低事故影响或进行恢复，根据现场指挥的要求，协调其他援助人员和设备、设施。

（4）应急领导小组协调现场的抢险行动，减缓紧急情况，指挥应急处置工作组和其他专业应急小组的应急救援，保证与控制室或应急管理办公室通信联络。

（5）各部门根据具体实际情况应预先制定人员疏散、撤离要求，当发生的突发事件有可能影响到员工安全时，及时汇报应急领导小组，同时通知、撤离、疏散相关人员，并及时对人员进行清点。

（6）综合管理部负责保障公司内部与外部的正常网络通信联络；建立与当地政府应急管理部门的联系、协调。

（7）当已经明确有人失踪，其他人与他联系不到时，各部门应立即展开寻找该人员行动。搜寻和营救行动应一直进行到应急领导小组下达终止命令。搜寻和营救小组、现场指挥和指挥中心之间应保持通信联络。

（8）当发现有人受伤时，各部门应立即根据有关规定进行现场救护和报警，针对具体伤情，采取对应的紧急救护措施，并汇报应急领导小组。

8.4　应急结束

（1）应急结束条件。

1）灾害现场得到控制，大风、汛情、雷电天气已经消除。

2）环境符合有关标准。

3）灾难所造成的危害已经彻底消除，无次生、衍生事故隐患继发可能。

4）灾难现场的各种专业应急处置行动已无继续的必要。

5）采取了必要的防护措施以保护公众免受再次危害。

6）经应急领导小组批准。

（2）灾难应急处置工作结束，相关危险因素消除后，现场应急指挥机构予以撤销。

（3）灾难结束后要向公司上报突发事件报告以及应急工作总结报告等。

9　后期处置

9.1　现场恢复的原则和内容

大风、汛情过后，各部门按正常工作程序开展生产自救工作，恢复正常生产。

9.2　保险和理赔

突发灾害应急处置结束后，应急管理办公室应组织有关部门和专家，对应急处置工作进行全面客观地评估，财务部根据评估情况办理保险和理赔事宜。

9.3　事件调查

应急领导小组负责组织事故调查，按照“四不放过”的原则查明事故原因、责任，实事求是、科学公正地进行事件调查，深刻吸取教训，制定防范措施。

9.4　总结评价

突发事件应急处置结束后，应急管理办公室应组织有关部门和专家，对应急处置工作进行全面客观地评估，总结本次应急工作经验教训，提出改进工作的要求和建议，并下发至相关部门认真落实，必要时修改本预案。

10　应急保障

10.1　应急队伍保障

10.1.1　内部队伍

按照防大风、防汛、防雷电天气突发事件应急工作职责，健全和完善相应的应急队伍，并进行专门的技能培训和演练，做好日常应急准备检查工作，确保危急事件发生后，按照突发事件具体情况和应急领导小组的指示及时到位，具体实施应急处理工作。

10.1.2　外部队伍

应急领导小组要掌握周围外部救援力量的有关情况，包括医疗、公安、消防、交通等。

10.2　应急物资与装备

本预案应急处置所需的主要物资和装备有：应急救援的机械设备、监测仪器仪表、交通工具、个人防护、医疗设施、药品、对讲机、救护车、防护设施等。这些物资和装备所在部门要指定专人负责保管，并定期进行检测，以备其完好可靠，应按有关规定进行领用、保管、维护、更新，并建立专门的管理台账。

10.3　通信与信息

各部门应根据实际需要（包括库存情况），每年6月前提出通信保障设备、设施配备要求（主要是无线对话机、传真机等），经公司应急管理办公室批准后采购备用。

各部门使用的各类通信装备应由专人管理和专门台账，并定期测试和检查。

10.4　经费

经费在公司年度财务预算中单独列支专项费用，设立专用账户、专款专用。由公司资产财务部负责对应急经费使用进行监督和管理，由应急管理办公室负责列计划，专款用于应急救援、医疗救治、应急设备、装备、器材等的配置和专业应急队伍训练、演习所需物资的采购。

10.5　其他

综合管理部负责公司应急车辆的调配工作，优先保证应急救援人员和救灾物资的运输。

11　培训和演练

11.1　培训

11.1.1　培训范围

将应急管理培训工作纳入年度培训计划，有针对性地对应急救援和管理人员进行大风、汛情、雷电天气监控、处置的培训，提高其专业技能。

11.1.2　培训方式

举办培训班、训练班，利用案例教学、交流研讨、情景模拟、应急演练等方式进行培训。

11.1.3　培训内容和周期

每年至少组织一次应急管理培训，培训的主要内容应该包括：防大风、防汛、防雷电天气专项应急预案，应急组织机构及职责、应急程序、应急资源保障情况和针对大风、汛情、雷电天气的预防和处置措施等。

11.2　演练

11.2.1　演练范围

将应急救援演练工作纳入年度培训教育计划，有针对性地对应急救援人员和管理人员进行大风、汛情、雷电天气应急救援的演练，提高其专业技能。

11.2.2　演练方式

应急演练的方式可以选择实战演练、桌面演练。

11.2.3　演练的内容和周期

防大风、防汛、防雷电天气专项应急预案，应急组织机构及职责、应急程序、应急资源保障情况和针对大风、汛情、雷电天气的预防和处置措施等。每年年初制定演练计

划，防大风、防汛、防雷电天气专项应急预案演练每年不少于1次，现场处置演练不少于2次，演练结束后应形成总结材料。

12　附则

12.1　术语和定义

12.1.1　大风分级

（1）超强大风：底层中心附近最大平均风速大于51.0m/s，即风力达16级或以上。

（2）强大风：底层中心附近最大平均风速41.5～50.9m/s，即风力达14～15级。

（3）大风：底层中心附近最大平均风速32.7～41.4m/s，即风力达12～13级。

（4）强热带风暴：底层中心附近最大平均风速24.5～32.6m/s，即风力达10～11级。

（5）热带风暴：底层中心附近最大平均风速17.2～24.4m/s，即风力达8～9级。

（6）热带低压：底层中心附近最大平均风速10.8～17.1m/s，即风力达6～7级。

12.1.2　雷电天气

雷电天气是气象学上所指的发生突然、移动迅速、天气变化剧烈、破坏力极大的灾害性天气，主要有雷雨大风、冰雹、龙卷风、局部强降雨等。世界上把它列为仅次于热带气旋、地震、洪涝之后第四位具有杀伤性的灾害性天气。雷电天气来临时，经常伴随有电闪雷鸣、风大雨急等恶劣天气，致使房屋倒毁，庄稼树木受到摧残，电力、电信、交通受损，甚至造成人员伤亡等。

12.2　预案备案

本预案报当地政府应急管理部门备案。

12.3　预案修订

本应急预案应根据执行情况和反馈意见及时进行修订、完善，最长期限不得超过三年。

12.4　制定与解释

本应急预案由公司安全生产部制定、归口管理并负责解释。

12.5　预案实施

本应急预案自发布之日起实施，原相关预案同时废止。

13　附件

13.1　应急领导小组及相关人员联络方式表

序号	岗　　位	姓名	办公电话	移动电话	备注
1	总经理				
2	副总经理				
3	综合管理部经理				
4	资产财务部经理				
5	项目开发部经理				
6	工程管理部经理				
7	电力运营部经理				
8	安全生产部经理				

13.2　相关政府职能部门、抢险救援机构联系方式

序号	单　　位	联系方式	备注
1	地方应急管理委员会		
2	安全生产监督管理局		
3	生产调度机构		
4	当地国家能源派出机构		
5	当地气象部门		
6	国土资源机构		
7	急救中心		
8	公安报警		
9	交通报警		
10	消防报警		

13.3　应急物资储备表

序号	物资名称	数量	存放地点	负责人	办公电话	负责人电话	备注
1	逃生绳						
2	电筒						
3	工具箱						
4	对讲机						
5	急救箱						
6	应急车辆						
7	消防栓						
8	消防水带						
9	灭火器						
10	床						
11	被褥						
12	桶						
13	锹						
14	编织袋						

13.4　有关流程

13.4.1　信息报告流程

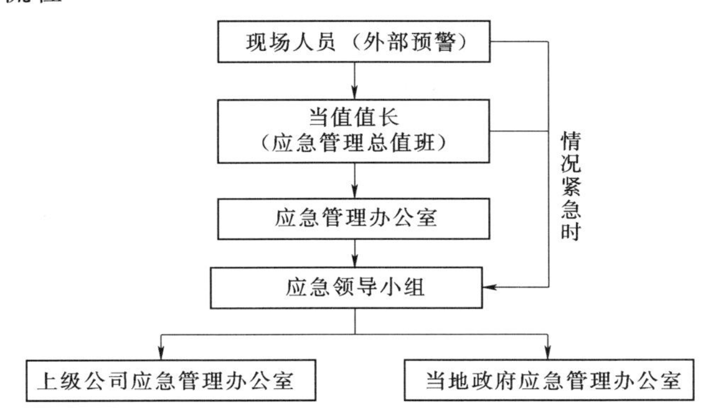

13.4.2 应急处置流程

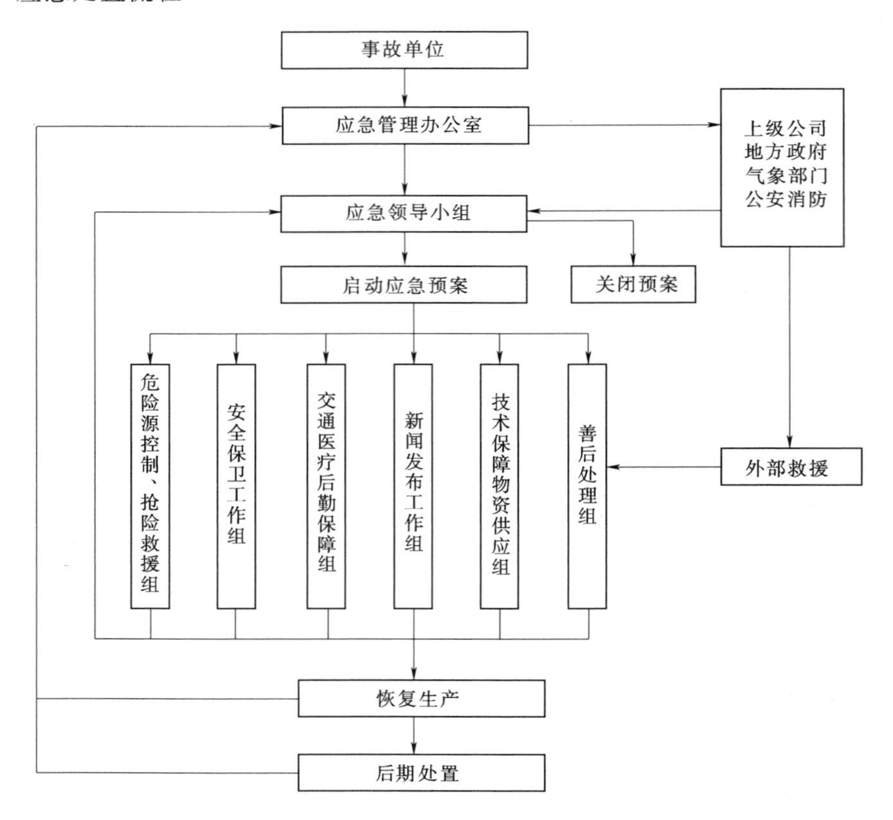

二、防雨雪、防冰冻、防严寒应急预案

某风力发电公司
防雨雪、防冰冻、防严寒应急预案

1 总则

1.1 编制目的

为高效有序地做好公司应对突发雨雪、冰冻、严寒自然灾害的应急处置和救援工作，避免或最大限度地减少灾害造成的损失，保障员工生命和公司财产安全，维护社会稳定，特编制本预案。

1.2 编制依据

《中华人民共和国安全生产法》（中华人民共和国主席令第 13 号）

《中华人民共和国突发事件应对法》（中华人民共和国主席令第 69 号）

《国家突发公共事件总体应急预案》

《国家自然灾害救助应急预案》（国办函〔2016〕25 号）

《气象灾害防御条例》（国务院令第570号）

《国家气象灾害应急预案》（2010年3月8日发布实施）

《突发气象灾害预警信号发布试行办法》（气发〔2004〕206号）

《电力安全生产监督管理办法》（中华人民共和国国家发展和改革委员会令第21号）

《电力企业应急预案管理办法》（国能安全〔2014〕508号）

《电力企业应急预案评审和备案细则》（国能综安全〔2014〕953号）

《电力企业专项应急预案编制导则（试行）》

《电力安全事故应急处置和调查处理条例》（国务院令第599号）

《某风电公司综合应急预案》

1.3　适用范围

本预案适用于公司雨雪、冰冻、严寒等自然灾害的应急处置和应急救援工作。

2　应急处置基本原则

遵循以人为本"安全第一，预防为主，综合治理"的方针，坚持防御和救援相结合，坚持保人身、保设备的原则，依托政府、统一领导、分工负责、加强联动、快速响应，最大限度地减少突发事件造成的损失。

3　事件类型和危害程度分析

3.1　风险来源、特性

雨雪、冰冻、严寒自然灾害主要发生在冬季，但秋冬交替和冬春交替之际偶尔也会出现。这种气象灾害是由降雪（或雨夹雪、霰、冰粒、冻雨等）或降雨后遇低温形成的积雪、结冰现象，会对员工生命财产安全和设备正常运行造成危害。近年来在全球气候变暖的大背景下，本地区雨雪、冰冻、严寒天气有所减少，但极端雨雪、冰冻、严寒自然灾害发生的可能性仍然存在。

3.2　影响的范围及后果

雨雪、冰冻、严寒等自然灾害直接对安全生产构成威胁，可能导致电站送出线路、集电线路、风机旋转叶片、备用电源线路等严重积雪、积冰，导致系统停电、损毁杆塔，可能损坏户外电力设施，甚至引发人身伤害事故。

雨雪、冰冻、严寒灾害对交通安全有很大影响，可能导致路面湿滑，增加交通事故发生的几率，造成交通受阻和人身伤害。

雨雪、冰冻、严寒等自然灾害可能导致室外生活消防供水管路冻结，易产生火灾隐患、生活供水中断和人员冻伤。

4　事件分级

雨雪、冰冻、严寒灾害事件参照《国家气象灾害应急预案》一般分为四级，分别以红色、橙色、黄色和蓝色表示。

（1）Ⅰ级（特大雨雪、冰冻、严寒灾害）：当地出现连续15天以上的低温雨雪、冰冻、严寒天气，预计未来24h内（降雪转换成降水，下同）达到15mm以上。

（2）Ⅱ级（大雨雪、冰冻、严寒灾害）：当地出现连续10天以上的低温雨雪、冰冻天气，预计未来24h内降雪转换成水量仍将达到10mm以上。

（3）Ⅲ级（较大雨雪、冰冻灾害）：当地出现连续5天以上的低温雨雪、冰冻天气，预计未来24h内降雪转换成水量仍将达到10mm以上。

（4）Ⅳ级（一般雨雪、冰冻灾害）：当地出现低温雨雪、冰冻天气，预计未来24h内降雪转换成水量仍将达到5mm以上。

5　应急组织机构及职责

5.1　应急组织体系

公司成立防雨雪、防冰冻、防严寒灾害应急领导小组，下设应急管理办公室和六个应急处置工作组，负责重大突发事件的应急管理工作。

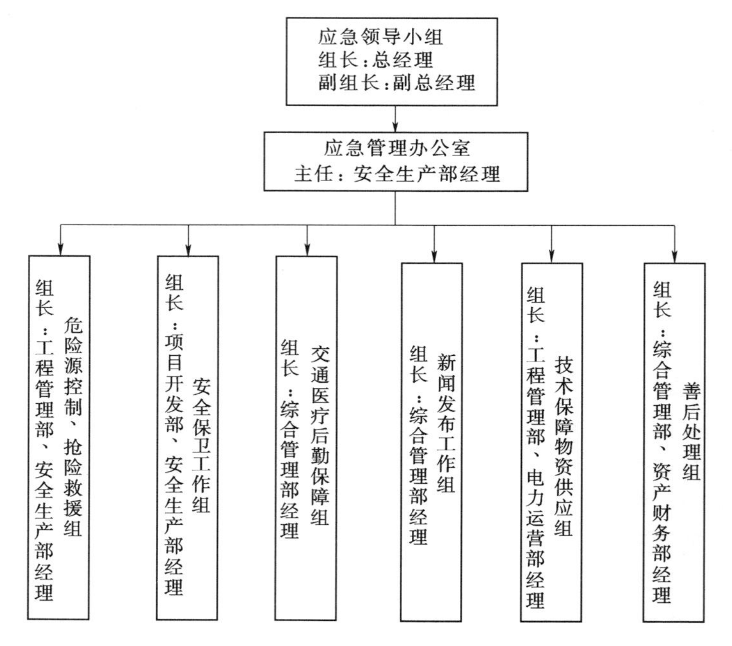

5.1.1　应急领导小组

组　长：总经理

副组长：副总经理

成　员：综合管理部经理、资产财务部经理、项目开发部经理、工程管理部经理、电力运营部经理、安全生产部经理

5.1.2　应急管理办公室

主　任：安全生产部经理

5.1.3　应急处置工作组

（1）危险源控制、抢险救援组　　　组长：工程管理部、安全生产部经理

（2）安全保卫工作组　　　组长：项目开发部、安全生产部经理

（3）交通医疗后勤保障组　　　组长：综合管理部经理

（4）新闻发布工作组　　　　组长：综合管理部经理

（5）技术保障物资供应组　　组长：工程管理部、电力运营部经理

（6）善后处理组　　　　　　组长：综合管理部、资产财务部经理

5.2　职责

5.2.1　应急领导小组职责

（1）贯彻落实国家和公司有关重大突发事件管理工作的法律、法规、制度，执行上级公司和政府有关部门关于重大突发事件处理的重大部署。

（2）监督应急管理责任制的落实情况，协调各部门职责的划分，并监督各部门、专业应急预案的编写、学习、演练和修订完善。

（3）负责总体指挥协调各类不安全和不稳定突发事件的处理，负责出现危急事件时应急预案的启动和应急预案的终结。

（4）部署重大突发事件发生后的善后处理及生产、生活恢复工作。

（5）及时向政府部门及上级公司管理部门报告重大突发事件的发生及处理情况。

（6）负责监督、指导各职能机构对各类突发事件进行调查分析，并对相关部门或人员进行考核。

（7）签发审核论证后的应急预案。

5.2.2　应急管理办公室职责

（1）应急管理办公室是突发事件应急管理的常设机构，负责应急指挥机构的日常工作。

（2）及时向应急指挥领导小组报告较大突发事件。

（3）负责传达政府、行业及公司有关突发事件应急管理的方针、政策和规定。

（4）组织落实应急指挥机构领导小组提出的各项措施、要求，监督各下属单位的落实。

（5）组织制定公司突发事件管理工作的各项规章制度和突发事件典型预案库，指导公司系统突发事件的管理工作。

（6）监督检查公司突发事件的应急预案、日常应急准备工作、组织演练的情况；指导、协调突发事件的处理工作。

（7）危急事件处理完毕后，认真分析危急事件发生原因，总结危急事件处理过程中的经验教训，进一步完善相应的应急预案。

（8）对公司系统较大突发事件管理工作进行考核。

（9）指导相关部门做好善后工作。

5.2.3　应急处置工作组职责

5.2.3.1　危险源控制、抢险救援组职责

按照保人身、保电网、保设备的原则，做好应急抢险救援工作。抢险救援时首先抢救受伤人员，然后按其职责开展相应的救援处置工作。

（1）运行应急人员负责雨雪、冰冻、严寒灾害情况下的运行方式调整和安全措施落实。

（2）电气专业负责雨雪、冰冻、严寒灾害情况下电气设备的应急处置。

（3）公用系统应急人员负责所辖区域内的雨雪、冰冻、严寒灾害情况下设备的应急处置。

5.2.3.2　安全保卫工作组职责

（1）维持现场秩序、现场警戒，划定警戒区域，负责监督应急情况处理时各项安全措施的执行，防止救援时人身事故的发生。

（2）控制现场人员，无关人员不准出入应急处置现场，确保抢险、救灾人员疏散时的人身安全，做好安置，维持现场秩序，做好安全警戒装置的设置工作。

（3）负责抢险现场安全隔离措施的检查，并督促相关部门执行到位。

（4）组织实施雨雪、冰冻、严寒灾害情况下恢复生产所必须采取的临时性措施。

（5）协助完成雨雪、冰冻、严寒灾害（发生的原因、处理经过）调查报告的编写和上报工作。

5.2.3.3　交通医疗后勤保障组职责

（1）负责车辆管理部门。

1）平时加强车辆维护、检查，确保应急抢险救援时所需车辆正常使用。

2）应急时提供紧急救护车辆，提供应急救援抢险和应急物资、设备设施运送所需车辆。

（2）负责通信部门。

1）固定电话、移动电话、计算机网络等设施在应急情况下完好、畅通。

2）应急时确保生产调度和现场应急通信畅通。

（3）负责医疗后勤保障部门。

1）接警后及时赶赴事发地，对受伤人员采取现场紧急救治，及时抢救伤员。

2）及时联系120急救中心或当地医院，将伤员转送医院进行治疗。

3）做好日常相关医疗药品和器材的维护和储备工作。

4）做好食物、卫生、环境方面的防范工作，防止灾后发生疫情，做好生活区异常情况的处理。

5.2.3.4　新闻发布工作组职责

（1）在应急领导小组的指导下，负责将突发事件情况汇总，根据领导小组的决定做好对外新闻发布工作。

（2）根据领导小组的决定对突发事件情况向政府新闻主管部门、上级单位进行报告。

（3）负责新闻媒体及当地政府有关部门和上级相关部门的接待工作。

5.2.3.5　技术保障物资供应组职责

（1）全面提供应急救援时的技术支持。

（2）掌握防雨雪、防冰冻、防严寒灾害应急救援的设备设施、器材、工具等专业技术。

（3）掌握各设备、设施、建筑在雨雪、冰冻、严寒灾难情况下的应急处置方法。

（4）按照公司要求做好防雨雪、防冰冻、防严寒灾害的相应物资储备和供给工作。

（5）发生雨雪、冰冻、严寒灾害应急时，负责应急物资、各种器材、设备、备品备件

的供给。

（6）负责与其他外部救援力量进行沟通联络，及时做好应急物资的补给工作。

5.2.3.6 善后处理组职责

（1）负责雨雪、冰冻、严寒灾害造成的伤亡员工家属接待、安抚、慰问和补偿等善后工作。

（2）负责雨雪、冰冻、严寒灾害造成的人员伤亡、财产损失数据统计和保险理赔工作。

（3）负责雨雪、冰冻、严寒灾害造成灾难的调查、处理、报告填写和上报工作。

6 预防与预警

6.1 风险监测

6.1.1 风险监测的责任部门和人员

雨雪、冰冻、严寒灾害的风险预警信息监测由安全生产部负责。

6.1.2 风险监测的方法和信息收集渠道

雨雪、冰冻、严寒灾害风险监测信息渠道主要来自省、市政府部门发布的和风厂实况监测到的雨雪、冰冻灾害信息。

6.1.3 风险监测所获得信息的报告程序

要加强当地雨雪、冰冻、严寒灾害天气预报信息的监测，对公司设备安全运行状况进行评估，并将结果及时报送安全生产部经理。

6.2 预警发布与预警行动

6.2.1 预警分级

预报等级按国家统一标准划分为四级。

（1）Ⅳ级：一般雨雪、冰冻、严寒灾害。

（2）Ⅲ级：较大雨雪、冰冻、严寒灾害。

（3）Ⅱ级：大雨雪、冰冻、严寒灾害。

（4）Ⅰ级：特大雨雪、冰冻、严寒灾害。

6.2.2 预警发布程序和相关要求

（1）雨雪、冰冻、严寒灾害预警由应急管理办公室负责确定级别后，由办公室主任发布。

（2）公司各部门安全生产第一责任人及时转发公司发布的雨雪、冰冻、严寒灾害预警信息。

6.2.3 预警发布后的应对程序和措施

（1）加强宣传，增强全员预防冰冻灾害和自我保护意识，做好防御特大雨雪、冰冻灾害的思想准备。

（2）建立健全防御雨雪、冰冻、严寒灾害组织指挥机构，落实责任人，防御雨雪、冰冻、严寒灾害抢险队伍，构建冰冻灾害易造成重大损失的重要生产设备的监测及预警措施，加强防御雨雪、冰冻、严寒灾害专业机动抢险队的培训工作。

（3）提前做好各类工程的安全检查，按时完成工程建设任务，要落实安全度过雨雪、冰冻、严寒灾害的方案。

(4) 各部门要及时落实本部门的防御雨雪、冰冻、严寒灾害应急预案。

(5) 按照分级负责的原则，储备必需的防御雨雪、冰冻、严寒灾害物资，合理配置。

(6) 充分利用通信网络，确保雨雪、冰冻、严寒期间通信完好和畅通。

6.3 预警结束

6.3.1 预警结束的条件

雨雪、冰冻、严寒灾害发生的可能消除，无继发可能，现场没有应急处置的必要。

6.3.2 预警解除的程序和方式

当低温雨雪、冰冻、严寒天气状况好转，省、市政府部门发布雨雪、冰冻、严寒灾害预警结束信息时，应急管理办公室协调电力运营部对公司设备安全运行状况进行评估，并将结果及时报送应急领导小组，经批准后由应急管理办公室主任宣布结束预警。

预警结束，应急管理办公室用办公电话、移动电话、计算机网络等方式通知各应急处置工作组的应急救援人员。

7 信息报告

7.1 应急值班电话

应急处置办公室电话：×××。

移动电话：×××。

7.2 应急报告的程序、方式和时限

7.2.1 内部报告

7.2.1.1 报告的程序和方式

灾害发生后，现场人员应立即向当值值长报告，当值值长接到报告后立即向公司应急管理办公室负责人报告，办公室负责人接到报告后立即利用电话、传真、电子邮件等方式向应急领导小组报告，应急领导小组根据灾害情况布置应急救援和应急处置，并及时向上级公司应急管理办公室和当地政府应急管理办公室报告。情况紧急时，现场人员或当值值长可直接先向应急领导小组报告。

7.2.1.2 报告内容和时限

灾害发生应立即报告，报告的内容主要包括：雨雪、冰冻、严寒灾害或灾情出现的时间、地点、类型、规模、可能的引发因素和发展趋势等。对已发生的雨雪、冰冻、严寒灾害伤亡和失踪的人数以及造成的直接经济损失。应急管理办公室依照有关信息公开规定，及时接收和公布灾情信息；根据初步掌握的情况，组织雨雪、冰冻、严寒灾害灾情趋势判断的公告；适时组织后续公告。

7.2.2 外部报告

7.2.2.1 报告的程序和方式

经应急领导小组批准，应急管理办公室立即用办公电话、移动电话、传真、电子邮件等方式向当地政府应急管理部门、当地能源监管部门报告。

7.2.2.2 报告内容和时限

雨雪、冰冻、严寒灾害发生时应急管理办公室必须在1h内向当地政府应急管理部门报告，报告的内容主要包括：雨雪、冰冻、严寒灾害出现的时间、地点、类型、规模、可能的引发因素和发展趋势，造成的直接经济损失。

8　应急响应

8.1　响应分级

在本预案中将雨雪、冰冻、严寒灾害的应急响应级别分为四级。

（1）Ⅰ级 响应：应对特大雨雪、冰冻、严寒灾害，应对红色预警。

（2）Ⅱ级响应：应对大雨雪、冰冻、严寒灾害，应对橙色预警。

（3）Ⅲ级响应：应对较大雨雪、冰冻、严寒灾害，应对黄色预警。

（4）Ⅳ级响应：应对一般雨雪、冰冻、严寒灾害，应对蓝色预警。

8.2　响应程序

8.2.1　启动应急预案的条件

（1）Ⅰ级响应：当地出现连续15天以上的低温雨雪、冰冻、严寒天气，预计未来24h内（降雪量转换成降水）达到15mm以上；线路结冰特别严重，全部发生跳闸；公司重要生产设备因冰冻发生严重损坏事故。

（2）Ⅱ级响应：当地出现连续10天以上的低温雨雪、冰冻、严寒天气，预计未来24h内（降雪转换成降水）达到10mm以上；线路结冰严重，部分发生跳闸；公司重要生产设备因冰冻发生损坏事故。

（3）Ⅲ级响应：当地出现连续5天以上的低温雨雪、冰冻、严寒天气，预计未来24h内（降雪转换成降水）达到10mm以上；线路部分结冰，发生跳闸；公司生产设备因冰冻发生损坏事故。

（4）Ⅳ级响应：当地出现低温雨雪、冰冻、严寒天气，预计未来24h内（降雪转换成降水）达到5mm以上；线路出现结冰现象；公司生产设备因冰冻发生损坏事故。

8.2.2　响应启动

（1）Ⅰ级响应：由总经理启动应急响应。

（2）Ⅱ级响应：由总经理启动应急响应。

（3）Ⅲ级响应：由副总经理启动应急响应。

（4）Ⅳ级响应：由应急管理办公室主任启动应急响应。

8.2.3　响应行动

当确认灾害灾情发生时，立即启动相应级别应急预案，成立现场指挥部，召开应急会议，调动参与应急处置的各相关部门有关人员和处置队伍赶赴现场，按照“统一指挥、分工负责、专业处置”的要求和预案分工，相互配合、密切协作，有效地开展各项应急处置和救援工作。

8.3　应急处置

8.3.1　先期处置

（1）对是否改变运行方式、转移群众和应采取的措施做出决策。

（2）及时划分灾害危险区，设立明显的警示标志，确定预警信号。

（3）加强联络，防止灾害进一步扩大，避免抢险救灾可能导致的二次人员伤亡。

8.3.2 应急处置

（1）当发生雨雪、冰冻灾害后，公司继续与当地当地气象部门保持密切联系，及时掌握灾害性天气的动向，增加观测次数，提高分析预报和预警预报频次，及时向防雨雪、防冰冻、防严寒应急小组领导和成员通报监测预报信息。

（2）应急小组成员接到通知后，应迅速赶赴事故现场，核实雨雪、冰冻、严寒灾害引发事故的地点、程度等信息，同时要立即向公司领导汇报。

（3）事故现场同时发生人身伤亡事故时，当班值长应及时向总经理报告，由总经理宣布启动人身伤亡事故应急预案和相应的处置方案，要求通信保持随时畅通。

（4）由公司组织进行道路及厂房的除雪、除冰工作，确保厂区主要道路的畅通。

（5）安全生产部监督现场安全措施落实和人员到位情况。

（6）交通医疗后勤保障组，保证信息畅通，做好后勤生活和现场的救护工作。

（7）电力运营部负责组织物资保障应急组成员，随时提供铁锹、扫帚、雨鞋、棉衣等应急物资，保证系统恢复所需物资的供应。

（8）电力运营部负责组织设备恢复应急组成员，维护部协助，全面恢复生产设备的正常运行；同时根据雨雪、冰冻、严寒灾害损坏的设备，及时与物资部门沟通，掌握备件的库存信息，以便在第一时间恢复设备正常运行。

（9）安全生产部负责维持现场的生产秩序，保持稳定生产。

（10）雨雪、冰冻灾害防灾救灾的有关新闻报道工作需由应急小组组长审核后进行发布。

（11）发生特大和重大雨雪、冰冻、严寒灾害时，由总经理向公司及地方政府汇报事故情况。

（12）发生雨雪、冰冻、严寒灾害后，电力运营部、风电场等应急小组应密切关注灾害性天气的发展趋势，生产、生活设备的运行情况，防止发生交通事故等次生灾害。

（13）当灾害扩大无法控制时，由总经理向地方政府请求支援。

8.3.3 扩大应急响应

现场指挥部应随时跟踪事态的进展情况，一旦发现事态有进一步扩大的趋势，有可能超出自身的控制能力，应立即向地方政府、调度和公司报告，由应急领导小组协助调配其他应急资源参与处置工作。

8.4 应急结束

（1）应急结束条件。

1）灾害现场得到控制，雨雪、冰冻、严寒天气已经消除。

2）环境符合有关标准。

3）事件所造成的危害已经彻底消除，无次生、衍生事故隐患继发可能。

4）事件现场的各种专业应急处置行动已无继续的必要。

5）采取了必要的防护措施以保护公众免受再次危害。

6）经应急领导小组批准。

（2）突发事件应急处置工作结束，相关危险因素消除后，现场应急指挥机构予以撤销。

（3）突发事件结束后要向上级主管单位上报突发事件报告以及应急工作总结报告等。

9　后期处置

（1）雨雪、冰冻、严寒灾害发生后，在人身安全不受危害的情况下，各部门生产人员要坚守本职岗位，使公司生产正常进行。

（2）各部门按职责分工归口调查、收集、整理灾情信息、设备损失情况，由应急管理办公室统一汇总和分析评估，并及时上报应急领导小组。

（3）按相关规定完成事故的调查分析工作，并及时将事故报告上报主管部门。

（4）每年电力运营部应对防御雨雪、冰冻工作的各个方面和环节进行评估、评价，总结经验和教训，提出防御雨雪、冰冻系统工程规划、建设和管理建议，定期组织防雨雪、冰冻检查，进一步做好防御冰冻灾害工作。资产财务部根据评估情况办理保险和理赔事宜。

（5）应急响应终止后，公司应对参加雨雪、冰冻、严寒灾害应急处置过程中做出贡献的先进集体和个人进行表彰和奖励。

10　应急保障

10.1　应急队伍

电力运营部应加强防御雨雪、冰冻、严寒灾害专业应急队伍建设，加强专业人员技术培训，确保防御雨雪、冰冻、严寒抢险需要。

安全生产部向社会公共救援单位提出申请，关键时请求救援。

10.2　应急物资与装备

应急管理办公室结合公司实际储备一定数量防御雨雪、冰冻、严寒灾害物资。防御雨雪、冰冻、严寒灾害物资调拨原则：先使用公司储备的防灾物资，在不能满足情况下，向当地政府有关部门提出援助申请。

10.3　通信与信息

由安全生产部编制防御雨雪、冰冻、严寒灾害抢险各参与单位、责任人以及相关部门，上、下级防御雨雪、冰冻指挥机构的联系电话、传真电话，各防御雨雪、冰冻抢险参与单位值班电话、主要责任人联系电话等的通讯录，并制定管理制度，经常进行核实、更新，以保障联络畅通。

综合管理部通信专业人员负责保障防御雨雪、冰冻、严寒灾害信息的畅通。遇到突发事件，要保证抢险救灾的通信畅通。必要时，要全力确保调度电话的畅通，确保值长岗位全国直拨电话的畅通。

10.4　经费

在公司年度财务预算中单独列支专项费用，设立专用账户、专款专用。由公司财务部负责对应急经费使用进行监督和管理。防御雨雪、冰冻、严寒抢险应急资金，主要是为应急机制、救援、医疗救治、应急装备器材、专业应急队伍训练和演习、人员培训与宣传教育应急准备和处置工作提供必要的经费保障。

10.5　其他

综合管理部负责公司救灾车辆的调配工作，优先保证防御雨雪、冰冻、严寒抢险人员、救灾物资的运输，信息联络、后勤保障等工作。

11　培训和演练

11.1　培训

11.1.1　培训范围

将应急管理培训工作纳入年度培训计划，有针对性地对应急救援和管理人员进行防雨雪、冰冻、严寒灾害监控、处置的培训，提高其专业技能。

11.1.2　培训方式

举办培训班、训练班，利用案例教学、交流研讨、情景模拟、应急演练等方式进行培训。

11.1.3　培训内容和周期

每年至少组织一次应急管理培训，培训的主要内容应该包括：防雨雪、防冰冻、防严寒专项应急预案，应急组织机构及职责、应急程序、应急资源保障情况和针对防雨雪、防冰冻、防严寒的预防和处置措施等。

11.2　演练

11.2.1　演练范围

将应急救援演练工作纳入年度培训教育计划，有针对性地对应急救援人员和管理人员进行防雨雪、防冰冻、防严寒应急救援的演练，提高其专业技能。

11.2.2　演练方式

应急演练的方式可以选择实战演练、桌面演练。

11.2.3　演练的内容和周期

防雨雪、防冰冻、防严寒专项应急预案，应急组织机构及职责、应急程序、应急资源保障情况和针对雨雪、冰冻、严寒的预防和处置措施等。每年年初制定演练计划，防雨雪、防冰冻、防严寒专项应急预案演练每年不少于1次，现场处置演练不少于2次，演练结束后应形成总结材料。

各部门要将防雨雪、防冰冻、防严寒应急预案内容以及相关常识纳入员工日常技术培训工作。

12　附则

12.1　术语和定义

降水量：气象术语，从空中降下的雨雪、冰雹等，气象部门统称为“降水现象”。一定时间内，降落到水平面上，假定无渗漏，不流失，也不蒸发，累积起来的水的深度，称为降水量（以mm为计算单位）。

按照气象观测规范，气象站在有降水的情况下，24h降下来的雨雪统统融化为水，称为24h降水量。雪转化成等量的水的深度与积雪厚度可按照1∶15的比例换算。如9.77mm降水量约为厚150mm厚的积雪。

气象上对于雪量有严格的规范。如同降雨量一样，是指一定时间内所降的雪量，主要是指24h的降水量，各等级降雪量的标准：小雪，0.1mm≤降雪量<0.25mm；中雪，

0.25mm≤降雪量＜3.0mm；大雪，3.0mm≤降雪量＜5.0mm；暴雪，降雪量≥5.0mm。

12.2　预案备案

本预案报当地政府应急管理部门备案。

12.3　预案修订

本应急预案应根据演练、执行情况和反馈意见及时进行修订、完善，适时进行修订，最长期限不超过三年。

12.4　制定与解释

本预案由公司安全生产部制定、归口并负责解释。

12.5　预案实施

本应急预案自发布之日起实施，原相关预案同时废止。

13　附件

13.1　应急领导小组及相关人员联络方式表

序号	岗　　位	姓名	办公电话	移动电话	备注
1	总经理				
2	副总经理				
3	综合管理部经理				
4	资产财务部经理				
5	项目开发部经理				
6	工程管理部经理				
7	电力运营部经理				
8	安全生产部经理				

13.2　相关政府职能部门、抢险救援机构联系方式

序号	单　　位	联系方式	备注
1	地方应急管理委员会		
2	安全生产监督管理局		
3	生产调度机构		
4	当地国家能源派出机构		
5	当地气象部门		
6	国土资源机构		
7	急救中心		
8	公安报警		
9	交通报警		
10	消防报警		

13.3 应急物资储备表

序号	物资名称	数量	存放地点	负责人	办公电话	负责人电话	备注
1	逃生绳						
2	电筒						
3	工具箱						
4	对讲机						
5	急救箱						
6	应急车辆						
7	消防栓						
8	消防水带						
9	灭火器						
10	床						
11	被褥						
12	桶						
13	锹						
14	编织袋						

13.4 有关流程

13.4.1 信息报告流程

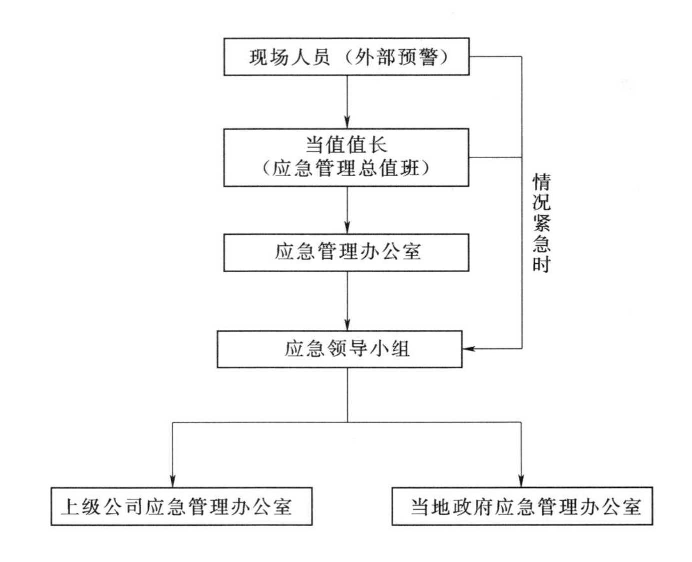

13.4.2 应急处置流程

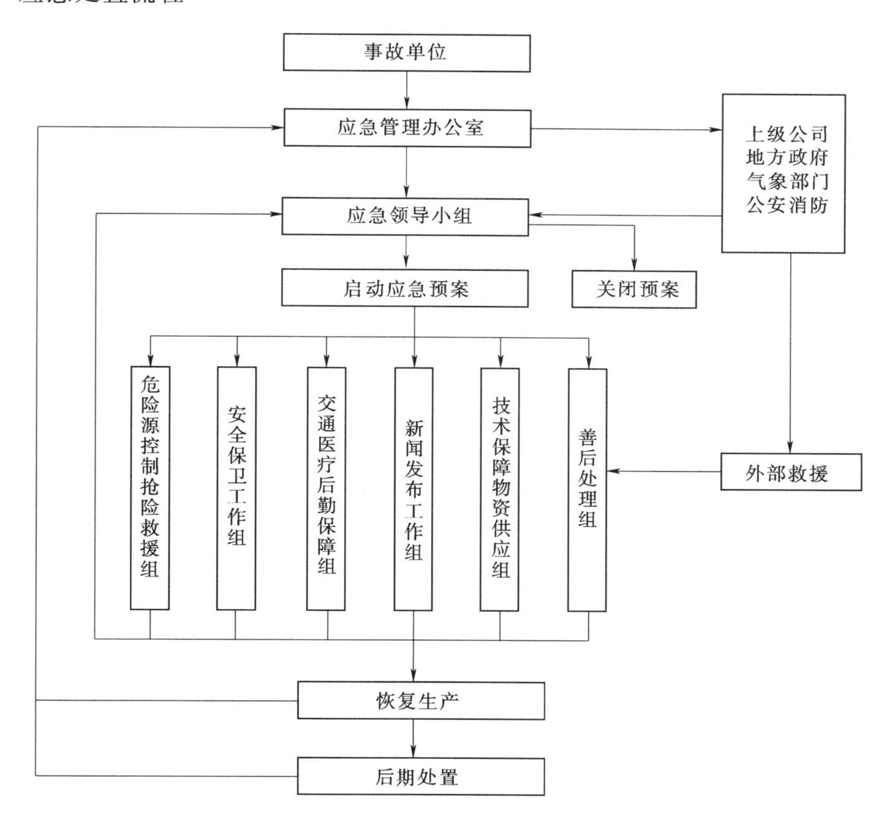

三、防大雾应急预案

某风力发电公司
防大雾应急预案

1 总则

1.1 编制目的

为高效有序地做好公司应对突发大雾自然灾害的应急处置和救援工作，避免或最大限度地减轻灾害造成的损失，保障员工生命和公司财产安全，维护社会稳定，特编制本预案。

1.2 编制依据

《中华人民共和国安全生产法》（中华人民共和国主席令第13号）

《中华人民共和国突发事件应对法》（中华人民共和国主席令第69号）

《国家突发公共事件总体应急预案》

《国家自然灾害救助应急预案》（国办函〔2016〕25号）

《气象灾害防御条例》（国务院令第570号）

《国家气象灾害应急预案》（2010年3月8日发布实施）

《突发气象灾害预警信号发布试行办法》（气发〔2004〕206号）

《电力安全生产监督管理办法》（中华人民共和国国家发展和改革委员会令第21号）

《电力企业应急预案管理办法》（国能安全〔2014〕508号）

《电力企业应急预案评审和备案细则》（国能综安全〔2014〕953号）

《电力企业专项应急预案编制导则（试行）》

《电力安全事故应急处置和调查处理条例》（国务院令第599号）

《某风电公司综合应急预案》

1.3　适用范围

适用于公司突发大雾天气的应急处置和应急救援工作。

2　应急处置基本原则

遵循以人为本“安全第一，预防为主，综合治理”的方针，坚持防御和救援相结合，坚持保人身、保电网、保设备的原则。统一领导、分工负责、加强联动、快速响应，最大限度地减少突发事件造成的损失。

3　事件类型和危害程度分析

3.1　风险来源、特性

风险信息来自省、市气象预报及本单位应急监控部门，大雾天气能见度降低。

3.2　风险类型、影响范围及后果

（1）大雾对交通安全有明显影响。大雾易导致追尾、相撞等重大交通事故，造成人员滞留、拥挤，甚至可能影响到运行人员的正常交接班。

（2）浓雾中由于空气湿度大，且含有较多的污染物资，很容易在电气设备、线路表层结露，致使该设备绝缘能力迅速下降，当超过其抗污能力时，就会出现污闪、微机失控、开关跳闸，从而发生停电、断电故障，严重时可导致全站停电事故，影响稳定运行，造成一定的经济损失。

（3）大雾对户外作业安全构成威胁。因能见度低而影响正常工作，增加事故发生几率。

（4）大雾使空气污染加重，直接影响人的身体健康。大雾出现时，大气停滞少动，连续雾天会导致污染物难以扩散，严重威胁人们的健康，甚至引起某些疾病的发生。

4　事件分级

大雾天气对风电场来说主要是防止交通事故和设备污闪事故，根据事件危害程度分为以下四级，具体情况如下：

（1）Ⅳ级：24h内可能出现能见度小于1000m的雾，或已经出现能见度小于1000m、不小于500m的雾并将持续。

（2）Ⅲ级：2h内可能出现能见度小于500m的雾，或已经出现能见度小于500m、不小于200m的雾并将持续。

（3）Ⅱ级：6h内可能出现能见度小于200m的雾，或已经出现能见度小于200m、不

小于50m的雾并将持续。

（4）Ⅰ级：2h内可能出现能见度小于50m的雾或已经出现能见度小于50m的雾并将持续。

5　应急指挥机构及职责

5.1　应急指挥机构

公司成立突发事件应急领导小组，下设应急管理办公室和六个应急处置工作组，负责突发事件的应急管理工作。

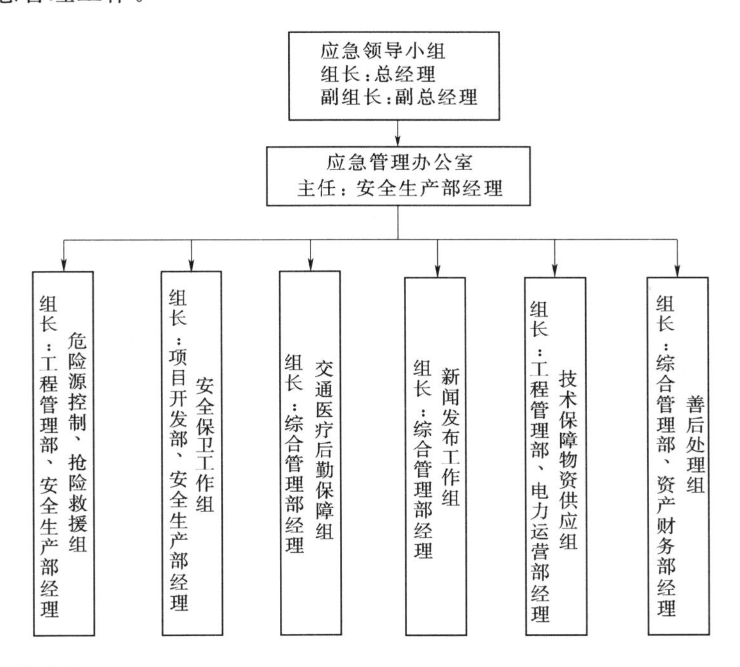

5.1.1　应急领导小组

组　长：总经理

副组长：副总经理

成　员：综合管理部经理、资产财务部经理、项目开发部经理、工程管理部经理、电力运营部经理、安全生产部经理

5.1.2　应急管理办公室

主　任：安全生产部经理

5.1.3　应急处置工作组

（1）危险源控制、抢险救援组　　组长：工程管理部、安全生产部经理

（2）安全保卫工作组　　组长：项目开发部、安全生产部经理

（3）交通医疗后勤保障组　　组长：综合管理部经理

（4）新闻发布工作组　　组长：综合管理部经理

（5）技术保障物资供应组　　组长：工程管理部、电力运营部经理

（6）善后处理组　　组长：综合管理部、资产财务部经理

5.2　职责

5.2.1　应急领导小组职责

（1）贯彻落实国家和上级公司有关重大突发事件管理工作的法律、法规、制度，执行上级公司和政府有关部门关于重大突发事件处理的重大部署。

（2）监督应急管理责任制的落实情况，协调各部门职责的划分，并监督各部门、专业应急预案的编写、学习、演练和修订完善。

（3）负责总体指挥协调各类不安全和不稳定突发事件的处理，负责出现危急事件时应急预案的启动和应急预案的终结。

（4）部署重大突发事件发生后的善后处理及生产、生活恢复工作。

（5）及时向政府部门及公司管理部门报告重大突发事件的发生及处理情况。

（6）负责监督、指导各职能机构对各类突发事件进行调查分析，并对相关部门或人员进行考核。

（7）签发审核论证后的应急预案。

5.2.2　应急管理办公室职责

（1）应急管理办公室是突发事件应急管理的常设机构，负责应急指挥机构的日常工作。

（2）及时向应急指挥机构领导小组报告较大突发事件。

（3）负责传达政府、行业及公司有关突发事件应急管理的方针、政策和规定。

（4）组织落实应急指挥机构领导小组提出的各项措施、要求，监督各单位的落实。

（5）组织制定公司突发事件管理工作的各项规章制度和突发事件典型预案库，指导公司系统突发事件的管理工作。

（6）监督检查各单位突发事件的应急预案、日常应急准备工作、组织演练的情况；指导、协调突发事件的处理工作。

（7）危急事件处理完毕后，认真分析危急事件发生原因，总结危急事件处理过程中的经验教训，进一步完善相应的应急预案。

（8）对公司系统较大突发事件管理工作进行考核。

（9）指导相关部门做好善后工作。

5.2.3　应急处置工作组职责

5.2.3.1　危险源控制、抢险救援组职责

按照保人身、保电网、保设备的原则，做好应急抢险救援工作。抢险救援时首先抢救受伤人员，然后按其职责开展其他救援处置工作。

（1）运行应急小组负责事故运行方式调整和安全措施落实。

（2）电气专业应急小组负责风电场电气设备、端子箱、保护室、控制箱、保护及自动装置的应急处理。

（3）公用系统应急小组负责所辖区域内的危急事件处理。

5.2.3.2　安全保卫工作组职责

（1）维持现场秩序、现场警戒，划定警戒区域，负责监督应急情况处理时各项安全措施的执行，防止救援时人身事故的发生。

（2）控制现场人员，无关人员不准出入现场，确保抢险、救灾人员疏散时的人身安

全，做好安置，维持现场秩序，做好安全警戒装置的设置工作。

（3）负责抢险现场安全隔离措施的检查，并督促相关部门执行到位。

（4）组织实施事故恢复所必须采取的临时性措施。

5.2.3.3　交通医疗后勤保障组职责

（1）负责车辆管理部门。

1）平时加强车辆维护、检查，确保应急抢险救援时所需车辆正常使用。

2）应急时提供紧急救护车辆，提供应急救援抢险和应急物资、设备设施运送所需车辆。

（2）负责通信部门。

1）固定电话、移动电话、应急呼叫通信等通讯设施完好。

2）应急时确保生产调度和现场应急通信畅通。

（3）负责医疗后勤保障部门。

1）接警后及时赶赴事发地，对受伤人员采取现场紧急救治，及时抢救伤员。

2）及时联系120急救中心或当地医院，将伤员转送医院进行治疗。

3）做好日常相关医疗药品和器材的维护和储备工作。

4）做好饮食、卫生、环境方面防范工作，做好生活区异常情况的处理。

5.2.3.4　新闻发布工作组职责

（1）在应急领导小组的指导下，负责将突发事件情况汇总，根据领导小组的决定做好对外信息发布工作。

（2）根据领导小组的决定对突发事件情况向政府新闻主管部门、上级单位进行报告。

（3）负责新闻媒体及当地政府有关部门和上级相关部门的接待工作。

5.2.3.5　技术保障物资供应组职责

（1）做好大雾天气防止交通事故应急救援时的技术支持。

（2）掌握大雾天气应急救援设备设施、器材、工具等专业技术。

（3）掌握大雾天气应急处置设备设施、建筑在事故灾难情况下的应急处置方法。

（4）按照公司要求做好相应物资储备和供给工作。

（5）应急时，负责应急物资、各种器材、设备的供给。

（6）负责与其他外部救援力量进行沟通联络，并及时做好应急物资的补给工作。

5.2.3.6　善后处理组职责

（1）负责大雾天气发生事故灾难涉及的伤亡员工家属的接待、安抚、慰问和补偿等善后工作。

（2）负责事故灾难涉及的人员伤亡、设备、财产损失数据的统计和保险理赔工作。

（3）负责大雾天气涉及的事故灾难调查、处理、报告填写和上报工作。

6　预防与预警

6.1　风险监测

6.1.1　风险监测的责任部门和人员

大雾天气风险监测的责任部门为公司应急管理办公室，具体负责人为安全生产部经理。

6.1.2　风险监测的方法和信息收集渠道

安全生产部与当地气象部门签订天气预报服务合同，当地气象部门每天向我公司预报未来三天的天气情况。当地气象部门是获取大雾天气预警的主要渠道，还可通过新闻媒体获取，但应及时与当地气象部门沟通，确认其准确性。

6.1.3　风险监测所获得信息的报告程序

对每天当地气象部门发来的天气预报单，由风电场值班人员首先将其交值班长，值班长在1h内阅览完毕交生产运营相关负责人。如发现近日有大雾天气，则由电力运营相关负责人组织共同探讨预防与控制大雾事故的措施。

6.2　预警发布与预警行动

6.2.1　预警分级

大雾天气预警分为三级，分别以黄色、橙色、红色表示。

（1）Ⅲ级：大雾黄色预警，12h内可能出现能见度小于500m的雾，或已经出现能见度小于500m、不小于200m的雾并将持续。

（2）Ⅱ级：大雾橙色预警，6h内可能出现能见度小于200m的雾，或已经出现能见度小于200m、不小于50m的雾并将持续。

（3）Ⅰ级：大雾红色预警，2h内可能出现能见度小于50m的雾，或已经出现能见度小于50m的雾并将持续。

6.2.2　预警发布程序

安全生产部密切关注气象部门发出的大雾预警信息，第一时间向公司传达。

6.2.3　预警发布后的应对程序和措施

（1）预警信息发布后各部门应根据自身制定的现场预案进行部署，预防不安全事件的发生。

（2）Ⅲ级黄色预警信号发布后，公司应加强升压站的巡视检查，必要时采用高清高倍数望远镜，重点检查各绝缘子的安全状况，发现有裂纹等缺陷应及时更换，发现绝缘子表面污秽较多时应及时向电力运营部汇报，由电力运营部在保障安全的前提下安排检修人员进行处理。同时公司应做好线路故障、电网稳定破坏等情况下的事故预想及相应的处理措施。明确事故抢险状况下各值班人员的分工，必要时可抽调增援力量。

（3）Ⅱ级橙色预警信号发布后，安全生产部应告知通信负责人对通信设备进行全面检查，确保通信设备正常可靠。综合管理部应立即组织全体司机学习大雾行车的安全注意事项，检查车辆的安全状况，重点检查值班、通勤车辆的防雾灯、刹车、动力、传动等装置的可靠性。早晚浓雾期间严禁派车出行。

（4）Ⅰ级红色预警信号发布后，安全生产部通知全体职工，最好不要开私家车或骑摩托车上、下班，最好选择搭乘通勤车上、下班。必要时安全生产部需与当地交管部门取得联系，要求加强上、下班期间危险路段的交通指挥、疏导与监管工作。基建、外委承包单位应停止一切户外高空作业。

6.3　预警结束

各种预警状态结束由当地市（县）气象部门提出，应急管理办公室请示应急救援领导小组同意后，通过电话告知各部门预警结束。

7　信息报告

7.1　应急值班电话

应急处置办公电话：×××。

移动电话：×××。

7.2　应急报告的程序、方式和时限

灾害发生后，现场人员应立即向当值值长报告，当值值长接到报告后立即向公司应急管理办公室负责人报告，办公室负责人接到报告后立即利用电话、传真、电子邮件等方式向应急领导小组报告，应急领导小组根据灾害情况布置应急救援和应急处置，并及时向上级公司应急管理办公室和当地政府应急管理办公室报告。情况紧急时，现场人员或当值值长可直接先向应急领导小组报告。

7.3　速报内容

灾害速报的内容主要包括大雾灾害险情出现的时间、地点、灾害类型、规模，可能的引发因素和发展趋势等。对已发生的大雾天气灾害，速报内容还要包括伤亡和失踪的人数以及造成的直接经济损失。

8　应急响应

8.1　响应分级

在本应急预案中将应急响应的级别分为三级。

（1）Ⅲ级响应：应对大雾黄色预警。

（2）Ⅱ级响应：应对大雾橙色预警。

（3）Ⅰ级响应：应对大雾红色预警。

8.2　响应程序

8.2.1　启动应急预案的条件

气象台发布黄色、橙色和红色大雾天气预警信号后，公司相应启动Ⅲ级、Ⅱ级、Ⅰ级应急预案。

8.2.2　响应启动

（1）Ⅰ级响应：由总经理启动应急响应。

（2）Ⅱ级响应：由总经理启动应急响应。

（3）Ⅲ级响应：由风电场场长启动应急响应。

8.2.3　响应行动

当确认灾害灾情发生时，立即启动相应级别应急预案，成立现场指挥部，召开应急会议，调动参与应急处置的各相关部门有关人员和处置队伍赶赴现场，按照“统一指挥、分工负责、专业处置”的要求和预案分工，相互配合、密切协作，有效地开展各项应急处置和救援工作。

8.3　应急处置

8.3.1　先期处置

（1）加强预报，密切监测雾情变化，加密预报时次，加强与有关部门信息沟通和有关情况分析。落实上、下班高峰期交通安全防范措施。

（2）各部门加强应急值班，及时掌握灾情，加强与公司应急领导小组和相关部门的信息通报，避免抢险救灾可能导致的二次人员伤亡。

（3）加大对安全生产监管，督促、检查停止户外施工情况。

8.3.2　应急处置

8.3.2.1　防空气污染应急措施

（1）关闭门窗。

（2）减少外出（特别是老年人、体弱和心血管等病人），必须外出时戴好口罩。

8.3.2.2　防交通事故应急处置措施

通勤班车打开车辆前、后雾灯，必要时开启大灯，另外打开双闪警示灯，行驶速度不大于 10km/h。转弯时要鸣喇叭，打转向灯，前后车辆距离保持在 20m 以上。

8.3.2.3　防污闪事故应急措施

大雾天气造成各电站部分线路跳闸，并有进一步恶化趋势时，当值值长立即向调度及公司电力运营部汇报，由生产副总经理根据情况，发布命令启动执行本应急预案。

8.3.3　扩大应急响应

（1）因大雾发生交通事故时，启动《交通事故应急预案》。

（2）大雾造成污闪事故导致设备损坏的，启动《设备损坏应急预案》。

8.4　应急结束

（1）应急终止条件。

1）事件现场得到控制，事件条件已经消除。

2）环境符合有关标准。

3）事件所造成的危害已经彻底消除，无次生、衍生事故隐患继发可能。

4）事件现场的各种专业应急处置行动已无继续的必要。

5）采取了必要的防护措施以保护公众免受再次危害。

6）经应急领导小组批准。

（2）由原应急响应发布部门宣布大雾应急响应结束。

（3）应急结束后善后处理组要向上级主管单位上报突发事件应急救援工作总结。

9　后期处置

（1）大雾预警解除。当大雾消失，公司及时解除大雾预警。由负责决定、发布或执行机构宣布应急响应结束，转入常态管理。

（2）咨询当地气象部门，及时对未来几小时到几天的能见度情况作出预测。

（3）加强与气象部门联系，继续采取必要的污染限排措施。

（4）因抢险救灾需要，临时调用单位和个人的物资、设备或者占用其房屋、土地的，险情、灾害应急期结束后应当及时归还；无法归还或者造成损失的，应当给予相应的补偿。

（5）应急处置结束后，应急管理办公室应组织有关部门和专家，对应急处置工作进行全面客观的评估，公司资产财务部按评估情况办理保险和理赔事宜。

（6）大雾污闪造成部分线路跳闸，甚至机组解列事故的，在事故处理告一阶段，事态基本平稳后由生产安全技术部组织各检修专业专工、运行人员召开事故分析会，并按公司有关要求形成事故调查报告书和统计报表，经电力运营部审核后，报事故调查组组长批准，电力运营部在2h内将事故调查报告书和统计报表报公司应急管理办公室。

（7）大雾造成交通事故的，按《交通事故应急预案》有关流程开展事故调查和统计上报。

（8）总结本次应急工作经验教训，提出改进工作的要求和建议，并下发至相关部门认真落实，必要时修改本预案。

10　应急保障

10.1　应急队伍

10.1.1　内部队伍

公司相关人员及在建项目的参建单位人员是大雾灾害抢险的重要力量，各应急处置工作组应加强队伍建设及应急物资储备，确保抢险需要。

10.1.2　外部队伍

社会应急救援力量的利用：公司范围内要掌握与设备制造厂、供应商及技术服务人员等外部救援力量签订应急协议，做到与当地政府应急管理部门（医疗、消防、公安、交通等）建立快速联系通道，保障在应急状态下及时获得外部应急救援力量的支持。

10.2　应急物资与装备

大雾应急物资由公司自行准备，主要准备防雾强光灯，电动瓷瓶清扫器，同时应检查强光灯的可靠性，必须按规定定期充电，正常备用；电动瓷瓶清扫器还需按规定每半年进行一次绝缘检测。相关设备与物资均需定库定置存放，现场注明“防雾应急物资，严禁挪用”。防雾应急物资应每月一检查，每季度一试用。

10.3　通信与信息

应急预案启动期间通信班要安排专人值班，加强网络维护工作，确保网络安全。

通信负责人要切实做好通信线路和设施的检查维护工作，确保通信系统无异常，确保调度电话畅通，确保值长岗位直拨电话畅通。

10.4　经费

本预案所需应急物资较少、金额较小，由各部门从部门耗材费用中列出。在制定年度预算时应将各部门所需的应急抢险物资的费用考虑在内。

10.5　其他

各应急保障组每年及时上报材料计划，配备足够的人员及应急保障物资。综合管理部保障后勤供应，特别是食品、防暑降温或防寒过冬物资、医疗用品的供应，控制不发生疫情，做好宣传及员工安抚工作。

安全生产部负责维护救灾秩序。

相关部门建立人员滞留疏导等所需的车辆保障机制，各联动部门根据大雾情况下突发事件特点，建立适合应急处置队伍。

11　培训和演练

11.1　培训

11.1.1　培训范围

将应急管理培训工作纳入年度培训计划，有针对性地对应急救援和管理人员进行培训，提高其专业技能。

11.1.2　培训方式

举办培训班、训练班，利用案例教学、交流研讨、情景模拟、应急演练等方式进行培训。

11.1.3　培训内容和周期

每年至少组织一次应急管理培训，培训的主要内容应该包括：防大雾专项应急预案，应急组织机构及职责、应急程序、应急资源保障情况和针对大雾天气发生事故灾难的预防和处置措施等。

11.2　演练

11.2.1　演练范围

将应急救援演练工作纳入年度培训教育计划，有针对性地对应急救援人员和管理人员进行演练，提高其专业技能。

11.2.2　演练方式

应急演练的方式可以选择实战演练、桌面演练。

11.2.3　演练的内容和周期

防大雾专项应急预案，应急组织机构及职责、应急程序、应急资源保障情况和针对大雾天气发生事故灾难的预防和处置措施等。每年年初制定演练计划，防大雾专项应急预案演练每年不少于一次，现场处置演练不少于两次，演练结束后应形成总结材料。

本预案应每年演练一次，最好进行实战演练。针对线路污闪的应急响应演练，由电力运营部组织。应急预案及演练方案必须在正式演练前一周发给各责任人，自行组织学习，如有疑问可直接咨询电力运营部。大雾天气发生交通事故的演练由安全生产部负责组织。

12　附则

12.1　术语和定义

雾：一种常见的自然现象，由空气中水汽含量增加达到饱和时形成，一年四季都有可能发生，但以 10 月至次年 5 月为多。

12.2　预案备案

本预案报当地政府应急管理部门备案。

12.3　预案修订

本预案应适时由安全生产部进行修订，最长期限不超过三年。

12.4　制定与解释

本预案由安全生产部制定、归口并负责解释。

12.5　预案实施

本应急预案自发布之日起实施，原相关预案同时废止。

13　附件

13.1　应急领导小组及相关人员联络方式表

序号	岗　　位	姓名	办公电话	移动电话	备注
1	总经理				
2	副总经理				
3	综合管理部经理				
4	资产财务部经理				
5	项目开发部经理				
6	工程管理部经理				
7	电力运营部经理				
8	安全生产部经理				

13.2　相关政府职能部门、抢险救援机构联系方式

序号	单　　位	联系方式	备注
1	地方应急管理委员会		
2	安全生产监督管理局		
3	生产调度机构		
4	当地国家能源派出机构		
5	当地气象部门		
6	急救中心		
7	公安报警		
8	交通报警		

13.3　应急物资储备表

序号	物资名称	数量	存放地点	负责人	办公电话	负责人电话	备注
1	逃生绳						
2	电筒						
3	工具箱						
4	对讲机						
5	急救箱						
6	应急车辆						
7	床						
8	被褥						
9	桶						
10	锹						
11	编织袋						

13.4 有关流程

13.4.1 信息报告流程

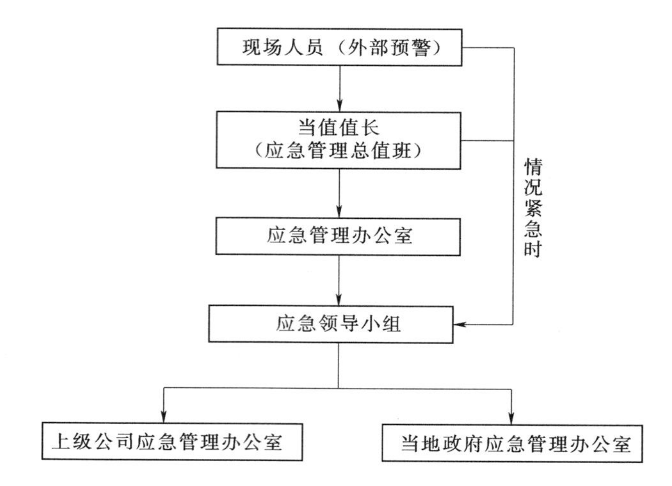

13.4.2 应急处置流程

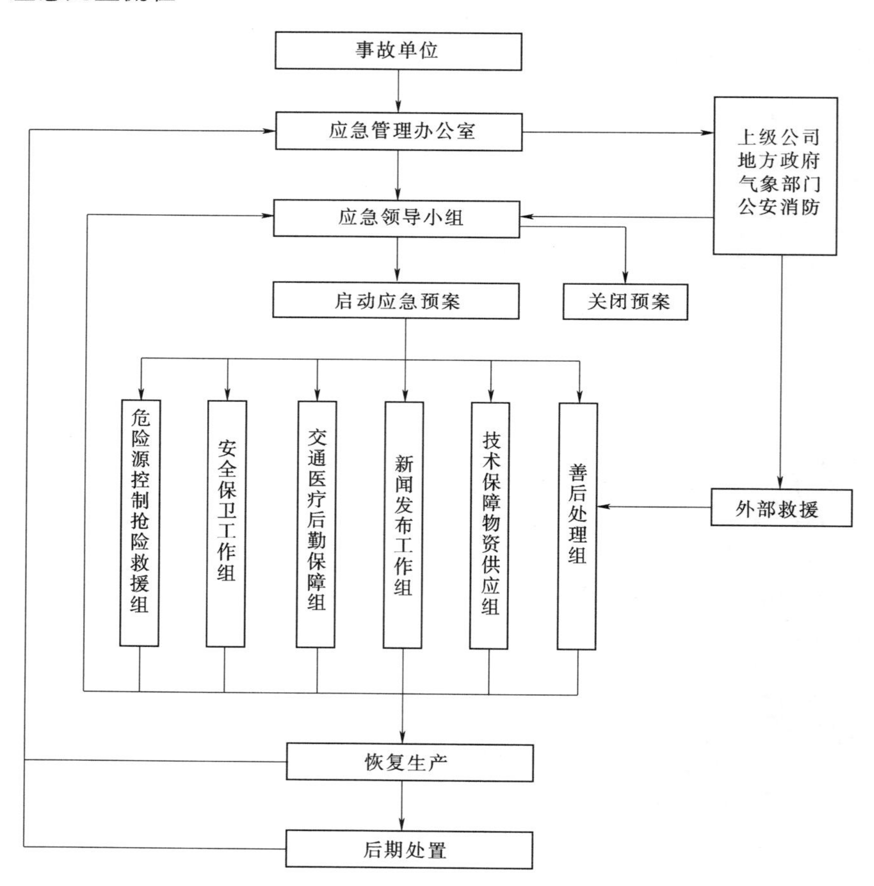

四、防地震灾害应急预案

某风力发电公司
防地震灾害应急预案

1　总则

1.1　编制目的

为高效有序地做好公司范围内应对突发地震灾害的应急处置和救援工作，避免或最大限度地减轻灾害造成的损失，保障员工生命和公司财产安全，维护社会稳定，编制本预案。

1.2　编制依据

《中华人民共和国安全生产法》（中华人民共和国主席令第 13 号）
《中华人民共和国突发事件应对法》（中华人民共和国主席令第 69 号）
《国家突发公共事件总体应急预案》
《国家自然灾害救助应急预案》（国办函〔2016〕25 号）
《中华人民共和国防震减灾法》（中华人民共和国主席令第 94 号）
《中华人民共和国建筑法》（中华人民共和国主席令第 46 号）
《国家地震应急预案》（2012 年 8 月 28 日修订）
《破坏性地震应急条例》（国务院令第 172 号）
《电力安全生产监督管理办法》（中华人民共和国国家发展和改革委员会令第 21 号）
《电力企业应急预案管理办法》（国能安全〔2014〕508 号）
《电力企业应急预案评审和备案细则》（国能综安全〔2014〕953 号）
《电力企业专项应急预案编制导则（试行）》
《电力安全事故应急处置和调查处理条例》（国务院令第 599 号）
《某风电公司综合应急预案》

1.3　适用范围

适用于公司范围内对地震灾害突发事件的应急处置和应急救援工作。

2　应急处置基本原则

遵循以人为本、预防为主、防抗结合、统一指挥、分工协作的方针，坚持保人身、保设备的原则，依托政府、统一领导、分工负责、加强联动、快速响应，最大限度地减少突发事件造成的损失。

3　事件类型和危害程度分析

3.1　风险的来源、特性

地震是地球内部介质局部发生急剧的破裂，产生地震波，从而在一定范围内引起地面震动的现象。在海底或滨海地区发生的强烈地震，能引起巨大的波浪，称为海啸。地震是极其频繁的，全球每年发生地震约500万次，给人类生活造成很大影响。由于地下深处岩石破裂、错动把长期积累起来的能量急剧释放出来，以地震波的形式向四面八方传播出去，到地面引起的房摇地动称为构造地震。这类地震发生的次数最多，破坏力也最大，约占全世界地震的90%以上。地震的一种基本现象是地面震动。强烈的地面震动可以在几分钟甚至几秒钟内造成自然景观和人工建筑的破坏，如山崩、地裂（地表可见的断层和地裂缝）、滑坡、江河堵塞、房屋倒塌、道路坼裂、铁轨扭曲、桥梁断折、堤坝溃决、地下管道毁坏等。在有些地方还会造成砂土液化，以致地基失效，引起结构坚固的建筑物整体倾倒。在大地震后，震中附近地区可能发生地壳形变，即大面积、大幅度的地面隆起（或沉降）和水平位移。大地震还会激发地球整体的长周期自由振荡，产生余震。同时地震的直接灾害发生后，会引发出次生灾害。有时，次生灾害所造成的伤亡和损失，比直接灾害还大。地震引起的次生灾害主要有：火灾，由震后火源失控引起；水灾，由水坝决口或山崩壅塞河道等引起；毒气泄漏，由建筑物或装置破坏等引起；瘟疫，由震后生存环境的严重破坏所引起。

3.2　事件类型、影响范围及后果

（1）构造地震。它是由于地壳和地幔上部的刚硬岩石层受到地壳运动而产生的地应力作用，发生断裂或者原有的断层重新活动而引起的。构造地震的发生往往是很突然的，然而它的孕育过程也很漫长。在地应力作用的初期，岩层具有一定的强度并不马上断裂，随着地应力不断加大，到达一定限度，岩层断裂而发生地震。这类地震给人类造成的危害是很大的。

（2）火山地震。火山活动引起的地震叫做火山地震。炽热的岩浆喷发前在地壳内聚集膨胀和喷发时，产生的巨大冲击力进而造成岩层断裂或断层错动而引起地震。火山地震的特点是：影响范围较小，而且以成群小地震的形式出现。

（3）塌陷地震。在石灰岩等易溶岩分布的地区，时常会发生塌陷地震。这是因为易溶岩长期受地下水侵蚀形成了许多溶洞，洞顶塌落造成了地震。不过塌陷地震影响范围小，危害较轻，只占地震总数的3%左右。

（4）其他地震。许多人类活动，也能引起地震。一种是人类活动直接造成地震，像爆破、打桩以及重型车辆通过时都能使地面发生震动，称之为人工地震。这类地震一般不会造成危害，但对那些要求有高精密度和高稳定度的仪器设备来说则有很大影响。因此在安装这些仪器设备时要设法消除人工地震这一不利因素。

地震级别及影响范围（半径）：8级地震，影响范围3600km；7级地震，影响范围1800km；6级地震，影响范围900km；5级地震，影响范围450km；4级地震，影响范围225km；3级地震，影响范围112.5km。

4　事件分级

按照2011年4月22日发布实施的《中国地震局地震应急预案》规定，将地震灾害事件分为四级。

4.1　Ⅰ级 特别重大地震灾害事件

（1）造成了300人（含）以上人员死亡的地震。

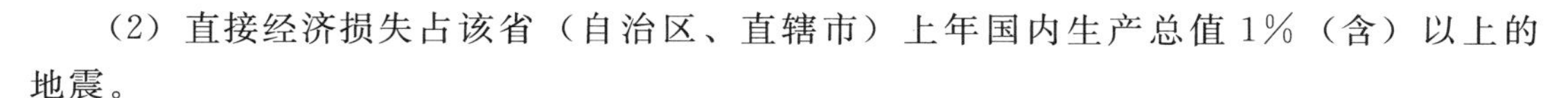

（2）直接经济损失占该省（自治区、直辖市）上年国内生产总值1%（含）以上的地震。

（3）在人口较密集地区发生7.0级（含）以上的地震，可初判为特别重大地震灾害事。

4.2　Ⅱ级 重大地震灾害事件

（1）造成了50人（含）以上、300人以下人员死亡的地震。

（2）直接经济损失占该省（自治区、直辖市）上年国内生产总值1%以下且较严重的地震。

（3）在人口较密集地区发生6.5级以上、7.0级以下的地震，可初判为重大地震灾害事件。

4.3　Ⅲ级 较大地震灾害事件

（1）造成了20人（含）以上、50人以下人员死亡的地震。

（2）造成了较大经济损失的地震。

（3）在人口较密集地区发生6.0级以上、6.5级以下的地震，可初判为较大地震灾害事件。

4.4　Ⅳ级 一般地震灾害事件

（1）造成了20人以下人员死亡的地震。

（2）造成了一定经济损失的地震。

（3）在人口较密集地区发生5.0级以上、6.0级以下的地震，可初判为一般地震灾害事件。

5　应急指挥机构及职责

5.1　应急指挥机构

公司成立突发事件应急领导小组，下设应急管理办公室和六个应急处置工作组，负责突发事件的应急管理工作。

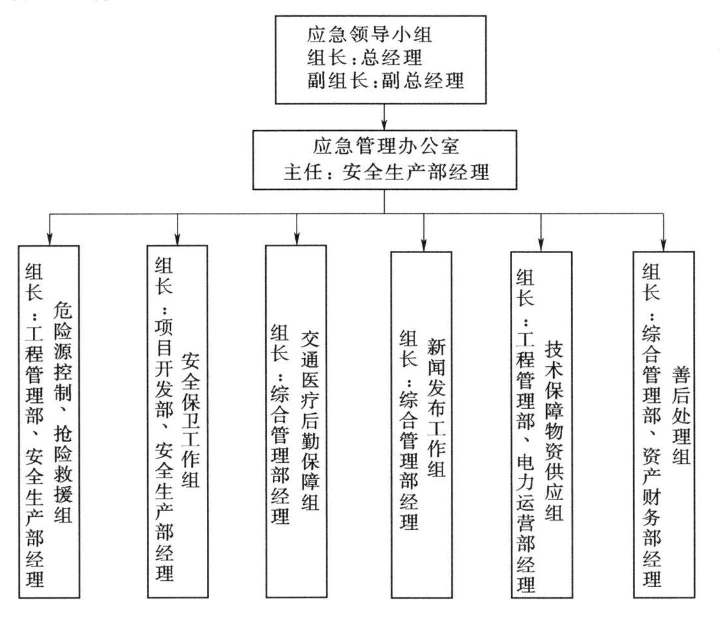

5.1.1　应急领导小组

组　长：总经理

副组长：副总经理

成　员：综合管理部经理、资产财务部经理、项目开发部经理、工程管理部经理、电力运营部经理、安全生产部经理

5.1.2　应急处置工作组

主　任：安全生产部经理

5.1.3　应急处置工作组

（1）危险源控制、抢险救援组　组长：工程管理部、安全生产部经理

（2）安全保卫工作组　组长：项目开发部经理

（3）交通医疗后勤保障组　组长：综合管理部经理

（4）新闻发布工作组　组长：综合管理部经理

（5）技术保障物资供应组　组长：工程管理部、电力运营部经理

（6）善后处理组　组长：综合管理部、资产财务部经理

5.2　职责

5.2.1　应急领导小组主要职责

（1）贯彻落实国家和上级公司有关重大突发事件管理工作的法律、法规、制度，执行上级公司和政府有关部门关于重大突发事件处理的重大部署。

（2）监督应急管理责任制的落实情况，协调各部门职责的划分，并监督各部门、专业应急预案的编写、学习、演练和修订完善。

（3）负责综合指挥协调各类不安全和不稳定突发事件的处理，负责出现危急事件时应急预案的启动和应急预案的终结。

（4）部署重大突发事件发生后的善后处理及生产、生活恢复工作。

（5）及时向政府部门及上级管理部门报告重大突发事件的发生及处理情况。

（6）负责监督指导各职能对各类突发事件进行调查分析，并对相关部门或人员落实考核。

（7）签发审核论证后的应急预案。

5.2.2　应急管理办公室职责（办公室设在安全生产部）

（1）应急管理办公室是突发事件应急管理的常设机构，负责应急指挥机构的日常工作。

（2）及时向应急领导小组报告较大突发事件。

（3）负责传达政府及上级公司有关突发事件应急管理的方针、政策和规定。

（4）组织落实应急领导小组提出的各项措施、要求，监督各单位的落实。

（5）组织制定公司突发事件管理工作的各项规章制度和突发事件典型预案库，指导应急救援和应急处置工作。

（6）监督检查各单位防地震灾害应急预案、日常应急准备工作、组织演练的情况。

（7）地震灾害应急救援工作完成以后，认真分析危急事件发生原因，总结危急事件处理过程中的经验教训，进一步完善相应的应急预案。

（8）对各项目公司防地震灾害管理工作进行考核。

（9）指导相关部门做好善后工作。

5.2.3　应急处置工作组职责

5.2.3.1　危险源控制、抢险救援组职责

按照保人身、保电网、保设备的原则，做好应急抢险救援工作。抢险救援时首先抢救受伤人员，然后按其职责开展其他救援处置工作。

（1）运行应急小组负责地震灾害条件下的运行方式调整和安全措施落实。

（2）电气专业负责风电场电气设备、端子箱、控制箱、保护及自动装置的应急处置。

（3）负责公用系统在地震条件下的设备设施应急处置处理。

5.2.3.2　安全保卫工作组职责

（1）维持现场秩序、现场警戒，划定警戒区域，负责监督应急情况处理时各项安全措施的执行，防止应急救援时人身事故的发生。

（2）控制现场人员，无关人员不准出入现场，确保抢险、救灾人员疏散时的人身安全，做好安置，维持现场秩序，做好安全警戒装置的设置工作。

（3）负责地震灾害发生时的抢险现场安全隔离措施的检查，并督促相关部门执行到位。

（4）组织实施地震灾害后现场恢复所必须采取的临时性措施。

5.2.3.3　交通医疗后勤保障组职责

（1）负责车辆管理部门。

1）平时加强车辆维护、检查，确保应急抢险救援时所需车辆正常使用。

2）应急时提供紧急救护车辆，提供应急救援抢险和应急物资、设备设施运送所需车辆。

（2）负责通信部门。

1）固定电话、移动电话、载波通信、应急呼叫通信等通信设施完好。

2）应急时确保生产调度和现场应急通信畅通。

（3）负责医疗后勤保障部门。

1）接警后及时赶赴事发地，对受伤人员采取现场紧急救治，及时抢救伤员。

2）及时联系120急救中心或当地医院，将伤员转送医院进行治疗。

3）做好日常相关医疗药品和器材的维护和储备工作。

4）做好饮食、卫生、环境方面的防范工作，防止灾后发生疫情，做好生活区异常情况处理。

5.2.3.4　新闻发布工作组职责

（1）在应急领导小组的指导下，负责将地震灾害情况汇总，做好对外新闻发布工作。

（2）根据领导小组的决定对突发事件情况向政府新闻主管部门、上级单位进行报告。

（3）负责新闻媒体及当地政府有关部门和上级相关部门的接待工作。

5.2.3.5　技术保障物资供应组职责

（1）全面提供应急救援时的技术支持。

（2）掌握地震灾害应急救援的设备设施、器材、工具等专业技术。

（3）掌握本公司各设备、设施、建筑物在地震灾害情况下的应急处置方法。

（4）按照公司要求做好地震灾害相应物资储备和供给工作。

（5）在地震灾害应急救援时，负责应急物资、各种器材、设备设施、备品备件的供给。

（6）负责与其他外部救援力量进行沟通联络，并及时做好应急物资的补给工作。

5.2.3.6　善后处理组职责

（1）负责做好地震灾害涉及的伤亡员工家属接待、安抚、慰问和补偿等善后工作。

（2）负责做好地震灾害涉及的人员伤亡、设备、财产损失数据统计和保险理赔工作。

（3）负责地震灾害调查、处理、报告填写和上报工作。

6　预防与预警

6.1　风险监测

6.1.1　风险监测的责任部门和人员

公司应急管理办公室负责地震信息的监控，办公室主任对地震灾害的应急救援负责，协调各应急处置工作组做好信息接收工作。

6.1.2　风险监测的方法和信息收集渠道

地震预报信息主要来自省（自治区、直辖市）人民政府决策发布的短期地震预报。

6.1.3　风险监测所获得信息的报告程序

应急管理办公室接收到预报后应立即向应急领导小组汇报，应急领导小组立即向上级公司地震应急管理部门有关人员汇报。

6.2　预警发布与预警行动

6.2.1　预警分级

地震预警级别按照可能发生地震事件的严重性和紧迫程度，地震预警发布级别分为四级，分别用红色、橙色、黄色、蓝色表示。

（1）Ⅰ级：红色预警，地震临震预警，未来10天内可能发生$M \geqslant 5.0$级地震。

（2）Ⅱ级：橙色预警，地震短期预警，未来3个月内可能发生$M \geqslant 5.0$级地震。

（3）Ⅲ级：黄色预警，地震中期预警，未来1年或稍长时间内可能发生$M \geqslant 5.0$级地震。

（4）Ⅳ级：蓝色预警，地震远期预警，未来数年到数十年强震形势的粗略估计与概率性预测。

6.2.2　预警发布程序和相关要求

应急管理办公室根据省(自治区、直辖市)人民政府决策发布的短期地震预报，请示应急领导小组批准后，在全公司范围内利用办公电话、移动电话、计算机网站等形式发布相应级别的预警。

6.2.3　预警发布后的应对程序和措施

公司各部门采取相应等级的应急防御措施，根据震情发展和建筑物抗震能力以及周围工程设施情况，发布避震通知，必要时组织避震疏散；对生命线工程和次生灾害源采取紧急防护措施；督促检查抢险救灾的准备工作；平息地震谣传或误传，保持社会安定。

6.3　预警结束

6.3.1　预警结束的条件

地震灾害发生的可能消除，无继发可能，现场没有应急处置的必要。

6.3.2　预警结束的程序和方式

当地震灾害发生的可能消除，省、市政府部门发布地震灾害预警结束信息时，应急管理办公室协调电力运行部对公司设备设施的安全运行状况进行评估，并将结果及时报送应急领导小组，经批准后由应急管理办公室主任宣布结束预警。

7　信息报告

7.1　应急值班电话

应急处置办公电话：×××。

移动电话：×××。

7.2　应急报告的程序、方式和时限

7.2.1　内部报告

7.2.1.1　报告的程序和方式

灾害发生后，现场人员应立即向当值值长报告，当值值长接到报告后立即向公司应急管理办公室负责人报告，办公室负责人接到报告后立即利用电话、传真、电子邮件等方式向应急领导小组报告，应急领导小组根据灾害情况布置应急救援和应急处置，并及时向上级公司应急管理办公室和当地政府应急管理办公室报告。情况紧急时，现场人员或当值值长可直接先向应急领导小组报告。

7.2.1.2　报告内容和时限

灾害发生应立即报告，报告的内容主要包括：地震灾害险情或灾情出现的时间、地点、类型、规模，可能的引发因素和发展趋势等。对已发生的地震灾害，还要包括伤亡和失踪的人数以及造成的直接经济损失。应急管理办公室依照有关信息公开规定，及时接收和公布震情和灾情信息；根据初步掌握的情况，组织灾情和震情趋势判断的公告；适时组织后续公告。

7.2.2　外部报告

7.2.2.1　报告的程序和方式

经应急领导小组批准，应急管理办公室立即用办公电话、移动电话、传真、电子邮件等方式向当地政府应急管理部门、当地能源监管部门报告。

7.2.2.2　报告内容和时限

地震灾害发生时应急管理办公室必须在1h内向当地政府应急管理部门报告，报告的内容主要包括：地震灾害险情或灾情出现的时间、地点、类型、规模，可能的引发因素和发展趋势，伤亡和失踪的人数以及造成的直接经济损失。

8　应急响应

8.1　响应分级

在本预案中将地震灾害的应急响应级别分为四级。

（1）Ⅰ级响应：应对特别重大地震灾害。

（2）Ⅱ级响应：应对重大地震灾害。

（3）Ⅲ级响应：应对较大地震灾害。

（4）Ⅳ级响应：应对一般地震灾害。

8.2　响应程序

8.2.1　启动应急预案的条件

（1）Ⅰ级响应：发生7.0级（含）以上的地震时启动。

（2）Ⅱ级响应：发生6.5级（含）以上、7.0级以下的地震时启动。

（3）Ⅲ级响应：发生6.0级（含）以上、6.5级以下的地震时启动。

（4）Ⅳ级响应：发生5.0级（含）以上、6.0级以下的地震时启动。

8.2.2　响应启动

（1）Ⅰ级响应：由公司总经理启动应急响应，应急处置工作组全部到位。

（2）Ⅱ级响应：由公司总经理启动应急响应，应急处置工作组全部到位。

（3）Ⅲ级响应：由公司副总经理启动应急响应，应急处置工作组全部到位。

（4）Ⅳ级响应：由应急管理办公室启动应急响应，应急处置工作组全部到位。

8.2.3　响应行动

（1）地震灾害的应急响应责任主体是应急领导小组，组长为应急响应启动负责人。

（2）发生地震灾情时，应急领导小组立即启动相应级别应急预案，召开应急会议，调动参与地震灾害处置的各相关部门有关人员和处置队伍赶赴现场，按照“统一指挥、分工负责、专业处置”的要求和预案分工，相互配合、密切协作，有效地开展各项应急处置和救援工作。

8.3　应急处置

8.3.1　先期处置

（1）对是否转移群众和应采取的措施做出决策。

（2）对地震损坏的建筑物能否进入、能否拆除进行危险评估；探测泄漏危险品的种类、数量、泄漏范围、浓度，评估泄漏的危害性，采取处置措施；监视余震、火灾、爆炸、放射性污染、山体滑坡等次生灾害，损毁高大构筑物继续坍塌的威胁和因被拆建筑物而诱发的坍塌危险，及时向救援人员发出警告，采取防范措施。

（3）及时划分地震灾害危险区，设立明显的警示标志，确定预警信号和撤离路线。

（4）加强监测及隐患处理，防止灾害进一步扩大，避免抢险救灾可能导致的二次人员伤亡。

8.3.2　应急处置

8.3.2.1　应急救援办公室应急措施

（1）收集汇总震情、灾情，向政府抗震救灾指挥部和上级主管单位报告。

（2）启动地震应急预案，紧急部署抗震救灾行动。

（3）宣布公司进入震后应急期，必要时决定实行紧急应急措施，维护社会治安和道路交通秩序。

（4）根据救灾的需求，向政府部门和上级主管单位申请调遣抢救抢险队和医疗救护队赴公司进行人员抢救和医疗救护。

（5）查明通信破坏中断情况，采取应急措施沟通与外界的通信联系。

（6）查明交通中断情况，采取应急措施抢通交通运输，优先保证救援人员的运送。

（7）查明电力生产中断情况，采取应急措施保障抗震救灾应急用电。

（8）组织抢修通信、交通、供水、供电、排水等生命线设施。

（9）组织查明次生灾害情况和威胁，及时进行处置和防御。

（10）组织安置灾民，必要时疏散职工，保障职工食宿、饮水、医疗等基本生活需要。

（11）向公众公告震情和灾情，组织新闻媒体全面报道抗震救灾情况。

（12）明确避险场所，避险人员就近在空阔场地暂时避险，听候下一步通知。

8.3.2.2　生产系统各岗位人员应急措施

（1）发生地震时应按照“保人身、保运行、保主设备”的原则进行处理或避险；各工作（作业）区域在地震时应在第一时间内以所在区域最高岗位人员为组长立即组成本区域抗震临时指挥小组，组织本区域人员作业或避险，并争取利用各种通信手段向高一级岗位人员保持联络畅通。

（2）避险时所有部位人员撤离，严禁乘坐电梯。楼房内的人，要迅速远离外墙、门窗和阳台，选择厨房、卫生间、楼梯间等开间小而不易倒塌的空间避震；也可以躲在桌下、内墙墙根、墙角、坚固家具旁等易于形成三角空间的地方避震；更不要盲目跳楼。室外的人要避开高大建筑物、立交桥等，把书包等随身携带软质物品顶在头上，或用双手护住头部，防止被掉落的玻璃碎片、屋檐、装饰物砸伤，迅速跑到街心、空旷场地蹲下；楼梯往往是建筑物抗震的薄弱部位，要看准脱险的合适时机。

8.3.2.3　通勤车辆应急措施

（1）地震发生时，车辆禁止行使。不得发车，关闭车门禁止人员上车，同时司机也要离开车辆。

（2）车辆在没有出发时发生地震，停止发车，紧急疏散人员到空旷地方，但不靠近高大建筑物。

（3）车辆行驶途中发生地震，立即减速靠边停下，疏散人员到空旷的地方。人员来不及下车时，乘员要抓紧车辆上的固定部位和车座位的靠背，减轻受伤程度。

（4）发生地震时，车辆停靠尽量要远离建筑物。如果不能远离，要保持镇定紧急疏散人员。

8.3.2.4　生活区地震应急措施

（1）加强小区居民宣传教育，做好居民思想稳定工作。

（2）加强各类值班值勤，保持通信畅通，及时掌握小区情况，全力维护正常工作和生活秩序。按预案要求落实各项物资准备。

（3）无论是否有余震的预报或警报，本区范围或邻近地区发生破坏性地震后，领导小组立即赶赴本级指挥所，各抢险救灾队伍必须在震后1h内在本单位集结待命。

（4）迅速发出紧急警报（连续的急促铃声和呼喊声），组织仍滞留在各种建筑物内的所有人员撤离。

（5）迅速关闭、切断输电（应急照明系统除外）、供水系统和各种明火，防止震后滋生其他灾害。

（6）迅速开展以抢救人员为主要内容的现场救护工作，及时将受伤人员转移并送至附近医院、救护站抢救。

（7）加强对重要设备的救护和保护，加强值班值勤和巡逻，防止各类犯罪活动。

（8）积极协助上级政府部门做好居民的思想宣传教育工作，消除恐慌心理，稳定人心，迅速恢复正常秩序，全力维护社会安全稳定。

（9）迅速了解和掌握本区域内的受灾情况，及时汇总上报上级领导。

8.3.3　扩大应急响应

应急领导小组应随时跟踪事态的进展情况，当地震造成的破坏十分严重时，超出公司处置能力时，向市政府和上级主管单位请求支援。

8.4　应急结束

应急结束条件：

（1）地震灾害现场得到控制，地震灾害已经消除。

（2）灾害所造成的危害已经彻底消除，无继发可能。

（3）灾害现场的各种专业应急处置行动已无继续的必要。

（4）采取了必要的防护措施以保护公众免受再次危害。

（5）环境符合有关标准。

当满足以上条件后，由宣布启动应急响应者宣布应急行动正式结束，各项生产管理工作进入正常运作。

9　后期处置

9.1　现场恢复的原则和内容

地震过后，各部门按正常工作程序开展生产自救工作，恢复正常生产。

9.2　保险和理赔

地震灾害应急处置结束后，应急管理办公室应组织有关部门和专家，对应急处置工作进行全面客观的评估，财务部根据评估情况办理保险和理赔事宜。

9.3　事件调查

应急领导小组负责组织对地震应急处置过程进行实事求是、科学公正地调查，对存在的不良因素进行分析，深刻吸取教训，制定防范措施。

9.4　总结评价

地震应急处置结束后，应急管理办公室应组织有关部门和专家，对应急处置工作进行全面客观的评估，总结本次应急工作经验教训，提出改进工作的要求和建议，并下发至相关部门认真落实，必要时修改本预案。

应急响应终止后，公司应对在地震灾害应急处置过程中做出贡献的集体和个人进行表彰和奖励。

10　应急保障

10.1　应急队伍

10.1.1　内部队伍

任何部门和个人都有参加自然灾害应急救援的义务，生产系统人员是地震灾害抢险的重要力量，各应急处置工作组应加强队伍建设，加强队伍防地震灾害的培训教育，确保抢险需要。

10.1.2　外部队伍

社会应急救援力量的利用：公司要掌握本单位周围地区的外部救援力量，与通信、设备制造厂、供应商及技术服务人员等外部救援力量签订应急协议，做到与当地政府应急管理部门（医疗、消防、公安、交通等）建立快速联系通道，保障在应急状态下及时获得外部应急救援力量的支持。

10.2　应急物资与装备

公司医务储备必要的地震搜救、医疗器械和地震现场应急处置工作装备，应急管理办公室建立应急救援、资源数据库，储存地震重点监视防御区所拥有的各类救援设备设施，保证质量、数量，分类、分区域定置存放，信息定期更新。

10.3　通信与信息

地震应急期间以办公电话、移动电话、计算机网络等形式与上级主管单位、政府应急管理部门保持联系。

地震应急期间当办公电话、移动电话、计算机网络通信全部中断并难以恢复时，公司选派1名管理人员，采取一切方法，赶赴临近具备通信条件的区域向上级政府部门报告。

10.4　经费

经费在公司年度财务预算中单独列支专项费用，设立专用账户、专款专用。由公司财务部负责对应急经费使用进行监督和管理，由应急救援办公室负责编制应急专项资金的使用计划，专款用于应急救援、医疗救治、应急设备、装备、器材等的配置和专业应急队伍训练、演习所需物资的采购。

10.5　其他

各种车辆应经常保养维护，处于良好的工作状态，满足地震应急的需要，驾驶员应尽可能具备多种车辆的驾驶技术。抗震抢险指挥部根据工作需要随时调用车辆及驾驶人员，疏通和抢修道路及抢救被困人员。

公司各部门应保持各自区域内应急疏散通道的畅通，应急照明、应急指示灯完好，应做好应急疏散区域的设立，负责组织地震预警后的避震疏散；公司在规划布局时应具有开阔的人员疏散场地。

安全保卫部应加强内部保安队伍的建设，具备震期维持公司正常安全保卫工作的能力。

11　培训和演练

11.1　培训

11.1.1　培训范围

将应急管理培训工作纳入年度培训计划，有针对性地对应急救援和管理人员进行防地震灾害监控、处置的培训，提高其专业技能。

11.1.2　培训方式

举办培训班、训练班，利用案例教学、交流研讨、情景模拟、应急演练等方式进行培训。

11.1.3　培训内容和周期

每年至少组织一次应急管理培训，培训的主要内容应该包括：防地震专项应急预案，应急组织机构及职责、应急程序、应急资源保障情况和针对地震灾害的预防和处置措施等。

11.2　演练

11.2.1　演练范围

将应急救援演练工作纳入年度培训教育计划，有针对性地对应急救援人员和管理人员进行地震灾害应急救援的演练，提高其专业技能。

11.2.2　演练方式

应急演练的方式可以选择实战演练、桌面演练。

11.2.3　演练的内容和周期

防地震专项应急预案，应急组织机构及职责、应急程序、应急资源保障情况和针对地震灾害的预防和处置措施等。每年年初制定演练计划，防地震专项应急预案演练每年不少于1次，现场处置演练不少于2次，演练结束后应形成总结材料。

各部门要将防地震应急预案内容以及其他安全技术措施、反事故措施，以及抢险救灾常识纳入员工日常技术培训工作内容。

12　附则

12.1　术语和定义

12.1.1　地震

地震大小通常用字母M表示。地震愈大，震级数字也愈大，目前，世界上最大的震级为9.5级。目前国际上使用的地震震级——里克特级数，是由美国地震学家里克特所制定，它的范围在1～10级之间。它直接同震源中心释放的能量（热能和动能）大小有关，震源放出的能量越大，震级就越大。里克特级数每增加1级，即表示所释放的热能量增加了约32倍。假定第1级地震所释放的能量为1，第2级应为31.62，第3级应为1000，依此类推，第7级为10亿，第8级为316.2亿，第9级则为10000亿。按震级大小地震划分为弱震、有感地震、中强震、强震四类。

12.1.2　弱震

震级小于3级。如果震源不是很浅，这种地震人们一般不易觉察。

12.1.3　有感地震

震级等于或大于3级、小于或等于4.5级。这种地震人们能够感觉到，但一般不会造成破坏。

12.1.4　中强震

震级大于4.5级、小于6级。属于可造成破坏的地震，但破坏轻重还与震源深度、震中距等多种因素有关。

12.1.5　强震

震级等于或大于6级。其中震级大于等于8级的又称为巨大地震。

12.2　预案备案

本预案报电监局、地震局、地方政府有关单位和上级主管单位备案。

12.3　预案修订

本预案应适时进行修订，最长期限不超过三年。

12.4　制定与解释

本预案由安全生产部制定、归口并负责解释。

12.5　预案实施

本预案自发布日起实施，原相关预案同时废止。

13　附件

13.1　应急领导小组及相关人员联络方式表

序号	岗　　位	姓名	办公电话	移动电话	备注
1	总经理				
2	副总经理				
3	综合管理部经理				
4	资产财务部经理				
5	项目开发部经理				
6	工程管理部经理				
7	电力运营部经理				
8	安全生产部经理				

13.2　相关政府职能部门、抢险救援机构联系方式

序号	单　　位	联系方式	备注
1	地方应急管理委员会		
2	安全生产监督管理局		
3	生产调度机构		
4	当地国家能源派出机构		
5	当地气象部门		
6	国土资源机构		
7	急救中心		
8	公安报警		
9	交通报警		
10	消防报警		

13.3　应急物资储备表

序号	物资名称	数量	存放地点	负责人	办公电话	负责人电话	备注
1	逃生绳						
2	电筒						
3	工具箱						
4	对讲机						
5	急救箱						
6	应急车辆						
7	消防栓						
8	消防水带						
9	灭火器						

续表

序号	物资名称	数量	存放地点	负责人	办公电话	负责人电话	备注
10	床						
11	被褥						
12	桶						
13	锹						
14	编织袋						

13.4 有关流程

13.4.1 信息报告流程

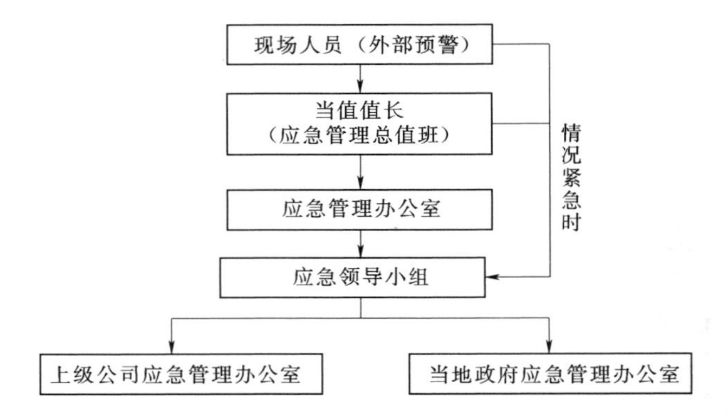

13.4.2 应急处置流程

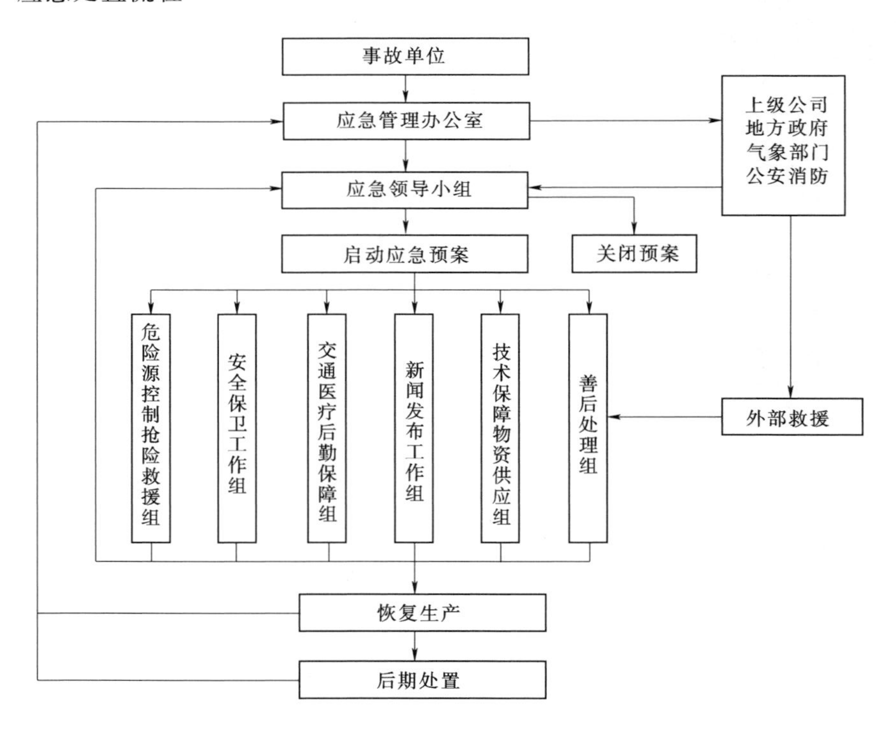

五、防地质灾害应急预案

某风力发电公司
防地质灾害应急预案

1 总则

1.1 编制目的

为高效有序地做好公司应对地质灾害的应急处置和救援工作，避免或最大限度地减轻灾害造成的损失，保障员工生命和公司财产安全，维护社会稳定，特编制本预案。

1.2 编制依据

《中华人民共和国安全生产法》（中华人民共和国主席令第13号）

《中华人民共和国突发事件应对法》（中华人民共和国主席令第69号）

《国家突发公共事件总体应急预案》

《国家自然灾害救助应急预案》（国办函〔2016〕25号）

《地质灾害防治条例》（国务院令第394号）

《生产安全事故应急预案管理办法》（安监总局令第88号）

《生产经营单位安全生产事故应急预案编制导则》（GB/T 29639—2013）

《电力安全生产监督管理办法》（中华人民共和国国家发展和改革委员会令第21号）

《电力企业应急预案管理办法》（国能安全〔2014〕508号）

《电力企业应急预案评审和备案细则》（国能综安全〔2014〕953号）

《电力企业专项应急预案编制导则（试行）》

《电力安全事故应急处置和调查处理条例》（国务院令第599号）

《某风电公司综合应急预案》

1.3 适用范围

本预案适用于公司针对突发地质灾害事件的应急处置和应急救援工作。

2 应急处置基本原则

遵循以人为本"安全第一，预防为主，综合治理"的方针，坚持防御和救援相结合，坚持保人身、保设备的原则，依托政府、统一领导、分工负责、加强联动、快速响应，最大限度地减少突发事件造成的损失。

3 事件类型和危害程度分析

3.1 风险来源、特性分析

地质灾害的风险来自省（市）气象预报，地质勘查部门的报告和预报，以及本单位应急监控的结果。根据地质灾害发生区的地理或地貌特征，可分山地地质灾害（如山体崩塌、滑坡、泥石流等）和平原地质灾害（如地质沉降）。

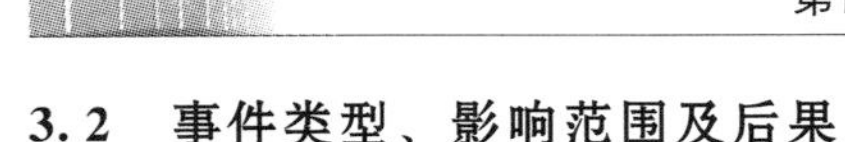

3.2　事件类型、影响范围及后果

山体崩塌、滑坡与泥石流可能对各项目公司发电设备、输变电设备、生产建（构）筑物、办公设施及道路交通、通讯造成不同程度的损坏，造成各项目公司局部或整体功能破坏，出力受限或全站停电，与系统解列，对外交通及通信中断等。

4　事件分级

地质灾害按危害程度和规模大小分为特大型、大型、中型、小型地质灾害险情和地质灾害灾情四级。

4.1　Ⅰ级 特大型地质灾害险情和灾情

（1）受灾害威胁，需搬迁转移人数在1000人以上或潜在可能造成的经济损失1亿元以上的地质灾害险情为特大型地质灾害险情。

（2）因灾死亡30人以上或因灾造成直接经济损失1000万元以上的地质灾害灾情为特大型地质灾害灾情。

4.2　Ⅱ级 大型地质灾害险情和灾情

（1）受灾害威胁，需搬迁转移人数在500人以上、1000人以下，或潜在经济损失5000万元以上、1亿元以下的地质灾害险情为大型地质灾害险情。

（2）因灾死亡10人以上、30人以下，或因灾造成直接经济损失500万元以上、1000万元以下的地质灾害灾情为大型地质灾害灾情。

4.3　Ⅲ级 中型地质灾害险情和灾情

（1）受灾害威胁，需搬迁转移人数在100人以上、500人以下，或潜在经济损失500万元以上、5000万元以下的地质灾害险情为中型地质灾害险情。

（2）因灾死亡3人以上、10人以下，或因灾造成直接经济损失100万元以上、500万元以下的地质灾害灾情为中型地质灾害灾情。

4.4　Ⅳ级 小型地质灾害险情和灾情

（1）受灾害威胁，需搬迁转移人数在100人以下，或潜在经济损失500万元以下的地质灾害险情为小型地质灾害险情。

（2）因灾死亡3人以下，或因灾造成直接经济损失100万元以下的地质灾害灾情为小型地质灾害灾情。

5　应急指挥机构及职责

5.1　应急指挥机构

公司成立突发事件应急领导小组，下设应急管理办公室和六个应急处置工作组，负责突发事件的应急管理工作。

5.1.1　应急领导小组

组　长：总经理

副组长：副总经理

成　员：综合管理部经理、资产财务部经理、项目开发部经理、工程管理部经理、电力运营部经理、安全生产部经理

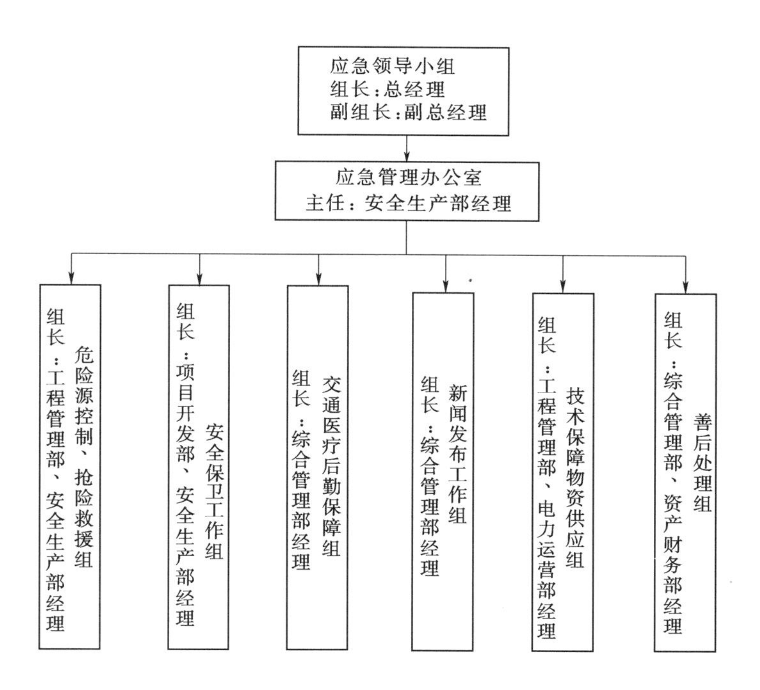

5.1.2　应急管理办公室

主　任：安全生产部经理

5.1.3　应急处置工作组

（1）危险源控制、抢险救援组　　组长：工程管理部、安全生产部经理

（2）安全保卫工作组　　组长：项目开发部、安全生产部经理

（3）交通医疗后勤保障组　　组长：综合管理部经理

（4）新闻发布工作组　　组长：综合管理部经理

（5）技术保障物资供应组　　组长：工程管理部、电力运营部经理

（6）善后处理组　　组长：综合管理部、资产财务部经理

5.2　职责

5.2.1　应急领导小组主要职责

（1）贯彻落实国家和上级公司有关重大突发事件管理工作的法律、法规、制度，执行上级公司和政府有关部门关于重大突发事件处理的重大部署。

（2）监督应急管理责任制的落实情况，协调各部门职责的划分，并监督各部门、专业应急预案的编写、学习、演练和修订完善。

（3）负责总体指挥协调各类不安全和不稳定突发事件的处理，负责出现危急事件时应急预案的启动和应急预案的终结。

（4）部署重大突发事件发生后的善后处理及生产、生活恢复工作。

（5）及时向政府部门及上级公司管理部门报告重大突发事件的发生及处理情况。

（6）负责监督指导各类突发事件的调查分析，并对相关部门或人员落实考核。

（7）签发审核论证后的应急预案。

5.2.2 应急管理办公室职责

（1）应急管理办公室是地质灾害应急管理的常设机构，负责应急指挥机构的日常工作。

（2）及时向应急指挥领导小组报告地质灾害突发事件。

（3）负责传达政府及公司有关地质灾害突发事件应急管理的方针、政策和规定。

（4）组织落实应急指挥领导小组提出的各项措施、要求，监督各单位的落实。

（5）组织制定地质灾害突发事件管理工作的各项规章制度和突发事件典型预案库，指导公司系统地质灾害突发事件的应急管理工作。

（6）监督检查各单位突发事件的应急预案、日常应急准备工作、组织演练的情况；指导、协调突发事件的处理工作。

（7）危急事件处理完毕后，认真分析危急事件发生原因，总结危急事件处理过程中的经验教训，进一步完善相应的应急预案。

（8）对公司系统较大突发事件管理工作进行考核。

（9）指导相关部门做好善后工作。

5.2.3 应急处置工作组主要职责

5.2.3.1 危险源控制、抢险救援组职责按照保人身、保电网、保设备的原则，做好应急抢险救援工作。抢险救援时首先抢救受伤人员，然后按其职责开展其他救援处置工作。

（1）运行应急小组负责事故运行方式调整和安全措施落实。

（2）电气专业应急小组负责各项目公司电气设备、端子箱、保护室、控制箱、保护及自动装置的应急处理。

（3）公用系统应急小组负责所辖区域内的危急事件处理。

5.2.3.2 安全保卫工作组职责

（1）维持现场秩序、现场警戒，划定警戒区域，负责监督应急情况处理时各项安全措施的执行，防止救援时人身事故的发生。

（2）控制现场人员，无关人员不准出入现场，确保抢险、救灾人员疏散时的人身安全，做好安置、维持现场秩序、安全警戒装置的设置工作。

（3）负责抢险现场安全隔离措施的检查，并督促相关部门执行到位。

（4）组织实施事故恢复所必须采取的临时性措施。

5.2.3.3 交通医疗后勤保障组职责

（1）负责车辆管理部门。

1）平时加强车辆维护、检查，确保应急抢险救援时所需车辆正常使用。

2）应急时提供紧急救护车辆，提供应急救援抢险和应急物资、设备设施运送所需车辆。

（2）负责通信部门。

1）固定电话、移动电话、载波通信、应急呼叫通信等通信设施完好。

2）应急时确保生产调度和现场应急通信畅通。

（3）负责医疗后勤保障部门。

1）接警后及时赶赴事发地，对受伤人员采取现场紧急救治，及时抢救伤员生命安全。

2）及时联系120急救中心或当地医院，将伤员转送医院进行治疗。

3）做好日常相关医疗药品和器材的维护和储备工作。

4）做好饮食、卫生、环境方面的防范工作，防止灾后发生疫情，做好生活区异常情况处理。

5.2.3.4　新闻发布工作组职责。

（1）在应急领导小组的指导下，负责将突发事件情况汇总，根据领导小组的决定做好对外信息发布工作。

（2）根据领导小组的决定对突发事件情况向政府新闻主管部门、上级单位进行报告。

（3）负责新闻媒体及当地政府有关部门和上级相关部门的接待工作。

5.2.3.5　技术保障物资供应组职责。

（1）全面提供应急救援时的技术支持。

（2）掌握本公司各设备、器材、工具等专业技术。

（3）掌握本公司各设备、设施、建筑在事故灾难情况下的应急处置方法。

（4）按照公司要求做好各类危急事件相应物资储备和供给工作。

（5）应急时，负责应急物资、各种器材、设备的供给。

（6）负责与其他外部救援力量进行沟通联络，并及时做好应急物资的补给工作。

5.2.3.6　善后处理组职责

（1）负责伤亡员工家属接待、安抚、慰问和补偿等善后工作。

（2）负责人员伤亡、设备、财产损失统计理赔工作。

（3）负责事故、灾难调查、处理、报告填写和上报工作。

6　预防与预警

6.1　风险监测

6.1.1　风险监测的责任部门和人员

（1）安全生产部负责组织职能部门定期对公司地质的稳定性进行安全检查，并与市地震、水文、气象等部门加强联系与沟通，做好地质灾害预报。

（2）安全生产部是地质险情监测工作的业务主管部门，具体负责险情监测的业务管理与监督检查，同时向领导小组及领导小组及时反馈信息并接受指导。

6.1.2　风险监测的方法和信息收集渠道

6.1.2.1　地质灾害简易监测方法。

（1）埋桩法：埋桩法适合对崩塌、滑坡体上发生的裂缝进行观测。在斜坡上横跨裂缝两侧埋桩，用钢卷尺测量桩之间的距离，可以了解滑坡变形滑动过程。对于土体裂缝，埋桩不能离裂缝太近。

（2）埋钉法：在建筑物裂缝两侧各钉一颗钉子，通过测量两颗钉子之间的距离变化来判断滑坡的变形滑动。这种方法对于临灾前兆的判断是非常有效的。

（3）上漆法：在建筑物裂缝的两侧用油漆各画上一道标记，与埋钉法原理是相同的，通过测量两侧标记之间的距离来判断裂缝是否存在扩大现象。

（4）贴片法：横跨建筑物裂缝粘贴水泥砂浆片或纸片，如果砂浆片或纸片被拉断，说

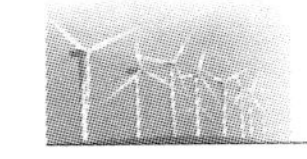

明滑坡发生了明显变形，须严加防范。与上面三种方法相比，这种方法不能获得具体数据，但是可以直接判断滑坡的突然变化情况。

6.1.2.2　风险监测信息收集渠道。风险信息来自政府应急管理部门的通知，本单位的风险监测、监控。

（1）山体滑坡多发生在坡度较陡，高差较大的地方，有些地方人难以攀登，监测难度较大，因此宜采用简易观测（日常巡回检查）和仪器监测相结合的方法进行，监测内容包括地形地貌监测、变形监测等。变形观测主要是对边坡在水平与垂向方向上变化速度与变化量方面的观测，此项工作由风电场生产技术部具体负责实施，每月末进行一次监测。

（2）安全管理部门，每月初负责对公司地质进行巡视检查。检查小组人员应保持相对稳定，巡视检查结束后要做好记录。在日常巡查中，应重点观察斜坡坡脚附近湿地是否增多且范围扩大，坡脚附近土、石是否挤紧并出现大量膨胀裂缝，斜坡下部上拱、斜坡中部是否出现纵横裂缝，斜坡上部是否出现弧形裂缝有下沉现象，斜坡上缘是否有土石零星下落。

6.2　风险监测所获得信息的报告程序

（1）观测人员巡查发现异常情况应立即向安全生产部汇报。

（2）安全管理部门、专工一起对观测数据进行分析，若预测有突发地质灾害发生，应告知应急管理办公室，汇报预测情况。应急管理办公室根据事件危急程度决定是否立即报告应急领导小组。

6.3　预警发布与预警行动

6.3.1　预警分级

预报等级按国家统一标准划分为四级。

（1）Ⅳ级：提醒级，可能性小。

（2）Ⅲ级：注意级，可能性较大。

（3）Ⅱ级：预警级，可能性大。

（4）Ⅰ级：警报级，可能性很大。

6.3.2　预警发布程序

（1）预报Ⅳ～Ⅲ级信息，经总经理签批后，由应急管理办公室在公司局域网发布。

（2）发布Ⅱ～Ⅰ级地质灾害预报预警信息后，风电场应及时向总经理报告。

6.3.3　预警发布后的应对程序和措施

（1）Ⅳ级预警发布后，防汛值班人员到岗、到位，密切监测地质灾害隐患点和雨情。隐患点有关情况至少24h上报安全生产部一次。

（2）Ⅲ级预警发布后，风电场场长和防汛值班人员到岗、到位，观测值班人员密切监测地质灾害隐患点和雨情。实施不间断监测，提醒灾害易发地点的员工高度注意。

（3）Ⅱ级预警发布后，应急领导小组和各单位相关负责人、抢险队伍到岗、到位，做好预案启动准备。启动受地质灾害隐患点威胁区生产人员，开展应急调查，调查结论应包括地质灾害的类型、规模、影响范围；发生的可能性、继续诱发因素；受威胁的厂房、

设备。

（4）Ⅰ级预警发布后，立即启动预案，紧急疏散灾害易发地点的员工和说服周边居民，各抢险队伍到隐患点附近安全区域待命，准备抢险。

6.4　预警结束

6.4.1　预警结束的条件

地质灾害发生的可能消除，无继发可能，现场没有应急处置的必要。

6.4.2　预警结束程序

经应急领导小组确认无发生地质灾害的可能性时，发布预警解除，由应急管理办公室统一发布预警结束信息，用短信、电话、计算机网络等方式通知各应急处置工作组，预警结束。

7　信息报告

7.1　应急电话

应急处置办公电话：×××。

移动电话：×××。

7.2　报告程序和方式

发生特大型地质灾害后，现场人员应立即向当值值长报告，当值值长接到报告后立即向公司应急管理办公室负责人报告，办公室负责人接到报告后立即利用电话、传真、电子邮件等方式向应急领导小组报告，应急领导小组根据灾害情况布置应急救援和应急处置，并及时向上级公司应急管理办公室和当地政府应急管理办公室报告。情况紧急时，现场人员或当值值长可直接先向应急领导小组报告。

7.3　速报内容

灾害速报的内容主要包括地质灾害险情或灾情出现的时间、地点、灾害类型、灾害体的规模，可能的引发因素和发展趋势等。对已造成后果的地质灾害，速报内容还要包括伤亡和失踪的人数以及造成的直接经济损失。

8　应急响应

8.1　响应分级

在本预案中将地质灾害的应急响应级别分为四级。

（1）Ⅳ级响应：应对小型地质灾害。

（2）Ⅲ级响应：应对中型地质灾害。

（3）Ⅱ级响应：应对大型地质灾害。

（4）Ⅰ级响应：应对特大型地质灾害。

8.2　响应程序

8.2.1　启动应急预案的条件

（1）Ⅳ级响应启动：出现暴雨、特大暴雨，部分边坡出现滑移迹象，局部有松动，多数地裂缝有发展迹象，或高边坡监测测值明显异常，经初步分析认为有可能产生严重后果时。

（2）Ⅲ级响应启动：持续暴雨或持续降雨，高边坡外观检查发现有较明显裂缝或不均匀沉降，测值变化趋势呈持续增大时。

（3）Ⅱ级响应启动：持续暴雨，大部分边坡有明显形成区域性滑坡或泥石流的条件，部分地裂缝有明显发展迹象，或测值变化趋势急剧增大，继续滑坡或坍塌的趋势不能确定，可能导致员工人身安全受到威胁。

（4）Ⅰ级响应启动：持续暴雨或特大暴雨，整体边坡变化明显，具有形成大面积滑坡或泥石流条件，地裂缝发展迅速，可能导致生产办公楼垮塌、员工伤亡等。

8.2.2　响应启动

（1）Ⅰ级响应：由公司总经理启动应急响应，公司应急领导小组开始运作，领导小组应急处置工作组全部到位。

（2）Ⅱ级响应：由公司副总经理启动应急响应，公司应急指领导小组开始运作，领导小组应急处置工作组全部到位。

（3）Ⅲ级响应：由应急管理办公室主任启动应急响应，公司应急领导小组开始运作，领导小组应急处置工作组全部到位。

（4）Ⅳ级响应：应急管理办公室主任启动应急响应，公司应急领导小组开始运作，领导小组应急处置工作组全部到位。

8.2.3　响应行动

当确认灾害灾情发生时，立即启动相应级别应急预案，成立现场领导小组，召开应急会议，调动参与应急处置的各相关部门有关人员和处置队伍赶赴现场，按照“统一指挥、分工负责、专业处置”的要求和预案分工，相互配合、密切协作，有效地开展各项应急处置和救援工作。

8.3　应急处置

8.3.1　先期处置

（1）对是否转移群众和应采取的措施做出决策。

（2）及时划分地质灾害危险区，设立明显的警示标志，确定预警信号和撤离路线。

（3）加强监测，采取有效措施，防止灾害进一步扩大，避免抢险救灾可能导致的二次人员伤亡。

8.3.2　应急处置

（1）小范围滑坡一旦发生后，要认真对待。根据滑坡的部位，在认为安全、技术有保障的前提下，维护班负责组织应急救援人员及时将塌方清理，加固未塌地段，防止塌方范围的蔓延。在处理方法上，应按“小塌清、先支后清”以及“治塌先治水”的原则快速进行。“小塌清、先支后清”即塌方体积小，且塌方范围内已进行临时构件支撑，可由两端或一段先上后下逐步清除坍渣，同时做好排水工作。

（2）由公司负责设置临时围栏、悬挂警示标示牌，领导小组通知安全生产部联系政府抢险组织。

（3）观测人员险情监测，现场实行24h值班。

（4）组织员工和群众转移避让或采取排险防治措施，根据险情和灾情具体情况提出应急对策，情况危急时应强制组织受威胁群众避灾疏散。

(5) 做好速报工作，并根据灾情进展，随时续报，直至调查结束。

(6) 大型以上地质灾害的应急抢险救灾工作，在政府和上级应急机构未介入之前，由本单位地质灾害应急领导小组现场负责具体指挥和处置。

8.3.3　扩大应急响应

现场领导小组应随时跟踪事态的进展情况，一旦发现事态有进一步扩大的趋势，有可能超出自身的控制能力，应立即向市防汛办报告，由应急领导小组协助调配其他应急资源参与处置工作。

8.4　应急结束

(1) 突发地质灾害处置工作已基本完成，次生、衍生危害基本消除，应急处置工作即告结束。

(2) Ⅲ～Ⅳ级中、小型地质灾害应急响应由应急领导小组决定后，应急管理办公室主任负责宣布应急结束。

(3) Ⅱ级大型地质灾害应急响应由应急管理办公室报请上级主管单位突发事件应急领导小组主要领导批准后，应急领导小组组长宣布应急结束。

(4) Ⅰ级特大型地质灾害应急响应由应急管理办公室报请上级公司突发事件应急领导小组主要领导批准后，本公司领导小组组长宣布应急结束。

9　后期处置

(1) 作出应急结束决定后，应急管理办公室应将有关情况及时通知参与地质灾害应急处置的各相关部门，同时通过广播向全站员工发布应急结束信息。

(2) 因抢险救灾需要，临时调用单位和个人的物资、设备或者占用其房屋、土地的，险情、灾害应急期结束后应当及时归还；无法归还或者造成损失的，应当给予相应的补偿。

(3) 突发地质灾害应急处置结束后，应急管理办公室应组织有关部门和专家，对应急处置工作进行全面客观的评估，财务部根据评估情况办理保险和理赔事宜。

(4) 应急领导小组负责开展事故调查，查明事故原因，制定防范措施。

(5) 总结本次应急工作经验教训，提出改进工作的要求和建议，并下发至相关部门认真落实，必要时修改本预案。

10　应急保障

10.1　应急队伍

(1) 任何部门和个人都有参加自然灾害救援的义务。

(2) 生产系统人员是地质灾害抢险的重要力量。

(3) 各应急处置工作组应加强队伍建设，确保抢险需要。

(4) 必要时由应急管理办公室向市政府请求支援。

10.2　应急物资与装备

本预案应急处置所需车辆由综合管理部负责调配，各部门全力配合；现场处置所需药品、食品由综合管理部负责供给。

10.3　通信与信息

应急预案启动期间网络通信班要安排专人值班，加强网络维护工作，确保网络安全，保障信息能在网络及时发布，同时要切实做好通信线路和设施的检查维护工作，确保通信系统无异常。

10.4　经费

本预案所需应急专项经费由资产财务部向上级公司申报，紧急状态下应就近筹措资金确保应急专用物资及时到位。

10.5　其他

（1）各应急保障组及各行政机构每年及时上报材料设备计划，配备足够的人员及保障物资与设备。

（2）应急管理办公室及时做好宣传、安抚、食品、饮用水供应及疾病防疫工作。

（3）员工在山体滑坡及泥石流事故发生后，在人身安全不受危害的情况下要坚守本职岗位，使生产、生活正常进行。

（4）根据现场恢复情况，由应急领导小组组长宣布事故应急处理情况的终止，生产秩序和生活秩序恢复为正常状态。

11　培训和演练

11.1　培训

11.1.1　培训范围

将应急管理培训工作纳入年度培训计划，有针对性地对应急救援和管理人员进行地质灾害监控、处置的培训，提高其专业技能。

11.1.2　培训方式

举办培训班、训练班，利用案例教学、交流研讨、情景模拟、应急演练等方式进行培训。

11.1.3　培训内容和周期

每年至少组织一次应急管理培训，培训的主要内容应包括：防地质灾害专项应急预案，应急组织机构及职责、应急程序、应急资源保障情况和针对地质灾害的预防和处置措施等。

11.2　演练

11.2.1　演练范围

将应急救援演练工作纳入年度培训教育计划，有针对性地对应急救援人员和管理人员进行防地质灾害应急救援的演练，提高其专业技能。

11.2.2　演练方式

应急演练的方式可以选择实战演练、桌面演练。

11.2.3　演练的内容和周期

地质灾害专项应急预案，应急组织机构及职责、应急程序、应急资源保障情况和针对地质灾害的预防和处置措施等。每年年初制定演练计划，防地质灾害专项应急预案演练每年不少于一次，现场处置演练不少于两次，演练结束后应形成总结材料。

各部门要将防地质灾害应急预案内容以及相关常识纳入员工日常技术培训工作。

12　附则

12.1　术语和定义

12.1.1　滑坡

滑坡是指斜坡上的岩体由于某种原因在重力的作用下沿着一定的软弱面或软弱带整体向下滑动的现象。

12.1.2　崩塌

崩塌是指较陡的斜坡上的岩土体在重力的作用下突然脱离母体崩落、滚动堆积在坡脚的地质现象。

12.1.3　泥石流

泥石流是山区特有的一种自然现象。它是由于降水而形成的一种带大量泥沙、石块等固体物资条件的特殊洪流，可根据一些特征进行识别：中游沟身长不对称，参差不齐；沟槽中构成跌水；形成多级阶地等。

12.1.4　地面塌陷

地面塌陷是指地表岩、土体在自然或人为因素作用下向下陷落，并在地面形成塌陷坑的自然现象。

12.2　预案备案

本预案报上级主管单位、政府应急管理部门备案。

12.3　预案修订

本预案应适时进行修订，最长期限不超过三年。

12.4　制定与解释

本预案由安全生产部制定、归口并负责解释。

12.5　预案实施

本预案自下发之日起开始实施，原相关预案同时废止。

13　附件

13.1　应急领导小组及相关人员联络方式表

序号	岗　　位	姓名	办公电话	移动电话	备注
1	总经理				
2	副总经理				
3	综合管理部经理				
4	资产财务部经理				
5	项目开发部经理				
6	工程管理部经理				
7	电力运营部经理				
8	安全生产部经理				

13.2 相关政府职能部门、抢险救援机构联系方式

序号	单 位	联系方式	备注
1	地方应急管理委员会		
2	安全生产监督管理局		
3	生产调度机构		
4	当地国家能源派出机构		
5	当地气象部门		
6	国土资源机构		
7	急救中心		
8	公安报警		
9	交通报警		
10	消防报警		

13.3 应急物资储备表

序号	物资名称	数量	存放地点	负责人	办公电话	负责人电话	备注
1	逃生绳						
2	电筒						
3	工具箱						
4	对讲机						
5	急救箱						
6	应急车辆						
7	消防栓						
8	消防水带						
9	灭火器						
10	床						
11	被褥						
12	桶						
13	锹						
14	编织袋						

13.4 有关流程

13.4.1 信息报告流程

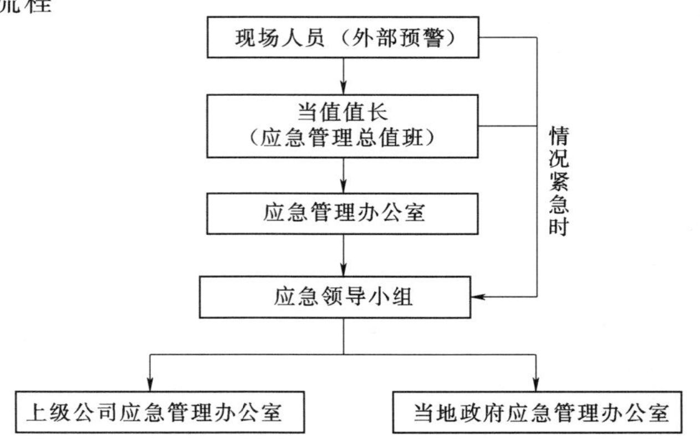

13.4.2　应急处置流程

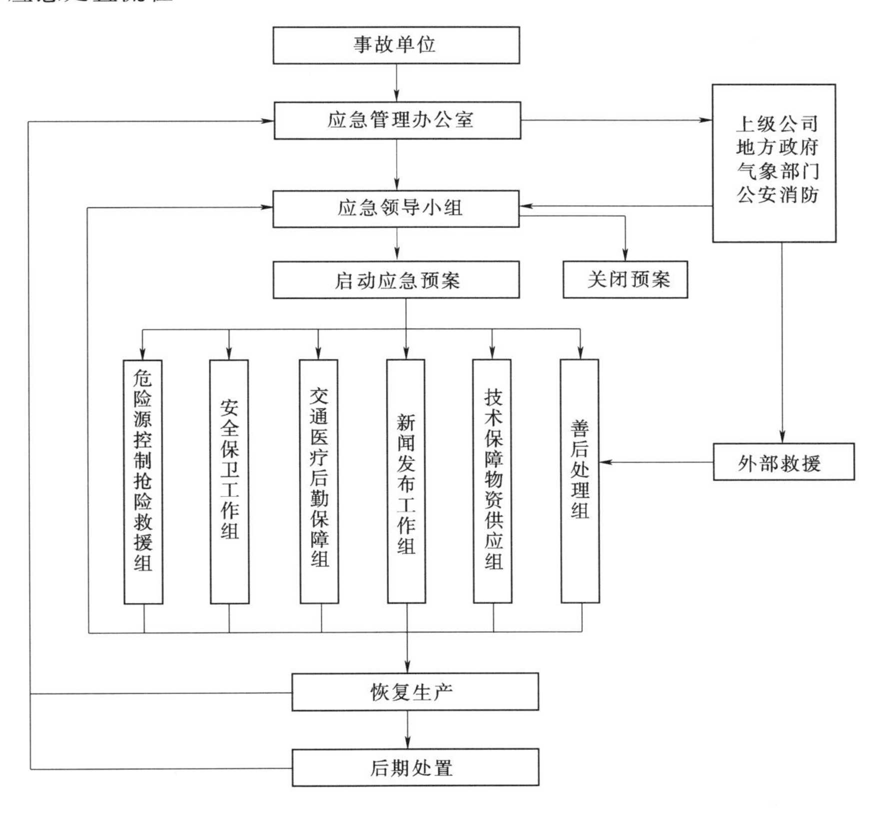

六、防重大沙尘暴灾害应急预案

某风力发电公司
防重大沙尘暴灾害应急预案

1　总则

1.1　编制目的

为高效有序地应对公司范围内重大沙尘暴灾害的应急处置和救援工作，避免或最大限度地减轻沙尘暴对风电场带来的电网波动、污闪事故、线路跳闸事故、通信交通中断等特殊影响，防止设备损坏及操作不当造成的事故扩大，最大限度地降低沙尘暴带来的人身伤害、设备损坏和财产损失，特制定本预案。

1.2　编制依据

《中华人民共和国安全生产法》（中华人民共和国主席令第13号）

《中华人民共和国突发事件应对法》（中华人民共和国主席令第69号）

《中华人民共和国防沙治沙法》（中华人民共和国主席令第55号）

《国家突发公共事件总体应急预案》

《国家自然灾害救助应急预案》(国办函〔2016〕25号)

《国家气象灾害应急预案》(2010年3月8日发布实施)

《生产安全事故应急预案管理办法》(安监总局令第88号)

《生产经营单位安全生产事故应急预案编制导则》(GB/T 29639—2013)

《电力安全生产监督管理办法》(中华人民共和国国家发展和改革委员会令第21号)

《电力企业应急预案管理办法》(国能安全〔2014〕508号)

《电力企业应急预案评审和备案细则》(国能综安全〔2014〕953号)

《电力企业专项应急预案编制导则(试行)》

《电力安全事故应急处置和调查处理条例》(国务院令第599号)

《某风电公司综合应急预案》

1.3　适用范围

本预案适用于公司针对突发重大沙尘暴灾害的应急处置和应急救援工作。

2　应急处置基本原则

遵循以人为本"安全第一，预防为主，综合治理"的方针，坚持防御和救援相结合，坚持保人身、保电网、保设备的原则，依托政府统一领导、分工负责、加强联动、快速响应，最大限度地减少突发事件造成的损失。

3　事件类型和危害程度分析

3.1　风险来源、特性分析

风险信息来自省、市气象预报及本单位应急监控部门，沙尘暴天气能见度降低、污染空气。

3.2　风险类型、影响范围及后果

(1) 沙尘暴对交通安全有明显影响。沙尘暴易导致追尾、相撞等重大交通事故，造成人员滞留、拥挤，甚至可能影响到运行人员的正常交接班。

(2) 沙尘暴中由于含尘土、沙粒，且含有较多的污染物资，很容易对电气设备、线路造成污染，致使该设备绝缘能力迅速下降，当超过其抗污能力时，就会出现微机失控、开关跳闸，从而发生停电、断电故障，严重时可导致全厂停电事故，影响稳定运行，造成一定的经济损失。

(3) 沙尘暴对户外作业安全构成威胁。因能见度低、空气污染而影响工作人员正常工作，增加事故发生概率。

(4) 沙尘暴使空气污染加重，直接影响人的身体健康。沙尘暴出现时，空气中挟带大量浮尘、沙石，导致污染物难以扩散，容易引起某些疾病的发生，甚至威胁人们的生命。

4　事件分级

沙尘暴对风电场的危害主要是容易发生交通事故和设备污秽事故，按照沙尘暴预警信号将沙尘暴预警分为三级；根据沙尘暴灾害的严重性和危害程度，将突发沙尘暴灾害分为

四级。

（1）Ⅰ级（特大沙尘暴灾害）：沙尘暴红色预警，影响重要城市或较大区域，造成人员死亡10人以上，或直接经济损失5000万元以上。

（2）Ⅱ级（重大沙尘暴灾害）：沙尘暴橙色预警，影响重要城市或较大区域，造成人员死亡5～10人，或直接经济损失1000万～5000万元，或造成机场、高速公路路网线路连续封闭12h以上。

（3）Ⅲ级（较大沙尘暴灾害）：沙尘暴黄色预警，造成人员死亡5人以下，或直接经济损失500万～1000万元，或造成机场、高速公路路网线路封闭。

（4）Ⅳ级（一般沙尘暴灾害）：对人畜、农作物、电力设备影响不大，经济损失在500万元以下。

5　应急指挥机构及职责

5.1　应急指挥机构

公司成立突发事件应急领导小组，下设应急管理办公室和六个应急处置工作组，负责突发事件的应急管理工作。

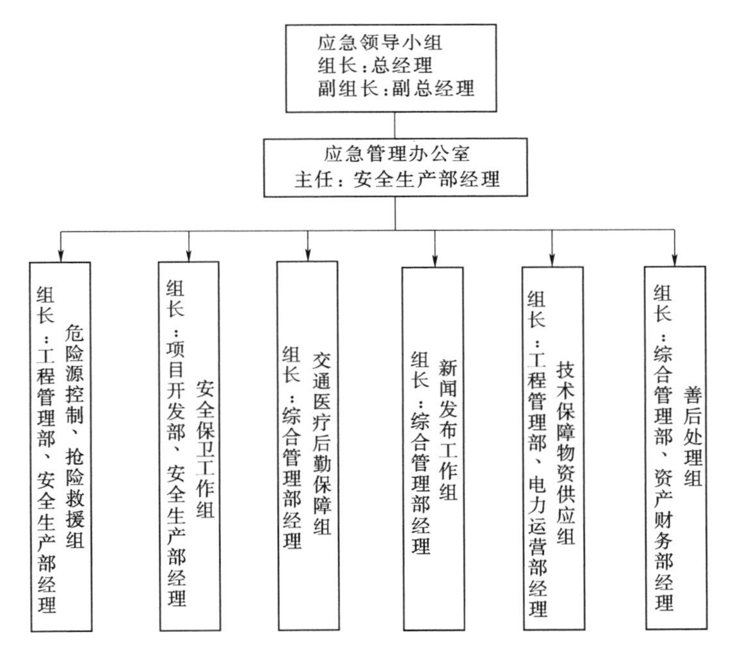

5.1.1　应急领导小组

组　长：总经理

副组长：副总经理

成　员：综合管理部经理、资产财务部经理、项目开发部经理、工程管理部经理、电力运营部经理、安全生产部经理

5.1.2　应急管理办公室

主　任：安全生产部经理

5.1.3 应急处置工作组

（1）危险源控制、抢险救援组	组长：工程管理部、安全生产部经理
（2）安全保卫工作组	组长：项目开发部、安全生产部经理
（3）交通医疗后勤保障组	组长：综合管理部经理
（4）新闻发布工作组	组长：综合管理部经理
（5）技术保障物资供应组	组长：工程管理部、电力运营部经理
（6）善后处理组	组长：综合管理部、资产财务部经理

5.2 职责

5.2.1 应急领导小组主要职责

（1）贯彻落实国家和上级公司有关重大突发事件管理工作的法律、法规、制度，执行上级公司和政府有关部门关于重大突发事件处理的重大部署。

（2）监督应急管理责任制的落实情况，协调各部门职责的划分，并监督各部门、专业应急预案的编写、学习、演练和修订完善。

（3）负责总体指挥协调各类不安全和不稳定突发事件的处理，负责出现危急事件时应急预案的启动和应急预案的终结。

（4）部署重大突发事件发生后的善后处理及生产、生活恢复工作。

（5）及时向政府部门及公司管理部门报告重大突发事件的发生及处理情况。

（6）负责监督指导各类突发事件的调查分析，并对相关部门或人员落实考核。

（7）签发审核论证后的应急预案。

5.2.2 应急管理办公室职责

（1）应急管理办公室是地质灾害应急管理的常设机构，负责应急指挥机构的日常工作。

（2）及时向应急指挥领导小组报告地质灾害突发事件。

（3）负责传达政府及公司有关地质灾害突发事件应急管理的方针、政策和规定。

（4）组织落实应急指挥领导小组提出的各项措施、要求，监督各单位的落实。

（5）组织制定地质灾害突发事件管理工作的各项规章制度和突发事件典型预案库，指导公司系统地质灾害突发事件的应急管理工作。

（6）监督检查各单位突发事件的应急预案、日常应急准备工作、组织演练的情况；指导、协调突发事件的处理工作。

（7）危急事件处理完毕后，认真分析危急事件发生原因，总结危急事件处理过程中的经验教训，进一步完善相应的应急预案。

（8）对公司系统较大突发事件管理工作进行考核。

（9）指导相关部门做好善后工作。

5.2.3 应急处置工作组主要职责

5.2.3.1 危险源控制、抢险救援组职责

按照保人身、保电网、保设备的原则，做好应急抢险救援工作。抢险救援时首先抢救受伤人员，然后按其职责开展其他救援处置工作。

（1）运行应急小组负责事故运行方式调整和安全措施落实。

（2）电气专业应急小组负责公司电气设备、端子箱、保护室、控制箱、保护及自动装

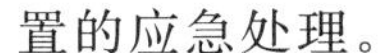

置的应急处理。

（3）公用系统应急小组负责所辖区域内的危急事件处理。

5.2.3.2　安全保卫工作组职责

（1）维持现场秩序、现场警戒，划定警戒区域，负责监督应急情况处理时各项安全措施的执行，防止救援时人身事故的发生。

（2）控制现场人员，无关人员不准出入现场，确保抢险、救灾人员疏散时的人身安全，做好安置，维持现场秩序，做好安全警戒装置的设置工作。

（3）负责抢险现场安全隔离措施的检查，并督促相关部门执行到位。

（4）组织实施事故恢复所必须采取的临时性措施。

5.2.3.3　交通医疗后勤保障组职责

（1）负责车辆管理部门。

1）平时加强车辆维护、检查，确保应急抢险救援时所需车辆正常使用。

2）应急时提供紧急救护车辆，提供应急救援抢险和应急物资、设备设施运送所需车辆。

（2）负责通信部门。

1）固定电话、移动电话、载波通信、应急呼叫通信等通信设施完好。

2）应急时确保生产调度和现场应急通信畅通。

（3）负责医疗后勤保障部门。

1）接警后及时赶赴事发地，对受伤人员采取现场紧急救治，及时抢救伤员。

2）及时联系120急救中心或当地医院，将伤员转送医院进行治疗。

3）做好日常相关医疗药品和器材的维护和储备工作。

4）做好饮食、卫生、环境方面的防范工作，防止灾后发生疫情，做好生活区异常情况处理。

5.2.3.4　新闻发布工作组职责

（1）在应急领导小组的指导下，负责将突发事件情况汇总，根据领导小组的决定做好对外新闻发布工作。

（2）根据领导小组的决定对突发事件情况向政府新闻主管部门、上级单位进行报告。

（3）负责新闻媒体及当地政府有关部门和上级相关部门的接待工作。

5.2.3.5　技术保障物资供应组职责

（1）全面提供应急救援时的技术支持。

（2）掌握本公司各设备、器材、工具等专业技术。

（3）掌握本公司各设备、设施、建筑在事故灾难情况下的应急处置方法。

（4）按照公司要求做好各类危急事件相应物资储备和供给工作。

（5）应急时，负责应急物资、各种器材、设备的供给。

（6）负责与其他外部部门进行沟通联络，并及时做好应急物资的补给工作。

5.2.3.6　善后处理组职责

（1）负责伤亡员工家属接待、安抚、慰问和补偿等善后工作。

（2）负责人员伤亡、设备、财产损失统计理赔工作。

（3）负责事故、灾难调查、处理、报告填写和上报工作。

6 预防与预警

6.1 风险监测

6.1.1 风险监测的责任部门和人员

沙尘暴天气风险监测的责任部门为公司应急管理办公室，具体负责人为电力运营部经理。

6.1.2 风险监测的方法和信息收集渠道

电站与当地气象局签订天气预报服务合同，当地气象局每天向电站预报未来三天的天气情况。当地气象局是获取沙尘暴天气预警的主要渠道，还可通过新闻媒体获取，但应及时与当地气象局沟通，确认其准确性。

6.1.3 风险监测所获得信息的报告程序

对每天当地气象局发来的天气预报单，由电站值班长在1h内交电力运营部经理，发现近日有沙尘暴天气，则由电力运营部经理组织共同探讨预防与控制事故的措施。

6.2 预警发布与预警行动

6.2.1 预警分级

沙尘暴灾害预警分为三级。

（1）当发生沙尘暴红色预警（Ⅰ级）时，沙尘暴灾害定级为“特大沙尘暴灾害（Ⅰ级)”，影响重要城市或较大区域，造成人员死亡10人以上，或直接经济损失5000万元以上。

（2）当发生沙尘暴橙色预警（Ⅱ级）时，沙尘暴灾害定级为“重大沙尘暴灾害（Ⅱ级)”，影响重要城市或较大区域，造成人员死亡5～10人，或直接经济损失1000万～5000万元，或造成机场、高速公路路网线路连续封闭12h以上。

（3）当发生沙尘暴黄色预警（Ⅲ级）时，沙尘暴灾害定级为“较大沙尘暴灾害（Ⅲ级)”，造成人员死亡5人以下，或直接经济损失500万～1000万元，或造成机场、高速公路路网线路封闭。

6.2.2 预警发布程序

沙尘暴预警信号统一由综合管理部发布。电站电力运营部在第一时间安排各生产部门做好沙尘暴天气应对工作。

6.2.3 预警发布后的应对程序和措施

（1）预警信号发布后各部门应根据自身制定的现场预案进行部署，预防不安全事件的发生。

（2）Ⅲ级黄色预警信号发布后，电站应加强升压站的巡视检查，必要时采用高清高倍数望远镜，重点检查各绝缘子的安全状况，发现有裂纹等缺陷应及时更换，发现绝缘子表面污秽较多时应及时汇报电力运营部，由电力运营部安排检修人员进行清扫。总之，发现异常及时处理，或采取临时防范措施。同时电站应做好线路故障、电网稳定破坏等情况下的事故预想及相应的处理措施。明确事故抢险状况下各值班人员的分工，必要时可抽调增援力量。

（3）Ⅱ级橙色预警信号发布后，综合管理部应告知通信负责人对通信设备进行全面检

查，确保通信设备正常可靠。综合管理部应立即组织全体司机学习沙尘暴期间行车的安全注意事项，检查车辆的安全状况，重点检查值班、通勤车辆的防雾灯、刹车、动力、传动等装置的可靠性。早晚沙尘暴期间严禁派车出厂。

（4）Ⅰ级红色预警信号发布后，综合管理部通知全体职工，最好不要开私家车或骑摩托车上、下班，最好选择搭乘公交车上、下班。必要时综合管理部还需与当地交警大队取得联系，要求加强上、下班期间危险路段的交通指挥、疏导与监管工作。基建、外委承包单位应停止一切户外高空作业。

6.3 预警结束

各种预警状态结束由当地市（县）气象局提出，由应急管理办公室请示应急救援领导小组同意后，通过电话告知各部门预警结束。

7 信息报告

7.1 应急电话

应急管理办公室24h值班电话：×××。

7.2 报告流程

突发事件发生后，现场人员应立即向当值值长报告，当值值长接到报告后立即向公司应急管理办公室负责人报告，办公室负责人接到报告后立即利用电话、传真、电子邮件等方式向应急领导小组报告，应急领导小组根据事件情况布置应急救援和应急处置，并及时向上级公司应急管理办公室和当地政府应急管理办公室报告。情况紧急时，现场人员或当值值长可直接先向应急领导小组报告。

8 应急响应

8.1 响应分级

在本应急预案中将应急响应的级别分为3级：

（1）Ⅲ级响应：应对沙尘暴黄色预警。

（2）Ⅱ级响应：应对沙尘暴橙色预警。

（3）Ⅰ级响应：应对沙尘暴红色预警。

8.2 响应程序

8.2.1 启动应急预案的条件

气象台发布黄色、橙色和红色沙尘暴天气预警信号后，公司相应启动Ⅲ级、Ⅱ级、Ⅰ级应急预案。

8.2.2 响应启动

（1）Ⅰ级响应：由总经理启动应急响应。

（2）Ⅱ级响应：由总经理启动应急响应。

（3）Ⅲ级响应：由风电场值班长启动应急响应。

8.2.3 响应行动

当确认灾害发生时，立即启动相应级别应急预案，成立现场指挥部，召开应急会议，调动参与应急处置的各相关部门有关人员和处置队伍赶赴现场，按照“统一指挥、分工负责、专业处置”的要求和预案分工，相互配合、密切协作，有效地开展各项应急处置和救援工作。

8.3 应急处置

8.3.1 先期处置

（1）加强预报，密切监测沙尘暴变化情况，加密预报时次，加强与有关部门信息沟通和有关情况分析。落实上、下班高峰期交通安全防范措施。

（2）各部门加强应急值班，及时掌握灾情，加强与公司应急领导小组和相关部门的信息通报，避免抢险救灾可能导致的二次人员伤亡。

（3）加大对安全生产监管，督促、检查停止户外施工情况。

8.3.2 应急处置

8.3.2.1 防空气污染应急措施

（1）关闭门窗。

（2）减少外出（特别是老年人、体弱和心血管等病人）。

（3）沙尘对人体呼吸系统危害较大，异常沙尘天气时应做好防护，戴好眼镜、口罩，防止沙尘入肺、入眼，引起呼吸道和眼部疾病。

8.3.2.2 防交通事故应急处置措施

（1）在能见度较低的情况下尽量避免车辆及人员外出。

（2）行驶途中遭遇沙尘暴应打开示宽灯、前后雾灯、尾灯，必要时开启大灯，注意行人降低车速，避让大车，远离广告牌，注意风向变化，防止行驶途中人身伤害。行驶速度不大于10km/h。转弯时要鸣喇叭，打转向灯，前后车辆距离保持在20m以上。

8.3.2.3 防污秽事故应急措施

（1）沙尘暴天气造成电站部分线路跳闸，并有进一步恶化趋势时，当班值长立即向电力运营部汇报，由生产副总经理根据情况，发布命令启动执行本应急预案。

（2）系统冲击重点监视各线路负荷变化，根据线路跳闸情况调整机组负荷。

（3）电网大面积停电时，要保证场用电。

（4）检查升压站内设备防污闪措施落实情况。

（5）检查事故照明完好备用。

（6）污闪事故后，电气倒闸操作较多，因此要严格执行监护制度，做好安全防护，防止误操作及人身触电事故。

8.3.3 扩大应急响应

（1）因沙尘暴发生交通事故时，启动《交通事故应急预案》。

（2）沙尘暴造成污秽事故导致设备损坏的，启动《设备损坏应急预案》。

8.4 应急结束

（1）应急终止条件。

1）事件现场得到控制，事件条件已经消除。

2）环境符合有关标准。

3）事件所造成的危害已经彻底消除，无次生、衍生事故隐患继发可能。

4）事件现场的各种专业应急处置行动已无继续的必要。

5）采取了必要的防护措施以保护公众免受再次危害。

6）经应急领导小组批准。

（2）由原应急响应发布部门宣布沙尘暴应急响应结束。

（3）应急结束后善后处理组要向上级主管单位上报突发事件应急救援工作总结。

9　后期处置

（1）沙尘暴预警解除。当沙尘暴消失，公司及时解除沙尘暴预警。由负责人决定、发布或执行机构宣布应急响应结束，转入常态管理。

（2）咨询当地气象部门，及时对未来几小时到几天的能见度情况作出预测。

（3）加强与气象部门联系，继续采取必要的污染限排措施。

（4）因抢险救灾需要，临时调用单位和个人的物资、设备或者占用其房屋、土地的，险情、灾害应急期结束后应当及时归还；无法归还或者造成损失的，应当给予相应的补偿。

（5）应急处置结束后，应急管理办公室应组织有关部门和专家，对应急处置工作进行全面客观的评估，公司资产财务部按评估情况办理保险和理赔事宜。

（6）沙尘暴污秽造成部分线路跳闸、甚至机组解列事故的，在事故处理告一阶段，事态基本平稳后由安全生产部组织各检修专业专工、运行人员召开事故分析会，并按上级主管单位有关要求形成事故调查报告书和统计报表，经电力运营部审核后，报事故调查组组长批准，电力运营部在2h内将事故调查报告书和统计报表报公司。

（7）沙尘暴造成交通事故的，按《交通事故应急预案》有关流程开展事故调查和统计上报工作。

（8）总结本次应急工作经验教训，提出改进工作的要求和建议，并下发至相关部门认真落实，必要时修改本预案。

10　应急保障

10.1　应急队伍

10.1.1　内部队伍

任何部门和个人都有参加自然灾害应急救援的义务，生产系统人员是沙尘暴灾害抢险的重要力量，各应急处置工作组应加强队伍建设，确保抢险需要。

10.1.2　外部队伍

社会应急救援力量的利用：要掌握本单位周围地区的外部救援力量与通信、设备制造厂、供应商及技术服务人员等外部救援力量签订应急协议，做到与当地政府应急管理部门（医疗、消防、公安、交通等）建立快速联系通道，保障在应急状态下及时获得外部应急救援力量的支持。

10.2　应急物资与装备

沙尘暴应急物资由各单位自行准备，主要准备强光灯，同时应检查强光灯的可靠性，必须按规定定期充电正常备用。相关设备与物资均需定库定置存放，现场注明“沙尘暴应急物资，严禁挪用”。沙尘暴应急物资应每月一检查，每季度一试用。

10.3 通信与信息

应急预案启动期间通信班要安排专人值班，加强网络维护工作，确保网络安全。

通信负责人要切实做好通信线路和设施的检查维护工作，确保通信系统无异常，确保调度电话畅通，确保值长岗位直拨电话畅通。

10.4 经费

本预案所需应急物资较少、金额较小，由各部门从部门耗材费用中列支。在制定年度预算时应将各部门所需的应急抢险物资的费用考虑在内。

10.5 其他

各应急保障组每年及时上报材料计划，配备足够的人员及应急保障物资。综合管理部保障后勤供应，特别是食品、防暑降温或防寒过冬物资、医疗用品的供应，控制不发生疫情，做好宣传及员工安抚工作。工程管理部负责维护救灾秩序。

相关部门建立人员滞留疏导等所需的车辆保障机制，各联动部门根据沙尘暴情况下突发事件特点，建立适合的应急处置队伍。

11 培训和演练

11.1 培训

11.1.1 培训范围

将应急管理培训工作纳入年度培训计划，有针对性地对应急救援和管理人员进行培训，提高其专业技能。

11.1.2 培训方式

举办培训班、训练班，利用案例教学、交流研讨、情景模拟、应急演练等方式进行培训。

11.1.3 培训内容和周期

每年至少组织一次应急管理培训，培训的主要内容应该包括：防沙尘暴专项应急预案，应急组织机构及职责、应急程序、应急资源保障情况和针对沙尘暴天气发生事故灾难的预防和处置措施等。

11.2 演练

11.2.1 演练范围

将应急救援演练工作纳入年度培训教育计划，有针对性地对应急救援人员和管理人员进行演练，提高其专业技能。

11.2.2 演练方式

应急演练的方式可以选择实战演练、桌面演练。

11.2.3 演练的内容和周期

防沙尘暴专项应急预案，应急组织机构及职责、应急程序、应急资源保障情况和针对沙尘暴天气发生事故灾难的预防和处置措施等。每年年初制定演练计划，防沙尘暴专项应急预案演练每年不少于一次，现场处置演练不少于两次，演练结束后应形成总结材料。

本预案应每年演练一次，最好进行实战演练。针对线路污秽的应急响应演练，由工程

管理部组织。应急预案及演练方案必须在正式演练前一周发给各责任人，自行组织学习，如有疑问可直接咨询工程管理部。沙尘暴天气发生交通事故的演练由综合管理部负责组织。

12　附则

12.1　术语和定义

沙尘暴：沙暴和尘暴两者兼有的总称，是指强风把地面大量沙尘物质吹起并卷入空中，使空气特别混浊，水平能见度小于1km的严重风沙天气现象。

12.2　预案备案

本预案报当地政府应急管理部门备案。

12.3　预案修订

本预案应适时由应急管理办公室进行修订，最长期限不超过三年。

12.4　制定与解释

本预案由应急管理办公室制定、归口并负责解释。

12.5　预案实施

本应急预案自发布之日起实施，原相关预案同时废止。

13　附件

13.1　应急领导小组及相关人员联络方式表

序号	岗　　位	姓名	办公电话	移动电话	备注
1	总经理				
2	副总经理				
3	综合管理部经理				
4	资产财务部经理				
5	项目开发部经理				
6	工程管理部经理				
7	电力运营部经理				
8	安全生产部经理				

13.2　相关政府职能部门、抢险救援机构联系方式

序号	单　　位	联系方式	备注
1	地方应急管理委员会		
2	安全生产监督管理局		
3	生产调度机构		
4	当地国家能源派出机构		
5	当地气象部门		
6	国土资源机构		

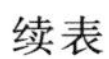

续表

序号	单　位	联系方式	备注
7	急救中心		
8	公安报警		
9	交通报警		
10	消防报警		

13.3　应急物资储备表

序号	物资名称	数量	存放地点	负责人	办公电话	负责人电话	备注
1	逃生绳						
2	电筒						
3	工具箱						
4	对讲机						
5	急救箱						
6	应急车辆						
7	消防栓						
8	消防水带						
9	灭火器						
10	床						
11	被褥						
12	桶						
13	锹						
14	编织袋						

13.4　有关流程

13.4.1　信息报告流程

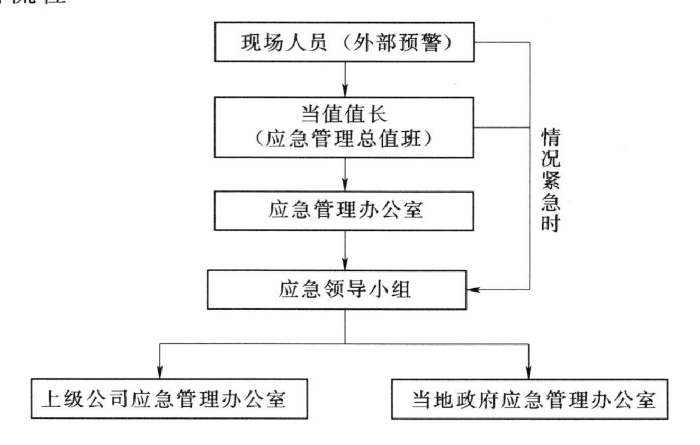

13.4.2　应急处置流程

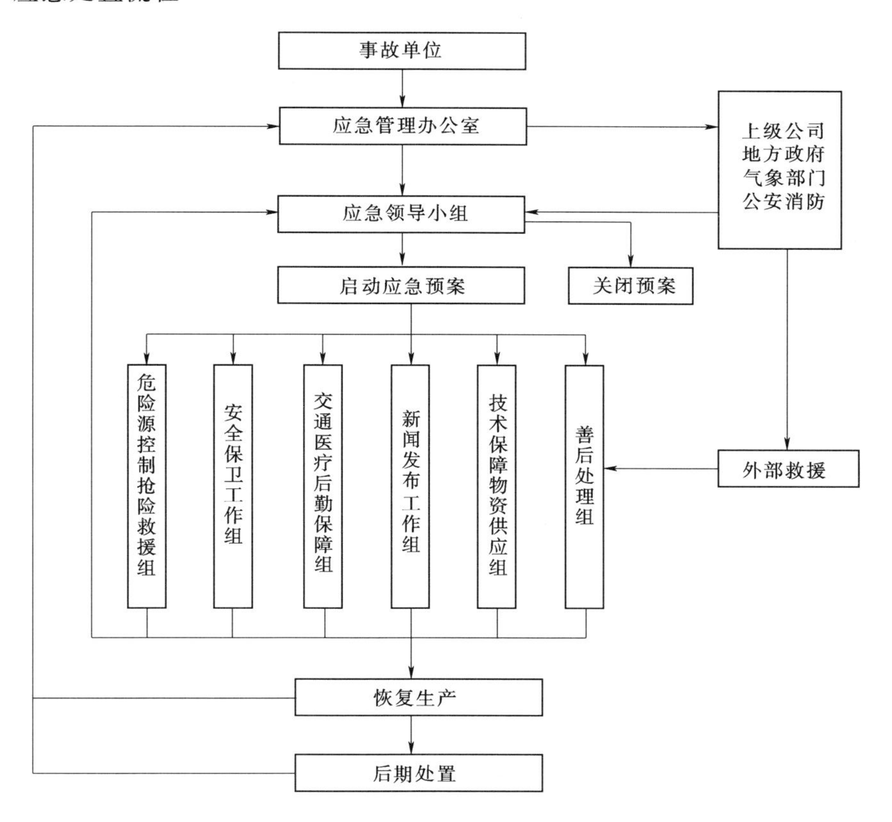
事故单位
应急管理办公室
上级公司
地方政府
气象部门
公安消防
应急领导小组
启动应急预案
关闭预案
危险源控制抢险救援组
安全保卫工作组
交通医疗后勤保障组
新闻发布工作组
技术保障物资供应组
善后处理组
外部救援
恢复生产
后期处置

第五章　事故灾难专项预案

第一节　事故灾难概述

事故灾难是具有灾难性后果的事故，是在人们生产、生活过程中发生的，直接由人的生产、生活活动引发的，违反人们意志的、迫使活动暂时或永久停止，并且造成大量的人员伤亡、经济损失或环境污染的意外事件。事故灾难突发事件的本质特征主要体现为其是由人们无视规则的行为所致，主要包括企业的各类安全事故、设备设施事故、环境污染和生态破坏事件等。

例如，风电场在安全生产管理工作中没有立即纠正、排除不良作业因素，放任不良因素继续存在致使事故发生，造成人员伤亡、设备损失或造成直接经济损失，影响生产经营活动正常开展。

第二节　事故灾难专项应急预案范例

一、人身事故应急预案

某风力发电公司
人身事故应急预案

1　总则

1.1　编制目的

为高效有序地做好公司突发人身事故事件的应急处置和救援工作，避免或最大限度地减轻人身伤害突发事故造成的重大损失和影响，保障员工生命安全和公司财产安全，维护社会和谐稳定，特编制本专项应急预案。

1.2　编制依据

《中华人民共和国安全生产法》（中华人民共和国主席令第 13 号）

《中华人民共和国突发事件应对法》（中华人民共和国主席令第 69 号）

《国家突发公共事件总体应急预案》

《生产经营单位安全生产事故应急预案编制导则》（GB/T 29639—2013）

《生产安全事故应急预案管理办法》（安监总局令第 88 号）

《生产安全事故应急演练指南》（AQT 9007—2011）

《生产安全事故应急演练评估规范》(AQT 9009—2015)

《电力安全事故应急处置和调查处理条例》(中华人民共和国国务院令第 599 号)

《电力安全生产监督管理办法》(中华人民共和国国家发展和改革委员会令第 21 号)

《电力企业应急预案管理办法》(国能安全〔2014〕508 号)

《电力企业应急预案评审和备案细则》(国能综安全〔2014〕953 号)

《电力企业专项应急预案编制导则(试行)》

《电力突发事件应急演练导则》(电监安全〔2009〕22 号)

《某风电公司综合应急预案》

1.3　适用范围

本预案适用于公司发生人身事故应急救援。

2　应急处置基本原则

本预案坚持预防与救援结合，以人为本，减少危害；居安思危，预防为主；统一领导，分级负责；把握全局，突出重点；快速反应，协同应对；依靠科技，提高素质。以“保人身、保设备、保电网”为原则，以突发事件的预测、预防为重点，以应对人身伤害事故的快捷、准确为目标，采取积极措施挽救伤员的生命，减轻伤员的伤痛。

3　事件类型和危害程度分析

3.1　风险来源、特性

公司人身事故风险主要如下：

(1) 触电：运行、检修、试验、工器具使用等操作、作业均可发生人身触电。

(2) 高空坠落：塔筒、线路、构架、梯台、屋顶作业都可造成人员坠落。

(3) 起重伤害：起重机械或起吊物体在运行或起吊过程中造成人身伤害。

(4) 物体打击：交叉作业，防护措施不完善，物体坠落导致人身伤害。

(5) 车辆伤害：职工在生产区域内遭遇场内机动车辆或其他车辆伤害，导致人身伤害。

(6) 机械伤害：因大型机械异常运行或工器具使用不当导致夹击、碰创、剪切、卷入、绞、碾、压、割、刺等人身伤害。

(7) 火灾：扑救过程中因烧、摔、砸、炸、窒息、高温、辐射等原因导致人身伤害。

(8) 其他伤亡：除以上伤亡以外的其他伤亡。

4　事件分级

按突发事件的可控性、严重程度和影响范围，突发事件一般分为四个级别，分别是Ⅰ级(特别重大)、Ⅱ级(重大)、Ⅲ级(较大)和Ⅳ级(一般)，具体情况如下：

(1) Ⅰ级：造成或可能造成 30 人以上死亡，或者 100 人以上重伤(包括急性工业中毒)。

(2) Ⅱ级：造成 10 人以上 30 人以下死亡，或者 50 人以上 100 人以下重伤(包括急性工业中毒)。

（3）Ⅲ级：造成3人以上10人以下死亡，或者10人以上50人以下重伤。

（4）Ⅳ级：造成3人以下死亡，或者10人以下重伤的事故。

上述划分中，以上包含本数，以下不包含本数。

5　应急组织机构及职责

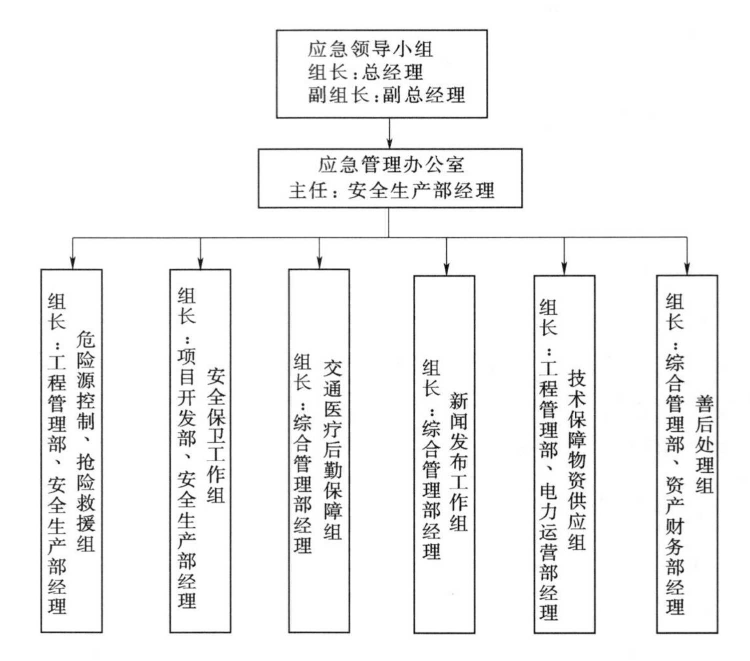

5.1　应急领导小组

组　长：总经理

副组长：副总经理

组　员：综合管理部经理、资产财务部经理、项目开发部经理、工程管理部经理、电力运营部经理、安全生产部经理

5.1.1　应急管理办公室

主　任：安全生产部经理

5.1.2　现场应急处置工作组

（1）危险源控制、抢险救援组　　组长：工程管理部、安全生产部经理

（2）安全保卫工作组　　组长：项目开发部、安全生产部经理

（3）交通医疗后勤保障组　　组长：综合管理部经理

（4）新闻发布工作组　　组长：综合管理部经理

（5）技术保障物资供应组　　组长：工程管理部、电力运营部经理

（6）善后处理组　　组长：综合管理部、资产财务部经理

5.2　职责

5.2.1　应急领导小组职责

（1）经上级应急领导小组批准启动本预案，发布和解除应急救援命令和信号。

（2）负责按照本预案组织指挥人身事故救援队伍实施应急救援处置工作。

（3）负责向上级汇报突发事件的情况，必要时向有关单位发出救援请求。

（4）涉及政府应急预案时，负责配合政府相关应急指挥机构的应急处置工作。

（5）负责组织开展本预案的应急保障建设工作。

（6）负责组织编制和完善本预案，指导本预案的培训和演练。

5.2.2　应急管理办公室（办公室设在安全管理部门）职责

（1）应急管理办公室是突发事件应急管理的常设机构，负责应急指挥机构的日常工作。

（2）及时向应急指挥机构应急领导小组报告较大突发事件。

（3）负责传达政府、行业及公司有关突发事件应急管理的方针、政策和规定。

（4）组织落实应急指挥机构领导小组提出的各项措施、要求，监督各单位落实。

（5）组织制定公司突发事件管理工作的各项规章制度和突发事件典型预案库，指导公司系统突发事件的管理工作。

（6）监督检查公司突发事件的应急预案、日常应急准备工作、组织演练的情况；指导、协调突发事件的处理工作。

（7）危急事件处理完毕后，认真分析危急事件发生原因，总结危急事件处理过程中的经验教训，进一步完善相应的应急预案。

（8）对公司系统较大突发事件管理工作进行考核。

（9）指导相关部门做好善后工作。

5.2.3　现场应急处置工作组职责

5.2.3.1　危险源控制、抢险救援组职责

（1）负责组织应急救援人员及有关专家及时进入现场，并进行现场抢险救援技术全面指导与技术监督。

（2）负责迅速开展解救被困人员和受伤人员的救援工作。

（3）负责现场救援设备和物资及时运送进入现场。

（4）掌握本单位人身事故应急救援力量（医护人员、受过紧急救护培训的人员、与人身急救有关的专业对口人员）和人身应急救援物资的资源（包括数量、储存情况）。

（5）负责提出上级救援、外部救援力量和物资支援的需求。

5.2.3.2　安全保卫工作组职责

（1）维持现场秩序、现场警戒，划定警戒区域，负责监督应急情况处理时各项安全措施的执行，防止救援时人身事故的发生。

（2）控制现场人员，无关人员不准出入现场，确保抢险、救灾人员疏散时的人身安全，做好安置，维持现场秩序，做好安全警戒装置的设置工作。

（3）负责抢险现场安全隔离措施的检查，并督促相关部门执行到位。

（4）组织实施事故恢复所必须采取的临时性措施。

（5）完成事故（发生原因、处理经过）调查报告的编写和上报工作。

5.2.3.3　交通医疗后勤保障组职责

（1）负责应急救援车辆维护、检查，确保应急抢险救援时所需车辆正常使用。

（2）应急时提供紧急救护车辆，提供应急救援抢险和应急物资、设备设施运送所需车辆。

（3）负责办公电话、移动电话、传真、电子邮件、应急通信，确保调度通信畅通。

（4）与供应商建立物资供应协作关系，保证应急救援物资的质量、数量。

（5）负责接警后及时赶赴事发地，对受伤人员采取现场紧急救治，及时抢救伤员。

（6）及时联系120急救中心或当地医院，将伤员转送医院进行治疗。

（7）做好日常相关医疗药品和器材的维护和储备工作。

5.2.3.4 新闻发布工作组职责。

（1）在应急领导小组的指导下，负责将突发事件情况汇总，根据应急领导小组的决定做好对外信息发布工作。

（2）根据应急领导小组的决定对突发事件情况向政府新闻主管部门、上级单位进行报告。

（3）负责新闻媒体及当地政府有关部门和上级相关部门的接待工作。

5.2.3.5 技术保障物资供应组职责

（1）全面提供应急救援时的技术支持。

（2）掌握本公司各设备、装备、器材、工具等情况。

（3）掌握本公司各设备、设施、建筑在事故灾难情况下的应急处置方法。

（4）按照公司要求做好各类危急事件相应物资储备和供给工作。

（5）应急时，负责应急物资、各种器材、设备的供给。

（6）负责与其他外部部门进行沟通联络，及时做好应急物资的补给工作。

5.2.3.6 善后处理组职责

（1）负责监督消除人身事故的影响，指导尽快恢复生产。

（2）负责人身事故资料的收集，现场的保护。

（3）准确、及时、公正地查清事故原因、责任，总结经验吸取教训，制定措施，对责任人提出处理意见。

（4）负责做好伤亡人员赔偿及家属安抚工作，做好受伤人员康复治疗、慰问工作，对因参与应急处理工作受伤、致残、死亡的人员，按照国家有关规定，做好伤亡人员保险理赔工作，给予相应补助和抚恤。

6 预防与预警

6.1 风险监测

6.1.1 风险监测责任部门、责任人

人身事故风险监测部门为公司应急管理办公室，综合部经理对监控、监测工作负责。

6.1.2 风险监测的方法和收集渠道

（1）风险监测的主要对象是生产过程中可能导致人身伤亡事故的安全管理薄弱环节和重要环节，收集各种人身事故征兆，对事故征兆进行纠正，使其人身伤害危险情况逐渐恢复到正确状态，并建立相应信息档案。

（2）通过各级安监人员现场监督、检查各种会议记录、安全活动记录等渠道收集。

6.1.3　风险监测所获得信息的报告程序

信息获得者直接向应急管理办公室报告，应急管理办公室把收集、整理的监控信息向应急领导小组汇报，应急领导小组根据人身事故的具体实际情况向上级有关部门报告。

6.2　预警发布与预警行动

6.2.1　预警分级

按照生产事故级别和发生的可能性，人身事故预警分为四个级别，分别为特别重大（Ⅰ级）、重大（Ⅱ级）、较大（Ⅲ级）、一般（Ⅳ级）。

（1）Ⅰ级（红色预警）：造成3人以上10人以下死亡，或者10人以上50人以下重伤。

（2）Ⅱ级（橙色预警）：造成3人以下死亡，或者5人以上10人以下重伤。

（3）Ⅲ级（黄色预警）：造成2人以上5人以下重伤。

（4）Ⅳ级（蓝色预警）：造成1人重伤。

6.2.2　预警发布程序和相关要求

应急管理办公室负责人身事故预警信息的发布和预警响应范围的确定，发布人身伤害事故预警信息，所在部门应立即向应急管理办公室汇报，应急管理办公室根据事故的具体实际情况，向应急领导小组汇报，经批准后发布启动预警，通知各应急工作组做好应急准备。

预警信息的发布一般通过办公电话、移动电话、计算机网络等方式进行，预警信息包括人身事故的类别、预警级别、起始时间、可能影响范围、警示事项、应采取的措施和发布单位等。

6.2.3　预警发布后的应对程序和措施

（1）应急管理办公室有权发布针对所属各单位的红色、橙色、黄色、蓝色人身事故预警信息，但必须经应急领导小组批准。

（2）应急管理办公室在发布人身事故预警信息时必须考虑明确预警响应的范围和公开的程度以及保密的要求。在人身事故预警信息发布后，预警响应范围内的部门和单位应针对可能发生的人身事故及时采取有效措施，控制人身事故的风险，避免人身事故的发生，可根据具体实际情况采取下列措施：

1）准备撤离、疏散危险区域内的人员。

2）采取安全技术措施消除和控制危险源。

3）为作业、操作人员配备充足的防护用具、用品。

4）加强安全监督管理、开展针对性的安全生产宣传。

5）利用发包、聘用等形式获取具有专业资质的技术力量的帮助。

6）请求政府专业应急力量的支持（医疗、消防、公安、交通）。

（3）人身事故预警以后，预警响应范围内的部门和单位，实施24h值班，应每日向应急管理办公室汇报预警响应情况，并逐级上报。

（4）人身事故预警以后，预警响应范围内的安全监察部门应对人身事故风险进行持续监督，为预警响应行动、预警级别与范围的调整和预警解除提供支持信息。

6.3　预警结束

6.3.1　预警结束条件

人身事故发生的可能消除，无继发可能，事故现场没有应急处置的必要。

6.3.2　预警结束程序

接到人身事故预警解除信息后，应急领导小组根据事态发展情况确认无发生人身事故的可能性时发布解除预警，由应急管理办公室通知各应急处置工作组，预警解除。

6.3.3　预警结束方式

应急管理办公室根据情况，综合分析判断后报应急领导小组批准，发布预警结束通报，用办公电话、移动电话、计算机网络等方式通知各应急处置工作组，预警结束。

7　信息报告

7.1　联系电话

24h 值班电话：×××。

应急处置办公电话：×××。

移动电话：×××。

7.2　内部报告

7.2.1　报告的程序和方式

当人身突发事件发生时，现场人员应立即向当值值长报告，当值值长接到报告后立即向公司应急管理办公室负责人报告，办公室负责人接到报告后立即利用电话、传真、电子邮件等方式向应急领导小组报告，应急领导小组根据事件情况布置应急救援和应急处置，并及时向上级公司应急管理办公室和当地政府应急管理办公室报告。情况紧急时，现场人员或当值值长可直接先向应急领导小组报告。

7.2.2　报告的内容

报告内容主要包括：报告单位、报告人，联系人和联系方式，报告时间，人身事故发生的时间、地点和现场情况；事故的简要经过、人员伤亡和财产损失情况的初步估计；事故原因的初步分析；事故发生后已经采取的措施、效果及下一步工作方案；其他需要报告的事项。

7.3　外部报告

7.3.1　报告的程序和方式

人身事故发生后，应急领导小组根据事故的具体情况，采用办公电话、移动电话、计算机网络等形式向当地政府应急管理部门报告。

7.3.2　报告的内容和时限

报告内容包括：报告单位、报告人，联系人和联系方式，报告的时间，人身事故发生的时间、地点和现场情况；事故的简要经过、人员伤亡和财产损失情况的初步估计；事故原因的初步分析；事故发生后已经采取的措施、效果及下一步处置方案及其他需要报告的事项。

发生特大、重大、较大人身事故必须在 1h 内报告给政府应急管理部门。

8　应急响应

8.1　应急响应分级

按突发事件的可控性、严重程度和影响范围，结合公司实际情况，人身事故应急响应一般分为特别重大（Ⅰ级）、重大（Ⅱ级）、较大（Ⅲ级）、一般（Ⅳ级）四级。

（1）Ⅰ级响应：对应Ⅰ级预警标准，由公司总经理组织响应，所有部门进行联动。

（2）Ⅱ级响应：对应Ⅱ级预警标准，由公司总经理组织响应，所有部门进行联动。

（3）Ⅲ级响应：对应Ⅲ级预警标准，由生产副总经理组织响应，所有部门进行联动。

（4）Ⅳ级响应：对应Ⅳ级预警标准，由应急管理办公室主任组织响应，相应部门进行联动。

8.2　响应程序

（1）Ⅰ级响应：造成3人以上10人以下死亡，或者10人以上50人以下重伤，为特别重大事故，公司总经理启动应急响应。

（2）Ⅱ级响应：造成3人以下死亡，或者5人以上10人以下重伤，为重大事故，公司总经理启动应急响应。

（3）Ⅲ级响应：造成2人以上5人以下重伤，为较大事故，由副总经理启动应急响应。

（4）Ⅳ级响应：造成1人重伤，为一般事故，由安全生产部启动应急响应。

8.3　应急处置

8.3.1　先期处置

（1）当发生人身事故时，发现人或所在部门应立即将发生的情况（包括时间、地点、人员数量等）报告给应急管理办公室。各级应急救援人员要坚守本职岗位，使生产、生活正常进行。

（2）应急管理办公室应立即向应急领导小组报告，并建议启动应急预案。应急管理办公室应分别通知应急领导小组成员及相关应急处置工作组人员，参加应急处理。新闻发布工作组及时做好宣传工作，稳定员工情绪。

（3）安全保卫工作组布置安排好人力，做好安全保卫工作。

（4）其他各工作组接到应急响应的通知后，应按各自的职责对人身事故进行处置。

8.3.2　应急处置

（1）人身事故发生后，事发现场人员和事发单位应立即按本单位现场应急处置方案开展现场自救工作。同时按报告程序向人身事故应急领导小组和应急管理办公室汇报，并接受人身事故应急领导小组的指挥。

（2）经上级应急领导小组批准，应急管理办公室启动本预案，现场应急救援工作组根据现场需要组织力量赶赴现场开展救援。

（3）与事故现场建立通信联系，收集、整理事故应急信息，指挥事故现场应急人员积极抢救伤员，快速转送医院，对事故的发展事态进行动态监测，及时掌握应急处置情况。

（4）按需要应急领导小组现场指挥协调应急处置工作，协调财务部门，做好相关费用支持工作。

（5）按需要调配救援力量和资源开展现场救援工作，必要时求助政府应急管理部门（包括医疗、公安、消防、交通）参加应急救援。

（6）势态被有效控制后，结束应急处置、停止本预案，部署善后处理工作。

8.3.3 扩大应急响应

本预案的应急处置过程中，当伤亡人数增加，应急领导小组应及时加大应急力量投入；当事故发展为Ⅲ级以上人身事故时，应急管理办公室应及时向上一级应急管理办公室汇报，提请应急响应升级，同时向当地政府应急管理部门汇报。

8.3.4 应急处置措施

（1）起因物、致害物明确，无发生群伤事故的可能，且不影响设备正常运行的事故，如物体打击、机械伤害、起重伤害、车辆伤害、倒杆倒塔、灼伤等人身伤害事故发生时，应根据现场实际情况，维护正常的生产运行，同时根据需要在事故现场设置隔离，并指派人员到现场进行巡视，防止运行设备受到影响。应急救援组根据事故实际情况，采取措施，尽快控制起因物、致害物状态，在尽量保护事故现场的前提下，使其恢复到无害状态。

（2）触电。应采取正确方法，如用木棒、绝缘杆等工具使受害人脱离带电体，同时在事故现场设围栏，要保证安全距离，严防二次事故。要迅速切除故障点，根据实际需要停止故障设备的运行，防止二次伤害；正确隔离故障设备，保证其他设备的安全运行。应急救援组要根据实际工作需要，迅速处理故障设备，严防人身伤害再次发生。

（3）中毒。在从事六氟化硫（SF_6）各项工作及其他有毒有害物资作业时发生中毒，组织专业人员迅速判断引起中毒的有害物资，及时向医务人员提供相关信息，以便医务人员准确抢救。安全保卫组要保证救援人员正确佩戴个人防护用品，如防毒面具等，在实施救援过程中要设专人监护、指挥。

8.4 应急结束

8.4.1 应急结束的条件

（1）事件现场得到控制，事件条件已经消除。

（2）环境符合有关标准。

（3）事故所造成的危害已经彻底消除，无继发可能。

（4）事件现场的各种专业应急处置行动已无继续的必要。

（5）采取了必要的防护措施，次生、衍生事故已消除。

8.4.2 应急结束的程序

8.4.2.1 人身事故应急救援工作结束后，应急领导小组召集会议，在充分评估事故和应急情况的基础上，人员撤离到安全位置后，由各应急处置工作组组长清点人数，向应急领导小组汇报，由原发布不同级别应急响应的指挥者宣布应急响应结束，通知各应急小组负责人。

9 后期处置

9.1 恢复生产

人身事故应急结束后，人身事故应急领导小组负责督促善后处理工作，指导事发单位制

定恢复生产的行动计划，快速、有效地消除人身事故造成的不利影响，尽快恢复生产秩序。

9.2　保险理赔

做好伤亡人员赔偿及家属安抚工作，做好受伤人员康复治疗、慰问工作，对因参与应急处理工作受伤、致残、死亡的人员，按照国家有关规定，做好保险理赔工作，给予相应补助和抚恤。

9.3　事故调查

人身事故的调查按照有关规定进行，遵循“四不放过”原则，依据事故性质准确、及时、公正地查清事故原因、责任，找出人的不安全行为、物的不安全状态，总结经验吸取教训，制定措施。对责任人提出处理意见。

9.4　总结评价

人身事故处置结束后，应急领导小组立即组织召开总结会，对事故进行评估，总结经验、吸取教训、制定措施，对在事故应急救援过程中做出突出贡献的单位和个人给予表彰，对事故责任者、责任部门进行处罚，形成总结报告。

10　应急保障

10.1　应急队伍保障

10.1.1　内部保障

人身事故应急领导小组负责应急队伍的建设，保证应急救援所需，为应急救援人员购买意外伤害保险配备必要的防护装备和器材，减少应急救援人员的人身风险。

10.1.2　外部救援保障

人身事故应急领导小组负责与当地政府应急管理部门沟通，建立协议关系（包括医疗、公安、消防、交通），发生人身事故时及时赶赴现场，实施应急救援。

10.2　应急物资装备保障

人身事故应急领导小组应保证两台以上车辆供应急时调用，车辆由应急管理办公室、后勤保障组负责管理。生产现场配备各类安全工器具、正压式消防空气呼吸器。应与制造厂家、供应商建立可靠的物资供应协作关系，保证应急救援物资的质量、数量（包括食品、药品、通讯装备等）。

10.3　通信与信息保障

人身事故应急通信联络和信息交换的主要渠道是调度电话、系统程控电话、外线电话、移动电话、传真、电子邮件等方式，因此必须保证畅通，发现问题及时处理，应急领导小组有关人员的移动电话保证24h开机状态，防止贻误应急信息的传递。

10.4　经费

人身事故应急领导小组负责申报应急救援工作经费，经上级应急管理部门批准列入年度计划，财务部门应支持应急相关费用的使用。

10.5　其他

综合管理部负责公司应急车辆的调配工作，优先保证应急救援人员和救灾物资的运输。

11 培训与演练

11.1 培训

11.1.1 培训范围

将应急管理培训工作纳入年度培训计划，有针对性地对应急救援和管理人员进行培训，提高其专业技能。

11.1.2 培训方式

举办培训班、训练班，利用案例教学、交流研讨、情景模拟、应急演练等方式进行培训。

11.1.3 培训内容和周期

每年至少组织一次应急管理培训，培训的主要内容应该包括：人身事故专项应急预案，应急组织机构及职责、应急程序、应急资源保障情况和针对人身事故的预防和处置措施等。

11.2 演练

11.2.1 演练范围

将应急救援演练工作纳入年度培训教育计划，有针对性地对应急救援人员和管理人员进行演练，提高其专业技能。

11.2.2 演练方式

应急演练的方式可以选择实战演练、桌面演练。

11.2.3 演练的内容和周期

人身事故专项应急预案，应急组织机构及职责、应急程序、应急资源保障情况和针对人身事故的预防和处置措施等。每年年初制定演练计划，人身事故专项应急预案演练每年不少于一次，现场处置演练不少于两次，演练结束后应形成总结材料。

12 附则

12.1 预案备案

本预案按照要求向当地政府安全监督部门及行业主管部门备案。

12.2 预案修订

本预案自发布之日起至少三年修订一次，有下列情形之一及时按照程序重新备案：

（1）公司生产规模发生较大变化或进行重大调整。

（2）公司隶属关系发生变化。

（3）周围环境发生变化，形成重大危险源。

（4）依据的法律、法规和标准发生变化。

（5）应急预案评估报告提出整改要求。

（6）上级有关部门提出要求。

12.3 制定与解释

本预案由公司安全生产部制定、归口并解释。

12.4 预案实施

本预案自发布之日起执行，原相关预案同时废止。

13　附件

13.1　应急领导小组及相关人员联络方式表

序号	岗　　位	姓名	办公电话	移动电话	备注
1	总经理				
2	副总经理				
3	综合管理部经理				
4	资产财务部经理				
5	项目开发部经理				
6	工程管理部经理				
7	电力运营部经理				
8	安全生产部经理				

13.2　相关政府职能部门、抢险救援机构联系方式

序号	单　　位	联系方式	备注
1	地方应急管理委员会		
2	安全生产监督管理局		
3	生产调度机构		
4	当地国家能源派出机构		
5	急救中心		
6	公安报警		
7	交通报警		
8	消防报警		

13.3　基本公共应急物资储备表

序号	物资名称	数量	存放地点	负责人	办公电话	负责人电话	备注
1	逃生绳						
2	电筒						
3	工具箱						
4	对讲机						
5	急救箱						
6	应急车辆						
7	消防栓						
8	消防水带						
9	灭火器						
10	床						
11	被褥						
12	桶						
13	锹						
14	编织袋						

13.4　有关流程

13.4.1　信息报告流程

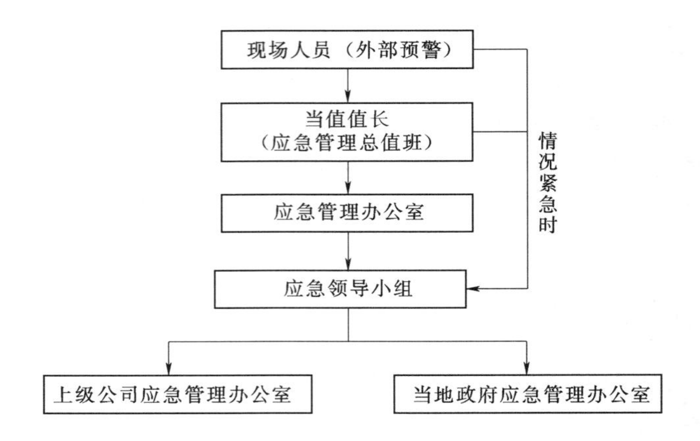

13.4.2　应急处置流程

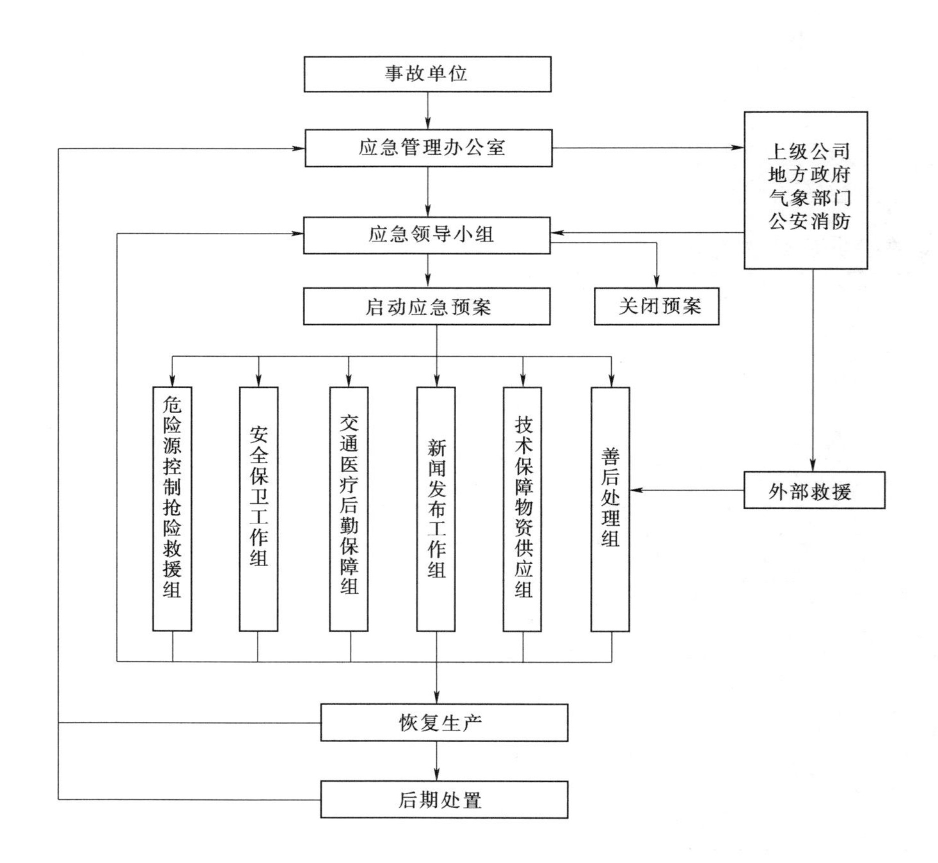

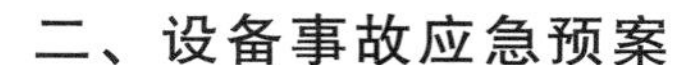

二、设备事故应急预案

某风力发电公司
设备事故应急预案

1 总则

1.1 编制目的

为了进一步建立健全设备事故应急救援机制，充分发挥设备事故应急救援组织的积极作用，确保设备事故发生时能够迅速、果断、准确、有效地组织抢险、救援，并进行事故处理，防止事故扩大、蔓延，最大限度地降低和减少经济损失和社会影响，特编制本预案用于指导公司设备事故的应急救援工作。

1.2 编制依据

《中华人民共和国安全生产法》(中华人民共和国主席令第13号)
《中华人民共和国突发事件应对法》(中华人民共和国主席令第69号)
《国家突发公共事件总体应急预案》
《生产经营单位安全生产事故应急预案编制导则》(GB/T 29639—2013)
《生产安全事故应急预案管理办法》(安监总局令第88号)
《生产安全事故应急演练指南》(AQT 9007—2011)
《生产安全事故应急演练评估规范》(AQT 9009—2015)
《电力安全事故应急处置和调查处理条例》(中华人民共和国国务院令第599号)
《电力安全生产监督管理办法》(中华人民共和国国家发展和改革委员会令第21号)
《电力企业应急预案管理办法》(国能安全〔2014〕508号)
《电力企业应急预案评审和备案细则》(国能综安全〔2014〕953号)
《电力企业专项应急预案编制导则(试行)》
《电力突发事件应急演练导则》(电监安全〔2009〕22号)
《某风电公司综合应急预案》

1.3 适用范围

本预案适用于公司发生的突发设备事故应急处置和应急救援工作，用于指导设备事故的报警、处理、抢修、恢复等全过程。

2 应急处置基本原则

坚持预防与救援结合，以人为本，居安思危，预防为主；统一领导，分级负责；把握全局，突出重点；快速反应，协同应对；依靠科技，提高素质。以“保人身、保设备、保电网”为原则，以突发事件的预测、预防为重点，以应对设备损坏事故的预防和过程控制，严格两票三制及各项规程制度为目标，以提高各种突发设备事故应急处理能力为目的。

3　事件类型和危害程度分析

3.1　事件类型

设备事故属事故灾难类事件。

3.2　风险分析

3.2.1　主变压器

（1）主变压器内部故障，防爆装置失灵造成损坏，继电保护自动装置拒动，变压器爆炸起火。

（2）主变压器密封失效或损坏，造成变压器油泄漏。

（3）冷却系统故障造成变压器温度升高不能满足运行要求而停运。

（4）主变压器的继电保护装置保护范围内的母线、线缆发生短路。

3.2.2　电流、电压互感器、电容器

发生故障、爆炸、二次接线故障造成设备跳闸或损坏。

3.2.3　开关设备

（1）开关的液压机构储压筒、气动机构储压罐压力控制、保护装置故障、失灵导致建压过程不能停止，造成压力过高罐体破裂、爆炸。

（2）开关动、静触头、灭弧片、瓷套损坏造成开关损坏。

（3）开关机械传动机构故障，操作失灵。

（4）SF_6 开关瓷套破裂造成有毒有害物质泄漏，SF_6 气体压力异常。

3.2.4　线路

由于自然灾害、外力破坏造成的短路、断路、绝缘子损坏、接地、倒杆、倒塔。

3.2.5　风力发电机机组

（1）风电机组保护和自动装置故障，保护误动或拒动，严重影响机组安全稳定运行。

（2）场用电一旦消失，风电机组将失去一切动力和控制电源，对机组设备的安全将造成严重影响。

（3）风力发电机烧损、机械设备故障、风叶损坏、风机倒塔，造成严重设备损坏。

4　事件分级

按照事件性质、严重程度、可控性和影响范围等因素，设备事故一般分为四级，即：Ⅰ级（特别重大）、Ⅱ级（重大）、Ⅲ级（较大）和Ⅳ级（一般）。

（1）Ⅰ级：造成1亿元以上直接经济损失，对公司产生严重负面影响的突发事件。

（2）Ⅱ级：造成5000万元以上1亿元以下直接经济损失，未构成特大事故的突发事件。

（3）Ⅲ级：造成1000万元以上5000万元以下直接经济损失，未构成重大事故的突发事件。

（4）Ⅳ级：造成1000万元以下直接经济损失，未构成较大事故的一般设备损坏突发事件。

5　应急指挥机构及职责

5.1　应急指挥机构

5.1.1　应急领导小组

组　长：总经理

副组长：副总经理

成　员：综合管理部经理、资产财务部经理、项目开发部经理、工程管理部经理、电力运营部经理、安全生产部经理

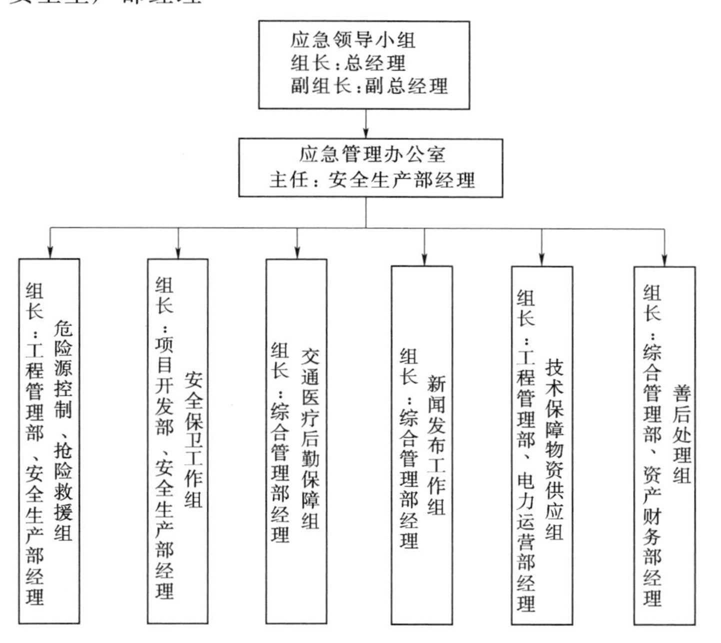

5.1.2　应急管理办公室

主　任：安全生产部经理

5.1.3　现场应急处置工作组

（1）危险源控制、抢险救援组　　组长：工程管理部、安全生产部经理

（2）安全保卫工作组　　组长：项目开发部、安全生产部经理

（3）交通医疗后勤保障组　　组长：综合管理部经理

（4）新闻发布工作组　　组长：综合管理部经理

（5）技术保障物资供应组　　组长：工程管理部经理、电力运营部经理

（6）善后处理组　　组长：综合管理经理、资产财务部经理

5.2　职责

5.2.1　应急领导小组职责

（1）负责本应急预案的制定，并定期组织演练，监督检查各部门在本预案中履行职责情况。对发生事件启动应急预案进行决策，全面指挥应急处理工作。

（2）组织成立各个专业应急部门。

（3）在设备突发事件发生后，根据报告立即按本预案规定的程序，组织各专业应急部人员赶赴现场进行处理，组织现场抢救，使损失降到最低限。

（4）负责向上级主管部门汇报事故情况和事故处理进展情况，必要时向地方政府汇报。

（5）根据设备的变化及时对本方案的内容进行相应修改，并及时上报相关部门备案。

5.2.2　应急管理办公室职责

（1）应急管理办公室是设备事故应急管理的常设机构，负责应急指挥机构的日常工作。

（2）及时向应急领导小组报告突发事件具体实际情况。

（3）负责传达政府、行业及公司有关突发事件应急管理的方针、政策和规定。

（4）组织落实上级应急指挥机构领导提出的各项指示精神，并监督落实情况。

（5）组织制定设备事故管理工作的各项规章制度和突发事件典型预案库，指导设备事故的应急管理工作。

（6）监督检查设备事故的应急预案、日常应急准备工作、组织演练的情况；指导、协调设备事故的处置工作。

（7）设备事故应急处理完毕后，认真分析事故发生原因，总结设备事件处理过程中的经验教训，进一步完善相应的应急预案。

（8）对设备事故管理工作进行考核。

（9）指导相关部门做好善后工作。

5.2.3　现场应急处置工作组职责

5.2.3.1　危险源控制、抢险救援组职责

（1）按照专业分工尽快到达现场，进行现场处置，如有涉及人身伤害，第一时间联系医务人员，报告位置和受伤具体情况，在路口为医务人员带路，最快时间到达现场。

（2）负责设备事故抢修过程中的技术支持，加强设备制造厂家及试验单位的联系，协调解决抢修过程中遇到的技术问题，指导应急抢修工作，保证其顺利进行。

（3）事故处理期间，要求各岗位尽职尽责，根据情况对设备采取相应保护、隔离措施，对可能产生的不良影响提出事故处理方案。

（4）在电力设备突发事件发生后，要按照“保人身、保电网、保设备”的原则进行处理，必要时保障安全停机，避免发生次生设备损坏事故，尽快保证系统稳定运行。

（5）负责核对设备的备品备件质量、数量、规格、型号。

（6）负责编制设备抢修计划、应急行动方案的制订。

（7）负责对应急人员进行应急行动方案的培训、演练。

（8）负责抢修过程中的人身、设备安全。

5.2.3.2　安全保卫工作组职责

（1）维持现场秩序、现场警戒，划定警戒区域，负责监督应急情况处理时各项安全措施的执行，防止救援时人身事故的发生。

（2）控制现场人员，无关人员不准出入现场，确保抢险、救灾人员疏散时的人身安全，做好安置，维持现场秩序，做好安全警戒装置的设置工作。

（3）负责抢险现场安全隔离措施的检查，并督促相关部门执行到位。

（4）组织实施事故恢复所必须采取的临时性措施。

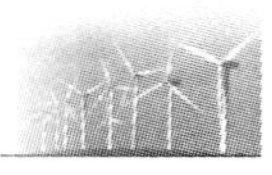

5.2.3.3　交通医疗后勤保障组职责

（1）负责把应急救援人员、物资、设备的备品备件、工器具、仪器、仪表安全可靠迅速地运送到指定地点。

（2）负责组织抢救事故现场受到伤害员工的救治，负责按需要联系医疗、疾病控制部门投入应急救援。

（3）与供应商建立物资供应协作关系，保证应急救援物资的质量、数量。

（4）安排事故恢复所必需的生产车辆及提供救援人员食宿等后勤保障工作（包括急救药品、防护用品、食品、帐篷、被褥等）。

（5）负责提供设备事故抢修的通信保障（包括办公电话、移动电话、传真、电子邮件、应急通信等），确保生产调度通信畅通。

5.2.3.4　新闻发布工作组职责

（1）在应急领导小组的指导下，负责将突发事件情况汇总，根据应急领导小组的决定做好对外新闻发布工作。

（2）根据应急领导小组决定对设备事故情况向政府新闻主管部门、上级单位进行报告。

（3）负责新闻媒体及当地政府有关部门和上级相关部门的接待工作。

5.2.3.5　善后处理组职责

（1）负责监督消除由于设备事故造成的不良影响，指导尽快恢复生产。

（2）负责人身事故资料的收集，现场的保护。

（3）准确、及时、公正地查清事故原因、责任，总结经验吸取教训，制定措施，对责任人提出处理意见，形成设备事故调查报告。

（4）负责做好死亡人员赔偿及家属安抚工作，做好受伤人员康复治疗、慰问工作，对因参与应急处理工作受伤、致残、死亡的人员，按照国家有关规定，做好伤亡人员保险理赔工作，给予相应补助和抚恤。

6　预防与预警

6.1　风险监测

6.1.1　风险监测的责任部门

风险监测的责任部门为公司应急管理办公室，安全生产部经理协调风险监测工作。

6.1.2　风险监测的方法和信息收集渠道

风险监测的主要对象是生产过程中可能导致事故的安全管理薄弱环节和重要环节，收集各种事故征兆，对事故征兆进行纠正活动，防止该现象的扩展蔓延，逐渐使其恢复到正确状态，并建立相应的信息档案。

6.1.3　风险监测所获得信息的报告程序

获得的信息人直接报告值长，值长按汇报程序向应急管理办公室报告，应急管理办公室根据信息整理、判断立即向应急领导小组报告，并通知本预案相关人员。

6.2　预警发布与预警行动

6.2.1　预警分级

按照设备事故的严重程度，经济损失的价值估算，电力设备突发事件分为Ⅰ级（特别严重）、Ⅱ级（严重）、Ⅲ级（较大）、Ⅳ级（一般），四种级别，四级预警如下：

（1）Ⅰ级：红色预警，预计将要发生突发安全事件，事件会随时发生，事态正在不断蔓延。

（2）Ⅱ级：橙色预警，预计将要发生突发安全事件，事件即将发生，事态正在逐步扩大。

（3）Ⅲ级：黄色预警，预计将要发生突发安全事件，事件已经临近，事态有扩大的趋势。

（4）Ⅳ级：蓝色预警，预计将要发生突发安全事件，事件即将临近，事态可能会扩展。

6.2.2 预警的发布程序

应急领导小组根据预测分析结果，对可能发生和可以预警的电力设备事故发布预警信息，预警信息包括电力设备事故可能影响的范围、警示事项、应采取的措施等。

预警信息的发布、调整和解除由应急领导小组批准，应急管理办公室通过广播、通信、信息网络等方式通知各应急处置组。

6.2.3 预警发布后应对程序

（1）在预警状态下，各应急处置工作组要做好电力设备事故的应急准备工作，按照应急领导小组的要求，落实各项预警控制措施。

（2）在预警情况下，各应急处置工作组要以保证人身、电网和设备安全为目标，全力以赴控制事态的进一步发展和扩大。

（3）运行值班员必须严格服从电网调度命令，正确执行调度操作。任何单位和个人不得干扰、阻碍运行值班人员进行应急处理。

6.3 预警结束

6.3.1 预警结束条件

设备事故发生的可能消除，无继发可能，事故现场没有应急处置的必要。

6.3.2 预警结束程序

接到设备事故预警解除信息后，应急领导小组根据事态发展情况确认无发生设备事故的可能性时发布解除预警，由应急管理办公室通知各应急处置工作组，预警解除。

6.3.3 预警结束方式

应急管理办公室根据情况，综合分析判断后报应急领导小组批准，发布预警结束通报，用办公电话、移动电话、计算机网络等方式通知各应急处置工作组，预警结束。

7 信息报告

7.1 联系电话

24h应急值班电话：×××。

应急处置办公电话：×××。

移动电话：×××。

7.2 内部报告

7.2.1 报告的程序和方式

当设备事故发生时，现场人员应立即向当值值长报告，当值值长接到报告后立即向公

司应急管理办公室负责人报告，办公室负责人接到报告后立即利用电话、传真、电子邮件等方式向应急领导小组报告，应急领导小组根据事故情况布置应急救援和应急处置，并及时向上级公司应急管理办公室和当地政府应急管理办公室报告。情况紧急时，现场人员或当值值长可直接先向应急领导小组报告。

7.2.2 报告的内容

报告内容主要包括：报告单位、报告人，联系人和联系方式，报告时间，设备事故发生的时间、地点和现场情况；事故的简要经过、人员伤亡和财产损失情况的初步估计；事故原因的初步分析；事故发生后已经采取的措施、效果及下一步工作方案；其他需要报告的事项。

7.3 外部报告

7.3.1 报告的程序和方式

设备事故发生后，应急领导小组根据事故的具体情况，采用办公电话、移动电话、计算机网络等形式向当地政府应急管理部门报告。

7.3.2 报告的内容和时限

报告内容包括：报告单位、报告人，联系人和联系方式，报告的时间，设备事故发生的时间、地点和现场情况；事故简要经过、人员伤亡和财产损失情况初步估计；事故原因的初步分析，事故发生后已经采取的措施、效果及下一步处置方案及其他需要报告的事项，发生特大、重大、较大人身事故必须在1h内报告给政府应急管理部门。

8 应急响应

8.1 响应分级

按照设备事故的严重程度和影响范围，应急响应级别分为Ⅰ级（特别重大）、Ⅱ级（重大）、Ⅲ级（较大）、Ⅳ级（一般）四级。

（1）Ⅰ级响应：由上级下达，公司总经理组织启动响应，所有部门进行联动。

（2）Ⅱ级响应：由公司总经理组织启动响应，所有部门进行联动。

（3）Ⅲ级响应：由副总经理组织启动响应，相关部门进行联动。

（4）Ⅳ级响应：由应急管理办公室组织启动响应。

8.2 响应程序

8.2.1 响应启动条件

（1）Ⅰ级响应：造成1000万元以上5000万元以下直接经济损失的事故。

（2）Ⅱ级响应：造成1000万元以下直接经济损失的事故。

（3）Ⅲ级响应：造成100万元以上300万元以下直接经济损失的事故。

（4）Ⅳ级响应：造成100万元以下直接经济损失的事故。

8.2.2 响应行动

（1）应急管理办公室接到报告后立即与突发事件所在单位联系，掌握事件进展情况，及时报告应急领导小组，启动公司应急预案，控制事态影响扩大。

（2）立即向公司报告，由应急领导小组组织现场应急救援工作。

（3）及时向地方政府应急主管部门报告突发事件基本情况和应急救援的进展情况，根据地方政府的要求开展应急救援工作。

(4) 组织专家组分析情况，根据专家的建议，通知相关应急救援力量随时待命，为政府应急指挥机构提供技术支持。

(5) 派出相关应急救援力量和专家赶赴现场，参加、指导现场应急救援，必要时调集事发地周边地区专业应急力量实施增援。需要有关应急力量支援时，应及时向地方政府和公司汇报请求。

8.3　应急处置

8.3.1　应急处置的主要任务是抢修事故设备，确保安全发供电。

8.3.2　设备事故应急救援工作组迅速做好安全隔离措施，对设备或系统展开抢修，防止事故的扩大或蔓延。

8.3.3　在抢修过程中必须保证物资、设备的备品备件、工器具、仪器、仪表的质量、数量、规格、型号的可靠性，进行认真核对防止抢修的设备出现问题。

8.3.4　在抢修过程中要防止次生事故的发生，可能造成的伤害形式有：触电、灼烫伤、高处坠落、物体打击、机械伤害等。

8.3.5　现场恢复。设备事故抢修结束后，应对抢修后的设备进行试验，确定检修的质量和效果，并将试验情况向应急领导小组汇报，由指挥部统一研究后，对下一步工作进行部署，指挥部认定抢修工作已经结束，应急人员清点人数、清点工器具，撤离现场，运行人员对设备进行检查，并会同现场应急处置工作负责人一道进行设备投运前的检查。

8.4　应急结束

8.4.1　应急结束的条件

(1) 设备事故现场得到控制，事故条件已经消除。

(2) 环境符合有关标准。

(3) 事故所造成的危害已经彻底消除，无继发可能。

(4) 事故现场的各种专业应急处置行动已无继续的必要。

(5) 采取了必要的防护措施，次生、衍生事故已消除。

恢复对外供电，生产现场恢复到稳定运行状态，事故消除后由应急领导小组宣布本预案结束。

8.4.2　应急结束的程序

全站停电事故处置结束后，应急领导小组召集会议，在充分评估设备事故和应急情况的基础上，人员撤离到安全位置后，由各应急处置工作组组长清点人数，向应急领导小组汇报，由原发布应急响应的指挥者宣布应急响应结束，通知各应急小组负责人。

9　后期处置

9.1　现场恢复的原则和内容

9.1.1　各单位生产人员在设备事故发生后，在人身安全不受危害的情况下要坚守本职岗位，使生产、生活秩序正常进行。

9.1.2　应急结束后，要对设备和设施状况进行针对性的检查。必要时，应开展技术鉴定工作，认真查找设备和设施在危急事件后可能存在的安全隐患，积极采取措施对污染物予以消除，尽快恢复生产、生活秩序。

9.2　保险理赔的责任部门

应急管理办公室协调资产财务部负责核算设备事故救援产生的费用的保险和理赔等工作。

9.3　事故调查的原则、内容、方法和目的

9.3.1　设备事故造成重大损失后，按照国家法律、法规规定组成事故调查组进行事故调查。事故调查坚持“四不放过”原则，实事求是、尊重科学，客观、公正、准确、及时地查清事故原因、发生过程、恢复情况、事故损失、事故责任等，提出防范措施和事故责任处理意见。

9.3.2　应急处置后，组织或聘请有关专家对事件应急处置过程进行评估，并形成评估报告。评估报告的内容应包括：事故发生的经过、现场调查结果；事故发生的主要原因分析、责任认定等结论性意见；事故处理结果或初步处理意见；事故的经验教训；存在的问题与困难；改进工作的建议和应对措施等。

9.4　应急工作总结与评价

设备事故所涉及的相关单位应及时总结应急处置工作的经验和教训，对故障所做的技术分析以及各单位采取的整改措施开展技术交流，进一步完善和改进突发事件应急处置、应急救援、事故抢修等的保障体系，提高整体应急处置能力。

10　应急保障

10.1　应急队伍保障

10.1.1　内部队伍

（1）健全和完善本单位应急队伍，主要包括：应急领导、救援人员、专家组等。

（2）专职应急队伍：运行、检修、保卫、消防、维护人员及专家组等。

（3）兼职应急队伍：（群众性救援队伍）包括专业技术人员、值班人员及外包检修人员等。

10.1.2　外部队伍

公司与当地应急管理部门建立长期协议（包括医疗、消防、公安、交通、设备制造厂家、供应商），发生设备事故时，外部应急队伍赶赴现场实施救援行动。

应急队伍包括专业技术人员、值班人员及外包检修人员等。

10.2　应急物资与装备

10.2.1　应急处置各有关部门在积极利用现有装备的基础上，根据应急工作需要，建立和完善救援装备数据库和调用制度，配备必要的应急救援装备。

10.2.2　应急物资与装备包括通信工具、人员防护装备等必备物资及专用工具等。各应急专业组在现场相关地点存放常用应急检修工具。

10.3　通信与信息

公司建立包括公司领导及各部领导、专业负责人和电网调度等人员在内的通讯录，并保证主管以上岗位人员手机24h联系畅通。事故情况下，直接拨打值长电话，值长按汇报程序通知本方案相关人员。

10.4　经费

资产财务部按照规定标准提取，在成本中列支，专门用于完善和改进公司应急救援体系建设、监控设备定期检测、应急救援物资采购、应急救援演习和应急人员培训等。保障应急状态时生产经营单位应急经费的及时到位。

11　培训和演练

11.1　培训

11.1.1　培训范围

将应急管理培训工作纳入年度培训计划，有针对性地对应急救援和管理人员进行培训，提高其专业技能。

11.1.2　培训方式

举办培训班、训练班，利用案例教学、交流研讨、情景模拟、应急演练等方式进行培训。

11.1.3　培训内容和周期

每年至少组织一次应急管理培训，培训的主要内容应该包括：设备事故专项应急预案，应急组织机构及职责、应急程序、应急资源保障情况和针对设备事故的预防和处置措施等。

11.2　演练

11.2.1　演练范围

将应急救援演练工作纳入年度培训教育计划，有针对性地对应急救援人员和管理人员进行演练，提高其专业技能。

11.2.2　演练方式

应急演练的方式可以选择实战演练、桌面演练。

11.2.3　演练的内容和周期

设备事故专项应急预案，应急组织机构及职责、应急程序、应急资源保障情况和针对设备事故的预防和处置措施等。每年年初制定演练计划，设备事故专项应急预案演练每年不少于一次，现场处置演练不少于两次，演练结束后应形成总结材料。

12　附则

12.1　预案备案

本预案报地方政府有关部门、当地能源监管部门备案。

12.2　预案修订

由安全生产部门每三年组织修订一次。

12.3　制定与解释

本预案由公司安全生产部起草、归口并负责解释。

12.4　预案实施

本预案自发布之日实施。

13 附件

13.1 应急领导小组及相关人员联络方式表

序号	岗　　位	姓名	办公电话	移动电话	备注
1	总经理				
2	副总经理				
3	综合管理部经理				
4	资产财务部经理				
5	项目开发部经理				
6	工程管理部经理				
7	电力运营部经理				
8	安全生产部经理				

13.2 相关政府职能部门、抢险救援机构联系方式

序号	单　　位	联系方式	备注
1	地方应急管理委员会		
2	安全生产监督管理局		
3	生产调度机构		
4	急救中心		
5	公安报警		
6	交通报警		
7	消防报警		

13.3 基本公共应急物资储备表

序号	物资名称	数量	存放地点	负责人	办公电话	负责人电话	备注
1	逃生绳						
2	电筒						
3	工具箱						
4	对讲机						
5	急救箱						
6	应急车辆						
7	消防栓						
8	消防水带						
9	灭火器						
10	床						
11	被褥						
12	桶						
13	锹						
14	编织袋						

13.4 有关流程

13.4.1 信息报告流程

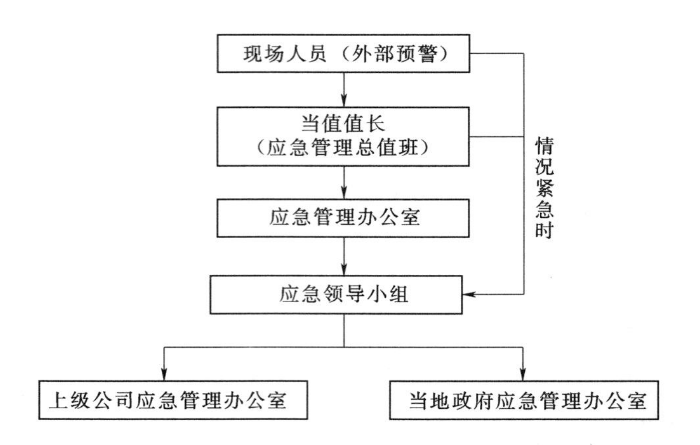

13.4.2 应急处置流程

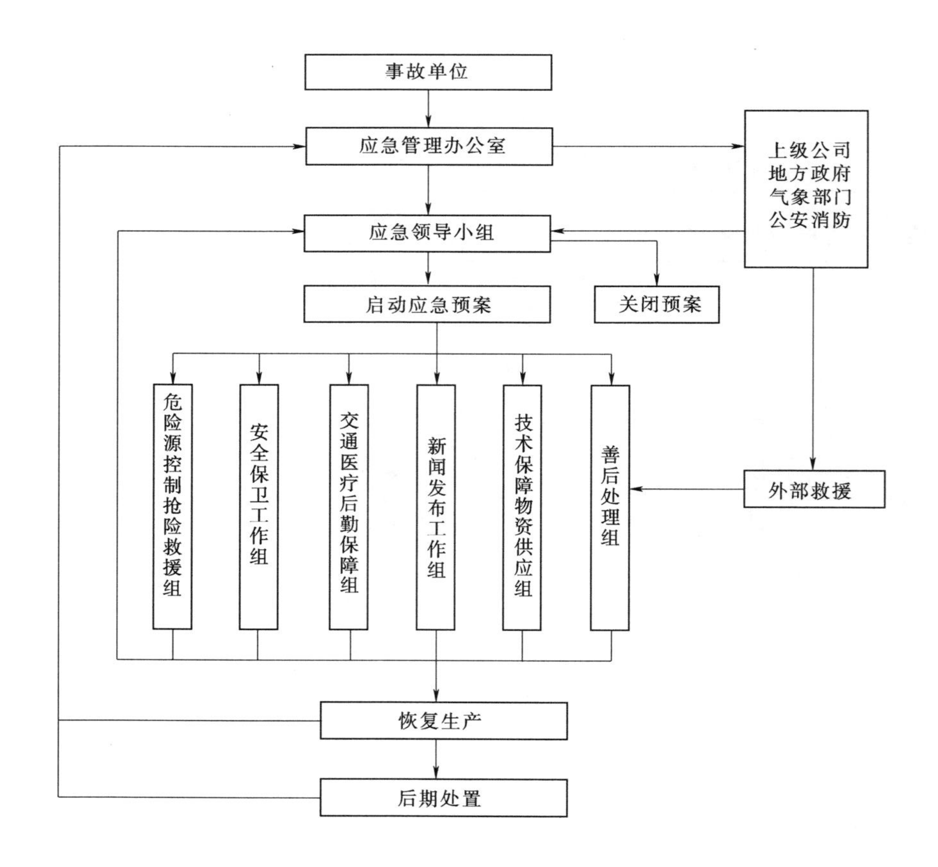

三、大型施工机械事故应急预案

某风力发电公司
大型机械事故应急预案

1　总则

1.1　编制目的

为高效有序地做好大型机械突发事件的应急处置和救援工作，避免或最大限度地减轻大型机械突发事件造成的重大经济损失和政治影响，保障员工生命和公司财产安全，维护社会稳定。

1.2　编制依据

《中华人民共和国安全生产法》（中华人民共和国主席令第 13 号）

《中华人民共和国突发事件应对法》（中华人民共和国主席令第 69 号）

《国家突发公共事件总体应急预案》

《生产经营单位安全生产事故应急预案编制导则》（GB/T 29639—2013）

《生产安全事故应急预案管理办法》（安监总局令第 88 号）

《生产安全事故应急演练指南》（AQT 9007—2011）

《生产安全事故应急演练评估规范》（AQT 9009—2015）

《电力安全事故应急处置和调查处理条例》（中华人民共和国国务院令第 599 号）

《电力安全生产监督管理办法》（中华人民共和国国家发展和改革委员会令第 21 号）

《电力企业应急预案管理办法》（国能安全〔2014〕508 号）

《电力企业应急预案评审和备案细则》（国能综安全〔2014〕953 号）

《电力企业专项应急预案编制导则（试行）》

《电力突发事件应急演练导则》（电监安全〔2009〕22 号）

《某风电公司综合应急预案》

2　应急处置基本原则

坚持防御和救援相结合的原则。统一领导、分工负责、加强联动、快速响应，最大限度地减少突发事件造成的损失。

3　事故类型和危害程度分析

3.1　事故风险的来源、特性

（1）起重机械发生起吊物品坠落或严重溜钩（溜车）故障。

（2）起重机械发生电器控制系统失灵或保护拒动故障。

（3）大型机械作业过程中，严重过载，主要结构件载荷和应力突然增加，造成主要结构严重变形或断裂，严重时出现倒塌的恶性事故。

（4）大型机械经过暴风、地震、事故后，强度、刚度、稳定等性能下降，而未经过检验、修复继续投入使用，造成结构损坏或整机失衡坍塌。

（5）大型机械在外力或重力作用下，超过自身的强度极限或因结构稳定性破坏而造成倒塌事故。

3.2 影响范围及后果

大型机械脱钩、断绳、倾覆、倒塌等均有可能造成重大设备和人身伤害突发事故。

4 事件分级

按照事件性质、严重程度、可控性和影响范围等因素，大型机械设备事故一般分为四级，Ⅰ级（特别重大）、Ⅱ级（重大）、Ⅲ级（较大）和Ⅳ级（一般）。

（1）Ⅰ级：造成一次1亿元以上直接经济损失的，特大或产生严重负面影响的事故。

（2）Ⅱ级：造成5000万元以上1亿元以下直接经济损失，或产生重大负面影响的事故。

（3）Ⅲ级：造成1000万元以上5000万元以下直接经济损失，未构成重大人身事故的，较大设备事故或产生较重负面影响的事故。

（4）Ⅳ级：造成1000万元以下经济损失，一般设备事故。

5 应急指挥机构及职责

5.1 应急指挥机构

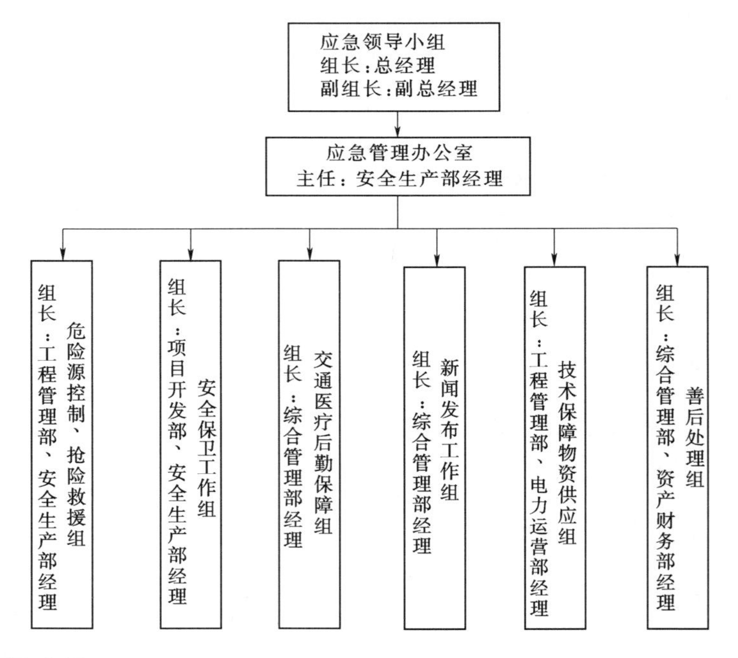

5.1.1 应急领导小组

组　长：总经理

副组长：副总经理

成　员：综合管理部经理、资产财务部经理、项目开发部经理、工程管理部经理、电力运营部经理、安全生产部经理

5.1.2　应急管理办公室

主　任：安全生产部经理

5.1.3　应急处置工作组

（1）危险源控制、抢险救援组　　组长：工程管理部经理、安全生产部经理

（2）安全保卫工作组　　组长：项目开发经理、安全生产部经理

（3）交通医疗后勤保障组　　组长：综合管理部经理

（4）新闻发布工作组　　组长：综合管理部经理

（5）技术保障物资供应组　　组长：工程管理部经理、电力运营部经理

（6）善后处理组　　组长：综合管理经理、资产财务部经理

5.2　职责

5.2.1　应急领导小组职责

（1）负责本预案的制定，并定期组织演练，监督检查各部门在本预案中履行职责情况。对突发事件启动应急预案进行决策，全面指挥应急处理工作。

（2）组织成立各个专业应急小组。

（3）在大型机械事故发生后，根据报告按本预案规定的程序，组织各专业应急小组人员赶赴现场进行事故处理，组织现场抢救，使损失降到最低限。

（4）负责向上级主管部门汇报事故情况和事故处理进展情况，必要时向地方政府汇报。

（5）根据设备、系统的变化及时对本方案的内容进行相应修改，并及时上报上级主管部门。

5.2.2　应急管理办公室（办公室设在安全生产部）职责

（1）应急管理办公室是大型机械事故应急管理的常设机构，负责应急指挥机构日常工作。

（2）及时向应急指挥机构领导小组报告大型机械事故情况。

（3）负责传达政府、行业及公司有关突发事件应急管理的方针、政策和规定。

（4）组织落实应急指挥机构领导小组提出的各项措施、要求，监督各下属单位的落实。

（5）组织制定公司突发事件管理工作的各项规章制度和突发事件典型预案库，指导公司系统突发事件的管理工作。

（6）监督检查公司突发事件的应急预案、日常应急准备工作、组织演练的情况；指导、协调突发事件的处理工作。

（7）事处理完毕后，总结事故处理过程中的经验教训，进一步完善相应的应急预案。

（8）对公司大型机械事故进行考核。

（9）指导相关部门做好善后工作。

5.2.3　工作组主要职责

5.2.3.1　危险源控制、抢险救援组

按照保人身、保电网、保设备的原则，做好应急抢险救援工作。抢险救援时首先抢救

受伤人员，然后按其职责开展其他救援处置工作。

（1）运行应急人员负责事故安全措施落实。

（2）电气专业负责电气设备、端子箱、保护室、控制箱、保护及自动装置的应急处理。

（3）其他应急人员对大型机械事故进行处理。

5.2.3.2　安全保卫工作组职责

（1）发生事故后，维持现场秩序，做好现场警戒，划定警戒区域。

（2）控制现场人员，无关人员不准出入现场。

（3）负责抢险现场安全隔离措施的检查，并督促相关部门执行到位。

（4）组织实施事故恢复所必须采取的临时性措施。

（5）完成大型机械事故（发生原因、处理经过）调查报告的编写和上报工作。

5.2.3.3　交通医疗后勤保障组的职责

（1）接到通知后立即组织人员到现场进行急救。

（2）与其他组配合，将受伤人员就近送到医院进行急救和治疗。

（3）负责组织救护车辆，安排事故恢复所必需的生产车辆及提供救援人员食宿等后勤保障工作。

（4）提供生产调度通信保障，包括外线电话、移动电话、载波通信、应急呼叫通信等，确保生产调度通信畅通。

5.2.3.4　新闻发布工作组职责

（1）在应急领导小组的指导下，负责将大型机械事故情况汇总，根据领导小组的决定做好对外信息发布工作。

（2）根据领导小组的决定对大型机械事故情况向政府新闻主管部门、上级单位进行报告。

（3）负责新闻媒体及当地政府有关部门和上级相关部门的接待工作。

5.2.3.5　技术保障物资供应组职责

（1）按照专业分工尽快到达现场，第一时间联系医务人员，报告位置和人员伤害具体情况，在路口为医务人员带路，最快时间到达现场。

（2）在大型机械事故发生后，要按照保人身的原则，进行人员救治。

（3）事故处理期间，要求各岗位尽职尽责，提供技术支持，根据情况对设备采取相应保护、隔离措施，对可能产生的不良影响提出事故处理方案。

5.2.3.6　善后处理工作组职责

（1）负责监督消除人身事故的影响，指导尽快恢复生产。

（2）负责大型机械事故资料的收集，现场的保护。

（3）准确、及时、公正地查清事故原因、责任，总结经验吸取教训，制定措施，对责任人提出处理意见。

（4）如果由于大型机械事故造成人员伤亡，负责做好死亡人员赔偿及家属安抚工作，做好受伤人员康复治疗、慰问工作，对因参与应急处理工作受伤、致残、死亡的人员，按照国家有关规定，做好伤亡人员保险理赔工作，给予相应补助和抚恤。

6　预防与预警

6.1　风险监测

6.1.1　风险监测责任部门

风险监测责任部门是应急管理办公室，责任人是应急管理办公室主任。

6.1.2　风险监测的方法和信息收集渠道

风险监测的主要对象是生产过程中可能导致事故的安全管理薄弱环节和重要环节，收集各种事故征兆，对事故征兆进行纠正活动，防止该现象的扩展蔓延，逐渐使其恢复到正确状态，并建立相应信息档案。

6.1.3　风险监测所获得信息的报告程序

信息获得者直接报告当值值长，当值值长按汇报程序向应急管理办公室报告，应急管理办公室根据信息整理、判断立即向应急领导小组报告，并通知本预案相关人员。

6.2　预警发布与预警行动

6.2.1　预警分级

按照事故的严重性和紧急程度，大型机械设备突发事件预警分为Ⅰ级（特别严重）、Ⅱ级（严重）、Ⅲ级（较大）、Ⅳ级（一般）四种级别。

（1）Ⅰ级红色预警：将要发生大型机械设备损坏事故，事故会随时发生，事态正在不断蔓延。

（2）Ⅱ级橙色预警：将要发生大型机械设备损坏事故，事故即将发生，事态正在逐步扩大。

（3）Ⅲ级黄色预警：将要发生大型机械设备损坏事故，事故已经临近，事态有扩大的趋势。

（4）Ⅳ级蓝色预警：将要发生大型机械设备损坏事故，事故即将临近，事态可能会扩展。

6.2.2　预警的发布程序和相关要求

应急领导小组根据预测分析结果，对可能发生和可以预警的大型机械事故发布预警信息，预警信息包括大型机械事故可能影响的范围、警示事项、应采取的措施等。

预警信息的发布、调整和解除由应急领导小组通过办公电话、移动电话、计算机网络等方式通知各应急处置组。

6.2.3　预警发布后的应对程序和措施

（1）在预警状态下，各应急处置工作组要做好大型机械事故的应急准备工作，按照应急救援领导小组的要求，落实各项预警控制措施。

（2）在预警情况下，各应急处置工作组要以保证人身、大型机械安全为目标，全力以赴控制事态的进一步发展和扩大。

6.3　预警结束

6.3.1　预警结束条件

大型机械事故发生的可能消除，无继发可能，事故现场没有应急处置的必要。

6.3.2　预警结束程序

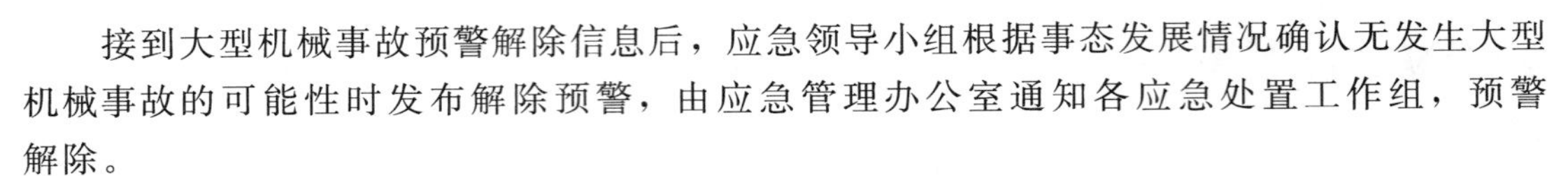

接到大型机械事故预警解除信息后，应急领导小组根据事态发展情况确认无发生大型机械事故的可能性时发布解除预警，由应急管理办公室通知各应急处置工作组，预警解除。

6.3.3　预警结束方式

应急管理办公室根据情况，综合分析判断后报应急领导小组批准，发布预警结束通报，用办公电话、移动电话、计算机网络等方式通知各应急处置工作组，预警结束。

7　信息报告

7.1　联系电话

24h值班电话：×××。

应急处置办公电话：×××。

移动电话：×××。

7.2　内部报告

7.2.1　报告的程序和方式

当大型机械事故发生时，现场人员应立即向当值值长报告，当值值长接到报告后立即向公司应急管理办公室负责人报告，办公室负责人接到报告后立即利用电话、传真、电子邮件等方式向应急领导小组报告，应急领导小组根据事故情况布置应急救援和应急处置，并及时向上级公司应急管理办公室和当地政府应急管理办公室报告。情况紧急时，现场人员或当值值长可直接先向应急领导小组报告。

7.2.2　报告的内容

报告内容主要包括：报告单位、报告人，联系人和联系方式，报告时间，大型机械事故发生的时间、地点和现场情况；事故的简要经过、人员伤亡和财产损失情况的初步估计；事故原因的初步分析；事故发生后已经采取的措施、效果及下一步工作方案；其他需要报告的事项。

7.3　外部报告

7.3.1　报告的程序和方式

大型机械事故发生后，应急领导小组根据事故的具体情况，采用办公电话、移动电话、计算机网络等形式向当地政府应急管理部门报告。

7.3.2　报告的内容和时限

报告内容包括：报告单位、报告人，联系人和联系方式，报告的时间，大型机械事故发生的时间、地点和现场情况；事故简要经过、人员伤亡和财产损失情况初步估计；事故原因的初步分析，事故发生后已经采取的措施、效果及下一步处置方案及其他需要报告的事项，发生特、重大、较大事故必须在1h内报告给政府应急管理部门。

8　应急响应

8.1　响应分级

按照大型机械事故的严重程度和影响范围，应急响应级别分为Ⅰ级（特别重大）、Ⅱ级（重大）、Ⅲ级（较大）、Ⅳ级（一般）四级。

（1）Ⅰ级响应：由上级下达公司总经理组织启动响应，所有部门进行联动。

（2）Ⅱ级响应：由公司总经理组织启动响应，所有部门进行联动。

（3）Ⅲ级响应：由副总经理组织启动响应，相关部门和电厂联动。

（4）Ⅳ级响应：风电场厂长组织启动响应。

8.2　响应程序

8.2.1　响应启动条件

（1）Ⅰ级响应：造成1000万元以上5000万元以下直接经济损失的事故。

（2）Ⅱ级响应：造成1000万元以下直接经济损失的事故。

（3）Ⅲ级响应：造成100万元以上300万元以下直接经济损失的事故。

（4）Ⅳ级响应：造成100万元以下直接经济损失的事故。

8.3　应急处置

8.3.1　先期处置

（1）当发生大型机械事故时，发现人所在部门应立即将发生的情况（包括时间、地点、大型机械事故情况等），通知应急管理办公室。应急救援人员要坚守本职岗位，使生产正常进行。

（2）应急管理办公室应立即向应急领导小组报告，并建议启动应急预案。应急管理办公室应分别通知应急领导小组成员及相关应急处置工作组人员，参加应急处置，新闻发布工作组及时做好宣传工作。

（3）安全保卫工作组布置安排好人力，做好安全保卫工作。

（4）善后处理工作组要做好患者亲友的接待、隔离、安抚工作。

（5）其他各工作组及各部门接到应急反应的通知后，应按各自的职责对突发事件进行处置。

8.3.2　应急处置

（1）当大型机械事故启动应急预案时，根据应急领导小组的指示，应急管理办公室应做好各应急处置工作组的协调工作。

（2）大型机械事故首先切断电源，仔细检查故障设备情况，进行现场处置，在故障处理时，必须指定1名有经验人员进行现场指挥，并采取警戒措施，防止故障扩大形成事故。

（3）当大型机械出现主要结构严重变形或歪斜、断裂、重心位移时，须组织专家和专业技术人员进行安全性评估并制定安全措施、技术方案后方可实施检修作业，防止发生大型机械坍塌事故。

（4）大型机械发生倒塌事故时，立即切断电源，防止发生人员触电的次生事故。确认事故现场是否有被困或受伤人员，并弄清被困或受伤人数、基本情况，当确认有被困或受伤人员后，由应急领导小组宣布启动《人身伤亡事故应急预案》，对事故现场进行安全评估，制定安全可行的救援方案，在确保救援人员自身安全的情况下，救出被困或受伤人员，拨打120电话、向急救中心求救，并派专人引导其快速进入事故现场进行抢险救护工作。

（5）组织技术及安监人员迅速查明故障部位及原因，维修人员进行故障排除并做好维修记录，以作为今后修订预案的依据。

8.3.3 扩大应急响应

（1）当大型机械事故发生变化有继续蔓延的可能时，应急领导小组根据实际需求，启动外部应急救援，请求上级应急管理部门支援。

（2）如不能有效控制大型机械事故的扩大，可能造成更大的发展危险时，应紧急扩大救援范围，上报政府应急救援管理部门请求支援。

8.4 应急结束

8.4.1 应急结束的条件

（1）大型机械事故现场得到控制，事故条件已经消除。

（2）环境符合有关标准。

（3）大型机械事故所造成的危害已经彻底消除，无继发可能。

（4）事故现场的各种专业应急处置行动已无继续的必要。

（5）采取了必要的防护措施，次生、衍生事故已消除。

风电机组恢复对外供电，生产现场恢复到稳定运行状态，事故消除后由应急领导小组宣布本预案结束。

8.4.2 应急结束的程序

大型机械事故处置结束后，应急领导小组召集会议，在充分评估大型机械事故事故和应急情况的基础上，人员撤离到安全位置后，由各应急处置工作组组长清点人数，向应急领导小组汇报，由原发布应急响应的指挥者宣布应急响应结束，通知各应急小组负责人。

9 后期处置

9.1 后期处置内容

（1）生产人员在大型机械事故发生后，在人身安全不受到威胁的情况下要坚守岗位，使生产、生活秩序正常进行。

（2）应急领导小组要布置好人力，做好事故后的安全保卫工作，保护好事故现场，以便事故调查。

9.2 保险理赔

财务部负责核算事故发生应急救援所用的人员伤亡、设备损坏造成的经济损失费用及后期保险和理赔等工作。

9.3 事故调查与应急评估

（1）发生大型机械事故后，按照国家法律、法规规定组成事故调查组进行事故调查。事故调查坚持实事求是、尊重科学的原则，客观、公正、准确、及时地查清事故原因、发生过程、恢复情况、事故损失、事故责任等，提出防范措施和事故责任处理意见。

（2）大型机械事故应急处置后，组织或聘请有关专家对事件应急处置过程进行评估，并形成评估报告。评估报告的内容应包括：事故发生的经过、现场调查结果；事故发生的主要原因分析、责任认定等结论性意见；事故处理结果或初步处理意见；事故的经验教训；存在的问题与困难；改进工作的建议和应对措施等。

9.4 应急工作总结与评价

设备故障所涉及的相关单位应及时总结应急处置工作的经验和教训，对故障所做的技

术分析以及各单位采取的整改措施开展技术交流，进一步完善和改进突发事件应急处置、应急救援、事故抢修等的保障体系，提高整体应急处置能力。

10　应急保障

10.1　应急队伍

应急队伍包括运行人员、检修、维护人员、设备专业技术人员、安监人员、保安人员、通信人员等。

10.2　应急物资与装备

应急装备包括通信工具、人员防护装备等，必备物资及专用工具等。各应急专业组在现场相关地点存放常用应急检修工具，与供应商建立协作关系保证应急物资质量、数量。

10.3　通信与信息

建立应急领导小组及应急各部门领导、专业负责人等人员在内的通信录，并保证主管以上岗位人员手机24小时联系畅通。事故情况下，直接拨打电话；应急管理办公室按汇报程序通知本预案相关人员。

10.4　经费

应急救援的费用按照规定标准提取，在成本中列支，专门用于完善和改进公司应急救援体系建设、监控设备定期检测、应急救援物资采购、应急救援演习和应急人员培训等。保障应急状态时应急经费的及时到位。

11　培训和演练

（1）为确保大型机械突发事件发生时相关人员能及时、正确应对，应加强员工教育，制定应急救援培训教育计划，提高员工对应急事件的认识、分析、判断、处理的能力，力求险情发生后在预案实施过程中各级人员各尽其责迅速投入到抢险工作中去，从而有效预防和减小影响和损失。

（2）应急领导小组、专业应急小组人员熟悉本预案内容，每年组织应急人员对本预案进行学习。

（3）演练要求。每年组织一次演练，按照应急预案要求，根据实际情况进行模拟。由应急领导小组布置，综合安全生产部、管理部组织，各相关部门具体实施。

12　附则

12.1　应急预案备案

本应急预案报地方政府应急管理有关部门和当地能源监管部门备案。

12.2　预案修订

本预案由安全生产部门每年修订一次。

12.3　制定与解释

本预案由安全生产部门起草归口并负责解释。

12.4　预案实施

本预案自公布之日起实施。

13 附件

13.1 应急领导小组及相关人员联络方式表

序号	岗　　位	姓名	办公电话	移动电话	备注
1	总经理				
2	副总经理				
3	综合管理部经理				
4	资产财务部经理				
5	项目开发部经理				
6	工程管理部经理				
7	电力运营部经理				
8	安全生产部经理				

13.2 相关政府职能部门、抢险救援机构联系方式

序号	单　　位	联系方式	备注
1	地方应急管理委员会		
2	安全生产监督管理局		
3	生产调度机构		
4	当地国家能源派出机构		
5	急救中心		
6	公安报警		
7	消防报警		

13.3 基本公共应急物资储备表

序号	物资名称	数量	存放地点	负责人	办公电话	负责人电话	备注
1	逃生绳						
2	电筒						
3	工具箱						
4	对讲机						
5	急救箱						
6	应急车辆						
7	消防栓						
8	消防水带						
9	灭火器						
10	床						
11	被褥						
12	桶						
13	锹						

13.4 有关流程

13.4.1 信息报告流程

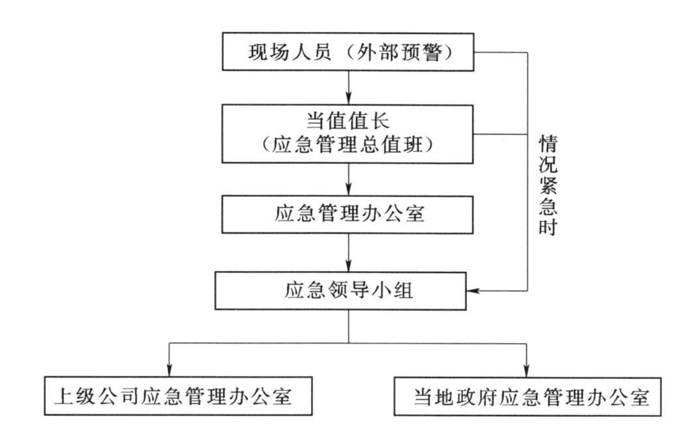

13.4.2 应急处置流程

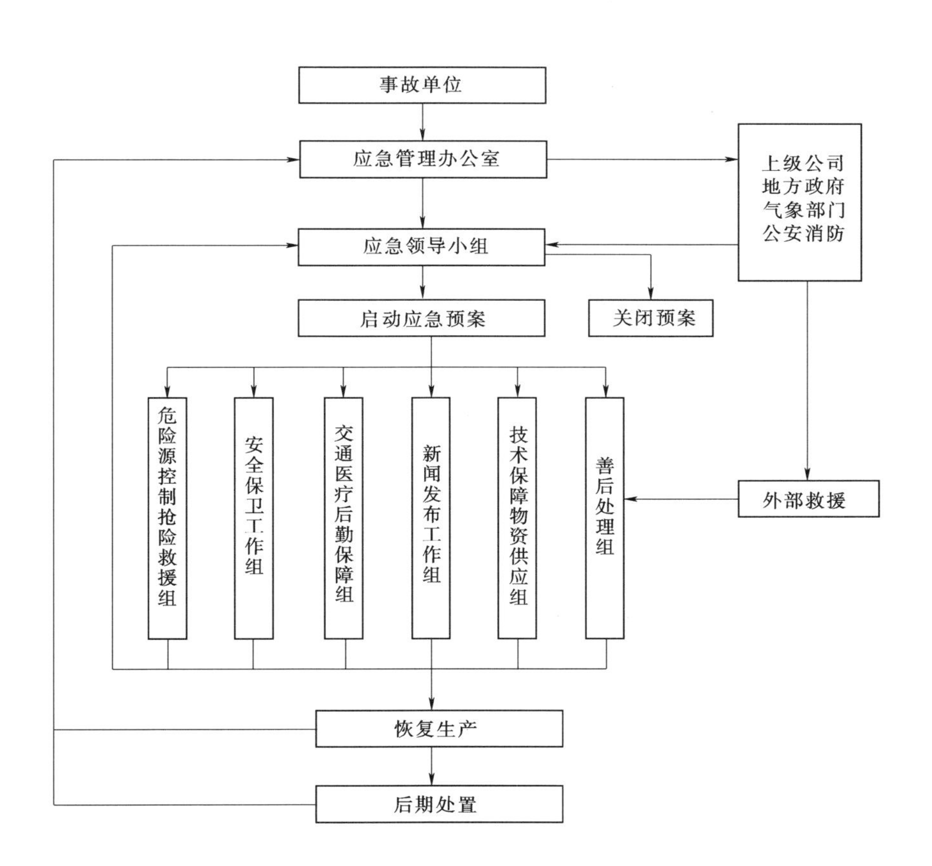

四、网络信息系统安全事故应急预案

某风力发电公司
网络信息系统安全事故应急预案

1　总则

1.1　编制目的

为加强公司网络信息系统突发事件的应急救援能力，提高应对紧急事件的反应速度和协调水平，确保迅速有效地处置重大网络信息系统安全事故，减轻或消除事故的危害和影响，确保网络与信息安全，制定本预案。

1.2　编制依据

《中华人民共和国安全生产法》（中华人民共和国主席令第13号）

《中华人民共和国突发事件应对法》（中华人民共和国主席令第69号）

《中华人民共和国计算机信息系统安全保护条例》（2011年1月8日修正版）

《计算机病毒防治管理办法》（2004年4月20日公安部发布）

《生产经营单位安全生产事故应急预案编制导则》（GB/T 29639—2013）

《生产安全事故应急预案管理办法》（安监总局令第88号）

《生产安全事故应急演练指南》（AQT 9007—2011）

《生产安全事故应急演练评估规范》（AQT 9009—2015）

《电力安全事故应急处置和调查处理条例》（中华人民共和国国务院令第599号）

《电力安全生产监督管理办法》（中华人民共和国国家发展和改革委员会令第21号）

《电力企业应急预案管理办法》（国能安全〔2014〕508号）

《电力企业应急预案评审和备案细则》（国能综安全〔2014〕953号）

《电力企业专项应急预案编制导则（试行）》

《电力突发事件应急演练导则》（电监安全〔2009〕22号）

《某风电公司综合应急预案》

1.3　适用范围

本预案适用于公司网络信息系统安全事故应急救援和响应工作。

2　应急处置基本原则

本预案坚持预防与救援结合，以人为本，减少危害。居安思危，预防为主。统一领导，分级负责。把握全局，突出重点。快速反应，协同应对。依靠科技，提高素质。依靠政府、广泛宣传。“保人身、保设备、保电网”的原则，以突发事件的预测、预防为重点，以应对风力发电厂各种网络安全突发事件为目标，采取积极措施，快捷、准确地处置各种网络安全突发事件，使公司免遭损失。

3　事件类型和危害程度分析

3.1　风险来源、特性

通过危险源辨识和风险评估，信息系统网络运行过程中，存在如下一些安全风险，可能会导致发生网络运行事件。

（1）有害程序突发事件即：病毒、蠕虫、木马、僵尸混合攻击程序、网页内嵌恶意代码等。

（2）网络攻击类突发事件即：网络拒绝服务攻击、后门攻击、漏洞攻击、网络扫描窃听、网络钓鱼、干扰等。

（3）信息破坏类突发事件即：信息篡改、假冒、窃取、丢失、漏泄事件。

（4）信息内容安全类突发事件即：利用信息违反法律法规组织串联、煽动集会、游行的信息事件。

（5）故障类突发事件即：软、硬件自身故障、外围保障设施故障、人为破坏事故、人为误操作。

（6）灾害类突发事件即：水灾、大风、火灾、雷击、地震、恐怖袭击、其他灾害。

3.2　风险影响范围及后果

网络设备供电中断、网络设备处于不安全状态、操作人员的不安全行为，及网络与信息系统安全存在的漏洞，都可能导致网络运行事故的发生。

4　事件分级

根据区域网络突发事件对公司生产经营管理的影响范围、程度、可能产生的后果等因素，将信息系统事件分为四个级别：特别严重（Ⅰ级）、严重（Ⅱ级）、较重（Ⅲ级）、一般（Ⅳ级）。

4.1　发生下列情况之一，属于Ⅰ级网络运行安全事件

（1）因网络故障、系统故障、机房环境影响、自然灾害及其他原因，对生产、办公、监控、设备操作、保护自动化系统等造成影响，影响用户数量超过总用户数量的90%。

（2）对公司的信息管理和信息发布造成严重影响，影响用户数超过90%。

4.2　发生下列情况之一，属于Ⅱ级网络与信息安全事件

（1）因网络故障、系统故障、机房环境影响、自然灾害及其他原因，对公司所属各办公单位的生产、办公、监控、设备操作、保护自动化系统等造成影响，影响用户数量超过总用户数量的50%，低于90%。

（2）对公司的信息管理和信息发布造成严重影响，影响用户超过50%，低于90%。

4.3　发生下列情况之一，属于Ⅲ级网络与信息安全事件

（1）对公司所属各办公单位的生产、办公、监控、设备操作、保护自动化系统等造成影响，影响用户数量超过总用户数量的20%，低于50%。

（2）对公司所属办公单位的信息管理和信息发布造成严重影响，影响内部用户数超过30%，低于50%。

4.4　Ⅳ级网络与信息安全事件

发生低于上述Ⅲ级网络与信息安全事件为Ⅳ级网络与信息安全事件。

5　应急组织机构及职责

5.1　应急组织机构

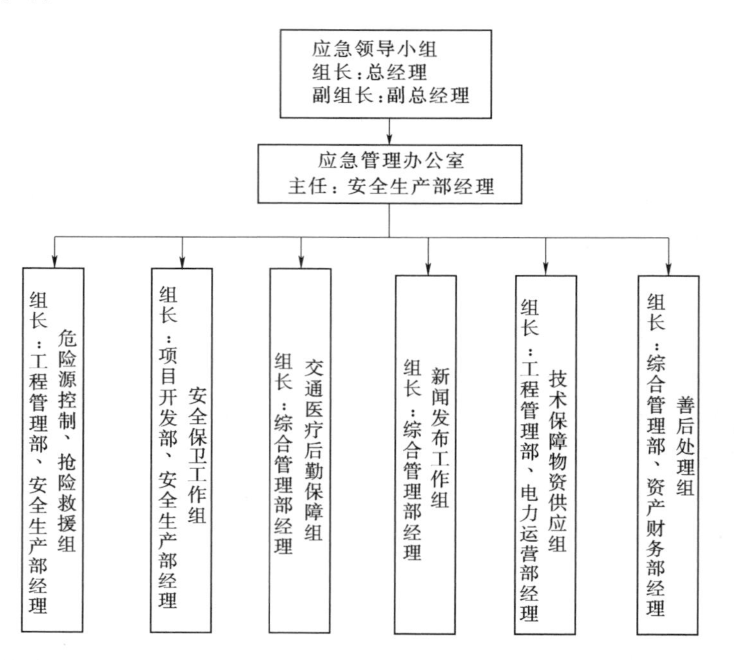

5.1.1　应急领导小组

组　长：总经理

副组长：副总经理

成　员：综合管理部经理、资产财务部经理、项目开发部经理、工程管理部经理、电力运营部经理、安全生产部经理

5.1.2　应急管理办公室

主　任：安全生产部经理

5.1.3　应急处置工作组

（1）危险源控制、抢险救援组　　组长：工程管理部经理、安全生产部经理

（2）安全保卫工作组　　组长：项目开发部经理、安全生产部经理

（3）交通医疗后勤保障组　　组长：综合管理部经理

（4）新闻发布工作组　　组长：综合管理部经理

（5）技术保障物资供应组　　组长：工程管理部经理、电力运营部经理

（6）善后处理组　　组长：综合管理部经理、资产财务部经理

5.2　职责

5.2.1　应急领导小组职责

（1）贯彻落实国家有关网络运行突发事件应急处理的法规、规定。

（2）研究网络系统重大应急决策和部署。

（3）宣布进入和解除应急状态，决定实施和终止网络系统。

5.2.2　应急管理办公室职责

（1）负责向上级报告事故情况和事故处理进展情况。

（2）负责对网络运行突发事件的有关信息进行汇总和整理，并根据应急领导小组的决定，向应急处置新闻发布小组提供相关素材。

（3）实施网络信息系统突发事件调查报告的编写和上报工作。

（4）对本预案进行定期（每年一次）演习。

5.2.3　危险源控制、抢险救援组职责

（1）负责组织应急救援人员及有关专家及时进入现场，并进行现场抢险救援技术全面指导与技术监督。

（2）首先要以保障主网络正常通讯为原则，避免重大设备损坏事故，其次要在事故发生时立即将发生故障的设备从局域网切除，尽快恢复网络的正常通信。

（3）保障各服务器正常运行，避免发生重大设备损坏事故。应急处理的终止点为：区域网网络系统设备恢复正常运行方式，各服务器设备均恢复正常运行。

（4）公司发生网络运行突发事件后，应立即按职责分工，赶赴现场组织事故处理。

5.2.4　安全保卫工作组职责

（1）维持现场秩序、现场警戒，划定警戒区域，负责监督应急情况处理时各项安全措施的执行，防止救援时人身事故的发生。

（2）控制现场人员，无关人员不准出入现场，确保抢险、救灾人员疏散时的人身安全，做好安置、维持现场秩序、安全警戒装置的设置工作。

（3）负责抢险现场安全隔离措施的检查，并督促相关部门执行到位。

（4）组织实施事故应急所必须采取的临时性措施。

（5）完成事故（发生原因、处理经过）调查报告的编写和上报工作。

5.2.5　交通医疗后勤保障组职责

（1）负责应急救援车辆维护、检查，确保应急抢险救援所需车辆正常使用。

（2）网络信息应急时提供应急车辆、应急抢险用物资、设备设施的运送。

（3）负责办公电话、移动电话、传真、电子邮件、应急通信、确保调度通信畅通。

（4）与供应商建立关系，保证网络信息事故应急救援物资的质量、数量。

5.2.6　新闻发布工作组职责

（1）在应急领导小组的指导下，负责将网络信息事故情况汇总，根据应急领导小组的指示做好对外网络信息事故的新闻发布工作。

（2）根据应急领导小组指示，对网络信息情况向政府新闻主管部门、上级单位进行报告。

（3）负责新闻媒体及当地政府有关部门和上级相关部门的接待工作。

5.2.7　技术保障物资供应组职责

（1）全面提供网络信息事故应急救援时的技术支持。

（2）掌握网络信息系统的装备、器材、工具等专业技术。

（3）掌握网络信息设备、设施、建筑在事故情况下的应急处置方法。

（4）按照要求做好各类网络信息事故应急处置相应物资储备和供给工作。

（5）应急时，负责应急物资、各种器材、设备的供给。

（6）负责与其他外部部门进行沟通联络，及时做好应急物资的补给工作。

5.2.8 善后处理组职责

（1）负责监督消除网络信息事故的影响，指导尽快恢复。

（2）负责网络事故资料的收集，现场的保护。

（3）准确、及时、公正地查清事故原因、责任，总结经验吸取教训，制定措施，对责任人提出处理意见。

（4）负责做好网络信息事故造成经济损失的保险理赔工作。

6 预防与预警

6.1 风险监控

6.1.1 责任部门和责任人

应急管理办公室是风险监控的责任主体，办公室主任对本单位的风险监控负全责。

6.1.2 风险监测的方法和信息收集渠道

（1）严格危险源监控要求，在区域网络日常消缺维护工作中，针对网络安全检查等工作，必须严格执行《中华人民共和国计算机信息系统安全保护条例》（中华人民共和国国务院令 147 号）、《电网和发电厂计算机监控系统及调度数据网络安全维护规定》（国家经贸委令第 30 号）等有关法规要求。

（2）对于网络应用系统及防病毒管理，要严格执行《国家信息化领导小组关于加强信息安全保障工作意见》（中办发〔2003〕27 号）、《计算机信息系统保密管理暂行规定》（国保发〔1998〕1 号）等有关规章制度和要求。

（3）对于网络主交换机、路由器、防火墙、各部门交换机、服务器、集线器、光电转换器、工作站等硬件设备的维护管理，要严格执行公司有关规章制度的要求。

6.1.3 风险监测所获得信息的报告程序

信息获得者直接报告应急管理办公室，应急管理办公室根据信息整理、判断立即向应急领导小组报告，并通知本预案相关人员。

6.2 预警发布与预警行动

6.2.1 预警分级

依照网络信息系统安全事故可能造成的危害程度、发展势态，网络信息系统突发事件预警信息共分为四个级别，分别为特别严重（红色）、严重（橙色）、较重（黄色）一般（蓝色）。

6.2.2 预警发布程序和相关要求

发生网络信息系统安全事件后，事件发生部门应立即向应急管理办公室汇报网络信息系统安全事件情况。应急管理办公室根据上述情况综合分析判断，并向应急领导小组汇报，经应急领导小组批准，发布启动预警信息，通知各应急处置工作组作好应急准备。

预警信息的发布一般通过办公电话、移动电话、计算机网络等方式进行，预警信息包

括突发事件的类别、预警级别、起始时间、可能影响范围、警示事项、应采取的措施和发布单位等。

6.2.3　预警发布后的应对程序和措施

（1）网络信息系统事故预警由应急领导小组提出，相关部门按照有关规定执行，尽可能将网络信息系统不稳定因素遏制在萌芽状态。对工作中出现不稳定的新情况、新问题、新动向，各部门要及时汇报应急管理办公室，并及时做好预警监控工作。

（2）要立足抓早、抓小、抓苗头，调查研究，分析预测可能出现的突发性事件，及时发现和掌握苗头性问题，避免网络信息系统安全事故的发生。

（3）各部门应依据已发布的预警级别，适时启动网络信息系统事故应急处置方案，履行各自所承担的职责。

6.3　预警结束

6.3.1　预警结束条件

网络信息系统安全事件发生的可能消除，无继发可能，事件现场没有应急处置的必要。

6.3.2　预警结束程序

应急领导小组根据事态发展情况，确认无网络信息系统安全事件发生的可能性时批准发布解除预警，由应急管理办公室通知各处置工作组，预警解除。

6.3.3　预警结束方式

应急管理办公室根据情况，综合分析判断后报请应急领导小组批准，发布预警结束通报，用办公电话、移动电话、计算机网络等方式通知各应急处置工作组，预警结束。

7　信息报告

7.1　联系电话

24h 值班电话：×××。

应急处置办公电话：×××。

移动电话：×××。

7.2　内部报告程序、方式、内容和时限

7.2.1　报告程序、方式

（1）发生网络运行突发事件时，由值班人员向应急管理办公室报告，应急管理办公室向应急领导小组报告。

（2）报告分为紧急报告和详细汇报。紧急报告是指事故发生后，以口头形式汇报事件的简要情况，报告方式包括利用办公电话、移动电话、计算机网络等进行通知，详细汇报是指由应急管理办公室在事件处理暂告一段落后，以书面形式提交的详细报告。

（3）对各类网络信息事故进行初步判断，立即向公司进行紧急报告。任何单位和个人均不得缓报、瞒报、谎报或者授意他人缓报、瞒报、谎报事件。

7.2.2　报告内容和时限

网络信息系统安全事故发生时应立即报告，报告内容包括：报告单位、报告人，联系人和联系方式，报告时间，事件发生的时间、地点和现场情况；事件的简要经过、人员伤亡和财产损失情况的初步估计；事件原因的初步分析；事件发生后已经采取的措施、效果及下一步工作方案；其他需要报告的事项。

7.3　外部报告程序、方式、内容和时限

7.3.1　报告程序和方式

当网络信息系统安全事故发生时，现场人员应立即向当值值长报告，当值值长接到报告后立即向公司应急管理办公室负责人报告，办公室负责人接到报告后立即利用电话、传真、电子邮件等方式向应急领导小组报告，应急领导小组根据事故情况布置应急救援和应急处置，并及时向上级公司应急管理办公室和当地政府应急管理办公室报告。情况紧急时，现场人员或当值值长可直接先向应急领导小组报告。

7.3.2　报告内容和时限

报告内容主要包括：报告单位、报告人，联系人和联系方式，报告时间，事件发生的时间、地点和现场情况；事件的简要经过、人员伤亡和财产损失情况的初步估计；事件原因的初步分析；事件发生后已经采取的措施、效果及下一步工作方案；其他需要报告的事项。

8　应急响应

8.1　响应分级

按照网络安全事故的严重程度和影响范围，应急响应级别分为Ⅰ级（特别严重）、Ⅱ级（严重）、Ⅲ级（较重）、Ⅳ级（一般）四个级别。

（1）Ⅰ级响应：由于网络信息系统瘫痪和失控造成或可能造成电网事故、特大或对厂产生严重负面影响的突发事件，由总经理启动预案。

（2）Ⅱ级响应：由于电力网络信息系统瘫痪和失控造成或可能造成全站对外停电的重大设备事故或对厂产生重大负面影响的突发事件，由总经理启动预案。

（3）Ⅲ级响应：由于网络信息系统瘫痪和失控造成或可能造成部分风电机组被迫停止运行或对厂产生较大负面影响的突发事件，由副总经理启动预案。

（4）Ⅳ级响应：由于网络信息系统瘫痪和失控造成或可能造成单台机组被迫停止运行或对厂产生一般负面影响的突发事件，由应急管理办公室启动预案。

8.2　响应程序

8.2.1　响应启动条件

（1）当发生网络信息系统事故发生后，可能扩大为重大网络信息系统事故时，事故单位在紧急处置的同时，应当立即将事故情况上报网络信息系统事故应急领导小组和应急管理办公室，根据事故的严重程度、可能出现的后果和应急处置工作的需要等召开会议，通知有关部门启动网络信息系统事故应急预案。应急办和应急处置小组应当立即按照职责分工和应急小组的要求组织开展应急处置工作。

（2）网络信息系统事故应急领导小组决定进入Ⅰ级应急状态后，应当立即将有关情况按照要求报告省、公司应急领导小组，并视情况请求必要的支持和帮助。

8.2.2　响应启动

由应急领导小组组长宣布启动应急响应，应急管理办公室发布启动信息。

8.2.3　响应行动

（1）当网络信息系统突发事件发生或可能扩大为重大网络运行事故时，事故单位在紧急处置的同时，应当立即将事故情况上报突发事件应急领导小组和应急办。

（2）应急管理办公室接到有关事故简要情况后，根据事故的严重程度、可能的后果和应急处置工作的需要等，应当立即将有关情况报告公司突发事件应急管理办公室，并通知有关部门准备启动网络信息系统突发事件应急预案。

（3）网络信息系统突发事件应急领导小组接到事故报告后，做出应急处置要求，进入Ⅱ级应急状态，有关单位和部门应当积极配合事故单位组织开展应急处置工作，并进入事故调查程序。

（4）应急领导组在决定进入应急状态后，应当立即将有关事故情况按照要求报告公司应急领导小组。

8.2.4　按响应级别和职责开展应急行动

在应急领导小组统一领导下，各部门、各应急处置工作组认真履行自己的职责，按照不同级别开展应急响应行动。

8.2.5　应急报告格式、内容、时限和责任部门

应急领导组在决定进入应急状态后，应当立即将有关事故情况按照要求报告给上级应急管理部门。应急管理办公室负责按照应急领导小组的要求及时、准确地向政府应急管理部门、电力监管等机构报告网络信息系统事故情况。

8.3　应急处置

8.3.1　先期处置

（1）网络信息系统应急组和服务器运行应急组要把事故处理的重点放在迅速恢复主网络通信、各服务器以及所有集控计算机正常运行上。这对于公司生产安全运行至关重要。各相关部门领导和技术人员要群策群力，顾全大局，针对事故的蔓延及时采取措施，防止事故扩大。

（2）信息负责人通知值班人员断开故障设备，以免扩大事故范围。同时，通知网络及服务器应急小组人员到达事故现场。信息负责人安排抢修任务应遵循下列原则：先网络主干系统恢复，后应用系统恢复；先信息中心，后终端计算机；先主控室计算机，后其他部分计算机；先抢通，后修复的原则。在事故抢修过程中应与值长保持联系，汇报事故处理进展情况。同时安排信息调试人员对修复设备及网络进行调试，尽量缩短网络及服务中断时间。

8.3.2　应急处置

8.3.2.1　黑客攻击事件紧急处置措施

（1）当有关值班人员发现网页内容被篡改，或通过入侵检测系统发现有黑客正在进行攻击时，应立即向信息安全负责人通报情况。

（2）信息安全相关负责人应在接到通知后立即赶到现场，并首先将被攻击的服务器等设备从网络中隔离出来，保护现场，并将有关情况向应急领导小组汇报。

（3）对现场进行分析，并写出分析报告存档。

（4）恢复与重建被攻击或破坏系统。

8.3.2.2　病毒事件紧急处置措施

（1）当发现有计算机被感染上病毒后，应立即通知相关信息员或责任人，将该机从网络上隔离开来。

（2）信息安全相关负责人员在接到通报后立即赶到现场。

（3）对该设备的硬盘进行数据备份。

（4）启用反病毒软件对该机进行杀毒处理，同时通过病毒检测软件对其他机器进行病毒扫描和清除工作。

（5）如果现行反病毒软件无法清除该病毒，应立即向应急领导小组汇报，并迅速协调组织相关人力物力解决问题。

8.3.2.3　软件系统遭破坏性攻击的紧急处置措施

（1）重要的软件系统平时必须存有备份，与软件系统相对应的数据必须按本单位容灾备份规定的间隔按时进行备份，并将它们保存于安全处。

（2）一旦软件遭到破坏性攻击，应立即向信息安全负责人报告，并将该系统停止运行。

（3）检查信息系统的日志等资料，确定攻击来源，并将有关情况向应急领导小组汇报，再恢复软件系统和数据。

8.3.2.4　数据库安全紧急处置措施

（1）由于主要数据库系统无双机热备设置，一旦数据库崩溃，值班人员需立即向信息安全负责人和应急领导小组报告。

（2）应立即向有关单位请求紧急支援。

8.3.2.5　广域网外部线路中断紧急处置措施

（1）广域网线路中断后，值班人员应立即向信息安全负责人报告。

（2）信息安全相关负责人员接到报告后，应迅速判断故障节点，查明故障原因。

（3）如属我方管辖范围，由信息安全工作人员立即予以恢复。

（4）如属电信部门管辖范围，立即与相关负责单位（通讯）联系，要求修复。

（5）如果短时间内无法查明故障原因，应尽快研究恢复措施，并立即向应急领导小组汇报。

8.3.2.6　网络中断紧急处置措施

（1）平时应准备好网络备用设备，存放在指定的位置。

（2）网络中断后，信息安全相关负责人员应立即判断故障节点，查明故障原因，并向信息安全负责人汇报。

（3）如属线路故障，应重新安装线路。

（4）如属路由器、交换机等网络设备故障，应立即从指定位置将备用设备取出接上，并调试通畅。

（5）如属路由器、交换机配置文件破坏，应迅速按照要求重新配置，并调测通畅。

（6）缺乏硬件或故障恢复遇到困难被迫中断应立即向应急指挥办公室汇报。

8.3.2.7　设备安全紧急处置措施

（1）小型机、服务器等关键设备损坏后，值班人员应立即向信息安全负责人报告。

（2）信息安全相关负责人员立即查明原因。

（3）由于无备件，应立即与设备提供商联系，请求派维护人员前来维修。

（4）如果设备短时内不能修复，应向应急管理办公室汇报具体情况。

8.3.3　扩大应急响应

本预案的应急处置过程中，当涉及网络信息系统安全事故不断扩大时，应急领导小组应及时加大应急力量投入，应急管理办公室应及时向上一级应急管理部门汇报，提请应急响应升级，同时汇报当地政府应急管理部门。

8.4　应急结束

8.4.1　应急结束条件

在同时满足以下条件时，应急领导小组经研究决定宣布终止应急状态：

（1）主网络与所有终端计算机正常通信、各应用系统服务器网络连接恢复正常。

（2）各应用系统服务恢复正常运行状态。

（3）设备损坏情况得到控制与恢复。

（4）确认次生、衍生和事件危害被基本消除，防范措施得到落实，应受教育者受到了教育，事故责任者受到责任追究。

8.4.2　应急结束程序

网络信息系统安全事故处置结束后，应急领导小组召集会议，在充分评估网络信息系统安全事故和应急情况的基础上，由原发布网络信息系统安全事故应急响应的指挥者宣布应急响应结束，通知各应急小组负责人。

9　后期处置

9.1　现场恢复的原则和内容

各单位生产人员在公共系统故障发生后，在人身安全不受危害的情况下要坚守本职岗位，使生产、生活秩序正常进行。

9.2　保险理赔

财务部负责核算救灾发生的费用及后期保险和理赔等工作。

9.3　事故调查的原则、内容、方法和目的

（1）按照国家法律、法规规定组成网络信息系统安全事故调查组进行事故调查。事故调查坚持“四不放过”原则，实事求是、尊重科学的原则，客观、公正、准确、及时地查清事故原因、发生过程、恢复情况、事故损失、事故责任等，提出防范措施和事故责任处理意见。

（2）组织或聘请有关专家对事件应急处置过程进行评估，并形成评估报告。评估报告的内容应包括：事故发生的经过、现场调查结果；事故发生的主要原因分析、责任认定等结论性意见；事故处理结果或初步处理意见；事故的经验教训；存在的问题与困难；改进工作的建议和应对措施等。

9.4　应急工作总结与评价

网络信息系统安全事故所涉及的相关单位应及时总结应急处置工作的经验和教训，对故障所做的技术分析以及各单位采取的整改措施开展技术交流，进一步完善和改进突发事件应急处置、应急救援、事故抢修等的保障体系，提高整体应急处置能力。

10 应急保障

10.1 应急队伍保障

10.1.1 内部队伍

（1）网络与信息安全管理人员和各部门信息员为兼职应急救援人员。

（2）各部门要加强信息网络系统突发事件应急技术支持队伍的建设，提高人员的业务素质、技术水平和应急处置能力。

10.1.2 外部队伍

相关的社会应急援救部门，政府应急管理部门，计算机网络管理部门，交警支队，医疗部门，公安消防部门。

10.2 应急物资装备保障

小型备品备件由风电场储备，大金额主设备备件由上级公司联系调配。

10.3 通信与信息保障

应急期间，指挥、通信联络和信息交换的渠道主要有内线电话、外线电话、移动电话等方式，相关应急人员的移动电话必须保持24h开机状态。

10.4 技术保障

（1）在网络信息系统建设和改造项目规划、立项、设计、运行等各环节，应提出应对网络运行突发事件的技术保障要求。

（2）在信息系统各项目建设和服务合同中应包含相关设备供应商、技术服务供应商在网络系统应急方面的技术支持内容。

（3）应注意收集各类网络运行突发事件的应急处置实例，总结经验和教训，开展网络运行突发事件预测、预防、预警和应急处置的技术研究，加强技术储备。

11 培训和演练

11.1 培训

11.1.1 培训的范围

应急管理培训工作纳入年度培训计划，有针对性地对应急救援和管理人员进行培训，提高其专业技能。

11.1.2 培训方式

举办培训班、训练班，利用案例教学、交流研讨、情景模拟、应急演练等方式进行培训。

11.1.3 培训内容和周期

每年至少组织一次应急管理培训，培训的主要内容应包括：网络信息系统安全事故专项应急预案，应急组织机构及职责、应急程序、应急资源保障情况和针对网络信息系统安全事故的预防和处置措施等。

11.2 演练

11.2.1 演练范围

将应急救援演练工作纳入年度培训教育计划，有针对性地对应急救援人员和管理人员

进行演练，提高其专业技能。

11.2.2　演练方式

应急演练的方式可以选择实战演练、桌面演练。

11.2.3　演练的内容和周期

网络信息系统安全事故专项应急预案，应急组织机构及职责、应急程序、应急资源保障情况和网络信息系统安全事故的预防和处置措施等。每年年初制定演练计划，网络信息系统安全事故专项应急预案演练每年不少于1次，现场处置演练不少于2次，演练结束后应形成总结材料。

12　附则

12.1　术语和定义

本预案所称重大网络安全事故是指：由于自然灾害、设备软硬件故障、内部人为失误或破坏、黑客攻击和计算机病毒破坏等原因，使公司重要网络信息系统的正常运行受到严重影响，出现业务中断、系统破坏、数据破坏或信息失窃或泄密等现象，以及境内外敌对势力、敌对分子利用信息网络进行有组织的大规模宣传、煽动和渗透活动，对国家安全、社会稳定、公众利益或公司运营等方面造成不良影响以及造成一定程度直接或间接经济损失的事件。

12.2　应急预案备案

本预案报上级公司应急管理部门、政府应急管理部门和当地能源监管部门审查备案。

12.3　预案维护和更新

随着公司应急救援相关法律法规的制订和修订，或实施过程中发现存在问题或出现的情况，以及我厂网络信息系统的发展和管理体制的变化，将及时组织修订本应急预案。

12.4　预案制定与解释

本预案由安全生产部编制并负责解释。

12.5　用权预案实施时间

本预案自发布之日起实施。

13　附件

13.1　应急领导小组及相关人员联络方式表

序号	岗　　位	姓名	办公电话	移动电话	备注
1	总经理				
2	副总经理				
3	综合管理部经理				
4	资产财务部经理				
5	项目开发部经理				
6	工程管理部经理				
7	电力运营部经理				
8	安全生产部经理				

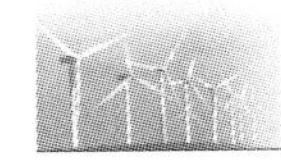

13.2　相关政府职能部门、抢险救援机构联系方式

序号	单　　位	联系方式	备注
1	地方应急管理委员会		
2	安全生产监督管理局		
3	生产调度机构		
4	当地国家能源派出机构		
5	当地气象部门		
6	国土资源机构		
7	急救中心		
8	公安报警		
9	交通报警		
10	消防报警		

13.3　基本公共应急物资储备表

序号	物资名称	数量	存放地点	负责人	办公电话	负责人电话	备注
1	逃生绳						
2	电筒						
3	工具箱						
4	对讲机						
5	急救箱						
6	应急车辆						
7	消防栓						
8	消防水带						
9	灭火器						
10	床						
11	被褥						
12	桶						
13	锹						
14	编织袋						

13.4　有关流程

13.4.1　信息报告流程

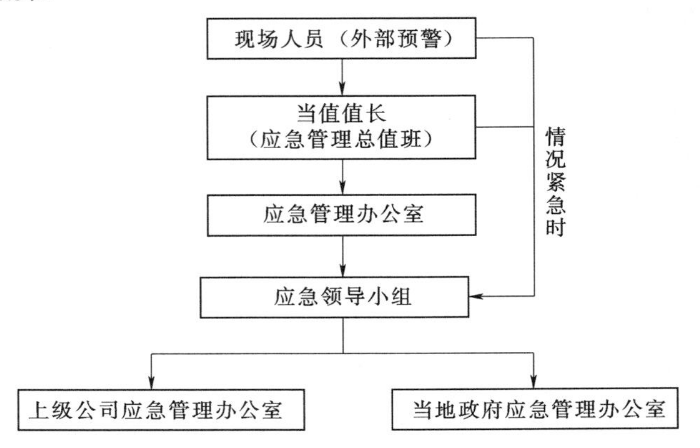

13.4.2　应急处置流程

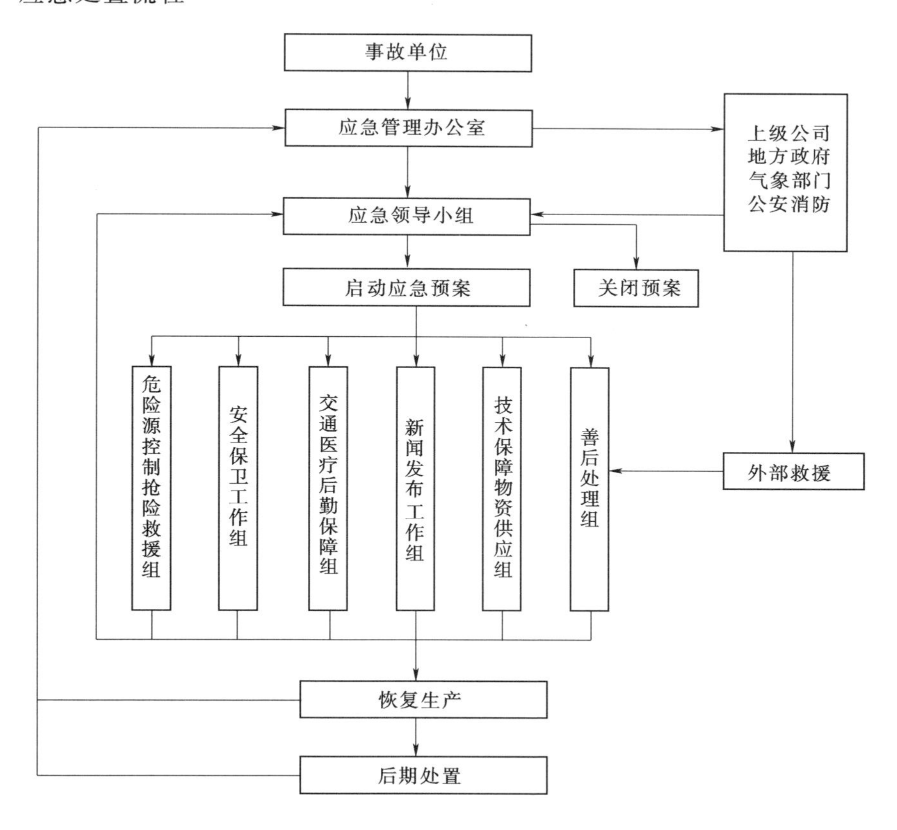

五、火灾事故应急预案

某风力发电公司
火灾事故应急预案

1　总则

1.1　编制目的

为了保障公司的防火安全，有效地预防和及时处置各类火灾事故，积极地做好应急救援工作，最大限度地减轻火灾事故造成的人身伤害、经济损失及社会影响，保障员工生命和公司财产安全，维护社会稳定，编制本预案。

1.2　编制依据

《中华人民共和国安全生产法》（中华人民共和国主席令第 13 号）

《中华人民共和国消防法》（中华人民共和国主席令第 6 号）

《中华人民共和国突发事件应对法》（中华人民共和国主席令第 69 号）

《国家突发公共事件总体应急预案》

《生产经营单位安全生产事故应急预案编制导则》(GB/T 29639—2013)

《生产安全事故应急预案管理办法》(安监总局令第 88 号)

《生产安全事故应急演练指南》(AQT 9007—2011)

《生产安全事故应急演练评估规范》(AQT 9009—2015)

《电力安全事故应急处置和调查处理条例》(中华人民共和国国务院令第 599 号)

《电力安全生产监督管理办法》(中华人民共和国国家发展和改革委员会令第 21 号)

《电力企业应急预案管理办法》(国能安全〔2014〕508 号)

《电力企业应急预案评审和备案细则》(国能综安全〔2014〕953 号)

《电力企业专项应急预案编制导则(试行)》

《电力突发事件应急演练导则》(电监安全〔2009〕22 号)

《某风电公司综合应急预案》

1.3　适用范围

本预案适用于公司办公、生产、建筑、生活等区域，火灾事故的应急处置和应急救援工作。

2　应急处置基本原则

遵循以人为本“安全第一、防消结合”的方针，坚持防御和救援相结合的原则。统一领导、分工负责、加强联动、快速响应，最大限度地减少火灾事件造成的损失。

3　事故类型和危害程度分析

3.1　风险来源、特性

火灾事故危险主要是：变压器着火事故、风力发电机着火、电缆着火、蓄电池爆炸事故、总控室火灾、生产场所建筑物、物资仓库着火、档案室火灾事故等。静电、明火、雷击、电气火花等诱因存在的条件下，均具有一定的火灾危险性，极易造成人员重大伤亡和设备严重损坏。

3.2　影响范围及后果

火灾事故来势凶猛、蔓延迅速、救援困难，火灾事故发生可造成设备设施、建筑物烧损，不但造成财产严重损失，而且可能引发人身伤害、电网故障、风电场、光伏电站全停等次生事故，不同区域、不同类型的火灾会造成不同后果，轻则经济损失，重则造成爆炸、人身伤亡、建筑物倒塌等恶性事故。

4　事件分级

火灾事故按照其性质、严重程度、可控性和影响范围等因素分为四级，分别为特别重大（Ⅰ级）、重大（Ⅱ级）、较大（Ⅲ级）和一般火灾（Ⅳ级）。

4.1　特别重大火灾事故

特别重大火灾是指造成 30 人以上死亡，或者 100 人以上重伤，或者 1 亿元以上直接财产损失的火灾。

4.2　重大火灾事故

重大火灾是指造成10人以上30人以下死亡，或者50人以上100人以下重伤，或者5000万元以上1亿元以下直接财产损失的火灾。

4.3　较大火灾事故

较大火灾是指造成3人以上10人以下死亡，或者10人以上50人以下重伤，或者1000万元以上5000万元以下直接财产损失的火灾。

4.4　一般火灾事故

一般火灾是指造成3人以下死亡，或者10人以下重伤，或者1000万元以下直接财产损失的火灾。

5　应急指挥机构及职责

5.1　应急指挥机构

5.1.1　应急领导小组

组　长：总经理

副组长：副总经理

组　员：综合管理部经理、资产财务部经理、项目开发部经理、工程管理部经理、电力运营部、安全生产部经理

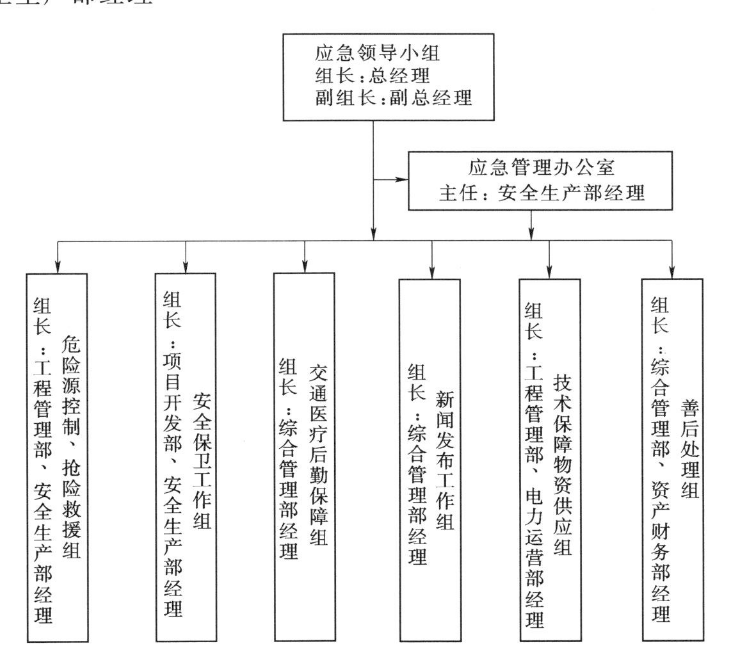

5.1.2　应急管理办公室

主　任：安全生产部经理

5.1.3　应急处置工作组

(1) 危险源控制、抢险救援组　　　　组长：工程管理部、安全生产部经理

(2) 安全保卫工作组　　　　组长：项目开发部、安全生产部经理

（3）交通医疗后勤保障组　　　　　组长：综合管理部经理

（4）新闻发布工作组　　　　　　　组长：综合管理部经理

（5）技术保障物资供应组　　　　　组长：工程管理部、电力运营部经理

（6）善后处理组　　　　　　　　　组长：综合管理部、资产财务部经理

5.2 职责

5.2.1 应急领导小组职责

（1）认真贯彻落实国家、地方、行业、公司有关突发事件管理工作的法律法规、规程制度，负责本应急预案的制定，并定期组织演练，监督检查各部门在本预案中履行职责的情况。对发生事件启动应急预案进行决策，全面指挥应急处理工作。

（2）在火灾事件发生后，根据报告情况立即按本预案规定的程序，组织各专业应急小组人员赶赴现场进行处理，组织现场抢救，使损失降到最低限。

（3）负责向上级主管部门汇报火灾事故情况和事故处理进展情况，必要时向地方政府汇报。

（4）根据设备、系统变化及时对本方案内容进行相应修改，并及时上报上级相关部门备案。

5.2.2 应急管理办公室职责

（1）应急管理办公室是火灾事故预防和应急救援管理常设机构，负责应急指挥机构日常工作。

（2）及时向应急领导小组报告火灾事故具体实际情况。

（3）负责传达政府、行业及上级公司有关突发事件应急管理的方针、政策和规定。

（4）组织落实上级应急指挥机构领导小组提出的各项指示精神，并监督落实情况。

（5）组织制定突发事件管理工作的各项规章制度和突发事件典型预案库，指导突发事件的应急救援工作。

（6）监督检查火灾事故应急预案、日常应急准备工作、组织演练的情况；指导、协调突发事件的处理工作。

（7）应急突发事件处理完毕后，认真分析事故发生原因，总结设备事件处理过程中的经验教训，进一步完善相应的应急预案。

（8）对突发设备事故管理工作进行考核。

（9）负责与当地消防部门交流沟通，建立协议关系，指导相关部门做好善后工作。

5.2.3 应急处置工作组职责

5.2.3.1 危险源控制、抢险救援组职责

（1）按照专业分工尽快到达现场，进行现场处置，如有人身伤害，第一时间联系医务人员，报告位置和受伤具体情况，在路口为医务人员带路，最快时间到达现场。

（2）负责火灾事故抢修过程中的技术支持，加强设备制造厂家及试验单位的联系，协调解决火灾扑救过程中遇到的技术问题，指导应急抢险工作，保证其扑救顺利进行。

（3）火灾事故处理期间，要求各岗位尽职尽责，根据情况对设备设施、建筑物采取相应保护、隔离措施，防止次生事故发生。

（4）在火灾事故发生后，要按照“保人身、保设备”的原则进行处理，必要时保障安

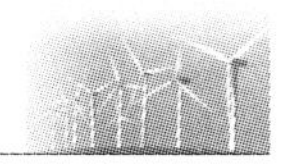

全停机，避免发生次生设备损坏事故，尽快保证系统稳定运行。

（5）负责核对火灾扑救设备器材、备品备件、质量、数量、规格、型号，并确认；做好日常检查、维护工作。

（6）负责编制火灾抢险计划、火灾应急行动方案的制订。

（7）负责对应急人员进行火灾应急行动方案的培训、演练。

（8）负责火灾扑救抢险过程中的人身、设备安全。

5.2.3.2 安全保卫工作组职责

（1）维持现场秩序、现场警戒，划定警戒区域，负责监督应急情况处理时各项安全措施的执行，防止救援时人身事故的发生。

（2）控制现场人员，无关人员不准出入现场，确保抢险、救灾人员疏散时的人身安全，做好安置、维持现场秩序、安全警戒装置的设置工作。

（3）负责抢险现场安全隔离措施的检查，并督促相关部门执行到位。

（4）组织实施事故恢复所必须采取的临时性措施。

（5）完成事故（发生原因、处理经过）调查报告的编写和上报工作。

5.2.3.3 交通医疗后勤保障组职责

（1）负责应急救援车辆维护、检查，确保应急抢险救援时所需车辆正常使用。

（2）应急时提供紧急救护车辆，提供应急救援抢险和应急物资、设备设施运送所需车辆。

（3）负责办公电话、移动电话、传真、电子邮件、应急通信、确保调度通信畅通。

（4）与供应商建立物资供应协作关系，保证应急救援物资的质量、数量。

（5）负责接警后及时赶赴事发地，对受伤人员采取现场紧急救治，及时抢救伤员生命。

（6）及时联系120急救中心或当地医院，将伤员转送医院进行治疗。

（7）做好日常相关医疗药品和器材的维护和储备工作。

5.2.3.4 新闻发布工作组职责

（1）在应急领导小组的指导下，负责将火灾事故情况汇总，根据应急领导小组的决定做好对外新闻发布工作。

（2）根据应急领导小组的决定将火灾事故情况向政府新闻主管部门、上级单位进行报告。

（3）负责新闻媒体及当地政府有关部门和上级相关部门的接待工作。

5.2.3.5 技术保障物资供应组职责

（1）负责火灾应急救援人员、物资、设备、器材安全可靠迅速运送到火灾现场。

（2）负责组织抢救火灾事故现场受到伤害员工的救治，按需要联系医疗、疾病控制部门投入应急救援。

（3）与供应商建立物资供应协作关系，保证火灾应急救援物资的质量、数量。

（4）安排火灾事故恢复所必需的生产车辆及提供救援人员食宿等后勤保障工作（包括车辆、急救药品、防护用品、食品、帐篷、被褥）。

5.2.3.6 善后处理组职责

（1）负责监督消除火灾事故的影响，指导尽快恢复生产。

（2）负责火灾事故资料的收集，现场的保护。

（3）准确、及时、公正地查清火灾事故原因、责任，总结经验吸取教训，制定措施。对责任人提出处理意见。

（4）负责做好火灾涉及的伤亡人员赔偿及家属安抚工作，做好受伤人员康复治疗、慰问工作，对因参与应急处置工作受伤、致残、死亡的人员，按照国家有关规定，做好伤亡人员保险理赔工作，给予相应补助和抚恤。

6　预防与预警

6.1　风险监测

6.1.1　责任部门和人员

公司应急管理办公室是火灾风险的监控责任部门，办公室主任对风险监控和本预案的实施负全责。

6.1.2　风险监测的方法和信息收集渠道

应急管理办公室指定专门部门定期对火灾监测报告进行收集、汇总、分析和评级，及时采取针对性措施，经应急指挥领导批准后执行。安全评估、技术监控、火灾报警信息、现场巡视、检查等手段进行监控，收集火灾信息。

上述工作时发现异常现象、缺陷，应书面或口头向上级机关、政府应急指挥管理部门等汇报。

6.1.3　风险监测所获得信息的报告程序

信息获得者直接向应急管理办公室报告，应急管理办公室把收集、整理的监控信息，向应急领导小组汇报，应急领导小组根据火灾事故的具体实际情况向上级公司有关部门、政府应急管理部门报告。

6.2　预警发布与预警行动

6.2.1　预警分级

根据预测分析结果，对可能发生和可以预警的危急事件进行预警。依据危急事件可能造成的危害程度、经济损失程度和发展势态，预警级别划分为Ⅰ级红色、Ⅱ级橙色、Ⅲ级黄色和Ⅳ级蓝色。根据事态的发展情况和采取措施的效果，预警颜色可以升级、降级或解除。

（1）Ⅰ级红色预警：充油设备造成该区域可燃气体含量或浓度达到报警值；在一级禁火区中区域内进行明火作业，重点防火部位的消防系统退出运行时间超过24h的。

（2）Ⅱ级橙色预警：电缆接头温升达报警值、电缆沟温升达报警值、变压器油中乙炔含量达到注意值；一级禁火区除Ⅰ级预警范围进行明火作业；建筑消防系统不能备用超过24h；生产区域其他部位的消防系统退出运行时间超过72h的。

（3）Ⅲ级黄色预警：蓄电池室可燃气体含量或浓度达到报警值；集控室电缆封堵不严或端子排积灰严重、保险容量过大。

（4）Ⅳ级蓝色预警：建筑电气线路老化、过负荷或附近有动火作业。

6.2.2　预警发布程序和相关要求

（1）计划性工作达到上述预警标准的，由应急管理办公室确定预警级别、预警范围，由应急管理办公室发布。

（2）生产现场临时性突发事件达到Ⅰ级、Ⅱ级预警标准的，应急管理办公室汇报应急领导指挥小组批准后发布；达到Ⅲ级、Ⅳ级预警标准的，由应急管理办公室发布。

（3）非生产区域达到预警标准的，由所在区域的应急工作领导负责发布。

6.2.3　预警发布后的应对程序和措施

（1）发布预警后运行人员对预警区域加强巡视，相关部门负责人安排专业人员进行处置。

（2）发布红色、橙色预警，要求区域分管部门负责人及专职消防队到场做好扑救火灾的准备。

（3）属于消防系统停运构成的预警，运行、维护、点检人员加强巡视，相关人员尽快恢复消防系统运行。

6.3　预警结束

6.3.1　预警结束条件

火灾事故发生的可能消除，无继发可能，事故现场没有应急处置的必要。

6.3.2　预警结束程序

接到火灾事故预警解除信息后，应急领导小组根据事态发展情况确认无发生火灾事故的可能性时发布解除预警，由应急管理办公室通知各应急处置工作组，预警解除。

6.3.3　预警结束方式

应急管理办公室根据情况，综合分析判断后报应急领导小组批准，发布预警结束通报，用办公电话、移动电话、计算机网络等方式通知各应急处置工作组，预警结束。

7　信息报告

7.1　联系电话

24h 值班电话：×××。

应急处置办公电话：×××。

移动电话：×××。

7.2　内部报告程序、方式、内容和时限

火灾信息获得者直接向应急管理办公室报告，应急管理办公室把收集、整理的监控信息，向应急领导小组汇报。危急事件发生后，事故部门要立即电话汇报应急管理办公室，最迟不得超过 15min。

7.3　外部报告程序、方式、内容和时限

当火灾事故发生时，现场人员应立即向当值值长报告，当值值长接到报告后立即向公司应急管理办公室负责人报告，办公室负责人接到报告后立即利用电话、传真、电子邮件等方式向应急领导小组报告，应急领导小组根据事故情况布置应急救援和应急处置，并及时向上级公司应急管理办公室和当地政府应急管理办公室报告。情况紧急时，现场人员或当值值长可直接先向应急领导小组报告。

应急处置过程中，要及时续报有关情况。火灾救援工作结束后，按照响应由组织单位对应急救援工作总结，向上级单位、政府有关部门上报备案。

8　应急响应

8.1　响应分级

按突发事件的可控性、严重程度和影响范围，结合公司实际情况，火灾事故应急响应一般分为特别重大（Ⅰ级）、重大（Ⅱ级）、较大（Ⅲ级）、一般（Ⅳ级）四级。

（1）Ⅰ级响应：由公司总经理组织响应，所有部门进行联动。

（2）Ⅱ级响应：由公司总经理组织响应，所有部门进行联动。

（3）Ⅲ级响应：由生产副总经理组织响应，所有部门进行联动。

（4）Ⅳ级响应：由应急管理办公室主任组织响应，相应部门进行联动。

8.2　响应程序

8.2.1　应急响应启动条件

（1）Ⅰ级应急响应：发生特别重大火灾事故，直接财产损失人民币100万元以上的，应急领导小组组织开展应急救援工作。

（2）Ⅱ级应急响应：发生重大火灾事故，直接财产损失人民币30万元以上的，应急领导小组组织开展应急救援工作。

（3）Ⅲ级应急响应：发生较大火灾事故，应急管理办公室组织开展应急救援工作。

（4）Ⅳ级应急响应：发生一般火灾事件，直接经济损失人民币5万元以下的，由应急处置工作组开展应急救援工作。

8.2.2　响应启动

经应急领导小组批准后，应急管理办公室发布预案启动信息。

（1）达到Ⅰ级、Ⅱ级预警标准并发生焦糊味、冒烟或明火的，由当值值长汇报主管生产领导批准后启动应急响应。

（2）达到Ⅲ级、Ⅳ级预警标准并发生焦糊味、冒烟或明火的，由当值值长启动应急响应。

（3）达到Ⅰ级、Ⅱ级预警标准并发生明火的，由领导小组组长指定前线指挥人员负责现场处置，并组织有关人员召开应急会议，部署警戒、疏散、信息发布、现场处置及善后等相关工作，各专业抢险队按照职责进行处置。其他情况由当值值长负责上述工作。

8.2.3　响应行动

各级响应发布后，指定前线指挥人员负责现场处置，并组织有关人员召开应急会议，部署警戒、疏散、信息发布、现场处置及善后等相关工作，各专业抢险队按照职责进行处置。

8.2.4　按响应级别和职责开展应急行动

发生火灾事故，各级应急救援人员针对应急响应级别，按照自己岗位职责积极主动地投入应急处置行动，做好安全防护措施，防止在应急救援过程中发生人身伤害，做到“不伤害自己、不伤害他人、不被他人伤害”。

8.2.5　响应报告

由应急领导小组指定人员向上级公司和地方政府有关部门及电力监管机构进行应急工作信息报告，内容要快速、准确、全面，应包括事件发生的时间、地点、现象、影响、原因等情况。

8.3　应急处置

8.3.1　先期处置

（1）发生火灾时，现场人员利用最近的灭火器材进行灭火行动；若浓烟较大时，应迅速撤离浓烟区，在安全位置上观察、判断起火原因，通过在安全位置停运设备、停电、关门等措施，控制明火蔓延。

（2）灭火现场如存在建筑物坍塌的危险，安全保卫部门应设置警戒线，禁止人员进入危险区域。

（3）在当值班长的指挥下，现场抢险队员应分为两组，一组配合消防队灭火（运输灭火器、拉消防水带等）；另一组负责转运周围易燃物品到安全地带，不可转移的易燃设备旁，要采取降温、隔离等措施。

8.3.2　应急处置

根据现场事态发展，调动公司现有资源进行处置。

8.3.3　扩大应急响应

（1）发生本厂人员独自完成灭火任务有困难的火险时，应急领导小组决定启动外部应急通信网，请求当地政府应急管理部门和消防应急救援力量的支援。

（2）如不能有效控制火情，火势蔓延，可能造成建筑物坍塌或有爆炸危险时，应紧急疏散人员，并报请当地政府应急管理部门，联系公安机关实行紧急疏散。

8.4　应急结束

（1）应急结束终止条件。

1）火灾事件现场得到控制，事故条件已经消除。

2）环境符合有关标准。

3）事故所造成的危害已经彻底消除，无继发可能。

4）事故现场的各种专业应急处置行动已无继续的必要。

5）采取了必要的防护措施次生、衍生事故已消除。

（2）当满足以上五个条件后，经应急领导小组确认，现场应急处置工作结束，应急救援队伍撤离现场，由应急领导小组宣布终止本预案命令，现场应急救援工作结束。应急行动正式结束，各项生产管理工作进入正常运作。应急结束信息通过电话、广播方式宣布。

9　后期处置

9.1　现场恢复的原则和内容

消除明火、清理现场燃烧灰烬、不破坏事故现场。

9.2　保险理赔责任部门

公司综合管理、资产财务部负责火灾后的保险理赔工作。

9.3　事故或事件调查的原则、内容、方法和目的

（1）事故调查要遵循实事求是、尊重科学的原则，“四不放过”原则，公正、公开的原则，分级管辖原则。

（2）事故调查内容包括背景信息、事故描述、事故原因、事故教训、事故责任的处理建议、事故调查组人员名单以及其他需要说明的事项。

（3）事故调查方法主要有故障树分析法、故障类型和影响分析方法和变更分析方法。

（4）事故调查处理的主要目的是通过对事故的调查，查清事故发生的经过，科学分析事故原因，找出发生事故的内外关系，总结事故发生的教训和规律，提出有针对性的措施，防止类似事故的再度发生。

9.4 应急工作总结、评价、改进

（1）每次火灾应急演练后或者火险处理后，应立即召开总结会，由演练者（事故处理者）进行自评，演练监护者（管理人员）进行点评，以期不断总结改进。

（2）要求在事故后或演练后两天内各级参加单位写出总结，安全生产部负责审核，并形成公司演练总结，经公司会议审核后发布。

10 应急保障

10.1 应急队伍

10.1.1 内部救援队伍

公司任何部门和个人都有参加火灾救援的义务。生产系统人员是火灾抢险的重要力量。各应急处置工作组应加强队伍建设，确保抢险需要。必要时由公司应急领导小组向当地政府应急管理部门请求支援。

健全和完善本单位应急队伍包括：应急领导、救援人员、专家组等。

专职应急队伍：运行、检修、保卫、消防、维护人员及专家组等。

兼职应急队伍：群众性救援队伍，义务消防队员等。

10.1.2 外部救援队伍

公司与当地应急管理部门建立长期协议（包括：医疗、消防、公安、交通），发生火灾事故时，消防应急队伍第一时间赶赴现场参加实施灭火行动。消防队接警后保证到达现场。

10.2 应急物资与装备

应急管理办公室负责消防管理的人员对本单位各区域消防设施、器材按照国家有关要求配置，定期检查，随时更换不合格灭火器材；负责火灾自动报警系统的定期监测，发现缺陷及时处理。

10.3 通信与信息

火灾事故应急通信联络和信息交换的主要渠道是调度电话、系统程控电话、外线电话、移动电话、传真、电子邮件等方式，因此必须保证畅通，发现问题及时处理，应急领导及有关人员的移动电话保证24h开机状态，防止贻误应急信息的传递。

明确专人负责与当地政府应急管理部门、上级应急指挥机构、系统内外主要应急队伍等机构和单位联络。

10.4 经费

火灾事故应急领导小组负责申报应急救援工作经费，经上级公司批准列入年度计划，

财务部门应支持应急相关费用的使用。应急费用列专项，由主管领导负责。

10.5　其他

非工作时间接到明确通知需安排班车运送应急救援人员时，立即赶到运送指定地点，将应急救援人员运送到救援现场，如果增加人员数量或领导通知决定是否继续发车（通知人：单位领导）。

11　培训和演练

11.1　培训

11.1.1　培训的范围

火灾事故涉及相关的范畴，全体应急管理人员、专兼职应急救援人员参加。

11.1.2　培训的方式

将应急管理培训工作纳入年度培训计划，利用案例教学、情景模拟、交流研讨、应急演练等方式进行。

11.1.3　培训的内容、周期

每年至少组织一次应急管理培训，培训的主要内容应该包括：火灾事故专项应急预案，应急组织机构及职责、应急程序、应急资源保障情况和针对火灾事故的预防和处置措施等。

11.2　演练

11.2.1　演练的范围

火灾事故涉及相关的范畴，全体应急管理人员、专兼职应急救援人员参加。

11.2.2　演练方式

应急预案的演练方式可以选择实战演练、桌面演练。

11.2.3　演练的内容、周期

每年年初制定演练计划，火灾事故专项应急预案演练每年不少于一次，现场处置方案演练不少于两次。

12　附则

12.1　术语和定义

本预案所称火灾事故是指在时间或空间上失去控制的燃烧。

12.2　预案备案

本预案报上级公司、当地政府应急指挥有关部门、当地能源监管部门。

12.3　预案修订

本预案每三年修订一次。

12.4　制定与解释

本预案由公司安全生产部起草、归口并负责解释。

12.5　预案实施

本应急预案自发布之日起实施。

13　附件

13.1　应急领导小组及相关人员联络方式表

序号	岗　　位	姓名	办公电话	移动电话	备注
1	总经理				
2	副总经理				
3	综合管理部经理				
4	资产财务部经理				
5	项目开发部经理				
6	工程管理部经理				
7	电力运营部经理				
8	安全生产部经理				

13.2　相关政府职能部门、抢险救援机构联系方式

序号	单　　位	联系方式	备注
1	地方应急管理委员会		
2	安全生产监督管理局		
3	生产调度机构		
4	当地国家能源派出机构		
5	当地气象部门		
6	国土资源机构		
7	急救中心		
8	公安报警		
9	交通报警		
10	消防报警		

13.3　基本公共应急物资储备表

序号	物资名称	数量	存放地点	负责人	办公电话	负责人电话	备注
1	逃生绳						
2	电筒						
3	工具箱						
4	对讲机						
5	急救箱						
6	应急车辆						
7	消防栓						
8	消防水带						
9	灭火器						
10	床						
11	被褥						
12	桶						
13	锹						
14	编织袋						

13.4　有关流程

13.4.1　信息报告流程

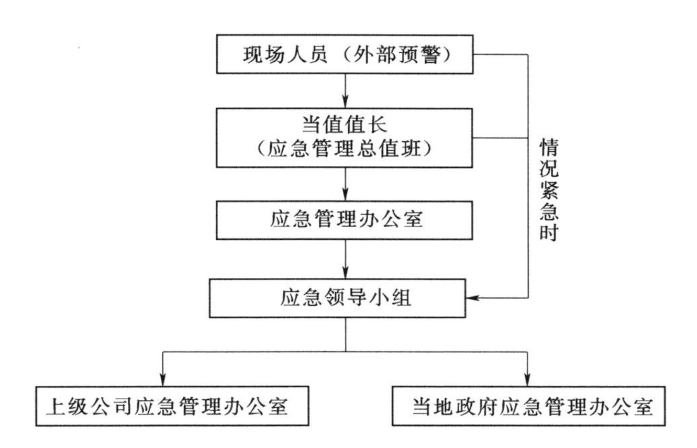

13.4.2　应急处置流程

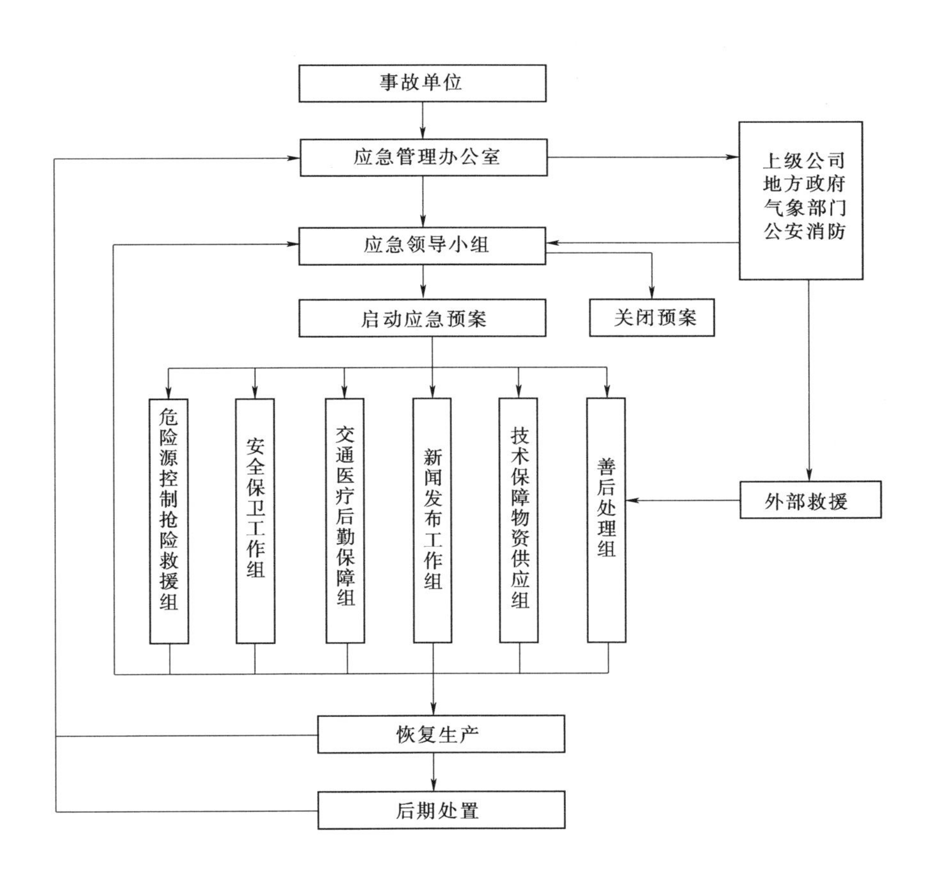

六、森林火灾应急预案

某风力发电公司
森林火灾应急预案

1 总则

1.1 编制目的

为及时、有效而迅速地处理公司范围内火灾事故，避免或降低因森林火灾事故造成的人身伤害、经济损失和社会影响，避免和减轻因森林火灾事故对公司可能造成的生产影响，保障员工生命和公司财产安全，维护社会稳定，特编制本预案。

1.2 编制依据

《中华人民共和国安全生产法》(中华人民共和国主席令第 13 号)
《中华人民共和国突发事件应对法》(中华人民共和国主席令第 69 号)
《国家突发公共事件总体应急预案》
《国家森林火灾应急预案》(国办函〔2012〕212 号)
《生产经营单位安全生产事故应急预案编制导则》(GB/T 29639—2013)
《生产安全事故应急预案管理办法》(安监总局令第 88 号)
《生产安全事故应急演练指南》(AQT 9007—2011)
《生产安全事故应急演练评估规范》(AQT 9009—2015)
《电力安全事故应急处置和调查处理条例》(中华人民共和国国务院令第 599 号)
《电力安全生产监督管理办法》(中华人民共和国国家发展和改革委员会令第 21 号)
《电力企业应急预案管理办法》(国能安全〔2014〕508 号)
《电力企业应急预案评审和备案细则》(国能综安全〔2014〕953 号)
《电力企业专项应急预案编制导则(试行)》
《电力突发事件应急演练导则》(电监安全〔2009〕22 号)
《某风电公司综合应急预案》

1.3 适用范围

本预案适用于公司森林火灾事故的应急处置和应急救援工作。

2 应急处置基本原则

遵循以人为本“安全第一，预防为主，综合治理”的方针，坚持防范和救援相结合，坚持保人身、保设备的原则。统一领导、分工负责、加强联动、快速响应，最大限度地减少事故造成的损失。

3 事件类型和危害程度分析

3.1 风险来源、特性

(1) 季节变化、气候变化、天气变化等自然环境影响的不安全因素，如雷电、气候干

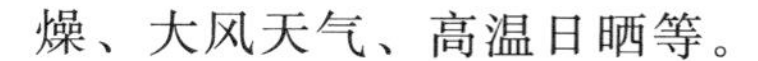

燥、大风天气、高温日晒等。

（2）燃放鞭炮、未熄灭的烟头、焚烧清理的植被等。

（3）输电线路老化、大风吹断电线或吹倒电杆等。

（4）风机火灾、箱变（台变）爆炸、跌落式保险打火等。

（5）站内火灾等。

（6）其他因素：消防设施、设备陈旧老化。

3.2　影响的范围和后果

（1）由于森林烧毁、造成林地裸露，失去森林涵养水分和保持水土的作用，可能引起水涝、干旱、泥石流、滑坡、风沙等其他自然灾害发生。

（2）可能对当地居民及现场人员的生命安全造成威胁，对现场设备造成损坏。

（3）森林火灾事故直接危及到人民的生命、财产安全，并对社会稳定带来不良影响，给国家、公司带来巨大的经济损失。

4　事故分级

根据森林火灾事故对生产、管理的影响范围、程度、可能产生的后果等因素，森林火灾事故分为四个级别，分别为特大（Ⅰ级）、重大（Ⅱ级）、较大（Ⅲ级）、一般（Ⅳ级）森林火灾事故。

4.1　特大森林火灾事故

特大森林火灾事故：指一次造成死亡30人以上，或者重伤100人以上，或者1亿元以上直接财产损失的森林火灾。

4.2　重大森林火灾事故

重大森林火灾事故：指造成10人以上30人以下死亡，或者重伤50人以上100人以下，或者5000万元以上1亿元以下直接财产损失的森林火灾。

4.3　较大森林火灾事故

较大森林火灾事故：指造成3人以上10人以下死亡，或者10人以上50人以下重伤，或者1000万元以上5000万元以下直接财产损失的森林火灾。

4.4　一般森林火灾事故

一般森林火灾事故：指造成3人以下死亡，或者10人以下重伤，或者1000万元以下直接财产损失。

5　应急指挥机构及其职责

5.1　应急指挥机构

5.1.1　应急领导小组

组　长：总经理

副组长：副总经理

成　员：综合管理部经理、资产财务部经理、项目开发部经理、工程管理部经理、电力运营部经理、安全生产部经理

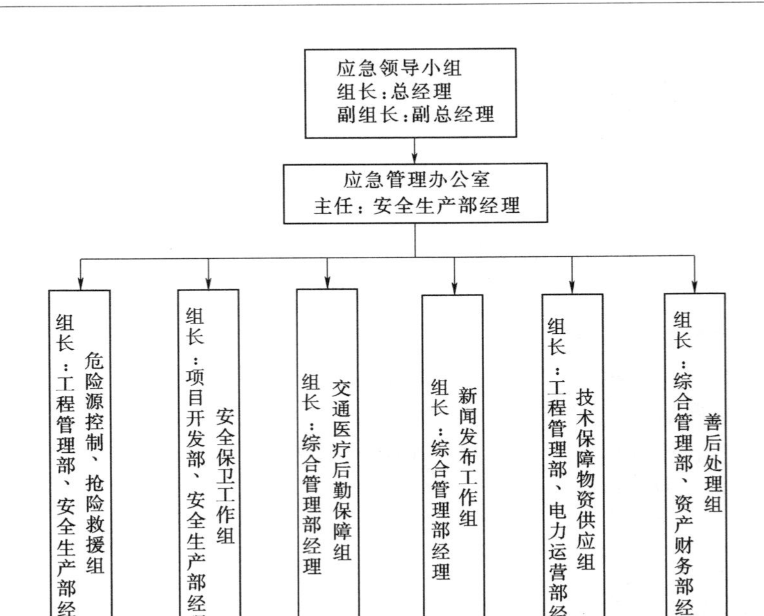

5.1.2 应急管理办公室

主 任：安全生产部经理

5.1.3 应急处置工作组

(1) 危险源控制、抢险救援组　　组长：工程管理部、安全生产部经理

(2) 安全保卫工作组　　组长：项目开发部、安全生产部经理

(3) 交通医疗后勤保障组　　组长：综合管理部经理

(4) 新闻发布工作组　　组长：综合管理部经理

(5) 技术保障物资供应组　　组长：工程管理部、电力运营部经理

(6) 善后处理组　　组长：综合管理部、资产财务部经理

5.2 职责

5.2.1 应急领导小组的职责

(1) 在森林火灾事故发生后，根据事故报告立即按本预案规定的程序，组织相关人员进行事故处理，使损失降到最低限度。

(2) 负责向上级单位报告事故情况和事故处理进展情况。

(3) 现场指挥森林火灾事故的应急处置和应急救援各项工作。

(4) 配合地方消防应急管理部门或环境保护部门处理森林火灾事故和环境污染事故。

(5) 完成森林火灾事故调查报告的编写和上报工作。

5.2.2 应急管理办公室职责

(1) 应急管理办公室是公司应急管理的常设机构，负责应急指挥机构的日常工作。

(2) 及时向应急领导小组报告突发事件情况。

(3) 负责传达政府、行业及上级公司有关突发事件应急管理的方针、政策和规定。

(4) 组织落实应急领导小组提出的各项措施、要求，并监督落实。

(5) 组织制定应急工作的各项规章制度和交通事故典型预案，指导事故处置工作。

(6) 监督检查应急预案、应急准备工作、组织演练情况；指导、协调事故的应急救援。

(7) 森林火灾事故处理完毕后，认真分析发生原因，总结处理过程中的经验教训，进一步完善相应的应急预案。

(8) 对森林防火安全管理工作及森林火灾事故进行考核。

5.2.3 应急处置工作组职责

5.2.3.1 危险源控制、抢险救援组职责

(1) 按照专业分工尽快到达现场，进行现场处置，如有人身伤害，第一时间联系医务人员，报告位置和受伤具体情况，在路口为医务人员带路，最快时间到达现场。

(2) 负责森林火灾事故抢修过程中的技术支持，加强设备制造厂家及试验单位的联系，协调解决森林火灾扑救过程中遇到的技术问题，指导应急抢险工作，保证其扑救顺利进行。

(3) 森林火灾事故处理期间，要求各岗位尽职尽责，根据情况对设备设施、建筑物采取相应保护、隔离措施，防止次生事故发生。

(4) 在森林火灾事故发生后，要按照“保人身、保电网、保设备”的原则进行处理，必要时保障安全停机，避免发生次生设备损坏事故，尽快保证系统稳定运行。

(5) 负责核对森林火灾扑救设备器材、备品备件、质量、数量、规格、型号，并确认；做好日常检查、维护工作。

(6) 负责编制森林火灾抢险计划、森林火灾应急行动方案的制订。

(7) 负责对应急人员进行森林火灾应急行动方案的培训、演练。

(8) 负责森林火灾扑救抢险过程中的人身、设备安全。

5.2.3.2 安全保卫工作组职责

(1) 维持现场秩序、现场警戒，划定警戒区域，负责监督应急情况处理时各项安全措施的执行，防止救援时人身事故的发生。

(2) 控制现场人员，无关人员不准出入现场，确保抢险、救灾人员疏散时的人身安全，做好安置，维持现场秩序，做好安全警戒装置的设置工作。

(3) 负责抢险现场安全隔离措施的检查，并督促相关部门执行到位。

(4) 组织实施事故恢复所必须采取的临时性措施。

(5) 完成事故（发生原因、处理经过）调查报告的编写和上报工作。

5.2.3.3 交通医疗后勤保障组职责

(1) 负责应急救援车辆维护、检查，确保应急抢险救援时所需车辆正常使用。

(2) 应急时提供紧急救护车辆，提供应急救援抢险和应急物资、设备设施运送所需车辆。

(3) 负责办公电话、移动电话、传真、电子邮件、应急通信、确保调度通信畅通。

(4) 与供应商建立物资供应协作关系，保证应急救援物资的质量、数量。

(5) 负责接警后及时赶赴事发地，对受伤人员采取现场紧急救治，及时抢救伤员生命。

（6）及时联系120急救中心或当地医院，将伤员转送医院进行治疗。

（7）做好日常相关医疗药品和器材的维护和储备工作。

5.2.3.4　新闻发布对外工作组职责

（1）在应急领导小组的指导下，负责将火灾事故情况汇总，根据应急领导小组的决定做好对外新闻发布工作。

（2）根据应急领导小组的决定对火灾事故情况向政府新闻主管部门、上级单位进行报告。

（3）负责新闻媒体及当地政府有关部门和上级相关部门的接待工作。

5.2.3.5　技术保障物资供应组职责

（1）负责森林火灾应急救援人员、物资、设备、器材安全可靠迅速运送到火灾现场。

（2）负责组织抢救森林火灾事故现场受到伤害员工的救治，按需要联系医疗、疾病控制部门投入应急救援。

（3）与供应商建立物资供应协作关系，保证火灾应急救援物资的质量、数量。

（4）安排森林火灾事故恢复所必需的生产车辆及提供救援人员食宿等后勤保障工作（包括车辆、急救药品、防护用品、食品、帐篷、被褥）。

5.2.3.6　善后处理组职责

（1）负责监督消除森林火灾事故的影响，指导尽快恢复生产。

（2）负责森林火灾事故资料的收集，现场的保护。

（3）准确、及时、公正地查清森林火灾事故原因、责任，总结经验吸取教训，制定措施，对责任人提出处理意见。

（4）负责做好森林火灾涉及的伤亡人员赔偿及家属安抚工作，做好受伤人员康复治疗、慰问工作，对因参与应急处置工作受伤、致残、死亡的人员，按照国家有关规定，做好伤亡人员保险理赔工作，给予相应补助和抚恤。

6　预防和预警

6.1　风险监控

6.1.1　责任部门和人员

公司应急管理办公室是森林火灾事故风险的监控的责任部门，安全生产部经理对风险监控和本预案的实施负全责。

6.1.2　风险监测的方法和信息收集渠道

（1）异常气候变化时，由应急管理办公室负责与地方政府气象管理部门联系，或通过相关气象网站获取相关信息，及时通知项目公司加强对线路及现场设备周边的巡视工作。

（2）在公司所辖项目公司配置监控设备，及时掌握现场及周边的实时情况，对可能造成森林火灾事故的危险因素及时控制。

（3）对外来人员进行安全告知，对造成森林火灾的危险因素及后果向外来人员进行讲解，避免因人为原因造成森林火灾事故。

6.1.3　风险监测所获得信息的报告程序

（1）应急管理办公室在森林火灾事故监控过程中获得的信息，应及时报告给应急领导

小组。

（2）当森林火灾事故发生后，事发人立即向应急管理办公室报告，同时向当地公安、消防管理部门报告。应急管理办公室立即向应急领导小组报告，应急领导小组根据森林火灾事故的具体实际情况启动本预案。

6.2　预警发布与预警行动

6.2.1　预警分级

根据预测分析结果，对可能发生的森林火灾事故进行预警。依据森林火灾事故可能造成的危害程度、经济损失程度和发展势态，预警级别划分为：Ⅰ级红色、Ⅱ级橙色、Ⅲ级黄色和Ⅳ级蓝色。根据事态的发展情况和采取措施的效果，预警颜色可以升级、降级或解除。

6.2.2　预警的发布程序和相关要求

（1）达到上述预警标准的，由应急管理办公室确定预警级别、预警范围，进行发布。

（2）对可能发生的交通事故达到红色、橙色预警标准的，应急管理办公室汇报应急领导小组领导批准后发布；达到黄色、蓝色预警标准的，由应急管理办公室发布。

（3）非生产区域达到预警标准的，由所在区域的应急领导指挥人员负责发布。

6.2.3　预警发布后的应对程序和措施

（1）发布红色预警后，应急领导小组组长和所有成员及六个应急工作小组立即到达相应岗位，按对应的措施要求开展工作。

（2）发布橙色预警后，应急领导小组副组长和所有成员及六个应急工作小组立即到达相应岗位，按对应的措施要求开展工作。

（3）发布黄色预警后，应急领导小组副组长和六个应急工作小组立即到达相应岗位，按对应的措施要求开展工作。

（4）发布蓝色预警后，按应急管理办公室要求的应急工作小组成员立即到达相应岗位，按对应的措施要求开展工作。

6.3　预警结束

应急领导小组根据事态的发展情况，确认森林火灾事故没有继发的可能性时解除预警状态，将预警解除信息通知给应急管理办公室，由应急管理办公室发布，利用公文、传真、电话、短信、电子邮件等多种形式通知各应急处置工作组。

7　信息报告

7.1　联系电话

24h 值班电话：×××。

应急处置办公电话：×××。

移动电话：×××。

7.2　内部信息报告时限、程序和方式

（1）当森林火灾事故发生后，现场人员应立即向当值值长报告，当值值长接到报告后立即向公司应急管理办公室负责人报告，办公室负责人接到报告后立即利用电话、传真、电子邮件等方式向应急领导小组报告，应急领导小组根据事故情况布置应急救援和应急处置，并及时向上级公司应急管理办公室和当地政府应急管理办公室报告。情况紧急时，现场人员或当值值长可直接先向应急领导小组报告。

(2) 报告的内容主要包括事故出现的时间、地点、类型、规模、现场情况和发展趋势等。

7.3　外部信息报告时限、程序和方式

应急管理办公室要立即用电话、传真或电子邮件上报上级公司、政府应急管理有关部门，最迟不得超过1h，报告的内容主要包括：事故出现的时间、地点、类型、规模、现场情况和发展趋势等。同时按规定通报所在地区政府应急管理部门。

应急处置过程中，要及时续报有关情况。森林火灾事故救援工作结束后，按照响应由组织单位对应急救援工作总结，向上级单位、政府有关部门上报备案。

8　应急响应

8.1　响应分级

按突发事件的可控性、严重程度和影响范围，结合公司实际情况，森林火灾事故应急响应一般分为特别重大（Ⅰ级）、重大（Ⅱ级）、较大（Ⅲ级）、一般（Ⅳ级）。

(1) Ⅰ级响应：由公司总经理组织响应，所有部门进行联动。

(2) Ⅱ级响应：由公司总经理组织响应，所有部门进行联动。

(3) Ⅲ级响应：由生产副总经理组织响应，所有部门进行联动。

(4) Ⅳ级响应：由应急管理办公室主任组织响应，相应部门进行联动。

8.2　响应程序

8.2.1　应急响应启动条件

(1) Ⅰ级应急响应：发生特别重大森林火灾事故，应急领导小组组织开展应急救援工作。

(2) Ⅱ级应急响应：发生重大火灾事故，应急领导小组组织开展应急救援工作。

(3) Ⅲ级应急响应：发生较大火灾事故，应急管理办公室组织开展应急救援工作。

(4) Ⅳ级应急响应：发生一般火灾事件，由应急处置工作组开展应急救援工作。

8.2.2　响应启动

经应急领导小组批准后，应急管理办公室发布预案启动信息。

(1) 达到Ⅰ级、Ⅱ级预警标准并发现有明火、浓烟、火光现象的，由当值值长汇报主管生产领导批准后启动应急响应。

(2) 达到Ⅲ级、Ⅳ级预警标准并发现有明火、浓烟、火光现象的，由当值值长启动应急响应。

(3) 达到Ⅰ级、Ⅱ级预警标准并发生明火的，由领导小组组长指定前线指挥人员负责现场处置，并组织有关人员召开应急会议，部署警戒、疏散、信息发布、现场处置及善后等相关工作，各专业抢险队按照职责进行处置。其他情况由值长负责上述工作。

8.2.3　响应行动

各级响应发布后，由指定前线指挥人员负责现场处置，并组织有关人员召开应急会议，部署警戒、疏散、信息发布、现场处置及善后等相关工作，各专业抢险队按照职责进行处置。

8.2.4　按响应级别和职责开展应急行动

发生森林火灾事故，各级应急救援人员针对应急响应级别，按照自己岗位职责积极主

动的投入应急处置行动，做好安全防护措施，防止在应急救援过程中发生人身伤害，做到“不伤害自己、不伤害他人、不被他人伤害”。

8.2.5　响应报告

由应急领导小组指定人员向向上级公司及政府有关部门及电力监管机构进行应急工作信息报告，内容要快速、准确、全面，应包括事件发生的时间、地点、现象、影响、原因等情况。

8.3　应急处置

8.3.1　先期处置

（1）发生森林火灾时，现场人员应本着先人后物，分轻、重、缓、急，有计划、有步骤，严密地组织实施扑救工作。

（2）灭火现场如存在建筑物坍塌的危险，安全保卫部门应设置警戒线，禁止人员进入危险区域。

（3）在当值值长的指挥下，现场抢险队员应分为两组，一组配合消防队灭火（运输灭火器、拉消防水带等）；另一组负责转运周围易燃物品到安全地带，不可转移的易燃设备旁要采取降温、隔离等措施。

8.3.2　应急处置

根据现场事态发展，调动公司现有资源进行处置。

8.3.3　扩大应急响应

（1）发生现场人员独自完成灭火任务有困难的火险时，应急领导小组决定启动外部应急通讯网，请求当地政府应急管理部门和消防应急救援力量的支援。

（2）如不能有效控制火情，火势蔓延，可能造成建筑物坍塌或有爆炸危险时，应紧急疏散人员，并报请当地政府应急管理部门、联系公安机关实行紧急疏散。

8.4　应急结束

8.4.1　应急结束终止条件

（1）森林火灾事件现场得到控制，事故条件已经消除。

（2）环境符合有关标准。

（3）事故所造成的危害已经彻底消除，无继发可能。

（4）事故现场的各种专业应急处置行动已无继续的必要。

（5）采取了必要的防护措施次生、衍生事故已消除。

8.4.2　应急结束的程序

当满足以上五个条件后，经应急领导小组确认，现场应急处置工作结束，应急救援队伍撤离现场，由应急领导小组宣布终止本预案命令，现场应急救援工作结束。应急行动正式结束，各项生产管理工作进入正常运作。应急结束信息通过电话、广播等方式宣布。

9　后期处置

9.1　现场恢复的原则和内容

消除明火、清理现场燃烧灰烬、不破坏事故现场。

9.2 保险理赔责任部门

公司综合管理、资产财务部负责森林火灾后的保险理赔工作。

9.3 事故或事件调查的原则、内容、方法和目的

(1) 事故调查要遵循实事求是、尊重科学的原则，按照“四不放过”原则，公正、公开的原则，分级管辖原则。

(2) 事故调查内容包括背景信息、事故描述、事故原因、事故教训、事故责任的处理建议、事故调查组人员名单以及其他需要说明的事项。

(3) 事故调查方法主要有故障树分析法、故障类型和影响分析法和变更分析法。

(4) 事故调查处理的主要目的是通过对事故的调查，查清事故发生的经过，科学分析事故原因，找出发生事故的内外关系，总结事故发生的教训和规律，提出有针对性的措施，防止类似事故的再度发生。

9.4 应急工作总结、评价、改进

(1) 每次火灾应急演练后或者火险处理后，应立即召开总结会，由演练者(事故处理者)进行自评，演练监护者(管理人员)进行点评，以期不断总结改进。

(2) 要求在事故后或演练后两天内各级参加单位写出总结，安全生产部负责审核，并形成公司演练总结，经公司会议审核后发布。

10 应急保障

10.1 应急队伍

10.1.1 内部救援队伍

公司任何部门和个人都有参加森林火灾救援的义务。生产系统人员是森林火灾抢险的重要力量。各应急处置工作组应加强队伍建设，确保抢险需要。必要时由公司应急领导小组向当地政府应急管理部门请求支援。

健全和完善本单位应急队伍包括：应急领导、救援人员、专家组等。

专职应急队伍：运行、检修、保卫、消防、维护人员及专家组等。

兼职应急队伍：群众性救援队伍，义务消防队员等。

10.1.2 外部救援队伍

公司与当地应急管理部门建立长期协议(包括医疗、消防、公安、交通)，发生火灾事故时，消防应急队伍第一时间赶赴现场参加实施灭火行动。消防队接警后保证到达现场。

10.2 应急物资与装备

应急管理办公室负责消防管理的人员对本单位各区域消防设施、器材按照国家有关要求配置，定期检查，随时更换不合格灭火器材；负责火灾自动报警系统的定期监测，发现缺陷及时处理。

10.3 通信与信息

森林火灾事故应急通信联络和信息交换的主要渠道是调度电话、系统程控电话、外线电话、移动电话、传真、电子邮件等方式，因此必须保证畅通，发现问题及时处理，应急领导及有关人员的移动电话保证 24h 开机状态，防止贻误应急信息的传递。

明确专人负责与当地政府应急管理部门、上级应急指挥机构、系统内外主要应急队伍

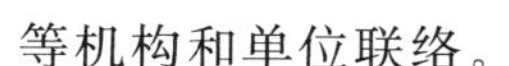

等机构和单位联络。

10.4　经费

火灾事故应急领导小组负责申报应急救援工作经费，经上级公司批准列入年度计划，财务部门应支持应急相关费用的使用。应急费用列专项，由主管领导负责。

10.5　其他

非工作时间接到明确通知需安排班车运送应急救援人员时，立即赶到运送指定地点，将应急救援人员运送到救援现场，如果增加人员数量由领导通知决定是否继续发车（通知人：单位领导）。

11　培训和演练

11.1　培训

11.1.1　培训范围

将应急管理培训工作纳入年度培训计划，有针对性地对应急救援和应急管理人员进行交通事故的监控、处置的培训，提高其专业技能。

11.1.2　培训方式

举办培训班、训练班，利用案例教学、交流研讨等方式进行培训。

11.1.3　培训内容和周期

每年至少组织一次应急管理培训，培训的主要内容应该包括交通事故专项应急预案，应急组织机构及职责、应急程序、应急资源保障情况等。

11.2　演练

11.2.1　演练范围

将应急救援演练工作纳入年度培训教育计划，有针对性地对应急救援人员和管理人员进行森林火灾事故应急救援的演练，提高其专业技能。

11.2.2　演练方式

应急演练可以选择实战演练、桌面演练。采用案例教学、情景模拟、交流研讨、案例分析、应急演练、对策研究等方式。

11.2.3　演练的内容和周期

每年开展一次《森林火灾事故应急预案》演练工作，要制订应急预案演练计划，积极组织应急预案演练，明确演练目的和要求，力求通过演练验证预案的合理性，发现问题，及时对预案进行修订和完善，演练结束后，对演练结果进行评估、总结和备案。

12　附则

12.1　应急预案备案

本预案报当地政府应急管理部门备案。

12.2　制定与解释

本预案由安全生产部负责修订和解释。

12.3　应急预案实施

本预案自发布之日起实施。

13　附件

13.1　应急领导小组及相关人员联络方式表

序号	岗　　位	姓名	办公电话	移动电话	备注
1	总经理				
2	副总经理				
3	综合管理部经理				
4	资产财务部经理				
5	项目开发部经理				
6	工程管理部经理				
7	电力运营部经理				
8	安全生产部经理				

13.2　相关政府职能部门、抢险救援机构联系方式

序号	单　　位	联系方式	备注
1	地方应急管理委员会		
2	安全生产监督管理局		
3	生产调度机构		
4	当地国家能源派出机构		
5	当地气象部门		
6	急救中心		
7	公安报警		
8	交通报警		
9	消防报警		

13.3　基本公共应急物资储备表

序号	物资名称	数量	存放地点	负责人	办公电话	负责人电话	备注
1	逃生绳						
2	电筒						
3	工具箱						
4	对讲机						
5	急救箱						
6	应急车辆						
7	消防栓						
8	消防水带						
9	灭火器						
10	床						
11	被褥						
12	桶						
13	锹						
14	编织袋						

13.4　有关流程

13.4.1　信息报告流程

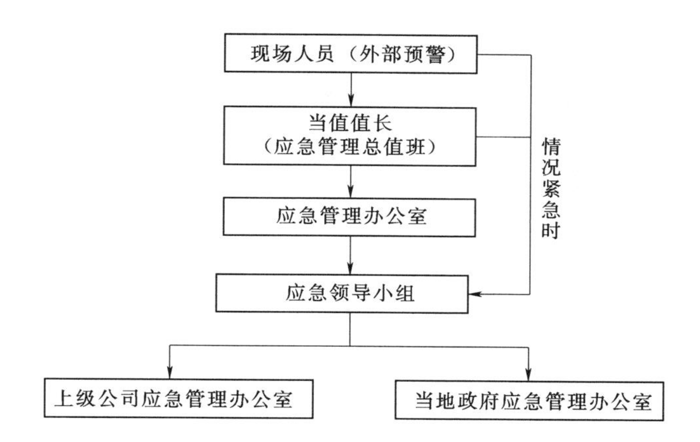

13.4.2　应急处置流程

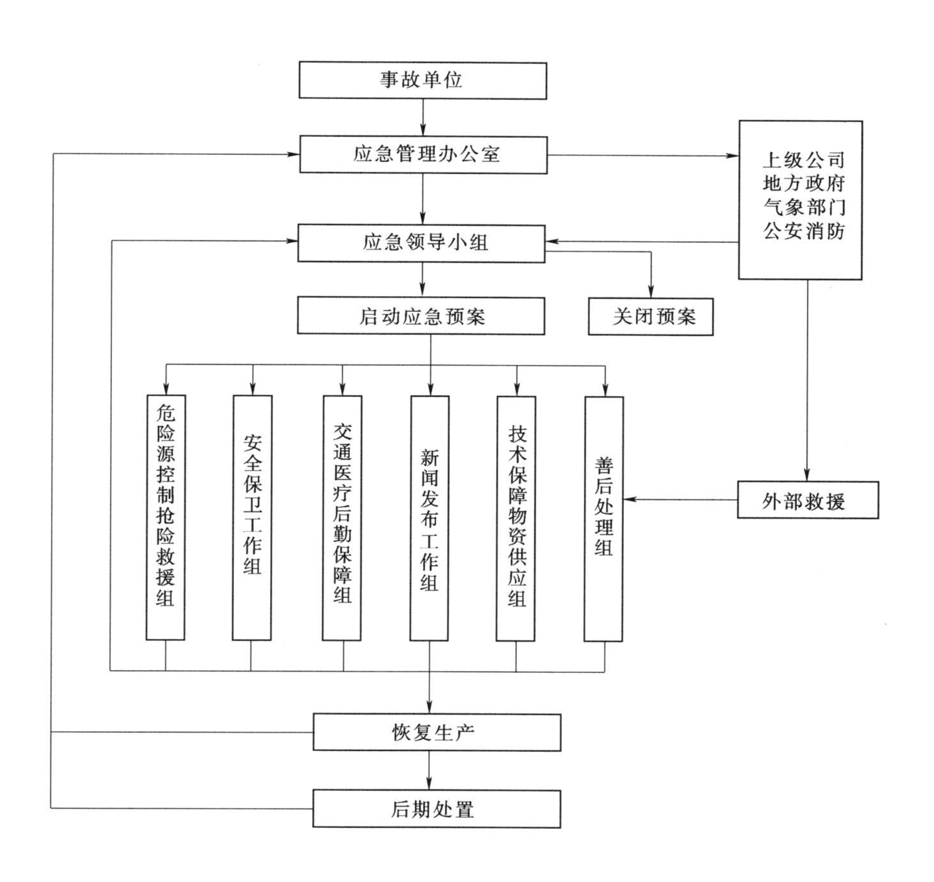

七、草原火灾应急预案

某风力发电公司
草原火灾应急预案

1 总则

1.1 编制目的

为及时、有效而迅速地处理公司范围内草原火灾事故，避免或降低因草原火灾事故造成的人身伤害、经济损失和社会影响，避免和减轻因草原火灾事故对公司可能造成的生产影响，保障员工生命和公司财产安全，维护社会稳定，特编制本预案。

1.2 编制依据

《中华人民共和国安全生产法》(中华人民共和国主席令第13号)
《中华人民共和国突发事件应对法》(中华人民共和国主席令第69号)
《草原防火条例》(国务院令第542号)
《全国草原火灾应急预案》(农牧发〔2010〕12号)
《草原火灾级别划分规定》(农牧发〔2010〕7号)
《生产经营单位安全生产事故应急预案编制导则》(GB/T 29639—2013)
《生产安全事故应急预案管理办法》(安监总局令第88号)
《生产安全事故应急演练指南》(AQT 9007—2011)
《生产安全事故应急演练评估规范》(AQT 9009—2015)
《电力安全事故应急处置和调查处理条例》(中华人民共和国国务院令第599号)
《电力安全生产监督管理办法》(中华人民共和国国家发展和改革委员会令第21号)
《电力企业应急预案管理办法》(国能安全〔2014〕508号)
《电力企业应急预案评审和备案细则》(国能综安全〔2014〕953号)
《电力企业专项应急预案编制导则（试行)》
《电力突发事件应急演练导则》(电监安全〔2019〕22号)
《某风电公司综合应急预案》

1.3 适用范围

本预案适用于公司草原火灾事故的应急处置和应急救援工作。

2 应急处置基本原则

遵循以人为本“安全第一，预防为主，综合治理”的方针，坚持防范和救援相结合，坚持人身、保设备的原则。统一领导、分工负责、加强联动、快速响应，最大限度地减少事故造成的损失。

3　事件类型和危害程度分析

3.1　风险来源、特性

（1）季节变化、气候变化、天气变化等自然环境影响的不安全因素，如雷电、气候干燥、大风天气、高温日晒等。

（2）燃放鞭炮、未熄灭的烟头、焚烧清理的植被等。

（3）输电线路老化、大风吹断电线或吹倒电杆等。

（4）风机火灾、箱变（台变）爆炸、跌落式保险打火等。

（5）站内火灾等。

（6）其他因素：消防设施、设备陈旧老化。

3.2　影响的范围和后果

（1）由于草原烧毁，造成林地裸露，森林失去涵养水分和保持水土的作用，可能引起干旱、泥石流、滑坡、风沙等其他自然灾害发生。

（2）可能对当地居民及现场人员的生命安全造成威胁，对现场设备造成损坏。

（3）草原火灾事故直接危及到人民的生命、财产安全，并对社会稳定带来不良影响，对国家、公司带来巨大的经济损失。

4　事故分级

根据草原火灾事故对生产、管理的影响范围、程度、可能产生的后果等因素，草原火灾事故分为四个级别，分别为特大（Ⅰ级）、重大（Ⅱ级）、较大（Ⅲ级）、一般（Ⅳ级）草原火灾事故。

4.1　特大草原火灾事故

特大草原火灾事故：受害草原面积 8000hm^2 以上的，或造成 10 人以上死亡，或造成 20 人以上死亡和重伤，或造成直接经济损失 500 万元以上。

4.2　重大草原火灾事故

重大草原火灾事故：受害草原面积 5000hm^2 以上 8000hm^2 以下的，或造成 3 人以上 10 人以下死亡，或造成死亡和重伤合计 10 人以上 20 人以下的，或造成直接经济损失 300 万元以上 500 万元以下的。

4.3　较大草原火灾事故

较大草原火灾事故：受害草原面积 1000hm^2 以上 5000hm^2 以下的，或造成 3 人以下死亡和重伤的，或造成直接经济损失 50 万元以上 300 万元以下的。

4.4　一般草原火灾事故

一般草原火灾事故：受害草原面积 10hm^2 以上 1000hm^2 以下的，或造成直接经济损失 5000 元以上 50 万元以下的。

5　应急指挥机构及其职责

5.1　应急指挥机构

5.1.1　应急领导小组

组　长：总经理

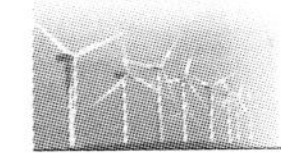

副组长：副总经理

成　员：综合管理部经理、资产财务部经理、项目开发部经理、工程管理部经理、电力运营部经理、安全生产部经理

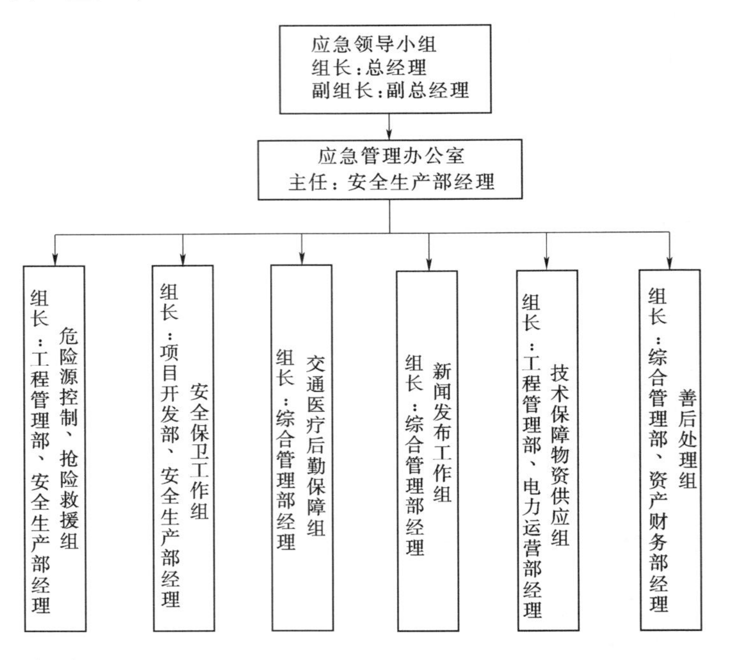

5.1.2　应急管理办公室

主　任：安全生产部经理

5.1.3　应急处置工作组

（1）危险源控制、抢险救援组　　组长：工程管理部、安全生产部经理

（2）安全保卫工作组　　组长：项目开发部、安全生产部经理

（3）交通医疗后勤保障组　　组长：综合管理部经理

（4）新闻发布工作组　　组长：综合管理部经理

（5）技术保障物资供应组　　组长：工程管理部、电力运营部经理

（6）善后处理组　　组长：综合管理部、资产财务部经理

5.2　职责

5.2.1　应急领导小组的职责

（1）在草原火灾事故发生后，根据事故报告立即按本预案规定的程序，组织相关人员进行事故处理，使损失降到最低限度。

（2）负责向上级单位报告的事故情况和事故处理进展情况。

（3）现场指挥草原火灾事故的应急处置和应急救援各项工作。

（4）配合地方消防应急管理部门或环境保护部门处理草原火灾事故和环境污染事故。

（5）完成草原火灾事故调查报告的编写和上报工作。

5.2.2　应急管理办公室职责

（1）应急管理办公室是公司应急管理的常设机构，负责应急指挥机构的日常工作。

（2）及时向应急领导小组报告突发事件情况。

（3）负责传达政府、行业及上级公司有关突发事件应急管理的方针、政策和规定。

（4）组织落实应急领导小组提出的各项措施、要求，并监督落实。

（5）组织制定应急工作的各项规章制度和火灾事故典型预案，指导事故处置工作。

（6）监督检查应急预案、应急准备工作、组织演练情况；指导、协调事故的应急救援。

（7）草原火灾事故处理完毕后，认真分析发生原因，总结处理过程中的经验教训，进一步完善相应的应急预案。

（8）对草原防火安全管理工作及草原火灾事故进行考核。

5.2.3 应急处置工作组职责

5.2.3.1 危险源控制、抢险救援组职责

（1）按照专业分工尽快到达现场，进行现场处置。如有人身伤害，第一时间联系医务人员，报告位置和受伤具体情况，在路口为医务人员带路，最快时间到达现场。

（2）负责草原火灾事故抢修过程中的技术支持，加强设备制造厂家及试验单位的联系，协调解决草原火灾扑救过程中遇到的技术问题，指导应急抢险工作，保证其扑救顺利进行。

（3）草原火灾事故处理期间，要求各岗位尽职尽责，根据情况对设备设施、建筑物采取相应保护、隔离措施，防止次生事故发生。

（4）在草原火灾事故发生后，要按照“保人身、保电网、保设备”的原则进行处理，必要时保障安全停机，避免发生次生设备损坏事故，尽快保证系统稳定运行。

（5）负责核对草原火灾扑救设备器材、备品备件、质量、数量、规格、型号，并确认；做好日常检查、维护工作。

（6）负责编制草原火灾抢险计划、草原火灾应急行动方案的制订。

（7）负责对应急人员进行草原火灾应急行动方案的培训、演练。

（8）负责草原火灾扑救抢险过程中的人身、设备安全。

5.2.3.2 安全保卫工作组职责

（1）维持现场秩序、现场警戒，划定警戒区域，负责监督应急情况处理时各项安全措施的执行，防止救援时人身事故的发生。

（2）控制现场人员，无关人员不准出入现场，确保抢险、救灾人员疏散时的人身安全，做好安置、维持现场秩序、安全警戒装置的设置工作。

（3）负责抢险现场安全隔离措施的检查，并督促相关部门执行到位。

（4）组织实施事故恢复所必须采取的临时性措施。

（5）完成事故（发生原因、处理经过）调查报告的编写和上报工作。

5.2.3.3 交通医疗后勤保障组职责

（1）负责应急救援车辆维护、检查，确保应急抢险救援时所需车辆正常使用。

（2）应急时提供紧急救护车辆，提供应急救援抢险和应急物资、设备设施运送所需车辆。

（3）负责办公电话、移动电话、传真、电子邮件、应急通信，确保调度通信畅通。

(4) 与供应商建立物资供应协作关系，保证应急救援物资的质量、数量。

(5) 负责接警后及时赶赴事发地，对受伤人员采取现场紧急救治，及时抢救伤员生命。

(6) 及时联系120急救中心或当地医院，将伤员转送医院进行治疗。

(7) 做好日常相关医疗药品和器材的维护和储备工作。

5.2.3.4 新闻发布工作组职责

(1) 在应急领导小组的指导下，负责将火灾事故情况汇总，根据应急领导小组的决定做好对外新闻发布工作。

(2) 根据应急领导小组的决定对火灾事故情况向政府新闻主管部门、上级单位进行报告。

(3) 负责新闻媒体及当地政府有关部门和上级相关部门的接待工作。

5.2.3.5 技术保障物资供应组职责

(1) 负责草原火灾应急救援人员、物资、设备、器材安全可靠迅速运送到火灾现场。

(2) 负责组织抢救草原火灾事故现场受到伤害员工的救治，按需要联系医疗、疾病控制部门投入应急救援。

(3) 与供应商建立物资供应协作关系，保证火灾应急救援物资的质量、数量。

(4) 安排草原火灾事故恢复所必需的生产车辆及提供救援人员食宿等后勤保障工作(包括车辆、急救药品、防护用品、食品、帐篷、被褥)。

5.2.3.6 善后处理组职责

(1) 负责监督消除草原火灾事故的影响，指导尽快恢复生产。

(2) 负责草原火灾事故资料的收集，现场的保护。

(3) 准确、及时、公正地查清草原火灾事故原因、责任，总结经验吸取教训，制定措施。

(4) 负责做好草原火灾涉及的伤亡人员赔偿及家属安抚工作，做好受伤人员康复治疗、慰问工作，对因参与应急处置工作受伤、致残、死亡的人员，按照国家有关规定，做好伤亡人员保险理赔工作，给予相应补助和抚恤。

6　预防和预警

6.1　风险监控

6.1.1 责任部门和人员

公司应急管理办公室是草原火灾事故风险的监控的责任部门、安全生产部经理对风险监控和本预案的实施负全责。

6.1.2 风险监测的方法和信息收集渠道

(1) 在地方政府界定的草原防火期限内，安排专人对责任区进行巡视检查，并建立值班记录；对责任区内可燃物进行清理；对必要的设施设置防火隔离带；密切关注当地气象部门的草原火险气象等级预报；及时发现和排除火险。

(2) 在公司所辖项目公司配置监控设备，及时掌握现场及周边的实时情况，对可能造成草原火灾事故的危险因素及时控制。

(3) 对外来人员进行安全告知，对造成草原火灾的危险因素及后果向外来人员进行讲

解，避免因人为原因造成草原火灾事故。

6.1.3　风险监测所获得信息的报告程序

（1）应急管理办公室在草原火灾事故监控过程中获得的信息，应及时报告给应急领导小组。

（2）当草原火灾事故发生后，事发人立即向应急管理办公室报告，同时向当地公安、消防管理部门报告。应急管理办公室立即向应急领导小组报告，应急领导小组根据草原火灾事故的具体实际情况启动本预案。

6.2　预警发布与预警行动

6.2.1　预警分级

根据预测分析结果，对可能发生的草原火灾事故进行预警。依据草原火灾事故可能造成的危害程度、经济损失程度和发展势态，预警级别划分为：Ⅰ级红色、Ⅱ级橙色、Ⅲ级黄色和Ⅳ级蓝色。根据事态的发展情况和采取措施的效果，预警颜色可以升级、降级或解除。

6.2.2　预警的发布程序和相关要求

（1）达到上述预警标准的，由应急管理办公室确定预警级别、预警范围，进行发布。

（2）对可能发生的草原火灾事故达到红色、橙色预警标准的，应急管理办公室汇报应急领导小组领导批准后发布；达到黄色、蓝色预警标准的，由应急管理办公室发布。

（3）非生产区域达到预警标准的，由所在区域的应急领导指挥人员负责发布。

6.2.3　预警发布后的应对程序和措施

（1）发布红色预警后，应急领导小组组长和所有成员及六个应急工作小组立即到达相应岗位，按对应的措施要求开展工作。

（2）发布橙色预警后，应急领导小组副组长和所有成员及六个应急工作小组立即到达相应岗位，按对应的措施要求开展工作。

（3）发布黄色预警后，应急领导小组副组长和六个应急工作小组立即到达相应岗位，按对应的措施要求开展工作。

（4）发布蓝色预警后，按应急管理办公室要求的应急工作小组成员立即到达相应岗位，按对应的措施要求开展工作。

6.3　预警结束

应急领导小组根据事态的发展情况，确认草原火灾事故没有继发的可能性时解除预警状态，将预警解除信息通知给应急管理办公室，由应急管理办公室发布，利用公文、传真、电话、短信、电子邮件等多种形式通知各应急处置工作组。

7　信息报告

7.1　应急值班电话

应急处置办公电话：×××。

移动电话：×××。

7.2　内部信息报告时限、程序和方式

（1）当草原火灾事故发生后，现场人员应立即向当值值长报告，当值值长接到报告后立即向公司应急管理办公室负责人报告，办公室负责人接到报告后立即利用电话、传真、

电子邮件等方式向应急领导小组报告，应急领导小组根据事故情况布置应急救援和应急处置，并及时向上级公司应急管理办公室和当地政府应急管理办公室报告。情况紧急时，现场人员或当值值长可直接先向应急领导小组报告。

（2）报告的内容主要包括事故出现的时间、地点、类型、规模、现场情况和发展趋势等。

7.3 外部信息报告时限、程序和方式

应急管理办公室要立即用电话、传真或电子邮件上报公司、政府应急管理有关部门，最迟不得超过1h，报告的内容主要包括：事故出现的时间、地点、类型、规模、现场情况和发展趋势等。同时按规定通报所在地区政府应急管理部门。

应急处置过程中，要及时续报有关情况。火灾事故救援工作结束后，按照响应由组织单位对应急救援工作总结，向公司、政府有关部门上报备案。

8 应急响应

8.1 响应分级

按突发事件的可控性、严重程度和影响范围，结合公司实际情况，草原火灾事故应急响应一般分为特别重大（Ⅰ级）、重大（Ⅱ级）、较大（Ⅲ级）、一般（Ⅳ级）4级。

（1）Ⅰ级响应：由公司总经理组织响应，所有部门进行联动。

（2）Ⅱ级响应：由公司总经理组织响应，所有部门进行联动。

（3）Ⅲ级响应：由生产副总经理组织响应，所有部门进行联动。

（4）Ⅳ级响应：由应急管理办公室主任组织响应，相应部门进行联动。

8.2 响应程序

8.2.1 应急响应启动条件

（1）Ⅰ级应急响应：发生特别重大草原火灾事故，应急领导小组组织开展应急救援工作。

（2）Ⅱ级应急响应：发生重大草原火灾事故，应急领导小组组织开展应急救援工作。

（3）Ⅲ级应急响应：发生较大草原火灾事故，应急管理办公室组织开展应急救援工作。

（4）Ⅳ级应急响应：发生一般草原火灾事故，由应急处置工作组开展应急救援工作。

8.2.2 响应启动

经应急领导小组批准后，应急管理办公室发布预案启动信息。

（1）达到Ⅰ级、Ⅱ级预警标准并发现有明火、浓烟、火光现象的，由当值值长汇报主管生产领导批准后启动应急响应。

（2）达到Ⅲ级、Ⅳ级预警标准并发现有明火、浓烟、火光现象的，由当值值长启动应急响应。

（3）达到Ⅰ级、Ⅱ级预警标准并发生明火的，由领导小组组长指定前线指挥人员负责现场处置，并组织有关人员召开应急会议，部署警戒、疏散、信息发布、现场处置及善后等相关工作，各专业抢险队按照职责进行处置。其他情况由当值值长负责上述工作。

8.2.3 响应行动

各级响应发布后，由指定前线指挥人员负责现场处置，并组织有关人员召开应急会

议，部署警戒、疏散、信息发布、现场处置及善后等相关工作，各专业抢险队按照职责进行处置。

8.2.4　响应级别和职责开展应急行动

发生草原火灾事故，各级应急救援人员针对应急响应级别，按照自己岗位职责积极主动的投入应急处置行动，做好安全防护措施，防止在应急救援过程中发生人身伤害，做到“不伤害自己、不伤害他人、不被他人伤害、保证他人不被伤害”。

8.2.5　响应报告

由应急领导小组指定人员向公司及政府有关部门进行应急工作信息报告，内容要快速、准确、全面，应包括事件发生的时间、地点、现象、影响、原因等情况。

8.3　应急处置

8.3.1　先期处置

（1）发生草原火灾时，现场人员应本着先人后物，分轻、重、缓、急，有计划、有步骤，严密地组织实施扑救工作。

（2）灭火现场如存在建筑物坍塌的危险，安全保卫部门应设置警戒线，禁止人员进入危险区域。

（3）在当值值长的指挥下，现场抢险队员应分为两组，一组配合消防队灭火（运输灭火器、拉消防水带等）；另一组负责转运周围易燃物品到安全地带，不可转移的易燃设备旁，要采取降温、隔离等措施。

8.3.2　应急处置

（1）发生一般草原火灾事故时，项目公司值班室当值值班人员要立即通知应急处置工作组，全面做好草原火灾应急的各项工作。

（2）发生较大草原火灾事故时，由草原火灾应急工作领导小组副组长统一指挥火灾的工作，由火灾处置工作组开赴现场，根据火灾现场火情，选择适当的灭火方式进行扑救。

（3）发生重大和特大草原火灾事故时，由草原火灾应急工作领导小组组长统一指挥，宣布启动本预案，各工作组按照职责分工迅速到位，根据火灾现场火情，选择适当的灭火方法。

8.3.3　扩大应急响应

（1）发生现场人员独自完成灭火任务有困难的火险时，应急领导小组应决定启动外部应急通信网，请求当地政府应急管理部门和消防应急救援力量的支援。

（2）如不能有效控制火情，火势蔓延，可能造成建筑物坍塌或有爆炸危险时，应紧急疏散人员，并报请当地政府应急管理部门，联系公安机关实行紧急疏散。

8.4　应急结束

8.4.1　应急结束终止条件

（1）草原火灾事件现场得到控制，事故条件已经消除。

（2）环境符合有关标准。

（3）事故所造成的危害已经彻底消除，无继发可能。

（4）事故现场的各种专业应急处置行动已无继续的必要。

（5）采取了必要的防护措施次生、衍生事故已消除。

8.4.2 应急结束的程序

当满足以上五个条件后，经应急领导小组确认，现场应急处置工作结束，应急救援队伍撤离现场，由应急领导小组宣布终止本预案命令，现场应急救援工作结束。应急行动正式结束，各项生产管理工作进入正常运作。应急结束信息通过电话、广播方式宣布。

9 后期处置

9.1 现场恢复的原则和内容

发生灾害的项目公司要积极配合地方主管部门进行灾害调查和评估，尽快消除灾害影响，妥善安置和慰问受灾及受影响人员，保证公司稳定，尽快恢复正常生产生活秩序。

9.2 保险理赔责任部门

公司综合管理、资产财务部负责草原火灾后的保险理赔工作。

9.3 事故或事件调查的原则、内容、方法和目的

（1）事故调查要遵循实事求是、尊重科学的原则，按照“四不放过”原则，公正、公开的原则，分级管辖原则。

（2）事故调查内容包括背景信息、事故描述、事故原因、事故教训、事故责任的处理建议、事故调查组人员名单以及其他需要说明的事项。

（3）事故调查方法主要有故障树分析法、故障类型和影响分析方法和变更分析方法。

（4）事故调查处理的主要目的是通过对事故的调查，查清事故发生的经过，科学分析事故原因，找出发生事故的内外关系，总结事故发生的教训和规律，提出有针对性的措施，防止类似事故的再度发生。

9.4 应急工作总结、评价、改进

（1）每次火灾应急演练后或者火险处理后，应立即召开总结会，由演练者（事故处理者）进行自评，演练监护者（管理人员）进行点评，以期不断总结改进。

（2）要求在事故后或演练后两天内各级参加单位写出总结，安全生产部负责审核，并形成公司演练总结，经公司会议审核后发布。

10 应急保障

10.1 应急队伍

10.1.1 内部救援队伍

公司任何部门和个人都有参加草原火灾救援的义务。生产系统人员是草原火灾抢险的重要力量。各应急处置工作组应加强队伍建设，确保抢险需要，必要时由公司应急领导小组向当地政府应急管理部门请求支援。

健全和完善本单位应急队伍包括：应急领导、救援人员、专家组等。

专职应急队伍：运行、检修、保卫、消防、维护人员及专家组等。

兼职应急队伍：群众性救援队伍，义务消防队员等。

10.1.2 外部救援队伍

公司与当地应急管理部门建立长期协议（包括医疗、消防、公安、交通），发生火灾事故时，消防应急队伍第一时间赶赴现场参加实施灭火行动。消防队接警后保证到达

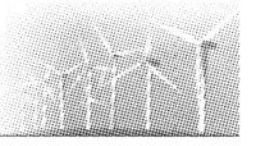

现场。

10.2　应急物资与装备

应急管理办公室负责消防管理的人员对本单位各区域消防设施、器材按照国家有关要求配置，定期检查，随时更换不合格灭火器材；负责火灾自动报警系统的定期监测，发现缺陷及时处理。

10.3　通信与信息

草原火灾事故应急通信联络和信息交换的主要渠道是调度电话、系统程控电话、外线电话、移动电话、传真、电子邮件等方式，因此必须保证畅通，发现问题及时处理，应急领导及有关人员的移动电话保证24h开机状态，防止贻误应急信息的传递。

明确专人负责与当地政府应急管理部门、上级应急指挥机构、系统内外主要应急队伍等机构和单位联络。

10.4　经费

火灾事故应急领导小组负责申报应急救援工作经费，经公司批准列入年度计划，财务部门应支持应急相关费用的使用。应急费用列专项，由主管领导负责。

10.5　其他

非工作时间接到明确通知需安排班车运送应急救援人员时，立即赶到运送指定地点，将应急救援人员运送到救援现场，如果增加人员数量由领导通知决定是否继续发车。

11　培训和演练

11.1　培训

11.1.1　培训范围

将应急管理培训工作纳入年度培训计划，有针对性地对应急救援和应急管理人员进行草原火灾事故的监控、处置的培训，提高其专业技能。

11.1.2　培训方式

举办培训班、训练班，利用案例教学、交流研讨等方式进行培训。

11.1.3　培训内容和周期

每年至少组织一次应急管理培训，培训的主要内容应该包括交通事故专项应急预案，应急组织机构及职责、应急程序、应急资源保障情况等。

11.2　演练

11.2.1　演练范围

将应急救援演练工作纳入年度培训教育计划，有针对性地对应急救援人员和管理人员进行草原火灾事故应急救援的演练，提高其专业技能。

11.2.2　演练方式

应急演练可以选择实战演练、桌面演练。采用案例教学、情景模拟、交流研讨、案例分析、应急演练、对策研究等方式。

11.2.3　演练的内容和周期

每年开展一次《草原火灾事故应急预案》演练工作。要制订应急预案演练计划，积极组织应急预案演练，明确演练目的和要求，力求通过演练验证预案的合理性，发现问题，及时对预案进行修订和完善，演练结束后，对演练结果进行评估、总结和备案。

12　附则

12.1　应急预案备案

本预案报当地政府应急管理部门备案。

12.2　制定与解释

本预案由安全生产部负责修订和解释。

12.3　应急预案实施

本预案自发布之日起实施。

13　附件

13.1　应急领导小组及相关人员联络方式表

序号	岗　　位	姓名	办公电话	移动电话	备注
1	总经理				
2	副总经理				
3	综合管理部经理				
4	资产财务部经理				
5	项目开发部经理				
6	工程管理部经理				
7	电力运营部经理				
8	安全生产部经理				

13.2　相关政府职能部门、抢险救援机构联系方式

序号	单　　位	联系方式	备注
1	地方应急管理委员会		
2	安全生产监督管理局		
3	生产调度机构		
4	当地国家能源派出机构		
5	当地气象部门		
6	国土资源机构		
7	急救中心		
8	公安报警		
9	消防报警		

13.3　基本公共应急物资储备表

序号	物资名称	数量	存放地点	负责人	办公电话	负责人电话	备注
1	逃生绳						
2	电筒						
3	工具箱						
4	对讲机						
5	急救箱						

续表

序号	物资名称	数量	存放地点	负责人	办公电话	负责人电话	备注
6	应急车辆						
7	消防栓						
8	消防水带						
9	灭火器						
10	床						
11	被褥						
12	桶						
13	锹						
14	编织袋						

13.4　有关流程

13.4.1　信息报告流程

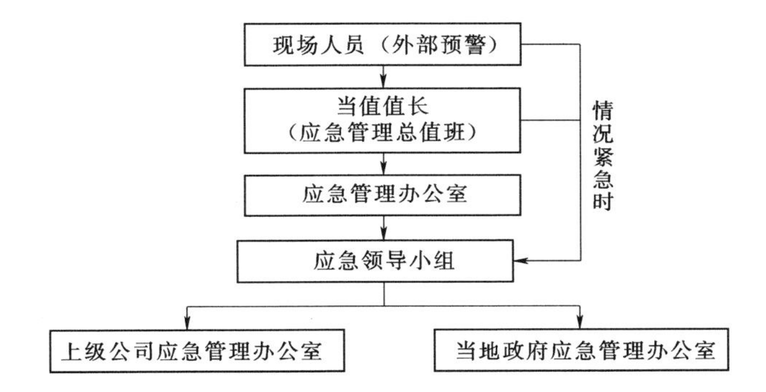

13.4.2　应急处置流程

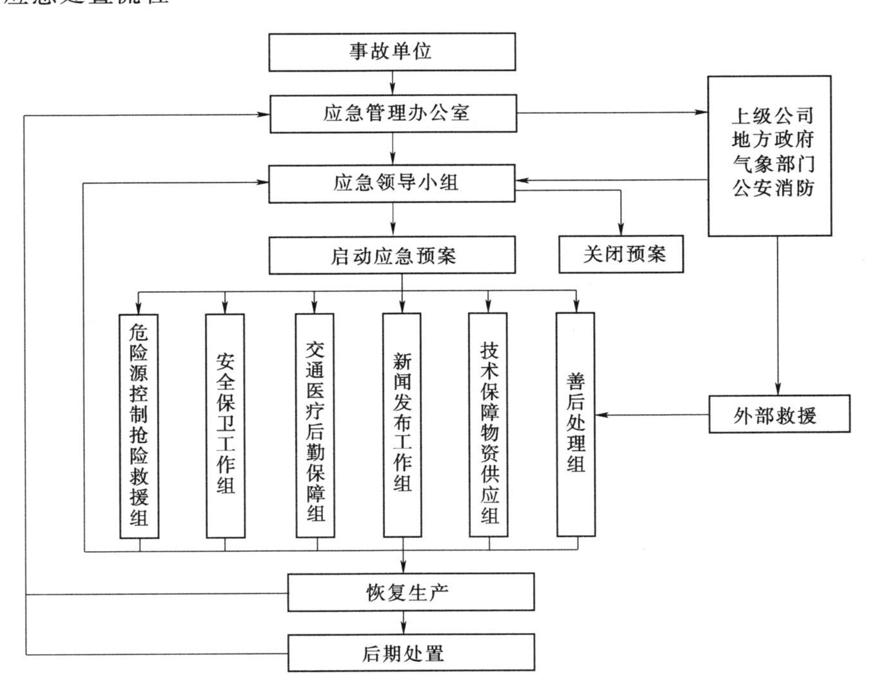

八、交通事故应急预案

某风力发电公司
交通事故应急预案

1　总则

1.1　编制目的

为及时有效而迅速地处理交通事故，避免或降低因交通事故造成的人身伤害、经济损失和社会影响，避免和减轻因交通事故对公司可能造成的生产影响，保障员工生命和公司财产安全，维护社会稳定，特编制本预案。

1.2　编制依据

《中华人民共和国安全生产法》（中华人民共和国主席令第13号）

《中华人民共和国突发事件应对法》（中华人民共和国主席令第69号）

《中华人民共和国道路交通安全法》（中华人民共和国主席令第47号）

《生产经营单位安全生产事故应急预案编制导则》（GB/T 29639—2013）

《生产安全事故应急预案管理办法》（安监总局令第88号）

《生产安全事故应急演练指南》（AQT 9007—2011）

《生产安全事故应急演练评估规范》（AQT 9009—2015）

《电力安全事故应急处置和调查处理条例》（中华人民共和国国务院令第599号）

《电力安全生产监督管理办法》（中华人民共和国国家发展和改革委员会令第21号）

《电力企业应急预案管理办法》（国能安全〔2014〕508号）

《电力企业应急预案评审和备案细则》（国能综安全〔2014〕953号）

《电力企业专项应急预案编制导则（试行）》

《电力突发事件应急演练导则》（电监安全〔2009〕22号）

《某风电公司综合应急预案》

1.3　适用范围

本预案适用于公司交通事故的应急处置和应急救援工作。

2　应急处置基本原则

遵循以人为本“安全第一，预防为主”的方针，坚持防范和救援相结合，坚持保人身、保设备的原则。统一领导、分工负责、加强联动、快速响应，最大限度地减少事故造成的损失。

3　事件类型和危害程度分析

3.1　风险来源、特性

（1）道路状况、作业环境、气候变化等自然环境影响的不安全因素，如雨、雪、霜、

雾天气，山路险路，节假日交通繁忙，施工现场狭窄复杂等。

（2）机动车辆制动、转向、传动、悬挂、灯光、信号等安全部位和装置不可靠。

（3）酒后驾车、疲劳驾驶、超速行驶、超载行驶、人货混载等司乘人员的不安全行为。

（4）其他因素：行人、骑车人违章和其他车辆违章等。

3.2　影响的范围和后果

（1）发生交通事故可能导致人员伤亡、车辆损坏、火灾、运输的生产设备物资损坏，影响机组检修工期、生产运行值班人员无法正常交接班等后果。

（2）车辆伤害，机动车辆在行驶中引起的飞落物品、挤压等造成的伤亡事故。

（3）交通事故直接危及到人民的生命、财产安全，并对社会稳定带来不良影响，给国家、公司带来巨大的经济损失。

4　事故分级

根据交通事故对生产、管理的影响范围、程度、可能产生的后果等因素，交通事故分为四个级别，分别为特大（Ⅰ级）、重大（Ⅱ级）、一般（Ⅲ级）、轻微（Ⅳ级）交通事故。

4.1　特大交通事故

特大交通事故：指一次造成死亡 3 人以上；或者重伤 11 人以上；或者死亡 1 人，同时重伤 8 人以上；或者死亡 2 人，同时重伤 5 人以上；或者财产损失 6 万元以上的事故。

4.2　重大交通事故

重大交通事故：指一次造成死亡 1～2 人；或者重伤 3 人以上 10 人以下；或者财产损失为 3 万元以上 6 万元以下的事故。

4.3　一般交通事故

一般交通事故：指一次造成重伤 1～2 人；或者一次轻伤 3 人以上；或者财产损失不足 3 万元的事故。

4.4　轻微交通事故

轻微交通事故；指一次造成轻伤 1～2 人；或者财产损失（机动车事故）不足 1000 元；或者财产损失（非机动车事故）不足 200 元的事故。

5　应急指挥机构及其职责

5.1　应急指挥机构

5.1.1　应急领导小组

组　长：总经理

副组长：副总经理

成　员：综合管理部经理、资产财务部经理、项目开发部经理、工程管理部经理、电力运营部、安全生产部经理

5.1.2　应急管理办公室

主　任：安全生产部经理

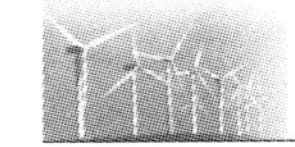

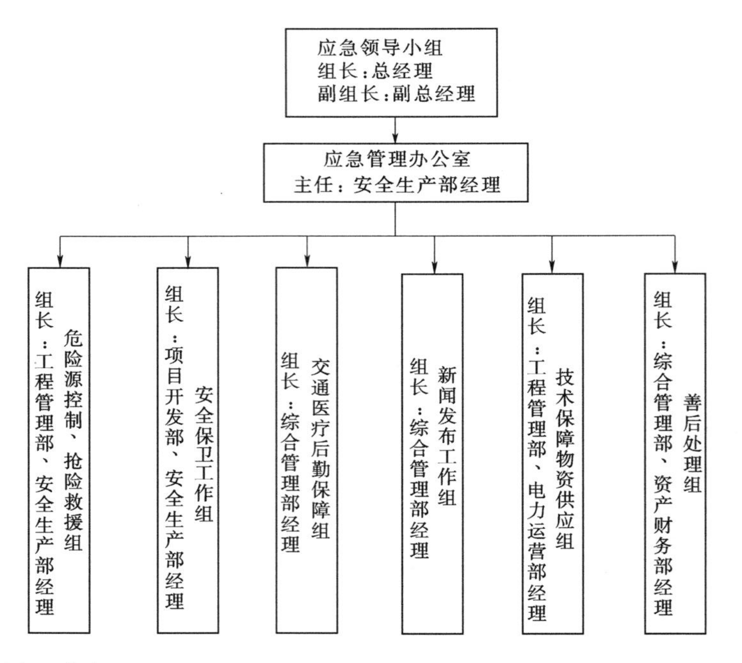

5.1.3　应急处置工作组

（1）危险源控制、抢险救援组　　组长：工程管理部、安全生产部经理

（2）安全保卫工作组　　组长：项目开发部、安全生产部经理

（3）交通医疗后勤保障组　　组长：综合管理部经理

（4）新闻发布工作组　　组长：综合管理部经理

（5）技术保障物资供应组　　组长：工程管理部、电力运营部经理

（6）善后处理组　　组长：综合管理部、资产财务部经理

5.2　职责

5.2.1　应急领导小组职责

（1）在交通事故发生后，根据事故报告立即按本预案规定的程序，组织相关人员进行事故处理，使损失降到最低限度。

（2）负责向上级单位报告的事故情况和事故处理进展情况。

（3）现场指挥交通事故的应急处置和应急救援各项工作。

（4）配合地方公安交通应急管理部门或环境保护部门处理交通事故和环境污染事故。

（5）完成交通事故调查报告的编写和上报工作。

（6）协调完成保险理赔工作。

5.2.2　应急管理办公室职责

（1）应急管理办公室是公司应急管理的常设机构，负责应急指挥机构的日常工作。

（2）及时向应急领导小组报告突发事件情况。

（3）负责传达政府、行业及上级公司有关突发事件应急管理的方针、政策和规定。

（4）组织落实应急领导小组提出的各项措施、要求，并监督落实。

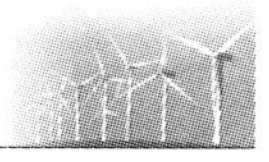

（5）组织制定应急工作的各项规章制度和交通事故典型预案，指导事故处置工作。

（6）监督检查应急预案、应急准备工作、组织演练情况；指导、协调事故的应急救援。

（7）交通事故处理完毕后，认真分析发生原因，总结处理过程中的经验教训，进一步完善相应的应急预案。

（8）对交通安全管理工作及交通事故进行考核。

5.2.3　应急处置工作组职责

5.2.3.1　危险源控制、抢险救援组职责

（1）负责组织应急救援人员及有关专家及时进入交通事故现场，并进行现场抢险救援技术全面指导与技术监督。

（2）负责迅速开展解救被困人员和受伤人员的救援工作。

（3）负责交通事故现场救援设备和物资及时运送。

（4）掌握本单位人身事故应急救援力量（医护人员、受过紧急救护培训的人员、与交通事故急救有关的专业对口人员）和交通事故应急救援物资的资源（包括数量、储存情况）。

（5）负责提出上级救援、外部救援力量和物资支援的需求。

5.2.3.2　安全保卫工作组职责

（1）维持交通事故现场秩序、布置现场警戒，划定警戒区域，负责监督应急情况处理时各项安全措施的执行，防止救援时次生人身事故的发生。

（2）控制现场人员，无关人员不准出入交通事故现场，确保抢险、救灾，维持现场秩序等工作。

（3）负责交通事故抢险现场安全隔离措施的检查，并督促相关部门执行到位。

（4）组织实施交通事故恢复所必须采取的临时性措施。

5.2.3.3　交通医疗后勤保障组职责

（1）负责应急救援车辆维护、检查，确保应急抢险救援所需车辆正常使用。

（2）应急时提供应急救援车辆，提供应急救援物资、设备设施运送所需车辆。

（3）负责办公电话、移动电话、传真、电子邮件、应急通信、确保调度通信畅通。

（4）与供应商建立物资供应协作关系，保证应急救援物资的质量、数量。

（5）负责接警后及时赶赴事发地，对受伤人员采取现场紧急救治，及时抢救伤员生命。

（6）及时联系120急救中心或当地医院，将伤员转送医院进行治疗。

（7）做好日常相关医疗药品和器材的维护和储备工作。

5.2.3.4　新闻发布工作组职责

（1）在应急领导小组指导下，负责将事故情况汇总，根据应急领导小组决定做好对外新闻发布工作。

（2）根据应急领导小组的决定对交通情况向政府新闻主管部门、上级单位进行报告。

（3）负责新闻媒体及当地政府有关部门和上级相关部门的接待工作。

5.2.3.5　技术保障物资供应组职责

（1）按照专业分工尽快到达现场，第一时间联系医务人员，报告位置和受伤具体情况，在路口为医务人员带路，最快时间到达现场。

（2）在交通事故发生后，要按照保人身的原则，进行人员救治。

（3）事故处理期间，要求各岗位尽职尽责，根据情况对设备采取相应保护、隔离措施，对可能产生的不良影响提出事故处理方案。

5.2.3.6　事件调查与善后处理组职责

（1）负责监督消除交通事故的影响，指导尽快恢复道路交通。

（2）负责交通事故资料的收集，现场的保护。

（3）准确、及时、公正地查清交通事故原因、责任，总结经验吸取教训，制定措施，对责任人提出处理意见，形成交通事故调查报告。

（4）负责做好伤亡人员赔偿及家属安抚工作，做好受伤人员康复治疗、慰问工作，对因参与应急处理工作受伤、致残、死亡的人员，按照国家有关规定，做好伤亡人员保险理赔工作，给予相应补助和抚恤。

6　预防和预警

6.1　风险监控

6.1.1　责任部门和人员

公司应急管理办公室是交通事故风险的监控的责任部门、安全生产部经理对风险监控和本预案的实施负全责。

6.1.2　风险监测的方法和信息收集渠道

（1）异常气候变化时，由应急管理办公室负责与地方政府气象管理部门联系、或通过相关气象网站获取相关信息，及时通知车辆管理部门及自驾车的驾驶人员，提醒他们注意道路交通安全。

（2）外出车辆遇险路、异常路况由车辆管理部门负责与地方政府公安交通管理部门联系或通过相关公路交通网站获取。

（3）平时车队要对内部、外部进厂车辆的安全部位和装置可靠性进行检查、监测。

（4）驾驶员精神状态由车队专业人员检查、监测。

（5）车辆从出发地至目的地的正常时间由车队监测。

6.1.3　风险监测所获得信息的报告程序

（1）应急管理办公室在交通事故监控过程中获得的信息，应及时报告给应急领导小组并及时地传达到每一个机动车辆驾驶人员。

（2）当交通事故发生后，事发人立即向应急管理办公室报告，同时向当地公安交通管理部门报告。应急管理办公室立即向应急领导小组报告，应急领导小组根据交通事故的具体实际情况启动本预案。

6.2　预警发布与预警行动

6.2.1　预警分级

根据预测分析结果，对可能发生的交通事故进行预警。依据交通事故可能造成的危害

程度、经济损失程度和发展势态，预警级别划分为：Ⅰ级红色、Ⅱ级橙色、Ⅲ级黄色和Ⅳ级蓝色。根据事态的发展情况和采取措施的效果，预警颜色可以升级、降级或解除。

6.2.2　预警的发布程序和相关要求

（1）达到上述预警标准的，由应急管理办公室确定预警级别、预警范围，进行发布。

（2）对可能发生的交通事故达到红色、橙色预警标准的，应急管理办公室汇报应急领导小组领导批准后发布；达到黄色、蓝色预警标准的，由应急管理办公室发布。

（3）非生产区域达到预警标准的，由所在区域的应急领导指挥人员负责发布。

6.2.3　预警发布后的应对程序和措施

（1）发布红色预警后，应急领导小组组长和所有成员及六个应急工作小组立即到达相应岗位，按对应的措施要求开展工作。

（2）发布橙色预警后，应急领导小组副组长和所有成员及六个应急工作小组立即到达相应岗位，按对应的措施要求开展工作。

（3）发布黄色预警后，应急领导小组副组长和六个应急工作小组立即到达相应岗位，按对应的措施要求开展工作。

（4）发布蓝色预警后，按应急管理办公室要求的应急工作小组成员立即到达相应岗位，按对应的措施要求开展工作。

6.3　预警结束

应急领导小组根据事态的发展情况，确认交通事故没有继发的可能性时解除预警状态，将预警解除信息通知给应急管理办公室，由应急管理办公室发布，利用公文、传真、电话、短信、电子邮件等多种形式通知各应急处置工作组。

预警终止条件：构成预警条件已经消除。

7　信息报告

7.1　应急值班电话

24h值班电话：×××。

应急处置办公电话：×××。

移动电话：×××。

7.2　内部信息报告时限、程序和方式

（1）交通事故发生后，现场人员应立即向当值值长报告，当值值长接到报告后立即向公司应急管理办公室负责人报告，办公室负责人接到报告后立即利用电话、传真、电子邮件等方式向应急领导小组报告，应急领导小组根据事故情况布置应急救援和应急处置，并及时向上级公司应急管理办公室和当地政府应急管理办公室报告。情况紧急时，现场人员或当值值长可直接先向应急领导小组报告。

（2）报告的内容主要包括事故出现的时间、地点、类型、规模、现场情况和发展趋势等。

7.3　外部信息报告时限、程序和方式

应急管理办公室要立即用电话、传真或电子邮件上报上级公司、政府应急管理有关部门，最迟不得超过1h，报告的内容主要包括：事故出现的时间、地点、类型、规模、现

场情况和发展趋势等。同时按规定通报所在地区政府应急管理部门。

应急处置过程中，要及时续报有关情况。交通事故救援工作结束后，按照响应由组织单位对应急救援工作总结，向上级单位、政府有关部门上报备案。

8　应急响应

8.1　司乘人员的应急行动

（1）事故发生后，驾驶员或乘车人应立即打电话报警并向应急管理办公室报告，重大事故可直接报上级公司应急管理办公室。

（2）根据现场情况，司乘人员应立即采取以下应急措施：

1）人员受伤时，立即求助过往车辆或人员，抢救伤员。

2）车辆着火时，立即利用随车灭火器灭火，同时将伤员转移至安全地带请求救助。

3）危险品泄漏时，立即佩戴好随车空气呼吸器进行堵漏，并采取围堰等措施防止危险化学品污染河流、水库敏感目标。现场没有安全防护的人员以及泄漏无法控制时，应立即撤离到上风向安全位置。

4）在来车方向150m处设置警告牌和通知附近人员向上风方向撤离。

5）报警：请求当地医疗机构对伤员进行救护，说明事故发生地点，受伤人员数量及程度。

8.2　公司及各部门的应急行动

（1）公司及各部门接到事故报告后，立即判定应急级别并向同级应急领导小组报告，按照指挥指令，启动相应级别的应急行动，调动应急保障队伍实施应急救援。

（2）应急指挥相关成员立即赶赴现场，指挥或配合政府公安交通部门实施应急救援，处理交通事故。

8.3　危险品运输交通事故应急行动

危险品运输发生危险品泄漏、着火和爆炸事故，应急工作组立即与上级部门和地方相关联系，请求支援，并做好如下工作：

（1）隔离。设置隔离区并在主要道路和出入口的隔离区外设立明显标志，安排人员巡逻，禁止无关人员和车辆进入隔离区，消除隔离区内所有火种。

（2）疏散。发生大量危险物品泄漏时，立即与周边乡镇、村庄及单位联系，通过各种形式告知事故险情、疏散距离、方向和个人防护措施等信息，迅速将隔离区内无关人员和周边人员疏散到安全区域。

（3）疏散时应明确疏散路线，做好疏散人群的控制和引导。防止人员在泄漏区域低洼处和下水道等地下空间顶部滞留。

（4）立即安排起吊设备和危险品备用槽车赶赴现场。

8.4　应急结束

（1）抢险人员清点完毕，伤亡人员全部送往医院治疗或善后处理，伤亡人员家属已妥善安置。

（2）确认现场不会发生次生火灾爆炸和环境污染事件。

（3）公安交警部门现场勘查处理完毕。

(4) 事故车辆已妥善安置，路障已清理，道路交通已恢复。

达到上述标准后由应急领导小组正式统一发布重大交通事故应急解除令。

9　后期处置

9.1　恢复的原则

交通事故处置结束后，按照把损失和影响降低到最低程度的原则，及时做好生产、生活恢复工作。

9.2　保险理赔的责任部门

应急管理办公室协调善后处理工作组核算交通事故应急救援发生的费用，并处理后期保险和理赔等工作。

9.3　事件调查的原则、内容、方法和目的

交通事故调查组必须实事求是，尊重科学，按照"四不放过"原则，及时、准确查明交通事故的原因，深刻吸取事故教训，制定防范措施，落实责任制，防止类似事件再发生。

9.4　总结评价

应急管理办公室负责收集、整理应急救援工作记录、方案、文件等资料，组织各专业组对应急救援过程和应急救援保障等工作进行总结和评估，提出改进意见和建议，并将总结评估报告报上级主管部门。

10　应急保障

10.1　应急队伍

10.1.1　内部队伍

按照交通事故应急救援工作职责，成立相应的应急队伍，并进行专门的技能培训和演练，做好日常应急准备检查工作，确保危急事件发生后，按照突发事件具体情况和应急领导小组的指示及时到位，具体实施应急处置工作。

10.1.2　外部队伍

应急领导小组要掌握周围外部救援力量的有关情况，包括医疗、疾病预防控制、公安、消防、交通、供应商等。聘请由交通管理、科研等各方面专家组成的应急专家组，调查和研究交通事故应急预案的制定、完善和落实情况，及时发现存在问题，提出改进工作的意见和建议，使之对本单位交通事故的应急处理更具有实效性。

10.2　应急物资与装备

(1) 应急处置各有关部门在积极利用现有装备的基础上，根据应急工作需要，建立和完善救援装备数据库和调用制度，配备必要的应急救援装备。各级应急指挥机构应掌握各专业的应急救援装备的储备情况，并保证救援装备始终处在随时使用的状态。

(2) 所有应急设备、器材应有专人管理，保证完好、有效、随时可用。各应急处置组建立应急设备、器材台账，记录所有设备、器材名称、型号、数量、所在位置、有效期限等，还应有管理人员姓名，联系电话。

(3) 应随时更换失效、过期的用品、器材，并有相应的跟踪检查制度和措施。

(4) 由物资保障工作组实施后勤保障应急行动，负责灭火器材、药品的补充、交通工

具、个体防护用品等物资设备的调用。

10.3 通信与信息

（1）通信保障应急处置组组长应定期对厂内通信设备进行检查、维护，确保通信畅通，特别是要保证值长岗位与应急救援指挥机构和调度部门以及公司应急指挥办公室的通信畅通。

（2）通信保障应急处置组应配备相当数量的应急通信设备，如对讲机、通话机等，以保证在厂内通信设备发生故障时应急。

10.4 经费

事故应急领导小组负责申报应急救援工作经费，经上级应急管理部门批准列入年度计划，财务部门应支持应急相关费用的使用，应在每年度预算中预留相关费用。

11 培训和演练

11.1 培训

11.1.1 培训范围

将应急管理培训工作纳入年度培训计划，有针对性地对应急救援和应急管理人员进行交通事故的监控、处置的培训，提高其专业技能。

11.1.2 培训方式

举办培训班、训练班，利用案例教学、交流研讨等方式进行培训。

11.1.3 培训内容和周期

每年至少组织一次应急管理培训，培训的主要内容应该包括交通事故专项应急预案，应急组织机构及职责、应急程序、应急资源保障情况等。

11.2 演练

11.2.1 演练范围

将应急救援演练工作纳入年度培训教育计划，有针对性地对应急救援人员和管理人员进行交通事故应急救援的演练，提高其专业技能。

11.2.2 演练方式

应急演练可以选择实战演练、桌面演练。采用案例教学、情景模拟、交流研讨、案例分析、应急演练、对策研究等方式。

11.2.3 演练的内容和周期

每年开展一次《交通事故应急预案》演练工作。要制订应急预案演练计划，积极组织应急预案演练，明确演练目的和要求，力求通过演练验证预案的合理性，发现问题，及时对预案进行修订和完善，演练结束后，对演练结果进行评估、总结和备案。

12 附则

12.1 应急预案备案

本预案报当地政府应急管理部门备案。

12.2 制定与解释

本预案由安全生产部负责修订和解释。

12.3 应急预案实施

本预案自发布之日起实施。

13 附件

13.1 应急领导小组及相关人员联络方式表

序号	岗　　位	姓名	办公电话	移动电话	备注
1	总经理				
2	副总经理				
3	综合管理部经理				
4	资产财务部经理				
5	项目开发部经理				
6	工程管理部经理				
7	电力运营部经理				
8	安全生产部经理				

13.2 相关政府职能部门、抢险救援机构联系方式

序号	单　　位	联系方式	备注
1	地方应急管理委员会		
2	安全生产监督管理局		
3	生产调度机构		
4	当地国家能源派出机构		
5	当地气象部门		
6	国土资源机构		
7	急救中心		
8	公安报警		
9	交通报警		
10	消防报警		

13.3 基本公共应急物资储备表

序号	物资名称	数量	存放地点	负责人	办公电话	负责人电话	备注
1	逃生绳						
2	电筒						
3	工具箱						
4	对讲机						
5	急救箱						
6	应急车辆						
7	消防栓						
8	消防水带						
9	灭火器						
10	床						
11	被褥						
12	桶						
13	锹						
14	编织袋						

13.4　有关流程

13.4.1　信息报告流程

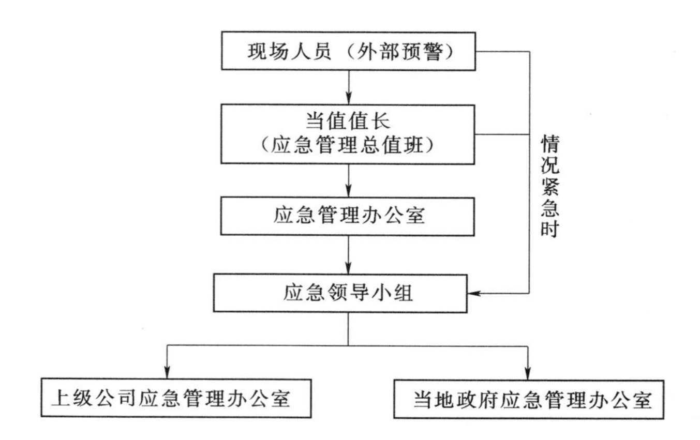

13.4.2　应急处置流程

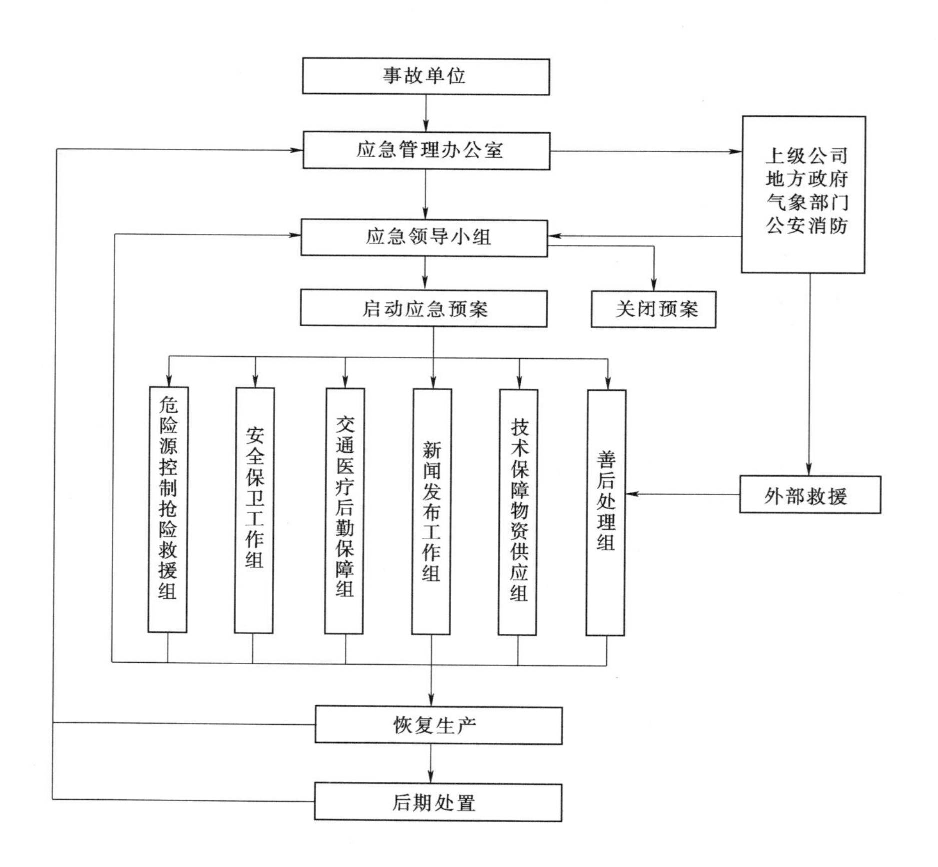

九、突发环境污染事故应急预案

某风力发电公司
突发环境污染事故应急预案

1　总则

1.1　编制目的

为高效有序地做好公司发生的突发环境污染事故的应急处置和救援工作，避免或最大限度地减轻灾害造成的损失，保障员工生命和企业财产安全，维护社会稳定，特编制本专项应急预案。

1.2　编制依据

《中华人民共和国安全生产法》（中华人民共和国主席令第 13 号）

《中华人民共和国突发事件应对法》（中华人民共和国主席令第 69 号）

《国家突发环境事件应急预案（2014 年修订）》（国办函〔2014〕119 号）

《中华人民共和国环境保护法（2014 年修订）》（中华人民共和国主席令第 9 号）

《中华人民共和国放射性污染防治法》（中华人民共和国主席令第 6 号）

《生产经营单位安全生产事故应急预案编制导则》（GB/T 29639—2013）

《生产安全事故应急预案管理办法》（安监总局令第 88 号）

《生产安全事故应急演练指南》（AQT 9007—2011）

《生产安全事故应急演练评估规范》（AQT 9009—2015）

《电力安全事故应急处置和调查处理条例》（中华人民共和国国务院令第 599 号）

《电力安全生产监督管理办法》（中华人民共和国国家发展和改革委员会令第 21 号）

《电力企业应急预案管理办法》（国能安全〔2014〕508 号）

《电力企业应急预案评审和备案细则》（国能综安全〔2014〕953 号）

《电力企业专项应急预案编制导则（试行）》

《电力突发事件应急演练导则》（电监安全〔2009〕22 号）

《某风电公司综合应急预案》

1.3　适用范围

适用于公司生产、生活区域发生的环境污染突发事件现场应急处置和应急救援工作。

2　应急处置基本原则

2.1　以人为本，减少危害

最大限度地预防、减少、消除突发环境污染事故，所造成的人员伤亡、财产损失、社会影响，切实加强突发环境污染事故的管理工作。

2.2　统一领导，分级负责

在公司统一领导和较大突发事件应急指挥机构组织协调下，各工作组按照各自的职责和权限，负责有关传染病疫情的应急管理和应急处置工作，建立健全突发环境污染事故应急预案和应急预案管理机制。

2.3 依靠科学，依法规范

采用先进的救援装备和技术，增强应急救援能力。依法规范应急救援工作，确保应急预案的科学性、权威性和可操作性。

2.4 预防为主，平战结合

贯彻落实“安全第一，预防为主，综合治理”的方针，坚持突发环境污染事故的应急与预防相结合。做好预防、预测、预警和预报工作，做好常态下的风险评估、物资储备、队伍建设、装备完善、预案演练等工作。

3 事件类型和危害程度分析

3.1 风险的来源、特性

人为的操作失误、防护不力和工作场所的设备设施存在隐患是造成事故发生的主要原因。如发生环境污染事故，从物质的属性上分，主要有污水、化学品、油品、废渣、粉尘、有毒气体、生活垃圾、噪声、电磁辐射、光影等；从事故的类型分，主要有火灾、水污染、粉尘污染、土壤污染、声光污染、空气污染、电磁污染、气体中毒等。

3.2 事件类型、影响范围及后果

突发环境污染事故可能或严重影响公众健康或社会秩序、经济发展等，严重时会造成社会动荡，需要紧急采取措施。

4 事件分级

突发环境污染事件分Ⅰ级（特别重大）、Ⅱ级（重大）、Ⅲ级（较大）和Ⅳ级（一般）。

4.1 凡符合下列情形之一的，为特别重大环境事件（Ⅰ级）

（1）发生30人以上死亡，或中毒（重伤）100人以上。

（2）因环境事件需疏散、转移群众5万人以上，或直接经济损失1000万元以上。

（3）区域生态功能严重丧失或濒危物种生存环境遭到严重污染。

（4）因环境污染使当地正常的经济、社会活动受到严重影响。

（5）利用放射性物质进行人为破坏事件，或1类、2类放射源失控造成大范围严重辐射污染后果。

（6）因环境污染造成重要城市主要水源地取水中断的污染事故。

（7）因危险化学品（含剧毒品）生产和贮运中发生泄漏，严重影响人民群众生产、生活的污染事故。

4.2 凡符合下列情形之一的，为重大环境事件（Ⅱ级）

（1）发生10人以上、30人以下死亡，或中毒（重伤）50人以上、100人以下。

（2）区域生态功能部分丧失或濒危物种生存环境受到污染。

（3）因环境污染使当地经济、社会活动受到较大影响，疏散转移群众1万人以上、5万人以下的。

（4）1类、2类放射源丢失、被盗或失控。

（5）因环境污染造成重要河流、湖泊、水库及沿海水域大面积污染，或县级以上城镇水源地取水中断的污染事件。

（6）非法倾倒、埋藏剧毒危险废物事件。

（7）进口再生原料严重环保超标和进口货物严重核辐射超标或含有爆炸物品的事件。

4.3 凡符合下列情形之一的，为较大环境事件（Ⅲ级）

（1）发生3人以上、10人以下死亡，或中毒（重伤）50人以下。

（2）因环境污染造成跨地级行政区域纠纷，使当地经济、社会活动受到影响。

（3）3类放射源丢失、被盗或失控。

4.4 凡符合下列情形之一的，为一般环境事件（Ⅳ级）

（1）发生3人以下死亡。

（2）因环境污染造成跨县级行政区域纠纷，引起一般群体性影响的。

（3）4类、5类放射源丢失、被盗或失控。

5 应急指挥机构及职责

5.1 应急指挥机构

成立突发事件应急领导小组，下设应急管理办公室和六个应急处置工作组，负责突发事件的应急管理工作。

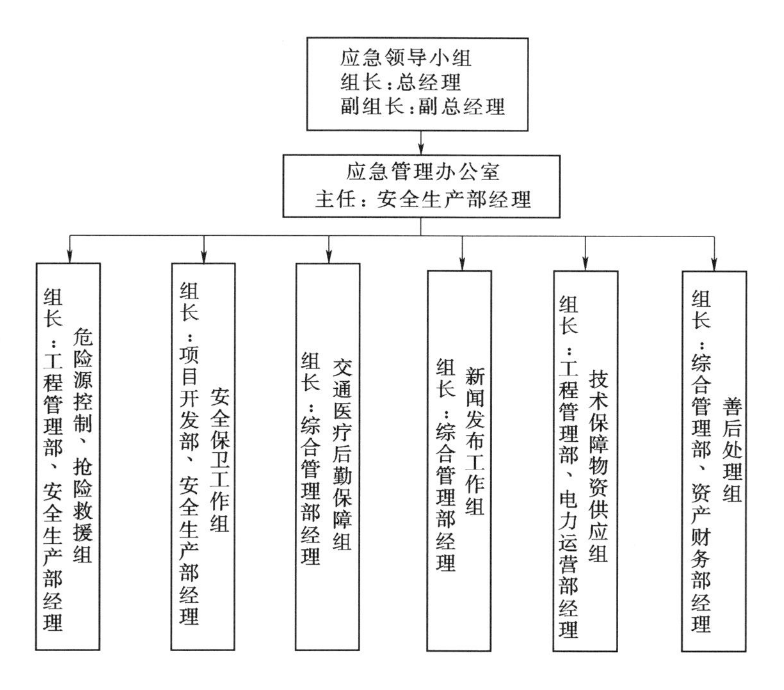

5.1.1 应急领导小组

组　长：总经理

副组长：副总经理

成　员：综合管理部经理、资产财务部经理、项目开发部经理、工程管理部经理、电力运营部、安全生产部经理

5.1.2　应急管理办公室

主　任：安全生产部经理

5.1.3　应急处置工作组

（1）危险源控制、抢险救援组　　组长：工程管理、安全生产部经理

（2）安全保卫工作组　　组长：项目开发、安全生产部经理

（3）交通医疗后勤保障组　　组长：综合管理部经理

（4）新闻发布工作组　　组长：综合管理部经理

（5）技术保障物资供应组　　组长：工程管理、电力运营部经理

（6）善后处理组　　组长：综合管理、资产财务部经理

5.2　职责

5.2.1　应急领导小组职责

公司应急管理指挥领导小组全面负责公司应急管理工作，其主要职责是：

（1）接受公司应急指挥中心的领导，并落实其指令。

（2）负责公司总体应急预案和专项应急预案的审批、发布。

（3）组织和协调应急救援工作。

（4）审批应急培训、演练和救援费用。

5.2.2　应急管理办公室职责

（1）负责组织公司应急预案、专项预案和处置方案的编写和修改工作。

（2）负责提出并组织开展公司级应急预案演练方案、计划和实施工作，指导和监督检查各单位应急预案的编制和演练情况。

（3）负责落实公司应急管理指挥领导小组部署的各项工作任务。

（4）负责整理和收集各单位应急管理有关统计分析与总结评估工作。

（5）负责公司应急管理的其他工作。

5.2.3　应急处置工作组职责

5.2.3.1　危险源控制、抢险救援组职责

（1）负责所辖区域内的突发环境污染事故的处理。

（2）按照以人为本，减少危害，保障员工生命安全和身体健康的原则，做好突发环境污染事故救援工作。

（3）负责伤员的第一救护，报告紧急医疗救护部门。

5.2.3.2　安全保卫工作组职责

（1）维持现场秩序、现场警戒，划定警戒区域，负责监督突发环境污染事故处理时各项防控措施的执行，防止救援时人身事故的发生。

（2）控制现场人员，无关人员不准出入现场，确保抢险、救灾人员疏散时的人身安全，做好安置、维持现场秩序、安全警戒装置的设置工作。

（3）负责现场安全隔离措施的检查，并督促有关部门执行到位。

（4）组织实施必须采取的临时性措施。

（5）协助完成事故（发生原因、处理经过）调查报告的编写和上报工作。

5.2.3.3　交通医疗后勤保障组职责

（1）负责车辆管理。

1）平时加强车辆维护、检查，确保突发环境污染事故抢险救援时所需车辆正常使用。

2）应急时提供紧急救护车辆，提供应急救援抢险和应急物资、设备设施运送所需车辆。

（2）负责通信管理。

1）固定电话、移动电话、载波通信、应急呼叫通信等通信设施完好。

2）应急时确保现场应急通信畅通。

（3）医疗保障。

1）接警后及时赶赴事发地，对受伤人员采取现场紧急救治，及时抢救伤员。

2）及时联系120急救中心或当地医院，将伤员转送医院进行治疗。

3）在有关防疫部门专家的指导下对病人或者疑似病人进行抢救、隔离治疗和转运，2h内向卫生行政部门报告。

4）做好日常有关医疗药品和器材的维护和储备工作。

5）做好食物、卫生、环境方面的防范工作，防止灾后发生疫情，做好生活区异常情况的处理。

5.2.3.4　新闻发布工作组

（1）在应急领导小组的指导下，负责将突发环境污染事故情况汇总，根据领导小组的决定做好对外信息发布工作。

（2）根据领导小组的决定对突发环境污染事故情况向政府新闻主管部门、上级单位进行报告。

（3）负责新闻媒体及当地政府有关部门和上级有关部门的接待工作。

5.2.3.5　技术保障物资供应组职责

（1）全面提供突发环境污染事故应急救援时的技术支持。

（2）负责事故设施的抢修与堵漏，最大限度地减少事故对环境的影响。

（3）掌握当地医疗机构、环保机构等突发环境污染事故处置的专业机构。

（4）掌握突发环境污染事故情况下的应急处置方法。

（5）按照要求做好各类突发环境污染事故相应物资储备和供给工作。

（6）应急时，负责应急物资、各种器材、设备的供给。

（7）负责与其他外部有关部门进行沟通联络，及时做好应急物资的补给工作。

5.2.3.6　善后处理组职责

（1）负责突发环境污染事故引起的伤亡家属接待、安抚、慰问和补偿等善后工作。

（2）负责突发环境污染事故引起的人员伤亡、财产损失统计理赔工作。

（3）负责、配合突发环境污染事故的调查、处理、报告填写和上报工作。

6　预防与预警

6.1　风险监测

6.1.1　风险监测的责任部门

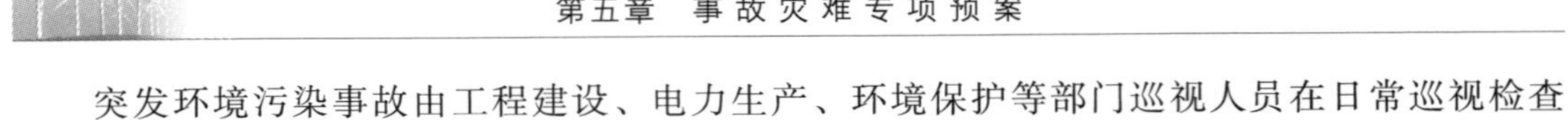

突发环境污染事故由工程建设、电力生产、环境保护等部门巡视人员在日常巡视检查工作中认真负责，尽早发现问题，预防控制。

6.1.2　风险监测的方法和信息收集渠道

通过搜集、整理相关环境信息监控突发环境污染事故发展情况，收集汇总设备运行异常情况日报表，对所有可能存在环境污染发生的区域，进行预防控制。

6.1.3　风险监测所获得信息的报告程序

当发现突发环境污染事故时，发现人所在单位应立即将发生的情况（包括时间、地点、症状、人员数量等）报告应急管理办公室。应急管理办公室负责按照规定要求上报上级有关单位。

6.2　预警发布与预警行动

6.2.1　预警分级

按照其性质、严重程度、可控性和影响范围等因素，分为四级预警：Ⅰ级（特别严重）、Ⅱ级（严重）、Ⅲ级（较重）和Ⅳ级（一般），依次用红色、橙色、黄色和蓝色表示。

具体情况按照第4条事件分级标准进行预警分级。

6.2.2　预警发布程序和相关要求

发现突发环境污染后，所在单位应立即向应急管理办公室汇报，应急管理办公室根据污染是否威胁人员身体健康及环境恶化等情况综合分析判断，向应急指挥领导小组汇报，发布启动预警信息，通知各应急工作组作好应急准备。

预警信息的发布一般通过短信、电话、通知等方式进行，预警信息包括突发事件的类别、预警级别、起始时间、可能影响范围、警示事项、应采取的措施和发布单位等。

6.2.3　预警发布后的应对程序和措施

发布红色Ⅰ级预警后，应急领导小组组长和所有成员及六个应急工作小组立即到达相应岗位，针对应急救援措施要求开展工作；发布橙色Ⅱ级预警后，应急领导小组组长和所有成员及六个应急工作小组立即到达相应岗位，针对应急救援措施要求开展工作；发布黄色Ⅲ级预警后，应急领导小组副组长和六个应急工作小组立即到达相应岗位，针对应急救援措施要求开展工作；发布蓝色Ⅳ级预警后，按应急管理办公室要求的应急工作小组成员立即到达相应岗位，针对应急救援措施要求开展工作。

（1）发生突发环境污染事故后，医疗保障工作组应实施24h值班制度，对环境污染情况及时进行甄别，并予以有效隔离，同时向上级环保、疾病控制部门进行报告，根据当地政府有关规定，对污染情况采取进一步治理控制。

（2）医疗保障工作组及时将环境污染观察及治疗处理情况向应急领导小组报告。

（3）医疗保障工作组要对还未污染区域进行检查，尽早发现污染的苗头，及时向应急领导小组报告，同时做好污染治理监督工作。

6.3　预警结束

6.3.1　预警结束条件

突发环境污染事故发生的可能消除，无继发可能，事件现场没有应急处置的必要。

6.3.2　预警结束程序

接到突发环境污染事故事件预警解除信息后，应急领导小组根据事态发展情况确认无

发生突发环境污染事故事件的可能性时发布解除预警，由应急管理办公室通知各应急处置工作组解除预警。

6.3.3　预警结束方式

应急管理办公室根据情况，综合分析判断后报应急领导小组批准，发布预警结束通报，用电话、移动电话、信息网络等方式通知各应急处置工作组，预警结束。

7　信息报告

7.1　联系电话

24h值班电话：×××。

应急处置办公电话：×××。

移动电话：×××。

7.2　报告程序

当发现突发环境污染事故时，发现人或病员所在部门应立即向当值值长报告所发生的情况（包括时间、地点、症状、人员数量等），当值值长接到报告后立即向公司应急管理办公室负责人报告，办公室负责人接到报告后立即利用电话、传真、电子邮件等方式向应急领导小组报告，应急领导小组根据事故情况布置应急救援和应急处置，并及时向上级公司应急管理办公室和当地政府应急管理办公室报告。情况紧急时，现场人员或当值值长可直接先向应急领导小组报告。

7.3　向政府报告程序

突发环境污染事故发生后，应急领导小组要立即用电话、传真或电子邮件上报政府应急管理部门，报告时间最迟不得超过1h，同时按规定通报所在地政府环境控制部门。

8　应急响应

8.1　响应分级

依据突发环境污染事故的可控性、严重程度和影响范围，结合分公司及所辖项目公司实际情况组织应急响应，应急响应分为特别重大（Ⅰ级响应）、重大（Ⅱ级响应）、较大（Ⅲ级响应）、一般（Ⅳ级响应）四个级别。

（1）Ⅰ级响应：由公司总经理组织响应，所有部门进行联动。

（2）Ⅱ级响应：由公司总经理组织响应，所有部门进行联动。

（3）Ⅲ级响应：由副总经理组织响应，所有部门进行联动。

（4）Ⅳ级响应：由应急管理办公室主任组织响应，相应部门进行联动。

8.2　响应程序

8.2.1　响应启动条件

（1）Ⅰ级响应：发生特别重大环境事件，由公司总经理启动应急响应。

（2）Ⅱ级响应：发生重大环境事件，由公司总经理启动应急响应。

（3）Ⅲ级响应：发生较大环境事件，由公司副总经理启动应急响应。

（4）Ⅳ级响应：发生一般环境事件，由公司应急管理办公室启动应急响应。

8.2.2 应急响应程序和要求

（1）应急管理办公室接到报告后，立即与突发事件的发生单位取得联系，掌握事件进展情况，及时将信息报告给应急领导小组，启动应急预案，控制事态影响防止扩大。

（2）立即由应急领导小组组织现场应急救援工作。

（3）及时向上级公司及地方政府应急管理部门报告突发事件基本情况和应急救援的进展情况，根据地方政府的要求开展应急救援工作。

（4）组织专家组分析情况，根据专家的建议，通知相关应急救援力量随时待命，为政府应急指挥机构提供技术支持。

（5）派出相关应急救援力量和专家赶赴现场，参加、指导现场应急救援，必要时调集事发地周边地区专业应急力量（医疗、消防、公安、交通）实施增援。需要有关应急力量支援时，应及时向地方政府应急管理部门汇报请求支援。

8.3 应急处置

8.3.1 先期处置

当启动突发环境污染事故后，根据应急救援领导小组的指示，应急管理办公室安排相关应急工作组协调与当地政府、环保部门、疾病预防控制中心的工作，按照当地政府的指（命）令、环保部门和疾控中心的各项预防控制措施和要求，迅速向应急救援领导小组汇报。

8.3.2 现场处置

危险源控制抢险救援组接到命令后，应立即赶赴现场，根据污染源种类、数量、性质为事故处理提供必要的技术指导，防止事故的扩大蔓延，防止二次危害的发生。要对现场的重要物资、设备，特别是易燃、易爆、有毒、腐蚀的设备、器具组织安全转移。

要尽快弄清污染事故种类、性质，污染物数量及已造成的污染范围等情况，经分析后应及时向应急领导小组提出污染处置方案，经应急领导小组批准后迅速根据任务分工，按照应急与处置程序和规范组织实施，并及时将处理过程、情况报指挥组。

8.3.3 现场污染控制

（1）立即采取有效措施，切断污染源，隔离污染区，防止污染扩散。

（2）及时通报或疏散可能受到污染危害的人员。

（3）参与对受危害影响人员的救治。

8.3.4 其他措施

（1）医疗保障工作组应对事发单位全体人员、设备进行突发环境污染事故的预防、诊断、隔离、控制以及个人防护等专业的培训。

（2）当突发环境污染事故，虽采取措施但不能有效控制时，为保证生产有序进行，对部分健康的运行、检修和管理岗位人员进行集中居住，统一食宿，减少外界接触，以保障上述人员不被感染。

8.4 应急结束

8.4.1 应急结束终止条件

（1）事件现场得到控制，事件条件已经消除。

（2）环境符合有关标准。

（3）事件所造成的危害已经彻底消除，无继发可能。

（4）事件现场的各种专业应急处置行动已无继续的必要。

（5）采取了必要的防护措施，次生、衍生事件已消除。

8.4.2　应急结束的程序

由原来宣布不同级别应急响应的指挥者宣布应急响应结束，通知到各专业应急处置工作组负责人。

8.4.3　应急结束的方式

经应急领导小组批准，应急管理办公室用电话、广播、计算机网络等方式通知现场人员，清理现场，各个专业应急处置工作组完成现场应急工作后，即可宣布应急响应结束。

在所辖区域，应隔离时间段内，已隔离污染区域得到有效治疗，且未发生新增污染扩散时，由应急管理办公室主任报告应急领导小组。应急领导小组根据上级统一部署由组长宣布“事件专项应急预案”结束。

9　后期处置

（1）“突发环境污染事故事件专项应急预案”结束后，按照把事故损失和影响降到最低程度的原则，及时做好生产、生活恢复工作。

（2）善后处理工作组负责核算救灾发生的费用及后期保险和理赔等工作。

（3）突发环境污染事故事件调查组必须实事求是，尊重科学，按照“四不放过”原则，及时、准确查明突发环境污染事故的原因，深刻吸取事故教训，制定防范措施，落实责任制，防止类似事件发生。

（4）应急管理办公室负责收集、整理应急救援工作记录、方案、文件等资料，组织各专业组对应急救援过程和应急救援保障等工作进行总结和评估，提出改进意见和建议，并将总结评估报告报上级主管部门。

10　应急保障

10.1　应急队伍保障

10.1.1　内部队伍

按照突发环境污染事故突发事件应急工作职责，成立相应的应急队伍，并进行专门的技能培训和演练，做好日常应急准备检查工作，确保危急事件发生后，按照突发事件具体情况和应急领导小组的指示及时到位，具体实施应急处理工作。

10.1.2　外部队伍

应急领导小组要掌握周围外部救援力量的有关情况，包括医疗、疾病预防控制、公安、消防、交通、供应商等。

10.2　应急物资与装备

医疗保障工作组必须储备足够量的治疗突发环境污染事故的药品和防护器械，如眼镜、隔离衣、防毒面具、防护手套、口罩等。

10.3　通信与信息

与突发环境污染事故应急救援有关的上级单位、当地卫生行政部门、电力监管等机构联系。

10.4　经费

应急领导小组组长负责保障本预案所需应急专项经费，财务部负责此经费的统一管理，保障专款专用，在应急状态下确保及时到位。

10.5　其他

分公司各部门、单位接到应急通知后，应立即奔赴事故现场，根据各自的职责对危急事件进行处理。

11　培训和演练

11.1　培训

11.1.1　培训范围

将应急管理培训工作纳入年度培训计划，有针对性地对应急救援和管理人员进行培训，提高其专业技能。

11.1.2　培训方式

举办培训班、训练班，利用案例教学、交流研讨、情景模拟、应急演练等方式进行培训。

11.1.3　培训内容和周期

每年至少组织一次应急管理培训，培训的主要内容应该包括：突发环境污染事故专项应急预案，应急组织机构及职责、应急程序、应急资源保障情况和针对环境污染事故的预防和处置措施等。

11.2　演练

11.2.1　演练范围

将应急救援演练工作纳入年度培训教育计划，有针对性地对应急救援人员和管理人员进行演练，提高其专业技能。

11.2.2　演练方式

应急演练的方式可以选择实战演练、桌面演练。

11.2.3　演练的内容和周期

突发环境污染事故应急预案，应急组织机构及职责、应急程序、应急资源保障情况和针对突发环境污染事故的预防和处置措施等。每年年初制定演练计划，突发环境污染事故专项应急预案演练每年不少于一次，现场处置演练不少于两次，演练结束后应形成总结材料。

12　附则

12.1　术语和定义

12.1.1　突发环境污染事故

突发性环境污染事故是在瞬间或短时间内大量排放污染物，对环境造成严重污染和破

坏，给人民的生命和国家财产造成重大损失的恶性事故。它不同于一般的环境污染，具有发生突然、扩散迅速、危害严重及污染物不明等特点，包括核污染事故、剧毒农药和有毒化学品泄漏、扩散污染事故等。环境污染事故可致人员急性病变死亡，能引起人群慢性病变；还具有引发恶性肿瘤或染色体遗传变异致癌、致畸胎、致突变的远期危害，危害子孙后代。

12.1.2 易发区域

升压站内断路器六氟化硫气体泄露；风机内齿轮箱齿轮油、液压油等泄露；各项目公司箱变油泄露；生活饮用水污染等。

12.2 预案备案

本预案按照要求向上级应急管理部门、当地政府应急管理部门及行业主管部门备案。

12.3 预案修订

本预案自发布之日起至少三年修订一次，其他视情况修正。

12.4 制定与解释

本预案由公司安全管理部制定、归口管理并解释。

12.5 预案实施

本预案自发布之日起执行。

13 附件

13.1 应急领导小组及相关人员联络方式表

序号	岗　　位	姓名	办公电话	移动电话	备注
1	总经理				
2	副总经理				
3	综合管理部经理				
4	资产财务部经理				
5	项目开发部经理				
6	工程管理部经理				
7	电力运营部经理				
8	安全生产部经理				

13.2 相关政府职能部门、抢险救援机构联系方式

序号	单　　位	联系方式	备注
1	地方应急管理委员会		
2	安全生产监督管理局		
3	生产调度机构		
4	当地国家能源派出机构		
5	当地气象部门		

续表

序号	单　　位	联系方式	备注
6	国土资源机构		
7	急救中心		
8	公安报警		
9	交通报警		
10	消防报警		

13.3　基本公共应急物资储备表

序号	物资名称	数量	存放地点	负责人	办公电话	负责人电话	备注
1	逃生绳						
2	电筒						
3	工具箱						
4	对讲机						
5	急救箱						
6	应急车辆						
7	消防栓						
8	消防水带						
9	灭火器						
10	床						
11	被褥						
12	桶						
13	锹						
14	编织袋						

13.4　有关流程

13.4.1　信息报告流程

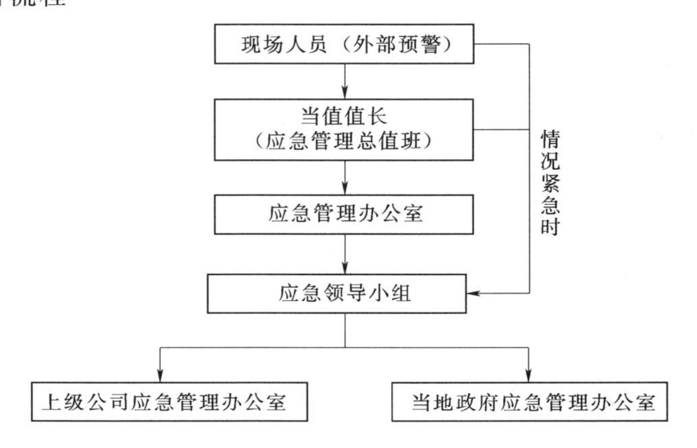

13.4.2　应急处置流程

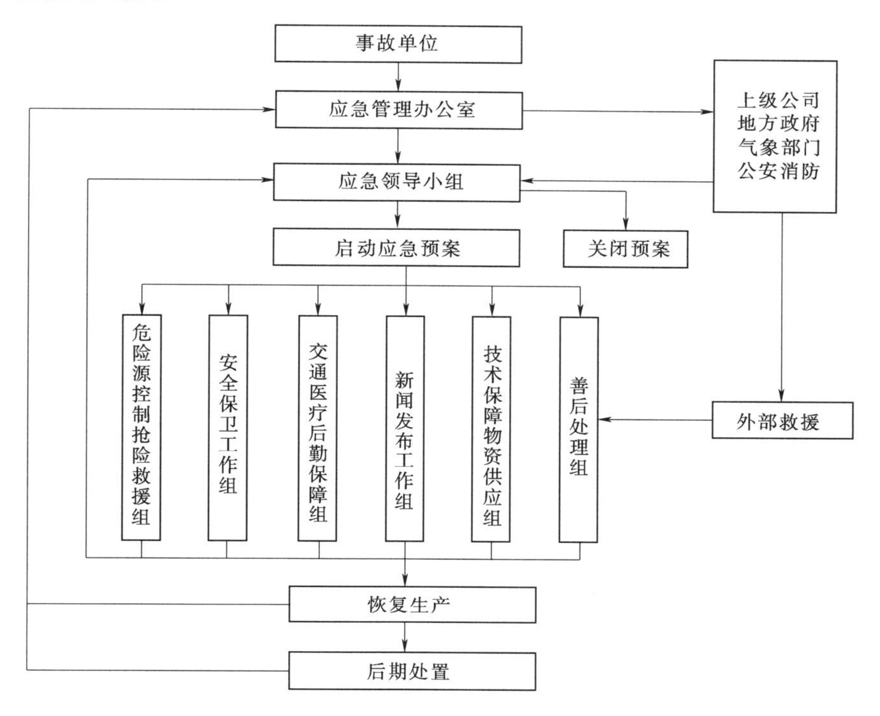

十、风机大规模脱网事故应急预案

某风力发电公司
风机大规模脱网事故应急预案

1　总则

1.1　编制目的

为高效有序地做好公司发生的风机大规模脱网事故的应急处置工作，避免或最大限度地减轻事故造成的损失，保障公司财产及设备安全，特编制本专项应急预案。

1.2　编制依据

《中华人民共和国安全生产法》（中华人民共和国主席令第 13 号）

《中华人民共和国突发事件应对法》（中华人民共和国主席令第 69 号）

《生产经营单位安全生产事故应急预案编制导则》（GB/T 29639—2013）

《生产安全事故应急预案管理办法》（安监总局令第 88 号）

《生产安全事故应急演练指南》（AQT 9007—2011）

《生产安全事故应急演练评估规范》（AQT 9009—2015）

《电力安全事故等级划分标准》

《电力安全事故应急处置和调查处理条例》（中华人民共和国国务院令第 599 号）

《电力安全生产监督管理办法》(中华人民共和国国家发展和改革委员会令第21号)
《电力企业应急预案管理办法》(国能安全〔2014〕508号)
《电力企业应急预案评审和备案细则》(国能综安全〔2014〕953号)
《电力企业专项应急预案编制导则(试行)》
《风电场接入电力系统技术规定》(GB/T 19963—200)
《某风电公司综合应急预案》

1.3 适用范围

适用于公司风机大规模脱网事故应急处置工作。

2 应急处置基本原则

2.1 迅速查找原因，切除故障点

事故发生时，公司所辖风电场应迅速采取切实有效的措施，确保汇集线系统故障快速切除，防止扩大恶化。

2.2 统一领导，分级负责

在公司统一领导和较大突发事件应急指挥机构组织协调下，各工作组按照各自的职责和权限，负责有关风机大规模脱网事故的应急管理和应急处置工作，建立风机大规模脱网事故应急预案和应急预案管理机制。

2.3 依靠科学，依法规范

采用先进的装备和技术，增强应急救援能力。依法依规应急救援工作，确保应急预案的科学性、权威性和可操作性。

2.4 预防为主，平战结合

贯彻落实“安全第一，预防为主，综合治理”的方针，坚持风机大规模脱网事故的应急与预防相结合。做好预防、预测、预警和预报工作，做好常态下的风险评估、物资储备、队伍建设、完善装备、预案演练等工作。

3 事件类型和危害程度分析

3.1 风险的来源、特性

电网系统故障、风电机组不具备低电压穿越能力、风电机组保护与电网适应性不符、无功补偿装置配置不合理等。

3.2 事件类型、影响范围及后果

风机大规模脱网事故会造成电网电压波动较大，电网频率降低。

4 事件分级

风机大面积脱网事故分Ⅰ级(特别重大)、Ⅱ级(重大)、Ⅲ级(较大)和Ⅳ级(一般)。

4.1 凡符合下列情形之一的，为特别重大事故(Ⅰ级)

(1)造成区域性电网减供负荷30%以上。

(2)造成电网负荷20000MW以上的省(自治区、直辖市)电网，减供负荷30%以上。

(3)造成电网负荷5000MW以上20000MW以下的省(自治区、直辖市)电网，减

供负荷40%以上。

（4）造成电网负荷2000MW以上的省（自治区、直辖市）人民政府所在城市电网减供负荷60%以上。

4.2　凡符合下列情形之一的，为重大事故（Ⅱ级）

（1）造成区域性电网减供负荷10%以上30%以下。

（2）造成电网负荷20000MW以上的省（自治区、直辖市）电网，减供负荷13%以上30%以下。

（3）电网负荷5000MW以上20000MW以下的省（自治区、直辖市）电网，减供负荷16%以上40%以下。

（4）电网负荷1000MW以上5000MW以下的省（自治区、直辖市）电网，减供负荷50%以上。

（5）省（自治区、直辖市）人民政府所在地城市电网减供负荷40%以上（电网负荷2000MW以上的，减供负荷40%以上60%以下）。

（6）电网负荷600MW以上的其他设区的市电网减供负荷60%以上。

4.3　凡符合下列情形之一的，为较大事故（Ⅲ级）

（1）造成区域性电网减供负荷7%以上10%以下。

（2）造成电网负荷20000MW以上的省（自治区、直辖市）电网，减供负荷10%以上13%以下。

（3）电网负荷5000MW以上20000MW以下的省（自治区、直辖市）电网，减供负荷12%以上16%以下。

（4）电网负荷1000MW以上5000MW以下的省（自治区、直辖市）电网，减供负荷20%以上50%以下。

（5）电网负荷1000MW以下的省（自治区、直辖市）电网，减供负荷40%以上。

（6）省（自治区、直辖市）人民政府所在地城市电网减供负荷20%以上40%以下。

（7）其他市区的市电网减供负荷40%以上（电网负荷600MW以上的，减供负荷40%以上60%以下）。

（8）电网负荷150MW以上的县级市电网减供负荷60%以上。

4.4　凡符合下列情形之一的，为一般事故（Ⅳ级）

（1）造成区域性电网减供负荷4%以上7%以下。

（2）造成电网负荷20000MW以上的省（自治区、直辖市）电网，减供负荷5%以上10%以下。

（3）电网负荷5000MW以上20000MW以下的省（自治区、直辖市）电网，减供负荷6%以上12%以下。

（4）电网负荷1000MW以上5000MW以下的省（自治区、直辖市）电网，减供负荷10%以上20%以下。

（5）电网负荷1000MW以下的省（自治区、直辖市）电网，减供负荷25%以上40%以下。

（6）省（自治区、直辖市）人民政府所在地城市电网减供负荷10%以上20%以下。

（7）其他市区的市电网减供负荷20%以上40%以下。

（8）县级市电网减供负荷40%以上（电网负荷150MW以上的，减供负荷40%以上60%以下）。

5　应急指挥机构及职责

5.1　应急指挥机构

成立突发事件应急领导小组，下设应急管理办公室和六个应急处置工作组，负责突发事件的应急管理工作。

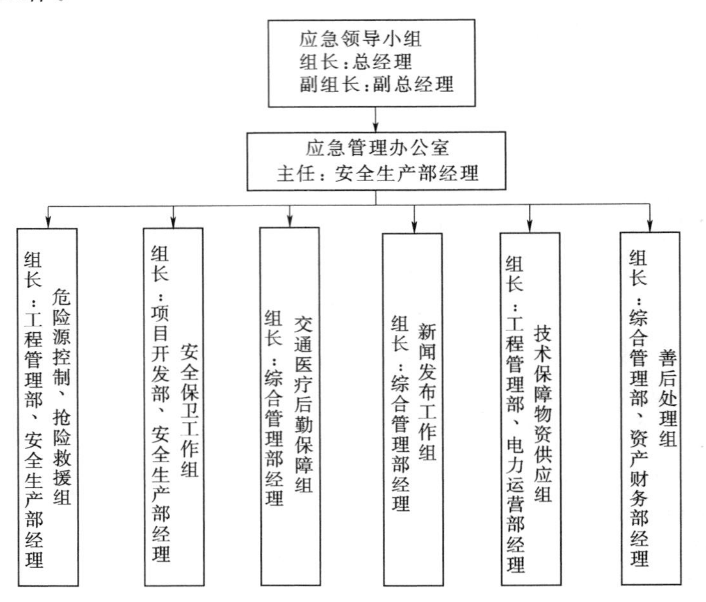

5.1.1　应急领导小组

组　长：总经理

副组长：副总经理

成　员：综合管理部经理、资产财务部经理、项目开发部经理、工程管理部经理、电力运营部、安全生产部经理

5.1.2　应急管理办公室

主　任：安全生产部经理

5.1.3　应急处置工作组

（1）危险源控制、抢险救援组　　组长：工程管理部、安全生产部经理

（2）安全保卫工作组　　组长：项目开发部、安全生产部经理

（3）交通医疗后勤保障组　　组长：综合管理部经理

（4）新闻发布工作组　　组长：综合管理部经理

（5）技术保障物资供应组　　组长：工程管理部、电力运营部经理

（6）善后处理组　　组长：综合管理部、资产财务部经理

5.2　职责

5.2.1　应急领导小组职责

公司应急管理指挥领导小组全面负责公司应急管理工作，其主要职责是：

（1）接受应急指挥中心的领导，并落实其指令。

（2）负责公司总体应急预案和专项应急预案的审批、发布。

（3）组织和协调应急救援工作。

（4）审批应急培训、演练和救援费用。

5.2.2　应急管理办公室职责

（1）负责组织公司应急预案、专项预案和处置方案的编写和修改工作。

（2）负责提出并组织开展公司级应急预案演练方案、计划和实施工作，指导和监督检查各单位应急预案的编制和演练情况。

（3）负责落实公司应急管理指挥领导小组部署的各项工作任务。

（4）负责整理和收集各单位应急管理有关统计分析与总结评估工作。

（5）负责公司应急管理的其他工作。

5.2.3　应急处置工作组职责

5.2.3.1　危险源控制、抢险救援组职责

（1）负责所辖区域内的风机大规模脱网事故的处理。

（2）坚持保人身、保电网、保设备的原则，做好风机大规模脱网事故救援工作。

5.2.3.2　安全保卫工作组职责

（1）维持现场秩序、现场警戒，划定警戒区域，负责监督风机大规模脱网事故处理时各项防控措施的执行，防止救援时其他事故的发生。

（2）控制现场人员，无关人员不准出入现场，做好安置、维持现场秩序、安全警戒装置的设置工作。

（3）负责现场安全隔离措施的检查，并督促有关部门执行到位。

（4）组织实施必须采取的临时性措施。

（5）协助完成事故（发生原因、处理经过）调查报告的编写和上报工作。

5.2.3.3　交通医疗后勤保障组职责

（1）负责车辆管理。

1）平时加强车辆维护、检查，确保风机大规模脱网事故抢险救援时所需车辆正常使用。

2）应急时提供紧急救援车辆，提供应急救援抢险和应急物资、设备设施运送所需车辆。

（2）负责通讯管理。

1）固定电话、移动电话、载波通信、应急呼叫通信等通信设施完好。

2）应急时确保现场应急通信畅通。

（3）医疗保障。

1）接警后及时赶赴事发地，对受伤人员采取现场紧急救治，及时抢救伤员。

2）及时联系120急救中心或当地医院，将伤员转送医院进行治疗。

3）在有关防疫部门专家的指导下对病人或者疑似病人进行抢救、隔离治疗和转运，2h内向卫生行政部门报告。

4）做好日常有关医疗药品和器材的维护与储备工作。

5）做好食物、卫生、环境方面的防范工作，防止灾后发生疫情，做好生活区异常情况的处理。

5.2.3.4　新闻发布工作组

（1）在应急领导小组的指导下，负责将突发环境污染事故情况汇总，根据领导小组的决定做好对外信息发布工作。

（2）根据领导小组的决定对风机大规模脱网事故情况向政府新闻主管部门、上级单位进行报告。

（3）负责新闻媒体及当地政府有关部门和上级有关部门的接待工作。

5.2.3.5　技术保障物资供应组职责

（1）全面提供风机大规模脱网事故应急救援时的技术支持。

（2）负责事故设施的抢修与堵漏，最大限度地减少事故对环境的影响。

（3）掌握当地相关机构等风机大规模脱网事故处置的专业机构。

（4）掌握风机大规模脱网事故情况下的应急处置方法。

（5）按照要求做好各类风机大规模脱网事故相应物资储备和供给工作。

（6）应急时，负责应急物资、各种器材、设备的供给。

（7）负责与其他外部有关部门进行沟通联络，及时做好应急物资的补给工作。

5.2.3.6　善后处理组职责

（1）负责风机大规模脱网事故引起的伤亡家属接待、安抚、慰问和补偿等善后工作。

（2）负责风机大规模脱网事故引起人员伤亡、财产损失统计理赔工作。

（3）负责、配合风机大规模脱网事故的调查、处理、报告填写和上报工作。

6　预防与预警

6.1　风险监测

6.1.1　风险监测的责任部门

风机大规模脱网事故由电力生产部门运行人员在日常巡视检查及值班工作中认真负责，尽早发现问题，预防控制。

6.1.2　风险监测的方法和信息收集渠道

通过搜集、整理相关环境信息监控风机大规模脱网事故发展情况，收集汇总设备运行异常情况日报表，对所有可能，进行预防控制。

6.1.3　风险监测所获得信息的报告程序

当发生风机大规模脱网事故时，发现人所在单位应立即将发生的情况（包括时间、地点、症状、人员数量等）报告应急管理办公室。应急管理办公室负责按照规定要求上报上级有关单位。

6.2　预警发布与预警行动

6.2.1　预警分级

按照其性质、严重程度、可控性和影响范围等因素，分为四级预警：Ⅰ级（特别严重）、Ⅱ级（严重）、Ⅲ级（较重）和Ⅳ级（一般），依次用红色、橙色、黄色和蓝色表示。

具体情况按照第4条事件分级标准进行预警分级。

6.2.2　预警发布程序和相关要求

发生风机大规模脱网事故后，所在单位应立即向应急管理办公室汇报，应急管理办公室根据污染是否威胁人员身体健康及环境恶化等情况综合分析判断，向应急指挥领导小组汇报，发布启动预警信息，通知各应急工作组作好应急准备。

预警信息的发布一般通过短信、电话、通知等方式进行，预警信息包括突发事件的类别、预警级别、起始时间、可能影响范围、警示事项、应采取的措施和发布单位等。

6.2.3　预警发布后的应对程序和措施

发布红色Ⅰ级预警后，应急领导小组组长和所有成员及六个应急工作小组立即到达相应岗位，针对应急救援措施要求开展工作；发布橙色Ⅱ级预警后，应急领导小组组长和所有成员及六个应急工作小组立即到达相应岗位，针对应急救援措施要求开展工作；发布黄色Ⅲ级预警后，应急领导小组副组长和六个应急工作小组立即到达相应岗位，针对应急救援措施要求开展工作；发布蓝色Ⅳ级预警后，按应急管理办公室要求的应急工作小组成员立即到达相应岗位，针对应急救援措施要求开展工作。

发生风机大规模脱网事故后，医疗保障工作组应实施24h值班制度，对环境污染情况及时进行甄别，并予以有效隔离，同时向省调、地调进行报告，根据当地政府及相关单位有关规定，对污染情况采取进一步治理控制。

6.3　预警结束

6.3.1　预警结束条件

风机大规模脱网事故发生的可能消除，无继发可能，事件现场没有应急处置的必要。

6.3.2　预警结束程序

接到风机大规模脱网事故事件预警解除信息后，应急领导小组根据事态发展情况确认无发生风机大规模脱网事故事件的可能性时发布解除预警，由应急管理办公室通知各应急处置工作组解除预警。

6.3.3　预警结束方式

应急管理办公室根据情况，综合分析判断后报应急领导小组批准，发布预警结束通报，用电话、移动电话、信息网络等方式通知各应急处置工作组，预警结束。

7　信息报告

7.1　联系电话：

24h值班电话：×××。

应急办公室电话：×××。

移动电话：×××。

7.2　报告程序

当发现风机大规模脱网事故时，发现人所在部门应立即向当值值长报告所发生的情况，当值值长接到报告后立即向公司应急管理办公室负责人报告，办公室负责人接到报告后立即利用电话、传真、电子邮件等方式向应急领导小组报告，应急领导小组根据事故情况布置应急救援和应急处置，并及时向上级公司应急管理办公室和当地政府应急管理办公室报告。情况紧急时，现场人员或当值值长可直接先向应急领导小组报告。

7.3 向政府报告程序

风机大规模脱网事故发生后，应急领导小组要立即用电话、传真或电子邮件上报政府应急管理部门，报告时间最迟不得超过1h，同时按规定通报所在地政府环境控制部门。

8 应急响应

8.1 响应分级

依据风机大规模脱网事故的可控性、严重程度和影响范围，结合公司范围内实际情况组织应急响应，应急响应分为特别重大（Ⅰ级响应）、重大（Ⅱ级响应）、较大（Ⅲ级响应）、一般（Ⅳ级响应）四个级别。

（1）Ⅰ级响应：由公司总经理组织响应，所有部门进行联动。

（2）Ⅱ级响应：由公司总经理组织响应，所有部门进行联动。

（3）Ⅲ级响应：由副总经理组织响应，所有部门进行联动。

（4）Ⅳ级响应：由应急管理办公室主任组织响应，相应部门进行联动。

8.2 响应程序

8.2.1 响应启动条件

（1）Ⅰ级响应：发生特别重大事故。

（2）Ⅱ级响应：发生重大事故。

（3）Ⅲ级响应：发生较大事故。

（4）Ⅳ级响应：发生一般事故。

8.2.2 应急响应程序和要求

（1）应急管理办公室接到报告后，立即与突发事件的发生单位取得联系，掌握事件进展情况，及时将信息报告给应急领导小组，启动应急预案，控制事态影响防止扩大。

（2）立即由应急领导小组组织现场应急救援工作。

（3）及时向地方政府应急管理部门报告突发事件基本情况和应急救援的进展情况，根据地方政府的要求开展应急救援工作。

（4）组织专家组分析情况，根据专家的建议，通知相关应急救援力量随时待命，为政府及相关单位应急指挥机构提供技术支持。

（5）派出相关应急救援力量和专家赶赴现场，参加、指导现场应急救援，必要时调集事发地周边地区专业应急力量（医疗、消防、公安、交通）实施增援，需要有关应急力量支援时，应及时向地方政府应急管理部门汇报请求支援。

8.3 应急处置

8.3.1 先期处置

当发生风机大规模脱网事故后，根据应急救援领导小组的指示，应急管理办公室安排相关应急工作组协调与当地政府、环保部门、疾病预防控制中心的工作，按照当地政府的指（命）令及相关单位的各项预防控制措施和要求，迅速向应急救援领导小组汇报。

8.3.2 现场处置

危险源控制抢险救援组接到命令后，应立即赶赴现场，根据污染源种类、数量、性质为事故处理提供必要的技术指导，防止事故的扩大蔓延，防止二次危害的发生，要对现场的重要物资、设备，特别是易燃、易爆、有毒、腐蚀的设备、器具组织安全转移。

要尽快弄清风机大规模脱网事故性质及已造成的影响范围等情况，经分析后应及时向应急领导小组提出污染处置方案，经应急领导小组批准后迅速根据任务分工，按照应急与处置程序和规范组织实施，并及时将处理过程、情况报告指挥组。

8.4　应急结束

8.4.1　应急结束终止条件

（1）风机大规模脱网事故突发事件现场得到控制，事件条件已经消除。

（2）环境符合有关标准。

（3）事件所造成的危害已经彻底消除，无继发可能。

（4）事件现场的各种专业应急处置行动已无继续的必要。

（5）采取了必要的防护措施，次生、衍生事件已消除。

8.4.2　应急结束的程序

由原来宣布不同级别应急响应的指挥者宣布应急响应结束，通知到各专业应急处置工作组负责人。

8.4.3　应急结束的方式

经应急领导小组批准，应急管理办公室用电话、广播、计算机网络等方式通知现场人员，清理现场，各个专业应急处置工作组完成现场应急工作后，即可宣布应急响应结束。

在所辖区域，因风机大规模脱网事故影响的负荷，由应急管理办公室主任报告应急领导小组。应急领导小组根据上级统一部署由组长宣布“事件专项应急预案”结束。

9　后期处置

（1）“风机大规模脱网事故专项应急预案”结束后，按照把事故损失和影响降低到最低程度的原则，及时做好生产、生活恢复工作。

（2）善后处理工作组负责核算救灾发生的费用及后期保险和理赔等工作。

（3）风机大规模脱网事故事件调查组必须实事求是、尊重科学，按照“四不放过”原则，及时、准确查明突发环境污染事故的原因，深刻吸取事故教训，制定防范措施，落实责任制，防止类似事件发生。

（4）应急管理办公室负责收集、整理应急救援工作记录、方案、文件等资料，组织各专业组对应急救援过程和应急救援保障等工作进行总结和评估，提出改进意见和建议，并将总结评估报告报上级主管部门。

10　应急保障

10.1　应急队伍保障

10.1.1　内部队伍

按照风机大规模脱网事故突发事件应急工作职责，成立相应的应急队伍，并进行专门的技能培训和演练，做好日常应急准备检查工作，确保危急事件发生后，按照突发事件具体情况和应急领导小组的指示及时到位，具体实施应急处理工作。

10.1.2　外部队伍

应急领导小组要掌握周围外部救援力量的有关情况，包括医疗、疾病预防控制、公安、消防、交通、供应商等。

10.2　应急物资与装备

技术保障物资供应组必须保障风机大规模脱网事故发生时检测设备正常使用等。

10.3　通信与信息

与风机大规模脱网事故应急救援有关的上级单位、当地卫生行政部门、电力监管等机构联系方式。

10.4　经费

应急领导小组组长负责保障本预案所需应急专项经费，财务部负责此经费的统一管理，保障专款专用，在应急状态下确保及时到位。

10.5　其他

公司各部门、单位接到应急通知后，应立即奔赴事故现场，根据各自的职责对危急事件进行处理。

11　培训和演练

11.1　培训

11.1.1　培训范围

将应急管理培训工作纳入年度培训计划，有针对性地对应急救援和管理人员进行培训，提高其专业技能。

11.1.2　培训方式

举办培训班、训练班，利用案例教学、交流研讨、情景模拟、应急演练等方式进行培训。

11.1.3　培训内容和周期

每年至少组织一次应急管理培训，培训的主要内容应该包括：风机大规模脱网事故专项应急预案，应急组织机构及职责、应急程序、应急资源保障情况和针对风机大规模脱网事故的预防和处置措施等。

11.2　演练

11.2.1　演练范围

将应急救援演练工作纳入年度培训教育计划，有针对性地对应急救援人员和管理人员进行演练，提高其专业技能。

11.2.2　演练方式

应急演练的方式可以选择实战演练、桌面演练。

11.2.3　演练的内容和周期

风机大规模脱网事故应急预案，应急组织机构及职责、应急程序、应急资源保障情况

和针对风机大规模脱网事故的预防和处置措施等。每年年初制定演练计划，风机大规模脱网事故专项应急预案演练每年不少于1次，现场处置演练不少于2次，演练结束后应形成总结材料。

12　附则

12.1　术语和定义

12.1.1　风机大规模脱网事故

因各类型风机控制器内置的电气量保护设计时，都是单独以保护风机为目的进行设定，与电网继电保护必须遵从维护系统稳定的要求之间的矛盾；以高电压等级大规模汇集接入方式接纳风电和风电的间歇性与系统运行潮流稳定和继电保护低压侧以保证供电可靠性的传统整定原则之间的矛盾；风电场配置单独容性无功补偿与系统电压调整的运行方式要求的双向无功配置之间的矛盾所引起的事故。

12.1.2　易发区域

风机控制器内置电气量保护动作，风电机组低电压穿越能力缺失、风电场无功控制装置、场内设备缺失等。

12.2　预案备案

本预案按照要求向上级应急管理部门、当地政府应急管理部门及行业主管部门备案。

12.3　预案修订

本预案自发布之日起至少三年修订一次，其他视情况修正。

12.4　制定与解释

本预案由公司安全管理部门制定、归口管理并解释。

12.5　预案实施

本预案自发布之日起执行。

13　附件

13.1　应急领导小组及相关人员联络方式表

序号	岗　　位	姓名	办公电话	移动电话	备注
1	总经理				
2	副总经理				
3	综合管理部经理				
4	资产财务部经理				
5	项目开发部经理				
6	工程管理部经理				
7	电力运营部经理				
8	安全生产部经理				

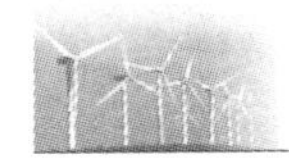

13.2 相关政府职能部门、抢险救援机构联系方式

序号	单　　位	联系方式	备注
1	地方应急管理委员会		
2	安全生产监督管理局		
3	生产调度机构		
4	当地国家能源派出机构		
5	当地气象部门		
6	国土资源机构		
7	急救中心		
8	公安报警		
9	交通报警		
10	消防报警		

13.3 基本公共应急物资储备表

序号	物资名称	数量	存放地点	负责人	办公电话	负责人电话	备注
1	逃生绳						
2	电筒						
3	工具箱						
4	对讲机						
5	急救箱						
6	应急车辆						
7	消防栓						
8	消防水带						
9	灭火器						
10	床						
11	被褥						
12	桶						
13	锹						
14	编织袋						

13.4 有关流程

13.4.1 信息报告流程

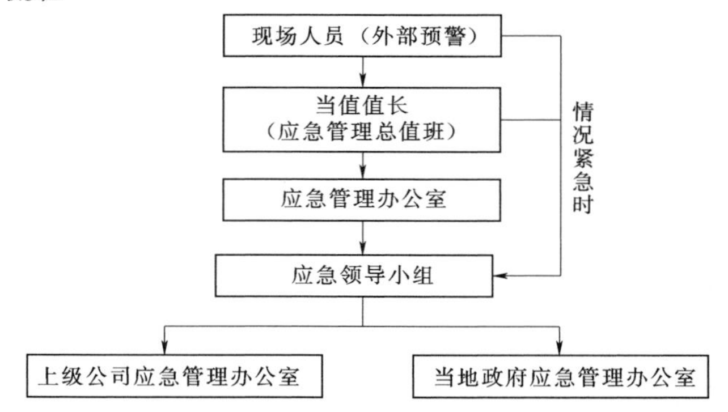

13.4.2　应急处置流程

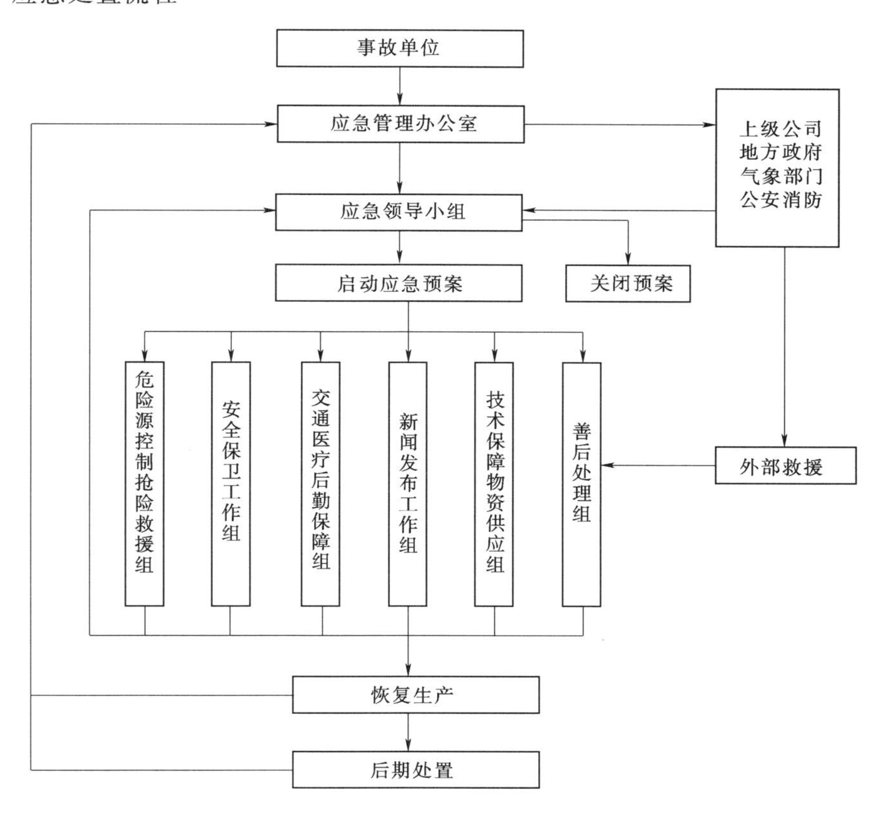

十一、生产调度通信中断应急预案

某风力发电公司
生产调度通信中断应急预案

1　总则

1.1　编制目的

为加强公司生产调度通信中断事件的应急救援能力，提高应对紧急事件的反应速度和协调水平，确保迅速有效地处置生产调度通信中断事故，减轻或消除事故的危害和影响，确保生产调度通信安全，制定本预案。

1.2　编制依据

《中华人民共和国安全生产法》（中华人民共和国主席令第13号）

《中华人民共和国突发事件应对法》（中华人民共和国主席令第69号）

《国家通讯保障应急预案》（2011年12月10日修订）

《生产经营单位安全生产事故应急预案编制导则》（GB/T 29639—2013）

《生产安全事故应急预案管理办法》(安监总局令第 88 号)
《生产安全事故应急演练指南》(AQT 9007—2011)
《生产安全事故应急演练评估规范》(AQT 9009—2015)
《电力安全事故应急处置和调查处理条例》(中华人民共和国国务院令第 599 号)
《电力安全生产监督管理办法》(中华人民共和国国家发展和改革委员会令第 21 号)
《电力企业应急预案管理办法》(国能安全〔2014〕508 号)
《电力企业应急预案评审和备案细则》(国能综安全〔2014〕953 号)
《电力企业专项应急预案编制导则(试行)》
《电力突发事件应急演练导则》(电监安全〔2009〕22 号)
《某风电公司综合应急预案》

1.3　适用范围

本预案适用于公司生产调度通信安全事故应急救援和响应工作。

2　应急处置基本原则

本预案坚持预防与救援结合,以人为本,减少危害。居安思危,预防为主。统一领导,分级负责。把握全局,突出重点。快速反应,协同应对。依靠科技,提高素质。依靠政府、广泛宣传。“保人身、保设备、保电网”的原则,以突发事件的预测、预防为重点,以应对风力发电厂各种网络安全突发事件为目标,采取积极措施,快捷、准确地处置生产调度通信中断事故为目的,使公司免遭损失。

3　事件类型和危害程度分析

3.1　风险来源、特性

信息系统网络生产调度通信系统运行过程中,存在如下安全风险,可能会导致发生生产调度通信中断事件。

(1) 发电单位与电网所有通信方式均中断,生产调度通信中断。

(2) 主干通信电(光)缆全部损坏或部分损坏。

(3) 主干电(光)缆所在电缆支架损坏或电缆井(沟)的构件损坏,拉断或砸断主干电(光)缆。

(4) 主干电(光)缆所在电缆井(沟)起火烧毁主干电(光)缆。

3.2　风险影响范围及后果

生产调度通信中断造成电力生产事故或造成电力事故扩大。

4　事件分级

根据生产调度通信中断事件对公司生产经营管理的影响范围、程度、可能产生的后果等因素,将信息系统事件分为四个级别:特别严重(Ⅰ级)、严重(Ⅱ级)、较重(Ⅲ级)、一般(Ⅳ级)。

4.1　发生下列情况之一,属于Ⅰ级生产调度通信中断事件

电网调度通信、内部通信、电信公司通信、移动手机通信全部中断;计算机监控局域

网即时通信全部中断（集控中心计算机监控系统不能进行远方控制）。

4.2　发生下列情况之一，属于Ⅱ级生产调度通信中断事件

电网调度通信、内部通信、电信公司通信、移动手机通信其中三套通信中断。

4.3　发生下列情况之一，属于Ⅲ级生产调度通信中断事件

电网调度通信、内部通信、电信公司通信、移动手机通信其中两套通信中断。

4.4　发生下列情况之一，属于Ⅳ级生产调度通信中断事件

下雨、雷电、泥石流、滑坡、地震、大风、气候变冷等恶劣气候环境情况下，有可能造成生产调度通信系统局部通信故障；电网调度通信、内部通信、电信公司通信、移动手机通信其中一套突发不明原因通信中断。

5　应急组织机构及职责

5.1　应急组织机构

5.1.1　应急领导小组

组　长：总经理

副组长：副总经理

成　员：综合管理部经理、资产财务部经理、项目开发部经理、工程管理部经理、电力运营部经理、安全生产部经理

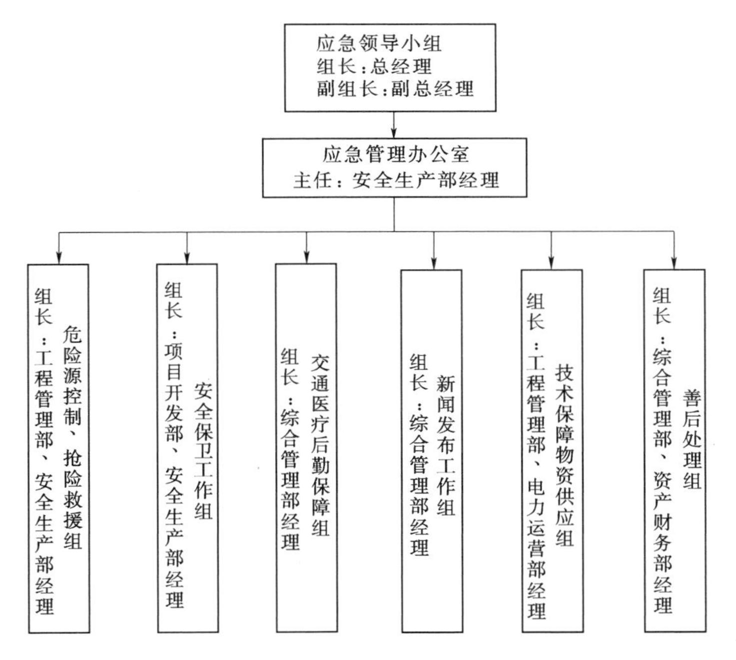

5.1.2　应急管理办公室

主　任：安全生产部经理

5.1.3　应急处置工作组

（1）危险源控制、抢险救援组　　　组长：工程管理部、安全生产部经理

（2）安全保卫工作组　　　组长：项目开发部、安全生产部经理

（3）交通医疗后勤保障组　　组长：综合管理部经理
（4）新闻发布工作组　　组长：综合管理部经理
（5）技术保障物资供应组　　组长：工程管理部、电力运营部经理
（6）善后处理组　　组长：综合管理部、资产财务部经理

5.2　职责

5.2.1　应急领导小组职责

（1）贯彻落实国家有关生产调度通信中断事件应急处理的法规、规定。

（2）研究调度通信系统重大应急决策和部署。

（3）宣布进入和解除应急状态，决定实施和终止生产调度系统。

5.2.2　应急管理办公室职责

（1）负责向上级报告事故情况和事故处理进展情况。

（2）负责对生产调度通信中断事件的有关信息进行汇总和整理，并根据应急领导小组的决定，向应急处置新闻发布小组提供相关素材。

（3）实施生产调度系统突发事件调查报告的编写和上报工作。

（4）对本预案进行定期（每年一次）演习。

5.2.3　危险源控制、抢险救援组职责

（1）负责组织应急救援人员及有关专家及时进入现场，并进行现场抢险救援技术全面指导与技术监督。

（2）首先要以保障生产调度系统正常通信为原则，避免重大设备损坏事故，尽快恢复系统的正常通信。

（3）保障各服务器正常运行，避免发生重大设备损坏事故。应急处理的终止点为：生产调度通信系统设备恢复正常运行方式，各服务器设备均恢复正常运行。

（4）公司发生生产调度通信中断事件后，应立即按职责分工，赶赴现场组织事故处理。

5.2.4　安全保卫工作组职责

（1）维持现场秩序、现场警戒，划定警戒区域，负责监督应急情况处理时各项安全措施的执行，防止救援时人身事故的发生。

（2）控制现场人员，无关人员不准出入现场，确保抢险、救灾人员疏散时的人身安全，做好安置，维持现场秩序，做好安全警戒装置的设置工作。

（3）负责抢险现场安全隔离措施的检查，并督促相关部门执行到位。

（4）组织实施事故应急所必须采取的临时性措施。

（5）完成事故（发生原因、处理经过）调查报告的编写和上报工作。

5.2.5　交通医疗后勤保障组职责

（1）负责应急救援车辆维护、检查，确保应急抢险救援时所需车辆正常使用。

（2）网络信息应急时提供应急救援车辆、应急抢险用物资、设备设施的运送。

（3）负责办公电话、移动电话、传真、电子邮件、应急通信、确保调度通信畅通。

（4）与供应商建立协作关系，保证生产调度通信中断事故应急救援物资的质量、数量。

5.2.6　新闻发布工作组职责

（1）在应急领导小组的指导下，负责将网络信息事故情况汇总，根据应急领导小组的指示做好对外生产调度通信中断事故的新闻发布工作。

（2）根据应急领导小组指示，对网络信息情况向政府新闻主管部门、上级单位进行报告。

（3）负责新闻媒体及当地政府有关部门和上级相关部门的接待工作。

5.2.7　技术保障物资供应组职责

（1）全面提供生产调度通信中断事故应急救援时的技术支持。

（2）掌握生产调度系统的装备、器材、工具等专业技术。

（3）掌握生产调度系统设备、设施、建筑在事故情况下的应急处置方法。

（4）按照要求做好各类生产调度通信中断事故应急处置相应物资储备和供给工作。

（5）应急时，负责应急物资、各种器材、设备的供给。

（6）负责与其他外部部门进行沟通联络，及时做好应急物资的补给工作。

5.2.8　善后处理组职责

（1）负责监督消除生产调度通信中断事故的影响，指导尽快恢复。

（2）负责生产调度通信中断事故资料的收集，现场的保护。

（3）准确、及时、公正地查清事故原因、责任，总结经验吸取教训，制定措施。对责任人提出处理意见。

（4）负责做好生产调度通信中断事故造成经济损失的保险理赔工作。

6　预防与预警

6.1　风险监控

6.1.1　责任部门和责任人

应急管理办公室是风险监控的责任主体，办公室主任对本单位的风险监控负全责。

6.1.2　风险监测的方法和信息收集渠道

通信预警信息是指通信网络事故或事故征兆、其他突发事件可能对通信网络及设施造成影响的警报。

6.1.3　风险监测所获得信息的报告程序

信息获得者直接报告应急管理办公室，应急管理办公室根据信息整理、判断立即向应急领导小组报告，并通知本预案相关人员。

6.2　预警发布与预警行动

6.2.1　预警分级

根据电网调度通信、内部通信、电信公司通信、移动手机通信、计算机监控局域网即时通信的运行情况，依次将通信预警划分为四个等级即：特别严重（红色）、严重（橙色）、较重（黄色）、一般（蓝色）。

6.2.2　预警发布程序和相关要求

发生生产调度通信中断事件后，事件发生部门应立即向应急管理办公室汇报生产调度通信中断事件情况。应急管理办公室根据上述情况综合分析判断，并向应急领导小组汇报，经应急领导小组批准，发布启动预警信息，通知各应急处置工作组作好应急准备。

预警信息的发布一般通过办公电话、移动电话、计算机网络等方式进行，预警信息包括突发事件的类别、预警级别、起始时间、可能影响范围、警示事项、应采取的措施和发布单位等。

6.2.3　预警发布后的应对程序和措施

（1）生产调度通信中断事故预警由应急领导小组提出，相关部门按照有关规定执行，尽可能将生产调度通信系统不稳定因素遏制在萌芽状态。对工作中出现不稳定的新情况、新问题、新动向，各部门要及时汇报应急管理办公室，并及时做好预警监控工作。

（2）要立足抓早、抓小、抓苗头，调查研究，分析预测可能出现的突发性事件，及时发现和掌握苗头性问题，避免生产调度通信中断事故的发生。

（3）各部门应依据已发布的预警级别，适时启动生产调度通信中断事故应急处置方案，履行各自所承担的职责。

6.3　预警结束

6.3.1　预警结束的条件

生产调度通信中断事件发生的可能消除，无继发可能，事件现场没有应急处置的必要。

6.3.2　预警结束程序

应急领导小组根据事态发展情况确认无生产调度通信中断事件的可能性时批准发布解除预警，由应急管理办公室通知各处置工作组，预警解除。

6.3.3　预警结束方式

应急管理办公室根据情况，综合分析判断后报请应急领导小组批准，发布预警结束通报，用办公电话、移动电话、计算机网络等方式通知各应急处置工作组，预警结束。

7　信息报告

7.1　联系电话

24h 值班电话：×××。

应急处置办公电话：×××。

移动电话：×××。

7.2　内部报告程序、方式、内容和时限

7.2.1　报告程序、方式

（1）当发生生产调度通信中断事件时，发现人所在部门应立即向当值值长报告所发生的情况，当值值长接到报告后立即向公司应急管理办公室负责人报告，办公室负责人接到报告后立即利用电话、传真、电子邮件等方式向应急领导小组报告，应急领导小组根据事件情况布置应急救援和应急处置，并及时向上级公司应急管理办公室和当地政府应急管理办公室报告。情况紧急时，现场人员或当值值长可直接先向应急领导小组报告。

（2）报告分为紧急报告和详细汇报。紧急报告是指事故发生后，以口头形式汇报事件的简要情况，报告方式包括利用办公电话、移动电话、计算机网络等进行通知，详细汇报是指由应急管理办公室在事件处理暂告一段落后，以书面形式提交的详细报告。

（3）对生产调度通信中断事故进行初步判断，立即向公司进行紧急报告。任何单位和个人均不得缓报、瞒报、谎报或者授意他人缓报、瞒报、谎报事件。

7.2.2　报告内容和时限

生产调度通信中断事故发生时应立即报告，报告的内容包括：报告的单位、报告人，联系人和联系方式，报告时间，事件发生的时间、地点和现场情况；事件的简要经过、人员伤亡和财产损失情况的初步估计；事件原因的初步分析；事件发生后已经采取的措施、效果及下一步工作方案；其他需要报告的事项。

7.3　外部报告程序、方式、内容和时限

7.3.1　报告程序、方式

生产调度通信中断事故发生时应急领导小组用办公电话、移动电话、计算机网络等向当地政府应急管理部门报告。

7.3.2　报告内容和时限

生产调度通信中断事故发生时应急领导小组在1h内向当地政府应急管理部门、调度中心报告，报告内容主要包括：报告单位、报告人，联系人和联系方式，报告时间，事件发生的时间、地点和现场情况；事件的简要经过、人员伤亡和财产损失情况的初步估计；事件原因的初步分析；事件发生后已经采取的措施、效果及下一步工作方案；其他需要报告的事项。

8　应急响应

8.1　响应分级

按生产调度通信中断事故的严重程度和影响范围，应急响应级别分为Ⅰ级（特别严重）、Ⅱ级（严重）、Ⅲ级（较重）、Ⅳ级（一般）四个级别。

（1）Ⅰ级响应：应急管理办公室立即将有关情况报告应急领导小组，提出启动Ⅰ级响应的建议，同时通知各应急处置工作组，领导小组确认后，启动并负责组织实施Ⅰ级响应，应急管理办公室通报各应急处置工作组，各应急处置工作组启动应急预案，协同应对。

（2）Ⅱ级响应：应急管理办公室立即将有关情况报告应急领导小组，提出启动Ⅱ级响应的建议，同时通知各应急处置工作组，领导小组确认后，启动并负责组织实施Ⅱ级响应，应急管理办公室通报各应急处置工作组，各应急处置工作组启动应急预案，协同应对。

（3）Ⅲ级响应：应急管理办公室立即启动并负责组织实施Ⅲ级响应，应急管理办公室通报各应急处置工作组，各应急处置工作组启动应急预案，协同应对。

（4）Ⅳ级响应：应急管理办公室立即启动并负责组织实施Ⅳ级响应，应急管理办公室通报各应急处置工作组，各应急处置工作组启动应急预案，协同应对。

8.2　响应程序

8.2.1　响应启动条件

（1）当发生生产调度通信中断事故后，可能扩大为重大生产调度通信中断事故时，事

故单位在紧急处置的同时，应当立即将事故情况上报生产调度通信中断事故应急领导小组和应急管理办公室。根据事故的严重程度、可能出现的后果和应急处置工作的需要等召开会议，通知有关部门启动网络信息系统事故应急预案。应急办和应急处置小组应当立即按照职责分工和应急小组的要求组织开展应急处置工作。

（2）生产调度通信中断事故应急领导小组决定进入Ⅰ级应急状态后，应当立即将有关情况按照要求报告省、公司应急领导小组，并视情况请求必要的支持和帮助。

8.2.2　响应启动

由应急领导小组组长宣布启动应急响应，应急管理办公室发布启动信息。

8.2.3　响应行动

（1）当生产调度通信中断事件发生或可能扩大为重大生产调度通信中断事故时，事故单位在紧急处置的同时，应当立即将事故情况上报突发事件应急领导小组和应急办。

（2）应急管理办公室接到有关事故简要情况后，根据事故的严重程度、可能的后果和应急处置工作的需要等，应当立即将有关情况报告公司突发事件应急管理办公室，并通知有关部门准备启动网络信息系统突发事件应急预案。

（3）生产调度通信中断事件应急领导小组接到事故报告后，做出应急处置要求，进入Ⅱ级应急状态，有关单位和部门应当积极配合事故单位组织开展应急处置工作，并进入事故调查程序。

（4）应急领导组在决定进入应急状态后，应当立即将有关事故情况按照要求报告公司应急领导小组。

8.2.4　按响应级别和职责开展应急行动

在应急领导小组统一领导下，各部门、各应急处置工作组认真履行自己的职责按照不同级别开展应急响应行动。

8.2.5　应急报告格式、内容、时限和责任部门

应急领导组在决定进入应急状态后，应当立即将有关事故情况按照要求报告给上级应急管理部门。应急管理办公室负责按照应急领导小组的要求及时、准确地向政府应急管理部门、电力监管等机构报告生产调度通信中断事故情况。

8.3　应急处置

8.3.1　先期处置

（1）恶劣天气情况下，现场应加派人员进行值守。

（2）极端天气情况下，现场人员24h值班，时刻关注通信是否正常。

8.3.2　应急处置

发生全场调度通信中断事件，有值班负责人向应急管理小组汇报，并同时上报调度，如果涉及机电保护信号，必须向调度汇报。由应急领导小组决定执行预案，各小组借调通知后，紧急启动本预案，各就各位，组织事故的应急处理。

8.3.3　扩大应急响应

本预案的应急处置过程中，当涉及生产调度通信中断事故不断扩大时，应急领导小组应及时加大应急力量投入，应急管理办公室应及时向上一级应急管理部门汇报，提请应急

响应升级，同时汇报当地政府应急管理部门。

8.4　应急结束

8.4.1　应急结束条件

公司与电网公司所有通信方式和场内生产通信恢复正常后，应急领导小组经研究决定宣布终止应急状态。

8.4.2　应急结束程序

生产调度通信中断事故处置结束后，应急领导小组召集会议，在充分评估生产调度通信中断事故和应急情况的基础上，由原发布生产调度通信中断事故应急响应的指挥者宣布应急响应结束，通知各应急小组负责人。

9　后期处置

9.1　现场恢复的原则和内容

各单位生产人员在生产调度通讯中断故障发生后，在人身安全不受危害的情况下要坚守本职岗位，使生产、生活秩序正常进行。

9.2　保险理赔

资产财务部负责核算救援发生的费用及后期保险和理赔等工作。

9.3　事故调查的原则、内容、方法和目的

（1）按照国家法律、法规规定组成生产调度通信中断事故调查组进行事故调查。事故调查坚持“四不放过”原则，实事求是、尊重科学的原则，客观、公正、准确、及时地查清事故原因、发生过程、恢复情况、事故损失、事故责任等，提出防范措施和事故责任处理意见。

（2）组织或聘请有关专家对事件应急处置过程进行评估，并形成评估报告。评估报告的内容应包括：事故发生的经过、现场调查结果；事故发生的主要原因分析、责任认定等结论性意见；事故处理结果或初步处理意见；事故的经验教训；存在的问题与困难；改进工作的建议和应对措施等。

9.4　应急工作总结与评价

生产调度通信中断事故所涉及的相关单位应及时总结应急处置工作的经验和教训，对故障所做的技术分析以及各单位采取的整改措施开展技术交流，进一步完善和改进突发事件应急处置、应急救援、事故抢修等的保障体系，提高整体应急处置能力。

10　应急保障

10.1　应急队伍保障

10.1.1　内部队伍

（1）生产调度通信系统管理人员和各部门信息员为兼职应急救援人员。

（2）各部门要加强生产调度通信中断事件应急技术支持队伍的建设，提高人员的业务素质、技术水平和应急处置能力。

10.1.2　外部队伍

相关的社会应急援救部门、政府应急管理部门、计算机网络管理部门、交警支队、医

疗部门、公安消防部门。

10.2 应急物资装备保障

小型备品备件由风电场储备，大金额主设备备件由上级公司联系调配。

10.3 通信与信息保障

应急期间，指挥、通信联络和信息交换的渠道主要有内线电话、外线电话、移动电话等方式，相关应急人员的移动电话必须保持24h开机状态。

10.4 技术保障

（1）在生产调度通信系统建设和改造项目规划、立项、设计、运行等各环节，应提出应对生产调度通信中断事件的技术保障要求。

（2）在信息系统各项目建设和服务合同中应包含相关设备供应商、技术服务供应商在生产调度通信系统应急方面的技术支持内容。

（3）应注意收集各类生产调度通信中断事件的应急处置实例，总结经验和教训，开展网络运行突发事件预测、预防、预警和应急处置的技术研究，加强技术储备。

11 培训和演练

11.1 培训

11.1.1 培训的范围

应急管理培训工作纳入年度培训计划，有针对性地对应急救援和管理人员进行培训，提高其专业技能。

11.1.2 培训方式

举办培训班、训练班，利用案例教学、交流研讨、情景模拟、应急演练等方式进行培训。

11.1.3 培训内容和周期

每年至少组织一次应急管理培训，培训的主要内容应该包括：网络信息系统安全事故专项应急预案，应急组织机构及职责、应急程序、应急资源保障情况和针对网络信息系统安全事故的预防和处置措施等。

11.2 演练

11.2.1 演练范围

将应急救援演练工作纳入年度培训教育计划，有针对性地对应急救援人员和管理人员进行演练，提高其专业技能。

11.2.2 演练方式

应急演练的方式可以选择实战演练、桌面演练。

11.2.3 演练的内容和周期

生产调度通信中断事故专项应急预案，应急组织机构及职责、应急程序、应急资源保障情况和生产调度通信中断事故的预防和处置措施等。每年年初制定演练计划，网络信息系统安全事故专项应急预案演练每年不少于一次，现场处置演练不少于两次，演练结束后应形成总结材料。

12　附则

12.1　术语和定义

本预案所称生产调度通信中断事故是指由于自然灾害、内部人为失误或破坏等原因，使公司所辖项目公司生产调度通信系统的正常运行受到严重影响，出现业务中断、系统破坏、数据破坏或信息失窃或泄密等现象。

12.2　应急预案备案

本预案报上级公司应急管理部门、政府应急管理部门和当地能源监管部门审查备案。

12.3　预案维护和更新

随着公司应急救援相关法律法规的制订和修订，或实施过程中发现存在问题或出现的情况，以及生产调度通信系统的发展和管理体制的变化，将及时组织修订本应急预案。

12.4　预案制定与解释

本预案由安全生产部编制并负责解释。

12.5　应急预案实施时间

本预案自发布之日起实施。

13　附件

13.1　应急领导小组及相关人员联络方式表

序号	岗　　位	姓名	办公电话	移动电话	备注
1	总经理				
2	副总经理				
3	综合管理部经理				
4	资产财务部经理				
5	项目开发部经理				
6	工程管理部经理				
7	电力运营部经理				
8	安全生产部经理				

13.2　相关政府职能部门、抢险救援机构联系方式

序号	单　　位	联系方式	备注
1	地方应急管理委员会		
2	安全生产监督管理局		
3	生产调度机构		
4	当地国家能源派出机构		
5	当地气象部门		
6	国土资源机构		

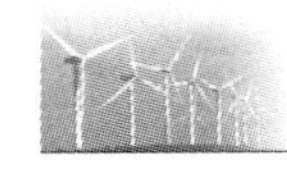

续表

序号	单　　位	联系方式	备注
7	急救中心		
8	公安报警		
9	交通报警		
10	消防报警		

13.3　基本公共应急物资储备表

序号	物资名称	数量	存放地点	负责人	办公电话	负责人电话	备注
1	逃生绳						
2	电筒						
3	工具箱						
4	对讲机						
5	急救箱						
6	应急车辆						
7	消防栓						
8	消防水带						
9	灭火器						
10	床						
11	被褥						
12	桶						
13	锹						
14	编织袋						

13.4　有关流程

13.4.1　信息报告流程

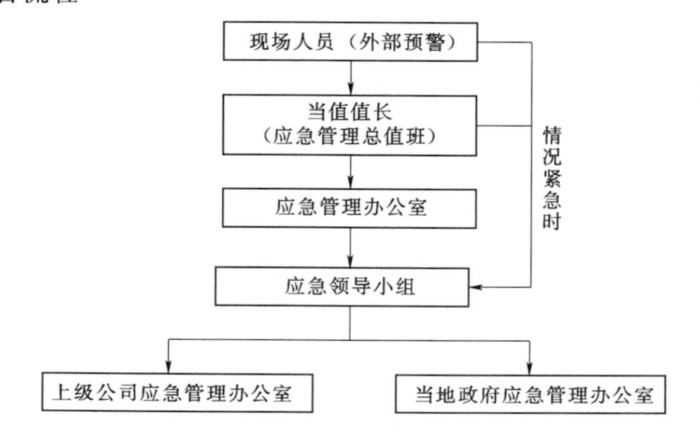

13.4.2　应急处置流程

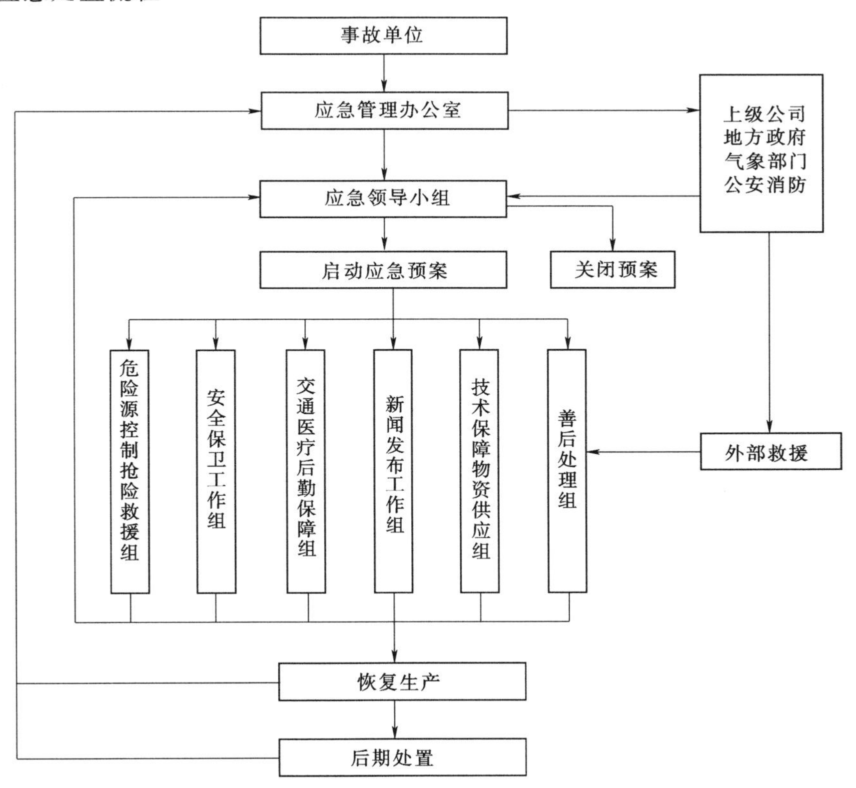

十二、全站停电事故应急预案

某风力发电公司
全站停电事故应急预案

1　总则

1.1　编制目的

为了全面贯彻国家、地方、行业关于认真做好突发事件应急救援各项工作的指示精神，进一步做好突发事件应急救援各项工作，防止和减少全站停电事故的发生、避免人身伤害、公司财产损失，维护公司正常的生产经营、社会活动秩序，根据公司的具体实际情况，特编制本预案。

1.2　编制依据

《中华人民共和国安全生产法》（中华人民共和国主席令第13号）

《中华人民共和国突发事件应对法》（中华人民共和国主席令第69号）

《国家突发公共事件总体应急预案》

《国家大面积停电事件应急预案》（国办函〔2015〕134号）

《生产经营单位安全生产事故应急预案编制导则》(GB/T 29639—2013)
《生产安全事故应急预案管理办法》(安监总局令第 88 号)
《生产安全事故应急演练指南》(AQT 9007—2011)
《生产安全事故应急演练评估规范》(AQT 9009—2015)
《电力安全事故应急处置和调查处理条例》(中华人民共和国国务院令第 599 号)
《电力安全生产监督管理办法》(中华人民共和国国家发展和改革委员会令第 21 号)
《电力企业应急预案管理办法》(国能安全〔2014〕508 号)
《电力企业应急预案评审和备案细则》(国能综安全〔2014〕953 号)
《电力企业专项应急预案编制导则(试行)》
《电力突发事件应急演练导则》(电监安全〔2009〕22 号)
《某风电公司综合应急预案》

1.3　适用范围

适用于公司全站停电突发事件的应急处置和应急救援工作。

1.4　应急处置基本原则

本预案坚持预防与救援结合，以人为本，减少危害。居安思危，预防为主。统一领导，分级负责。把握全局，突出重点。快速反应，协同应对。依靠科技，提高素质。依靠政府、广泛宣传。“保人身、保设备、保电网”的原则，以突发事件的预测、预防为重点，以应对风力发电场、光伏电站全站停电事故为目标，采取积极措施，快捷、准确地挽救员工的生命，使国家、公司免遭损失。

2　应急处置基本原则

遵循以人为本“安全第一，预防为主，综合治理”的方针，坚持防御和救援相结合，坚持保人身、保电网、保设备的原则。依托政府、统一领导、分工负责、加强联动、快速响应，最大限度地减少突发事件造成的损失。

3　事件类型和危害程度分析

3.1　事件类型

全站停电事故属于事故灾难。

3.2　风险分析

(1) 公司尚处发展期，机组及变电站尚存薄弱环节，全站停电的风险时刻威胁电场的正常运营，对安全自动装置、继电保护自动装置依赖较重，一旦发生安全自动装置，继电保护自动装置拒动、误动可能造成全站停电。

(2) 若发生自然灾害地震、洪水、雷暴等天气造成机组不能运行，可能造成全站停电。

(3) 对外供电中断，与系统失去联系，使整个系统的联系变弱，或出现局域网运行，运行稳定性降低。如调整不及时或调整不当，有可能导致机组跳闸，场用电源全部失去，造成全站停电的事故。

(4) 主变、开关、母线、送出线路、对端间隔设备等电气一次设备故障有可能引发全站停电。

（5）直流系统串入交流；安全自动装置动作；送出线路保护跳闸；保护误动等二次设备有可能引发全站停电。

（6）运行人员电气误操作有可能引发全站停电。

4　事件分级

全站停电事故按四级划分：Ⅰ级（特别重大）、Ⅱ级（重大）、Ⅲ级（较大）和Ⅳ级（一般）。

（1）Ⅰ级：造成30人以上死亡，或者100人以上重伤（包括急性工业中毒），或者1亿元以上直接经济损失的事故。

（2）Ⅱ级：造成10人以上30人以下死亡，或者50人以上100人以下重伤，或者5000万元以上1亿元以下直接经济损的事故。

（3）Ⅲ级：造成3人以上10人以下死亡，或者10人以上50人以下重伤，或者1000万元以上5000万元以下直接经济损失的事故。

（4）Ⅳ级：造成3人以下死亡，或者10人以下重伤，或者1000万元以下直接经济损失的事故。

5　应急指挥机构及职责

5.1　应急指挥机构

5.1.1　应急领导小组

组　长：总经理

副组长：副总经理

成　员：综合管理部经理、资产财务部经理、项目开发部经理、工程管理部经理、电力运营部经理、安全生产部经理

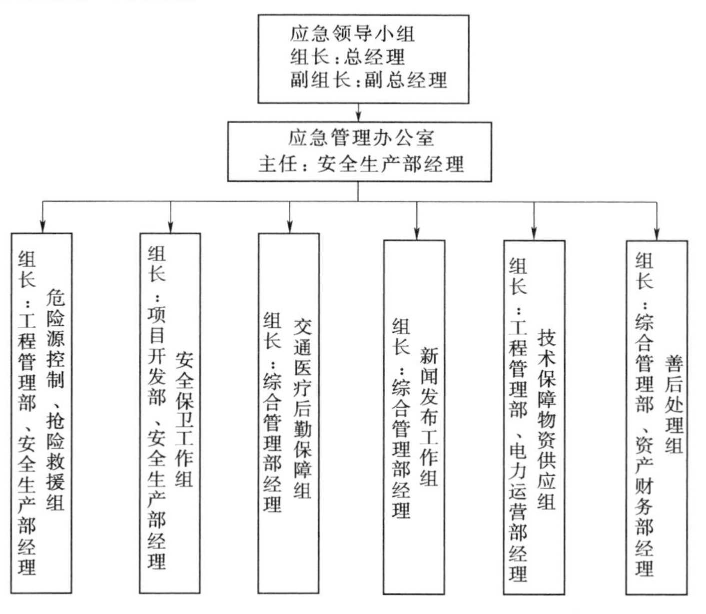

5.1.2　应急管理办公室

主　任：安全生产部经理

5.1.3　应急处置工作组

（1）危险源控制、抢险救援组	组长：工程管理部、安全生产部经理
（2）安全保卫工作组	组长：项目开发部、安全生产部经理
（3）交通医疗后勤保障组	组长：综合管理部经理
（4）新闻发布工作组	组长：综合管理部经理
（5）技术保障物资供应组	组长：工程管理部、电力运营部经理
（6）善后处理组	组长：综合管理部、资产财务部经理

5.2　职责

5.2.1　应急领导小组职责

（1）贯彻落实国家有关重大突发事件管理工作的法律、法规、制度，执行上级公司和政府应急管理部门关于重大突发事件处理的重大部署。

（2）监督应急管理责任制的落实情况，协调各部门职责的划分，并监督各部门、专业应急预案的编写、学习、演练和修订完善。

（3）负责总体指挥协调全站停电事故的应急救援和处置，负责出现突发事件时应急预案的启动和应急预案的终结。

（4）部署重大突发事件发生后的善后处理及生产、生活恢复工作。

（5）及时向政府应急管理部门及上级公司应急管理部门报告重大突发事件的发生及处理情况。

（6）负责监督、指导各职能机构对各类突发事件进行调查分析，并对相关部门或人员落实考核。

（7）签发审核论证后的应急预案。

5.2.2　应急管理办公室（办公室设在安全生产部）职责

（1）应急管理办公室是公司应急管理的常设机构，负责应急指挥机构的日常工作。

（2）及时向应急领导小组报告全站停电事故信息。

（3）负责传达政府、行业及公司有关突发事件应急管理的方针、政策和规定。

（4）组织落实应急领导小组提出的各项措施、要求，监督落实。

（5）组织制定应急工作的各项规章制度和全站停电事故典型预案，指导事故处置工作。

（6）监督检查应急预案、应急准备工作、组织演练情况；指导、协调事故的处理工作。

5.2.3　危险源控制、抢险救援组职责

（1）负责组织应急救援人员及有关专家及时进入现场，并进行现场抢险救援技术全面指导与技术监督。

（2）负责迅速开展解救被困人员和受伤人员的救援工作。

（3）负责现场救援设备和物资及时运送进入现场。

（4）掌握本单位人身事故应急救援力量（医护人员、受过紧急救护培训的人员、与人身急救有关的专业对口人员）和人身应急救援物资的资源（包括数量、储存情况）。

（5）负责提出上级救援、外部救援力量和物资支援的需求。

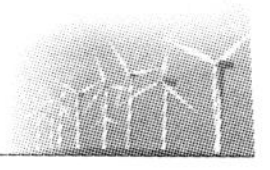

5.2.4　安全保卫工作组职责

（1）维持事故现场秩序、布置现场警戒，划定警戒区域，负责监督应急情况处理时各项安全措施的执行，防止救援时次生人身事故的发生。

（2）控制现场人员，无关人员不准出入事故现场，确保抢险、救灾，维持现场秩序等工作。

（3）负责事故抢险现场安全隔离措施的检查，并督促相关部门执行到位。

（4）组织实施事故恢复所必须采取的临时性措施。

5.2.5　交通医疗后勤保障组职责

（1）负责应急救援车辆维护、检查，确保应急抢险救援时所需车辆正常使用。

（2）应急时提供应急救援车辆，提供应急救援物资、设备设施运送所需车辆。

（3）负责办公电话、移动电话、传真、电子邮件、应急通信、确保调度通信畅通。

（4）保证应急救援用的药品、器械的质量、数量。

（5）负责接警后及时赶赴事发地，对受伤人员采取现场紧急救治，及时抢救伤员生命。

（6）及时联系120急救中心或当地医院，将伤员转送医院进行治疗。

（7）做好日常相关应急救援的医疗药品和器材的维护和储备工作。

5.2.6　新闻发布工作组职责

（1）在应急领导小组指导下，将全站停电情况汇总，根据领导小组决定做好对外信息发布工作。

（2）根据领导小组的决定对全站停电情况向政府新闻主管部门、上级单位进行报告。

（3）负责新闻媒体及当地政府有关部门和上级相关部门的接待工作。

5.2.7　技术保障物资供应组职责

（1）按照专业分工尽快到达现场，第一时间联系医务人员，报告位置和受伤具体情况，在路口为医务人员带路，最快时间到达现场。

（2）在全站停电事故发生后，要按照保人身的原则，进行处理，做好防止人身伤害的安全措施。

（3）事故处理期间，要求各岗位尽职尽责，根据情况对设备采取相应保护、隔离措施，对可能产生的不良影响提出事故处理方案。

（4）与供应商建立物资供应协作关系，保证应急救援物资的质量、数量，备品备件满足应急需要。

5.2.8　善后处理工作组职责

（1）负责监督消除全站停电事故造成的影响，指导尽快恢复全站送电。

（2）负责事故资料的收集，现场的保护。

（3）准确、及时、公正地查清事故原因、责任，总结经验吸取教训，制定措施。对责任人提出处理意见，形成事故调查报告。

（4）负责做好伤亡人员赔偿及家属安抚工作，做好受伤人员康复治疗、慰问工作，对因参与应急处理工作受伤、致残、死亡的人员，按照国家有关规定，做好伤亡人员保险理赔工作，给予相应补助和抚恤。

6 预防与预警

6.1 风险监测

6.1.1 风险监测部门和人员

风险监测的责任部门为应急管理办公室，安全生产部经理负责协调全站停电事故的风险检测、监控。

6.1.2 风险监测的方法和收集渠道

风险监测的主要对象是生产过程中可能导致全站停电突发事件的安全管理薄弱环节和重要环节，收集各种事故征兆，对事故征兆进行纠正活动，防止该现象的扩展蔓延，逐渐使其恢复到正确状态，并建立相应信息档案。

6.1.3 风险监测所获得信息的报告程序

信息获得者直接报告当值值长，当值值长按汇报程序报告给应急管理办公室，应急管理办公室将信息汇总向应急领导小组报告，并通知本预案相关人员。

6.2 预警发布与预警行动

6.2.1 预警分级

按照生产事故级别和发生的可能性，全站停电事故预警分为1个级别。

依据天气预报可能出现雨雪、冰冻、严寒、雷电天气、异常大雾、洪水等气象灾害；或有可能出现地震灾害以及其他地质灾害等，有可能造成母线架构垮塌和线路倒杆、闪络引起系统发生短路、接地故障导致全站停电事故。

6.2.2 预警的发布程序和相关要求

应急指挥根据预测分析结果，对可能发生和可以预警的全站停电事故发布预警信息，预警信息包括全站停电事故可能影响的范围、警示事项、应采取的措施等。

预警信息的发布、调整和解除由应急领导小组通过广播、通信、信息网络等方式通知各应急处置工作组。

6.2.3 预警发布后应对程序和措施

（1）在预警状态下，各应急处置工作组要做好全站停电的应急准备工作，按照应急救援领导小组的要求，落实各项预警控制措施。

（2）在预警情况下，各应急处置工作组要以保证人身、电网和设备安全为目标，全力以赴控制事态的进一步发展和扩大。

（3）运行值班员必须严格服从电网调度命令，正确执行调度操作。任何单位和个人不得干扰、阻碍运行值班人员进行应急处理。

6.3 预警结束

6.3.1 预警结束条件

全站停电事故发生的可能消除，无继发可能，事故现场没有应急处置的必要。

6.3.2 预警结束程序

接到全站停电事故预警解除信息后，应急领导小组根据事态发展情况确认无发生全站停电事故的可能性时发布解除预警，由应急管理办公室通知各应急处置工作组，预警解除。

6.3.3 预警结束方式

应急管理办公室根据情况，综合分析判断后报应急领导小组批准，发布预警结束通报，用办公电话、移动电话、计算机网络等方式通知各应急处置工作组，预警结束。

7 信息报告

7.1 应急处置办公电话

应急处置办公电话：×××。

移动电话：×××。

7.2 内部报告

7.2.1 报告的程序和方式

当全站停电事故发生时，岗位人员应立即向当值值长报告所发生的情况，当值值长接到报告后立即向公司应急管理办公室负责人报告，办公室负责人接到报告后立即利用电话、传真、电子邮件等方式向应急领导小组报告，应急领导小组根据事故情况布置应急救援和应急处置，并及时向上级公司应急管理办公室和当地政府应急管理办公室报告。情况紧急时，现场人员或当值值长可直接先向应急领导小组报告。

7.2.2 报告的内容

报告内容主要包括：报告单位、报告人，联系人和联系方式，报告时间，全站停电事故发生的时间、地点和现场情况；事故的简要经过、人员伤亡和财产损失情况的初步估计；事故原因的初步分析；事故发生后已经采取的措施、效果及下一步工作方案；其他需要报告的事项。

7.3 外部报告

7.3.1 报告的程序和方式

全站停电事故发生后，应急领导小组根据事故的具体情况，采用办公电话、移动电话、计算机网络等形式向当地政府应急管理部门报告。

7.3.2 报告的内容和时限

报告内容包括：报告单位、报告人，联系人和联系方式，报告的时间，全站停电事故发生的时间、地点和现场情况；事故简要经过、人员伤亡和财产损失情况初步估计；事故原因的初步分析，事故发生后已经采取的措施、效果及下一步处置方案及其他需要报告的事项。发生特、重大、较大人身事故必须在1h内报告给政府应急管理部门，电监部门应急机构。

8 应急响应

8.1 响应分级

Ⅰ级响应：对应Ⅰ级预警标准，由公司总经理组织响应，所有部门进行联动。

8.2 响应程序

8.2.1 应急响应启动条件

Ⅰ级应急响应：发生全站停电事故，直接财产损失人民币100万元以上的，应急领导

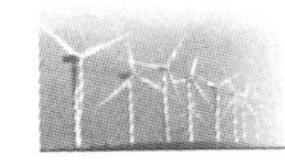

小组组织开展应急救援工作。

8.2.2 响应启动

经应急领导小组批准后，应急管理办公室发布预案启动信息。

由公司应急领导小组组长宣布启动，各专业小组开展应急救援工作。

8.2.3 响应行动

全站停电应急响应信息发布后，由指定前线指挥人员负责现场处置，并组织有关人员召开应急会议，部署警戒、疏散、信息发布、现场处置及善后等相关工作，各专业抢险队按照职责进行处置。

8.2.4 报告

由应急领导小组指定人员向上级公司及政府有关部门及电力监管机构进行应急工作信息报告，内容要快速、准确、全面，应包括全站停电事故发生的时间、地点、现象、影响、原因等情况。

8.3 先期处置

（1）当发生全站停电事故时，发现人或所在部门应立即将发生的情况（包括时间、地点、停电原因等）报告给应急管理办公室。各级应急救援人员要坚守本职岗位，使生产、生活正常进行。

（2）应急管理办公室应立即向应急领导小组报告，并建议启动应急预案。应急管理办公室应分别通知应急领导小组成员及相关应急处置工作组人员，参加应急处理。新闻发布工作组及时做好宣传工作，稳定员工情绪。

（3）安全保卫工作组布置安排好人力、做好安全保卫工作。

（4）善后处理工作组要做好伤者亲友的接待、慰问、安抚工作。

（5）各工作组接到应急响应的通知后，应按各自职责对全站停电事故进行处置。

8.4 应急处置

（1）应急指挥。全站停电事故发生后，事发现场人员和事发单位应立即按本单位现场应急处置方案开展现场自救工作。同时按报告程序向应急领导小组和应急管理办公室汇报，并接受事故应急领导小组的指挥。

（2）应急行动。经应急领导小组批准，应急管理办公室启动本预案，现场应急救援工作组根据现场需要组织力量赶赴现场开展救援。

（3）与事故现场建立通信联系，收集、整理事故应急信息，指挥事故现场应急人员积极抢救伤员，快速转送医院，对事故的发展事态进行动态监测，及时掌握应急处置情况。

（4）按需要应急领导小组现场指挥协调工应急处置工作，协调财务部门，做好相关费用支持工作。

（5）按需要调配救援力量和资源，开展现场救援工作，必要时求助政府应急管理部门（包括医疗、公安、消防、交通）参加应急救援。

（6）势态被有效控制后，结束应急处置，停止本预案，部署善后处理工作。

（7）扩大应急响应。本预案的应急处置过程中，当涉及人身伤亡时，应急领导小组应及时加大应急力量投入，应急管理办公室应及时向上一级应急管理部门汇报，提请应急响应升级，同时汇报当地政府应急管理部门。

8.5　应急结束

8.5.1　应急结束的条件

（1）事件现场得到控制，事故条件已经消除。

（2）环境符合有关标准。

（3）事故所造成的危害已经彻底消除，无继发可能。

（4）事件现场的各种专业应急处置行动已无继续的必要。

（5）采取了必要的防护措施次生、衍生事故已消除。

全站风电机组恢复对外供电，生产现场恢复到稳定运行状态，事故消除后由应急领导小组宣布本预案结束。

8.5.2　应急结束的程序

全站停电事故处置结束后，应急领导小组召集会议，在充分评估事故和应急情况的基础上，人员撤离到安全位置后，由各应急处置工作组组长清点人数，向应急领导小组汇报，由原发布不同级别应急响应的指挥者宣布应急响应结束，通知各应急小组负责人。

9　后期处置

9.1　恢复生产

各单位生产人员在全站停电事故发生后，在人身安全不受危害的情况下要坚守本职岗位，使生产、生活秩序正常进行。

按“四不放过”原则，对本次事故进行认真调查，找出事故原因和责任者，做出相应的处理，并制订防止此类事故的防范措施以及组织相关人员进行学习。

9.2　保险理赔

应急管理办公室协调财务部负责核算救灾发生的费用及后期保险和理赔等工作。

9.3　事故调查

发生全站停电、造成重大影响等突发事件后，按照国家法律、法规规定组成事故调查组进行事故调查。事故调查坚持“四不放过”原则，实事求是、尊重科学的原则，客观、公正、准确、及时地查清事故原因、发生过程、恢复情况、事故损失、事故责任等，提出防范措施和事故责任处理意见。

9.4　应急工作总结与评价

（1）全站停电事件应急处置后，组织或聘请有关专家对事件应急处置过程进行评估，并形成评估报告。评估报告的内容应包括：事故发生的经过、现场调查结果；事故发生的主要原因分析、责任认定等结论性意见；事故处理结果或初步处理意见；事故的经验教训；存在的问题与困难；改进工作的建议和应对措施等。

（2）全站停电突发事件应急处置完成后，应急领导小组及时组织生产、运行、科研等有关部门联合攻关，研究事故发生机理，分析事故发展过程，吸取事故教训，提出具体措施，进一步完善和改进应急预案。

（3）设备故障所涉及全站停电的相关单位应及时总结应急处置工作的经验和教训，对故障所做的技术分析以及各单位采取的整改措施开展技术交流，进一步完善和改进突发事件应急处置、应急救援、事故抢修等的保障体系，提高整体应急处置能力。

10　应急保障

10.1　应急队伍保障

10.1.1　内部队伍

健全和完善本单位应急队伍：应急领导、救援人员、专家组等。

专职应急队伍：运行、保卫、消防、维护人员及专家组等。

兼职应急队伍：（群众性救援队伍）专业技术人员、值班人员及外包检修人员等。

10.1.2　外部救援队伍

公司与当地应急管理部门建立长期协议（包括医疗、消防、公安、交通、设备制造厂家、供应商），发生全站停电事故时，外部应急队伍赶赴现场参加实施救援行动。

应急队伍包括专业技术人员、值班人员及外包检修人员等。

10.2　应急物资与装备

（1）应急处置各有关部门在积极利用现有装备的基础上，根据应急工作需要，建立和完善救援装备数据库与调用制度，配备必要的应急救援装备。各应急指挥机构应掌握各专业的应急救援装备的储备情况，并保证救援装备始终处在随时可正常使用的状态。

（2）应急物资及设备配置见 13.3 节。

（3）应急和救护设备的管理。

1）所有应急设备、器材应有专人管理，保证完好、有效、随时可用。各应急处置组建立应急设备、器材台账，记录所有设备、器材名称、型号、数量、所在位置、有效期限等，还应有管理人员姓名，联系电话。

2）应随时更换失效、过期的用品、器材，并有相应的跟踪检查制度和措施。

3）由物资保障工作组实施后勤保障应急行动，负责灭火器材、药品的补充、交通工具、个体防护用品等物资设备的调用。

10.3　通信与信息

（1）通信保障应急处置组组长应定期对厂内通信设备进行检查、维护，确保通信畅通，特别是要保证值长岗位与应急救援指挥机构和调度部门以及公司应急管理办公室的通信畅通。

（2）通信保障应急处置组应配备相当数量的应急通信设备，如对讲机、通话机等，以保证在厂内通信设备发生故障时应急。

10.4　经费

财务部按照规定标准提取，在成本中列支，专门用于完善和改进公司应急救援体系建设、监控设备定期检测、应急救援物资采购、应急救援演习和应急人员培训等。保障应急状态时生产经营单位应急经费的及时到位。

11　培训和演练

11.1　培训

11.1.1　培训范围

将应急管理培训工作纳入年度培训计划，有针对性地对应急救援和管理人员进行培

训，提高其专业技能。

11.1.2　培训方式

举办培训班、训练班，利用案例教学、交流研讨、情景模拟、应急演练等方式进行培训。

11.1.3　培训内容和周期

每年至少组织一次应急管理培训，培训的主要内容应该包括：全站停电事故专项应急预案，应急组织机构及职责、应急程序、应急资源保障情况和针对全站停电事故的预防和处置措施等。

11.2　演练

11.2.1　演练范围

将应急救援演练工作纳入年度培训教育计划，有针对性地对应急救援人员和管理人员进行演练，提高其专业技能。

11.2.2　演练方式

应急演练的方式可以选择实战演练、桌面演练。

11.2.3　演练的内容和周期

全站停电事故专项应急预案，应急组织机构及职责、应急程序、应急资源保障情况和针对全站停电事故的预防和处置措施等。每年年初制定演练计划，全站停电事故专项应急预案演练每年不少于1次，现场处置演练不少于2次，演练结束后应形成总结材料。

12　附则

12.1　术语和定义

（无）

12.2　应急预案备案

本预案报当地能源监管部门备案。

12.3　预案修订

每年由安全管理部门组织修订一次。

12.4　制定与解释

本预案由公司安全管理部门制定、归口并负责解释。

12.5　预案实施

本预案自发布之日起实施。

13　附件

13.1　应急领导小组及相关人员联络方式表

序号	岗　　位	姓名	办公电话	移动电话	备注
1	总经理				
2	副总经理				
3	综合管理部经理				

续表

序号	岗　　位	姓名	办公电话	移动电话	备注
4	资产财务部经理				
5	项目开发部经理				
6	工程管理部经理				
7	电力运营部经理				
8	安全生产部经理				

13.2　相关政府职能部门、抢险救援机构联系方式

序号	单　　位	联系方式	备注
1	地方应急管理委员会		
2	安全生产监督管理局		
3	生产调度机构		
4	当地国家能源派出机构		
5	当地气象部门		
6	国土资源机构		
7	急救中心		
8	公安报警		
9	交通报警		
10	消防报警		

13.3　基本公共应急物资储备表

序号	物资名称	数量	存放地点	负责人	办公电话	负责人电话	备注
1	逃生绳						
2	电筒						
3	工具箱						
4	对讲机						
5	急救箱						
6	应急车辆						
7	消防栓						
8	消防水带						
9	灭火器						
10	床						
11	被褥						
12	桶						
13	锹						
14	编织袋						

13.4 有关流程

13.4.1 信息报告流程

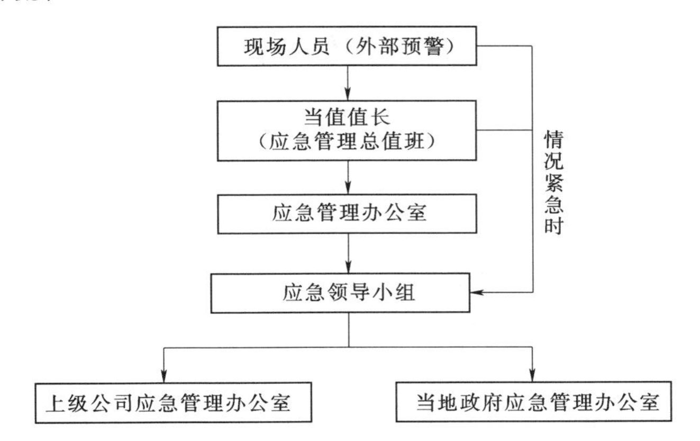

13.4.2 应急处置流程

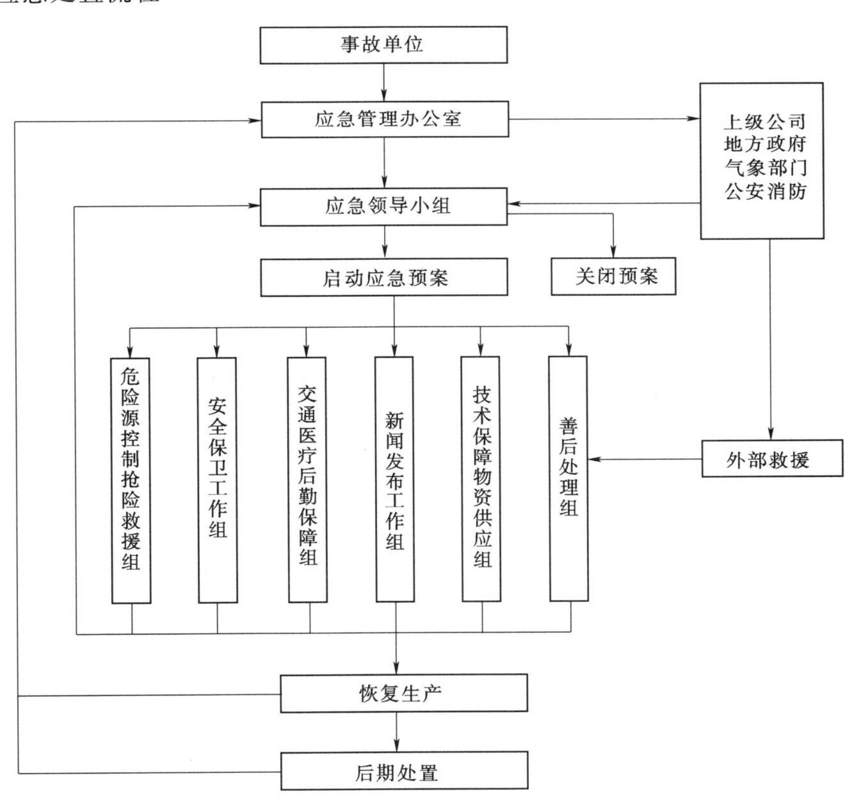

第六章　公共卫生事件专项预案

第一节　公共卫生事件概述

依据《突发公共卫生事件应急条例》（中华人民共和国国务院令第376号）规定，突发公共卫生事件是指突然发生，造成或者可能造成社会公众健康严重损害的重大传染病疫情、群体性不明原因疾病、重大食物和职业中毒以及其他严重影响公众健康的事件。

根据突发公共卫生事件性质、危害程度、涉及范围，突发公共卫生事件划分为特别重大（Ⅰ级）、重大（Ⅱ级）、较大（Ⅲ级）和一般（Ⅳ级）四级。突发性公共卫生事件从发生原因上来分，通常可分为以下3种。

（1）生物病原体所致疾病：主要指传染病、寄生虫病、地方病区域性流行、暴发流行或出现死亡，群体性医院感染等。

（2）食物中毒事件：食物中毒是指人摄入了含有生物性、化学性有毒有害物质后或把有毒有害物质当作食物摄入后所出现的非传染性的急性或亚急性疾病，属于食源性疾病的范畴。

（3）有毒有害因素污染造成的群体中毒、出现中毒死亡或危害：主要是由于污染所致，如水体污染、大气污染、放射污染等。

第二节　公共卫生事件专项应急预案范例

一、传染病疫情事件应急预案

某风力发电公司
传染病疫情事件应急预案

1　总则

1.1　编制目的

为高效有序地做好公司发生的传染病疫情突发事件的应急处置和救援工作，避免或最大限度地减轻灾害造成的损失，保障员工生命和公司财产安全，维护社会稳定，特编制本专项应急预案。

1.2　编制依据

《中华人民共和国安全生产法》（中华人民共和国主席令第13号）

《中华人民共和国突发事件应对法》（中华人民共和国主席令第69号）

《中华人民共和国传染病防治法》（中华人民共和国主席令第17号）

《国家突发公共事件总体应急预案》

《突发公共卫生事件应急条例》（国务院令第376号）

《电力企业应急预案管理办法》（国能安全〔2014〕508号）

《电力企业应急预案评审和备案细则》（国能综安全〔2014〕953号）

《电力企业专项应急预案编制导则（试行）》

《某公司综合应急预案》

1.3 适用范围

本预案适用于公司生产、生活区域发生的传染病突发事件现场应急处置和应急救援工作。

2 应急处置基本原则

2.1 以人为本，减少危害

最大限度地预防、减少、消除传染病疫情事件，降低所造成的人员伤亡、财产损失、社会影响，切实加强传染病疫情事件管理工作。

2.2 统一领导，分级负责

在公司统一领导和较大突发事件应急指挥机构组织协调下，各工作组按照各自的职责和权限，负责有关传染病疫情的应急管理和应急处置工作，建立健全传染病疫情应急预案和应急预案管理机制。

2.3 依靠科学，依法规范

采用先进的救援装备和技术，增强应急救援能力。依法规范应急救援工作，确保应急预案的科学性、权威性和可操作性。

2.4 预防为主，平战结合

贯彻落实“安全第一，预防为主，综合治理”的方针，坚持传染病疫情的应急与预防相结合。做好预防、预测、预警和预报工作，做好常态下的风险评估、物资储备、队伍建设、完善装备、预案演练等工作。

3 事件类型和危害程度分析

3.1 风险的来源、特性

3.1.1 传染病的基本特征

（1）有病原体：包括细菌、病毒、立克次体、螺旋体、原虫、蠕虫等。

（2）有传染性：传染病病人必须隔离治疗。

（3）有流行病学特征：不同传染病的发病时间、地区、人群等方面有各自的分布特点。

（4）有感染后免疫：人体感染病原体后，体内会产生相应抗体，可抵抗相同的病原体。

3.1.2 传染病分为甲类、乙类和丙类。

（1）甲类2种，包括鼠疫、霍乱。

（2）乙类26种，包括传染性非典型肺炎、艾滋病、病毒性肝炎、脊髓灰质炎、人感染致病性禽流感、甲型H1N1流感、麻疹、流行性出血热、狂犬病、流行性乙型脑炎、登革热、炭疽、细菌性和阿米巴性痢疾、肺结核、伤寒和副伤寒、流行性脑脊髓膜、百日咳、白喉、新生儿破伤风、猩红热、布鲁氏菌病、淋病、钩端螺旋体病、雪吸虫病、疟疾。

（3）丙类11种，包括流行性感冒（简称流感）、流行性腮腺炎、风疹、急性出血性结膜炎、麻风病、流行性和地方性斑疹伤寒、黑热病、包虫病、丝虫病除霍乱、细菌性和阿米巴性痢疾、伤寒和副伤寒以外的感染性腹泻病、手足口病。

3.2　事件类型、影响范围及后果

突发的传染病疫情，可能或严重影响公众健康或社会秩序、经济发展等，严重时会造成社会动荡，需要紧急采取措施。

4　事件分级

传染病疫情事件分Ⅰ级（特别重大）、Ⅱ级（重大）、Ⅲ级（较大）和Ⅳ级（一般）。

（1）Ⅰ级（特别重大）：发生肺鼠疫病例、霍乱大规模暴发、乙类或丙类传染病流行以及鼠疫、霍乱、炭疽、天花、肉毒杆菌毒素等生物因子污染事件。

（2）Ⅱ级（重大）：发生腺鼠疫病例；发生霍乱小规模暴发疫情（5例及以上）；发生新出现的传染病有集中发病趋势的疫情（3例及以上）；发生乙类传染病较大规模暴发疫情，即在局部范围内，在疾病的最长潜伏期内发生出血热5例、伤寒、副伤寒10例、急性病毒性肝炎20例、痢疾30例、其他乙类传染病30例及以上；发生丙类传染病局部流行倾向。

（3）Ⅲ级（较大）：发生霍乱散发病例、带菌者；发生新出现的传染病确诊病人；发生乙类、丙类传染病小规模暴发疫情，即在局部范围内，在该疾病的最长潜伏期内发生急性病毒性肝炎、伤寒、副伤寒5例及以上、痢疾或其他乙类、丙类传染病10例及以上。

（4）Ⅳ级（一般）：发生乙类、丙类传染病小规模暴发疫情，即在局部范围内，在该疾病的最长潜伏期内发生急性病毒性肝炎、伤寒、副伤寒5例以下、痢疾或其他乙类、丙类传染病10例以下。

5　应急指挥机构及职责

5.1　应急指挥机构

成立突发事件应急领导小组，下设应急管理办公室和六个应急处置工作组，负责突发事件的应急管理工作。

5.1.1　应急领导小组

组　长：总经理

副组长：副总经理

成　员：综合管理部经理、资产财务部经理、项目开发部经理、工程管理部经理、电力运营部经理、安全生产部经理

5.1.2　应急管理办公室

主　任：安全生产部经理

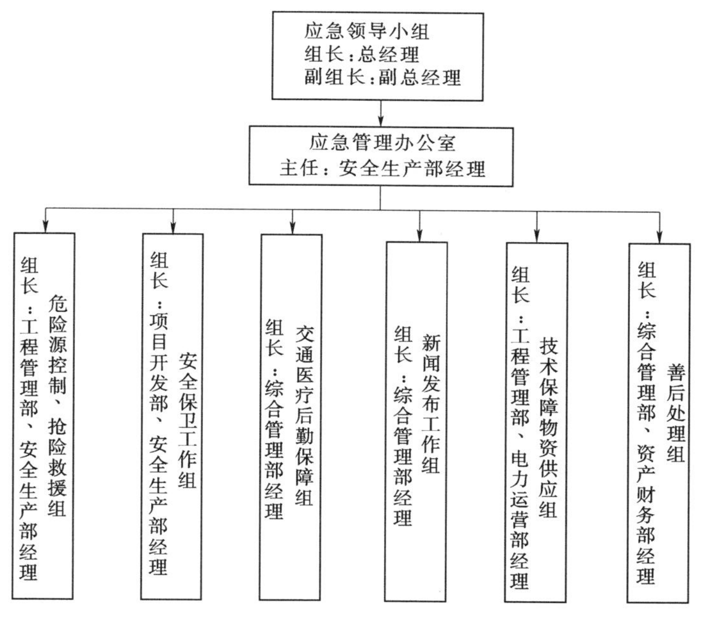

5.1.3 应急处置工作组

（1）危险源控制、抢险救援组　　组长：工程管理部、安全生产部经理

（2）安全保卫工作组　　组长：项目开发部、安全生产部经理

（3）交通医疗后勤保障组　　组长：综合管理部经理

（4）新闻发布工作组　　组长：综合管理部经理

（5）技术保障物资供应组　　组长：工程管理部、电力运营部经理

（6）善后处理组　　组长：综合管理部、资产财务部经理

5.2 职责

5.2.1 应急领导小组职责

（1）贯彻落实国家和公司有关突发事件管理工作的法律、法规、制度，执行上级公司和政府有关部门关于突发事件处理的重大部署。

（2）监督应急管理责任制的落实情况，协调各部门职责的划分，并监督传染病疫情事件专项应急预案的编写、学习、演练和修订完善。

（3）负责总体指挥协调传染病疫情事件的处理，负责出现传染病疫情事件时应急预案启动和应急预案的终结。

（4）调动各应急救援力量和物资，及时掌握突发事件的发展态势。

（5）部署传染病疫情事件发生后的善后处理及生产、生活恢复工作。

（6）及时向政府部门及上级公司管理部门报告传染病疫情事件的发生及处理情况。

（7）负责监督、指导对传染病疫情事件进行调查分析，并对相关部门或人员落实考核。

（8）签发审核论证后的应急预案。

5.2.2 应急管理办公室（办公室设在安全生产部）职责

（1）应急管理办公室是传染病疫情事件应急管理的常设机构，负责应急指挥机构的日常工作。

（2）及时向应急领导小组报告传染病疫情事件。

（3）组织落实应急领导小组提出的各项措施、要求，监督各单位的落实。

（4）监督检查各所辖项目公司传染病疫情事件的应急预案、日常应急准备工作、组织演练的情况；指导、协调突发事件的处理工作。

（5）传染病疫情事件处理完毕后，认真分析事件发生原因，总结事件处理过程中的经验教训，进一步完善相应的应急预案。

（6）对公司传染病疫情事件管理工作进行考核。

（7）指导相关部门做好传染病疫情事件的善后工作。

5.2.3　应急工作组职责

5.2.3.1　抢险救援组职责

（1）负责所辖区域内的传染病疫情事件的处理。

（2）按照以人为本，减少危害，保障员工生命安全和身体健康的原则，做好传染病疫情事件救援工作。

（3）负责伤员的第一救护，报告紧急医疗救护部门。

5.2.3.2　安全保卫组职责

（1）维持现场秩序、现场警戒，划定警戒区域，负责监督传染病疫情事件处理时各项安全措施的执行，防止救援时人身事故的发生。

（2）控制现场人员，无关人员不准出入现场，确保抢险、救灾人员疏散时的人身安全，做好安置、维持现场秩序、安全警戒装置的设置工作。

（3）负责现场安全隔离措施的检查，并督促相关部门执行到位。

（4）组织实施必须采取的临时性措施。

（5）协助完成事故（发生原因、处理经过）调查报告的编写和上报工作。

5.2.3.3　交通医疗后勤保障组职责

（1）负责车辆管理部门。

1）平时加强车辆维护、检查，确保传染病疫情事件抢险救援时所需车辆正常使用。

2）应急时提供紧急救护车辆，提供应急救援抢险和应急物资、设备设施运送所需车辆。

（2）负责通信管理部门。

1）固定电话、移动电话、载波通信、应急呼叫通信等通信设施完好。

2）应急时确保现场应急通信畅通。

（3）医疗保障部门。

1）接警后及时赶赴事发地，对受伤人员采取现场紧急救治，及时抢救伤员。

2）及时联系120急救中心或当地医院，将伤员转送医院进行治疗。

3）在上级防疫部门专家的指导下对病人或者疑似病人进行抢救、隔离治疗和转运，2h内向卫生行政部门报告。

4）做好日常相关医疗药品和器材的维护和储备工作。

5）做好食物、卫生、环境方面的防范工作，防止灾后发生疫情，做好生活区异常情况的处理。

5.2.3.4　新闻发布对外工作组职责

（1）在应急领导小组的指导下，负责将传染病疫情事件情况汇总，根据领导小组的决定做好对外信息发布工作。

（2）根据领导小组的决定对传染病疫情事件情况向政府新闻主管部门、上级单位进行报告。

（3）负责新闻媒体及当地政府有关部门和上级相关部门的接待工作。

5.2.3.5　技术保障物资供应组职责

（1）全面提供应急救援时的技术支持。

（2）掌握公司各设备、建筑、装备、器材、工具等专业技术。

（3）掌握公司各设备、设施、建筑在事故灾难情况下的应急处置方法。

（4）按照公司要求做好各类突发事件相应物资储备和供给工作。

（5）应急时，负责应急物资、各种器材、设备的供给。

（6）负责与其他外部部门进行沟通联络，及时做好应急物资的补给工作。

5.2.3.6　善后处理组职责

（1）负责伤亡家属接待、安抚、慰问和补偿等善后工作。

（2）负责人员伤亡、财产损失统计理赔工作。

（3）负责传染病疫情事件的调查、处理、报告填写和上报工作。

6　预防与预警

6.1　风险监测

6.1.1　风险监测的责任部门

传染病疫情事件由应急办公室安排医疗保障组专人负责与当地政府、卫生行政主管部门、疾病预防控制中心联系，及时获取疫情信息。

6.1.2　风险监测的方法和信息收集渠道

医疗保障组负责搜集、整理、及时监控疫情发展情况，收集汇总各部门人员身体异常情况日报表，对所有可能存在疫情的区域，给予指导或彻底消毒，并对易感染人群，特别是发热病人给予及时监控及甄别。

6.1.3　风险监测所获得信息的报告程序

当发现传染病疫情突发事件时，发现人或病人所在部门应立即将发生的情况（包括时间、地点、症状、人员数量等），报告应急管理办公室。应急管理办公室负责按照规定要求上报上级各相关单位。

6.2　预警发布与预警行动

6.2.1　预警分级

按照其性质、严重程度、可控性和影响范围等因素，分为4级预警：Ⅰ级（特别严重）、Ⅱ级（严重）、Ⅲ级（较重）和Ⅳ级（一般），依次用红色、橙色、黄色和蓝色表示。

（1）Ⅰ级：发生或可能发生肺鼠疫病例、霍乱大规模暴发、乙类或丙类传染病流行以及鼠疫、霍乱、炭疽、天花、肉毒杆菌毒素等生物因子污染事件。

（2）Ⅱ级：发生或可能发生腺鼠疫病例；发生霍乱小规模暴发疫情(5例及以上)；发生

新出现的传染病有集中发病趋势的疫情（3例及以上）；发生乙类传染病较大规模暴发疫情，即在局部范围内，在疾病的最长潜伏期内发生出血热5例、伤寒、副伤寒10例、急性病毒性肝炎20例、痢疾30例、其他乙类传染病30例及以上；发生丙类传染病局部流行倾向。

（3）Ⅲ级：发生或可能发生霍乱散发病例、带菌者；发生新出现的传染病确诊病人；发生乙类、丙类传染病小规模暴发疫情，即在局部范围内，在该疾病的最长潜伏期内发生急性病毒性肝炎、伤寒、副伤寒5例及以上、痢疾或其他乙类、丙类传染病10例及以上。

（4）Ⅳ级：发生乙类、丙类传染病小规模暴发疫情，即在局部范围内，在该疾病的最长潜伏期内发生急性病毒性肝炎、伤寒、副伤寒5例以下、痢疾或其他乙类、丙类传染病10例以下。

6.2.2　预警发布程序

发现传染病疑似病例后，疑似病例所在部门应立即向应急管理办公室汇报，各部门每天定时向应急管理办公室汇报本部门疫情情况（是否有发热病人或情接触情况），如出现疑似病人由医院进行甄别和处置。应急管理办公室根据疑似病例、是否有发热病人或疫情接触情况综合分析判断，向应急指挥领导小组汇报，发布启动预警信息，通知各应急工作组做好应急准备。

预警信息的发布一般通过短信、电话、通知等方式进行，预警信息包括突发事件的类别、预警级别、起始时间、可能影响范围、警示事项、应采取的措施和发布单位等。

6.2.3　预警发布后的应对程序和措施

发生传染病或疑似病例后，医疗保障工作组应实施24h值班制度，对疑似病人及时进行甄别，并予以有效隔离，同时向上级疾病控制部门进行报告，根据当地政府有关规定，统一专人专车转运至定点治疗医院进行进一步确诊、医学观察及治疗处理。

医疗保障工作组及时将疑似病人医学观察及治疗处理情况向应急领导小组报告。

医疗保障工作组要对外来人员及时进行检查，尽早发现疫情的苗头，及时向应急领导小组报告，同时做好卫生监督工作。

6.3　预警结束

疑似病人经医学观察排除传染病例，或疑似病人经治疗处理后确认康复，公司经过一段时间后无新的病例出现。应急管理办公室根据情况，综合分析判断后发布预警结束通报。

7　信息报告

7.1　联系电话

24小时值班电话：×××。

应急处置办公电话：×××。

移动电话：×××。

7.2　报告程序

当发现传染病疫情事件时，发现人或病员所在部门应立即向当值值长报告所发生的情况（包括时间、地点、症状、人员数量等），当值值长接到报告后立即向公司应急管理办公室负责人报告，办公室负责人接到报告后立即利用电话、传真、电子邮件等方式向应急

领导小组报告，应急领导小组根据事件情况布置应急救援和应急处置，并及时向上级公司应急管理办公室和当地政府应急管理办公室报告。情况紧急时，现场人员或当值值长可直接先向应急领导小组报告。

7.3　向政府报告程序

传染病疫情事件发生后，应急领导小组要立即用电话、传真或电子邮件上报政府应急管理部门，报告时间最迟不得超过1h，同时按规定通报所在地政府疾病控制部门。

8　应急响应

8.1　响应分级

(1) Ⅲ级响应（较大疫情）、Ⅳ级响应（一般疫情）：当发现较大或一般传染病突发事件时，发现人或病员所在部门应立即将发生的情况（包括时间、地点、症状、人员数量等），通知应急管理办公室。应急管理办公室主任作为此级响应责任人应立即向应急领导小组报告，并通知相关应急工作组，参加应急处理。

(2) Ⅰ级响应（特别重大疫情）、Ⅱ级响应（重大疫情）：发现人或病员所在部门发现特别重大疫情或重大疫情传染病突发事件时，应立即向公司应急领导小组领导报告，应急领导小组组长立即命令启动“传染病疫情事件专项应急预案”，应急管理办公室应分别通知应急领导小组成员及相关应急工作组，参加应急处理。

8.2　响应程序

(1) 较大疫情和一般疫情：当发现传染病疫情突发事件时，发现人或病员所在部门应立即将发生的情况（包括时间、地点、症状、人员数量等），通知应急管理办公室。医疗保障工作组实施24h值班制度，对疑似病人及时进行甄别，并予以有效隔离，同时向上级疾病控制部门进行报告，根据当地政府有关规定，统一专人专车转运至定点治疗医院进行进一步确诊、医学观察及治疗处理。应急管理办公室主任作为此级响应启动责任人。

(2) 特别重大疫情和重大疫情：发现传染病疫情突发事件时，发现人或病员所在部门应立即向公司应急领导小组领导报告，应急领导小组组长立即命令启动“传染病疫情事件专项应急预案”，应急管理办公室应分别通知应急领导小组成员及相关应急工作组，参加应急处理。应急领导小组组长作为此级响应启动责任人。

(3) 应急管理办公室负责按照应急领导小组的要求及时、准确向上级单位、当地卫生行政部门、电力监管等机构报告疫情情况。

(4) 传染病疫情事件报告内容见13.4节。

8.3　应急处置

(1) 当发现传染病突发事件时，发现人或病员所在部门应立即将发生的情况（包括时间、地点、症状、人员数量等），通知应急管理办公室。各级健康人员要在不被传染的情况下坚守本职岗位，使生产、生活正常进行。

(2) 应急管理办公室应立即向公司或应急领导小组领导报告，并建议启动应急救援预案。

应急领导小组组长根据情况命令启动“传染病疫情事件专项应急预案”，应急管理办公室应分别通知应急领导小组成员及相关应急工作组人员，参加应急处理。新闻发布工作组及时做好宣传工作，稳定职工和病员情绪。

安全保卫工作组布置安排好人力，做好安全保卫工作。

善后处理工作组要做好患者亲友的接待、安抚工作。

其他各工作组及各部门接到应急反应的通知后，应按各自的职责对突发事件进行处理。

（3）当传染病疫情流行或可能流行启动应急预案时，根据应急领导小组的指示，应急管理办公室安排相关应急工作组协调与当地政府、卫生行政主管部门、疾病预防控制中心的工作，将当地政府的指（命）令、卫生主管部门和疾控中心的各项预防控制措施和要求，迅速向应急领导小组汇报。

（4）医疗保障工作组应对公司全体人员进行非典型肺炎、禽流感等传染病的预防、诊断、隔离、治疗以及个人防护等专业的培训，做到对疫情的早发现、早报告、早隔离、早治疗。

（5）发现疑似病例及确诊病例时，医疗保障工作组人员应及时到达现场，在上级防疫部门专家的指导下对病人或者疑似病人进行抢救、隔离治疗和转运，2h内向卫生行政部门报告。

制作表格分发到各部门，对各部门人员的体温进行监测，发现疑似病例及时采取措施。

配合上级防疫部门调查、登记病人或者疑似病人的密切接触史；对密切接触者按照有关规定进行流行病学调查，并根据情况采取集中隔离或者分散隔离的方法进行医学观察。

对来自疫区的人员（本公司出差，学习的工作人员及其家属子女）中有可能接触传染病源的人员进行监测，必要时对接触病人或可疑病人进行隔离和医学观察，每天进行1～2次常规检查，直到有效隔离期满后解除隔离，并对其他有可能造成重大传染性疾病传播的途径、经过路线、接触人员的范围，向应急领导小组汇报。

准备一定数量防护眼镜、隔离衣、防毒面具、防护手套、口罩等，选择消杀效果好的药品，对发生确诊或可疑病人的疫区、空间、交通工具、病人接触过的物品、呕吐物、排泄物，进行有效消毒；对不宜使用化学消杀药品消毒的物品，采取其他有效的消杀方法；对价值不大的污染物，采用在指定地点彻底焚烧，深度掩埋（2m以下），防止二次传播。

（6）当传染病疫情暴发，虽采取措施但不能有效控制时，为保证生产有序进行，对部分健康的运行、检修和管理岗位人员进行集中居住，统一食宿，减少外界接触，以保障上述人员不被感染。

（7）应急处置程序按规定流程执行。

（8）病人的治疗和转运。医护人员带好防护用具，做好自我保护工作，对所发现的疑似病人，按有关规定及时与上级有关部门进行联系或在专家的指导下进行诊断、治疗和转运。转运时用专车将病人转送到当地卫生行政部门指定的医疗机构进行救治，并将发病情况，诊断或疑似诊断（病历）向收治医院详细介绍，帮助收治医院在最短时间内明确诊断，及时治疗。

8.4　应急结束

8.4.1　应急结束条件

(1) 现场得到控制，传染病疫情已经消除。

(2) 环境符合有关标准。

(3) 疫情所造成的危害已经彻底消除，无次生、衍生传染病疫情隐患继发可能。

(4) 疫情现场的各种专业应急处置行动已无继续的必要。

(5) 采取了必要的防护措施以保护公众免受再次危害。

(6) 经应急领导小组批准。

8.4.2 其他措施

(1) 应急处置工作结束，相关危险因素消除后，现场应急指挥机构予以撤销。

(2) 传染病疫情结束后要向上级主管单位上报应急工作总结报告。

9 后期处置

(1)"传染病疫情事件专项应急预案"结束后，按照把事故损失和影响降低到最低程度的原则，及时做好生产、生活恢复工作。

(2) 善后处理工作组负责核算救灾发生的费用及后期保险和理赔等工作。

(3) 传染病疫情事件调查组必须实事求是，尊重科学，按照"四不放过"原则，及时、准确查明传染病疫情的原因，深刻吸取事故教训，制定防范措施，落实责任制，防止类似事件发生。

(4) 应急管理办公室负责收集、整理应急救援工作记录、方案、文件等资料，组织各专业组对应急救援过程和应急救援保障等工作进行总结和评估，提出改进意见和建议，并将总结评估报告报上级主管部门。

10 应急保障

10.1 应急队伍保障

10.1.1 内部队伍

按照传染病疫情应急工作职责，成立相应的应急队伍，并进行专门的技能培训和演练，做好日常应急准备检查工作，确保危急事件发生后，按照突发事件具体情况和应急领导小组的指示及时到位，具体实施应急处理工作。

10.1.2 外部队伍

应急领导小组要掌握周围外部救援力量的有关情况，包括医疗、疾病预防控制、公安、消防、交通、供应商等。

10.2 应急物资与装备

医疗保障工作组必须储备足够量的治疗传染病的药品和防护器械，如眼镜、隔离衣、防毒面具、防护手套、口罩等。

10.3 通信与信息

与传染病疫情应急救援有关的上级单位、当地卫生行政部门等机构联系方式(见13.1节)。

10.4 经费

应急领导小组组长负责保障本预案所需应急专项经费，财务部负责此经费的统一管理，保障专款专用，在应急状态下确保及时到位。

10.5　其他

（1）公司各部门、单位接到应急通知后，应立即奔赴事故现场，根据各自的职责对危急事件进行处理。

（2）公司各部门、单位按照规定表格内容对所属人员的体温等进行监测，及时发现疑似病例，及时上报。

（3）设置安排观察区域，对隔离人员进行观察。安排好被隔离人员的生活必需品的配给，使其能安心配合隔离。做好公司各出入口及隔离观察区的警戒工作。

（4）隔离区处设置明显警戒标志。

（5）禁止非本单位人员乘坐公司车辆，随时对公司属车辆进行消毒。根据需要派出专用车辆参加救援工作。

（6）对传染病的疫情来源、可能的传播途径及范围进行深入详细的调查。

11　培训和演练

11.1　培训

11.1.1　培训范围

将应急管理培训工作纳入年度培训计划，有针对性地对应急救援和管理人员进行培训，提高其专业技能。

11.1.2　培训方式

举办培训班、训练班，利用案例教学、交流研讨、情景模拟、应急演练等方式进行培训。

11.1.3　培训内容和周期

每年至少组织一次应急管理培训，培训的主要内容应该包括：传染病疫情事件专项应急预案，应急组织机构及职责、应急程序、应急资源保障情况和针对传染病的疫情事件的预防和处置措施等。

11.2　演练

11.2.1　演练范围

将应急救援演练工作纳入年度培训教育计划，有针对性地对应急救援人员和管理人员进行演练，提高其专业技能。

11.2.2　演练方式

应急演练的方式可以选择实战演练、桌面演练。

11.2.3　演练的内容和周期

传染病疫情专项应急预案，应急组织机构及职责、应急程序、应急资源保障情况和针对传染病的疫情的预防和处置措施等。每年年初制定演练计划，传染病疫情事件专项应急预案演练每年不少于1次，现场处置演练不少于2次，演练结束后应形成总结材料。

12　附则

12.1　术语和定义

12.1.1　传染病

传染病是常见病、多发病，是由病原体引起并能在人与人、动物与动物、人与动物之间相互传染的疾病，有的可导致后遗症、残疾或死亡。

12.1.2　传染源

病原体进入人体或动物体内，在体内生长、繁殖，然后排出体外，再经过一定的途径，传染给其他人或动物，这些能将病原体播散到外界的人或动物就是传染源。病人、病原携带者、被感染的人和动物均可成为传染源。

12.1.3　传播途径

传播途径是指病原体离开传染源后，再进入另一个易感者所经历的路程和方式。不同的传染病有不同的传播途径，有的传染病有几个传播途径，主要的传播途径有：①空气传播；②水源、食物传播；③接触传播；④生物媒介传播；⑤血液及其制品传播；⑥经土壤传播；⑦垂直传播。

12.1.4　易感人群

易感人群是对某种传染病易感的人群整体。易感者是对某种传染病缺乏特异性免疫力而容易被感染的人群整体中的某个人。易感者的抵抗力超低，其易感性就越高。易感者的比例在人群中达到一定水平时，又有传染源和合适的传播途径，就很容易发生传染病的流行。

12.1.5　甲类传染病

甲类传染病是指鼠疫、霍乱。

12.1.6　乙类传染病

乙类传染病是指病毒性肝炎、细菌性和阿米巴性痢疾、伤寒和副伤寒、艾滋病、淋病、梅毒、脊髓灰质炎、麻疹、百日咳、白喉、流行性脑脊髓膜炎、猩红热、流行性出血热、狂犬病、钩端螺旋体病、布鲁氏菌病、炭疽、肺结核、传染性非典型性肺炎、人感染高致病性禽流感，后又增加了甲型 H1N1 流感、流行性和地方性斑疹伤寒、流行性乙型脑炎等。

12.1.7　丙类传染病

丙类传染病是指血吸虫病、丝虫病、包虫病、麻风病、流行性感冒、流行性腮腺炎、风疹、新生儿破伤风、急性出血性结膜炎、除霍乱、痢疾、伤寒和副伤寒以外的感染性腹泻病。

12.2　预案备案

本预案按照要求向当地政府安全监督部门及行业主管部门备案。

12.3　预案修订

本预案自发布之日起至少三年修订一次，有下列情形之一及时按照程序重新备案：

（1）公司生产规模发生较大变化或进行重大调整。

（2）公司隶属关系发生变化。

（3）周围环境发生变化，形成重大危险源。

（4）依据的法律、法规和标准发生变化。

（5）应急预案评估报告提出整改要求。

（6）上级有关部门提出要求。

12.4　制定与解释

本预案由安全生产部制定、解释。

12.5　预案实施

本预案自发布之日起执行，原相关预案同时废止。

13　附件

13.1　应急领导小组及相关人员联络方式表

序号	岗　　位	姓名	办公电话	移动电话	备注
1	总经理				
2	副总经理				
3	综合管理部经理				
4	资产财务部经理				
5	项目开发部经理				
6	工程管理部经理				
7	电力运营部经理				
8	安全生产部安全员				

13.2　相关政府职能部门、抢险救援机构联系方式表

序号	单　　位	联系方式	备注
1	地方应急管理委员会		
2	安全生产监督管理局		
3	生产调度机构		
4	当地国家能源派出机构		
5	当地气象部门		
6	国土资源机构		
7	急救中心		
8	公安报警		
9	交通报警		
10	消防报警		

13.3　基本公共应急物资储备表

序号	物资名称	数量	存放地点	负责人	办公电话	负责人电话	备注
1	逃生绳						
2	电筒						
3	工具箱						
4	对讲机						
5	急救箱						
6	应急车辆						
7	消防栓						
8	消防水带						
9	灭火器						

续表

序号	物资名称	数量	存放地点	负责人	办公电话	负责人电话	备注
10	床						
11	被褥						
12	桶						
13	锹						
14	编织袋						

13.4　有关流程

13.4.1　信息报告流程

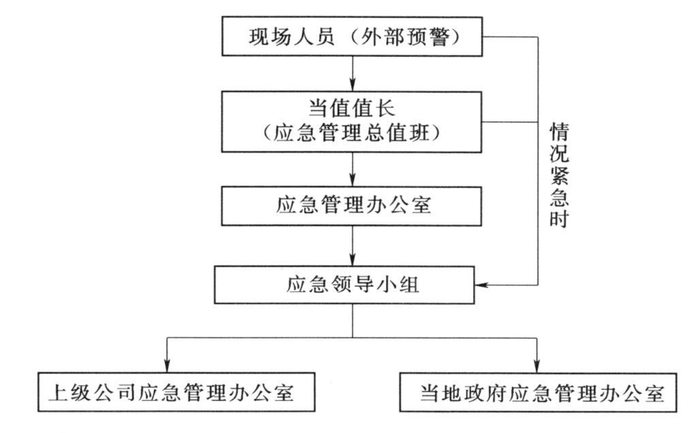

13.4.2　应急处置流程

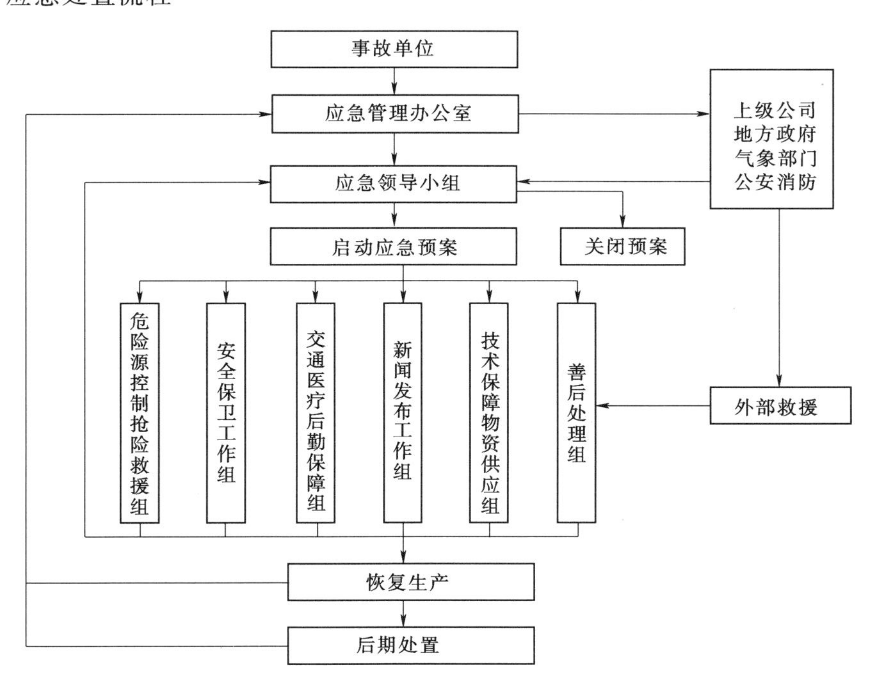

二、群体性不明原因疾病事件应急预案

某风力发电公司
群体性不明原因疾病事件应急预案

1　总则

1.1　编制目的

为高效有序地做好公司群体性不明原因疾病疫情突发事件的应急处置和救援工作，避免或最大限度地减轻灾害造成的损失，保障员工生命和公司财产安全，维护社会稳定，特编制本专项应急预案。

1.2　编制依据

《中华人民共和国安全生产法》（中华人民共和国主席令第 13 号）

《中华人民共和国突发事件应对法》（中华人民共和国主席令第 69 号）

《中华人民共和国传染病防治法》（中华人民共和国主席令第 17 号）

《国家突发公共事件总体应急预案》

《突发公共卫生事件应急条例》（国务院令第 376 号）

《电力企业应急预案管理办法》（国能安全〔2014〕508 号）

《电力企业应急预案评审和备案细则》（国能综安全〔2014〕953 号）

《电力企业专项应急预案编制导则（试行）》

《某公司综合应急预案》

1.3　适用范围

本预案适用于公司生产、生活区域群体性不明原因疾病突发事件的现场应急处置和应急救援工作。

2　应急处置基本原则

2.1　统一领导，分级响应

群体性不明原因疾病事件发生后，应根据已掌握的情况，尽快判定事件性质，评估其危害度，并根据疾病控制的基本理论和已有的疾病控制实践经验，选择适宜的应急处置措施。

2.2　病原学与流行病学病因调查并重

对群体性不明原因疾病事件，在采取适当措施的同时，应尽快查找致病原因。对有些群体性不明原因疾病，特别是新出现的传染病暴发时，很难在短时间内查明病原的，应尽快查明传播途径及主要危险因素（流行病学病因），以控制疫情蔓延。

2.3　调查与控制兼顾

对群体性不明原因疾病事件的处置，需坚持调查和控制并举的原则。在事件的不同阶段，应根据事件的变化调整调查和控制的侧重点。若流行病学病因（主要指传染源或污染

来源、传播途径或暴露方式、易感人群或高危人群）不明，应以调查为重点，尽快查清事件的原因。流行病学病因查清后，应立即采取针对性的控制措施。

2.4　快速响应与规范调查相结合

对危害严重的群体性不明原因事件应尽快做出响应，采取控制措施。同时，按现场流行病学调查方法和步骤规范地开展调查。

2.5　事件信息发布与公众引导

调查处置群体性不明原因疾病事件，应及时利用广播、板报、局域信息网等媒体宣传注意事项，并及时与患者及其家属、社区进行沟通，充分利用、发挥媒体的积极作用，特别是对媒体已介入或群众反响较大的事件，正确对待社会传言，防止事件恶化。按规定权限，及时公布事件有关信息，并利用媒体向公众宣传防病知识，传达政府对群众的关心，正确引导职工和家属积极参与疾病控制工作。

3　事件类型和危害程度分析

3.1　风险的来源、特性

来源于信息报告和发现有患病者，突发群体性不明原因疾病事件具有发病快、人数多的特点。

3.2　事件类型、影响范围及后果

突发的群体性不明原因疾病疫情，可能或严重影响公众健康或社会秩序、经济发展等，严重时会造成社会恐慌，需要紧急采取措施。

4　事件分级

群体性不明原因疾病事件分Ⅰ级（特别重大）、Ⅱ级（重大）、Ⅲ级（较大）和Ⅳ级（一般）。

（1）Ⅰ级（特别重大）：当公司内职工和家属50人以上发生群体性不明原因疾病，并有扩散趋势。

（2）Ⅱ级（重大）：当公司内职工和家属30人以上50人以下发生群体性不明原因疾病，并有扩散趋势。

（3）Ⅲ级（较大）：当公司内职工和家属10人以上30人以下发生群体性不明原因疾病，并有扩散趋势。

（4）Ⅳ级（一般）：当公司内职工和家属10人以下发生群体性不明原因疾病，并有扩散趋势。

5　应急指挥机构及职责

5.1　应急指挥机构

成立突发事件应急领导小组，下设应急管理办公室和六个应急处置工作组，负责突发事件的应急管理工作。

5.1.1　应急领导小组

组　长：总经理

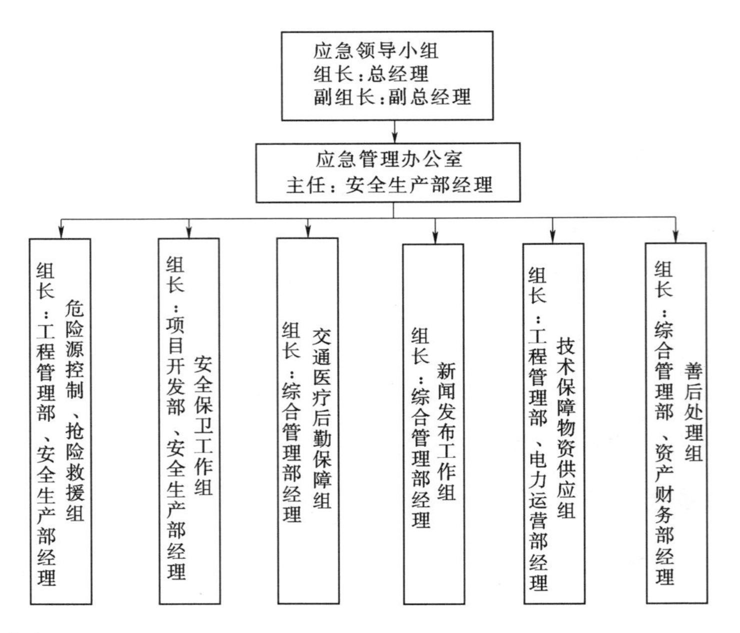

副组长：副总经理

成　员：综合管理部经理、资产财务部经理、项目开发部经理、工程管理部经理、电力运营部经理、安全生产部经理

5.1.2　应急管理办公室

主　任：安全生产部经理

5.1.3　应急处置工作组

（1）危险源控制、抢险救援组　　组长：工程管理部、安全生产部经理

（2）安全保卫工作组　　组长：项目开发部、安全生产部经理

（3）交通医疗后勤保障组　　组长：综合管理部经理

（4）新闻发布工作组　　组长：综合管理部经理

（5）技术保障物资供应组　　组长：工程管理部、电力运营部经理

（6）善后处理组　　组长：综合管理部、资产财务部经理

5.2　职责

5.2.1　应急领导小组职责

（1）贯彻落实国家和公司有关突发事件管理工作的法律、法规、制度，执行上级公司和政府有关部门关于突发事件处理的重大部署。

（2）监督应急管理责任制的落实情况，协调各部门职责的划分，并监督群体性不明原因疾病事件专项应急预案的编写、学习、演练和修订完善。

（3）负责总体指挥协调群体性不明原因疾病事件的处理，负责出现群体性不明原因疾病事件时应急预案的启动和应急预案的终结。

（4）调动各应急救援力量和物资，及时掌握突发事件的发展态势。

（5）部署群体性不明原因疾病事件发生后的善后处理及生产、生活恢复工作。

（6）及时向政府部门及上级公司管理部门报告群体性不明原因疾病事件的发生及处理

情况。

（7）负责监督、指导对群体性不明原因疾病事件进行调查分析，并对相关部门或人员落实考核。

（8）签发审核论证后的应急预案。

5.2.2　应急管理办公室（办公室设在安全生产部）职责

（1）应急管理办公室是群体性不明原因疾病事件应急管理的常设机构，负责应急指挥机构的日常工作。

（2）及时向应急领导小组报告群体性不明原因疾病事件。

（3）组织落实应急领导小组提出的各项措施、要求，监督各单位的落实。

（4）监督检查各所辖项目公司群体性不明原因疾病事件的应急预案、日常应急准备工作、组织演练的情况；指导、协调突发事件的处理工作。

（5）群体性不明原因疾病事件处理完毕后，认真分析事件发生原因，总结事件处理过程中的经验教训，进一步完善相应的应急预案。

（6）对公司群体性不明原因疾病事件管理工作进行考核。

（7）指导相关部门做好群体性不明原因疾病事件的善后工作。

5.2.3　应急工作组职责

5.2.3.1　抢险救援组职责

（1）负责所辖区域内的群体性不明原因疾病事件的处理。

（2）按照以人为本，减少危害，保障员工生命安全和身体健康的原则，做好群体性不明原因疾病事件救援工作。

（3）负责伤员的第一救护，报告紧急医疗救护部门。

5.2.3.2　安全保卫组职责

（1）维持现场秩序、现场警戒，划定警戒区域，负责监督群体性不明原因疾病事件处理时各项安全措施的执行，防止救援时人身事故的发生。

（2）控制现场人员，无关人员不准出入现场，确保抢险、救灾人员疏散时的人身安全，做好安置、维持现场秩序、安全警戒装置的设置工作。

（3）负责现场安全隔离措施的检查，并督促相关部门执行到位。

（4）组织实施必须采取的临时性措施。

（5）协助完成事故（发生原因、处理经过）调查报告的编写和上报工作。

5.2.3.3　交通医疗后勤保障组职责

（1）负责车辆管理部门。

1）平时加强车辆维护、检查，确保群体性不明原因疾病事件抢险救援时所需车辆正常使用。

2）应急时提供紧急救护车辆，提供应急救援抢险和应急物资、设备设施运送所需车辆。

（2）负责通信管理部门。

1）固定电话、移动电话、载波通信、应急呼叫通信等通信设施完好。

2）应急时确保现场应急通信畅通。

（3）医疗保障部门。

1）接警后及时赶赴事发地，对受伤人员采取现场紧急救治，及时抢救伤员。

2）及时联系120急救中心或当地医院，将伤员转送医院进行治疗。

3）在上级防疫部门专家的指导下对病人或者疑似病人进行抢救、隔离治疗和转运，2h内向卫生行政部门报告。

4）做好日常相关医疗药品和器材的维护和储备工作。

5）做好食物、卫生、环境方面的防范工作，防止灾后发生疫情，做好生活区异常情况的处理。

5.2.3.4　新闻发布工作组

（1）在应急领导小组的指导下，负责将群体性不明原因疾病事件情况汇总，根据领导小组的决定做好对外信息发布工作。

（2）根据领导小组的决定对群体性不明原因疾病事件情况向政府新闻主管部门、上级单位进行报告。

（3）负责新闻媒体及当地政府有关部门和上级相关部门的接待工作。

5.2.3.5　技术保障物资供应组

（1）全面提供群体性不明原因疾病事件应急救援时的技术支持。

（2）掌握当地医疗机构、疾病预防控制机构是群体性不明原因疾病事件处置的专业机构。

（3）掌握群体性不明原因疾病事件情况下的应急处置方法。

（4）按照要求做好各类群体性不明原因疾病突发事件相应物资储备和供给工作。

（5）应急时，负责应急物资、各种器材、设备的供给。

（6）负责与其他外部部门进行沟通联络，及时做好应急物资的补给工作。

5.2.3.6　善后处理组

（1）负责群体性不明原因疾病突发事件引起的伤亡家属接待、安抚、慰问和补偿等善后工作。

（2）负责群体性不明原因疾病突发事件引起的人员伤亡、财产损失统计理赔工作。

（3）负责群体性不明原因疾病事件的调查、处理、报告填写和上报工作。

6　预防与预警

6.1　风险监测

6.1.1　风险监测的责任部门

群体性不明原因疾病事件由应急管理办公室安排医疗保障组专人负责与当地政府、卫生行政主管部门、疾病预防控制中心联系，及时获取疫情信息。

6.1.2　风险监测的方法和信息收集渠道

医疗保障组负责搜集、整理、及时监控疫情发展情况，收集汇总各部门人员身体异常情况日报表，对所有可能存在疫情的区域，给予指导或彻底消毒，并对易感染人群，特别是发热病人给予及时监控及甄别。

当发现群体性不明原因疾病疫情突发事件时，发现人或病人所在部门应立即将发生的情况（包括时间、地点、症状、人员数量等），报告应急管理办公室。应急管理办公室负

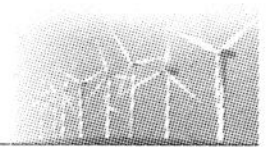

责按照规定要求上报上级各相关单位。

6.2　预警发布与预警行动

6.2.1　预警分级

按照其性质、严重程度、可控性和影响范围等因素，分为四级预警：Ⅰ级（特别严重）、Ⅱ级（严重）、Ⅲ级（较重）和Ⅳ级（一般），依次用红色、橙色、黄色和蓝色表示。

（1）Ⅰ级：当公司内职工和家属50人以上发生群体性不明原因疾病，并有扩散趋势。

（2）Ⅱ级：当公司内职工和家属30人以上50人以下发生群体性不明原因疾病，并有扩散趋势。

（3）Ⅲ级：当公司内职工和家属10人以上30人以下发生群体性不明原因疾病，并有扩散趋势。

（4）Ⅳ级：当公司内职工和家属10人以下发生群体性不明原因疾病，并有扩散趋势。

6.2.2　预警发布程序和相关要求

发现群体性不明原因疾病疑似病例后，疑似病例所在部门应立即向应急管理办公室汇报，各部门每天定时向应急管理办公室汇报本部门疑是情况（是否有发热病人或情接触情况），如出现疑似病人由医院进行甄别和处置。应急管理办公室根据疑似病例、是否有发热病人或疫情接触情况综合分析判断，向应急指挥领导小组汇报，发布启动预警信息，通知各应急工作组做好应急准备。

预警信息的发布一般通过短信、电话、通知等方式进行，预警信息包括突发事件的类别、预警级别、起始时间、可能影响范围、警示事项、应采取的措施和发布单位等。

6.2.3　预警发布后的应对程序和措施

发生群体性不明原因疾病或疑似病例后，医疗保障工作组应实施24h值班制度，对疑似病人及时进行甄别，并予以有效隔离，同时向上级疾病控制部门进行报告，根据当地政府有关规定，统一专人专车转运至定点治疗医院进行进一步确诊、医学观察及治疗处理。

医疗保障工作组及时将疑似病人医学观察及治疗处理情况向应急领导小组报告。

医疗保障工作组要对外来人员及时进行检查，尽早发现疫情的苗头，及时向应急领导小组报告，同时做好卫生监督工作。

6.3　预警结束

6.3.1　预警结束条件

群体性不明原因疾病事件发生的可能消除，无继发可能，事件现场没有应急处置的必要。

6.3.2　预警结束程序

接到群体性不明原因疾病事件预警解除信息后，应急领导小组根据事态发展情况确认无发生群体性不明原因疾病事件的可能性时发布解除预警，由应急管理办公室通知各应急处置工作组，预警解除。

6.3.3　预警结束方式

应急管理办公室根据情况，综合分析判断后报应急领导小组批准，发布预警结束通报，用电话、移动电话、信息网络等方式通知各应急处置工作组，预警结束。

7　信息报告

7.1　联系电话

24h 值班电话：×××。

应急处置办公电话：×××。

移动电话：×××。

7.2　报告程序

当发生群体性不明原因疾病事件时，发现人或病员所在部门应立即向当值值长报告所发生的情况（包括时间、地点、症状、人员数量等），当值值长接到报告后立即向公司应急管理办公室负责人报告，办公室负责人接到报告后立即利用电话、传真、电子邮件等方式向应急领导小组报告，应急领导小组根据事件情况布置应急救援和应急处置，并及时向上级公司应急管理办公室和当地政府应急管理办公室报告。情况紧急时，现场人员或当值值长可直接先向应急领导小组报告。

7.3　向政府报告程序

群体性不明原因疾病事件发生后，应急领导小组要立即用电话、传真或电子邮件上报政府应急管理部门，报告时间最迟不得超过 1h，同时按规定通报所在地政府疾病控制部门。

8　应急响应

8.1　响应分级

依据群体性不明原因疾病突发事件的可控性、严重程度和影响范围，结合公司实际情况组织应急响应，应急响应分为特别重大（Ⅰ级响应）、重大（Ⅱ级响应）、较大（Ⅲ级响应）、一般（Ⅳ级响应）四个级别。

（1）Ⅰ级响应：由公司总经理组织响应，所有部门进行联动。

（2）Ⅱ级响应：由公司总经理组织响应，所有部门进行联动。

（3）Ⅲ级响应：由生产副总经理组织响应，所有部门进行联动。

（4）Ⅳ级响应：由应急管理办公室主任组织响应，相应部门进行联动。

8.2　响应程序

8.2.1　较大和一般

当发现群体性不明原因疾病突发事件时，发现人或病员所在部门应立即将发生的情况（包括时间、地点、症状、人员数量等），通知应急管理办公室。医疗保障工作组实施 24h 值班制度，对疑似病人及时进行甄别，并予以有效隔离，同时向上级疾病控制部门进行报告，根据当地政府有关规定，统一专人专车转运至定点治疗医院进行进一步确诊、医学观察及治疗处理。应急管理办公室主任作为此级响应启动责任人。

8.2.2　特别重大和重大

发现群体性不明原因疾病突发事件时，发现人或病员所在部门应立即向公司应急领导小组领导报告，应急领导小组组长立即命令启动“群体性不明原因疾病事件专项应急预案”，应急管理办公室应分别通知应急领导小组成员及相关应急工作组，参加应急处理。应急领导小组组长作为此级响应启动责任人。

8.2.3　应急管理办公室负责按照应急领导小组的要求及时、准确向上级单位、当地卫生行政部门、电力监管等机构报告疫情情况。

8.2.4　群体性不明原因疾病事件报告内容见13.4节。

8.3　应急处置

（1）当发现群体性不明原因疾病突发事件时，发现人或病员所在部门应立即将发生的情况（包括时间、地点、症状、人员数量等），通知应急管理办公室。各级健康人员要在不被传染的情况下坚守本职岗位，使生产、生活正常进行。

（2）应急管理办公室应立即向公司或应急领导小组报告，并建议启动应急救援预案。

1）应急领导小组组长根据情况命令启动“群体性不明原因疾病事件专项应急预案”，应急管理办公室应分别通知应急领导小组成员及相关应急工作组人员，参加应急处理。新闻发布工作组及时做好宣传工作，稳定职工和病员情绪。

2）安全保卫工作组布置安排好人力、做好安全保卫工作。

3）善后处理工作组要做好患者亲友的接待、安抚工作。

4）其他各工作组及各部门接到应急反应的通知后，应按各自的职责对突发事件进行处理。

（3）当群体性不明原因疾病疫情流行或可能流行启动应急预案时，根据应急救援领导小组的指示，应急管理办公室安排相关应急工作组协调与当地政府、卫生行政主管部门、疾病预防控制中心的工作，将当地政府的指（命）令、卫生主管部门和疾控中心的各项预防控制措施和要求，迅速向应急救援领导小组汇报。

（4）医疗保障工作组应对公司全体人员进行群体性不明原因疾病的预防、诊断、隔离、治疗以及个人防护等专业的培训，做到对疫情的早发现、早报告、早隔离、早治疗。

（5）发现疑似病例及确诊病例时，医疗保障工作组人员应及时到达现场，在上级防疫部门专家的指导下对病人或者疑似病人进行抢救、隔离治疗和转运，2h内向卫生行政部门报告。

1）救治危重病人，隔离治疗病人和疑似病人。

2）对密切接触者进行医学观察，寻找共同暴露者。

3）排查可疑致病源。

4）对疫点的处理，对可能污染物品和环境进行消毒。

5）启动预警机制，进行公众健康教育。

6）做好医护人员的合理防护。

7）应急救援工作人员进入疫区时，应先喷洒消毒、杀虫剂，开辟工作人员进入的安全通道，对工作人员采取保护性预防措施，对疫点和可能污染地区采样、进行现场检测。

8）重症病人立即就地抢救，待情况好转后再转送隔离医院，其他病人和疑似病人应立即就地隔离治疗或送隔离医院治疗。治疗前必须先采集相关标本，立即封锁疫点，进行彻底的消毒、杀虫、灭鼠，配置必要的隔离防护设施。

9）根据初步调查结果，确定隔离范围，提出大、小隔离圈及警戒圈的设置意见，报当地政府应急指挥机构批准。

10）严格实施消毒，谨慎处理人、畜尸体。在确保安全前提下，根据需要采集有关检验标本。

11）病人家属和病人的密切接触者应在洗澡更衣后，送往隔离场所留验、观察，并采取预防性服药等措施。新设立的隔离场所使用前须进行消毒、杀虫、灭鼠，配置必要的隔离防护设施。

12）疫点周围小隔离圈内可能被污染的物品、场所、环境、动植物等须进行消毒、杀虫、灭鼠等卫生学处理。

13）对大、小隔离圈内的人群应进行全面的检诊、检疫，并酌情给予化学药物预防或采取其他预防措施。如发现病人和密切接触者，应立即送往隔离医院治疗或隔离场所留检，观察。全面搜索大隔离圈的患病动物和动物尸体，所有动物应一律圈养。

14）对疫点、小隔离圈及现场临时隔离场所的消毒、杀虫、灭鼠效果进行检测。根据需要捕抓动物、昆虫标本送检。积极开展卫生防病宣传，加强食品、饮用水的卫生管理。

15）参加突发事件现场应急处理的工作人员应按要求进行防护，每天工作结束后用水彻底清洗身体，并接受医学检诊。

16）当群体性不明原因疾病暴发不能有效控制时，为保证生产有序进行，对部分健康的运行、检修和管理岗位人员进行集中居住，统一食宿，减少外界接触，以保障上述人员不被感染。

（6）当群体性不明原因疾病疫情暴发，虽采取措施但不能有效控制时，为保证生产有序进行，对部分健康的运行、检修和管理岗位人员进行集中居住，统一食宿，减少外界接触，以保障上述人员不被感染。

（7）应急处置程序按规定流程执行。

（8）病人的治疗和转运。医护人员带好防护用具，做好自我保护工作，对所发现的疑似病人，按有关规定及时与上级有关部门进行联系或在专家的指导下进行诊断、治疗和转运。转运时用专车将病人转送到当地卫生行政部门指定的医疗机构进行救治，并将发病情况，诊断或疑似诊断（病历）向收治医院详细介绍，帮助收治医院在最短时间内明确诊断，及时治疗。

8.4　应急结束

8.4.1　应急结束条件

（1）群体性不明原因疾病突发事件现场得到控制，事件条件已经消除。

（2）环境符合有关标准。

（3）事件所造成的危害已经彻底消除，无继发可能。

（4）事件现场的各种专业应急处置行动已无继续的必要。

（5）采取了必要的防护措施，次生、衍生事件已消除。

8.4.2　应急结束的程序

由原来宣布不同级别应急响应的指挥者宣布应急响应结束，通知到各专业应急处置工作组负责人。

8.4.3　应急结束的方式

经应急领导小组批准，应急管理办公室用电话、广播、计算机网络等方式通知现场人员，清理现场，各个专业应急处置工作组完成现场应急工作后，即可宣布应急响应结束。

在所辖区域，应隔离时间段内，已隔离病员均得到有效治疗，且未发生新增疑似病例

及确诊病例时，由应急管理办公室主任报告应急领导小组。应急领导小组根据上级统一部署由组长宣布“事件专项应急预案”结束。

9　后期处置

（1）“群体性不明原因疾病事件专项应急预案”结束后，按照把事故损失和影响降低到最低程度的原则，及时做好生产、生活恢复工作。

（2）善后处理工作组负责核算救灾发生的费用及后期保险和理赔等工作。

（3）群体性不明原因疾病事件调查组必须实事求是，尊重科学，按照“四不放过”原则，及时、准确查明群体性不明原因疾病疫情的原因，深刻吸取事故教训，制定防范措施，落实责任制，防止类似事件发生。

（4）应急管理办公室负责收集、整理应急救援工作记录、方案、文件等资料，组织各专业组对应急救援过程和应急救援保障等工作进行总结和评估，提出改进意见和建议，并将总结评估报告报上级主管部门。

10　应急保障

10.1　应急队伍

10.1.1　内部队伍

按照群体性不明原因疾病突发事件应急工作职责，成立相应的应急队伍，并进行专门的技能培训和演练，做好日常应急准备检查工作，确保危急事件发生后，按照突发事件具体情况和应急领导小组的指示及时到位，具体实施应急处理工作。

10.1.2　外部队伍

应急领导小组要掌握周围外部救援力量的有关情况，包括医疗、疾病预防控制、公安、消防、交通、供应商等。

10.2　应急物资与装备

医疗保障工作组必须储备足够量的治疗群体性不明原因疾病的药品和防护器械，如眼镜、隔离衣、防毒面具、防护手套、口罩等。

10.3　通信与信息

与群体性不明原因疾病疫情应急救援有关的上级单位、当地卫生行政部门、电力监管等机构联系方式。

10.4　经费

应急领导小组组长负责保障本预案所需应急专项经费，财务部负责此经费的统一管理，保障专款专用，在应急状态下确保及时到位。

10.5　其他

（1）公司各部门、单位接到应急通知后，应立即奔赴事故现场，根据各自的职责对危急事件进行处理。

（2）公司各部门、单位按照规定表格内容对所属人员的体温等进行监测，及时发现疑似病例，及时上报。

（3）设置安排观察区域，对隔离人员进行观察。安排好被隔离人员的生活必需品的配给，使其能安心配合隔离。做好公司各出入口及隔离观察区的警戒工作。

（4）隔离区处设置明显警戒标志。

（5）禁止非本单位人员乘坐公司车辆，随时对公司属车辆进行消毒。根据需要派出专用车辆参加救援工作。

（6）对群体性不明原因疾病的疫情来源、可能传播途径及范围进行深入详细调查。

11　培训和演练

11.1　培训

11.1.1　培训范围

将应急管理培训工作纳入年度培训计划，有针对性地对应急救援和管理人员进行培训，提高其专业技能。

11.1.2　培训方式

举办培训班、训练班，利用案例教学、交流研讨、情景模拟、应急演练等方式进行培训。

11.1.3　培训内容和周期

每年至少组织一次应急管理培训，培训的主要内容应该包括：传染病疫情事件专项应急预案，应急组织机构及职责、应急程序、应急资源保障情况和针对传染病的疫情事件的预防和处置措施等。

11.2　演练

11.2.1　演练范围

将应急救援演练工作纳入年度培训教育计划，有针对性地对应急救援人员和管理人员进行演练，提高其专业技能。

11.2.2　演练方式

应急演练的方式可以选择实战演练、桌面演练。

11.2.3　演练的内容和周期

传染病疫情专项应急预案，应急组织机构及职责、应急程序、应急资源保障情况和针对传染病的疫情的预防和处置措施等。每年年初制定演练计划，传染病疫情事件专项应急预案演练每年不少于1次，现场处置演练不少于2次，演练结束后应形成总局材料。

12　附则

12.1　术语和定义

12.1.1　群体性不明原因疾病

群体性不明原因疾病是指一定时间内（通常是指2周内），在某个相对集中的区域（如同一个医疗机构、自然村、社区、建筑工地、学校等集体单位）内同时或者相继出现3例及以上相同临床表现，经县级及以上医院组织专家会诊，不能诊断或解释病因，有重症病例或死亡病例发生的疾病。

12.1.2　易感人群

易感人群是对某种群体性不明原因疾病易感的人群整体。易感者是对某种群体性不明原因疾病缺乏特异性免疫力而容易被感染的人群整体中的某个人。易感者的抵抗力超低，其易感性就越高。易感者的比例在人群中达到一定水平时，又有传染源和合适的传播途

径，就很容易发生群体性不明原因疾病的流行。

12.2 预案备案

本预案按照要求向当地政府安全监督部门及行业主管部门备案。

12.3 预案修订

本预案自发布之日起至少三年修订一次，有下列情形之一及时修订，修订后按照程序重新备案：

(1) 公司生产规模发生较大变化或进行重大调整。

(2) 公司隶属关系发生变化。

(3) 周围环境发生变化，形成重大危险源。

(4) 依据的法律、法规和标准发生变化。

(5) 应急预案评估报告提出整改要求。

(6) 上级有关部门提出要求。

12.4 制定与解释

本预案由安全生产部制定、解释。

12.5 预案实施

本预案自发布之日起执行，原相关预案同时废止。

13 附件

13.1 应急领导小组及相关人员联络方式表

序号	岗　位	姓名	办公电话	移动电话	备注
1	总经理				
2	副总经理				
3	综合管理部经理				
4	资产财务部经理				
5	项目开发部经理				
6	工程管理部经理				
7	电力运营部经理				
8	安全生产部经理				

13.2 相关政府职能部门、抢险救援机构联系方式

序号	单　位	联系方式	备注
1	地方应急管理委员会		
2	安全生产监督管理局		
3	生产调度机构		
4	当地国家能源派出机构		
5	当地气象部门		
6	国土资源机构		
7	急救中心		

续表

序号	单　　位	联系方式	备注
8	公安报警		
9	交通报警		
10	消防报警		

13.3　基本公共应急物资储备表

序号	物资名称	数量	存放地点	负责人	办公电话	负责人电话	备注
1	逃生绳						
2	电筒						
3	工具箱						
4	对讲机						
5	急救箱						
6	应急车辆						
7	消防栓						
8	消防水带						
9	灭火器						
10	床						
11	被褥						
12	桶						
13	锹						
14	编织袋						

13.4　有关流程

13.4.1　信息报告流程

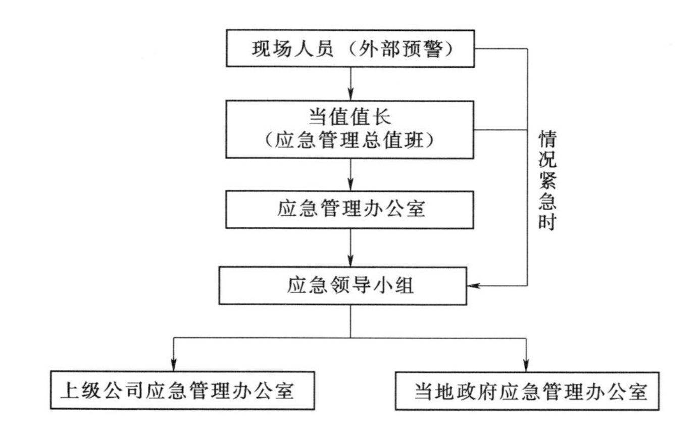

13.4.2　应急处置流程

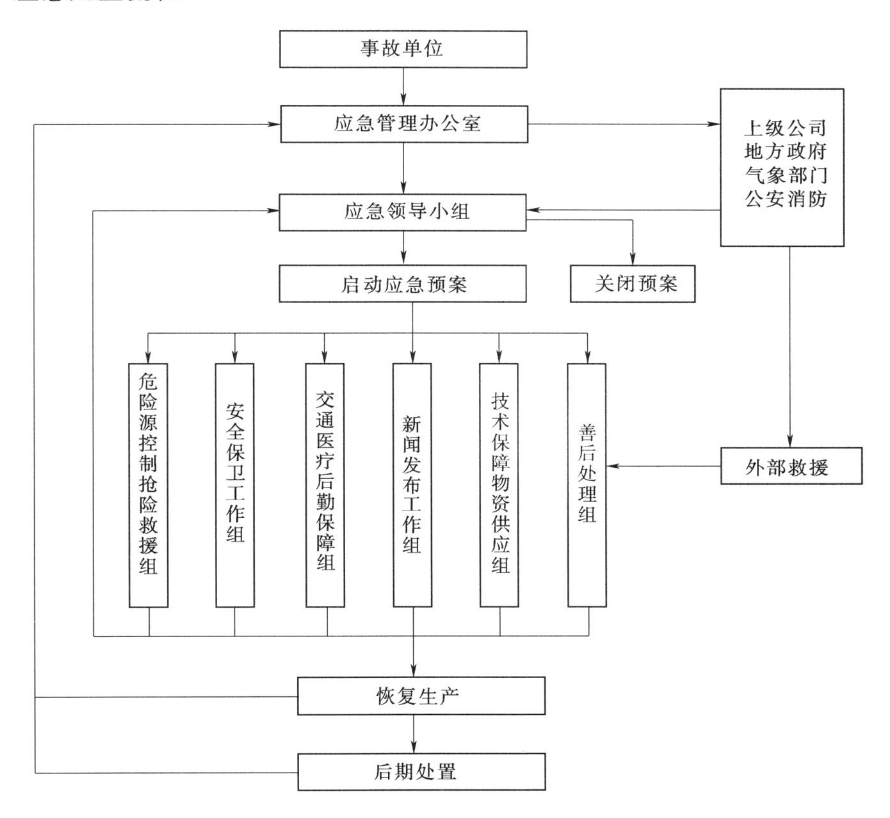

三、食物中毒事件应急预案

某风力发电公司
食物中毒事件应急预案

1　总则

1.1　编制目的

为高效有序地做好公司食物中毒突发事件的应急处置和救援工作，避免或最大限度地减轻灾害造成的损失，保障员工生命和公司财产安全，维护社会稳定。

1.2　编制依据

《中华人民共和国安全生产法》（中华人民共和国主席令第13号）

《中华人民共和国食品安全法》（中华人民共和国主席令第9号）

《中华人民共和国突发事件应对法》（中华人民共和国主席令第69号）

《国家突发公共事件总体应急预案》

《突发公共卫生事件应急条例》（国务院令第376号）

《电力企业应急预案管理办法》（国能安全〔2014〕508号）

《电力企业应急预案评审和备案细则》（国能综安全〔2014〕953号）

《电力企业专项应急预案编制导则（试行）》

《某公司综合应急预案》

1.3　适用范围

本预案适用于公司生产经营、生活区域食物中毒突发事件的现场应急处置和应急救援工作。

2　应急处置基本原则

2.1　以人为本，减少危害

最大限度地预防、减少、消除食物中毒事件，降低所造成的人员伤亡、财产损失、社会影响，切实加强食物中毒的管理工作。

2.2　统一领导，分级负责

在公司统一领导和较大突发事件应急指挥机构组织协调下，各工作组按照各自的职责和权限，负责有关食物中毒的应急管理和应急处置工作，建立健全食物中毒应急预案和应急预案管理机制。

2.3　依靠科学，依法规范

采用先进的救援装备和技术，增强应急救援能力。依法规范应急救援工作，确保应急预案的科学性、权威性和可操作性。

2.4　预防为主，平战结合

贯彻“安全第一，预防为主，综合治理”方针，坚持食物中毒应急与预防相结合。做好预防、预测、预警和预报工作，做好常态下的风险评估、物资储备、队伍建设、完善装备、预案演练等工作。

2.5　事件信息发布与公众引导原则

调查处置食物中毒事件，应及时利用广播、板报、局域信息网等媒体宣传注意事项，并及时与患者及其家属进行沟通，充分利用、发挥媒体的积极作用，特别是对媒体已介入或群众反响较大的事件，正确对待社会传言，防止事件恶化。按规定权限，及时公布事件有关信息，并利用媒体向公众宣传食物中毒知识，传达政府对群众的关心，正确引导职工和家属积极参与食物中毒控制工作。

3　事件类型和危害程度分析

3.1　风险的来源、特性

（1）细菌性食物中毒：指人们摄入含有细菌或细菌毒素的食品而引起的食物中毒。我国食用畜禽肉、禽蛋类较多，多年来一直以沙门氏菌食物中毒居首位。

（2）真菌毒素中毒：真菌在谷物或其他食品中生长繁殖产生有毒的代谢产物，人和动物食入这种毒性物资发生的中毒。

（3）动物性食物中毒：食入动物性中毒食品引起的食物中毒即为动物性食物中毒。如河豚中毒、猪甲状腺中毒。

（4）植物性食物中毒：一般因误食有毒植物或有毒的植物种子，或烹调加工方法不当，没有把植物中的有毒物质去掉。最常见的植物性食物中毒为菜豆中毒、毒蘑菇中毒；可引起死亡的有毒蘑菇、马铃薯、曼陀罗、银杏、苦杏仁、桐油等。

（5）化学性食物中毒：食入化学性中毒食品引起，与发病和进食时间、食用量有关。一般进食后不久发病，常有群体性相同的临床表现。

3.2　事件类型、影响范围及后果

突发的食物中毒，可能或严重影响职工健康或社会秩序、经济发展等，严重时会造成社会恐慌，需要紧急采取措施。

4　事件分级

食物中毒事件分Ⅰ级（特别重大）、Ⅱ级（重大）、Ⅲ级（较大）和Ⅳ级（一般）四级。

（1）Ⅰ级（特别重大）：公司一次食物中毒人数超过100人并出现死亡病例；或出现10例以上死亡病例。

（2）Ⅱ级（重大）：一次食物中毒人数超过100人；或出现3人以上9人以下死亡病例。

（3）Ⅲ级（较大）：公司一次食物中毒发病人数在10～29例；或出现3人以下死亡病例。

（4）Ⅳ级（一般）：公司一次食物中毒发病人数在10人以下事件；未出现死亡病例。

5　应急指挥机构及职责

5.1　应急指挥机构

成立突发事件应急领导小组，下设应急管理办公室和六个应急处置工作组，负责突发事件的应急管理工作。

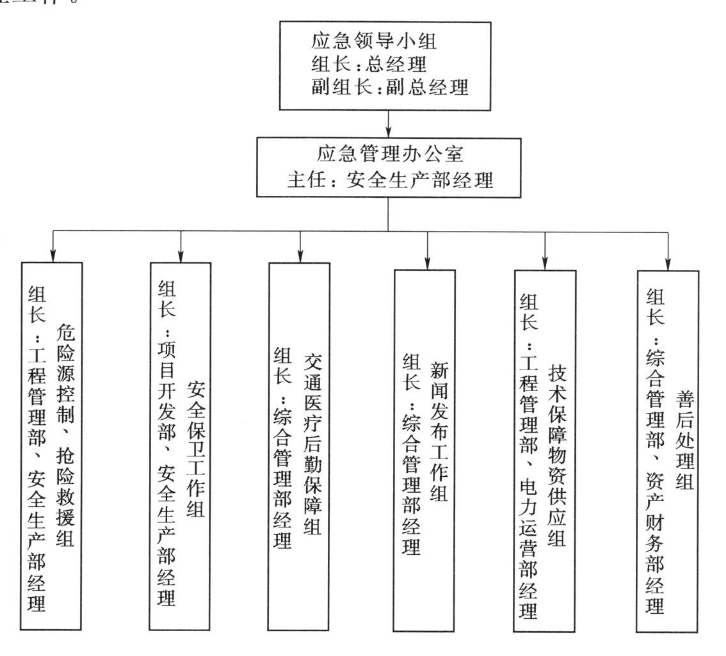

5.1.1　应急领导小组

组　长：总经理

副组长：副总经理

成　员：综合管理部经理、资产财务部经理、项目开发部经理、工程管理部经理、电力运营部经理、安全生产部经理

5.1.2　应急管理办公室

主　任：安全生产部经理

5.1.3　应急处置工作组

（1）危险源控制、抢险救援组　　组长：工程管理部、安全生产部经理

（2）安全保卫工作组　　组长：项目开发部、安全生产部经理

（3）交通医疗后勤保障组　　组长：综合管理部经理

（4）新闻发布工作组　　组长：综合管理部经理

（5）技术保障物资供应组　　组长：工程管理部、电力运营部经理

（6）善后处理组　　组长：综合管理部、资产财务部经理

5.2　职责

5.2.1　应急领导小组职责

（1）贯彻落实国家和公司有关突发事件管理工作的法律、法规、制度，执行上级公司和政府有关部门关于突发事件处理的重大部署。

（2）监督应急管理责任制的落实情况，协调各部门职责的划分，并监督食物中毒事件专项应急预案的编写、学习、演练和修订完善。

（3）负责总体指挥协调食物中毒事件的处理，负责出现食物中毒事件时应急预案的启动和应急预案的终结。

（4）调动各应急救援力量和物资，及时掌握突发事件的发展态势。

（5）部署食物中毒事件发生后的善后处理及生产、生活恢复工作。

（6）及时向政府部门及上级公司管理部门报告食物中毒事件的发生及处理情况。

（7）负责监督、指导对食物中毒事件进行调查分析，并对相关部门或人员落实考核。

（8）签发审核论证后的应急预案。

5.2.2　应急管理办公室（办公室设在安全生产部）职责

（1）应急管理办公室是食物中毒事件应急管理的常设机构，负责应急指挥机构的日常工作。

（2）及时向应急领导小组报告食物中毒事件。

（3）组织落实应急领导小组提出的各项措施、要求，监督各单位的落实。

（4）监督检查所辖项目公司食物中毒事件的应急预案、日常应急准备工作、组织演练的情况；指导、协调突发事件的处理工作。

（5）食物中毒事件处理完毕后，认真分析事件发生原因，总结事件处理过程中的经验教训，进一步完善相应的应急预案。

（6）对公司食物中毒事件管理工作进行考核。

（7）指导相关部门做好食物中毒事件的善后工作。

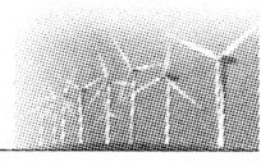

5.2.3　应急工作组职责

5.2.3.1　危险源控制、抢险救援组职责

（1）负责所辖区域内的食物中毒事件的处理。

（2）按照以人为本，减少危害，保障员工生命安全和身体健康的原则，做好食物中毒突发事件应急救援工作。

（3）负责病员的第一救护，报告紧急医疗救护部门。

5.2.3.2　安全保卫组职责

（1）维持现场秩序、现场警戒，划定警戒区域，负责监督食物中毒事件处理时各项安全措施的执行，防止救援时人身事故的发生。

（2）控制现场人员，无关人员不准出入现场，确保抢险、救灾人员疏散时的人身安全，做好安置、维持现场秩序、安全警戒装置的设置工作。

（3）负责现场安全隔离措施的检查，并督促相关部门执行到位。

（4）组织实施必须采取的临时性措施。

（5）协助完成事故（发生原因、处理经过）调查报告的编写和上报工作。

5.2.3.3　交通医疗后勤保障组职责

（1）负责车辆管理部门。

1）平时加强车辆维护、检查，确保食物中毒事件抢险救援时所需车辆正常使用。

2）应急时提供紧急救护车辆，提供应急救援抢险和应急物资、设备设施运送所需车辆。

（2）负责通信管理部门。

1）固定电话、移动电话、载波通信、应急呼叫通信等通信设施完好。

2）应急时确保现场应急通信畅通。

（3）医疗保障部门。

1）接警后及时赶赴事发地，对受伤人员采取现场紧急救治，及时抢救伤员。

2）及时联系120急救中心或当地医院，将伤员转送医院进行治疗。

3）在上级防疫部门专家的指导下对病人或者疑似病人进行抢救、隔离治疗和转运，2h内向卫生行政部门报告。

4）做好日常相关医疗药品和器材的维护和储备工作。

5）做好食物、卫生、环境方面的防范工作，做好生活区异常情况的处理。

5.2.3.4　新闻发布对外工作组职责

（1）在应急领导小组的指导下，负责将食物中毒事件情况汇总，根据领导小组的决定做好对外信息发布工作。

（2）根据领导小组的决定对食物中毒事件情况向政府新闻主管部门、上级单位进行报告。

（3）负责新闻媒体及当地政府有关部门和上级相关部门的接待工作。

5.2.3.5　技术保障物资供应组职责

（1）全面提供应急救援时的技术支持。

（2）掌握公司各设备、建筑、装备、器材、工具等专业技术。

（3）掌握公司各设备、设施、建筑在事故灾难情况下的应急处置方法。

（4）按照公司要求做好各类突发事件相应物资储备和供给工作。

（5）应急时，负责应急物资、各种器材、设备的供给。

（6）负责与其他外部部门进行沟通联络，及时做好应急物资的补给工作。

5.2.3.6　善后处理组职责

（1）负责做好食物中毒事件死亡家属接待、安抚、慰问和补偿等善后工作。

（2）负责做好食物中毒事件死亡者的财产损失统计理赔工作。

（3）负责食物中毒事件的调查、处理、报告填写和上报工作。

6　预防与预警

6.1　风险监测

6.1.1　风险监测的责任部门

应急管理办公室负责食物中毒事件的日常监测工作，定期收集整理重点食源性疾病的监测数据及其主要症状体征相关信息，对重点食品、生活用水和食源性疾病进行监测。

6.1.2　风险监测的方法和信息收集渠道

医疗保障组负责搜集、整理、及时监控食物中毒发展情况，收集汇总各部门人员身体异常情况日报表，对所有可能存在食物中毒的区域，给予指导或彻底消毒，并对中毒病人给予及时抢救。

6.1.3　风险监测所获得信息的报告程序

当发现食物中毒疫情突发事件时，发现人或病人所在部门应立即将发生的情况（包括时间、地点、症状、人员数量等），报告应急管理办公室，应急管理办公室接到食物中毒事件的报告后，要详细询问事件发生的情况以及报告人、联系电话等，填写专用记录表，根据报告程序立即向应急领导小组和当地卫生行政部门报告。报告内容应包括：食物中毒事件的时间、地点、初步原因、发展趋势和涉及范围、人员伤亡与危害程度等情况；除上述内容外，还包括初步推断食物中毒事件的原因以及已经采取的控制措施等。

6.2　预警发布与预警行动

6.2.1　预警分级

按照其性质、严重程度、可控性和影响范围等因素，分为四级预警：Ⅰ级（特别严重）、Ⅱ级（严重）、Ⅲ级（较重）和Ⅳ级（一般），依次用红色、橙色、黄色和蓝色表示。

（1）Ⅰ级：公司一次食物中毒人数超过100人并出现死亡病例；或出现10例以上死亡病例。

（2）Ⅱ级：公司一次食物中毒人数超过100人；或出现3人以上9人以下死亡病例。

（3）Ⅲ级：公司一次食物中毒发病人数在10～29例；或出现3人以下死亡病例。

（4）Ⅳ级：公司一次食物中毒发病人数在10人以下事件；未出现死亡病例。

6.2.2　预警发布程序

发现食物中毒事件病例后，病例所在部门应立即应急管理办公室汇报本单位食物中毒事件情况（是否有食物中毒病人或与食物中毒者共同进食情况）。应急管理办公室根据上述情况综合分析判断，发布预警通报，通知各部门作好应急准备，并向应急领导小组汇报。应急管理办公室根据疑似病例、是否有确诊中毒病例等情况综合分析判断，向应急指

挥领导小组汇报，发布启动预警信息，通知各应急工作组做好应急准备。

预警信息的发布一般通过短信、电话、通知等方式进行，预警信息包括突发事件的类别、预警级别、起始时间、可能影响范围、警示事项、应采取的措施和发布单位等。

6.2.3 预警发布后的应对程序和措施

发生食物中毒或疑似病例后，医疗保障工作组应实施24h值班制度，对疑似病人及时进行甄别，并予以有效隔离，同时向上级疾病控制部门进行报告，根据当地政府有关规定，统一专人专车转运至定点治疗医院进行进一步确诊、医学观察及治疗处理。

医疗保障工作组及时将疑似病人医学观察及治疗处理情况向应急领导小组报告。

6.3 预警结束

疑似病人经医学观察排除食物中毒例，或食物中毒病人经治疗处理后确认康复，公司经过一段时间后无新的病例出现。应急管理办公室根据情况，综合分析判断后发布预警结束通报。

7 信息报告

7.1 联系电话

24h值班电话：×××。

应急处置办公电话：×××。

移动电话：×××。

7.2 报告程序

当发生食物中毒突发事件时，发现人或病员所在部门应立即向当值值长报告所发生的情况（包括时间、地点、症状、人员数量等），当值值长接到报告后立即向公司应急管理办公室负责人报告，办公室负责人接到报告后立即利用电话、传真、电子邮件等方式向应急领导小组报告，应急领导小组根据事件情况布置应急救援和应急处置，并及时向上级公司应急管理办公室和当地政府应急管理办公室报告。情况紧急时，现场人员或当值值长可直接先向应急领导小组报告。

7.3 报告方式

食物中毒事件发生后，应急领导小组要立即用电话、传真或电子邮件逐级上报当地政府应急管理部门。

7.4 报告内容、时限

食物中毒事件发生的时间、地点、人数、涉及的范畴等。报告时间最迟不得超过1h，同时按规定通报所在地区卫生部门和相关政府疾病控制部门。

8 应急响应

8.1 响应分级

（1）Ⅲ级响应（较大）、Ⅳ级响应（一般）：当发现较大或一般食物中毒突发事件时，发现人或病员所在部门应立即将发生的情况（包括时间、地点、症状、人员数量等），通知应急管理办公室。应急管理办公室主任作为此级响应责任人应立即向应急领导小组报告。

（2）Ⅰ级响应（特别重大）、Ⅱ级响应（重大）：发现人或病员所在部门发现特别重大或重大食物中毒突发事件时，应立即向公司应急领导小组领导报告，应急领导小组组长立即命令启动“食物中毒事件专项应急预案”，应急管理办公室应分别通知应急领导小组成员及相关应急工作组，参加应急处理。

8.2　响应程序

（1）较大和一般：当发现食物中毒突发事件时，发现人或病员所在部门应立即将发生的情况（包括时间、地点、症状、人员数量等），通知应急管理办公室。医疗保障工作组实施24h值班制度，对疑似病人及时进行甄别，并予以有效抢救措施，同时向上级疾病控制部门进行报告，根据当地政府有关规定，统一专人专车转运至定点治疗医院进行进一步确诊、医学观察及治疗处理。应急管理办公室主任作为此级响应启动责任人。

（2）特别重大和重大：发现食物中毒突发事件时，发现人或病员所在部门应立即向公司应急领导小组领导报告，应急领导小组组长立即命令启动“食物中毒事件专项应急预案”，应急管理办公室应分别通知应急领导小组成员及相关应急工作组，参加应急处理。应急领导小组组长作为此级响应启动责任人。

（3）应急管理办公室负责按照应急指挥部的要求及时、准确向上级单位、当地卫生行政部门、电力监管等机构报告疫情情况。

8.3　应急处置

（1）在医务人员尚未赶到时，病人意识清楚时，可用压舌板、匙柄、筷子、硬羽毛等刺激咽弓或咽后壁，使病人呕吐。但病人发生意识不清、昏迷时，不得使用。

（2）现场人员要做好可疑有毒食品现场的保护和分析工作，争取尽快寻找到中毒原因。

（3）各单位人员在集体中毒事件发生后，在避开食物中毒源的情况下要坚守本职岗位，使生产、生活正常进行。

（4）当发生食物中毒突发事件时，各级健康人员要在不被传染的情况下坚守本职岗位，使生产、生活正常进行。

（5）应急管理办公室应立即向公司或应急领导小组领导报告，并建议启动应急救援预案。

1）应急领导小组组长根据情况命令启动“食物中毒事件专项应急预案”，应急管理办公室应分别通知应急领导小组成员及相关应急工作组人员，参加应急处理。新闻发布工作组及时做好宣传工作，稳定职工和病员情绪。

2）安全保卫工作组布置安排好人力、做好安全保卫工作。

3）善后处理工作组要做好患者亲友的接待、安抚工作。

4）其他各工作组及各部门接到应急反应的通知后，应按各自的职责对突发事件进行处理。

（6）当启动食物中毒应急预案时，根据应急救援领导小组的指示，应急管理办公室安排相关应急工作组协调与当地政府、卫生行政主管部门、疾病预防控制中心、公安机关的工作，将当地政府的指（命）令、卫生主管部门和疾控中心的各项预防控制措施和要求，迅速向应急救援领导小组汇报。

（7）医疗保障工作组应对公司全体人员进行食物中毒的预防、诊断、隔离、治疗以及个人防护等专业的培训，做到对疫情的早发现、早报告、早隔离、早治疗。

（8）发现疑似病例及确诊病例时，医疗保障工作组人员应及时到达现场，在上级卫生

防疫部门专家的指导下对病人或者疑似病人进行抢救、隔离治疗和转运，2h 内向卫生行政部门报告。

(9) 对于中毒原因清楚或已查清的，根据实际情况尽快恢复食物和饮水的供应，并注意在操作中避免二次中毒，使生产秩序和生活秩序恢复正常状态。

(10) 对于中毒原因不明或暂时未查清楚的，应及时向当地有关部门报告，根据情况限制现场恢复程度，采取必要的防范措施恢复部分食物和饮用水的供应，使生产秩序和生活秩序趋于正常状态。

(11) 虽采取措施但食物中毒人员继续增加，或中毒人员病情恶化，立即请求当地卫生行政部门和医疗机构支援。

(12) 当食物中毒暴发，虽采取措施但不能有效控制时，为保证生产有序进行，对部分健康的运行、检修和管理岗位人员进行集中居住，统一食宿，减少中毒机会。

(13) 应急处置程序按规定流程执行见 13.7.2。

(14) 病人的治疗和转运。医护人员带好防护用具，做好自我保护工作，对所发现的疑似病人，按有关规定及时与上级有关部门进行联系或在专家的指导下进行诊断、治疗和转运。转运时用专车将病人转送到当地卫生行政部门指定的医疗机构进行救治，并将发病情况，诊断或疑似诊断（病历）向收治医院详细介绍，帮助收治医院在最短时间内明确诊断，及时治疗。

8.4 应急结束

8.4.1 应急结束条件

(1) 事件现场得到控制，事件条件已经消除。

(2) 环境符合有关标准。

(3) 事件所造成的危害已经彻底消除，无次生、衍生事故继发可能。

(4) 事件现场的各种专业应急处置行动已无继续的必要。

(5) 采取了必要的防护措施以保护公众免受再次危害。

(6) 经应急领导小组批准。

8.4.2 应急结束程序

食物中毒事件隐患或相关危险因素消除后或最后一个病例发生后经过最长潜伏期无新的病例出现，由应急管理办公室向当地政府应急管理部门报告应急结束。

8.4.3 应急结束责任人

由原应急预案启动者宣布应急结束。

8.4.4 宣布结束的方式

应急管理办公室统一宣布《食物中毒突发事件专项应急预案》结束，利用电话、广播、计算机网络等发布应急响应结束信息。

9 后期处置

(1)“食物中毒事件专项应急预案”结束后，按照把事故损失和影响降低到最低程度的原则，及时做好生产、生活恢复工作。

(2) 善后处理工作组负责核算救灾发生的费用及后期保险和理赔等工作。

（3）食物中毒事件调查组必须实事求是，尊重科学，按照“四不放过”原则，及时、准确查明食物中毒疫情的原因，深刻吸取事故教训，制定防范措施，落实责任制，防止类似事件发生。

（4）应急管理办公室负责收集、整理应急救援工作记录、方案、文件等资料，组织各专业组对应急救援过程和应急救援保障等工作进行总结和评估，提出改进意见和建议，并将总结评估报告报上级主管部门。

10　应急保障

10.1　应急队伍

10.1.1　内部队伍

按照食物中毒突发事件应急工作职责，成立相应的应急队伍，并进行专门的技能培训和演练，做好日常应急准备检查工作，确保危急事件发生后，按照突发事件具体情况和应急领导小组的指示及时到位，具体实施应急处理工作。

10.1.2　外部队伍

应急领导小组要掌握周围外部救援力量的有关情况，包括医疗、疾病预防控制、公安、消防、交通、供应商等。

10.2　应急物资与装备

医疗保障工作组必须储备足够量的治疗食物中毒事件应急处理的各类物资储备（包括诊断试剂、特效药物、消毒药械和检测检验设备等）。发生食物中毒事件时，应根据应急处理工作需要调用应急储备物资，应急储备物资使用后应得到及时补充，以确保应急供应（见本预案 13.3）。

10.3　通信与信息

与食物中毒应急救援有关的上级单位、当地卫生行政部门、电力监管等机构联系方式（见本预案 13.2）。

10.4　经费

应急领导小组组长负责保障本预案所需应急专项经费，财务部负责此经费的统一管理，保障专款专用，在应急状态下确保及时到位。

10.5　其他

（1）公司各部门、单位接到应急通知后，应立即奔赴事故现场，根据各自的职责对危急事件进行处理。

（2）公司各部门、单位按照规定表格内容对所属人员的体温等进行监测，及时发现疑似病例，及时上报。

（3）设置安排观察区域，对隔离人员进行观察。安排好被隔离人员的生活必需品的配给，使其能安心配合隔离。做好公司各出入口及隔离观察区的警戒工作。

（4）隔离区处设置明显警戒标志。

（5）禁止非本单位人员乘坐公司车辆，随时对公司属车辆进行消毒。根据需要派出专用车辆参加救援工作。

（6）对食物中毒的来源进行深入详细的调查，阻断有毒食品的来源。

11 培训和演练

11.1 培训

11.1.1 培训范围

将应急管理培训工作纳入年度培训计划，有针对性地对应急救援和管理人员进行培训，提高其专业技能。

11.1.2 培训方式

举办培训班、训练班，利用案例教学、交流研讨、情景模拟、应急演练等方式进行培训。

11.1.3 培训内容和周期

每年至少组织一次应急管理培训，培训的主要内容应该包括：食物中毒突发事件专项应急预案，应急组织机构及职责、应急程序、应急资源保障情况和针对食物中毒突发事件的预防和处置措施等。

11.2 演练

11.2.1 演练范围

将应急救援演练工作纳入年度培训教育计划，有针对性地对应急救援人员和管理人员进行演练，提高其专业技能。

11.2.2 演练方式

应急演练的方式可以选择实战演练、桌面演练。

11.2.3 演练的内容和周期

食物中毒突发事件专项应急预案，应急组织机构及职责、应急程序、应急资源保障情况和针对食物中毒突发事件的预防和处置措施等。每年年初制定演练计划，食物中毒突发事件专项应急预案演练每年不少于1次，现场处置演练不少于2次，演练结束后应形成总结材料。

12 附则

12.1 术语和定义

食物中毒，指食用了被生物性、化学性有毒有害物资污染的食品或者食用了含有毒有害物资的食品后出现的急性、亚急性食源性疾患。

12.2 预案备案

本预案按照要求向当地政府应急管理部门及行业主管部门备案。

12.3 预案修订

本预案自发布之日起至少三年修订一次，有下列情形之一及时修订，修订后按照程序重新备案：

（1）公司生产规模发生较大变化或进行重大调整。

（2）公司隶属关系发生变化。

（3）周围环境发生变化，形成重大危险源。

（4）依据的法律、法规和标准发生变化。

（5）应急预案评估报告提出整改要求。

（6）上级有关部门提出要求。

12.4　制定与解释

本预案由公司安全生产部制定、解释。

12.5　预案实施

本预案自发布之日起执行，原相关预案同时废止。

13　附件

13.1　应急领导小组及相关人员联络方式表

序号	岗　　位	姓名	办公电话	移动电话	备注
1	总经理				
2	副总经理				
3	综合管理部经理				
4	资产财务部经理				
5	项目开发部经理				
6	工程管理部经理				
7	电力运营部经理				
8	安全生产部安全员				

13.2　相关政府职能部门、抢险救援机构联系方式表

序号	单　　位	联系方式	备注
1	地方应急管理委员会		
2	安全生产监督管理局		
3	生产调度机构		
4	当地国家能源派出机构		
5	当地气象部门		
6	国土资源机构		
7	急救中心		
8	公安报警		
9	交通报警		
10	消防报警		

13.3　基本公共应急物资储备表

序号	物资名称	数量	存放地点	负责人	办公电话	负责人电话	备注
1	逃生绳						
2	电筒						
3	工具箱						
4	对讲机						
5	急救箱						
6	应急车辆						
7	消防栓						
8	消防水带						
9	灭火器						
10	床						

续表

序号	物资名称	数量	存放地点	负责人	办公电话	负责人电话	备注
11	被褥						
12	桶						
13	锹						
14	编织袋						

13.4　有关流程

13.4.1　信息报告流程

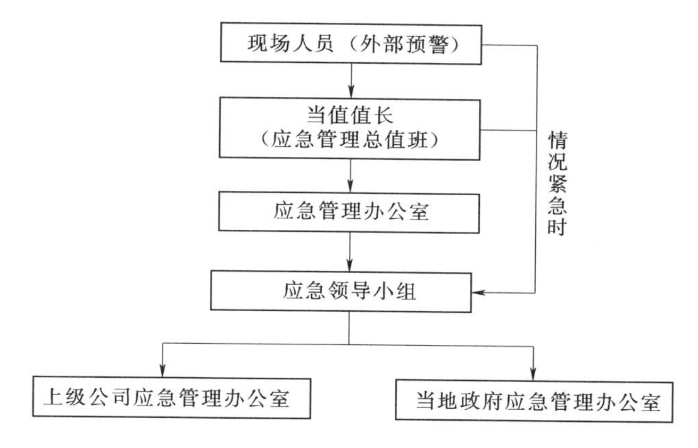

13.4.2　应急处置流程

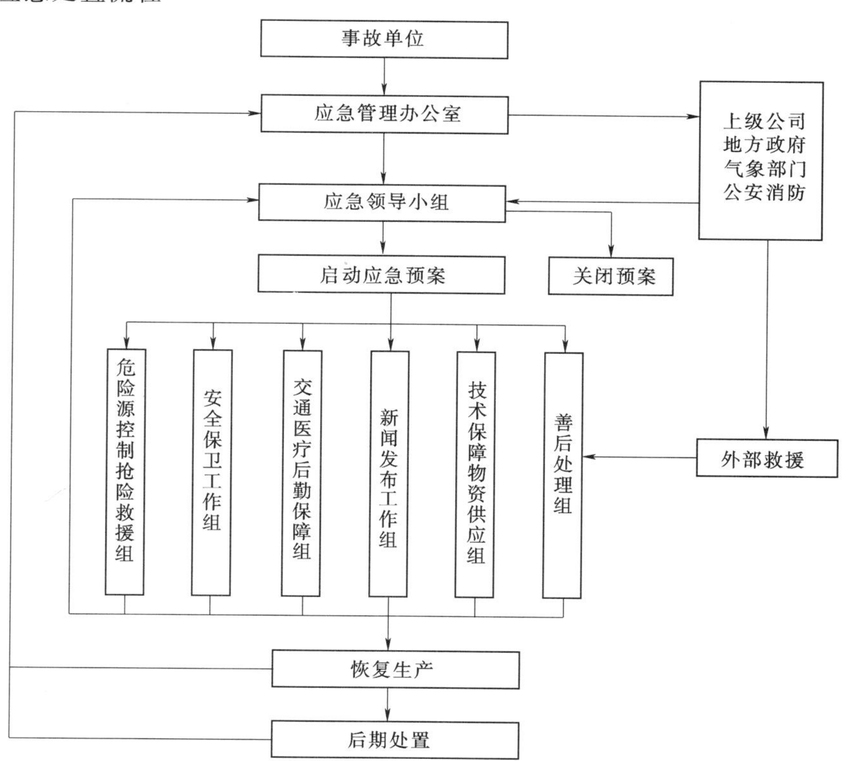

第七章　社会安全事件专项预案

第一节　社会安全事件概述

根据《国家突发公共事件总体应急预案》规定，社会安全事件主要包括恐怖袭击事件、经济安全事件和涉外突发事件等。

风电场涉及的社会安全事件主要是内部可能存在的劳资纠纷、各方面的利益冲突、生产过程中造成的环境污染及破坏，进而引发企业内部或与周边个体产生纠纷。

第二节　社会安全事件专项应急预案范例

一、群体性突发社会安全事件应急预案

某风力发电公司
群体性突发社会安全事件应急预案

1　总则

1.1　编制目的

为高效有序地做好公司群体性突发社会安全突发事件的应急处置和救援工作，避免或最大限度地减轻突发事件造成的损失，保障员工生命和公司财产安全，维护社会稳定，特编制本专项应急预案。

1.2　编制依据

《中华人民共和国安全生产法》（中华人民共和国主席令第13号）

《中华人民共和国突发事件应对法》（中华人民共和国主席令第69号）

《中华人民共和国集会游行示威法》（中华人民共和国主席令第20号）

《中华人民共和国治安管理处罚法》（中华人民共和国主席令第38号）

《信访条例》（国务院令第431号）

《国家突发公共事件总体应急预案》

《电力企业应急预案管理办法》（国能安全〔2014〕508号）

《电力企业应急预案评审和备案细则》（国能综安全〔2014〕953号）

《电力企业专项应急预案编制导则（试行）》

《电力突发事件应急演练导则》（电监安全〔2009〕22号）

《某风电公司综合应急预案》

1.3　适用范围

本预案适用于公司群体性突发社会安全突发事件的现场应急处置和应急救援工作。

2　应急处置基本原则

群体性突发社会安全事件（以下简称突发性事件）管理工作应根据不同类型事件的特点，依据不同的原则进行。遵循“分级负责、预防为主、教育疏导、快速反应、依法办事”的方针，快速处置、缩小影响、控制局面、稳定职工队伍，尽快恢复正常工作秩序，将突发性事件带来的损失减少到最低限度。

（1）分级负责原则。突发性事件的处置工作在应急领导小组的统一指挥下进行，按照“谁主管、谁负责”的原则，形成“行政管理部牵头接谈、相关职能部门主谈，涉访部门劝返，行政管理部维护秩序”的现场处置工作格局。

（2）预防为主原则。及时了解、掌握和收集有关方面的信息，做到早发现、早报告、早控制、早处置，将矛盾化解在萌芽状态，将问题解决在初始阶段。

（3）教育疏导原则。以教育疏导为主，做到谈清问题、讲明政策、解疑释惑、理顺情绪、化解矛盾、尽快劝返，防止矛盾激化。

（4）快速反应原则。确保发现、报告、指挥、处置等环节紧密衔接，做到反应快速、应对正确、依法果断处置。

（5）依法办事原则。严格按照国家政策解决职工及周围居民反映的问题；严格依照国家法律、法规，按照来访接待程序，及时果断处置突发性事件，坚决制止各种违法行为，维护正常的生产、工作和生活秩序。

3　事件类型和危害程度分析

3.1　风险的来源、特性

公司内部可能存在劳资纠纷、各方面的利益冲突，而引发公司内部或与周边个体的纠纷。

3.2　事件类型、影响范围及后果

因上述纠纷等因素可能导致群体性上访、聚集、围堵、滋事等突发事件，影响正常生产、工作、生活秩序。

4　事件分级

群体性突发社会安全事件分Ⅰ级（特别重大）、Ⅱ级（重大）、Ⅲ级（较大）和Ⅳ级（一般）四级。

（1）Ⅰ级：特别重大突发性事件，参与上访人数在500人及以上的事件。

（2）Ⅱ级：重大突发事件，参与上访人数在100人及以上、500人以下的事件。

（3）Ⅲ级：较大突发事件，参与上访人数在15人及以上、100人以下的事件。

（4）Ⅳ级：一般突发事件，参与上访人数在5人及以上、15人以下的事件。

5　应急指挥机构及职责

5.1　应急指挥机构

成立突发事件应急领导小组，下设应急管理办公室和六个应急处置工作组，负责突发事件的应急管理工作。

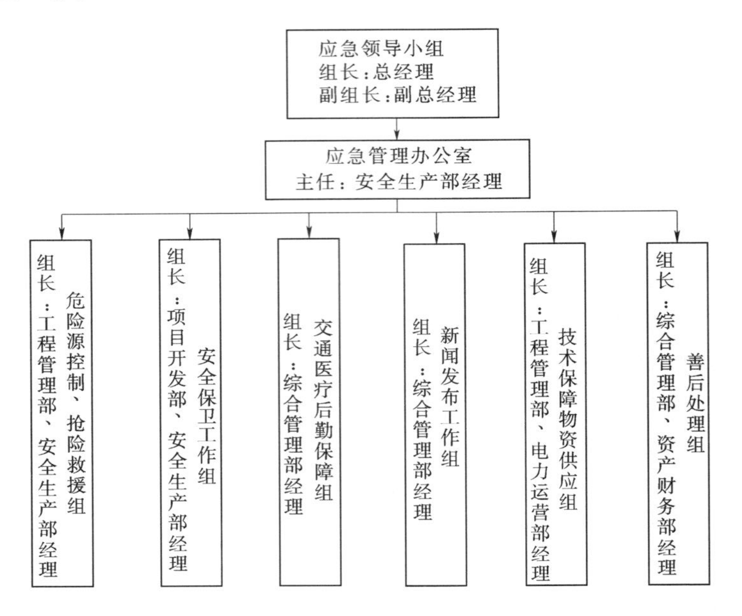

5.1.1　应急领导小组

组　长：总经理

副组长：副总经理

成　员：综合管理部经理、资产财务部经理、项目开发部经理、工程管理部经理、电力运营部经理、安全生产部经理

5.1.2　应急管理办公室

主　任：安全生产部经理

5.1.3　应急处置工作组

（1）危险源控制、抢险救援组　　组长：工程管理部、安全生产部经理

（2）安全保卫工作组　　组长：项目开发部、安全生产部经理

（3）交通医疗后勤保障组　　组长：综合管理部经理

（4）新闻发布工作组　　组长：综合管理部经理

（5）技术保障物资供应组　　组长：工程管理部、电力运营部经理

（6）善后处理组　　组长：综合管理部、资产财务部经理

5.2　职责

5.2.1　应急领导小组职责

（1）贯彻落实国家和公司有关突发事件管理工作的法律、法规、制度，执行上级公司和政府有关部门关于突发事件处理的重大部署。

(2) 监督应急管理责任制的落实情况，协调各部门职责的划分，并监督群体性突发社会安全事件专项应急预案的编写、学习、演练和修订完善。

(3) 负责总体指挥协调群体性突发社会安全事件的处理，负责出现群体性突发社会安全事件时应急预案的启动和应急预案的终结。

(4) 调动各应急救援力量和物资，及时掌握突发事件的发展态势。

(5) 部署群体性突发社会安全事件发生后的善后处理及生产、生活恢复工作。

(6) 及时向政府部门及上级公司管理部门报告群体性突发社会安全事件的发生及处理情况。

(7) 负责监督、指导对群体性突发社会安全事件进行调查分析，并对相关部门或人员落实考核。

(8) 签发审核论证后的应急预案。

5.2.2 应急管理办公室（办公室设在安全生产部）职责

(1) 应急管理办公室是群体性突发社会安全事件应急管理的常设机构，负责应急指挥机构的日常工作。

(2) 及时向应急领导小组报告群体性突发社会安全事件。

(3) 组织落实应急领导小组提出的各项措施、要求，监督各单位的落实。

(4) 监督检查所辖项目公司群体性突发社会安全事件的应急预案、日常应急准备工作、组织演练的情况；指导、协调突发事件的处理工作。

(5) 群体性突发社会安全事件处理完毕后，认真分析事件发生原因，总结事件处理过程中的经验教训，进一步完善相应的应急预案。

(6) 对公司群体性突发社会安全事件管理工作进行考核。

(7) 指导相关部门做好群体性突发社会安全事件的善后工作。

5.2.3 应急工作组职责

5.2.3.1 危险源控制、抢险救援组职责

(1) 负责所辖区域内的群体性突发社会安全事件的处理。

(2) 按照以人为本，减少危害，保障员工生命安全和身体健康的原则，做好群体性突发社会安全事件救援工作。

(3) 负责伤员的第一救护，报告紧急医疗救护部门。

5.2.3.2 安全保卫组职责

(1) 维持现场秩序、现场警戒，划定警戒区域，负责监督群体性突发社会安全事件处理时各项安全措施的执行，防止救援时人身事故的发生。

(2) 控制现场人员，无关人员不准出入现场，确保抢险、救灾人员疏散时的人身安全，做好安置、维持现场秩序、安全警戒装置的设置工作。

(3) 负责现场安全隔离措施的检查，并督促相关部门执行到位。

(4) 组织实施必须采取的临时性措施，防止坏人破坏。

(5) 协助完成群体性突发社会安全事件调查报告的编写和上报工作。

5.2.3.3 交通医疗后勤保障组职责

(1) 负责车辆管理部门。

1）平时加强车辆维护、检查，确保群体性突发社会安全事件抢险救援时所需车辆正常使用。

2）应急时提供紧急救护车辆，提供应急救援抢险和应急物资、设备设施运送所需车辆。

（2）负责通信管理部门。

1）固定电话、移动电话、载波通信、应急呼叫通信等通信设施完好。

2）应急时确保现场应急通信畅通。

（3）医疗后勤保障部门。

1）接警后及时赶赴事发地，对受伤人员采取现场紧急救治，及时抢救伤员。

2）及时联系120急救中心或当地医院，将伤员转送医院进行治疗。

3）做好日常相关医疗药品和器材的维护和储备工作。

4）做好饮食卫生、环境方面的防范工作，做好生活区异常情况的处理。

5.2.3.4　新闻发布工作组

（1）在应急领导小组的指导下，负责将群体性突发社会安全事件情况汇总，根据领导小组的决定做好对外信息发布工作。

（2）根据领导小组的决定对群体性突发社会安全事件情况向政府新闻主管部门、上级单位进行报告。

（3）负责新闻媒体及当地政府有关部门和上级相关部门的接待工作。

5.2.3.5　技术保障物资供应组职责

（1）全面提供应急救援时的技术支持。

（2）掌握群体事件的事态发生、发展的全过程，积极转移、抢救、保护人员、财物、档案的应急救援措施。

（3）掌握群体事件情况下的应急处置方法，做好疏导、疏散、撤离工作。

（4）按照要求做好群体性突发社会安全事件处置相应的物资储备和供给工作。

（5）应急时，负责应急物资、各种器材、设备的供给。

（6）负责与其他外部部门进行沟通联络，及时做好应急物资的补给。

5.2.3.6　善后处理组职责

（1）做好群体性突发社会安全事件涉及的伤亡人员家属接待、安抚、慰问和补偿等善后工作。

（2）负责群体性突发社会安全事件涉及的人员伤亡、财产损失统计理赔工作。

（3）负责群体性突发社会安全事件的调查、处理、报告填写和上报工作。

6　预防与预警

6.1　风险监测

6.1.1　责任部门和人员

应急管理办公室是风险监测的责任部门，办公室主任负责落实应急处置工作组是否对突发事件做过风险监测工作。

6.1.2　风险监测的方法和信息收集渠道

按照早发现、早报告、早处置的原则，公司各部门通过信访系统了解到所管理范围内

各种可能发生的突发事件的信息，并将信息向应急管理办公室报告，应急管理办公室应定期开展综合分析和风险评估，提出相应的预警建议，要求相关部门开展可能发生突发事件的处置方案。

6.1.3　风险监测所获得信息的报告程序

发生群体性突发社会安全事件时，发现人立即向应急管理办公室报告，应急管理办公室综合分析事件的具体实际情况向应急领导小组汇报，应急领导小组根据事态的发展用办公电话、移动电话、计算机网络向政府应急管理部门报告。

6.2　预警发布与预警行动

6.2.1　预警分级

按照其性质、严重程度、可控性和影响范围等因素，分为四级预警：Ⅰ级（特别严重）、Ⅱ级（严重）、Ⅲ级（较重）和Ⅳ级（一般），依次用红色、橙色、黄色和蓝色表示。根据事态的可能发展情况和采取措施的效果，预警可以升级、降级或解除。

（1）Ⅰ级红色预警：参与上访人数在500人及以上的事件。

（2）Ⅱ级橙色预警：参与上访人数在100人及以上、500人以下的事件。

（3）Ⅲ级黄色预警：参与上访人数在15人及以上、100人以下的事件。

（4）Ⅳ级蓝色预警：参与上访人数在5人及以上、15人以下的事件。

6.2.2　预警发布程序

（1）发生群体性突发社会安全事件后，事件发生部门应立即向应急管理办公室汇报本单位群体性突发社会安全事件情况，应急管理办公室根据具体情况综合分析判断，向应急指挥领导小组汇报，经应急领导小组批准发布启动预警信息，通知各应急工作组做好应急准备。

（2）预警信息的发布一般通过短信、电话、通知等方式进行，预警信息包括突发事件的类别、预警级别、起始时间、可能影响范围、警示事项、应采取的措施和发布单位等。

6.2.3　预警发布后的应对程序和措施

（1）各部门要加强对职工尤其是离退休职工、生活困难职工、下岗待岗职工的思想教育工作，掌握其思想动态，尽可能将不稳定因素化解在萌芽状态之中。对工作中出现不稳定的新情况、新问题、新动向，各部门要及时汇报应急管理办公室，并及时做好解释、劝解工作。

（2）公司要立足抓早、抓小、抓苗头，调查研究，分析预测可能出现的突发性事件，及时发现和掌握苗头性问题，避免突发性事件的发生。

（3）各部门要坚持以人为本的原则，认真对待职工的信访和上访，尽可能将职工反映的问题解决在公司内部。

（4）加强公共关系和对外宣传工作，塑造良好的公司公共形象，争取公司所在地政府和群众的理解和支持，力争避免群体性事件的发生。

（5）出现突发性事件苗头时，公司要从多角度、多方渠道、多种办法解决问题，采取有力的应对措施，把工作做在前头，把问题解决在萌芽状态，把矛盾化解在基层，通过妥善解决问题，化解突发性事件。

（6）系统各公司要通过健全信访三级责任主体的工作机制、落实信访工作三级终结制度，明确分工、强化职责，形成三级责任主体联动的突发性事件预防体系。

6.3　预警结束

相关部门落实预警信息，解决相应的问题后，应将有关处置情况反馈给应急管理办公室，由应急管理办公室宣布预警结束。

7　信息报告

7.1　联系电话

24小时值班电话：×××。

应急处置办公电话：×××。

移动电话：×××。

7.2　内部报告程序、方式、内容和时限

7.2.1　报告程序

群体性突发社会安全事件发生后，所涉及部门应立即向本单位应急管理办公室报告，应急管理办公室应立即将突发事件情况汇总，上报应急领导小组。应急管理办公室根据应急领导小组的决定对突发事件进行处置。

7.2.2　报告方式

应急管理办公室通过办公电话、移动电话、计算机网络向应急领导小组报告，并通知各应急处置工作组及应急救援人员。

7.2.3　报告的内容和时限

群体性突发社会安全事件发生的时间、地点、规模、涉及人员、起因以及目前状态等基本情况，时限是立即报告，不得拖延。

7.3　外部报告程序、方式、内容和时限

7.3.1　报告程序

当群体性突发社会安全事件发生后，现场人员应立即向当值值长报告所发生的情况，当值值长接到报告后立即向公司应急管理办公室负责人报告，办公室负责人接到报告后立即利用电话、传真、电子邮件等方式向应急领导小组报告，应急领导小组根据事件情况布置应急救援和应急处置，并及时向上级公司应急管理办公室和当地政府应急管理办公室报告。情况紧急时，现场人员或当值值长可直接先向应急领导小组报告。

7.3.2　报告方式

应急领导小组通过办公电话、移动电话、计算机网络向当地政府应急管理部门报告。

7.3.3　报告的内容和时限

报告内容是群体性突发社会安全事件发生的时间、地点、规模、涉及人员、起因、造成的影响以及目前状态等基本情况，事发后已做的工作和采取的措施，时限不得超过1h。

7.3.4　需要报告的其他事项

（略）

8　应急响应

8.1　响应分级

按群体性突发社会安全事件可控性、严重程度和影响范围，结合公司的具体实际情

况，应急响应分为特别重大（Ⅰ级响应）、重大（Ⅱ级响应）、较大（Ⅲ级响应）、一般（Ⅳ级响应）四级。

（1）Ⅰ级响应：对应Ⅰ级预警标准，由公司总经理组织响应，所有部门进行联动。

（2）Ⅲ级响应：对应Ⅲ级预警标准，由生产副总经理组织响应，所有部门进行联动。

（3）Ⅳ级响应：对应Ⅳ级预警标准，由应急管理办公室主任组织响应，相应部门进行联动。

8.2　响应程序

8.2.1　响应启动条件

8.2.1.1　特别重大突发性事件

人数在500人及以上的群体性上访、聚集、围堵、滋事等突发性事件已影响到正常的生产、工作、生活秩序，公司根本无法控制的。

8.2.1.2　重大突发性事件

人数在100人及以上、500人以下的群体性上访、聚集、围堵、滋事等突发性事件未影响到正常得生产、工作、生活秩序，公司难以控制的。

8.2.1.3　较大突发性事件

人数在15人及以上、100人以下的群体性上访、聚集、围堵、滋事等突发性事件未影响到正常得生产、工作、生活秩序，公司控制较困难的。

8.2.1.4　一般突发性事件

人数在5人及以上、15人以下的群体性上访、聚集、围堵、滋事等突发性事件未影响到正常得生产、工作、生活秩序，公司可以控制的。

8.2.2　响应启动

突发性事件发生后，公司应急管理办公室要根据突发性事件的不同类型，立即启动应急预案，并采取相应的控制措施，按部门分工迅速开展工作，及时处置和控制局面，全力避免事态的进一步扩大。

8.2.3　响应行动

在处置群体性突发社会安全事件时，要立即启动应急预案，做好本公司突发性事件处置工作，控制事态，确保稳定，同时要及时将情况上报上级公司，并立即实施日报告制度。

8.2.4　职责分工

在突发事件处置中，应急领导小组需要调集人员、经费、技术、车辆和相关设备、物资等，公司有关部门要严格按照“特事特办”的原则及时、迅速进行办理。

8.2.5　信息上报的部门、格式、内容和时限

在发生突发性事件期间以及突发性事件隐患存在期间，实行突发性事件处置临时值班制度。接到突发性事件报告的值班人员应将情况详细记录后，并报告应急管理办公室，应急管理办公室应根据报告情况立即进行核实确认，进入应急工作状态，采取必要措施并逐级上报。

发生一般和较大突发性事件必须在1h内上报；发生重大和特别重大的突发性事件必须第一时间上报，并实行24h值班，实时报送事件处置进展情况。及时上报当地政府应急

管理部门。

在突发事件处置中，需要调集人员、经费、技术、车辆和相关设备、物资等，公司有关部门要严格按照“特事特办”的原则及时、迅速进行办理。

8.3　应急处置

8.3.1　一级应急响应处置

（1）一级应急响应事件发生后，公司应急管理办公室应进入紧急应对状态，立即向应急领导小组报告，并根据应急领导小组意见报告上级单位和当地政府部门，并请求当地公安机关参与处置，并协调处置所发生的突发事件。

（2）应急管理办公室应根据应急领导小组意见确定突发性事件处置牵头部门，成立突发性事件处置的现场办公组和非现场办公组。现场办公组负责突发性事件现场的协调、指挥，并及时向非现场办公组反馈事态进展情况，非现场办公组应与现场办公组实时沟通信息，并将现场反馈情况形成书面材料，上报应急领导小组。

（3）经有关部门做调解和疏导教育工作后，仍出现围堵、冲击等有严重危害公共安全或严重破坏生产、生活、社会秩序行为的，应交由公安机关依法采取隔离、解散、强行带离现场、治安处罚等处理。

8.3.2　二级应急响应处置

（1）二级应急响应事件发生后，应急管理办公室应进入紧急应对状态，立即向应急领导小组报告，并根据应急领导小组意见及时请求当地公安机关参与处置。应急管理办公室应根据职责规定通报政府有关部门，并协调处置所发生的突发事件。

（2）应急管理办公室应根据领导小组意见确定突发性事件处置牵头部门，成立突发性事件处置的现场办公组和非现场办公组。现场办公组负责突发性事件现场的协调、指挥，并及时向非现场办公组反馈事态进展情况，非现场办公组应与现场办公组实时沟通信息，并将现场反馈情况形成书面材料，上报应急领导小组。

（3）经有关部门做调解和疏导教育工作后，仍出现围堵、冲击等有严重危害公共安全或严重破坏生产、生活、社会秩序行为的，应交由公安机关依法采取隔离、解散、强行带离现场、治安处罚等处理。

8.3.3　三级应急响应处置

三级应急响应事件发生后，应急管理办公室应进入紧急应对状态，立即向应急领导小组报告，并根据领导小组意见确定突发性事件处置牵头部门，成立突发性事件处置的现场办公组和非现场办公组。现场办公组负责突发性事件现场的协调、指挥，并及时向非现场办公组反馈事态进展情况，非现场办公组应与现场办公组实时沟通信息，并将现场反馈情况形成书面材料，上报应急领导小组。

由领导小组根据事态状况，决定是否请求当地公安机关参与处置。

8.3.4　四级应急响应处置

四级应急响应事件发生后，应急管理办公室应进入紧急应对状态，要求突发性事件部门，成立突发性事件处置组，负责突发性事件现场的协调、指挥，并及时向应急管理办公室反馈事态进展情况。应急管理办公室形成书面材料，报应急领导小组。

8.3.5　特殊情况应急响应处置

（1）当参与人员有打横幅等过激行为时，现场处置人员和内保人员应进行劝阻。

（2）当参与人员出现围堵和冲击办公场所、堵塞交通、散发传单、破坏公物等违法行为时，现场处置人员、内保人员要立即报告应急领导小组，迅速报请公安机关依法处理，以确保正常工作秩序。

（3）当参与人员中出现自杀、休克等突发情况时，现场处置人员和内部安保人员要立即拨打急救电话或直接将病人送往附近医院进行抢救。

（4）发现参与人员中有人携带管制器械、爆炸物及其他危险物品时，现场处置人员和内部安保人员首先要稳住其情绪，加以严密监视，并立即通知公安机关依法处理。

（5）对年老体弱或者患有疾病的参与人员，现场处置人员和内保人员要给予适当照顾，防止发生晕倒、伤亡等意外事故。

8.3.6 对事件中上访人员诉求的处置

（1）由领导小组责成处置突发性事件的牵头部门对事件进行调查研究，形成处置意见。形成处置意见时要严格依据法律、行政法规和有关政策规定，同时，要认真掌握策略，以尽量减小事件的影响，防止造成严重后果为原则。

（2）处置意见可根据情况口头或者书面形式答复事件上访人员。但出具正式意见的，要采取书面形式，并由事件上访人员所在（或有直接关系）公司通知事件上访人员。

（3）处置意见正式答复事件上访人员后，有关部门要采取有效措施安排事件上访人员返回来访地。对拒不离开，继续长时间滞留的，可由安全生产部门请求公安机关协助送返。

8.4 应急结束

8.4.1 应急结束条件

（1）事件现场得到控制，事件条件已经消除。

（2）事件所造成的危害已经被彻底消除，无继发可能。

（3）事件现场的各种专业应急处置行动已无继续的必要。

8.4.2 应急结束的程序

达到应急结束条件的，应急管理办公室确认次生、衍生和事件危害被基本消除，报请应急领导小组，由应急领导小组宣布应急响应结束，并按职责分工，逐级传达每一个层面，并撤除突发性事件处置的现场办公组和非现场办公组。

9 后期处置

9.1 恢复的原则

群体性突发社会安全事件处置结束后，按照把损失和影响降低到最低程度的原则，及时做好生产、生活恢复工作。

9.2 保险理赔的责任部门

应急管理办公室协调善后处理工作组核算群体性突发社会安全事件应急救援发生的费用及后期保险和理赔等工作。

9.3 事件调查的原则、内容、方法和目的

传染病疫情事件调查组必须实事求是，尊重科学，按照“四不放过”原则，及时、准确查明群体性突发社会安全事件的原因，深刻吸取事故教训，制定防范措施，落实责任制，防止类似事件发生。

9.4　总结评价

应急管理办公室负责收集、整理应急救援工作记录、方案、文件等资料，组织各专业组对应急救援过程和应急救援保障等工作进行总结和评估，提出改进意见和建议，防止反复的因素发生，要保持高度警惕，并积极采取措施，要做好回访工作，妥善予以解决和处置，并将总结评估报告报上级主管部门。

10　应急保障

10.1　应急队伍

10.1.1　内部队伍

按照群体性突发社会安全事件应急工作职责，成立相应的应急队伍，并进行专门的技能培训和演练，做好日常应急准备检查工作，确保危急事件发生后，按照突发事件具体情况和应急领导小组的指示及时到位，具体实施应急处理工作。

10.1.2　外部队伍

应急领导小组要掌握周围外部救援力量的有关情况，包括医疗、疾病预防控制、公安、消防、交通、供应商等。

10.2　应急物资与装备

本预案应急处置所需的主要物资和装备有对讲机、救护车、防护设施等。这些物资和装备所在部门要指定专人负责保管，并定期进行检测，以备其完好可靠。

10.3　通信与信息

突发社会安全事件应急领导小组办公室协调有关部门，建立稳定、可靠、便捷、保密的通信手段，明确与应急相关的政府部门、上级应急指挥机构、处置突发社会安全事件参与部门的通信方式，并配置若干对讲机以备使用，确保处置行动能够快速、有序展开。

与应急救援有关的上级单位、当地公安部门、政府办公室等机构联系方式(见13.2节)。

10.4　经费

应急领导小组组长负责保障本预案所需应急专项经费，资产财务部负责此经费的统一管理，保障专款专用，在应急状态下确保及时到位。

10.5　其他

（1）各部门接到应急通知后，应立即奔赴群体性突发社会安全事件事发现场，根据各自的职责对事件进行处理。

（2）安全保卫部门接到应急通知后，应立即奔赴事故现场，控制现场情绪，将请愿人员与其他人员隔离，保证人身安全。

11　培训和演练

11.1　培训

11.1.1　培训范围

将应急管理培训工作纳入年度培训计划，有针对性地对应急救援和管理人员进行培训，提高其专业技能。

11.1.2　培训方式

举办培训班、训练班，利用案例教学、交流研讨、情景模拟、应急演练等方式进行培训。

11.1.3　培训内容和周期

每年至少组织一次应急管理培训，培训的主要内容应该包括：群体性突发社会安全事件专项应急预案，应急组织机构及职责、应急程序、应急资源保障情况和针对群体性突发社会安全事件的预防和处置措施等。

11.2　演练

11.2.1　演练范围

将应急救援演练工作纳入年度培训教育计划，有针对性地对应急救援人员和管理人员进行演练，提高其专业技能。

11.2.2　演练方式

应急演练的方式可以选择实战演练、桌面演练。

11.2.3　演练的内容和周期

群体性突发社会安全事件专项应急预案，应急组织机构及职责、应急程序、应急资源保障情况和针对群体性突发社会安全事件的预防和处置措施等。每年年初制定演练计划，群体性突发社会安全事件专项应急预案演练每年不少于1次，现场处置演练不少于2次，演练结束后应形成总局材料。

12　附则

12.1　术语和定义

群体性突发社会安全事件，是指非法的，具有突发性的大规模群体上访、请愿、集会、游行、蓄意闹事等对上级公司及系统各公司正常工作秩序将造成或可能造成严重影响事件。

12.2　预案备案

本预案按照要求向当地政府安全监督部门及行业主管部门备案。

12.3　预案修订

本预案自发布之日起至少三年修订一次，有下列情形之一及时修订，修订后按照程序重新备案：

（1）公司生产规模发生较大变化或进行重大调整。

（2）公司隶属关系发生变化。

（3）周围环境发生变化，形成重大危险源。

（4）依据的法律、法规和标准发生变化。

（5）应急预案评估报告提出整改要求。

（6）上级有关部门提出要求。

12.4　制定与解释

本预案由公司安全生产部制定、解释。

12.5　预案实施

本预案自发布之日起执行，原相关预案同时废止。

13　附件

13.1　应急领导小组及相关人员联络方式表

序号	岗　　位	姓名	办公电话	移动电话	备注
1	总经理				
2	副总经理				
3	综合管理部经理				
4	资产财务部经理				
5	项目开发部经理				
6	工程管理部经理				
7	电力运营部经理				
8	安全生产部安全员				

13.2　相关政府职能部门、抢险救援机构联系方式表

序号	单　　位	联系方式	备注
1	地方应急管理委员会		
2	安全生产监督管理局		
3	生产调度机构		
4	当地国家能源派出机构		
5	当地气象部门		
6	国土资源机构		
7	急救中心		
8	公安报警		
9	交通报警		
10	消防报警		

13.3　应急物资储备表

序号	物资名称	数量	存放地点	负责人	办公电话	负责人电话	备注
1	逃生绳						
2	电筒						
3	工具箱						
4	对讲机						
5	急救箱						
6	应急车辆						
7	消防栓						
8	消防水带						
9	灭火器						
10	床						
11	被褥						
12	桶						
13	锹						
14	编织袋						

13.4　有关流程

13.4.1　信息报告流程

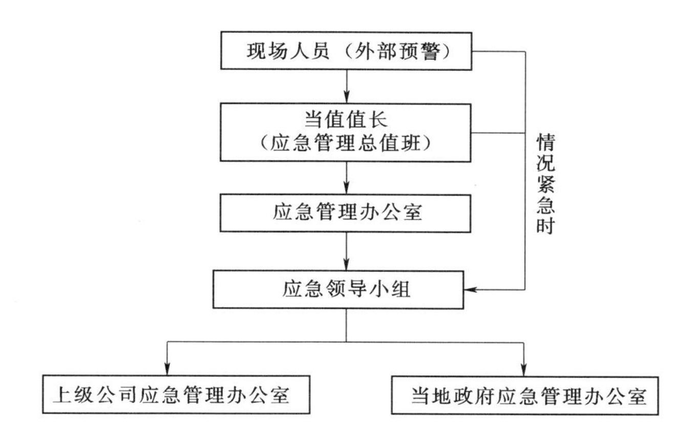

13.4.2　应急处置流程

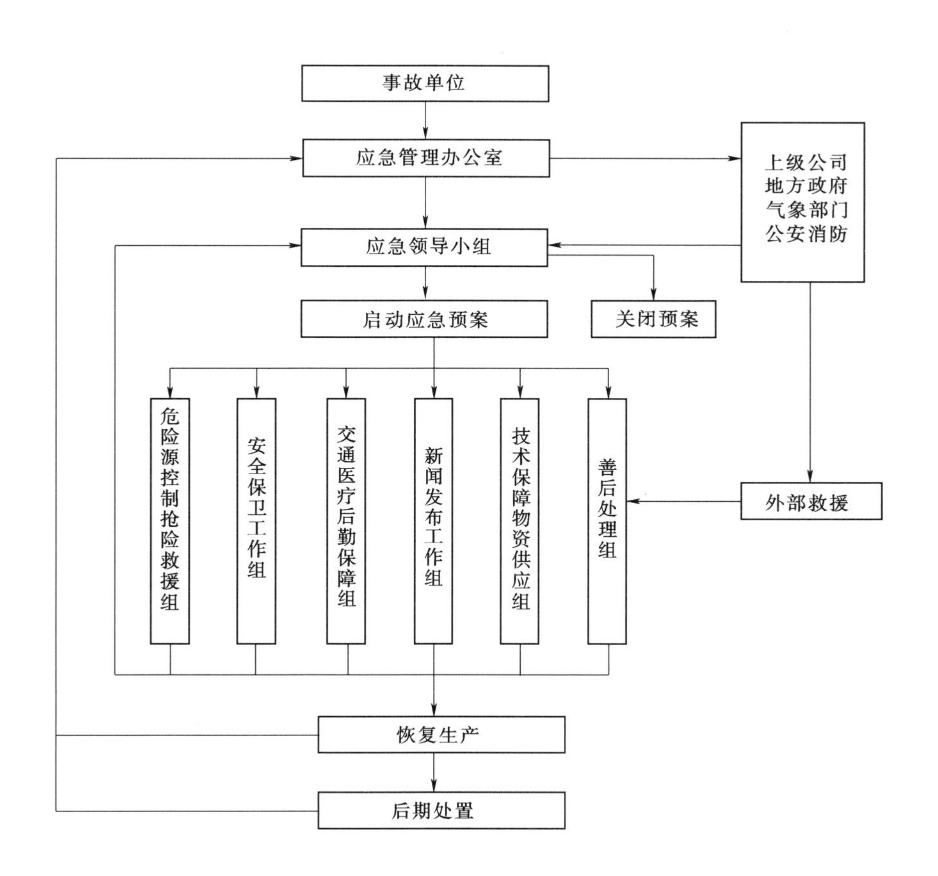

二、突发新闻媒体事件应急预案

某风力发电公司
突发新闻媒体事件应急预案

1　总则

1.1　编制目的

为高效有序地做好公司突发新闻媒体事件的应急处置工作，最大限度地降低和减少突发事件造成的舆论损害，畅通公司与社会以及公众沟通渠道，引导舆论导向，化解公司风险，树立公司良好的社会形象，维护社会稳定，特编制本应急预案。

1.2　编制依据

《中华人民共和国安全生产法》（中华人民共和国主席令第 13 号）

《中华人民共和国突发事件应对法》（中华人民共和国主席令第 69 号）

《国家突发公共事件总体应急预案》

《关于改进和加强国内突发事件新闻发布工作的实施意见》（国办发〔2006〕19 号）

《电力企业应急预案管理办法》（国能安全〔2014〕508 号）

《电力企业应急预案评审和备案细则》（国能综安全〔2014〕953 号）

《电力企业专项应急预案编制导则（试行）》

《电力突发事件应急演练导则》（电监安全〔2009〕22 号）

《某风电公司综合应急预案》

1.3　适用范围

本预案适用于公司突发新闻媒体突发事件的应急处置工作。

2　应急处置基本原则

公司突发新闻媒体应急处置工作和负面报道新闻应急处置工作应遵循以下原则：

（1）预防为主，常备不懈。要常抓不懈，防患于未然，做到早发现、早报告、早控制。对可能发生的突发事件，提前做好新闻处置相关准备，控制报道、引导舆论。

（2）统一领导，分级负责，属地管理。在公司的统一领导下，建立健全各有关部门、单位分级负责的新闻处置应急管理体制。

（3）积极应对，快速反应。主动控制对突发事件的新闻处置，及时处理各有关单位的询问。

（4）实事求是，严谨细致。对突发事件和相关负面报道的报告及新闻处置要符合实际情况，真实、准确，做到全面、客观，不得隐瞒、缓报、谎报。

3　事件类型和危害程度分析

3.1　风险的来源、特性

公司内部可能存在劳资纠纷、各方面的利益冲突事件，也会发生自然灾害、生产事

故、公共卫生和社会安全等事件，继而产生相关新闻事件。

3.2　事件类型、影响范围及后果

上述事件等因素往往会成为社会关注的焦点和各级新闻舆论热点，可能会对公司生产稳定和人心安定造成不利影响，甚至会造成公司系统的负面影响，使公司形象受损。

4　事件分级

突发新闻媒体事件分Ⅰ级（特别重大）、Ⅱ级（重大）、Ⅲ级（较大）和Ⅳ级（一般）四级。

（1）Ⅰ级（特别重大新闻媒体事件）：国家或中央新闻媒体报道的事件。

（2）Ⅱ级（重大新闻媒体事件）：省级新闻媒体报道的事件。

（3）Ⅲ级（较大新闻媒体事件）：市级新闻媒体报道的事件。

（4）Ⅳ级（一般新闻媒体事件）：县级新闻媒体报道的事件。

5　应急指挥机构及职责

5.1　应急指挥机构

成立突发新闻媒体事件应急领导小组，下设应急管理办公室和新闻发布对外工作组，负责突发新闻媒体事件的应急管理工作。

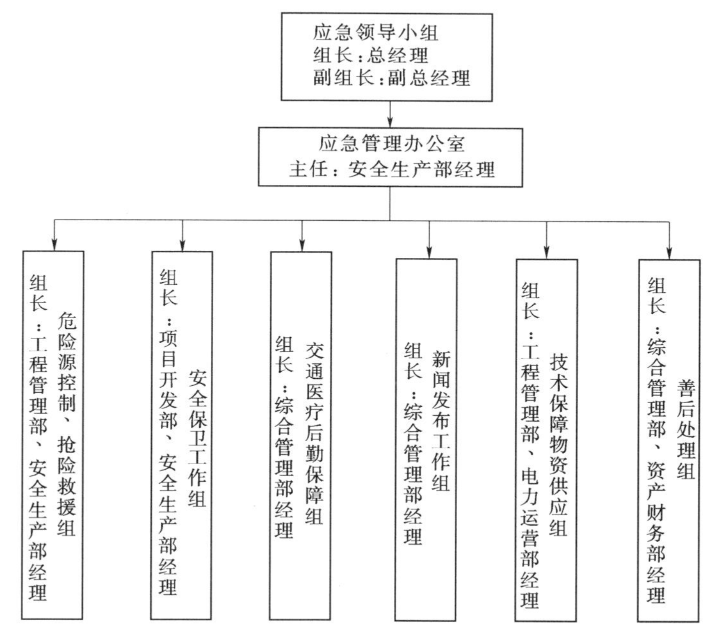

5.1.1　应急领导小组

组　长：总经理

副组长：副总经理

成　员：综合管理部经理、资产财务部经理、项目开发部经理、工程管理部经理、电力运营部经理、安全生产部经理

5.1.2　应急管理办公室

主　任：安全生产部经理

5.1.3　应急处置工作组

（1）危险源控制、抢险救援组　　组长：工程管理部、安全生产部经理

（2）安全保卫工作组　　组长：项目开发部、安全生产部经理

（3）交通医疗后勤保障组　　组长：综合管理部经理

（4）新闻发布工作组　　组长：综合管理部经理

（5）技术保障物资供应组　　组长：工程管理部、电力运营部经理

（6）善后处理组　　组长：综合管理部、资产财务部经理

5.2　职责

5.2.1　应急领导小组职责

（1）贯彻落实国家和公司有关突发事件管理工作的法律、法规、制度，执行上级公司和政府有关部门关于突发事件处理的重大部署。

（2）监督应急管理责任制的落实情况，协调各部门职责的划分，并监督突发新闻媒体事件专项应急预案的编写、学习、演练和修订完善。

（3）负责总体指挥协调突发新闻媒体事件的处理，负责出现突发新闻媒体事件时应急预案的启动和应急预案的终结。

（4）及时向政府部门及上级公司管理部门报告突发新闻媒体事件的发生及处理情况。

（5）负责监督、指导对突发新闻媒体事件进行调查分析，并对相关部门或人员落实考核。

（6）签发审核论证后的应急预案。

5.2.2　应急管理办公室（办公室设在安全生产部）职责

（1）应急管理办公室是突发新闻媒体事件应急管理的常设机构，负责应急指挥机构的日常工作。

（2）及时向应急领导小组报告突发新闻媒体事件。

（3）组织落实应急领导小组提出的各项措施、要求，监督各单位的落实。

（4）监督检查各单位突发新闻媒体事件的应急预案、日常应急准备工作、组织演练的情况；指导、协调突发事件的处理工作。

（5）突发新闻媒体事件处理完毕后，认真分析事件发生原因，总结事件处理过程中的经验教训，进一步完善相应的应急预案。

（6）对公司突发新闻媒体事件管理工作进行考核。

5.2.3　应急处置工作组职责

5.2.3.1　危险源控制、抢险救援组职责

做好突发新闻媒体事件应急抢险救援工作，按其职责开展救援处置工作。

（1）负责突发新闻媒体事件发生时系统运行方式调整和安全措施落实。

（2）负责突发新闻媒体事件应急处置。

（3）负责所辖区域内在突发新闻媒体事件时的人员稳定和设备安全运行。

5.2.3.2　安全保卫组职责

（1）维持现场秩序、现场警戒，划定警戒区域，负责监督应急情况下各项安全措施的执行，防止救援时出现人身伤害。

（2）控制现场人员，无关人员不准出入现场，确保突发新闻媒体事件的处置，维持现场秩序，防止在突发新闻媒体事件处置过程中出现坏人的破坏活动。

（3）负责现场安全隔离措施的检查，并督促相关部门执行到位。

（4）组织实施突发新闻媒体事件恢复所必须采取的临时性措施。

（5）协助完成突发新闻媒体事件（发生原因、处理经过）调查报告的编写和上报工作。

5.2.3.3　交通医疗后勤保障组职责

（1）负责车辆管理部门。

1）平时加强车辆维护、检查，确保应急抢险救援时所需车辆正常使用。

2）应急时提供紧急救护车辆，提供应急救援抢险和应急物资、设备设施运送所需车辆。

（2）负责通信管理部门

1）固定电话、移动电话、应急呼叫通信、计算机网络等通信设施完好。

2）应急时确保生产调度和突发新闻媒体事件应急通信畅通。

（3）负责医疗保障部门。

1）接警后及时赶赴事发地，对由于突发新闻媒体事件引发的群体性事件造成人员伤害，及应急救援过程中受伤人员采取现场紧急救治，及时抢救伤员。

2）及时联系急救中心或医院，将伤员转送医院进行治疗。

3）做好日常相关医疗药品和器材的维护和储备工作。

4）做好食物、卫生、环境方面的防范工作，做好生活区异常情况的处理，防止坏人破坏。

5.2.3.4　新闻发布对外工作组

（1）在应急领导小组的指导下，负责将突发事件情况汇总，做好对外信息发布工作。

（2）根据应急领导小组的决定对突发事件情况向政府新闻主管部门进行报告。

（3）负责做好新闻媒体及当地政府应急管理有关部门的接待工作。

（4）根据应急领导小组指示，沟通新闻媒体，及时对外发布准确信息，正确引导和影响舆论。组织本单位相关部门准备相关材料，统一对外口径。适时组织记者进行采访报道。

5.2.3.5　技术保障物资供应组

（1）全面提供应急救援时的技术支持。

（2）掌握突发新闻媒体突发事件的发生发展情况。

（3）掌握突发新闻媒体事件情况下的应急处置方法。

（4）按照要求做好各类突发事件相应物资储备和供给工作。

（5）应急时，负责应急物资、各种器材、设备的供给。

（6）负责与其他外部部门进行沟通联络，及时做好应急物资的补给工作。

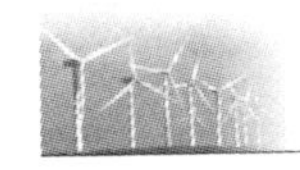

5.2.3.6　善后处理组

（1）突发新闻媒体事件发生后应努力做好善后处理工作，制定切实可行的行动计划，快速、有效地消除自然灾害、事故灾难、公共卫生和社会安全等新闻媒体突发事件造成的不良影响，尽快平息猜忌、恐慌、恶意炒作等严重影响公司形象和名誉舆论，稳定生产、生活秩序。

（2）负责由于突发新闻媒体事件造成经济损失的统计，理赔工作。

（3）负责突发新闻媒体事件的调查、处理、报告填写和上报工作。

6　预防与预警

6.1　风险监测

按照“早发现、早报告、早处置”的原则，公司各级责任主体通过舆情分析了解所管理范围内各种可能发生的突发事件的信息，并将信息向应急管理办公室报告，应急管理办公室应对媒体报道公司系统的舆情进行跟踪监测和研究分析，提出相应的预警建议，要求相关部门处置。

6.2　预警发布与预警行动

6.2.1　预警分级

按照其性质、严重程度、可控性和影响范围等因素，分为四级预警：Ⅰ级（特别严重）、Ⅱ级（严重）、Ⅲ级（较重）和Ⅳ级（一般），依次用红色、橙色、黄色和蓝色表示。根据事态的可能发展情况和采取措施的效果，预警可以升级、降级或解除。具体情况如下：

（1）Ⅰ级：国家或中央新闻媒体报道的事件。

（2）Ⅱ级：省级新闻媒体报道的事件。

（3）Ⅲ级：市级新闻媒体报道的事件。

（4）Ⅳ级：县级新闻媒体报道的事件。

6.2.2　预警发布程序

发现突发新闻媒体事件后，事件发生部门应立即向应急管理办公室汇报本单位突发新闻媒体事件情况。应急管理办公室根据上述情况综合分析判断，发布预警通报，通知各部门做好应急准备，并向应急领导小组汇报。应急管理办公室根据具体情况综合分析判断，向应急领导小组汇报，发布启动预警信息，通知各应急工作组做好应急准备。

预警信息的发布一般通过短信、电话、通知等方式进行，预警信息包括突发事件的类别、预警级别、起始时间、可能影响范围、警示事项、应采取的措施和发布单位等。

6.2.3　预警发布后的应对程序和措施

对新闻媒体报道公司系统的舆情进行跟踪监测和研究分析，要求相关部门处置。

突发事件的新闻发布既要争取发布时效，又要确保信息准确。情况较为复杂的突发事件，在事态尚未清楚，但可能引起公众猜测和恐慌时，应在第一时间发布已认定的简要信息，根据事态发展和处置工作进展情况，再作后续详细发布。

突发事件的新闻发布既要使公众及时了解相关信息，又要讲究策略，认真策划，循序渐进，确保事件处置工作的顺利开展；要有助于公众对事件的正确了解，争取更广大群众的理解和支持，有助于维护公司生产稳定和人心安定。

6.3　预警结束

相关部门落实预警信息，解决相应的问题后，应将有关处置情况反馈给应急管理办公室，由应急管理办公室宣布预警结束。

7　信息报告

7.1　联系电话

24h值班电话：×××。

应急处置办公电话：×××。

移动电话：×××。

7.2　报告程序

突发新闻媒体事件发生后，现场人员应立即向当值值长报告所发生的情况，当值值长接到报告后立即向公司应急管理办公室负责人报告，办公室负责人接到报告后立即利用电话、传真、电子邮件等方式向应急领导小组报告，应急领导小组根据事件情况布置应急救援和应急处置，并及时向上级公司应急管理办公室和当地政府应急管理办公室报告。情况紧急时，现场人员或当值值长可直接先向应急领导小组报告。

7.3　信息报告内容

（1）新闻媒体报道的基本情况。

（2）突发事件的实际情况，包括事发后已做的工作和采取的措施。

（3）造成的影响。

（4）需要报告的其他事项。

8　应急响应

8.1　响应分级

（1）Ⅲ级响应（较大）、Ⅳ级响应（一般）：当发现较大或一般突发新闻媒体事件时，事件发生部门应立即向应急管理办公室汇报本单位突发新闻媒体事件情况。应急管理办公室主任作为此级响应责任人应立即向应急领导小组报告，并通知新闻应急工作组，参加应急处理。

（2）Ⅰ级响应（特别重大）、Ⅱ级响应（重大）：事件发生部门发现特别重大或重大突发新闻媒体突发事件时，应立即向公司应急领导小组领导报告，应急领导小组组长立即命令启动“突发新闻媒体事件专项应急预案”，应急管理办公室应分别通知应急领导小组成员及新闻应急工作组，参加应急处理。

8.2　响应程序

（1）发生特别重大突发新闻媒体事件时，应立即启动一级应急响应。

（2）发生重大突发新闻媒体事件时，应立即启动二级应急响应。

（3）发生较大突发新闻媒体事件时，应立即启动三级应急响应。

（4）发生一般突发新闻媒体事件时，应立即启动四级应急响应。

（5）突发新闻媒体事件发生后，公司应急管理办公室立即启动应急预案，并采取相应的控制措施，按部门分工迅速开展工作，及时处置和控制局面，全力避免事态的进一步扩大。

（6）在处置突发新闻媒体事件时，做好公司突发新闻媒体事件的各项处置工作，控制事态，确保稳定，同时，要及时将情况上报上级公司，并立即实施日报告制度。

（7）在发生突发新闻媒体事件期间，实行事件处置临时值班制度。接到突发新闻媒体事件报告的值班人员应将情况详细记录后，并报告应急管理办公室，应急管理办公室应根据报告情况立即进行核实确认，进入应急工作状态，采取必要措施并逐级上报。

发生一般和较大突发新闻媒体事件必须在2h内上报；发生重大和特别重大的突发新闻媒体事件必须第一时间上报，并实行24h值班，实时报送事件处置进展情况。

（8）在突发新闻媒体事件处置中，需要调集人员、经费、技术、车辆等，公司有关部门要严格按照“特事特办”的原则及时、迅速进行办理。

（9）突发新闻媒体事件报告内容见13.4节。

8.3　应急处置

8.3.1　一级应急响应处置

（1）一级应急响应事件发生后，事件处置单位立即向公司应急管理办公室报告，应急管理办公室进入紧急应对状态，向应急领导小组报告，并根据应急领导小组意见报告政府有关部门，避免新闻报道引发的消极影响。

（2）对于适宜对外发布的信息，应急管理办公室应根据应急领导小组意见，由事件处置部门提供背景资料，由新闻应急工作组拟定新闻通稿，在第一时间对外发布突发事件有关信息，做好新闻报道工作。信息发布要及时、准确、客观、全面。

（3）对于影响重大的负面报道，应急管理办公室应根据领导小组意见，与政府相关部门汇报，并立即与相关媒体交涉，消除不实报道的消极影响。

（4）突发事件所涉及的相关单位，应第一时间向应急管理办公室报告事件详细情况，以便采取相应对策。

（5）应急管理办公室根据突发事件处置情况做好后续报道，正确引导舆论，注重社会效果。必要时，举行新闻发布会或组织记者采访。

8.3.2　二级应急响应处置

（1）二级应急响应事件发生后，事件处置部门或单位立即向应急管理办公室报告，应急管理办公室应进入紧急应对状态，向应急领导小组报告，并根据应急领导小组意见及时向上级公司报告。

（2）对于适宜对外发布的信息，应急管理办公室应根据领导小组意见，由事件处置部门提供背景资料，由新闻应急工作组拟定新闻通稿，在第一时间对外发布突发事件有关信息，做好新闻报道工作。信息发布要及时、准确、客观、全面。

（3）对于影响大的负面报道，应急管理办公室应根据领导小组意见，与当地政府宣传、新闻等相关部门汇报，并立即与相关媒体交涉，消除不实报道的消极影响。

（4）突发事件所涉及的单位，应第一时间向公司应急管理办公室报告事件详细情况，以便采取相应对策。

（5）应急管理办公室根据突发事件处置情况做好后续报道，正确引导舆论，注重社会效果。必要时，举行新闻发布会或组织记者采访。

8.3.3 三级应急响应处置

（1）三级应急响应事件发生后，事件处置部门或单位应立即向公司应急管理办公室报告，应急管理办公室应进入紧急应对状态，立即向应急领导小组报告，并根据应急领导小组意见及时向上级报告。

（2）应急管理办公室根据应急领导小组意见，第一时间对外发布信息，避免新闻报道引发的消极影响。

（3）对于负面报道，应急管理办公室应根据领导小组意见，与当地政府宣传、新闻等相关部门汇报，并立即与相关媒体交涉，消除不实报道的消极影响。

8.3.4 四级应急响应处置

（1）四级应急响应事件发生后，事件处置部门或单位立即向公司应急管理办公室报告，应急管理办公室应进入紧急应对状态，立即向应急领导小组报告。

（2）应急管理办公室根据领导小组意见，第一时间对外发布信息，避免新闻报道引发的消极影响。

（3）对于负面报道，应急管理办公室应根据领导小组意见，与当地政府宣传、新闻等相关部门汇报，并立即与相关媒体交涉，消除不实报道的消极影响。

8.4 应急结束

8.4.1 应急结束条件

（1）事件现场得到控制，事件条件已经消除。

（2）事件所造成的危害已经被彻底消除，无继发可能。

（3）事件现场的各种专业应急处置行动已无继续的必要。

8.4.2 应急结束的程序

达到应急结束条件的，应急管理办公室确认次生、衍生和事件危害被基本消除，报请应急领导小组，由应急领导小组宣布应急响应结束，并按职责分工，逐级传达每一个层面，并撤除突发性事件处置的现场办公组和非现场办公组。

9 后期处置

危机平息后，收集和整理媒体的相关报道以及来自公众的反馈意见，向公司应急领导小组递交此次危机事件传播的效果分析评估报告，其他应急处理相关新闻宣传材料须整理归档，以总结经验教训，为突发新闻媒体事件的应急处理提供借鉴。

10 应急保障

10.1 应急队伍

以公司综合管理部人员为依托，形成专门处置突发新闻媒体事件的专业应急队伍，加以培训，确保突发新闻媒体事件发生后，能够及时参与处置工作。

10.2 应急物资与装备

本预案应急处置所需的主要物资和装备有照相机、摄影机、扩音器等。这些物资和装备所在部门要指定专人负责保管，并定期进行检测，以备其完好可靠。

应急处置所需主要物资、装备的储备清单见13.3节。

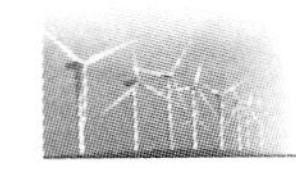

10.3　通信与信息

突发新闻媒体事件应急领导小组办公室协调有关部门，依托现有的通信手段，明确与应急相关的政府部门、上级应急指挥机构、处置突发新闻媒体事件参与部门的通信方式，确保处置行动能够快速、有序展开。

与应急救援有关的上级单位、当地公安部门、政府办公室等机构联系方式。

10.4　经费

应急指挥部领导小组组长负责保障本预案所需应急专项经费，财务部负责此经费的统一管理，保障专款专用，在应急状态下确保及时到位。

10.5　其他

各部门接到应急通知后，应立即奔赴事故现场，根据各自的职责对事件进行拍照、摄影等。

11　培训和演练

11.1　培训

（1）将应急管理培训工作纳入年度培训计划，有针对性地对应急救援和管理人员进行培训，提高其专业技能。

（2）每年至少组织一次应急管理培训，培训的主要内容应该包括：突发新闻媒体事件专项应急预案，应急组织机构及职责、应急程序、应急资源保障情况和针对突发新闻媒体事件的预防和处置措施等。

11.2　演练

应急预案的演练方式可以选择实战演练、桌面演练其中的一种，每年年初制定演练计划，突发新闻媒体事件专项应急预案演练每年不少于1次，现场处置演练不少于2次。

12　附则

12.1　术语和定义

突发新闻媒体事件，在各级新闻媒体发布的对公司将造成或可能造成负面影响的新闻媒体事件。

12.2　预案备案

本预案按照要求向当地政府安全监督部门及行业主管部门备案。

12.3　预案修订

本预案自发布之日起至少三年修订一次，有下列情形之一及时修订，修订后按照程序重新备案：

（1）公司生产规模发生较大变化或进行重大调整。

（2）公司隶属关系发生变化。

（3）周围环境发生变化，形成重大危险源。

（4）依据的法律、法规和标准发生变化。

（5）应急预案评估报告提出整改要求。

（6）上级有关部门提出要求。

12.4 制定与解释

本预案由安全生产部制定、解释。

12.5 预案实施

本预案自发布之日起执行，原相关预案同时废止。

13 附件

13.1 应急领导小组及相关人员联络方式表

序号	岗　　位	姓名	办公电话	移动电话	备注
1	总经理				
2	副总经理				
3	综合管理部经理				
4	资产财务部经理				
5	项目开发部经理				
6	工程管理部经理				
7	电力运营部经理				
8	安全生产部安全员				

13.2 相关政府职能部门、抢险救援机构联系方式

序号	单　　位	联系方式	备注
1	地方应急管理委员会		
2	安全生产监督管理局		
3	生产调度机构		
4	当地国家能源派出机构		
5	当地气象部门		
6	国土资源机构		
7	急救中心		
8	公安报警		
9	交通报警		
10	消防报警		

13.3 应急物资储备表

序号	物资名称	数量	存放地点	负责人	办公电话	负责人电话	备注
1	逃生绳						
2	电筒						
3	工具箱						
4	对讲机						
5	急救箱						
6	应急车辆						
7	消防栓						
8	消防水带						

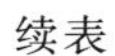
续表

序号	物资名称	数量	存放地点	负责人	办公电话	负责人电话	备注
9	灭火器						
10	床						
11	被褥						
12	桶						
13	锹						
14	编织袋						

13.4　有关流程

13.4.1　信息报告流程

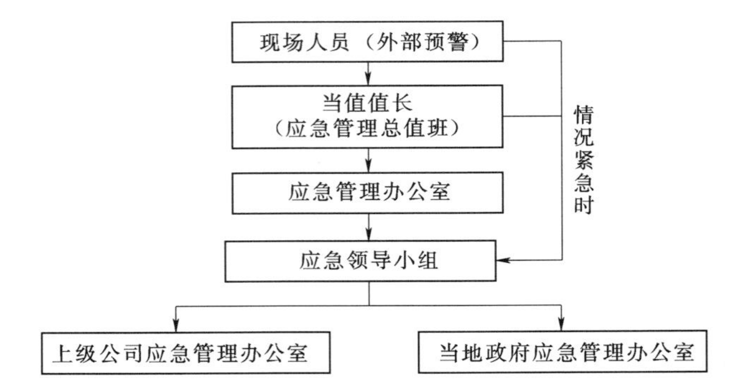

13.4.2　应急处置流程

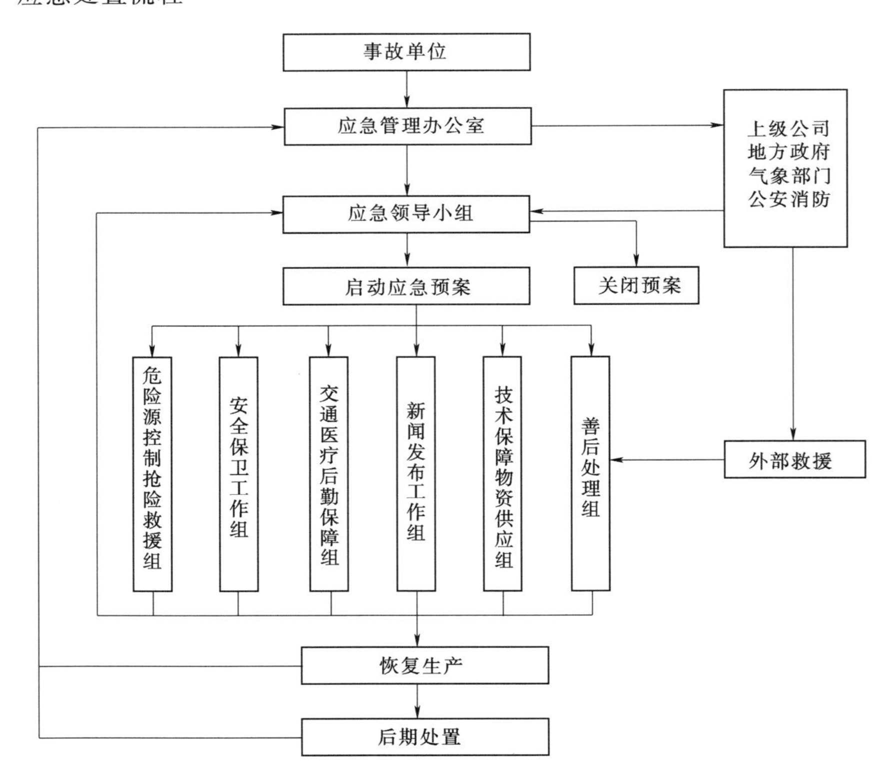

三、反恐怖事件应急预案

某风力发电公司
反恐怖事件应急预案

1　总则

1.1　编制目的

高效有序地做好公司反恐怖事件的应急处置和救援工作，避免或最大限度地减轻事件造成的损失，保障员工生命和公司财产安全，维护社会稳定，特编制本专项应急预案。

1.2　编制依据

《中华人民共和国安全生产法》（中华人民共和国主席令第13号）

《中华人民共和国突发事件应对法》（中华人民共和国主席令第69号）

《中华人民共和国治安管理处罚法》（中华人民共和国主席令第38号）

《公司事业单位内部治安保卫条例》（国务院令421号）

《电力设施保护条例》（国务院令第239号）

《保安服务管理条例》（国务院令第564号）

《电力设施保护条例实施细则》（国家经贸委、公安部令第8号）

《电力企业应急预案管理办法》（国能安全〔2014〕508号）

《电力企业应急预案评审和备案细则》（国能综安全〔2014〕953号）

《电力企业专项应急预案编制导则（试行）》

《电力突发事件应急演练导则》（电监安全〔2009〕22号）

《某风电公司综合应急预案》

1.3　适用范围

本预案适用于公司反恐怖事件的现场应急处置和应急救援工作。

2　应急处置基本原则

反恐怖事件管理工作应根据不同类型事件的特点，依据不同的原则进行。遵循“分级负责、预防为主、教育疏导、快速反应、依法办事”的方针，快速处置，缩小影响，控制局面，稳定职工队伍，尽快恢复正常工作秩序，将反恐怖事件带来的损失减少到最低限度。

（1）分级负责原则。公司的反恐怖防范工作应遵循国家法律法规及其他地方标准，坚持“突出重点、预防为主、属地负责、分级管理”的原则。

（2）预防为主原则。在各级党委、政府的统一领导下，将反恐怖防范工作纳入当地反恐怖防范工作体系，与政府相关部门建立反恐怖防范工作协调联动机制，并接受政府相关部门对反恐怖防范工作的指导和检查。

（3）快速反应原则。确保发现、报告、指挥、处置等环节紧密衔接，做到反应快速，应对正确，依法果断处置。

3　事件类型和危害程度分析

3.1　风险的来源、特性

恐怖分子对公司利用爆炸等破坏性手段，袭击公司员工、电力设备。

3.2　事件类型、影响范围及后果

（1）用破坏性手段导致全场失电。

（2）产生火灾。

（3）对员工人身安全造成威胁。

（4）重大爆炸伤亡及设施损坏。

（5）造成其他对现场稳定运行构成严重危害或对社会有严重影响的电力设备事故、停电事故。

4　事件分级

反恐怖事件按照其性质、严重程度、可控性和影响范围等因素，分为四级：Ⅰ级（特别重大）、Ⅱ级（重大）、Ⅲ级（较大）和Ⅳ级（一般）。

5　应急指挥机构及职责

5.1　应急指挥机构

成立突发事件应急领导小组，下设应急管理办公室和六个应急处置工作组，负责突发事件的应急管理工作。

5.1.1　应急领导小组

组　长：总经理

副组长：副总经理

成　员：综合管理部经理、资产财务部经理、项目开发部经理、工程管理部经理、电力运营部经理、安全生产部经理

5.1.2　应急管理办公室

主　任：安全生产部经理

5.1.3　应急处置工作组

（1）危险源控制、抢险救援组　　组长：工程管理部、安全生产部经理

（2）安全保卫工作组　　组长：项目开发部、安全生产部经理

（3）交通医疗后勤保障组　　组长：综合管理部经理

（4）新闻发布工作组　　组长：综合管理部经理

（5）技术保障物资供应组　　组长：工程管理部、电力运营部经理

（6）善后处理组　　组长：综合管理部、资产财务部经理

5.2　职责

5.2.1　应急领导小组职责

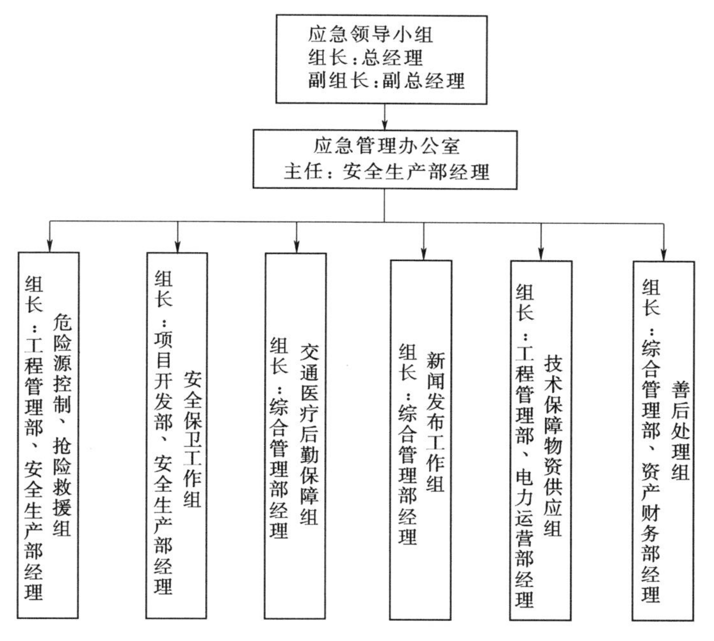

（1）贯彻落实国家和公司有关突发事件管理工作的法律、法规、制度，执行上级公司和政府有关部门关于突发事件处理的重大部署。

（2）监督应急管理责任制的落实情况，协调各部门职责的划分，并监督反恐怖事件专项应急预案的编写、学习、演练和修订完善。

（3）负责总体指挥协调反恐怖事件的处理，负责出现群体性突发社会安全事件时应急预案的启动和应急预案的终结。

（4）调动各应急救援力量和物资，及时掌握突发事件的发展态势。

（5）部署反恐怖事件发生后的善后处理及生产、生活恢复工作。

（6）及时向政府部门及上级公司管理部门报告反恐怖事件的发生及处理情况。

（7）负责监督、指导对反恐怖事件进行调查分析，并对相关部门或人员落实考核。

（8）签发审核论证后的应急预案。

5.2.2　应急管理办公室（办公室设在安全生产部）职责

（1）应急管理办公室是反恐怖事件应急管理的常设机构，负责应急指挥机构的日常工作。

（2）及时向应急领导小组报告反恐怖事件。

（3）组织落实应急领导小组提出的各项措施、要求，监督各单位的落实。

（4）监督检查所辖项目公司反恐怖事件的应急预案、日常应急准备工作、组织演练的情况；指导、协调突发事件的处理工作。

（5）反恐怖事件处理完毕后，认真分析事件发生原因，总结事件处理过程中的经验教训，进一步完善相应的应急预案。

（6）对公司反恐怖事件管理工作进行考核。

（7）指导相关部门做好反恐怖事件的善后工作。

5.2.3　应急工作组职责

5.2.3.1　危险源控制、抢险救援组职责

（1）负责所辖区域内的反恐怖事件的处理。

（2）按照以人为本，减少危害，保障员工生命安全和身体健康的原则，做好群体性突发社会安全事件救援工作。

（3）负责伤员的第一救护，报告紧急医疗救护部门。

5.2.3.2　安全保卫组职责

（1）维持现场秩序、现场警戒，划定警戒区域，负责监督反恐怖事件处理时各项安全措施的执行，防止救援时人身事故的发生。

（2）控制现场人员，无关人员不准出入现场，确保抢险、救灾人员疏散时的人身安全，做好安置、维持现场秩序、安全警戒装置的设置工作。

（3）负责现场安全隔离措施的检查，并督促相关部门执行到位。

（4）组织实施必须采取的临时性措施，防止坏人破坏。

（5）协助完成反恐怖事件调查报告的编写和上报工作。

5.2.3.3　交通医疗后勤保障组职责

（1）负责车辆管理部门。

1）平时加强车辆维护、检查，确保反恐怖事件抢险救援时所需车辆正常使用。

2）应急时提供紧急救护车辆，提供应急救援抢险和应急物资、设备设施运送所需车辆。

（2）负责通信管理部门。

1）固定电话、移动电话、载波通信、应急呼叫通信等通信设施完好。

2）应急时确保现场应急通信畅通。

（3）医疗后勤保障部门。

1）接警后及时赶赴事发地，对受伤人员采取现场紧急救治，及时抢救伤员。

2）及时联系120急救中心或当地医院，将伤员转送医院进行治疗。

3）做好日常相关医疗药品和器材的维护和储备工作。

4）做好饮食卫生、环境方面的防范工作，做好生活区异常情况的处理。

5.2.3.4　新闻发布工作组职责

（1）在应急领导小组的指导下，负责将反恐怖事件情况汇总，根据领导小组的决定做好对外信息发布工作。

（2）根据领导小组的决定对反恐怖事件情况向政府新闻主管部门、上级单位进行报告。

（3）负责新闻媒体及当地政府有关部门和上级相关部门的接待工作。

5.2.3.5　技术保障物资供应组职责

（1）全面提供应急救援时的技术支持。

（2）掌握反恐怖事件的事态发生、发展的全过程，积极转移、抢救、保护人员、财物、档案的应急救援措施。

（3）反恐怖事件情况下的应急处置方法，做好疏导、疏散、撤离工作。

（4）按照要求做好反恐怖事件处置相应的物资储备和供给工作。

（5）应急时，负责应急物资、各种器材、设备的供给。

（6）负责与其他外部部门进行沟通联络，及时做好应急物资的补给工作。

5.2.3.6 善后处理组职责

（1）做好反恐怖事件涉及的伤亡人员家属接待、安抚、慰问和补偿等善后工作。

（2）负责反恐怖事件涉及的人员伤亡、财产损失统计理赔工作。

（3）负责反恐怖事件的调查、处理、报告填写和上报工作。

6 预防与预警

6.1 风险监测

6.1.1 责任部门和人员

应急管理办公室是风险监测的责任部门，办公室主任负责协调应急处置工作组做风险监测工作。

6.1.2 风险监测的方法和信息收集渠道

按照早发现、早报告、早处置的原则，公司各部门通过信访系统了解所管理范围内各种可能发生的突发事件的信息，并将信息向应急管理办公室报告，应急管理办公室应定期开展综合分析和风险评估，提出相应的预警建议，要求相关部门处置。

6.1.3 风险监测所获得信息的报告程序

发生反恐怖事件时，发现人立即向应急管理办公室报告，应急管理办公室综合分析事件的具体实际情况向应急领导小组汇报，应急领导小组根据事态的发展用办公电话、移动电话、计算机网络向政府应急管理部门报告。

6.2 预警发布与预警行动

6.2.1 预警分级

按照其性质、严重程度、可控性和影响范围等因素，分为三级预警：Ⅰ级（严重）、Ⅱ级（较重）和Ⅲ级（一般），依次用红色、橙色、黄色表示。根据事态的可能发展情况和采取措施的效果，预警可以升级、降级或解除。

6.2.2 预警发布程序

（1）发生反恐怖事件后，事件发生部门应立即向应急管理办公室汇报本单位反恐怖事件情况，应急管理办公室根据具体情况综合分析判断，向应急指挥领导小组汇报，经应急领导小组批准发布启动预警信息，通知各应急工作组做好应急准备。

（2）预警信息的发布一般通过短信、电话、通知等方式进行，预警信息包括突发事件的类别、预警级别、起始时间、可能影响范围、警示事项、应采取的措施和发布单位等。

6.2.3 预警发布后的应对程序和措施

遭受恐怖袭击时，按照应急预案规定的程序进行处置，控制，避免事态进一步扩大并立即向地方政府反恐怖主管部门报告，并按照应急预案启动反恐怖防范应急响应。

6.3 预警结束

相关部门落实预警信息，解决相应的问题后，应将有关处置情况反馈给应急管理办公室，由应急管理办公室宣布预警结束。

7　信息报告

7.1　联系电话

24h值班电话：×××。

应急处置办公电话：×××。

移动电话：×××。

7.2　内部报告程序、方式、内容和时限

7.2.1　报告程序

反恐怖事件发生后，现场人员应立即向当值值长报告所发生的情况，当值值长接到报告后立即向公司应急管理办公室负责人报告，办公室负责人接到报告后立即利用电话、传真、电子邮件等方式向应急领导小组报告，应急领导小组根据事件情况布置应急救援和应急处置，并及时向上级公司应急管理办公室和当地政府应急管理办公室报告。情况紧急时，现场人员或当值值长可直接先向应急领导小组报告。

7.2.2　报告方式

应急管理办公室通过办公电话、移动电话、计算机网络向应急领导小组报告，并通知各应急处置工作组及应急救援人员。

7.2.3　报告的内容和时限

反恐怖事件发生的时间、地点、规模、涉及人员、起因以及目前状态等基本情况，时限是立即报告，不得拖延。

7.3　外部报告程序、方式、内容和时限

7.3.1　报告程序

反恐怖事件发生后，应急领导小组必须向当地政府应急管理部门报告。

7.3.2　报告方式

应急领导小组通过办公电话、移动电话、计算机网络向当地政府应急管理部门报告。

7.3.3　报告的内容和时限

报告内容是反恐怖事件发生的时间、地点、规模、涉及人员、起因、造成的影响以及目前状态等基本情况，事发后已做的工作和采取的措施，时限不得超过1h。

7.3.4　需要报告的其他事项。

（略）

8　应急响应

8.1　响应分级

按反恐怖事件可控性、严重程度和影响范围，结合公司的具体实际情况，应急响应分为重大（Ⅰ级响应）、较大（Ⅱ级响应）、一般（Ⅲ级响应）三级。

（1）Ⅰ级响应：对应Ⅰ级预警标准，由公司总经理组织响应，所有部门进行联动。

（2）Ⅱ级响应：对应Ⅱ级预警标准，由生产副总经理组织响应，所有部门进行联动。

（3）Ⅲ级响应：对应Ⅲ级预警标准，由应急管理办公室主任组织响应，相应部门进行

联动。

8.2　响应程序

8.2.1　响应启动条件

8.2.1.1　重大突发性事件

反恐怖事件未影响到正常的生产、工作、生活秩序，公司难以控制的。

8.2.1.2　较大突发性事件

反恐怖事件未影响到正常的生产、工作、生活秩序，公司控制较困难的。

8.2.1.3　一般突发性事件

反恐怖事件未影响到正常的生产、工作、生活秩序，公司可以控制的。

8.2.2　响应启动

突发性事件发生后，公司应急管理办公室要根据突发性事件的不同类型，立即启动应急预案，并采取相应的控制措施，按部门分工迅速开展工作，及时处置和控制局面，全力避免事态的进一步扩大。

8.2.3　响应行动

在处置反恐怖事件时，要立即启动应急预案，做好本公司突发性事件处置工作，控制事态，确保稳定，同时要及时将情况上报上级公司，并立即实施日报告制度。

8.2.4　职责分工

在突发事件处置中，应急领导小组需要调集人员、经费、技术、车辆和相关设备、物资等，公司有关部门要严格按照"特事特办"的原则及时、迅速进行办理。

8.2.5　信息上报的部门、格式、内容和时限

在发生突发性事件期间以及突发性事件隐患存在期间，实行突发性事件处置临时值班制度。接到突发性事件报告的值班人员应将情况详细记录后，并报告应急管理办公室，应急管理办公室应根据报告情况立即进行核实确认，进入应急工作状态，采取必要措施并逐级上报。

发生一般和较大突发性事件必须在1h内上报；发生重大和特别重大的突发性事件必须第一时间上报，并实行24h值班，实时报送事件处置进展情况。及时上报当地政府应急管理部门。

在突发事件处置过程中，需要调集人员、经费、技术、车辆和相关设备、物资等，公司有关部门要严格按照"特事特办"的原则及时、迅速进行办理。

8.3　应急处置

8.3.1　一级应急响应处置

（1）一级应急响应事件发生后，公司应急管理办公室应进入紧急应对状态，立即向应急领导小组报告，并根据应急领导小组意见报告上级单位和当地政府部门，并请求当地公安机关参与处置，并协调处置所发生的突发事件。

（2）应急管理办公室应根据应急领导小组意见确定突发性事件处置牵头部门，成立突发性事件处置的现场办公组和非现场办公组。现场办公组负责突发性事件现场的协调、指挥，并及时向非现场办公组反馈事态进展情况，非现场办公组应与现场办公组实时沟通信息，并将现场反馈情况形成书面材料，上报应急领导小组。

（3）反恐怖事件严重破坏生产、生活、社会秩序行为的，应交由公安机关依法采取隔离、解散、强行带离现场、治安处罚等处理。

8.3.2　二级应急响应处置

（1）二级应急响应事件发生后，应急管理办公室应进入紧急应对状态，立即向应急领导小组报告，并根据应急领导小组意见及时请求当地公安机关参与处置。应急管理办公室应根据职责规定通报政府有关部门，并协调处置所发生的突发事件。

（2）应急管理办公室应根据领导小组意见确定突发性事件处置牵头部门，成立突发性事件处置的现场办公组和非现场办公组。现场办公组负责突发性事件现场的协调、指挥，并及时向非现场办公组反馈事态进展情况，非现场办公组应与现场办公组实时沟通信息，并将现场反馈情况形成书面材料，上报应急领导小组。

（3）反恐怖严重破坏生产、生活、社会秩序行为的，应交由公安机关依法采取措施进行处理。

8.3.3　三级应急响应处置

三级应急响应事件发生后，应急管理办公室应进入紧急应对状态，立即向应急领导小组报告，并根据领导小组意见确定突发性事件处置牵头部门，成立突发性事件处置的现场办公组和非现场办公组。现场办公组负责突发性事件现场的协调、指挥，并及时向非现场办公组反馈事态进展情况，非现场办公组应与现场办公组实时沟通信息，并将现场反馈情况形成书面材料，上报应急领导小组。

由领导小组根据事态状况，决定是否请求当地公安机关参与处置。

8.4　应急结束

8.4.1　应急结束条件

（1）事件现场得到控制，事件条件已经消除。

（2）事件所造成的危害已经被彻底消除，无继发可能。

（3）事件现场的各种专业应急处置行动已无继续的必要。

8.4.2　应急结束的程序

达到应急结束条件的，应急管理办公室确认次生、衍生和事件危害被基本消除，报请应急领导小组，由应急领导小组宣布应急响应结束，并按职责分工，逐级传达每一个层面，并撤除突发性事件处置的现场办公组和非现场办公组。

9　后期处置

9.1　恢复的原则

反恐怖事件处置结束后，按照把损失和影响降低到最低程度的原则，及时做好生产、生活恢复工作。

9.2　保险理赔的责任部门

应急管理办公室协调善后处理工作组核算反恐怖事件应急救援发生的费用及后期保险和理赔等工作。

9.3　事件调查的原则、内容、方法和目的

反恐怖事件调查组必须实事求是，尊重科学，按照“四不放过”原则，及时、准确查

明群体性突发社会安全事件的原因，深刻吸取事故教训，制定防范措施，落实责任制，防止类似事件发生。

9.4　总结评价

应急管理办公室负责收集、整理应急救援工作记录、方案、文件等资料，组织各专业组对应急救援过程和应急救援保障等工作进行总结和评估，提出改进意见和建议，防止反复的因素发生，要保持高度警惕，并积极采取措施，要做好回访工作，妥善予以解决和处置，并将总结评估报告报上级主管部门。

10　应急保障

10.1　应急队伍

10.1.1　内部队伍

按照反恐怖事件应急工作职责，成立相应的应急队伍，并进行专门的技能培训和演练，做好日常应急准备检查工作，确保危急事件发生后，按照突发事件具体情况和应急领导小组的指示及时到位，具体实施应急处理工作。

10.1.2　外部队伍

应急领导小组要掌握周围外部救援力量的有关情况，包括医疗、污染预防控制、公安、消防、交通、供应商等。

10.2　应急物资与装备

本预案应急处置所需的主要物资和装备有对讲机、救护车、防护设施等。这些物资和装备所在部门要指定专人负责保管，并定期进行检测，以备其完好可靠。

10.3　通信与信息

反恐怖事件应急领导小组办公室协调有关部门，建立稳定、可靠、便捷、保密的通信手段，明确与应急相关的政府部门、上级应急指挥机构、处置突发社会安全事件参与部门的通信方式，并配置若干对讲机以备使用，确保处置行动能够快速、有序展开。

与应急救援有关的上级单位、当地公安部门、政府办公室等机构联系方式见13.1节。

10.4　经费

应急领导小组组长负责保障本预案所需应急专项经费，资产财务部负责此经费的统一管理，保障专款专用，在应急状态下确保及时到位。

10.5　其他

（1）各部门接到应急通知后，应立即奔赴反恐怖事件事发现场，根据各自的职责对事件进行处理。

（2）安全保卫部门接到应急通知后，应立即奔赴事故现场，控制现场情绪，将请愿人员与其他人员隔离，保证人身安全。

11　培训和演练

11.1　培训

11.1.1　培训范围

将应急管理培训工作纳入年度培训计划，有针对性地对应急救援和管理人员进行培训，提高其专业技能。

11.1.2　培训方式

举办培训班、训练班，利用案例教学、交流研讨、情景模拟、应急演练等方式进行培训。

11.1.3　培训内容和周期

每年至少组织一次应急管理培训，培训的主要内容应该包括：群体性突发社会安全事件专项应急预案，应急组织机构及职责、应急程序、应急资源保障情况和针对群体性突发社会安全事件的预防和处置措施等。

11.2　演练

11.2.1　演练范围

将应急救援演练工作纳入年度培训教育计划，有针对性地对应急救援人员和管理人员进行演练，提高其专业技能。

11.2.2　演练方式

应急演练的方式可以选择实战演练、桌面演练。

11.2.3　演练的内容和周期

反恐怖事件专项应急预案，应急组织机构及职责、应急程序、应急资源保障情况和针对反恐怖事件的预防和处置措施等。每年年初制定演练计划，反恐怖事件专项应急预案演练每年不少于1次，现场处置演练不少于2次，演练结束后应形成总局材料。

12　附则

12.1　术语和定义

反恐怖事件，是指非法的，具有突发性的大规模群体上访、请愿、集会、游行、蓄意闹事等对上级公司及系统各公司正常工作秩序将造成或可能造成严重影响的事件。

12.2　预案备案

本预案按照要求向当地政府安全监督部门及行业主管部门备案。

12.3　预案修订

本预案自发布之日起至少三年修订一次，有下列情形之一及时修订，修订后按照程序重新备案：

（1）公司生产规模发生较大变化或进行重大调整。

（2）公司隶属关系发生变化。

（3）周围环境发生变化，形成重大危险源。

（4）依据的法律、法规和标准发生变化。

（5）应急预案评估报告提出整改要求。

（6）上级有关部门提出要求。

12.4　制定与解释

本预案由公司安全生产部制定、解释。

12.5　预案实施

本预案自发布之日起执行，原相关预案同时废止。

13　附件

13.1　应急领导小组及相关人员联络方式表

序号	岗　　位	姓名	办公电话	移动电话	备注
1	总经理				
2	副总经理				
3	综合管理部经理				
4	资产财务部经理				
5	项目开发部经理				
6	工程管理部经理				
7	电力运营部经理				
8	安全生产部安全员				

13.2　相关政府职能部门、抢险救援机构联系方式

序号	单　　位	联系方式	备注
1	地方应急管理委员会		
2	安全生产监督管理局		
3	生产调度机构		
4	当地国家能源派出机构		
5	当地气象部门		
6	国土资源机构		
7	急救中心		
8	公安报警		
9	交通报警		
10	消防报警		

13.3　应急物资储备表

序号	物资名称	数量	存放地点	负责人	办公电话	负责人电话	备注
1	逃生绳						
2	电筒						
3	工具箱						
4	对讲机						
5	急救箱						
6	应急车辆						
7	消防栓						
8	消防水带						
9	灭火器						

续表

序号	物资名称	数量	存放地点	负责人	办公电话	负责人电话	备注
10	床						
11	被褥						
12	桶						
13	锹						
14	编织袋						

13.4 有关流程

13.4.1 信息报告流程

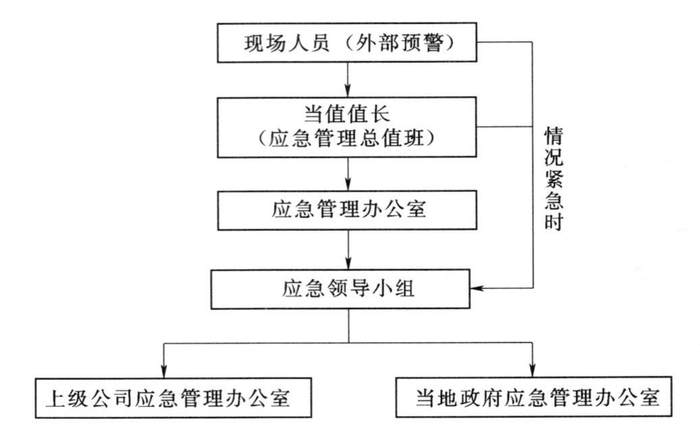

13.4.2 应急处置流程

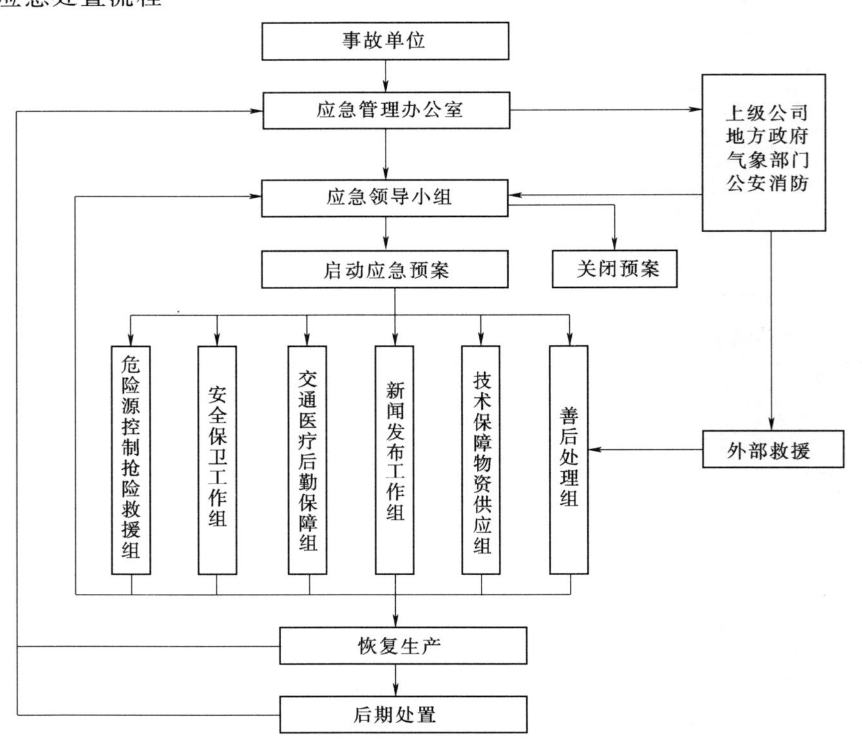

第八章　人身伤亡事故处置方案

第一节　人身伤亡事故概述

根据《企业职工伤亡事故分类标准》(GB 6441—86)，伤亡事故是指企业职工在生产劳动过程中，发生的人身伤害和急性中毒。事故的类别包括：物体打击、车辆伤害、机械伤害、起重伤害、触电、淹溺、灼烫、火灾、高处坠落、坍塌、冒顶片帮、透水、放炮、火药爆炸、瓦斯爆炸、锅炉爆炸、容器爆炸、其他爆炸、中毒和窒息、其他伤害。对事故造成的伤害分析要考虑的因素有受伤部位、受伤性质、起因物、致害物、伤害方式、不安全状态、不安全行为等。按照事故造成的伤害程度又可把伤害事故分为轻伤事故、重伤事故和死亡事故。

风电场人身伤亡事故主要包括：在风电场运维过程中电气设备操作和检修时发生人身触电伤亡，在风机登高作业时发生人员高空坠落，在机械伤害、交通事故、火灾事故中引起的人身伤亡事故。

第二节　人身伤亡事故处置方案范例

一、触电伤亡事故处置方案

某风力发电公司
触电伤亡事故处置方案

1　总则

1.1　编制目的

为高效有序地处置公司发生的触电伤亡事故，避免或最大限度地减轻人身触电事故造成的经济损失和社会影响，保障员工生命和企业财产安全，维护社会稳定，特编制本应急处置方案。

1.2　编制依据

《生产安全事故报告和调查处理条例》(国务院令第 493 号)

《生产经营单位安全生产事故应急预案编制导则》(GB/T 29639—2013)

《电力安全事故应急处置和调查处理条例》(国务院令第 599 号)

《电力生产事故调查暂行规定》(国家电监会 4 号令)

《电力企业应急预案管理办法》(国能安全〔2014〕508号)

《电力企业现场处置方案编制导则(试行)》

《电力安全工作规程》(发电厂和变电所电气部分)

《某风电公司人身事故专项应急预案》

1.3 适用范围

本方案适用于公司发生人身触电事故的现场应急处置和应急救援工作。

2 事件特征

2.1 危险性分析和事件类型

公司有各种高低压配电装置及高低压电气设备，运行、检修作业人员在运行巡视、检修、维护过程中，均有造成人身触电的可能。触电事故类型可分为电击事故和电伤事故。

2.2 事件可能发生的区域、地点和装置

风力发电机现场，变电站现场，控制室、母线室、66kV、35kV、0.4kV、220V、直流220V、110V等系统，变压器、开关、刀闸、电流互感器、电压互感器、蓄电池、照明以及其他电动机械和各种高低压配电装置及高低压电气设备的保护、控制回路。

2.3 事故发生的季节、可能造成的危害

春季、秋季是事故的多发季节，人身触电事故发生时，当流经人体电流大于10mA时，人体将会产生危险的病理生理效应，并随着电流的增大、时间的增长将会产生心室纤维性颤动，乃至人体窒息(“假死”状态)，在瞬间或在3min内就夺去人的生命。

当人身触电时，人体与带电体接触不良部分发生的电弧灼伤、电烙印，由于被电流熔化和蒸发的金属微粒等侵入人体皮肤引起(的)皮肤金属化，严重时也可能致人死亡。

2.4 事前可能出现的征兆

(1) 高、低压交流系统发生接地。

(2) 发电机转子直流系统发生接地。

(3) 直流220V、110V系统发生接地。

(4) 人员误操作(包括误登、误碰、错停、错送、走错位置)。

(5) 大雾、雷雨等自然灾害。

(6) 设备绝缘受损放电、爬电现象。

3 组织机构及职责

3.1 应急组织

3.1.1 应急处置领导小组

组　长：总经理

副组长：副总经理

成　员：综合管理部经理、资产财务部经理、项目开发部经理、工程管理部经理、电力运营部经理、安全生产部经理、现场工作人员、医护人员、安监人员

3.1.2 应急处置办公室

主　任：安全生产部经理

3.1.3　应急处置工作组

（1）危险源控制、抢险救援组　　组长：工程管理部、安全生产部经理

（2）安全保卫工作组　　组长：项目开发部、安全生产部经理

（3）交通医疗后勤保障组　　组长：综合管理部经理

（4）新闻发布工作组　　组长：综合管理部经理

（5）技术保障物资供应组　　组长：工程管理部、电力运营部经理

（6）善后处理组　　组长：综合管理部、资产财务部经理

3.2　各岗位职责

3.2.1　应急处置领导小组职责

（1）经上级应急领导小组批准启动本方案，发布和解除应急救援命令。

（2）负责按照本方案组织指挥人身伤害事故应急救援队伍实施应急处置工作。

（3）负责向上级汇报机械伤害事故的情况，必要时向有关单位发出救援请求。

（4）负责组织开展本方案的应急保障建设工作。

（5）负责组织编制和完善本应急处置方案，指导本方案的培训和演练。

3.2.2　应急处置办公室职责

（1）应急处置办公室是人身触电事故应急管理的常设机构，负责应急处置的日常工作。

（2）及时向应急处置领导小组报告事故情况。

（3）组织落实应急处置领导小组提出的各项措施、要求。

（4）组织制定预防人身触电事故应急处置工作的各项规章制度。

（5）监督检查人身触电应急处置方案日常应急准备工作、组织演练的情况；指导、协调人身触电事故的处置工作。

（6）人身伤害处置工作完毕后，认真分析发生原因，总结处置过程中的经验教训，进一步完善应急处置方案。

（7）对人身伤害应急处置工作进行考核。

（8）指导相关应急处置工作组做好善后工作。

3.2.3　应急处置工作组职责

3.2.3.1　危险源控制、抢险救援组职责

（1）负责组织应急救援人员及有关专家及时进入现场，并进行现场抢险救援技术全面指导与技术监督。

（2）负责迅速开展解救被困人员和受伤人员的救援工作。

（3）负责现场救援设备和物资及时运送进入现场。

（4）掌握人身伤害事故应急救援力量（医护人员、受过紧急救护培训的人员、与人身急救有关的专业对口人员）和人身应急救援物资的资源（包括数量、储存情况）。

（5）负责提出上级救援、外部救援力量和物资支援的需求。

3.2.3.2　安全保卫工作组职责

（1）维持现场秩序、现场警戒，划定警戒区域，负责监督应急情况处理时各项安全措施的执行，防止救援时人身事故的发生。

（2）控制现场人员，无关人员不准出入现场，确保抢险、救援人员疏散时的人身安全，做好安置，维持现场秩序，做好安全警戒装置的设置工作。

（3）负责抢险现场安全隔离措施的检查，并督促相关部门执行到位。

（4）组织实施事故恢复所必须采取的临时性措施。

（5）完成人身事故（发生原因、处理经过）调查报告的编写和上报工作。

3.2.3.3　交通医疗后勤保障组职责

（1）负责应急救援车辆维护、检查，确保应急抢险救援时所需车辆正常使用。

（2）应急时提供紧急救护车辆以及救援人员、医疗应急物资、设备设施运送所需车辆。

（3）负责办公电话、移动电话、传真、电子邮件、应急通信，确保调度通信畅通。

（4）与供应商建立物资供应协作关系，保证应急救援物资的质量、数量。

（5）负责接警后及时赶赴事发地，对受伤人员采取现场紧急救治，及时抢救伤员生命。

（6）及时联系120急救中心或当地医院，将伤员转送医院进行治疗。

（7）做好日常相关应急救援所用的药品和医疗器材的维护和储备工作。

3.2.3.4　新闻发布工作组职责

（1）在应急处置领导小组的指导下，负责将人身伤害事故情况汇总，根据应急处置领导小组的决定做好对外新闻发布工作。

（2）根据应急处置领导小组的决定对人身事故情况向上级报告。

（3）负责新闻媒体及当地政府有关部门和上级相关部门的接待工作。

3.2.3.5　技术保障物资供应组职责

（1）全面提供应急救援时的技术支持。

（2）掌握各种设备设施、建筑、器材、工具等专业技术。

（3）掌握各种设备、设施、建筑在人身伤害事故情况下的应急处置方法。

（4）按照公司要求做好各类人身伤害事故应急救援所用相应物资储备和供给工作。

（5）应急时，负责应急物资、各种器材、设备的供给。

（6）负责与其他应急处置工作组进行沟通联络，及时做好应急物资的补给工作。

3.2.3.6　善后处理组职责

（1）负责监督消除人身伤害事故的影响，尽快恢复生产。

（2）负责做好人身伤害事故资料的收集，现场的保护。

（3）准确、及时、公正地查清事故原因、责任，总结经验吸取教训，制定措施。对责任人提出处理意见。

（4）负责做好人身伤害的赔偿及家属安抚工作，做好受伤人员康复治疗、慰问工作，对因参与应急处理工作受伤、致残、死亡的人员，按照国家有关规定，做好伤亡人员保险理赔工作，给予相应补助和抚恤。

4　应急处置

4.1　现场应急处置程序

（1）触电伤亡突发事件发生后，事发单位领导应立即向应急救援指挥部汇报。

（2）该方案由公司总经理宣布启动。

（3）应急处置组成员接到通知后，立即赶赴现场进行应急处理。

（4）触电伤亡事件进一步扩大时启动《人身伤亡事故应急预案》。

4.2　现场应急处置措施

（1）首先要使触电者迅速脱离电源，夏季放到阴凉通风处，冬季放到温暖适宜处。

（2）把触电者接触的那一部分带电设备的开关、刀闸或其他短路设备断开。

（3）触电者未脱离电源前，救护人员不准直接用手触及伤员。

（4）如触电者处于高处，触脱电源后会自高处坠落，要采取相应措施。

（5）触电者触及低压带电设备，救护人员应设法迅速切断电源，比如：拉开电源开关或刀闸，拔除电源插头等；或使用绝缘工具、干燥的木棒、木板、绳索等不导电的东西解脱触电者；也可抓住触电者干燥而不贴身的衣服，也可戴绝缘手套或将手用干燥衣物等包起绝缘后解脱触电者；救护人员也可站在绝缘垫上或干木板上，绝缘自己进行救护。

（6）触电者触及高压带电设备，救护人员应迅速切断电源，或用适合该电压等级的绝缘工具（戴绝缘手套、穿绝缘靴并用绝缘棒）解脱触电者。救护人员在抢救过程中应注意保持自身与周围带电部分必要的安全距离。

（7）如果触电发生在架空线杆塔上，如系低压带电线路，若可能立即切断线路电源的，应迅速切断电源，或者由救护人员迅速登杆，束好自己的安全带后，用带绝缘胶柄的钢丝钳、干燥的不导电物体或绝缘物体将触电者脱离电源；如系高压带电线路，又不可能迅速切断电源开关的，可采用抛挂足够截面的适当长度的金属短路线方法，使电源开关跳闸。

（8）如果触电者触及断落在地上的带电高压导线，且尚未确证线路无电，救护人员在未做好安全措施（如穿绝缘靴或临时双脚并紧跳跃地接近触电者）前，不能接近断线点至8～10m范围内，防止跨步电压伤人。触电者脱离带电导线后亦应迅速带至8～10m以外后立即开始触电急救。只有在确证线路已经无电，才可在触电者离开触电导线后，立即就地进行急救。

（9）救护触电伤员切除电源时，有时会同时使照明失电，因此应考虑事故照明、应急灯等临时照明。新的照明要符合使用场所防火、防爆的要求。但不能因此延误切除电源和进行急救。

（10）伤员脱离电源后的处理。

1）触电伤员如神志清醒者，应使其就地躺平，严密观察，暂时不要站立或走动。

2）触电伤员如神志不清者，应就地仰面躺平，且确保气道通畅，并用5s时间，呼叫伤员或轻拍其肩部，以判定伤员是否意识丧失，禁止摇动伤员头部呼叫伤员。

3）需要抢救的伤员，应立即就地坚持抢救，直至医疗人员接替救治。

（11）呼吸、心跳情况的判定。触电伤员如意识丧失，应在10s内，用看、听、试的方法判定伤员呼吸心跳情况：看——看伤员的胸部、腹部有无起伏动作；听——用耳贴近伤员的口鼻处，听有无呼气声音；试——试测口鼻有无呼气的气流。再用两手指轻试一侧（左或右）喉结旁凹陷处的颈动脉有无搏动。若看、听、试结果，既无呼吸又无颈动脉搏动，可判定呼吸心跳停止。

（12）触电伤员呼吸和心跳均停止时，应立即按心肺复苏法支持生命的三项基本措施，进行就地抢救：①通畅气道；②口对口（鼻）人工呼吸；③胸外挤压（人工循环）。

（13）抢救过程中的再判定。

1）按压吹气1min后（相当于单人抢救时做了4个15：2压吹循环），应用看、听、试方法在5～7s时间内完成对伤员呼吸和心跳是否恢复的再判定。

2）若判定颈动脉已有搏动但无呼吸，则暂停胸外按压，而再进行2次口对口人工呼吸，接着每5s吹气一次（即每分钟12次）。如脉搏和呼吸均未恢复，则继续坚持心肺复苏法抢救。

3）在抢救过程中，要每隔数分钟再判定一次，每次判定时间均不得超过5～7s。在医务人员未接替抢救前，现场抢救人员不得放弃现场抢救。

4.3　事件报告流程

（1）事发人或事发单位人员立即向应急管理办公室汇报，人身触电情况以及现场采取的急救措施情况，应急管理办公室应立即向应急领导小组汇报事故发生、处置情况。同时拨打120急救中心电话请求支援，派专人引导到事发现场。

（2）人身触电事故扩大时，由应急处置领导小组向上级主管单位应急管理部门汇报事故信息，比如：发生重伤、死亡及以上事故时，立即用办公电话、移动电话、计算机网络向当地政府应急管理部门，最迟不超过1h。

（3）事件报告要求。事件信息准确完整、事件内容描述清晰；事件报告内容主要包括事件发生时间、事件发生地点、事故性质、先期处理情况等。

（4）联系方式。

应急处置办公电话：×××。

移动电话：×××。

急救中心电话：×××。

5　注意事项

5.1　佩戴个人防护器具方面的注意事项

从事应急救援的任何人员进入现场必须按规定穿好工作服、工作鞋，正确佩戴安全帽，涉及高处作业人员必须系好安全带或防坠器。

5.2　使用抢险救援器材方面的注意事项

应急救援所使用的器材应进行认真的检查，严禁使用没有进行检验、试验、不合格的器材从事应急处置活动，包括从事救援用的医疗器械、担架、起重工器具、手持工器具、电动工器具、绝缘工器具等。

5.3　采取救援对策或措施方面的注意事项

（1）在进行应急救援时，救护人员不可直接用手、其他金属及潮湿的物体作为救护工具，而应该用适当的绝缘工具（绝缘工具、干燥的木棒、木板、绳索等），救护人最好用一只手操作，以防自己触电。

（2）防止触电者脱离电源后可能的摔伤，特别是当触电者在高处的情况下，应考虑防止坠落的措施，即使触电者在平地，也要注意触电者倒下的方向，注意防摔。救护者也应注意救护中自身的防坠落、摔伤措施。

（3）救护者在救护过程中特别是在杆上或高处抢救伤者时，要注意自身和被救者与附近带电体之间的安全距离，防止再次触及带电设备。电气设备、线路即使电源已断开，对未做安全措施挂上接地线的设备亦应视为有电设备。救护人员登高时应随身携带必要的绝缘工具和牢固的绳索等。

（4）如事故发生在夜间，应设置临时照明灯，以便于抢救，避免意外事故，但不能因此延误切除电源和进行急救的时间。

5.4　自救和互救的注意事项

（1）应急救援人员应熟悉紧急救护法，学会心肺复苏、人工呼吸、外伤急救等应急状态下的紧急救护方法和逃生的各种方法。

（2）在应急处置过程中所有应急救援人员应做好自救和互救的思想准备，一旦威胁到自身安全和他人安全做好逃生，一旦发生伤害要采取得当抢救方法（例如：止血、包扎、背、抬等医疗方法）。严禁次生伤害的发生。

（3）积极与应急救援医疗处置人员取得联系，得到及时的支援。

5.5　应急处置能力的确认和人员安全防护注意事项

（1）应对应急救援人员定期地进行应急情况下的紧急救护培训教育，提供应急救援人员的思想素质和技术素质以及紧急救护的能力，考试合格后方可参加应急救援队伍。对在培训、考试过程中不遵守纪律、徇私舞弊者进行严格的考核。

（2）应急救援所用的安全防护用品、用具应符合国家标准，购置、保管、存放、发放、使用、佩戴应符合标准要求，应急救援人员应掌握原理、构造、工艺、检修、维护、使用佩戴的方式方法。严禁购置不合格的安全防护用品、用具。

5.6　应急救援结束后的注意事项

（1）应急救援结束后，应急救援人员撤离现场，应急处置工作组组长清点人数，检查所带工器具，以及严格保护现场，等待事故调查。

（2）将触电人员转送医疗部门救治，应对现场进行全面的检查，发现隐患及时处理，举一反三防止再次发生类似事故。

（3）召开事故分析会，分析事故原因、责任、开展反事故教育，为事故调查收集资料，对责任者进行处罚。

（4）恢复现场正常生产、生活秩序，稳定员工思想情绪，拆除临时措施，恢复常设措施、补充完善安全技术措施。

5.7　其他特别警示的事项

（1）对于发生人身伤害的设备设施位置做好警示标志，悬挂“高压危险”“小心有电”等标识，对没有采取防范措施的设备不准再次使用。

（2）救护人员在进行触电伤害人员救治时，必须进行伤员伤情的初步判断，不可直接进行救护，以免由于救护人的不当施救造成伤员的伤情恶化。

（3）触电伤害人员受伤发生在高处，存在高处坠落的危险，防止伤员高空坠落，救护者也应注意救护中自身的防坠落、摔伤措施。救护人员登高时应系好安全带和防坠器以及牢固的绳索等。

（4）生产、生活场所必经通道，人员经常出入的场所，照明、应急照明应符合国家标准，不得低于200W，以便于人员操作、作业和应急抢险，避免意外事故，保证生产、生活和应急状态下的需要。

二、高处坠落伤亡事故处置方案

某风力发电公司
高处坠落伤亡事故处置方案

1　总则

1.1　编制目的

为高效有序地处理公司高处坠落伤亡事故，避免或最大限度地减轻高处坠落人身伤亡造成的损失，保障员工生命和企业财产安全，维护社会稳定，特编制本处置方案。

1.2　编制依据

《电力安全事故应急处置和调查处理条例》（国务院令第599号）

《电力企业应急预案管理办法》（国能安全〔2014〕508号）

《电力企业现场处置方案编制导则（试行）》

《某风电公司人身事故专项应急预案》

1.3　适用范围

本方案适用于公司高处坠落伤亡突发事件的现场应急处置和应急救援工作。

2　事件特征

2.1　危险性分析和事件类型

2.1.1　危险性分析

（1）风机塔筒坠落、铁塔上、电杆上、设备上、构架上、树上坠落。

（2）脚手架上坠落。

（3）悬空高处作业坠落。

（4）石棉瓦等轻型屋面坠落。

（5）拆除作业中发生的坠落。

（6）梯子上作业坠落。

（7）屋面作业坠落。

（8）其他高处作业坠落（洞口、预留口、通道口、楼梯口、阳台口以及其他各种物体上坠落等）。

2.1.2　事件类型

事件类型为事故灾难类。

高处坠落伤亡事故分为高处坠落伤害和高处坠落死亡两种。

2.2　事故可能发生的区域、地点或装置名称

2.2.1　事故可能发生的区域、地点

公司的风力发电机现场、变电站现场办公及生活区域。

2.2.2 装置名称

（1）风机塔架及集电线路塔架：在该类设备检修或巡检的过程中，岗位人员或检修人员经常需要高处作业。

（2）升压站：升压站构架、变压器、电抗器等。

（3）土建：建筑物顶部等。

（4）其他：水泵房、屋顶设备检修等。

2.2.3 事件危害程度分析

发生高处坠落后，可引起人员轻伤、重伤，甚至人身死亡事故。

2.2.4 事前可能出现的征兆

（1）在高处作业时，下方没有架设安全护网。

（2）高处作业人员没有持证上岗。

（3）作业人员精神状态不佳、疲劳作业。

（4）脚手架未挂警示牌。

（5）平台不牢固、有孔洞。

（6）六级大风露天作业。

（7）高处设备检修平台不完善。

（8）安全带不定期检查。

3 应急组织及职责

3.1 应急组织

3.1.1 应急处置领导小组

组　长：总经理

副组长：副总经理

成　员：综合管理部经理、资产财务部经理、项目开发部经理、工程管理部经理、电力运营部经理、安全生产部经理、现场工作人员、医护人员、安监人员

3.1.2 应急处置办公室

主　任：安全生产部经理

3.1.3 应急处置工作组

（1）危险源控制、抢险救援组　　组长：工程管理部、安全生产部经理

（2）安全保卫工作组　　组长：项目开发部、安全生产部经理

（3）交通医疗后勤保障组　　组长：综合管理部经理

（4）新闻发布工作组　　组长：综合管理部经理

（5）技术保障物资供应组　　组长：工程管理部、电力运营部经理

（6）善后处理组　　组长：综合管理部、资产财务部经理

3.2 各岗位职责

3.2.1 应急处置领导小组职责

（1）经上级应急领导小组批准启动本方案，发布和解除应急救援命令。

（2）负责按照本方案组织指挥高处坠落人身事故应急救援队伍实施应急处置工作。

（3）负责向上级汇报高处坠落事故的情况，必要时向有关单位发出救援请求。

（4）负责组织开展本方案的应急保障建设工作。

（5）负责组织编制和完善本应急处置方案，指导本方案的培训和演练。

3.2.2　应急处置办公室职责

（1）应急处置办公室是高处坠落人身事故应急管理的常设机构，负责应急处置的日常工作。

（2）及时向应急处置领导小组报告事故情况。

（3）组织落实应急处置领导小组提出的各项措施、要求。

（4）组织制定高处坠落应急处置工作的各项规章制度。

（5）监督检查高处坠落应急处置方案日常应急准备工作、组织演练的情况；指导、协调高处坠落处置工作。

（6）高处坠落处置工作完毕后，认真分析发生原因，总结处置过程中的经验教训，进一步完善应急处置方案。

（7）对高处坠落应急处置工作进行考核。

（8）指导相关应急处置工作组做好善后工作。

3.2.3　应急处置工作组职责

3.2.3.1　危险源控制、抢险救援组职责

（1）负责组织应急救援人员及有关专家及时进入现场，并进行现场抢险救援技术全面指导与技术监督。

（2）负责迅速开展解救被困人员和受伤人员的救援工作。

（3）负责现场救援设备和物资及时运送进入现场。

（4）掌握高处坠落人身事故应急救援力量（医护人员、受过紧急救护培训的人员、与人身急救有关的专业对口人员）和人身应急救援物资的资源（包括数量、储存情况）。

（5）负责提出上级救援、外部救援力量和物资支援的需求。

3.2.3.2　安全保卫组职责

（1）维持现场秩序、现场警戒，划定警戒区域，负责监督应急情况处理时各项安全措施的执行，防止救援时人身事故的发生。

（2）控制现场人员，无关人员不准出入现场，确保抢险、救灾人员疏散时的人身安全，做好安置，维持现场秩序，做好安全警戒装置的设置工作。

（3）负责抢险现场安全隔离措施的检查，并督促相关部门执行到位。

（4）组织实施事故恢复所必须采取的临时性措施。

（5）完成事故调查报告的编写和上报工作。

3.2.3.3　交通医疗后勤保障组职责

（1）负责应急救援车辆维护、检查，确保应急抢险救援时所需车辆正常使用。

（2）应急时提供紧急救护车辆，提供应急救援抢险和应急物资、设备设施运送所需车辆。

（3）负责办公电话、移动电话、传真、电子邮件、应急通信、确保调度通信畅通。

（4）与供应商建立物资供应协作关系，保证应急救援物资的质量、数量。

（5）负责接警后及时赶赴事发地，对受伤人员采取现场紧急救治，及时抢救伤员生命。

（6）及时联系市120急救中心或当地医院，将伤员转送医院进行治疗。

（7）做好日常相关医疗药品和器材的维护和储备工作。

3.2.3.4　新闻发布工作组职责

（1）在应急处置领导小组的指导下，负责将高处坠落事故情况汇总，根据应急处置领导小组的决定做好对外新闻发布工作。

（2）根据应急处置领导小组的决定对突发事件情况向上级报告。

（3）负责新闻媒体及当地政府有关部门和上级相关部门的接待工作。

3.2.3.5　技术保障物资供应组职责

（1）全面提供应急救援时的技术支持。

（2）掌握各种设备设施、建筑、器材、工具等专业技术。

（3）掌握各种设备、设施、建筑在高处坠落事故灾难情况下的应急处置方法。

（4）按照公司要求做好各类高处坠落事故相应物资储备和供给工作。

（5）应急时，负责应急物资、各种器材、设备的供给。

（6）负责与其他应急处置工作组进行沟通联络，及时做好应急物资的补给工作。

3.2.3.6　善后处理组职责

（1）负责监督消除高处坠落人身事故的影响，尽快恢复生产。

（2）负责高处坠落人身事故资料的收集，现场的保护。

（3）准确、及时、公正地查清事故原因、责任，总结经验吸取教训，制定措施。对责任人提出处理意见。

（4）负责做好高处坠落伤亡人员赔偿及家属安抚工作，做好受伤人员康复治疗、慰问工作，对因参与应急处理工作受伤、致残、死亡的人员，按照国家有关规定，做好伤亡人员保险理赔工作，给予相应补助和抚恤。

4　应急处置

4.1　现场应急处置程序

（1）高处坠落伤亡事故发生后，值长应立即向公司主管副总经理汇报，同时拨打120电话向医疗紧急救护部门报告，请求支援，派出人员引导。

（2）该方案由应急处置领导小组组长宣布启动。

（3）应急处置工作组人员接到通知后，立即赶赴现场进行应急处置。

（4）高处坠落伤亡事故进一步扩大时启动《人身事故应急预案》。

4.2　现场处置措施

4.2.1　高处坠落受害人员施救的过程

当发生人员轻伤时，现场人员应采取防止受伤人员大量失血、休克、昏迷等紧急救护措施，并将受伤人员脱离危险地段，拨打120医疗急救电话，并向应急救援指挥部报告。

4.2.2　各项救护措施

（1）如果受害者处于昏迷状态但呼吸心跳未停止，应立即进行口对口人工呼吸，一般以口对口吹气为最佳。急救者位于伤员一侧，托起受害者下颌，捏住受害者鼻孔，深吸一口气后，往伤员嘴里缓缓吹气，待其胸廓稍有抬起时，放松其鼻孔，并用一手压其胸部以助呼气。反复并有节律地（每分钟吹16～20次）进行，直至恢复呼吸为止。

（2）如受害者心跳已停止，应先进行胸外心脏按压。让受害者仰卧，头低稍后仰，急救者位于溺水者一侧，面对受害者，右手掌平放在其胸骨下段，左手放在右手背上，借急救者身体重量缓缓用力，不能用力太猛，以防骨折，然后松手腕（手不离开胸骨）使胸骨复原，反复有节律地（每分钟60～80次）进行，直到心跳恢复为止。

以上施救过程在救援人员到达现场后结束，工作人员应配合救援人员进行救治。

（3）呼吸、心跳情况的判定。受害人员如意识丧失，应在10s内，用看、听、试的方法判定伤员呼吸心跳情况：看——看伤员的胸部、腹部有无起伏动作；听——用耳贴近伤员的口鼻处，听有无呼气声音；试——试测口鼻有无呼气的气流，再用两手指轻试一侧（左或右）喉结旁凹陷处的颈动脉有无搏动。若看、听、试结果，既无呼吸又无颈动脉搏动，可判定呼吸心跳停止。

（4）判断有无意识的方法。轻轻拍打伤员肩膀，高声喊叫“喂，能听见吗?”。如认识，可直接喊其姓名。无反应时，立即用手指甲掐压人中穴、合谷穴约5s。

呼吸和心跳均停止时，应立即按心肺复苏法支持生命的三项基本措施，正确进行就地抢救：①通畅气道；②口对口（鼻）人工呼吸；③胸外接压（人工循环）。

4.2.3 外伤的急救措施

（1）骨折急救。

肢体骨折可用夹板或木棍、竹竿等将断骨上、下方关节固定，也可利用伤员身体进行固定，避免骨折部位移动，以减少疼痛，防止伤势恶化。

开放性骨折，伴有大出血者应先止血，固守，并用干净布片覆盖伤口，然后速送医院救治，切勿将外露的断骨推回伤口内。

疑有颈椎损伤，在使伤员平卧后，用沙袋（或其他替代物）旋转状况两侧至颈部固定不动，以免引起截瘫。

腰椎骨折应将伤员平卧在平硬木板上，并将躯干及两侧下肢一同进行固定预防瘫痪。搬动时应数人合作，保持平稳，不能扭曲。

（2）抢救过程中的再判定。

按压吹气1min后（相当于单人抢救时做了4个15∶2压吹循环），应用看、听、试方法在5～7s时间内完成对伤员呼吸和心跳是否恢复的再判定。

若判定颈动脉已有搏动但无呼吸，则暂停胸外按压，而再进行2次口对口人工呼吸，接着每5s吹气一次（即每分钟12次）。如脉搏和呼吸均未恢复，则继续坚持心肺复苏法抢救。

在抢救过程中，要每隔数分钟再判定一次，每次判定时间均不得超过5～7s。在医务人员未接替抢救前，现场抢救人员不得放弃现场抢救。

4.3 事故报告流程

（1）事发人立即向值长报告，值长确认后向应急处置领导小组报告高处坠落人员伤亡

情况以及现场采取的急救措施情况。

（2）高处坠落伤亡事故扩大时，经应急处置领导小组批准由应急管理办公室向上级主管单位汇报事故信息，如发生重伤、死亡、重大死亡事故，向当地政府应急管理部门报告，报告时限最迟不超过1h。

（3）事件报告要求：事件信息准确完整、事件内容描述清晰；事件报告内容主要包括事件发生时间、事件发生地点、事故性质、先期处理情况等。

（4）联系方式。

应急处置办公电话：×××。

移动电话：×××。

紧急救护：×××。

5　注意事项

5.1　佩戴个人防护器具的注意事项

任何人进入现场必须按规定穿好工作服、工作鞋，正确佩戴安全帽，涉及高处作业人员必须系好安全带或防坠器。

5.2　抢险救援器材的注意事项

必须对应急救援所使用的器材进行认真的检查，严禁使用没有进行检验、试验、不合格的器材从事应急处置活动，包括安全绳、安全带、防坠器、担架等，以及从事救援用的起重工器具、手持工器具、电动工器具、绝缘工器具等。

5.3　采取救援对策或措施方面的注意事项

在从事应急处置过程中所采取的安全措施、技术措施必须严密符合实际，具备可行性、可操作性、实效性，在措施的落实过程中应做到责任到人、措施到项、检查监督到位，防止次生事故的发生。

5.4　自救和互救的注意事项

（1）应急救援人员应熟悉紧急救护法，学会心肺复苏、人工呼吸、外伤急救等应急状态下的紧急救护方法和逃生的各种方法。

（2）在应急处置过程中所有应急救援人员应做好自救和互救的思想准备，一旦威胁到自身安全和他人安全做好逃生，一旦发生伤害要采取得当抢救方法，（例如：止血、包扎、背、抬等医疗方法）严禁次生伤害的发生。

（3）积极与应急救援医疗处置人员取得联系，得到及时的支援。

5.5　应急处置能力的确认和人员安全防护注意事项

（1）应对应急救援人员定期地进行应急情况下的紧急救护培训教育，提高应急救援人员的思想素质和技术素质以及紧急救护的能力，考试合格后方可参加应急救援队伍。对在培训、考试过程中不遵守纪律、徇私舞弊者进行严格的考核。

（2）应急救援所用的安全防护用品、用具应符合国家标准，购置、保管、存放、发放、使用、佩戴应符合标准要求，应急救援人员应掌握原理、构造、工艺、检修、维护、使用佩戴的方式方法。严禁购置不合格的安全防护用品、用具。

5.6　应急救援结束后的注意事项

（1）应急救援结束后，应急救援人员撤离现场，应急处置工作组组长清点人数，检查所带工器具，以及严格保护现场，等待事故调查。

（2）高处坠落的人员转送医疗部门救治，应对现场进行全面的检查，举一反三防止再次发生类似事故。

（3）召开事故分析会，分析事故原因、责任，开展反事故教育，对责任者进行处罚，为事故调查收集资料。

（4）恢复现场正常生产秩序，稳定员工思想情绪，拆除临时措施，恢复常设措施、补充完善安全技术措施。

5.7　其他特别警示的事项

（1）对于脚手架材料造成的高处坠落，应对同一批次的材料进行检验，不合格的材料统一处理，不准再次使用。

（2）进行骨折伤害救治时，必须注意救治时的方法，防止由于救治不对造成的二次伤害。

（3）对于洞口、预留口、通道口、楼梯口、阳台口以及其他各种物体上坠落的人身事故处置与以上处置相同。

三、机械伤害事故处置方案

某风力发电公司
机械伤害事故处置方案

1　总则

1.1　编制目的

为高效有序地处置公司发生的机械伤害事故，避免或最大限度地减轻机械伤害事故造成的损失，保障员工生命和企业财产安全，维护社会稳定，特编制本应急处置方案。

1.2　编制依据

《电力安全事故应急处置和调查处理条例》（国务院令第 599 号）

《电力企业应急预案管理办法》（国能安全〔2014〕508 号）

《电力企业现场处置方案编制导则（试行）》

《某风电公司人身事故专项应急预案》

1.3　适用范围

本方案适用于公司机械伤害事故突发事件的现场应急处置和应急救援工作。

2　事件特征

2.1　危险性分析和事件类型

2.1.1　危险性分析

机械伤害是针对在作业、操作过程中人受到设备的伤害，一方面是人的因素，一方面是设备的因素。作业人员对检修设备的构造、工艺不熟悉、使用的工器具不符合国家要求、工器具的使用方法不正确、设备的维护检修质量差或不及时等，均有可能造成机械伤害。

2.1.2 事件类型

易发生撞伤、碰伤、绞伤、咬伤、打击、切削等伤害。

2.2 事件可能发生的区域、地点

风电场的机械伤害主要发生在风力发电装置的转动叶片、低速轴和高速轴、耦合器、联轴器，消防泵房的水泵联轴器等机械传动、转动部位。

2.3 事件危害程度分析

事件易发时间：检修和巡检时。

机械伤害是在机械检修和维护中主要的人身伤害事故，其后果一般都比较严重，会造成人员手指绞伤、皮肤裂伤、骨折，严重的会使身体被卷入轧伤致死或者部件、工件飞出，打击致伤，甚至会造成死亡。

2.4 事前可能出现的征兆

(1) 检修时未断开电闸或设备检修未挂牌。

(2) 未停设备就进行检修作业。

(3) 作业时未佩戴劳动保护装备，或劳保用品未按规定佩戴等。

(4) 工作强度过大。

(5) 作业人员连续工作时间过长。

(6) 作业人员睡眠不足或过度疲劳。

3 组织机构及职责

3.1 应急组织

3.1.1 应急处置领导小组

组　长：总经理

副组长：副总经理

成　员：综合管理部经理、资产财务部经理、项目开发部经理、工程管理部经理、电力运营部经理、安全生产部经理、现场工作人员、医护人员、安监人员

3.1.2 应急处置办公室

主　任：安全生产部经理

3.1.3 应急处置工作组

(1) 危险源控制、抢险救援组　　组长：工程管理部、安全生产部经理

(2) 安全保卫工作组　　组长：项目开发部、安全生产部经理

(3) 交通医疗后勤保障组　　组长：综合管理部经理

(4) 新闻发布工作组　　组长：综合管理部经理

(5) 技术保障物资供应组　　组长：工程管理部、电力运营部经理

(6) 善后处理组　　组长：综合管理部、资产财务部经理

3.2　各岗位职责

3.2.1　应急处置领导小组职责

（1）经上级应急领导小组批准启动本方案，发布和解除应急救援命令。

（2）负责按照本方案组织指挥机械伤害事故应急救援队伍实施应急处置工作。

（3）负责向上级汇报机械伤害事故的情况，必要时向有关单位发出救援请求。

（4）负责组织开展本方案的应急保障建设工作。

（5）负责组织编制和完善本应急处置方案，指导本方案的培训和演练。

3.2.2　应急处置办公室职责

（1）应急处置办公室是机械伤害事故应急管理的常设机构，负责应急处置的日常工作。

（2）及时向应急处置领导小组报告事故情况。

（3）组织落实应急处置领导小组提出的各项措施、要求。

（4）组织制定机械伤害应急处置工作的各项规章制度。

（5）监督检查机械伤害应急处置方案日常应急准备工作、组织演练的情况；指导、协调机械伤害处置工作。

（6）机械伤害处置工作完毕后，认真分析发生原因，总结处置过程中的经验教训，进一步完善应急处置方案。

（7）对机械伤害应急处置工作进行考核。

（8）指导相关应急处置工作组做好善后工作。

3.2.3　应急处置工作组职责

3.2.3.1　危险源控制、抢险救援组职责

（1）负责组织应急救援人员及有关专家及时进入现场，并进行现场抢险救援技术全面指导与技术监督。

（2）负责迅速开展解救被困人员和受伤人员的救援工作。

（3）负责现场救援设备和物资及时运送进入现场。

（4）掌握机械伤害事故应急救援力量（医护人员、受过紧急救护培训的人员、与人身急救有关的专业对口人员）和人身应急救援物资的资源（包括数量、储存情况）。

（5）负责提出上级救援、外部救援力量和物资支援的需求。

3.2.3.2　安全保卫工作组职责

（1）维持现场秩序、现场警戒，划定警戒区域，负责监督应急情况处理时各项安全措施的执行，防止救援时人身事故的发生。

（2）控制现场人员，无关人员不准出入现场，确保抢险、救灾人员疏散时的人身安全，做好安置，维持现场秩序，做好安全警戒装置的设置工作。

（3）负责抢险现场安全隔离措施的检查，并督促相关部门执行到位。

（4）组织实施事故恢复所必须采取的临时性措施。

（5）完成事故（发生原因、处理经过）调查报告的编写和上报工作。

3.2.3.3　交通医疗后勤保障组职责

（1）负责应急救援车辆维护、检查，确保应急抢险救援时所需车辆正常使用。

（2）应急时提供紧急救护车辆，提供应急救援抢险和应急物资、设备设施运送所需

车辆。

（3）负责办公电话、移动电话、传真、电子邮件、应急通信、确保调度通信畅通。

（4）与供应商建立物资供应协作关系，保证应急救援物资的质量、数量。

（5）负责接警后及时赶赴事发地，对受伤人员采取现场紧急救治，及时抢救伤员生命。

（6）及时联系120急救中心或当地医院，将伤员转送医院进行治疗。

（7）做好日常相关医疗药品和器材的维护和储备工作。

3.2.3.4 新闻发布工作组职责

（1）在应急处置领导小组的指导下，负责将机械伤害事故情况汇总，根据应急处置领导小组的决定做好对外新闻发布工作。

（2）根据应急处置领导小组的决定对突发事件情况向上级报告。

（3）负责新闻媒体及当地政府有关部门和上级相关部门的接待工作。

3.2.3.5 技术保障物资供应组职责

（1）全面提供应急救援时的技术支持。

（2）掌握各种设备设施、建筑、器材、工具等专业技术。

（3）掌握各种设备、设施、建筑在机械伤害事故灾难情况下的应急处置方法。

（4）按照公司要求做好各类机械伤害事故相应物资储备和供给工作。

（5）应急时，负责应急物资、各种器材、设备的供给。

（6）负责与其他应急处置工作组进行沟通联络，及时做好应急物资的补给工作。

3.2.3.6 善后处理组职责

（1）负责监督消除机械伤害事故的影响，尽快恢复生产。

（2）负责高机械伤害事故资料的收集，现场的保护。

（3）准确、及时、公正地查清事故原因、责任，总结经验吸取教训，制定措施。对责任人提出处理意见。

（4）负责做好机械伤害人员赔偿及家属安抚工作，做好受伤人员康复治疗、慰问工作，对因参与应急处理工作受伤、致残、死亡的人员，按照国家有关规定，做好伤亡人员保险理赔工作，给予相应补助和抚恤。

4　应急处置

4.1　现场应急处置程序

（1）机械伤害事故发生后，事发单位领导应立即向应急救援指挥部汇报。

（2）该方案由应急领导小组宣布启动，通知应急处置工作组及全体应急救援人员，实施应急处置。

（3）应急处置组成员接到通知后，立即赶赴现场进行应急处置，抢救受伤害人员。

（4）机械伤害事故进一步扩大时启动《人身伤亡事故应急救援预案》。

4.2　现场处置措施

（1）当发生机械伤害人身伤亡事故后，现场其他人员应立即对设备停机，并采取防止受伤人员失血、休克、昏迷等紧急救护措施，并将受伤人员脱离危险地段。同时，现场人员及时汇报值长。

（2）第一时间对伤员在现场进行急救处理。经现场处理后，迅速送至医院救治，送医院时做好伤员的交接，防止危重病人的多次转院。

（3）需要抢救的伤员应就地进行抢救，直至医务人员接替治疗。

（4）对失去知觉者应清除口鼻中的异物、分泌物、呕吐物，随后将伤员置于侧卧位以防止窒息。

（5）呼吸、心跳情况的判定。

机械伤害伤员如果意识丧失，应在10s内，用看、听、试的方法判断伤员呼吸心跳情况：看——看伤员的胸部、腹部有无起伏；听——用耳贴近伤员的口鼻处，听有无呼吸声；试——试测口鼻有无呼吸气流。再用两指轻试一侧（左或右）喉结旁凹陷处的颈动脉有无搏动，如果既无呼吸又无搏动，可判定呼吸心跳停止。

（6）若机械伤害伤员心跳呼吸均停止时，应立即按心肺复苏法支持生命的三项基本措施，进行就地抢救：①通畅气道；②口对口人工呼吸；③胸外按压。

（7）抢救过程中的再判断。

1）按压吹气1min后（相当于单人抢救时做了4个15∶2压吹循环），应用看、听、试方法在5～7s时间内完成对伤员呼吸和心跳是否恢复的再判定。

2）若判定颈动脉已有搏动但无呼吸，则暂停胸外按压，而再进行2次口对口人工呼吸，接着每5s吹气一次（即每分钟12次）。如脉搏和呼吸均未恢复，则继续坚持心肺复苏法抢救。

3）在抢救过程中，要每隔数分钟再判定一次，每次判定时间均不得超过5～7s。在医务人员未接替抢救前，现场抢救人员不得放弃现场抢救。

4.3 事件报告程序

（1）事发人立即向应急管理办公室报告，应急管理办公室对机械伤害事故情况整理、汇总后立即向领导小组报告，报告的方式是：利用办公电话、移动电话、计算机网络等，报告内容包括：事故发生的时间、地点、人员伤害的程度、事故的简要经过、现场采取的急救措施情况。

（2）应急管理办公室随时向应急领导小组汇报机械伤害事故情况和已采取的救援措施。

（3）机械伤害事故扩大时，由应急领导小组向上级主管单位汇报事故信息，如发生重伤、死亡、重大死亡事故，应向当地政府应急管理部门，报告时限最迟不超过1h。

（4）事件报告要求：事件信息准确完整、事件内容描述清晰；事件报告内容主要包括事件发生时间、事件发生地点、事故性质、先期处理情况等。

（5）联系方式。

应急处置办公电话：×××。

移动电话：×××。

医务急救：×××。

5 注意事项

5.1 佩戴个人防护器具的注意事项

任何人进入现场必须按规定穿好工作服、工作鞋。正确佩戴安全帽，涉及高处作业人

员必须系好安全带或防坠器。

5.2　抢险救援器材的注意事项

必须对应急救援所使用的器材进行认真的检查，严禁使用没有进行检验、试验、不合格的器材从事应急处置活动，包括从事救援用的医疗器械、担架、起重工器具、手持工器具、电动工器具、绝缘工器具等。

5.3　采取救援对策或措施方面的注意事项

在从事应急处置过程中所采取的安全措施、技术措施必须严密符合实际，具备可行性、可操作性、实效性，在措施的落实过程中应做到责任到人、措施到项、检查监督到位，防止次生事故的发生。

5.4　自救和互救的注意事项

（1）应急救援人员应熟悉紧急救护法，学会心肺复苏、人工呼吸、外伤急救等应急状态下的紧急救护方法和逃生的各种方法。

（2）在应急处置过程中所有应急救援人员应做好自救和互救的思想准备，一旦威胁到自身安全和他人安全做好逃生，一旦发生伤害要采取得当抢救方法（例如：止血、包扎、背、抬等医疗方法），严禁次生伤害的发生。

（3）积极与应急救援医疗处置人员取得联系，得到及时的支援。

5.5　应急处置能力的确认和人员安全防护注意事项

（1）应对应急救援人员定期地进行应急情况下的紧急救护培训教育，提供应急救援人员的思想素质和技术素质以及紧急救护的能力，考试合格后方可参加应急救援队伍。对在培训、考试过程中不遵守纪律、徇私舞弊者进行严格的考核。

（2）应急救援所用的安全防护用品、用具应符合国家标准，购置、保管、存放、发放、使用、佩戴应符合标准要求，应急救援人员应掌握原理、构造、工艺、检修、维护、使用佩戴的方式方法。严禁购置不合格的安全防护用品、用具。

5.6　应急救援结束后的注意事项

（1）应急救援结束后，应急救援人员撤离现场，应急处置工作组组长清点人数，检查所带工器具，以及严格保护现场，等待事故调查。

（2）将机械伤害人员转送医疗部门救治，应对现场进行全面的检查，举一反三防止再次发生类似事故。

（3）召开事故分析会，分析事故原因、责任，开展反事故教育，对责任者进行处罚，为事故调查收集资料。

（4）恢复现场正常生产、生活秩序，稳定员工思想情绪，拆除临时措施，恢复常设措施、补充完善安全技术措施。

5.7　其他特别警示的事项

（1）对于发生机械伤害的设备设施位置做好警示标志，对没有采取防范措施的设备不准再次使用。

（2）救护人在进行机械伤害人员救治时，必须进行伤员伤情的初步判断，不可直接进行救护，以免由于救护人的不当施救造成伤员的伤情恶化。

（3）机械伤害人员受伤可能在高处，存在高处坠落的危险，防止伤员高空坠落，救护者也应注意救护中自身的防坠落、摔伤措施。救护人员登高时应随身携带必要的安全带和牢固的绳索等。

（4）如事故发生在夜间，应设置临时照明灯，以便于抢救，避免意外事故，但不能因此延误进行急救的时间。

四、物体打击伤亡事故处置方案

某风力发电公司
物体打击伤亡事故处置方案

1　总则

1.1　编制目的

为高效有序地处理公司发生的物体打击伤亡突发事件，避免或最大限度地减轻物体打击人身伤亡事故及造成的经济损失，保障员工生命和企业财产安全，维护社会稳定，特编制本应急处置方案。

1.2　编制依据

《电力安全事故应急处置和调查处理条例》（国务院令第599号）

《电力企业应急预案管理办法》（国能安全〔2014〕508号）

《电力企业现场处置方案编制导则（试行）》

《某风电公司人身事故专项应急预案》

1.3　适用范围

本方案适用于公司物体打击伤亡事故的应急处置和应急救援工作。

2　事件特征

2.1　危险性分析和事件类型

2.1.1　危险性分析

（1）使用电动工器具的切割作业时，部件飞出造成的打击伤害。

（2）手锤、大锤等工具打击伤害。

（3）高处落物引起的打击伤害：在高处检修的过程中，如果检修工具、设备零件摆放、安装不牢，从高处坠落，有可能造成物体打击事故。

（4）高速旋转的机轮造成的打击伤害。

（5）旋转设备维修后试运行时转动部件飞出造成的打击伤害。

2.1.2　事件类型

物体打击伤亡事故分为物体打击伤害和物体打击死亡两种。

2.2　事件可能发生的区域、地点和装置名称

（1）风机塔筒内风机检修、各吊装口。

（2）各种转动设备的联轴器附近及转子的裸露部分。

（3）检修车间、物资库房。

（4）设备、多层厂房建筑等。

（5）高速旋转的机轮。

（6）各种在同一垂直面上存在交叉作业的区域。

2.3　事前可能出现的征兆

（1）设备或零部件吊装作业时，没有设置警示隔离标识；多人指挥；设备捆绑不牢固等。

（2）角磨机、切割机等电动工具装夹不牢，操作人员野蛮操作或操作不当。

（3）手锤、大锤等锤头松动，操作人员戴手套操作。

（4）设备、多层厂房建筑冬季结冰严重。

（5）高速旋转的机轮停止运转。

（6）备用转动设备发生缺陷，检修人员无票作业。

（7）设备检修后没有履行押票试运行手续。

3　组织机构及职责

3.1　应急组织

3.1.1　应急处置领导小组

组　长：总经理

副组长：副总经理

成　员：综合管理部经理、资产财务部经理、项目开发部经理、工程管理部经理、电力运营部经理、安全生产部经理、现场工作人员、医护人员、安监人员

3.1.2　应急处置办公室

主　任：安全生产部经理

3.1.3　应急处置工作组

（1）危险源控制、抢险救援组　　组长：工程管理部、安全生产部经理

（2）安全保卫工作组　　组长：项目开发部、安全生产部经理

（3）交通医疗后勤保障组　　组长：综合管理部经理

（4）新闻发布工作组　　组长：综合管理部经理

（5）技术保障物资供应组　　组长：工程管理部、电力运营部经理

（6）善后处理组　　组长：综合管理部、资产财务部经理

3.2　各岗位职责

3.2.1　应急处置领导小组职责

（1）经上级应急领导小组批准启动本方案，发布和解除应急救援命令。

（2）负责按照本方案组织指挥物体打击伤害事故应急救援队伍实施应急处置工作。

（3）负责向上级汇报物体打击伤害事故的情况，必要时向有关单位发出救援请求。

（4）负责组织开展本方案的应急保障建设工作。

（5）负责组织编制和完善本应急处置方案，指导本方案的培训和演练。

3.2.2　应急处置办公室职责

（1）应急处置办公室是机械伤害事故应急管理的常设机构，负责应急处置的日常工作。

（2）及时向应急处置领导小组报告事故情况。

（3）组织落实应急处置领导小组提出的各项措施、要求。

（4）组织制定物体打击伤害应急处置工作的各项规章制度。

（5）监督检查物体打击伤害应急处置方案日常应急准备工作、组织演练的情况；指导、协调物体打击事故的处置工作。

（6）物体打击伤害事故处置工作完毕后，认真分析发生原因，总结处置过程中的经验教训，进一步完善应急处置方案。

（7）对物体打击伤害事故应急处置工作进行考核。

（8）指导相关应急处置工作组做好善后工作。

3.2.3　应急处置工作组职责

3.2.3.1　危险源控制、抢险救援组职责

（1）负责组织应急救援人员及有关专家及时进入现场，并进行现场抢险救援技术全面指导与技术监督。

（2）负责迅速开展物体打击受伤人员的应急救援工作。

（3）负责现场救援设备和物资及时运送进入现场。

（4）掌握物体打击伤害事故应急救援力量（医护人员、受过紧急救护培训的人员、与人身急救有关的专业对口人员）和人身应急救援物资的资源（包括数量、储存情况）。

（5）负责提出上级救援、外部救援力量和物资支援的需求。

3.2.3.2　安全保卫工作组职责

（1）维持现场秩序、现场警戒，划定警戒区域，负责监督应急情况处理时各项安全措施的执行，防止救援时人身事故的发生。

（2）控制现场人员，无关人员不准出入现场，确保抢险、救援人员的人身安全，做好安置，维持现场秩序，做好安全警戒装置的设置工作。

（3）负责抢险现场安全隔离措施的检查，并督促相关部门执行到位。

（4）组织实施事故恢复所必须采取的临时性措施。

（5）完成物体打击人身事故（发生原因、处理经过）调查报告的编写和上报工作。

3.2.3.3　交通医疗后勤保障组职责

（1）负责应急救援车辆维护、检查，确保应急抢险救援时所需车辆正常使用。

（2）应急时提供紧急救护车辆，提供应急救援抢险和应急物资、设备设施运送所需车辆。

（3）负责办公电话、移动电话、传真、电子邮件、应急通信、确保调度通信畅通。

（4）及时联系120急救中心或当地医院，将伤员转送医院进行治疗。

（5）负责接警后及时赶赴事发地，对受伤人员采取现场紧急救治，及时抢救伤员生命。

（6）做好日常相关医疗药品和器材的维护和储备工作。

3.2.3.4　新闻发布工作组职责

（1）在应急处置领导小组的指导下，负责将机械伤害事故情况汇总，根据应急处置领导小组的决定做好对外新闻发布工作。

（2）根据应急处置领导小组的决定对物体打击事故情况向上级报告。

（3）负责新闻媒体及当地政府有关部门和上级相关部门的接待工作。

3.2.3.5　技术保障物资供应组职责

（1）全面提供应急救援时的技术支持。

（2）掌握各种设备设施、建筑、器材、工具等专业技术。

（3）掌握各种设备、设施、建筑在物体打击伤害事故情况下的应急处置方法。

（4）按照公司要求做好各类物体打击伤害事故相应物资储备和供给工作。

（5）应急时，负责应急物资、各种器材、设备的供给。

（6）负责与其他应急处置工作组进行沟通联络，及时做好应急物资的补给工作。

3.2.3.6　善后处理组职责

（1）负责监督消除物体打击伤害事故的影响，尽快恢复生产。

（2）负责物体打击伤害事故资料的收集，现场的保护。

（3）准确、及时、公正地查清事故原因、责任，总结经验吸取教训，制定措施。对责任人提出处理意见。

（4）负责做好物体打击受伤人员赔偿及家属安抚工作，做好受伤人员康复治疗、慰问工作，对因参与应急处理工作受伤、致残、死亡的人员，按照国家有关规定，做好伤亡人员保险理赔工作，给予相应补助和抚恤。

4　应急处置

4.1　现场应急处置程序

（1）物体打击伤亡突发事件发生后，值长应立即向应急救援指挥部汇报。

（2）该方案由应急处置领导小组组长宣布启动。

（3）应急处置组成员接到通知后，立即赶赴现场进行应急处理。

（4）物体打击伤亡事件进一步扩大时启动《人身事故应急预案》。

4.2　现场应急处置措施

4.2.1　一般伤口的处置措施

伤口不深的外出血症状，先用双氧水将创口的污物进行清洗，再用酒精消毒（无双氧水、酒精等消毒液时可用瓶装水冲洗伤口污物），伤口清洗干净后用纱布包扎止血。出血较严重者用多层纱布加压包扎止血，然后立即送往医务室进行进一步救治。

一般的小动脉出血，用多层敷料加压包扎即可止血。较大的动脉创伤出血，还应在出血位置的上方动脉搏动处用手指压迫或用止血胶管（或布带）在伤口近心端进行绑扎，加强止血效果。

大的动脉及较深创伤大出血，在现场做好应急止血加压包扎后，应立即通知医务室医护人员准备救护车，送往医院进行救治，以免贻误救治时机。

对出血较严重的伤员，在止血的同时，还应密切注视伤员的神志、皮肤温度、脉搏、呼吸等体征情况，以判断伤员是否进入休克状态。

4.2.2 骨折伤亡的处置措施

对清醒伤员应询问其自我感觉情况及疼痛部位。

观察伤员的体位情况：所有骨折伤员都有受伤体位异常的表现，这是典型的骨折症状。对于昏迷者要注意观察其体位有无改变，对清醒者要详细查问伤者的感觉情况，切勿随意搬动伤员。在检查时，切忌让患者坐起或使其身体扭曲，也不能让伤员做身体各个方向的活动。以免骨折移位及脱位加剧，引起或加重骨髓及脊神经损伤，甚至造成截瘫。

对于脊椎骨折的伤员，应刺激受伤部位以下的皮肤（例如腰椎受伤，刺激其胸部和上下腹部及腿脚皮肤作比较鉴别），观察伤员的反应以确定有无脊髓受压、受损害。搬运时应用夹板或硬纸皮垫在伤员的身下，搬运时要均匀用力抬起夹板或硬纸皮将伤者平卧位放在硬板上，以免受伤的脊椎移位、断裂造成截瘫或导致死亡。

对有脊椎骨折移位导致出现脊髓受压症状的伤员，如伤员不在危险区域，暂无生命危险的，最好等待医务急救人员进行搬运。

对有手足大骨骨折的伤员，不要盲目搬动，应先在骨折部位用木板条或竹板片（竹棍甚至钢筋条）于骨折位置的上、下关节处作临时固定，使断端不再移位或刺伤肌肉、神经或血管，然后呼叫医务人员等待救援或送至医务室接受救治。

如有骨折断端外露在皮肤外的，切勿强行将骨折断端按压进皮肤下面，只能用干净的纱布覆盖好伤口，固定好骨折上下关节部位，然后呼叫医务人员等待救援。

4.2.3 颅脑损伤的处置措施

颅骨损伤如导致颅内高压的症状有：昏迷、呕吐（呈喷射状呕吐）、脉搏或呼吸紊乱、瞳孔放大或缩小，大小便失禁等。

颅底骨折或颞骨骨折的伤员不一定有昏迷、呕吐症状，但有脉搏或呼吸紊乱、瞳孔放大或缩小，鼻、眼、口腔甚至耳朵可有无色的液体流出，伴颅内出血者可见血性液体流出。

颅脑损伤的病员有昏迷者，首先必须维持呼吸道通畅。昏迷伤员应侧卧位或仰卧偏头，以防舌根下坠或分泌物、呕吐物吸入气管，发生气道阻塞。对烦躁不安者可因地制宜地予以手足约束，以防止伤及开放伤口。

对于有颅骨凹陷性骨折的伤员，创伤处应用消毒的纱布覆盖伤口，用绷带或布条包扎后，立即呼叫医务人员送往医院进行救治。

如受害者心跳已停止，应先进行胸外心脏按压。让受害者仰卧，头低稍后仰，急救者位于溺水者一侧，面对受害者，右手掌平放在其胸骨下段，左手放在右手背上，借急救者身体重量缓缓用力，不能用力太猛，以防骨折，然后松手腕（手不离开胸骨）使胸骨复原，反复有节律地（每分钟 60～80 次）进行，直到心跳恢复为止。

以上施救过程在救援人员到达现场后结束，工作人员应配合救援人员进行救治。

4.2.4 呼吸、心跳情况的判定

受害人员如意识丧失，应在 10s 内，用看、听、试的方法判定伤员呼吸心跳情况：看——伤员的胸部、腹部有无起伏动作；听——用耳贴近伤员的口鼻处，听有无呼气声音；试——测口鼻有无呼气的气流，再用两手指轻试一侧（左或右）喉结旁凹陷处的颈动

脉有无搏动。

若看、听、试结果，既无呼吸又无颈动脉搏动，可判定呼吸心跳停止。

4.2.5 判断有无意识的方法

轻轻拍打伤员肩膀，高声喊叫“喂，能听见吗?”。

如认识，可直接喊其姓名。

无反应时，立即用手指甲掐压人中穴、合谷穴约5s。

4.2.6 呼吸和心跳停止时的处理方法

呼吸和心跳均停止时，应立即按心肺复苏法支持生命的三项基本措施，正确进行就地抢救：通畅气道；口对口（鼻）人工呼吸；胸外按压（人工循环）。

4.2.7 抢救过程中的再判定

按压吹气1min后（相当于单人抢救时做了4个15：2压吹循环），应用看、听、试方法在5～7s时间内完成对伤员呼吸和心跳是否恢复的再判定。

若判定颈动脉已有搏动但无呼吸，则暂停胸外按压，而再进行2次口对口人工呼吸，接着每5s吹气一次（即每分钟12次）。如脉搏和呼吸均未恢复，则继续坚持心肺复苏法抢救。

在抢救过程中，要每隔数分钟再判定一次，每次判定时间均不得超过5～7s。在医务人员未接替抢救前，现场抢救人员不得放弃现场抢救。

4.3 事件报告流程

（1）事发人发现物体打击人员伤害后立即向应急处置办公室汇报，应急处置办公室立即向应急处置领导小组汇报，汇报的内容包括物体打击人员伤害情况、现场采取急救措施情况。

（2）物体打击伤亡事件扩大时，由应急处置领导小组向上级主管单位汇报事故信息，如发生重伤、死亡、重大死亡事故，立即向当地政府应急管理部门，最迟不得超过1h。

（3）事件报告要求。事件信息准确完整、事件内容描述清晰；事件报告内容主要包括事件发生时间、事件发生地点、事故性质、先期处理情况等。

（4）联系方式。

应急处置办公电话：×××。

移动电话：×××。

紧急救护：×××。

5 注意事项

5.1 佩戴个人防护器具方面的注意事项

从事应急救援的任何人员进入现场必须按规定穿好工作服、工作鞋，正确佩戴安全帽，涉及高处作业人员必须系好安全带或防坠器。

5.2 使用抢险救援器材方面的注意事项

应急救援所使用的器材应进行认真的检查，严禁使用没有进行检验、试验、不合格的器材从事应急处置活动，包括从事救援用的医疗器械、担架、起重工器具、手持工器具、电动工器具、绝缘工器具等。

5.3 采取救援对策或措施方面的注意事项

（1）对于高处坠落物体造成的打击伤害，首先判断伤者是否清醒，是软组织损伤还是骨折，是否有明显伤口或出血症状，然后采取急救措施。止血、包扎伤口、骨折伤者别随意搬动。

（2）当发生人员轻伤时，现场人员应采取防止受伤人员大量失血、休克、昏迷等紧急救护措施，并将受伤人员脱离危险地段，拨打120医疗急救电话，并向应急处置管理办公室报告。

（3）如受害者心跳已停止，应先进行胸外心脏按压。让受害者仰卧，头低稍后仰，急救者面对受伤者，右手掌平放在其胸骨下段，左手放在右手背上，借急救者身体重量缓缓用力，不能用力太猛，以防骨折，然后松手腕（手不离开胸骨）使胸骨复原，反复有节律地（每分钟60～80次）进行，直到心跳恢复为止。进行心肺复苏救治时，必须注意受害者姿势的正确性，操作时不能用力过大或频率过快。

（4）脊柱有骨折伤员必须硬板担架运送，勿使脊柱扭曲，以防途中颠簸使脊柱骨折或脱位加重，造成或加重脊髓损伤。抢救脊椎受伤伤员，不要随便翻动或移动伤员。随意搬动、翻动伤员可能会产生如下两种后果：①骨折端移位对脊髓造成进一步的压迫伤害而导致瘫痪；②骨折断端刺穿附近血管，造成出血性休克。

（5）搬运伤员过程中严禁只抬伤者的两肩或两腿，绝对不准单人搬运。必须先将伤员连同硬板一起固定后再行搬动。

（6）用车辆运送伤员时，最好能把安放伤员的硬板悬空放置，以减缓车辆的颠簸，避免对伤员造成进一步的伤害。

（7）对于头部受到物体打击的伤员，检查中无发现头部出血或无颅骨骨折的伤员，如果当时发生过短暂性昏迷但很快又恢复意识，清醒后当时自觉无精神、神经方面症状的伤员，切勿掉以轻心而放松警觉。该类伤员必须送医院作进一步检查并应留院观察，因为这可能是严重脑震荡或硬脑壳撕裂出血的前兆。

5.4　现场自救和互救的注意事项

（1）应急救援人员应熟悉紧急救护法，学会心肺复苏、人工呼吸、外伤急救等应急状态下紧急救护方法和逃生的各种方法。以防在执行救援任务时被困或受到伤害时自救和互救。

（2）在应急处置过程中所有应急救援人员应做好自救和互救的思想准备，一旦威胁到自身安全和他人安全做好逃生准备，一旦发生伤害要采取得当抢救方法（例如：止血、包扎、背、抬等医疗方法），严禁次生伤害的发生。

（3）积极与应急救援医疗处置人员取得联系，得到及时的支援。

5.5　应急处置能力的确认和人员安全防护注意事项

（1）应对应急救援人员定期地进行应急情况下的紧急救护培训教育，提供应急救援人员的思想素质和技术素质以及紧急救护的能力，考试合格后方可参加应急救援队伍。对在培训、考试过程中不遵守纪律、徇私舞弊者进行严格的考核。

（2）应急救援所用的安全防护用品、用具应符合国家标准，购置、保管、存放、发放、使用、佩戴应符合标准要求，应急救援人员应掌握原理、构造、工艺、检修、维护、使用佩戴的方式方法。严禁购置不合格的安全防护用品、用具。

5.6　应急救援结束后的注意事项

（1）应急救援结束后，应急救援人员撤离现场，应急处置工作组组长清点人数，检查所带工器具，以及严格保护现场，等待事故调查。

（2）物体打击的受伤人员转送医疗部门救治，应对现场进行全面的检查，举一反三防止再次发生类似事故。

（3）召开事故分析会，分析事故原因、责任、开展反事故教育，对责任者进行处罚，为事故调查收集资料。

（4）恢复现场正常生产秩序，稳定员工思想情绪，拆除临时措施，恢复常设措施、补充完善安全技术措施。

5.7　其他特别警示的事项

（1）对于高处落物伤人的地点，设置隔离围栏、遮拦网、悬挂警示标识。以防止其他人员误入后造成伤害。

（2）进行骨折伤害救治时，必须注意救治时的方法，防止由于救治不当造成的二次伤害。

（3）对于洞口、预留口、通道口、楼梯口、阳台口以及其他物体坠落伤人事故处置与以上处置相同。

第九章　设 备 事 故 处 置 方 案

第一节　设 备 事 故 概 述

设备事故是指企业设备（包括各类生产设备、管道、厂房、建筑物、构筑物、仪器、电讯、动力、运输等设备或设施）因非正常损坏造成停产或效能降低，直接经济损失超过规定限额的行为或事件。

造成风电场设备事故的风险因素包括：电气误操作及主变压器、互感器、电容器、开关设备、线路、风力发电机组等设备发生故障。

第二节　设备事故处置方案范例

一、电气误操作事故处置方案

某风力发电公司
电气误操作事故处置方案

1　总则

1.1　编制目的

为高效有序地处置公司发生的电气误操作事故，避免或最大限度地减轻因电气误操作引起的人身伤害和设备损坏给企业造成的经济损失和不良影响，保障员工生命和企业财产安全，维护社会稳定，特编制本应急处置方案。

1.2　编制依据

《生产安全事故报告和调查处理条例》（国务院令第493号）

《生产经营单位安全生产事故应急预案编制导则》（GB/T 29639—2013）

《电力安全事故应急处置和调查处理条例》（国务院令第599号）

《电力企业应急预案管理办法》（国能安全〔2014〕508号）

《电力企业现场处置方案编制导则（试行）》

《电力安全工作规程》（发电厂和变电站电气部分）（GB 26860—2011）

《某风电公司设备事故应急预案》

1.3　适用范围

本方案适用于公司发生的电气误操作事故的现场应急处置和应急救援工作。

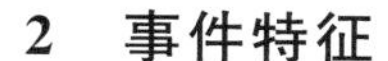

2　事件特征

2.1　危险性分析和事件类型

（1）风电场内高低压电气设备的保护、控制回路。电气一次系统倒闸操作是一项复杂而细致的工作，由于操作错误往往会造成用户停电、损坏设备、人身伤害等重大事故，所以也是一项非常重要的工作。

（2）电气误操作是指错误的拉开、合上电气设备的开关、刀闸；投入和退出二次回路的保险器、压板；在操作过程中走错位置误入带电间隔；带负荷拉开、合上电气设备的刀闸；带电装设接地线或合接地刀闸；带接地线或接地刀闸合隔离开关或断路器。其中后三类因性质恶劣、后果严重，称为恶性误操作。

2.2　事件可能发生的区域、地点和装置的名称

在公司的主控室、配电室、刀闸、电气控制装置、继电保护装置等处均有可能发生电气误操作事故。

2.3　事故造成的危害

（1）由于误操作对人员造成的伤害。作业人员进行电气或机械设备检修或维护时，错误的电气倒闸有可能导致人员发生触电或机械伤害事故。

（2）由于误操作对设备造成的损坏。造成设备的短路烧损、短路产生的电动力造成发电机、变压器、开关、电流互感器、电压互感器损坏。发生误合、误跳造成用户停电，严重的造成电气设备爆炸着火引发其他事故。从而对设备（特别是精密设备）产生危害。

2.4　事前可能出现的征兆

（1）未能严格执行电气工作票制度。

1）工作票签发人和工作负责人未经考核批准，有的由于不熟悉规程，对设备系统结构和运行方式一知半解，经常出现错误。比如：在部分停电工作时，在1张工作票中将工作范围扩大到2个以上的电气连接部分，同时发给1个工作负责人几张工作票。

2）工作票中安排的任务与实际工作不符。比如：工作任务为某断路器或开关柜的检修，实际工作时却将断路器两侧的隔离开关和母线清扫也包括在内。

3）安全技术措施不完善或有错误。比如：停电范围不明确，容易将工作范围扩大到带电设备上；安全围栏或遮栏有漏洞，不能防止误入带电间隔；接地线位置挂接不正确或数量不够，起不到防止突然来电和防止剩余电荷与感应电压、电容电流对操作、作业人员的伤害等。

4）运行值班人员不认真审核工作票。对上述的许多错误不能及时发现纠正，从而为后来的运行操作留下隐患等。

（2）不按规定发授倒闸操作令。发布操作令时，由无权授令的值班员受令，因授令人不熟悉规程，对操作令理解不正确，由于不认真执行唱票、不进行复诵，使错误不能及时得到纠正。

（3）监护人不认真进行监护。操作时不执行唱票复诵，不认真核对设备名称、编号和位置，不验电就装设接地线，甚至离开操作人去干其他工作，或会同操作人一起进行操作。

（4）模拟图板与实际系统接线不一致。有的开关设备编号与实际不符。扩建设备已投入运行，模拟图板上还未标示；在设备检修完后恢复运行时，因某种需要暂时保留了1组地线未拆除，但在模拟图板上没有标志，以致在下次操作时造成带地线合闸事故。此外，操作票填写完后，没有在模拟图板上进行预演，运行值班员不认真审查就签字同意操作，使操作票上的错误得不到及时纠正。

（5）设备标志不清、没有设备标志、设备标志错误、操作人员看错标志或没看标志，没有执行双重名称、双重编号。

3 组织机构及职责

3.1 应急组织

3.1.1 应急处置领导小组

组　长：总经理

副组长：副总经理

成　员：综合管理部经理、资产财务部经理、项目开发部经理、工程管理部经理、电力运营部经理、安全生产部经理、现场工作人员、医护人员、安监人员

3.1.2 应急处置办公室

主　任：安全生产部经理

3.1.3 应急处置工作组

（1）危险源控制、抢险救援组　　组长：工程管理部经理、安全生产部经理

（2）安全保卫工作组　　组长：项目开发部经理、安全生产部经理

（3）交通医疗后勤保障组　　组长：综合管理部经理

（4）新闻发布工作组　　组长：综合管理部经理

（5）技术保障物资供应组　　组长：工程管理部经理、电力运营部经理

（6）善后处理组　　组长：综合管理部经理、资产财务部经理

3.2 各岗位职责

3.2.1 应急处置领导小组职责

（1）经上级应急领导小组批准启动本方案，发布和解除应急救援命令。

（2）负责按照本方案组织建立健全处置误操作事故的应急救援队伍，实施应急处置工作。

（3）负责向上级汇报误操作事故的情况，必要时向有关单位发出救援请求。

（4）负责组织开展本方案的应急保障建设工作。

（5）负责组织编制和完善本应急处置方案，指导本方案的培训和演练。

3.2.2 应急处置办公室职责

（1）应急处置办公室是误操作事故应急管理的常设机构，负责应急处置的日常工作。

（2）及时向应急处置领导小组报告事故情况。

（3）组织落实应急处置领导小组提出的各项措施、要求。

（4）组织制定误操作应急处置工作的各项规章制度。

（5）监督检查误操作应急处置方案日常应急准备工作、组织演练的情况；指导、协调

误操作事故的处置工作。

（6）误操作事故处置工作完毕后，认真分析发生原因，总结处置过程中的经验教训，进一步完善应急处置方案。

（7）对误操作应急处置工作进行考核。

（8）指导相关应急处置工作组做好善后工作。

3.2.3　应急处置工作组职责

3.2.3.1　危险源控制、抢险救援组职责

（1）负责组织应急救援人员及有关专家及时进入现场，并进行现场抢险救援技术全面指导与技术监督。

（2）负责迅速开展解救被困人员和受伤人员的救援工作。

（3）负责现场救援设备和物资及时运送进入现场。

（4）掌握误操作事故应急救援力量（医护人员、受过紧急救护培训的人员、与人身急救有关的专业对口人员）和人身应急救援物资的资源（包括数量、储存情况）。

（5）负责提出上级救援、外部救援力量和物资支援的需求。

3.2.3.2　安全保卫工作组职责

（1）维持现场秩序、现场警戒，划定警戒区域，负责监督应急情况处理时各项安全措施的执行，防止救援时人身事故的发生。

（2）控制现场人员，无关人员不准出入现场，确保抢险、救灾人员疏散时的人身安全，做好安置，维持现场秩序，做好安全警戒装置的设置工作。

（3）负责抢险现场安全隔离措施的检查，并督促相关部门执行到位。

（4）组织实施事故恢复所必须采取的临时性措施。

（5）完成事故（发生原因、处理经过）调查报告的编写和上报工作。

3.2.3.3　交通医疗后勤保障组职责

（1）负责应急救援车辆维护、检查，确保应急抢险救援时所需车辆正常使用。

（2）应急时提供紧急救护车辆，提供应急救援抢险和应急物资、设备设施运送所需车辆。

（3）负责办公电话、移动电话、传真、电子邮件、应急通信，确保调度通信畅通。

（4）与供应商建立物资供应协作关系，保证应急救援物资的质量、数量。

（5）负责接警后及时赶赴事发地，对受伤人员采取现场紧急救治，及时抢救伤员生命。

（6）及时联系120急救中心或当地医院，将伤员转送医院进行治疗。

（7）做好日常相关医疗药品和器材的维护和储备工作。

3.2.3.4　新闻发布工作组职责

（1）在应急处置领导小组的指导下，负责将误操作事故情况汇总，根据应急处置领导小组的决定做好对外新闻发布工作。

（2）根据应急处置领导小组的决定对误操作事件情况向上级报告。

（3）负责新闻媒体及当地政府有关部门和上级相关部门的接待工作。

3.2.3.5　技术保障物资供应组职责

（1）全面提供应急救援时的技术支持。

（2）掌握各种设备设施、器材、工具等配置情况。

（3）掌握各种设备、设施、建筑在误操作事故情况下的应急处置方法。

（4）按照公司要求做好各类误操作事故相应物资储备和供给工作。

（5）应急时，负责应急物资、各种器材、设备的供给。

（6）负责与其他应急处置工作组进行沟通联络，及时做好应急物资的补给工作。

3.2.3.6 善后处理组职责

（1）负责监督消除误操作事故的影响，尽快恢复生产。

（2）负责误操作事故资料的收集，现场的保护。

（3）准确、及时、公正地查清事故原因、责任，总结经验吸取教训，制定措施，对责任人提出处理意见。

（4）负责做好误操作事故涉及的伤害人员的保险赔偿及家属安抚工作，做好受伤人员康复治疗、慰问工作，对因参与应急处理工作受伤、致残、死亡的人员，按照国家有关规定，做好伤亡人员保险理赔工作，给予相应补助和抚恤。

4 应急处置

4.1 现场应急处置程序

（1）误操作事故发生后，事发单位领导应立即向应急救援指挥部汇报。

（2）该方案由应急领导小组宣布启动，通知应急处置工作组及全体应急救援人员，实施应急处置。

（3）应急处置组成员接到通知后，立即赶赴现场进行应急处置，抢救受伤害人员。

（4）误操作事故进一步扩大时启动《人身事故应急预案》。

4.2 现场应急处置措施

（1）发生电气误操作以后，事发单位领导应立即通过中控系统找出误操作的原因和受影响的设备。并立即做出相应的处理指示，如断电、隔离等。

（2）联系现场人员，确认是否有人员因误操作而受伤，如果发生人员伤亡情况，按照《触电伤亡事故处置方案》或《机械伤害事故处置方案》进行现场处理。如果造成停电、火灾等情况，按相应的应急现场处置方案进行。

（3）通知设备维护小组进行设备检查，了解设备的损坏情况。比如：误停的设备是否具备重新启动的条件，电网运行状况等。

（4）在消除设备故障后，按操作规程恢复设备运行。

（5）调查事故原因，做好运行记录。

4.3 事件报告

（1）事发人按照《应急信息报送制度》的相关规定进行信息报送。立即向应急处置办公室报告，应急处置办公室立即向应急处置领导小组汇报电气误操作事故情况、现场采取的急救措施情况以及事故处理情况。

（2）误操作事件扩大时，如主要设备损坏或发生人员伤亡，由总经理向上级主管单位汇报事故信息，应当立即报告当地人民政府安全监察部门、公安部门、工会，最迟不超过1h。

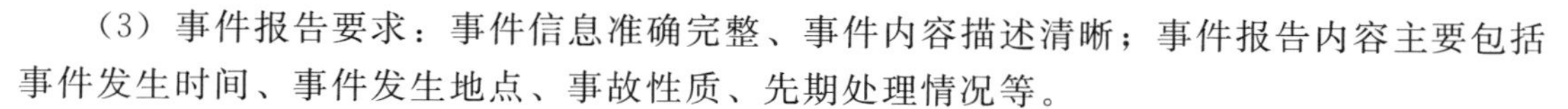

（3）事件报告要求：事件信息准确完整、事件内容描述清晰；事件报告内容主要包括事件发生时间、事件发生地点、事故性质、先期处理情况等。

（4）联系方式

应急处置办公电话：×××。

移动电话：×××。

紧急救护：×××。

5　现场注意事项

（1）误操作事故发生后，现场人员应保持镇定，应立即与控制室取得联系，不可自行处置，以免造成二次误操作。

（2）如果发生人员伤亡，须以解救人员为首要原则。

（3）应急处置小组在现场必须一切行动听指挥，切忌乱动设备。

（4）现场指挥临时由值长担任。不得允许对设备和现场不熟悉的人指挥救援。

（5）如事故发生在夜间，应设置临时照明灯，以便于抢救，避免意外事故。

（6）应急救援结束后的注意事项。

1）应急救援结束后，应急救援人员撤离现场，应急处置工作组组长清点人数，检查所带工器具，严格保护现场，等待事故调查。

2）由于事故涉及的受伤人员转送医疗部门救治，应对现场进行全面的检查，举一反三防止再次发生类似事故。

3）召开事故分析会，分析事故原因、责任，开展反事故教育，为事故调查收集资料，对责任者进行处罚。

4）恢复现场正常生产秩序，稳定员工思想情绪，拆除临时措施，恢复常设措施，补充完善安全技术措施。

二、继电保护事故处置方案

某风力发电公司
继电保护事故处置方案

1　总则

1.1　编制目的

为高效有序地处置公司继电保护突发事件，避免或最大限度地减轻因继电保护事故引起的损失，保障员工生命和企业财产安全，维护社会稳定。

1.2　编制依据

《生产安全事故报告和调查处理条例》（国务院令第 493 号）

《生产经营单位安全生产事故应急预案编制导则》（GB/T 29639—2013）

《电力安全事故应急处置和调查处理条例》（国务院令第 599 号）

《电力企业应急预案管理办法》(国能安全〔2014〕508号)

《电力企业现场处置方案编制导则(试行)》

《电力安全工作规程》(发电厂和变电站电气部分)(GB 26860—2011)

《某风电公司设备事故应急预案》

1.3 适用范围

本方案适用于公司继电保护事故的现场应急处置工作。

2 事件特征

2.1 危险性分析和事件类型

(1)危险性分析。继电保护事故导致故障处短路电流很大,形成电弧,烧坏电气设备;短路电流的热效应和电动力,使故障电路中电气设备遭到破坏或影响其使用寿命;破坏发电机并列运行的稳定性,使系统振荡或瓦解;另外电力系统还可能出现各种不正常工作状态,如过负荷、过电压、电力系统振荡等,甚至引起人身伤亡事故。

(2)继电保护事故的原因是多方面的,有设计不合理、原理不成熟、制造上的缺陷、定值问题、调试问题和维护不良等原因。

2.2 事件可能发生的区域、地点和装置名称

控制室所有的继电保护及自动装置、元件处均可能发生继电保护事故。

2.3 可能造成的危害

继电保护事故会造成电力系统电压大幅度下降,使用户的正常工作遭到破坏;故障处短路电流很大,形成电弧,烧坏电气设备;短路电流的热效应和电动力,使故障电路中电气设备遭到破坏或影响其使用寿命;破坏发电机并列运行的稳定性,使系统振荡或瓦解;另外电力系统还可能出现各种不正常工作状态,如过负荷、过电压、电力系统振荡等,甚至引起人身伤亡事故。

2.4 事前可能出现的征兆

(1)对设备特性不熟悉,继电保护的定值未定准。从而导致整定计算错误、设备整定错误、元器件定值漂移等。

(2)在晶体管、集成电路保护中的元器件损坏可能会导致逻辑错误或出口跳闸。在计算机保护中的元件损坏会使CPU自动关机,迫使保护退出。

(3)二次回路的设备绝缘损坏。

(4)新建的风力发电厂容易出现接线错误现象。从而导致保护误动、保护拒动等现象。

(5)人员在现场未按规定操作,误碰、误操作了继电保护设备。

(6)继电保护或二次回路的工作电源不稳定或出现故障。

(7)继电保护装置的质量不合格或性能存在缺陷。

3 组织机构及职责

3.1 应急组织

3.1.1 应急处置领导小组

组　长：总经理

副组长：副总经理

成　员：综合管理部经理、资产财务部经理、项目开发部经理、工程管理部经理、电力运营部经理、安全生产部经理

3.1.2　应急处置办公室

主　任：安全生产部经理

3.1.3　应急处置工作组

（1）危险源控制、抢险救援组　　组长：工程管理部经理、安全生产部经理

（2）安全保卫工作组　　组长：项目开发部经理、安全生产部经理

（3）交通医疗后勤保障组　　组长：综合管理部经理

（4）新闻发布工作组　　组长：综合管理部经理

（5）技术保障物资供应组　　组长：工程管理经理、电力运营部经理

（6）善后处理组　　组长：综合管理经理、资产财务部经理

3.2　各岗位职责

3.2.1　应急处置领导小组职责

（1）经上级应急领导小组批准启动本方案，发布和解除应急救援命令。

（2）负责按照本方案组织指挥继电保护事故应急救援队伍，实施应急处置工作。

（3）负责向上级汇报继电保护事故的情况，必要时向有关单位发出救援请求。

（4）负责组织开展本方案的应急保障建设工作。

（5）负责组织编制和完善本应急处置方案，指导本方案的培训和演练。

3.2.2　应急处置办公室职责

（1）应急处置办公室是继电保护事故应急管理的常设机构，负责应急处置的日常工作。

（2）及时向应急处置领导小组报告事故情况。

（3）组织落实应急处置领导小组提出的各项措施、要求。

（4）组织制定继电保护事故应急处置工作的各项规章制度。

（5）监督检查继电保护事故应急处置方案日常应急准备工作、组织演练的情况；指导、协调处置工作。

（6）继电保护事故处置工作完毕后，认真分析发生原因，总结处置过程中的经验教训，进一步完善应急处置方案。

（7）对继电保护事故应急处置工作进行考核。

（8）指导相关应急处置工作组做好善后工作。

3.2.3　应急处置工作组职责

3.2.3.1　危险源控制、抢险救援组职责

（1）负责组织应急救援人员及有关专家及时进入现场，并进行现场抢险救援技术全面指导与技术监督。

（2）负责迅速开展解救被困人员和受伤人员的救援工作。

（3）负责现场救援设备和物资及时运送进入现场。

(4) 掌握继电保护事故应急救援力量(包括继电保护专业人员、医护人员、受过紧急救护培训的人员、与人身急救有关的专业对口人员)和继电保护应急处置物资的资源(包括数量、储存情况)。

(5) 负责提出上级救援、外部救援力量和物资支援的需求。

3.2.3.2 安全保卫工作组职责

(1) 维持现场秩序、现场警戒,划定警戒区域,负责监督应急情况处理时各项安全措施的执行,防止救援时人身事故的发生。

(2) 控制现场人员,无关人员不准出入现场,确保抢险、救灾人员疏散时的人身安全,做好安置,维持现场秩序,做好安全警戒装置的设置工作。

(3) 负责抢险现场安全隔离措施的检查,并督促相关部门执行到位。

(4) 组织实施事故恢复所必须采取的临时性措施。

(5) 完成事故(发生原因、处理经过)调查报告的编写和上报工作。

3.2.3.3 交通医疗后勤保障组职责

(1) 负责应急救援车辆维护、检查,确保应急抢险救援时所需车辆正常使用。

(2) 应急时提供紧急救护车辆,提供应急救援抢险和应急物资、设备设施运送所需车辆。

(3) 负责办公电话、移动电话、传真、电子邮件、应急通信,确保调度通信畅通。

(4) 与供应商建立物资供应协作关系,保证应急救援物资的质量、数量。

(5) 负责接警后及时赶赴事发地,对受伤人员采取现场紧急救治,及时抢救伤员生命。

(6) 及时联系120急救中心或当地医院,将伤员转送医院进行治疗。

(7) 做好日常相关医疗药品和器材的维护和储备工作。

3.2.3.4 新闻发布工作组职责

(1) 在应急处置领导小组的指导下,负责将继电保护事故情况汇总,根据应急处置领导小组的决定做好对外新闻发布工作。

(2) 根据应急处置领导小组的决定对继电保护事故情况向上级报告。

(3) 负责新闻媒体及当地政府有关部门和上级相关部门的接待工作。

3.2.3.5 技术保障物资供应组职责

(1) 全面提供应急救援时的技术支持。

(2) 掌握继电保护自动装置、实验仪器、器材、工具等专业技术。

(3) 掌握继电保护事故情况下的应急处置方法。

(4) 按照公司要求做好继电保护事故相应物资储备和供给工作。

(5) 应急时,负责应急物资、各种器材、设备的供给。

(6) 负责与其他应急处置工作组进行沟通联络,及时做好应急物资的补给工作。

3.2.3.6 善后处理组职责

(1) 负责监督消除继电保护事故的影响,尽快恢复生产。

(2) 负责继电保护事故资料的收集,现场的保护。

(3) 准确、及时、公正地查清事故原因、责任,总结经验吸取教训,制定措施,对责任人提出处理意见。

(4) 负责做好继电保护事故涉及人员伤害的赔偿及家属安抚工作，做好受伤人员康复治疗、慰问工作，对因参与应急处置工作受伤、致残、死亡的人员，按照国家有关规定，做好伤亡人员保险理赔工作，给予相应补助和抚恤。

4　应急处置

4.1　现场应急处置程序

(1) 继电保护事故发生后，事发人应立即向应急处置办公室报告，应急处置办公室向应急处置领导小组汇报。

(2) 该方案由应急处置领导小组组长宣布启动。

(3) 各应急处置组成员接到通知后，立即赶赴现场进行应急处理。

(4) 事故进一步扩大时启动《设备事故应急预案》，如有人员伤亡，启动《人身事故应急预案》。

4.2　现场应急处置措施

4.2.1　事故发生后的应急处置

发生继电保护事故以后，值长应立即通知应急人员找到故障点及其可能的原因，并立即命令应急人员采取必要的应急操作措施，避免造成事故扩大。同时上报应急处置办公室、应急处置领导小组，立即开展应急处置工作。

4.2.2　整定计算误差的处置措施

由于继电保护自动装置可能很多数据依存于经验值和估算值，继电保护的定值不轻易定准，且有些运行参数或元器件的参数的标幺值与实际值有出入，有时两者的差别比较大，则以标幺值算出的定值不正确，使设定的定值在某些特定的故障情况下失去灵敏性和可靠性。设计、基建、技改主管部门应及时、正确地向保护计算职员提供有关计算参数、图纸，施工时在调试完保护设备后也应及时将有关保护资料移交运行部门。

4.2.3　人为整定错误的处置措施

人为整定错误的情况主要表现为：看错数值；TA、TV 变比计算错误；在微机保护菜单中找错位置，定值区使用错误；运行人员投错压板（联结片）等，这些错误都曾造成事故的发生。产生上述情况的主要原因：工作不仔细，检查手段落后；有些保护装置菜单设计不合理、过于繁琐、人机界面差等容易造成现场操作人员的视觉失误。从现场运行工况来看，避免上述情况发生的主要措施是在设备送电之前由至少两人再次进行装置定值的校核。

4.2.4　装置定值的漂移

(1) 元器件老化及损坏。元器件的老化积累必然引起元器件特性的变化和元器件的损坏，不可逆转地影响微机保护的定值，现场曾发生过因 A/D 转换精度下降严重引发事故的情形。

(2) 温度与湿度的影响。微机保护的现场运行规程规定了微机保护运行的环境温度与湿度的范围。电子元器件在不同的温度与湿度下表现为不同的特性，在某些情况下造成了定值的漂移。

(3) 定值漂移题目。现场运行经验表明：假如定值的漂移不严重，一般不影响保护的特性。假如定值的偏差≤5%，则可忽略其影响，当定值的偏差≥5%时应查明原因，才能投进运行。变电站要加强定值的核对工作，且应选择有足够良好运行工况的装置。

4.2.5　电源故障的处置措施

微机保护逆变电源的工作原理是将输进的220V或110V直流电源经开关电路变成方波交流，再经逆变器变成需要的+5V、±12V、+24V等电压，其在现场轻易发生的故障分成以下情形：

1）纹波系数过高。变电站的直流供电系统正常供电时大都运行于“浮充”方式下。纹波系数是指输出中的交流电压与直流电压的比值，交流成分属于高频范畴，高频幅值过高会影响设备的寿命，甚至造成逻辑错误或导致保护拒动。因此要求直流装置要有较高的精度。

2）输出功率不足或稳定性差。电源输出功率的不足会造成输出电压下降，若电压下降过大会导致比较电路基准值的变化，充电电路时间变短等一系列问题，从而影响到微机保护的逻辑配合，甚至逻辑功能判定失误。尤其是在事故发生时有出口继电器、信号继电器、重动继电器等相继动作要求电源输出有足够的容量。假如现场发生事故时，微机保护有时无法给出后台信号或是重合闸无法实现等现象时，应考虑电源的输出功率是否因元件老化而下降。对逆变电源应加强现场治理，在定期检验时一定要按规程进行逆变电源检验。长期实践表明，逆变电源的运行寿命一般在4～6年，到期应及时更换。

4.2.6　直流熔丝的配置

现场的熔丝配置是按照从负荷到电源一级比一级熔断电流大的原则配置的，以便保证在直流电路上发生短路或过载时熔丝的选择性，但是不同熔丝的底座没有区别，型号混乱，运行人员难以把握，造成的后果是回路上过流时熔丝越级熔断，建议设计者应对不同容量的熔丝选择不同的形式，以便于区别。同时现行保护使用的直流熔丝和小型空气断路器的特性配合应进一步研究。

4.2.7　带直流电源操纵插件

特别指出的是该保护的集成度很高，一套装置由几块插件组成，现场发生过多起在不停直流电源的情况下拔各种插件造成装置损坏或人身事故。现场应加强监视，必须做到一人操纵一人监护，严禁带电插拔插件。

4.2.8　TA饱和处置措施

作为继电保护丈量TA对二次系统的运行起关键作用，随着系统短路电流急剧增加，在中低压系统中电流互感器的饱和问题日益突出，已影响到继电保护装置动作的正确性。现场因馈线保护电流互感器饱和而拒动，主变后备保护越跳主变三侧开关的事故时有发生。由于数字式继电器采用微型计算机实现，其主要工作电源仅有5V左右，数据采集部分的有效电平范围也仅有10V左右，因此能有效处理的信号范围更小，电流互感器的饱和对数字式继电器的影响将更大。

4.2.9　对辅助判据的影响处置措施

有的微机保护中采用IA+IB+IC=3I0（自产零序电流即是外接零序电流）作为电流互感器回路断线和数据采集回路故障的辅助判据，这作为正常运行时的闭锁措施是非常有效的，但在故障且TA饱和时，就会使保护误闭锁，引起拒动。

4.2.10　对基于工频分量算法的影响

在TA饱和时，工频分量与饱和角有关，故数字式继电器的动作将受到影响。

4.2.11　对不同的数据采集方法的影响

在保护中，数据采集有两种比较典型的方法：VFC法和A/D法。由于VFC方法采集到的数据是信号在两个读数间隔中的均匀值，若输进信号大于VFC的最高转换电平，则产生截顶饱和。若保护算法中需连续5次的故障电流数据才能可靠动作，且饱和角为60°，则采样频率必须高达1800Hz，即每周期进行36点采样，做到这一点特别在中压电力系统的保护装置中是不经济的。

4.2.12　防止TA饱和的方法与对策

对TA饱和的问题，从故障分析和运行设计的经验来看，主要采取分列运行的方式或采取串联电抗器的做法来限制短路电流运行限制短路电流；采取增大保护级TA的变比以及用保护安装处可能出现的最大短路电流和互感器的负载能力与饱和倍数来确定TA的变比；采取缩短TA二次电缆长度及加大二次电缆截面；保护安装在开关厂的方法有效减小二次回路阻抗，防止TA饱和。

4.2.13　抗干扰故障处置措施

运行经验表明微机保护的抗干扰性能较差，对讲机和其他无线通信设备在保护屏四周的使用会导致一些逻辑元件误动作。现场曾发生过电焊机在进行氩弧焊接时，高频信号感应到保护电缆上使微机保护误跳闸的事故发生。新安装、基建、技改都要严格执行有关反事故技术措施。尽可能避免操纵干扰、冲击负荷干扰、直流回路接地干扰等问题的发生。

4.2.14　保护性能处置措施

保护性能问题主要包括两方面，即装置的功能和特性缺陷。有些保护装置在投进直流电源时出现误动；高频闭所保护存在频拍现象时会误动；有些微机保护的动态特性偏离静态特性很远也会导致动作结果的错误。在事故分析时应充分考虑到上述两者性能之间的偏差。

4.2.15　插件绝缘处置措施

微机保护装置的集成度高，布线紧密。长期运行后，由于静电作用使插件的接线焊点四周聚集大量静电尘埃，在外界条件答应时，两焊点之间形成了导电通道，从而引起装置故障或者事故的发生。

4.2.16　软件版本问题处置措施

由于装置自身的质量或程序漏洞题目只有在现场运行过相当一段时间后才能发现。因此，继电保护人员在保护调试、检验、故障分析中发现的不正常或不可靠现象应及时向上级或厂商反馈情况。

4.2.17　事故处置的依据

由于继电保护事故涉及人员伤害，按照《人身事故应急预案》处置，造成设备损坏按《设备事故应急预案》进行处置。如果造成火灾事故按《火灾事故应急预案》处置，以及采用相应的应急处置方案进行处置。

4.3　事件报告流程

（1）继电保护事故发生后，事发人应立即向应急处置办公室报告，应急处置办公室向应急处置领导小组汇报。

（2）继电保护事故扩大时，如主要设备损坏、对供电造成重大影响或发生人员伤亡时，由公司总经理向上级主管单位汇报事故信息并向当地政府应急管理部门报告，最迟不超过1h。

（3）事件报告要求：事件信息准确完整、事件内容描述清晰；事件报告内容主要包括事件发生时间、事件发生地点、事故性质、先期处理情况等。

（4）联系方式。

应急处置办公电话：×××。

移动电话：×××。

急救电话：×××。

5 注意事项

5.1 佩戴个人防护器具的注意事项

任何人进入现场必须按规定穿好工作服、工作鞋，正确佩戴安全帽，涉及高处作业人员必须系好安全带或防坠器。

5.2 抢险救援器材的注意事项

必须对应急救援所使用的器材进行认真的检查，严禁使用没有进行检验、试验、不合格的器材从事应急处置活动，包括从事救援用的医疗器械、担架、起重工器具、手持工器具、电动工器具、绝缘工器具等。

5.3 采取救援对策或措施方面的注意事项

在从事应急处置过程中所采取的安全措施、技术措施必须严密符合实际，具备可行性、可操作性、实效性，在措施的落实过程中应做到责任到人、措施到项、检查监督到位，防止次生事故的发生。

5.4 自救和互救的注意事项

（1）应急救援人员应熟悉紧急救护法，学会心肺复苏、人工呼吸、外伤急救等应急状态下的紧急救护方法和逃生的各种方法。

（2）在应急处置过程中所有应急救援人员应做好自救和互救的思想准备，一旦威胁到自身安全和他人安全，做好逃生准备，一旦发生伤害要采取得当抢救方法（例如：止血、包扎、背、抬等医疗方法），严禁次生伤害的发生。

（3）积极与应急救援医疗处置人员取得联系，以得到及时的支援。

5.5 应急处置能力的确认和人员安全防护注意事项

（1）应对应急救援人员定期进行应急情况下的紧急救护培训教育，提高应急救援人员的思想素质和技术素质以及紧急救护的能力，考试合格后方可参加应急救援队伍。对在培训、考试过程中不遵守纪律、徇私舞弊者进行严格的考核。

（2）应急救援所用的安全防护用品、用具应符合国家标准，购置、保管、存放、发放、使用、佩戴应符合标准要求，应急救援人员应掌握安全防护用具的原理、构造、工艺、检修、维护，以及使用佩戴的方式方法。严禁购置不合格的安全防护用品、用具。

5.6 应急救援结束后的注意事项

（1）应急救援结束后，应急救援人员撤离现场，应急处置工作组组长清点人数，检查

所带工器具，严格保护现场，等待事故调查。

（2）将继电保护事故受伤人员及时转送医疗部门救治，应对现场进行全面的检查，举一反三防止再次发生类似事故。

（3）召开事故分析会，分析事故原因、责任，开展反事故教育，对责任者进行处罚，为事故调查收集资料。

（4）恢复现场正常生产、生活秩序，稳定员工思想情绪，拆除临时措施，恢复常设措施、补充完善安全技术措施。

5.7 其他特别警示的事项

（1）对于发生事故的位置做好警示标志，对没有采取防范措施的设备不准再次使用。

（2）救护人在进行受伤人员救治时，必须进行伤员伤情的初步判断，不可直接进行救护，以免由于救护人的不当施救造成伤员的伤情恶化。

（3）如事故发生在夜间，应设置临时照明灯，以便于抢救，避免意外事故，但不能因此延误急救时间。

三、接地网事故处置方案

某风力发电公司
接地网事故处置方案

1 总则

1.1 编制目的

为高效有序地处置公司发生的接地网事故，避免或最大限度地减轻因接地网事故引起的损失，保障员工生命和企业财产安全，维护社会稳定，特编制本应急处置方案。

1.2 编制依据

《生产安全事故报告和调查处理条例》（国务院令第493号）

《生产经营单位安全生产事故应急预案编制导则》（GB/T 29639—2013）

《电力安全事故应急处置和调查处理条例》（国务院令第599号）

《电力企业应急预案管理办法》（国能安全〔2014〕508号）

《电力企业现场处置方案编制导则（试行）》

《电力安全工作规程》（发电厂和变电站电气部分）（GB 26860—2011）

《某风电公司设备事故应急预案》

1.3 适用范围

本方案适用于公司发生的接地网事故的现场应急处置和应急救援工作。

2 事件特征

2.1 危险性分析和事件类型

风电生产的全部电气设备由于接地装置热稳定容量设计不满足电网运行的要求，或接地网施工质量有问题，或接地装置局部范围腐蚀严重，致使接地网热稳定能力下降，甚至断裂而失效，造成电气设备失去接地保护运行，引发严重事故，如过电压、漏电、开关爆炸等。

2.2 事件可能发生的区域、地点和装置名称

升压站、主控制室、风力发电机组件、35kV线路，接地网事故发生在避雷系统、断路器断口均压电容、母线电磁式电压互感器、接地电网焊接处、并联电网补偿装置等地方。

2.3 事故造成的危害

接地网事故一年四季都可能发生，会造成开关爆炸起火、主变跳闸，全站停电等事故，甚至会造成人身伤亡事故，严重影响风电场的正常生产。

2.4 事前可能出现的征兆

（1）接地装置埋深范围内的土壤对钢质材料有严重腐蚀，接地引下线不符合热稳定校验要求等不符合接地网设计施工规范的现象。

（2）避雷装置的选型和安装不符合规范。

（3）断路器电容、电磁互感器等部件发生谐振过电压现象。

（4）并联电容补偿装置出现操作过电压现象。

（5）接地网地面以上接头容量不够、接触不良过热烧断。

3 组织机构及职责

3.1 应急组织

3.1.1 应急处置领导小组

组　长：总经理

副组长：副总经理

成　员：综合管理部经理、资产财务部经理、项目开发部经理、工程管理部经理、电力运营部经理、安全生产部经理、现场工作人员、医护人员、安监人员

3.1.2 应急处置办公室

主　任：安全生产部经理

3.1.3 应急处置工作组

（1）危险源控制、抢险救援组　　组长：工程管理部经理、安全生产部经理

（2）安全保卫工作组　　组长：项目开发部经理、安全生产部经理

（3）交通医疗后勤保障组　　组长：综合管理部经理

（4）新闻发布工作组　　组长：综合管理部经理

（5）技术保障物资供应组　　组长：工程管理部经理、电力运营部经理

（6）善后处理组　　组长：综合管理部经理、资产财务部经理

3.2 各岗位职责

3.2.1 应急处置领导小组职责

（1）经上级应急领导小组批准启动本方案，发布和解除应急救援命令。

（2）负责按照本方案组织健全处置接地网事故的应急救援队伍实施应急处置工作。

（3）负责向上级汇报接地网事故的情况，必要时向有关单位发出救援请求。

（4）负责组织开展本方案的应急保障建设工作。

（5）负责组织编制和完善本应急处置方案，指导本方案的培训和演练。

3.2.2　应急处置办公室职责

（1）应急处置办公室是接地网事故应急管理的常设机构，负责应急处置的日常工作。

（2）及时向应急处置领导小组报告事故情况。

（3）组织落实应急处置领导小组提出的各项措施、要求。

（4）组织制定接地网事故应急处置工作的各项规章制度。

（5）监督检查接地网事故应急处置方案日常应急准备工作、组织演练的情况；指导、协调开关设备事故的处置工作。

（6）接地网事故处置工作完毕后，认真分析发生原因，总结处置过程中的经验教训，进一步完善应急处置方案。

（7）对接地网事故应急处置工作进行考核。

（8）指导相关应急处置工作组做好善后工作。

3.2.3　应急处置工作组职责

3.2.3.1　危险源控制、抢险救援组职责

（1）负责组织应急救援人员及有关专家及时进入现场，并进行现场抢险救援技术全面指导与技术监督。

（2）负责迅速开展由于接地网事故涉及的受伤人员的救援工作。

（3）负责现场救援设备和物资及时运送进入现场。

（4）掌握接地网事故应急救援力量（包括应急救援的技术人员、医护人员、受过紧急救护培训的人员，与人身急救相关的专业对口人员）和人身应急救援物资的资源（包括数量、储存情况）。

（5）负责提出上级救援、外部救援力量和物资支援的需求。

3.2.3.2　安全保卫工作组职责

（1）维持现场秩序、现场警戒，划定警戒区域，负责监督应急情况处理时各项安全措施的执行，防止救援时人身事故的发生。

（2）控制现场人员，无关人员不准出入现场，确保抢修人员疏散时的人身安全，做好维持现场秩序、安全警戒装置的设置工作。

（3）负责抢险现场安全隔离措施的检查，并督促相关部门执行到位。

（4）组织实施事故恢复所必须采取的临时性措施。

（5）完成事故（发生原因、处理经过）调查报告的编写和上报工作。

3.2.3.3　交通医疗后勤保障组职责

（1）负责应急救援车辆维护、检查，确保应急抢险救援时所需车辆正常使用。

（2）应急时提供紧急救护车辆，提供应急救援抢险和应急物资、设备设施运送所需车辆。

（3）负责办公电话、移动电话、传真、电子邮件、应急通信、确保调度通信畅通。

（4）与供应商建立物资供应协作关系，保证应急救援物资的质量、数量。

（5）负责接警后及时赶赴事发地，对受伤人员采取现场紧急救治，及时抢救伤员生命。

（6）及时联系120急救中心或当地医院，将伤员转送医院进行治疗。

（7）做好日常相关医疗药品和器材的维护和储备工作。

3.2.3.4 新闻发布工作组职责

（1）在应急处置领导小组的指导下，负责将开关设备事故情况汇总，根据应急处置领导小组的决定做好对外新闻发布工作。

（2）根据应急处置领导小组的决定对接地网事故情况向上级报告。

（3）负责新闻媒体及当地政府有关部门和上级相关部门的接待工作。

3.2.3.5 技术保障物资供应组职责

（1）全面提供应急救援时的技术支持。

（2）掌握各种设备设施、器材、工具等配置情况。

（3）掌握接地网事故情况下的应急处置方法。

（4）按照公司要求做好接地网事故应急救援相应的物资储备和供给工作。

（5）应急时，负责应急物资、各种器材、设备的供给。

（6）负责与其他应急处置工作组进行沟通联络，及时做好应急物资的补给工作。

3.2.3.6 善后处理组职责

（1）负责监督消除接地网事故的影响，尽快恢复生产。

（2）负责接地网事故发生及应急处置过程中的资料收集，现场的保护。

（3）准确、及时、公正地查清事故原因、责任，总结经验吸取教训，制定措施，对责任人提出处理意见。

（4）负责做好接地网事故涉及的伤害人员的保险赔偿及家属安抚工作，做好受伤人员康复治疗、慰问工作，对因参与应急处理工作受伤、致残、死亡的人员，按照国家有关规定，做好伤亡人员和设备损坏的保险理赔工作。

4 应急处置

4.1 现场应急处置程序

（1）接地网事故发生后，事发单位领导应立即向应急处置领导小组汇报。

（2）该方案由应急领导小组宣布启动。

（3）各应急处置组成员接到通知后，立即赶赴现场进行应急处置。

（4）事故进一步扩大时启动《设备事故应急预案》，如有人员伤亡启动《人身事故应急预案》，指挥权上移。

4.2 现场应急处置措施

（1）发生接地网事故以后，值长应立即通过主控室信号、控制系统尽快找到故障点及其可能发生的原因，并立即命令运行人员采取必要的应急操作措施，避免造成重大设备损失。同时上报应急救援指挥部。

（2）联系现场人员，联系是否有人员因接地网事故而受伤，如果发生人员伤亡情况，按照《触电伤亡事故处置方案》或《机械伤害事故处置方案》进行现场处置。如果造成停

电、火灾等情况，按相应的应急现场处置方案进行。

（3）通知检修维护人员进行设备检查。

1）利用主控制室的故障信息判断出故障点。

2）利用逆序检查法、顺序检查法等方法找出事故的根源。

（4）在消除接地网事故后，按操作规程恢复设备运行。

（5）调查事故原因，做好运行记录。

4.3　事件报告

（1）事发人或事发单位按照相关规定向值长报告。值长立即向应急处理办公室及应急处理领导小组汇报，说明接地网事故情况以及现场采取的急救措施情况。

（2）接地网事故扩大时，如主要设备损坏、对供电造成重大影响或发生人员伤亡时，应急领导小组向上级主管单位汇报事故信息，报告当地政府应急管理部门，不超过1h。

（3）事件报告要求：事件信息准确完整、事件内容描述清晰；事件报告内容主要包括事件发生时间、事件发生地点、事故性质、先期处理情况等。

（4）联系方式。

应急处置办公电话：×××。

移动电话：×××。

急救电话：×××。

5　注意事项

5.1　佩戴个人防护器具的注意事项

应急救援人员进入接地网事故现场必须按规定穿好工作服、绝缘鞋，正确佩戴安全帽，涉及高处作业人员必须系好安全带或防坠器。

5.2　抢险救援器材的注意事项

必须对应急救援所使用的器材进行认真的检查，严禁使用没有进行检验、试验、不合格的器材从事应急处置活动，包括绝缘工器具、绝缘靴、屏蔽服、医疗器械、起重工器具、手持工器具、电动工器具等。

5.3　采取救援对策或措施方面的注意事项

在从事接地网事故应急处置过程中所采取的安全、技术措施必须符合实际，具备可行性、可操作性、实效性，在措施的落实过程中应做到责任到人、措施到项、检查监督到位，做好防止触电的安全技术措施，防止次生事故的发生。

5.4　自救和互救的注意事项

（1）应急救援人员应熟悉紧急救护法，学会心肺复苏、人工呼吸、外伤急救等应急状态下的紧急救护方法和逃生的各种方法，注意防止触电、电弧灼伤等。

（2）在应急处置过程中所有应急救援人员应做好自救和互救的思想准备，一旦威胁到自身安全和他人安全做好逃生准备，一旦发生伤害要采取得当抢救方法，（例如：止血、包扎、背、抬等医疗方法），严禁次生伤害的发生。

（3）积极与应急救援医疗处置人员取得联系，得到及时的支援。

5.5　应急处置能力的确认和人员安全防护注意事项

（1）应对应急救援人员定期地进行应急情况下的紧急救护培训教育，提高应急救援人员的思想素质和技术素质以及紧急救护的能力，考试合格后方可参加应急救援队伍。对在培训、考试过程中不遵守纪律、徇私舞弊者进行严格的考核。

（2）应急救援所用的安全防护用品、用具应符合国家标准，购置、保管、存放、发放、使用、佩戴应符合标准要求，应急救援人员应掌握安全防护用具的原理、构造、工艺、检修、维护、使用佩戴的方式方法。严禁购置不合格的安全防护用品、用具。

5.6　应急救援结束后的注意事项

（1）应急救援结束后，应急救援人员撤离现场，应急处置工作组组长清点人数，检查所带工器具，严格保护现场，等待事故调查。

（2）将接地网事故受伤人员转送医疗部门救治，应对现场进行全面的检查，举一反三，防止再次发生类似事故。

（3）召开事故分析会，分析事故原因、责任，开展反事故教育，为事故调查收集资料，对责任者进行处罚。

（4）恢复现场正常生产、生活秩序，稳定员工思想情绪，拆除临时措施，恢复常设措施、补充完善安全技术措施。

5.7　其他特别警示的事项

（1）对于发生接地网事故的位置，做好警示标志，对没有采取防范措施的不得恢复生产活动。

（2）救护人在进行受伤人员救治时，必须进行伤员伤情的初步判断，不可直接进行救护，以免由于救护人的不当施救造成伤员的伤情恶化。

（3）接地网事故引起的受伤人可能在高处，存在高处坠落的危险，防止伤员高空坠落，救护者也应注意救护中自身的防坠落、摔伤措施。救护人员登高时应随身携带必要的安全带和牢固的绳索等。

（4）如事故发生在夜间，应设置临时照明灯，以便于抢救，避免意外事故，但不能因此延误急救时间。

四、开关设备事故应急处置方案

某风力发电公司
开关设备事故应急处置方案

1　总则

1.1　编制目的

为高效有序地处置公司设备事故，避免或最大限度地减轻因设备事故引起的人身伤害和经济损失，保障员工生命和企业财产安全，维护社会稳定，特编制本应急处置方案。

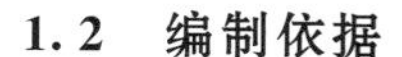

1.2 编制依据

《生产安全事故报告和调查处理条例》(国务院令第493号)

《生产经营单位安全生产事故应急预案编制导则》(GB/T 29639—2013)

《电力安全事故应急处置和调查处理条例》(国务院令第599号)

《电力企业应急预案管理办法》(国能安全〔2014〕508号)

《电力企业现场处置方案编制导则(试行)》

《电力安全工作规程》(发电厂和变电站电气部分)(GB 26860—2011)

《某风电公司设备事故应急预案》

1.3 适用范围

本方案适用于公司开关设备事故的应急处置和应急救援工作。

2 事件特征

2.1 危险性分析和事件类型

风电场全部电气设备的高、低压开关设备是保证电力生产安全运行的重要控制和保护设备，它包括断路器、隔离开关、接触器、熔断器、高、低压开关柜、组合电器、箱式变电站、防误操作连锁装置和直流电源装置等。高、低压开关设备事故主要包括绝缘事故、拒动误动事故、断开与合上过程中发生的事故、截流事故、真空断路器的事故、SF_6高压开关的事故、隔离开关的事故和外力及其他事故等。会造成高压开关拒分、拒合和不该动作时而乱动、灭弧室烧损爆炸、设备跳闸、SF_6泄漏等，甚至造成人身伤亡等事故。

2.2 事件可能发生的区域、地点和装置名称

开关设备事故可能发生在安装断路器、隔离开关、负荷开关、接触器、熔断器、高压开关柜、组合电器、箱式变电站、防误操作连锁装置和直流电源装置等地方。

2.3 可能造成的危害

开关设备事故会造成开关爆炸起火、电气设备越级跳闸，全场停电等事故，甚至会造成人身伤亡事故，严重影响风电场的正常安全运行。

2.4 事前可能出现的征兆

(1) 高压开关的绝缘件设计制造质量不符合技术标准的要求，机械传动失灵，拉杆拉脱，使开合部分操作不到位。高、低压开关在安装、调试、检修过程中工艺不符合标准要求。

(2) 制造质量不良以及安装、调试、检修不当，二次线接触不良。

(3) 拉合过程中灭弧室烧损严重、断路器合断能力不足、拉合后加速偏低等。

(4) 动、静触头或者隔离插头接触不良。

(5) 操动机构的漏气部件损坏以及频繁打压、不可抗拒的自然灾害、小动物引起短路。

(6) SF_6开关设备漏气、水分超标、灭弧室爆炸、绝缘拉杆脱落、断裂、击穿、水平拉杆断裂等。

(7) 隔离开关触头接触不良、局部过热烧熔、绝缘子断裂和机构卡塞等。

3 组织机构及职责

3.1 应急组织

3.1.1 应急处置领导小组

组　长：总经理

副组长：副总经理

成　员：综合管理部经理、资产财务部经理、项目开发部经理、工程管理部经理、电力运营部部经理、安全生产部经理、现场工作人员、医护人员、安监人员

3.1.2 应急处置办公室

主　任：安全生产部经理

3.1.3 应急处置工作组

(1) 危险源控制、抢险救援组　　组长：工程管理部经理、安全生产部经理

(2) 安全保卫工作组　　组长：项目开发部经理、安全生产部经理

(3) 交通医疗后勤保障组　　组长：综合管理部经理

(4) 新闻发布工作组　　组长：综合管理部经理

(5) 技术保障物资供应组　　组长：工程管理部经理、电力运营部经理

(6) 善后处理组　　组长：综合管理部经理、资产财务部经理

3.2 各岗位职责

3.2.1 应急处置领导小组职责

(1) 经上级应急领导小组批准启动本方案，发布和解除应急救援命令。

(2) 负责按照本方案组织健全处置开关设备事故的应急救援队伍，实施应急处置工作。

(3) 负责向上级汇报开关设备事故的情况，必要时向有关单位发出救援请求。

(4) 负责组织开展本方案的应急保障建设工作。

(5) 负责组织编制和完善本应急处置方案，指导本方案的培训和演练。

3.2.2 应急处置办公室职责

(1) 应急处置办公室是开关设备事故应急管理的常设机构，负责应急处置的日常工作。

(2) 及时向应急处置领导小组报告事故情况。

(3) 组织落实应急处置领导小组提出的各项措施、要求。

(4) 组织制定开关设备事故应急处置工作的各项规章制度。

(5) 监督检查开关设备事故应急处置方案日常应急准备工作、组织演练的情况；指导、协调开关设备事故的处置工作。

(6) 开关设备事故处置工作完毕后，认真分析发生原因，总结处置过程中的经验教训，进一步完善应急处置方案。

(7) 对误操作应急处置工作进行考核。

(8) 指导相关应急处置工作组做好善后工作。

3.2.3 应急处置工作组职责

3.2.3.1　危险源控制、抢险救援组职责

（1）负责组织应急救援人员及有关专家及时进入现场，并进行现场抢险救援技术全面指导与技术监督。

（2）负责迅速开展由于开关设备事故涉及的解救被困人员和受伤人员的救援工作。

（3）负责现场救援设备和物资及时运送进入现场。

（4）掌握开关设备事故应急救援力量（包括应急救援的技术人员、医护人员、受过紧急救护培训的人员、与人身急救有关的专业对口人员）和人身应急救援物资的资源（包括数量、储存情况）。

（5）负责提出上级救援、外部救援力量和物资支援的需求。

3.2.3.2　安全保卫工作组职责

（1）维持现场秩序、现场警戒，划定警戒区域，负责监督应急情况处理时各项安全措施的执行，防止救援时人身事故的发生。

（2）控制现场人员，无关人员不准出入现场，确保抢修人员疏散时的人身安全，做好维持现场秩序、安全警戒装置的设置工作。

（3）负责抢险现场安全隔离措施的检查，并督促相关部门执行到位。

（4）组织实施事故恢复所必须采取的临时性措施。

（5）完成事故（发生原因、处理经过）调查报告的编写和上报工作。

3.2.3.3　交通医疗后勤保障组职责

（1）负责应急救援车辆维护、检查，确保应急抢险救援时所需车辆正常使用。

（2）应急时提供紧急救护车辆，提供应急救援抢险和应急物资、设备设施运送所需车辆。

（3）负责办公电话、移动电话、传真、电子邮件、应急通信，确保调度通信畅通。

（4）与供应商建立物资供应协作关系，保证应急救援物资的质量、数量。

（5）负责接警后及时赶赴事发地，对受伤人员采取现场紧急救治，及时抢救伤员生命。

（6）及时联系120急救中心或当地医院，将伤员转送医院进行治疗。

（7）做好日常相关医疗药品和器材的维护和储备工作。

3.2.3.4　新闻发布工作组职责

（1）在应急处置领导小组的指导下，负责将开关设备事故情况汇总，根据应急处置领导小组的决定做好对外新闻发布工作。

（2）根据应急处置领导小组的决定对开关设备事故情况向上级报告。

（3）负责新闻媒体及当地政府有关部门和上级相关部门的接待工作。

3.2.3.5　技术保障物资供应组职责

（1）全面提供应急救援时的技术支持。

（2）掌握各种设备设施、建筑、器材、工具等专业技术。

（3）掌握各种开关设备事故情况下的应急处置方法。

（4）按照公司要求做好各类开关设备事故相应物资储备和供给工作。

（5）负责应急物资、各种器材、设备的供给。

（6）负责与其他应急处置工作组进行沟通联络，及时做好应急物资的补给工作。

3.2.3.6　善后处理组职责

（1）负责监督消除开关设备事故的影响，尽快恢复生产。

（2）负责开关设备事故资料的收集，现场的保护。

（3）准确、及时、公正地查清事故原因、责任，总结经验吸取教训，制定措施，对责任人提出处理意见。

（4）负责做好开关设备事故涉及的人员伤害的保险赔偿及家属安抚工作，做好受伤人员康复治疗、慰问工作，对因参与应急处理工作受伤、致残、死亡的人员，按照国家有关规定，做好伤亡人员和设备损坏的保险理赔工作。

4　应急处置

4.1　现场应急处置程序

（1）开关设备事故发生后，当值值长应立即向公司主管副总经理汇报。

（2）该方案由应急处置领导小组组长宣布启动。

（3）各应急处置组成员接到通知后，立即赶赴现场开展应急处置。

（4）事故进一步扩大时启动《设备事故应急预案》，如有人员伤亡，启动《人身伤亡事故应急救援预案》。

4.2　现场应急处置措施

（1）发生开关设备事故以后，当值值长应立即通过主控室找到故障点及其可能的原因，并立即命令运行人员采取必要的应急处置措施，避免造成重大设备损坏和脱网事故。同时上报应急处置领导小组。

（2）由于开关设备事故的发生造成人身伤害，按照《触电伤亡事故处置方案》或《机械伤害事故处置方案》进行现场处理。如果造成停电、火灾等情况，按相应的应急现场处置方案进行。

（3）通知检修、试验人员进行设备检查，利用总控制室故障信息判断出故障点。

（4）在消除设备故障后，按操作规程恢复设备运行。

（5）调查事故原因，做好运行记录。

4.3　事件报告流程

（1）事发人按照相关规定进行信息报送。应急处置办公室立即向应急处置领导小组汇报开关设备事故情况以及现场采取的应急措施情况。

（2）开关设备事故扩大时，如主要开关设备损坏、对供电网络造成重大影响或发生人员伤害时，由应急处置领导小组向上级主管单位汇报事故信息，同时上报当地政府应急管理部门，时限最迟不超过1h。

（3）事故报告要求：事故信息的报告采用办公电话、移动电话、计算机网络等方式，报告的内容准确完整、内容描述清晰，报告内容主要包括事件发生时间、事件发生地点、事故性质、先期处理情况等。

（4）联系方式。

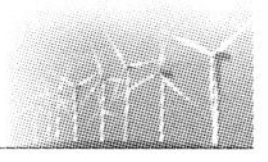

应急处置办公电话：×××。

移动电话：×××。

急救电话：×××。

5　注意事项

5.1　佩戴个人防护器具的注意事项

任何人进入现场必须按规定穿好工作服、工作鞋，正确佩戴安全帽，涉及高处作业人员必须系好安全带和挂好防坠器。

5.2　使用抢险救援器材的注意事项

必须对应急救援所使用的器材进行认真的检查，严禁使用没有进行检验、试验，不合格的器材从事应急处置活动，包括从事救援用的医疗器械、担架、起重工器具、手持工器具、电动工器具、绝缘工器具等。

5.3　采取救援对策或措施方面的注意事项

在从事应急处置过程中所采取的安全措施、技术措施必须符合实际，具备可行性、可操作性、实效性，在措施的落实过程中应做到责任到人、措施到项、检查监督到位，防止次生事故的发生。

5.4　自救和互救的注意事项

（1）应急救援人员应熟悉紧急救护法，学会心肺复苏、外伤急救等应急状态下的紧急救护方法和逃生的各种方法。

（2）在应急处置过程中所有应急救援人员应做好自救和互救的思想准备，一旦威胁到自身安全和他人安全做好逃生，一旦发生伤害要采取得当抢救方法，（例如：止血、包扎、背、抬等医疗方法），严禁次生伤害的发生。

（3）积极与应急救援医疗处置人员取得联系，以得到及时的支援。

5.5　应急处置能力的确认和人员安全防护注意事项

（1）应对应急救援人员定期进行应急情况下的紧急救护培训教育，提高应急救援人员的思想素质和技术素质以及紧急救护的能力，考试合格后方可参加应急救援队伍。对在培训、考试过程中不遵守纪律、徇私舞弊者进行严格的考核。

（2）应急救援所用的安全防护用品、用具应符合国家标准，购置、保管、存放、发放、使用、佩戴应符合标准要求，应急救援人员应掌握安全防护用具的原理、构造、工艺、检修、维护，以及使用佩戴的方式方法。严禁购置不合格的安全防护用品、用具。

5.6　应急救援结束后的注意事项

（1）应急救援结束后，应急救援人员撤离现场，应急处置工作组组长清点人数，检查所带工器具，严格保护现场，等待事故调查。

（2）将开关设备事故受伤人员及时转送医疗部门救治，应对现场进行全面的检查，举一反三防止再次发生类似事故。

（3）召开事故分析会，分析事故原因、责任、开展反事故教育，对责任者进行处罚，为事故调查收集资料。

（4）恢复现场正常生产、生活秩序，稳定员工思想情绪，拆除临时措施，恢复常设措施、补充完善安全技术措施。

5.7　其他特别警示的事项

（1）对于发生事故的开关设备设施位置，做好警示标志，对没有采取防范措施的设备不准再次使用。

（2）救护人在进行受伤人员救治时，必须进行伤员伤情的初步判断，不可直接进行救护，以免由于救护人的不当施救造成伤员的伤情恶化。

（3）开关设备事故引起的受伤人可能在高处，存在高处坠落的危险，防止伤员高空坠落，救护者也应注意救护中自身的防坠落、摔伤措施。救护人员登高时应随身携带必要的安全带和牢固的绳索等。

（4）如事故发生在夜间，应设置临时照明灯，以便于抢救，避免意外事故，但不能因此延误进行急救的时间。

五、风机叶尖遭雷击事故处置方案

某风力发电公司
风机叶尖遭雷击事故处置方案

1　总则

1.1　编制目的

为高效有序地处理公司发生的风机叶尖遭雷击事件，避免或最大限度地减轻雷击造成的人身伤亡及经济损失，保障员工生命和企业财产安全，维护社会稳定，特编制本应急处置方案。

1.2　编制依据

《生产安全事故报告和调查处理条例》（国务院令第493号）

《生产经营单位安全生产事故应急预案编制导则》（GB/T 29639—2013）

《电力安全事故应急处置和调查处理条例》（国务院令第599号）

《电力企业应急预案管理办法》（国能安全〔2014〕508号）

《电力企业现场处置方案编制导则（试行）》

《电力安全工作规程》（发电厂和变电站电气部分）（GB 26860—2011）

《某风电公司设备事故应急预案》

1.3　适用范围

本方案适用于公司风机叶尖遭雷击事故的应急处置和应急救援工作。

2　事件特征

2.1　危险性分析和事件类型

2.1.1　危险性分析

（1）风机矗立于高空，周围无其他建筑物，易遭受雷击。

（2）风机接地电阻不符合设计要求。

（3）当叶尖发生雷击事件时，风机内有人员工作，易造成人身伤亡事件。

2.1.2　事件类型

风机叶尖遭雷击事故为突发事件。

2.2　事件可能发生的区域、地点和装置名称

风机叶片、叶尖。

2.3　事故可能造成的危害

雷雨天气，风机通常比其他相邻物体高，风机和叶片极有可能遭受直击雷，导致叶片开裂、起火。

2.4　事前可能出现的征兆

风电场现场出现雷雨天气。

3　组织机构及职责

3.1　应急组织

3.1.1　应急处置领导小组

组　长：总经理

副组长：副总经理

成　员：综合管理部经理、资产财务部经理、项目开发部经理、工程管理部经理、电力运营部经理、安全生产部经理、现场工作人员、医护人员、安监人员

3.1.2　应急处置办公室

主　任：安全生产部经理

3.1.3　应急处置工作组

（1）危险源控制、抢险救援组　　组长：工程管理部经理、安全生产部经理

（2）安全保卫工作组　　组长：项目开发部经理、安全生产部经理

（3）交通医疗后勤保障组　　组长：综合管理部经理

（4）新闻发布工作组　　组长：综合管理部经理

（5）技术保障物资供应组　　组长：工程管理部经理、电力运营部经理

（6）善后处理组　　组长：综合管理部经理、资产财务部经理

3.2　各岗位职责

3.2.1　应急处置领导小组职责

（1）经上级应急领导小组批准启动本方案，发布和解除应急救援命令。

（2）负责按照本方案组织指挥物体打击伤害事故应急救援队伍，实施应急处置工作。

（3）负责向上级汇报风机叶尖遭雷击事故的情况，必要时向有关单位发出救援请求。

（4）负责组织开展本方案的应急保障建设工作。

（5）负责组织编制和完善本应急处置方案，指导本方案的培训和演练。

3.2.2　应急处置办公室职责

（1）应急处置办公室是机械伤害事故应急管理的常设机构，负责应急处置的日常

工作。

（2）及时向应急处置领导小组报告事故情况。

（3）组织落实应急处置领导小组提出的各项措施、要求。

（4）组织制定物体打击伤害应急处置工作的各项规章制度。

（5）监督检查风机叶尖遭雷击应急处置方案日常应急准备工作、组织演练的情况，指导、协调物体打击事故的处置工作。

（6）风机叶尖遭雷击事故处置工作完毕后，认真分析发生原因，总结处置过程中的经验教训，进一步完善应急处置方案。

（7）对风机叶尖遭雷击事故应急处置工作进行考核。

（8）指导相关应急处置工作组做好善后工作。

3.2.3　应急处置工作组职责

3.2.3.1　危险源控制、抢险救援组职责

（1）负责组织应急救援人员及有关专家及时进入现场，并进行现场抢险救援技术全面指导与技术监督。

（2）负责迅速开展物体打击受伤人员的应急救援工作。

（3）负责现场救援设备和物资及时运送进入现场。

（4）掌握物体打击伤害事故应急救援力量（医护人员、受过紧急救护培训的人员、与人身急救有关的专业对口人员）和人身应急救援物资的资源（包括数量、储存情况）。

（5）负责提出上级救援、外部救援力量和物资支援的需求。

3.2.3.2　安全保卫工作组职责

（1）维持现场秩序、现场警戒，划定警戒区域，负责监督应急情况处理时各项安全措施的执行，防止救援时人身事故的发生。

（2）控制现场人员，无关人员不准出入现场，确保抢险、救援人员的人身安全，做好安置，维持现场秩序，做好安全警戒装置的设置工作。

（3）负责抢险现场安全隔离措施的检查，并督促相关部门执行到位。

（4）组织实施事故恢复所必须采取的临时性措施。

（5）完成风机叶尖遭雷击事故（发生原因、处理经过）调查报告的编写和上报工作。

3.2.3.3　交通医疗后勤保障组职责

（1）负责应急救援车辆维护、检查，确保应急抢险救援时所需车辆正常使用。

（2）应急时提供紧急救护车辆，提供应急救援抢险和应急物资、设备设施运送所需车辆。

（3）负责办公电话、移动电话、传真、电子邮件、应急通信，确保调度通信畅通。

（4）及时联系120急救中心或当地医院，将伤员转送医院进行治疗。

（5）负责接警后及时赶赴事发地，对受伤人员采取现场紧急救治，及时抢救伤员生命。

（6）做好日常相关医疗药品和器材的维护和储备工作。

3.2.3.4　新闻发布工作组职责

（1）在应急处置领导小组的指导下，负责将风机叶尖遭雷击事故情况汇总，根据应急处置领导小组的决定做好对外新闻发布工作。

（2）根据应急处置领导小组的决定对风机叶尖遭雷击事故情况向上级报告。

（3）负责新闻媒体及当地政府有关部门和上级相关部门的接待工作。

3.2.3.5　技术保障物资供应组职责

（1）全面提供应急救援时的技术支持。

（2）掌握各种设备设施、器材、工具等配置情况。

（3）掌握各种设备、设施、建筑在物体打击伤害事故情况下的应急处置方法。

（4）按照公司要求做好各类风机叶尖遭雷击事故相应物资储备和供给工作。

（5）负责应急物资、各种器材、设备的供给。

（6）负责与其他应急处置工作组进行沟通联络，及时做好应急物资的补给工作。

3.2.3.6　善后处理组职责

（1）负责监督消除风机叶尖遭雷击事故的影响，尽快恢复生产。

（2）负责风机叶尖遭雷击事故资料的收集，现场的保护。

（3）准确、及时、公正地查清事故原因、责任，总结经验吸取教训，制定措施，对责任人提出处理意见。

（4）负责做好风机叶尖遭雷击受伤人员赔偿及家属安抚工作，做好受伤人员康复治疗、慰问工作，对因参与应急处理工作受伤、致残、死亡的人员，按照国家有关规定，做好伤亡人员保险理赔工作，给予相应补助和抚恤。

4　应急处置

4.1　现场应急处置程序

（1）物体打击伤亡突发事件发生后，当值值长应立即向应急救援指挥部汇报。

（2）该方案由应急处置领导小组组长宣布启动。

（3）应急处置组成员接到通知后，立即赶赴现场进行应急处理。

（4）物体打击伤亡事件进一步扩大时启动《人身事故应急预案》。

4.2　现场应急处置措施

（1）在有雷雨天气时不要停留在风机内或靠近风机，风机遭雷击后1h内不得接近风机。

（2）事故现场人员撤离，按规定的安全路线撤出。

（3）撤出的各抢险组以组为单位清点各自的人数。

（4）涉及附近非事故现场人员时，应派联络人员分头进行通知、紧急搜索、疏散。

（5）坚持自救、互救原则；事故发生后，首先要抢救受伤人员，并及时将受伤人员送往医院救治。

（6）在事故发生场所用安全警戒围起，确定安全警戒区。

（7）雷击后造成的火灾现场周围路段进行交通管制，对阻碍消防车通行的临时车辆（如放置在路边的自行车、摩托车等）进行清理，以保证事故现场道路畅通。

（8）派专人指挥或引导消防车辆到达指定地点。

4.3　事件报告流程

（1）事发人发现风机叶尖遭雷击事故后立即向应急处置办公室汇报，应急处置办公室立即向应急处置领导小组汇报，汇报的内容包括风机叶尖遭雷击情况、现场采取急救措施情况。

（2）风机叶尖遭雷击事件扩大时，由应急处置领导小组向上级主管单位汇报事故信息，如发生重伤、死亡、重大死亡事故，立即向当地政府应急管理部门报告，最迟不得超过1h。

（3）事件报告要求。事件信息准确完整、事件内容描述清晰；事件报告内容主要包括事件发生时间、事件发生地点、事故性质、先期处理情况等。

（4）联系方式。

应急处置办公电话：×××。

移动电话：×××。

紧急救护：×××。

5　注意事项

5.1　佩戴个人防护器具的注意事项

从事应急救援的任何人员进入现场必须按规定穿好工作服、工作鞋，正确佩戴安全帽，涉及高处作业人员必须系好安全带或防坠器。

5.2　使用抢险救援器材方面的注意事项

必须对应急救援所使用的器材进行认真的检查，严禁使用没有进行检验、试验、不合格的器材从事应急处置活动，包括从事救援用的医疗器械、担架、起重工器具、手持工器具、电动工器具、绝缘工器具等。

5.3　采取救援对策或措施方面的注意事项

（1）当风机叶尖遭雷击事件发生后，先确认风机内是否有人员工作，同时确保无人员靠近风机。

（2）雷雨天气结束后，在确认安全的情况下，对风机进行系统检查，查看因雷击现场对风机造成的损坏，重点检查叶片叶尖处。

（3）发现因风机叶尖遭雷击造成的风机事故，及时向应急处置工作组汇报。

5.4　现场自救和互救的注意事项

（1）应急救援人员应熟悉紧急救护法，学会心肺复苏、外伤急救等应急状态下紧急救护方法和逃生的各种方法。以防在执行救援任务时被困或受到伤害时自救和互救。

（2）在应急处置过程中所有应急救援人员应做好自救和互救的思想准备，一旦威胁到自身安全和他人安全，做好逃生准备，一旦发生伤害要采取得当抢救方法（例如：止血、包扎、背、抬等医疗方法），严禁次生伤害的发生。

（3）积极与应急救援医疗处置人员取得联系，以得到及时的支援。

5.5　应急处置能力的确认和人员安全防护注意事项

（1）应对应急救援人员定期进行应急情况下的紧急救护培训教育，提高应急救援人员的思想素质和技术素质以及紧急救护的能力，考试合格后方可参加应急救援队伍。对在培

训、考试过程中不遵守纪律、徇私舞弊者进行严格的考核。

（2）应急救援所用的安全防护用品、用具应符合国家标准，购置、保管、存放、发放、使用、佩戴应符合标准要求，应急救援人员应掌握安全防护用具的原理、构造、工艺、检修、维护，以及使用佩戴的方式方法。严禁购置不合格的安全防护用品、用具。

5.6　应急救援结束后的注意事项

（1）应急救援结束后，应急救援人员撤离现场，应急处置工作组组长清点人数，检查所带工器具，严格保护现场，等待事故调查。

（2）因风机叶尖遭雷击造成的受伤人员及时转送医疗部门救治，应对现场进行全面的检查，举一反三防止再次发生类似事故。

（3）召开事故分析会，分析事故原因、责任，开展反事故教育，对责任者进行处罚，为事故调查收集资料。

（4）恢复现场正常生产秩序，稳定员工思想情绪，拆除临时措施，恢复常设措施、补充完善安全技术措施。

5.7　其他特别警示的事项

（1）在雷雨天气前，设置隔离围栏、遮拦网、悬挂警示标识。以防止其他人员误入后造成伤害。

（2）进行骨折伤害救治时，必须注意救治时的方法，防止由于救治不当造成的二次伤害。

六、风机倒塌事故处置方案

某风力发电公司
风机倒塌事故处置方案

1　总则

1.1　编制目的

为高效有序地处理公司发生的风机倒塌事故，避免或最大限度地减轻风机倒塌事故及造成的经济损失，保障员工生命和企业财产安全，维护社会稳定，特编制本应急处置方案。

1.2　编制依据

《生产安全事故报告和调查处理条例》（国务院令第 493 号）

《生产经营单位安全生产事故应急预案编制导则》（GB/T 29639—2013）

《电力安全事故应急处置和调查处理条例》（国务院令第 599 号）

《电力企业应急预案管理办法》（国能安全〔2014〕508 号）

《电力企业现场处置方案编制导则（试行）》

《电力安全工作规程》（发电厂和变电站电气部分）（GB 26860—2011）

《某风电公司设备事故应急预案》

1.3　适用范围

本方案适用于公司风机倒塌事故的应急处置和应急救援工作。

2　事件特征

2.1　危险性分析和事件类型

2.1.1　危险性分析

可能有人员伤亡；倒塌风机机舱漏油，有可能造成着火；倒塌风机可能压毁集电线路。

2.1.2　事件类型

风机倒塌事故为紧急事故。

2.2　事件可能发生的区域、地点和装置名称

（1）风机叶轮掉落。

（2）风机塔筒折断。

（3）风机整体倒塌。

2.3　事故可能造成的危害

风机运行中倒塌，可能引起人员轻伤、重伤，甚至人身死亡、风机报废事故。

2.4　事前可能出现的征兆

风机振动异常、塔筒出现裂痕（焊缝开裂），法兰连接螺栓松动、断裂，风机基础不均匀沉降等。

3　组织机构及职责

3.1　应急组织

3.1.1　应急处置领导小组

组　长：总经理

副组长：副总经理

成　员：综合管理部经理、资产财务部经理、项目开发部经理、工程管理部经理、电力运营部经理、安全生产部经理、现场工作人员、医护人员、安监人员

3.1.2　应急处置办公室

主　任：安全生产部经理

3.1.3　应急处置工作组

（1）危险源控制、抢险救援组　　组长：工程管理部经理、安全生产部经理

（2）安全保卫工作组　　组长：项目开发部经理、安全生产部经理

（3）交通医疗后勤保障组　　组长：综合管理部经理

（4）新闻发布工作组　　组长：综合管理部经理

（5）技术保障物资供应组　　组长：工程管理部经理、电力运营部经理

（6）善后处理组　　组长：综合管理部经理、资产财务部经理

3.2　各岗位职责

3.2.1　应急处置领导小组职责

（1）经上级应急领导小组批准启动本方案，发布和解除应急救援命令。

（2）负责按照本方案组织指挥风机倒塌事故应急救援队伍，实施应急处置工作。

（3）负责向上级汇报风机倒塌事故的情况，必要时向有关单位发出救援请求。

（4）负责组织开展本方案的应急保障建设工作。

（5）负责组织编制和完善本应急处置方案，指导本方案的培训和演练。

3.2.2　应急处置办公室职责

（1）应急处置办公室是机械伤害事故应急管理的常设机构，负责应急处置的日常工作。

（2）及时向应急处置领导小组报告事故情况。

（3）组织落实应急处置领导小组提出的各项措施、要求。

（4）组织制定物体打击伤害应急处置工作的各项规章制度。

（5）监督检查物体打击伤害应急处置方案日常应急准备工作、组织演练的情况；指导、协调风机倒塌事故的处置工作。

（6）物体打击伤害事故处置工作完毕后，认真分析发生原因，总结处置过程中的经验教训，进一步完善应急处置方案。

（7）对风机倒塌事故应急处置工作进行考核。

（8）指导相关应急处置工作组做好善后工作。

3.2.3　应急处置工作组职责

3.2.3.1　危险源控制、抢险救援组职责

（1）负责组织应急救援人员及有关专家及时进入现场，并进行现场抢险救援技术全面指导与技术监督。

（2）负责迅速开展物体打击受伤人员的应急救援工作。

（3）负责现场救援设备和物资及时运送进入现场。

（4）掌握风机倒塌事故应急救援力量（医护人员、受过紧急救护培训的人员、与人身急救有关的专业对口人员）和人身应急救援物资的资源（包括数量、储存情况）。

（5）负责提出上级救援、外部救援力量和物资支援的需求。

3.2.3.2　安全保卫工作组职责

（1）维持现场秩序、现场警戒，划定警戒区域，负责监督应急情况处理时各项安全措施的执行，防止救援时人身事故的发生。

（2）控制现场人员，无关人员不准出入现场，确保抢险、救援人员的人身安全，做好安置，维持现场秩序，做好安全警戒装置的设置工作。

（3）负责抢险现场安全隔离措施的检查，并督促相关部门执行到位。

（4）组织实施事故恢复所必须采取的临时性措施。

（5）完成风机倒塌事故（发生原因、处理经过）调查报告的编写和上报工作。

3.2.3.3　交通医疗后勤保障组职责

（1）负责应急救援车辆维护、检查，确保应急抢险救援时所需车辆正常使用。

（2）应急时提供紧急救护辆，提供应急救援抢险和应急物资、设备设施运送所需车辆。

（3）负责办公电话、移动电话、传真、电子邮件、应急通信，确保调度通信畅通。

（4）及时联系120急救中心或当地医院，将伤员转送医院进行治疗。

（5）负责接警后及时赶赴事发地，对受伤人员采取现场紧急救治，及时抢救伤员生命。

（6）做好日常相关医疗药品和器材的维护和储备工作。

3.2.3.4　新闻发布工作组职责

（1）在应急处置领导小组的指导下，负责将机械伤害事故情况汇总，根据应急处置领导小组的决定做好对外新闻发布工作。

（2）根据应急处置领导小组的决定对物体打击事故情况向上级报告。

（3）负责新闻媒体及当地政府有关部门和上级相关部门的接待工作。

3.2.3.5　技术保障物资供应组职责

（1）全面提供应急救援时的技术支持。

（2）掌握各种设备设施、器材、工具等配置情况。

（3）掌握各种设备、设施、建筑在风机倒塌事故情况下的应急处置方法。

（4）按照公司要求做好风机倒塌事故相应物资储备和供给工作。

（5）应急时，负责应急物资、各种器材、设备的供给。

（6）负责与其他应急处置工作组进行沟通联络，及时做好应急物资的补给工作。

3.2.3.6　善后处理组职责

（1）负责监督消除风机倒塌事故的影响，尽快恢复生产。

（2）负责风机倒塌事故资料的收集，现场的保护。

（3）准确、及时、公正地查清事故原因、责任，总结经验吸取教训，制定措施，对责任人提出处理意见。

（4）负责做好风机倒塌受伤人员赔偿及家属安抚工作，做好受伤人员康复治疗、慰问工作，对因参与应急处理工作受伤、致残、死亡的人员，按照国家有关规定，做好伤亡人员保险理赔工作，给予相应补助和抚恤。

4　应急处置

4.1　现场应急处置程序

（1）风机倒塌事件发生后，当值值长应立即向公司分管副总经理汇报。

（2）该方案由应急处置领导小组组长宣布启动。

（3）应急处置组成员接到通知后，立即赶赴现场组织应急处理。

（4）有人身伤亡事故发生时启动《人身事故应急预案》。

4.2　现场应急处置措施

（1）风机倒塌后，应立即切断该风机电源，救援人员先查看现场有无检修人员受伤。

（2）准备好消防器材，以防发生火灾。

（3）向公司领导汇报，准备大型工器具，按有关程序进行处理。

4.3　事件报告流程

（1）事发人发现风机倒塌事故后立即向应急处置办公室汇报，应急处置办公室立即向应急处置领导小组汇报，汇报的内容包括物体打击人员伤害情况、现场采取急救措施情况。

（2）风机倒塌事故扩大时，由应急处置领导小组向上级主管单位汇报事故信息，如发生重伤、死亡、重大死亡事故，立即向当地政府应急管理部门报告，最迟不得超过1h。

（3）事件报告要求

事件信息准确完整、事件内容描述清晰；事件报告内容主要包括事件发生时间、事件发生地点、事故性质、先期处理情况等。

（4）联系方式。

应急处置办公电话：×××。

移动电话：×××。

紧急救护：×××。

5　注意事项

5.1　佩戴个人防护器具方面的注意事项

从事应急救援的任何人员进入现场必须按规定穿好工作服、工作鞋，正确佩戴安全帽，涉及高处作业人员必须系好安全带或防坠器。

5.2　使用抢险救援器材方面的注意事项

必须对应急救援所使用的器材进行认真的检查，严禁使用没有进行检验、试验、不合格的器材从事应急处置活动，包括从事救援用的医疗器械、担架、起重工器具、手持工器具、电动工器具、绝缘工器具等。

5.3　采取救援对策或措施方面的注意事项

（1）风力发电机组倒塌事故发生时，首先断开箱变高低压侧电源（开关、刀闸）及跌落保险，迅速将故障风机电源切除，防止风机起火。

（2）如倒塌的风机已经起火，应报火警，通知消防部门现场灭火。把火灾区域和可能蔓延到的设备隔离开，防止波及其他设备；使用干粉灭火器灭火，不得已时，可用干燥的沙子灭火；使用灭火器灭火时，应穿绝缘靴、戴绝缘手套。

（3）应急救援队伍到达现场后，对风力发电机组进行隔离，并检查风电机组损坏情况。

5.4　现场自救和互救的注意事项

（1）应急救援人员应熟悉紧急救护法，学会心肺复苏、人工呼吸、外伤、烧伤等应急状态下紧急救护方法和逃生的各种方法。

（2）在应急处置过程中所有应急救援人员应做好自救、互救、逃生的思想准备，避免次生伤害的发生。

（3）积极与医疗处置人员取得联系，以得到及时的支援。

5.5　应急处置能力的确认和人员安全防护注意事项

（1）应急救援人员应定期进行紧急救护培训，提高紧急救护的能力，经考试合格后方可参加应急救援。

（2）应急救援所用的安全防护用品、用具应符合国家标准，购置、保管、存放、发放、使用、佩戴符合标准要求，应急救援人员应掌握使用方法。严禁购置不合格的安全防护用品、用具。

5.6　应急救援结束后的注意事项

（1）现场负责人应及时向公司应急管理工作组及电网调度报告。

（2）后勤保障组要保证必要的物资供应。

5.7　其他特别警示的事项

风机倒塌的地点应设置隔离围栏、遮拦网，悬挂警示标识，防止其他人员误入造成伤害。

七、风机超速事故处置方案

某风力发电公司
风机超速事故处置方案

1　总则

1.1　编制目的

为高效有序地处理公司发生的风机超速事故，避免或最大限度地减轻风机超速事故及造成的经济损失，保障员工生命和企业财产安全，维护社会稳定，特编制本应急处置方案。

1.2　编制依据

《生产安全事故报告和调查处理条例》（国务院令第 493 号）

《生产经营单位安全生产事故应急预案编制导则》（GB/T 29639—2013）

《电力安全事故应急处置和调查处理条例》（国务院令第 599 号）

《电力企业应急预案管理办法》（国能安全〔2014〕508 号）

《电力企业现场处置方案编制导则（试行）》

《电力安全工作规程》（发电厂和变电站电气部分）（GB 26860—2011）

《某风电公司设备事故应急预案》

1.3　适用范围

本方案适用于公司风机超速事故的应急处置和应急救援工作。

2　事件特征

2.1　危险性分析和事件类型

2.1.1　危险性分析

（1）风机超速可能导致风电机组制动系统损坏。

（2）风机超速可能导致风电机组传动链部件损坏（叶片、轮毂、主轴、齿轮箱、联轴器等）、发电机轴承损坏、电气滑环（油滑环）损坏。

（3）风机超速事故后可能导致叶片断裂、风电机组倒塔事故。

（4）风机超速可能导致相关设备受损、人身伤亡。

2.1.2 事件类型

风机超速事故为紧急事故。

2.2 事件可能发生的区域、地点和装置名称

风电场所有风机。

2.3 事故发生的季节（时间）可能造成的危害

风机运行中超速事故可引起塔筒断裂、机组报废、人身伤亡。

2.4 事前可能出现的征兆

2.4.1 变桨系统故障

风机变桨电池容量不足、桨叶无法收回、偏航系统故障等。

2.4.2 电气设备故障

电磁刹车失灵、电气滑环故障等导致变桨控制系统不能接收正常供电。

3 组织机构及职责

3.1 应急组织

3.1.1 应急处置领导小组

组　长：总经理

副组长：副总经理

成　员：综合管理部经理、资产财务部经理、项目开发部经理、工程管理部经理、电力运营部经理、安全生产部经理、现场工作人员、医护人员、安监人员

3.1.2 应急处置办公室

主　任：安全生产部经理

3.1.3 应急处置工作组

（1）危险源控制、抢险救援组　组长：工程管理部经理、安全生产部经理

（2）安全保卫工作组　组长：项目开发部经理、安全生产部经理

（3）交通医疗后勤保障组　组长：综合管理部经理

（4）新闻发布工作组　组长：综合管理部经理

（5）技术保障物资供应组　组长：工程管理部经理、电力运营部经理

（6）善后处理组　组长：综合管理部经理、资产财务部经理

3.2 各岗位职责

3.2.1 应急处置领导小组职责

（1）经上级应急领导小组批准启动本方案，发布和解除应急救援命令。

（2）负责按照本方案组织指挥风机超速事故应急救援队伍，实施应急处置工作。

（3）负责向上级汇报风机超速事故的情况，必要时向有关单位发出救援请求。

(4) 负责组织开展本方案的应急保障建设工作。

(5) 负责组织编制和完善本应急处置方案，指导本方案的培训和演练。

3.2.2 应急处置办公室职责

(1) 应急处置办公室是风机超速事故应急管理的常设机构，负责应急处置的日常工作。

(2) 及时向应急处置领导小组报告事故情况。

(3) 组织落实应急处置领导小组提出的各项措施、要求。

(4) 组织制定风机超速应急处置工作的各项规章制度。

(5) 监督检查风机超速事故应急处置方案日常应急准备工作、组织演练的情况；指导、协调风机超速事故的处置工作。

(6) 风机超速事故处置工作完毕后，认真分析发生原因，总结处置过程中的经验教训，进一步完善应急处置方案。

(7) 对风机超速事故应急处置工作进行考核。

(8) 指导相关应急处置工作组做好善后工作。

3.2.3 应急处置工作组职责

3.2.3.1 危险源控制、抢险救援组职责

(1) 负责组织应急救援人员及有关专家及时进入现场，并进行现场抢险救援技术全面指导与技术监督。

(2) 负责迅速开展风机超速的应急救援工作。

(3) 负责现场救援设备和物资及时运送进入现场。

(4) 掌握风机超速事故应急救援力量（医护人员、受过紧急救护培训的人员、与人身急救有关的专业对口人员）和人身应急救援物资的资源（包括数量、储存情况）。

(5) 负责提出上级救援、外部救援力量和物资支援的需求。

3.2.3.2 安全保卫工作组职责

(1) 维持现场秩序、现场警戒，划定警戒区域，负责监督应急情况处理时各项安全措施的执行，防止救援时人身事故的发生。

(2) 控制现场人员，无关人员不准出入现场，确保抢险、救援人员的人身安全，做好安置，维持现场秩序，做好安全警戒装置的设置工作。

(3) 负责抢险现场安全隔离措施的检查，并督促相关部门执行到位。

(4) 组织实施事故恢复所必须采取的临时性措施。

(5) 完成风机超速事故（发生原因、处理经过）调查报告的编写和上报工作。

3.2.3.3 交通医疗后勤保障组职责

(1) 负责应急救援车辆维护、检查，确保应急抢险救援时所需车辆正常使用。

(2) 应急时提供紧急救护车辆，提供应急救援抢险和应急物资、设备设施运送所需车辆。

(3) 负责办公电话、移动电话、传真、电子邮件、应急通信，确保调度通信畅通。

(4) 及时联系 120 急救中心或当地医院，将伤员转送医院进行治疗。

(5) 负责接警后及时赶赴事发地，对受伤人员采取现场紧急救治，及时抢救伤员生命。

(6) 做好日常相关医疗药品和器材的维护和储备工作。

3.2.3.4　新闻发布工作组职责

(1) 在应急处置领导小组的指导下，负责将机械伤害事故情况汇总，根据应急处置领导小组的决定做好对外新闻发布工作。

(2) 根据应急处置领导小组的决定对物体打击事故情况向上级报告。

(3) 负责新闻媒体及当地政府有关部门和上级相关部门的接待工作。

3.2.3.5　技术保障物资供应组职责

(1) 全面提供应急救援时的技术支持。

(2) 掌握各种设备设施、建筑、器材、工具等专业技术。

(3) 掌握各种设备、设施、建筑在风机倒塌事故情况下的应急处置方法。

(4) 按照公司要求做好风机超速事故相应物资储备和供给工作。

(5) 应急时，负责应急物资、各种器材、设备的供给。

(6) 负责与其他应急处置工作组进行沟通联络，及时做好应急物资的补给工作。

3.2.3.6　善后处理组职责

(1) 负责监督消除风机超速事故的影响，尽快恢复生产。

(2) 负责风机超速事故资料的收集，现场的保护。

(3) 准确、及时、公正地查清事故原因、责任，总结经验吸取教训，制定措施。对责任人提出处理意见。

(4) 负责做好风机超速事故中受伤人员赔偿及家属安抚工作，做好受伤人员康复治疗、慰问工作，对因参与应急处理工作受伤、致残、死亡的人员，按照国家有关规定，做好伤亡人员保险理赔工作，给予相应补助和抚恤。

4　应急处置

4.1　现场应急处置程序

(1) 风机超速事件发生后，当值值长应立即向公司分管副总经理汇报。

(2) 该方案由应急处置领导小组组长宣布启动。

(3) 应急处置组成员接到通知后，立即赶赴现场进行应急处理。

(4) 风机超速事件进一步扩大时启动《人身事故应急预案》。

4.2　现场应急处置措施

风机超速应急处置措施：

(1) 远方手动停机。

(2) 当远方手动停机无效时，立即进行远方手动偏航将叶轮迎风面偏航至侧风面。

(3) 当风机超速过程中遇线路突然停电时，应立即检查停电线路断路器有无异常，如无异常，强行送电一次。

(4) 强行送电一次不成功，立即派人检查该风电线路有无故障，若无明显故障，再次强送，若发现风电线的故障点，立即将故障点隔离，然后再次试送电，防止风机因超速过程中脱网造成飞车。

(5) 当风机经多次抢险仍没能使飞车风机停下来，已经造成飞车事故，应立即在故障风机周围安全区域内设置警戒线，并设置监护人员防止周边地区居民和其他人员误入。

4.3 事件报告流程

（1）事发人发现风机超速事故后立即向应急处置办公室汇报，应急处置办公室立即向应急处置领导小组汇报，汇报的内容包括伤害情况、现场采取急救措施情况。

（2）风机超速事故扩大时，由应急处置领导小组向上级主管单位汇报事故信息，如发生重伤、死亡、重大死亡事故，立即向当地政府应急管理部门报告，最迟不得超过1h。

（3）事件报告要求。事件信息准确完整、事件内容描述清晰；事件报告内容主要包括：事件发生时间、事件发生地点、事故性质、先期处理情况等。

（4）联系方式。

应急处置办公电话：×××。

移动电话：×××。

紧急救护：×××。

5 注意事项

5.1 在远方进行停机操作，禁止人员靠近风机或进入风机

避免因救援对策或措施执行错误造成事故进一步扩大或人员伤亡重大事件的发生。

在急救过程中，遇有威胁人身安全情况时，应首先确保人身安全，迅速组织脱离危险区域或场所后，再采取急救措施。

5.2 其他特别警示的事项

风机超速事故的地点应设置隔离围栏、遮拦网，悬挂警示标识，防止其他人员误入造成伤害。

八、风机桨叶掉落事故处置方案

某风力发电公司
风机桨叶掉落事故处置方案

1 总则

1.1 编制目的

为高效有序地处理公司发生的风机桨叶掉落事故，避免或最大限度地减轻风机桨叶掉落事故及造成的经济损失，保障员工生命和企业财产安全，维护社会稳定，特编制本应急处置方案。

1.2 编制依据

《生产安全事故报告和调查处理条例》（国务院令第493号）

《生产经营单位安全生产事故应急预案编制导则》（GB/T 29639—2013）

《电力安全事故应急处置和调查处理条例》（国务院令第599号）

《电力企业应急预案管理办法》（国能安全〔2014〕508号）

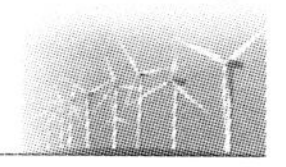

《电力企业现场处置方案编制导则（试行）》

《电力安全工作规程》（发电厂和变电站电气部分）（GB 26860—2011）

《某风电公司设备事故应急预案》

1.3　适用范围

本方案适用于公司风机桨叶掉落事故的应急处置和应急救援工作。

2　事件特征

2.1　危险性分析和事件类型

2.1.1　危险性分析

（1）风机超速导致风机飞车，风机桨叶掉落。

（2）天气原因导致桨叶表面产生裂痕，桨叶断裂，掉落。

（3）桨叶与轮毂连接处未按标准紧固，桨叶松动、螺栓断裂导致桨叶掉落。

（4）叶片质量问题导致桨叶掉落。

2.1.2　事件类型

风机桨叶掉落事故为紧急事故。

2.2　事件可能发生的区域、地点和装置名称

风电场所有风机。

2.3　事故可能造成的危害

风机运行中桨叶掉落可能造成人身伤亡。

2.4　事故前可能出现的征兆

风机异常振动，叶片异响，叶片有裂痕。

3　组织机构及职责

3.1　应急组织

3.1.1　应急处置领导小组

组　长：总经理

副组长：副总经理

成　员：综合管理部经理、资产财务部经理、项目开发部经理、工程管理部经理、电力运营部经理、安全生产部经理、现场工作人员、医护人员、安监人员

3.1.2　应急处置办公室

主　任：安全生产部经理

3.1.3　应急处置工作组

（1）危险源控制、抢险救援组　　组长：工程管理部经理、安全生产部经理

（2）安全保卫工作组　　组长：项目开发部经理、安全生产部经理

（3）交通医疗后勤保障组　　组长：综合管理部经理

（4）新闻发布工作组　　组长：综合管理部经理

（5）技术保障物资供应组　　组长：工程管理部经理、电力运营部经理

（6）善后处理组　　组长：综合管理部经理、资产财务部经理

3.2　各岗位职责

3.2.1　应急处置领导小组职责

（1）经上级应急领导小组批准启动本方案，发布和解除应急救援命令。

（2）负责按照本方案组织指挥风机桨叶掉落事故应急救援队伍，实施应急处置工作。

（3）负责向上级汇报风机桨叶掉落事故的情况，必要时向有关单位发出救援请求。

（4）负责组织开展本方案的应急保障建设工作。

（5）负责组织编制和完善本应急处置方案，指导本方案的培训和演练。

3.2.2　应急处置办公室职责

（1）应急处置办公室是风机桨叶掉落事故应急管理的常设机构，负责应急处置的日常工作。

（2）及时向应急处置领导小组报告事故情况。

（3）组织落实应急处置领导小组提出的各项措施、要求。

（4）组织制定风机桨叶掉落事故应急处置工作的各项规章制度。

（5）监督检查风机桨叶掉落事故应急处置方案日常应急准备工作、组织演练的情况；指导、协调风机桨叶掉落事故的处置工作。

（6）风机桨叶掉落事故处置工作完毕后，认真分析发生原因，总结处置过程中的经验教训，进一步完善应急处置方案。

（7）对风机桨叶掉落事故应急处置工作进行考核。

（8）指导相关应急处置工作组做好善后工作。

3.2.3　应急处置工作组职责

3.2.3.1　危险源控制、抢险救援组职责

（1）负责组织应急救援人员及有关专家及时进入现场，并进行现场抢险救援技术全面指导与技术监督。

（2）负责迅速开展风机桨叶掉落事故的应急救援工作。

（3）负责现场救援设备和物资及时运送进入现场。

（4）掌握风机桨叶掉落事故应急救援力量（医护人员、受过紧急救护培训的人员、与人身急救有关的专业对口人员）和人身应急救援物资的资源（包括数量、储存情况）。

（5）负责提出上级救援、外部救援力量和物资支援的需求。

3.2.3.2　安全保卫工作组职责

（1）维持现场秩序、现场警戒，划定警戒区域，负责监督应急情况处理时各项安全措施的执行，防止救援时人身事故的发生。

（2）控制现场人员，无关人员不准出入现场，确保抢险、救援人员的人身安全，做好安置，维持现场秩序，做好安全警戒装置的设置工作。

（3）负责抢险现场安全隔离措施的检查，并督促相关部门执行到位。

（4）组织实施事故恢复所必须采取的临时性措施。

（5）完成风机桨叶掉落事故（发生原因、处理经过）调查报告的编写和上报工作。

3.2.3.3　交通医疗后勤保障组职责

（1）负责应急救援车辆维护、检查，确保应急抢险救援时所需车辆正常使用。

（2）应急时提供紧急救护车辆，提供应急救援抢险和应急物资、设备设施运送所需车辆。

（3）负责办公电话、移动电话、传真、电子邮件、应急通信，确保调度通信畅通。

（4）及时联系120急救中心或当地医院，将伤员转送医院进行治疗。

（5）负责接警后及时赶赴事发地，对受伤人员采取现场紧急救治，及时抢救伤员生命。

（6）做好日常相关医疗药品和器材的维护和储备工作。

3.2.3.4 新闻发布工作组职责

（1）在应急处置领导小组的指导下，负责将风机桨叶掉落事故情况汇总，根据应急处置领导小组的决定做好对外新闻发布工作。

（2）根据应急处置领导小组的决定对风机桨叶掉落事故情况向上级报告。

（3）负责新闻媒体及当地政府有关部门和上级相关部门的接待工作。

3.2.3.5 技术保障物资供应组职责

（1）全面提供应急救援时的技术支持。

（2）掌握各种设备设施、建筑、器材、工具等专业技术。

（3）掌握各种设备、设施、建筑在风机桨叶掉落事故情况下的应急处置方法。

（4）按照公司要求做好风机桨叶掉落事故相应物资储备和供给工作。

（5）负责应急物资、各种器材、设备的供给。

（6）负责与其他应急处置工作组进行沟通联络，及时做好应急物资的补给工作。

3.2.3.6 善后处理组职责

（1）负责监督消除风机桨叶掉落事故的影响，尽快恢复生产。

（2）负责风机桨叶掉落事故资料的收集，现场的保护。

（3）准确、及时、公正地查清事故原因、责任，总结经验吸取教训，制定措施。对责任人提出处理意见。

（4）负责做好风机桨叶掉落事故中受伤人员赔偿及家属安抚工作，做好受伤人员康复治疗、慰问工作，对因参与应急处理工作受伤、致残、死亡的人员，按照国家有关规定，做好伤亡人员保险理赔工作，给予相应补助和抚恤。

4 应急处置

4.1 现场应急处置程序

（1）风机桨叶掉落事件发生后，值长应立即向应急救援指挥部汇报。

（2）该方案由应急处置领导小组组长宣布启动。

（3）应急处置组成员接到通知后，立即赶赴现场进行应急处理。

（4）风机桨叶掉落事件进一步扩大时启动《人身事故应急预案》。

4.2 现场应急处置措施

风机桨叶掉落事故应急处置措施：

（1）迅速将事故风机电源切断。

（2）桨叶掉落造成箱变、集电线路故障着火时，应立即切断集电线路电源，并报火警，通知消防部门灭火。对有可能蔓延到其他设备的应做好隔离措施。

4.3　事件报告流程

（1）事发人发现风机桨叶掉落事故后立即向应急处置办公室汇报，应急处置办公室立即向应急处置领导小组汇报，汇报的内容包括物体打击人员伤害情况、现场采取急救措施情况。

（2）风机桨叶掉落事故扩大时，由应急处置领导小组向上级主管单位汇报事故信息，如发生重伤、死亡、重大死亡事故，立即向当地政府应急管理部门报告，最迟不得超过1h。

（3）事件报告要求。事件信息准确完整、事件内容描述清晰；事件报告内容主要包括事件发生时间、事件发生地点、事故性质、先期处理情况等。

（4）联系方式。

应急处置办公电话：×××。

移动电话：×××。

急救电话：×××。

5　注意事项

5.1　在风机桨叶脱落事件发生后，现场人员在人身不受危害的情况下要坚守本职岗位

避免因救援对策或措施执行错误造成事故进一步扩大或人员伤亡重大事件的发生。

在急救过程中，遇有威胁人身安全情况时，应首先确保人身安全，迅速组织人员脱离危险区域或场所后，再采取急救措施。

5.2　其他特别警示的事项

对于风机桨叶掉落事故的地点，设置隔离围栏、遮拦网、悬挂警示标识。以防止其他人员误入后造成伤害。

九、发电机损坏事故处置方案

某风力发电公司
发电机损坏事故处置方案

1　总则

1.1　编制目的

为高效有序地做好公司发生的风力发电机损坏事故应急处置工作，避免或最大限度地减轻发电机损坏事故造成的损失，保障员工生命和企业财产安全，维护社会稳定，特编制本应急处置方案。

1.2　编制依据

《生产安全事故报告和调查处理条例》（国务院令第493号）

《生产经营单位安全生产事故应急预案编制导则》（GB/T 29639—2013）

《电力安全事故应急处置和调查处理条例》（国务院令第599号令）

《电力企业应急预案管理办法》（国能安全〔2014〕508号）

《电力企业现场处置方案编制导则（试行）》

《电力安全工作规程》（发电厂和变电站电气部分）（GB 26860—2011）

《某风电公司设备事故应急预案》

1.3　适用范围

本方案适用于公司发生的风力发电机损坏事故的现场应急处置和应急救援工作。

2　事件特征

2.1　危险性分析和事件类型

（1）风机机械故障。

（2）发电机轴承损坏导致发电机损坏。

（3）接地短路、电路短路、长期过负荷。

（4）定子绕组端松动引起相间短路。

（5）转子绕组匝间短路。

（6）发电机转子绕组接地故障。

（7）发电机非同期并网。

（8）发电机部件松动。

2.2　可能发生的区域、地点或装置名称

（1）风电场风机机舱。

（2）风力发电机组内部。

2.3　事故发生的季节（时间）

冬季、夏季发生较多，其他季节也有发生。

2.4　事前可能出现的征兆

（1）发电机组出现明火和烟雾。

（2）发电机组表面炙热。

（3）发电机组过负荷。

（4）发电机有异响。

（5）发电机过热。

（6）发电机故障停机。

3　组织机构及职责

3.1　应急组织

3.1.1　应急处置领导小组

组　长：总经理

副组长：副总经理

成　员：综合管理部经理、资产财务部经理、项目开发部经理、工程管理部经理、电力运营部经理、安全生产部经理、现场工作人员、医护人员、安监人员

3.1.2　应急处置办公室

主　任：安全生产部经理

3.1.3　应急处置工作组

（1）危险源控制、抢险救援组	组长：工程管理部经理、安全生产部经理
（2）安全保卫工作组	组长：项目开发部经理、安全生产部经理
（3）交通医疗后勤保障组	组长：综合管理部经理
（4）新闻发布工作组	组长：综合管理部经理
（5）技术保障物资供应组	组长：工程管理部经理、电力运营部经理
（6）善后处理组	组长：综合管理部经理、资产财务部经理

3.2　各岗位职责

3.2.1　应急处置领导小组职责

（1）经上级应急领导小组批准启动本方案，发布和解除应急救援命令。

（2）负责按照本方案组织健全处置发电机损坏事故的应急救援队伍，实施应急处置工作。

（3）负责向上级汇报发电机损坏事故的情况，必要时向有关单位发出救援请求。

（4）负责组织开展本方案的应急保障建设工作。

（5）负责组织编制和完善本应急处置方案，指导本方案的培训和演练。

3.2.2　应急处置办公室职责

（1）应急处置办公室是发电机损坏事故应急管理的常设机构，负责应急处置日常工作。

（2）及时向应急处置领导小组报告事故情况。

（3）组织落实应急处置领导小组提出的各项措施、要求。

（4）组织制定发电机损坏事故应急处置工作的各项规章制度。

（5）监督检查发电机损坏事故应急处置方案，日常应急准备工作、组织演练的情况；指导、协调事故的处置工作。

（6）发电机损坏事故处置工作完毕后，认真分析发生原因，总结处置过程中的经验教训，进一步完善应急处置方案。

（7）对发电机损坏事故应急处置工作进行考核。

（8）指导相关应急处置工作组做好善后工作。

3.2.3　应急处置工作组职责

3.2.3.1　危险源控制、抢险救援组职责

（1）负责组织应急救援人员及有关专家及时进入现场，并进行现场抢险救援技术全面指导与技术监督。

（2）负责迅速开展由于发电机损坏事故涉及的受伤人员的救援工作。

（3）负责现场救援设备和物资及时运送进入现场。

（4）掌握发电机损坏事故应急救援力量（包括应急救援的技术人员、医护人员、受过紧急救护培训的人员、与人身急救有关的专业对口人员）和人身应急救援物资的资源（包括数量、储存情况）。

(5) 负责提出上级救援、外部救援力量和物资支援的需求。

3.2.3.2 安全保卫工作组职责

(1) 维持现场秩序、现场警戒，划定警戒区域，负责监督应急情况处理时各项安全措施的执行，防止救援时人身事故的发生。

(2) 控制现场人员，无关人员不准出入现场，确保抢修人员疏散时的人身安全，做好维持现场秩序、安全警戒装置的设置工作。

(3) 负责抢险现场安全隔离措施的检查，并督促相关部门执行到位。

(4) 组织实施事故恢复所必须采取的临时性措施。

(5) 完成发电机损坏事故（发生原因、处理经过）调查报告的编写和上报工作。

3.2.3.3 交通医疗后勤保障组职责

(1) 负责应急救援车辆维护、检查，确保应急抢险救援时所需车辆正常使用。

(2) 应急时提供紧急救护车辆，提供应急救援抢险和应急物资、设备设施运送所需车辆。

(3) 负责办公电话、移动电话、传真、电子邮件、应急通信，确保调度通信畅通。

(4) 与制造厂家、供应商建立物资供应协作关系，保证应急救援物资的质量、数量。

(5) 负责接警后及时赶赴事发地，对受伤人员采取现场紧急救治，及时抢救伤员生命。

(6) 及时联系120急救中心或当地医院，将伤员转送医院进行治疗。

(7) 做好日常相关医疗药品和器材的维护和储备工作。

3.2.3.4 新闻发布工作组职责

(1) 在应急处置领导小组的指导下，负责将发电机损坏事故情况汇总，根据应急处置领导小组的决定做好对外新闻发布工作。

(2) 根据应急处置领导小组的决定对发电机损坏事故情况向上级报告。

(3) 负责新闻媒体及当地政府有关部门和上级相关部门的接待工作。

3.2.3.5 技术保障物资供应组职责

(1) 全面提供应急救援时的技术支持。

(2) 掌握各种设备设施、器材、工具等配置情况。

(3) 掌握发电机损坏事故的应急处置方法。

(4) 按照公司要求做好发电机损坏事故相应物资储备和供给工作。

(5) 负责应急物资、各种器材、设备的供给。

(6) 负责与其他应急处置工作组进行沟通联络，及时做好应急物资的补给工作。

3.2.3.6 善后处理组职责

(1) 负责监督消除发电机损坏事故的影响，尽快恢复生产。

(2) 负责发电机损坏事故资料的收集，现场的保护。

(3) 准确、及时、公正地查清事故原因、责任，总结经验吸取教训，制定措施，对事故责任者提出处理意见。

(4) 负责做好发电机损坏事故涉及的被伤害人员的保险赔偿及家属安抚工作，做好

受伤人员康复治疗、慰问工作，对因参与应急处理工作受伤、致残、死亡的人员，按照国家有关规定，做好伤亡人员和设备损坏的保险理赔工作。

4　应急处置

4.1　现场应急处置程序

遭遇任何事故时应首先保证人员的人身安全。

（1）最早发现事故者应立即向值长汇报，值长立即通知抢险救援组到现场，同时报告公司主管副总经理。

（2）抢险救援组到达事故现场后，根据事故状态及危害程度做出相应的检查和处理，开展救援。

（3）发电机起火，应立即进行救火，必要时拨打119报警电话请求消防部门支援。

（4）事件扩大时与相关应急预案的衔接程序：事故扩大时启动《设备事故应急预案》；造成人身伤亡时启动《人身伤亡事故应急预案》；造成设备损坏时启动《电力设备事故应急预案》。

4.2　现场处置措施

（1）当现场发生发电机损坏事故时，现场人员应做以下处理：

1）事故发生时，人员在风机内部，应立即切断风机内部电源，在保证自身安全的情况下，做出相应的应急处置。

2）事故发生时，人员不在风机内部或已撤出，应立即切断机组高压侧电源，必要时可联系主控室值班人员断开有关及邻近线路电源。所有人员不得接近事故机组，并保持500m以上的距离。

3）将情况报告生产管理人员，同时可拨打119、120求助。

（2）救援组到达现场后应立即进行以下工作：

1）指挥应急人员进行现场紧急处置。

2）指挥做好现场隔离，防止造成次生伤害事件。

（3）值长配合运行部有关人员迅速查明事故原因。

（4）如发电机着火，火势无法控制，请求当地消防部门支援。

（5）根据现场恢复情况，由公司主管副总经理宣布事故应急处理情况的终止，生产秩序和生活秩序恢复为正常状态。

4.3　事件报告

（1）值长报告应急救援指挥部领导。

（2）发电机损坏事故无法控制时由应急救援领导小组决定报当地相关部门，请求当地相关部门共同处理。

（3）应急救援领导小组在发电机损坏事故发生后1h内向所在地人民政府和上级主管单位速报突发事件信息。速报内容主要包括事故发生的时间、地点、人员伤亡、设备损坏情况、可能引发因素和发展趋势等。报送、报告突发事件信息，应当做到及时、客观、真实，不得迟报、谎报、瞒报、漏报。

4.4　联系方式

应急处置办公电话：×××。

移动电话：×××。

急救中心：×××。

5　注意事项

5.1　佩戴个人防护器具的注意事项

应急救援人员进入事故现场必须按规定穿好工作服、工作鞋，正确佩戴安全帽，防毒面具，涉及高处作业人员必须系好安全带或防坠器。

5.2　使用抢险救援器材的注意事项

必须对应急救援所使用的器材进行认真的检查，严禁使用没有进行检验、试验、不合格的器材从事应急处置活动，包括从事救援用的灭火器材、医疗器械、担架、起重工器具、手持工器具、电动工器具、绝缘工器具等。

5.3　采取救援对策或措施方面的注意事项

在从事应急处置过程中所采取的安全措施、技术措施必须严密符合实际，具备可行性、可操作性、实效性，在措施的落实过程中应做到责任到人、措施到项、检查监督到位，做好防止中毒、窒息、触电、烫伤的安全技术措施，防止次生事故的发生。

5.4　自救和互救的注意事项

（1）应急救援人员应熟悉紧急救护法，学会心肺复苏、人工呼吸、外伤急救等应急状态下的紧急救护方法和逃生的各种方法，注意防止中毒、窒息、触电、烫伤等。

（2）在应急处置过程中所有应急救援人员应做好自救和互救的思想准备，一旦威胁到自身安全和他人安全，做好逃生准备，一旦发生伤害要采取得当抢救方法（例如：止血、包扎、背、抬等医疗方法），严禁次生伤害的发生。

（3）积极与应急救援医疗处置人员取得联系，以得到及时的支援。

5.5　应急处置能力的确认和人员安全防护注意事项

（1）应对应急救援人员定期进行应急情况下的紧急救护培训教育，提高应急救援人员的思想素质和技术素质以及紧急救护的能力，考试合格后方可参加应急救援队伍。对在培训、考试过程中不遵守纪律、徇私舞弊者进行严格的考核。

（2）应急救援所用的安全防护用品、用具应符合国家标准，购置、保管、存放、发放、使用、佩戴应符合标准要求，应急救援人员应掌握安全防护用具的原理、构造、工艺、检修、维护，以及使用佩戴的方式方法。严禁购置不合格的安全防护用品、用具。

5.6　应急救援结束后的注意事项

（1）应急救援结束后，应急救援人员撤离现场，应急处置工作组组长清点人数，检查所带工器具，严格保护现场，等待事故调查。

（2）将发电机损坏事故引起的被伤害人员及时转送医疗部门救治，应对现场进行全面的检查，举一反三，防止再次发生类似事故。

（3）召开事故分析会，分析事故原因、责任，开展反事故教育，为事故调查收集资料，对责任者进行处罚。

（4）恢复现场正常生产、生活秩序，稳定员工思想情绪，拆除临时措施，恢复常设措施、补充完善安全技术措施。

5.7　其他特别警示的事项

（1）对于发生发电机损坏事故的位置，做好警示标志，对没有采取防范措施的不得恢复生产活动。

（2）救护人在进行被伤害人员救治时，必须进行伤员伤情的初步判断，不可直接进行救护，以免由于救护人的不当施救造成伤员的伤情恶化。

（3）发电机损坏事故引起的受伤人可能在高处，存在高处坠落的危险，要防止伤员高空坠落，救护者也应注意救护中自身的防坠落、摔伤措施。救护人员登高时应随身携带必要的安全带和牢固的绳索等。

（4）如事故发生在夜间，应设置临时照明灯，以便于抢救，避免意外事故，但不能因此延误急救时间。

十、污闪事故应急处置方案

某风力发电公司
污闪事故应急处置方案

1　总则

1.1　编制目的

为高效有序地处置公司污闪事故，避免或最大限度地减轻因污闪事故引起的人身伤害和经济损失，保障员工生命和企业财产安全，维护社会稳定，特编制本应急处置方案。

1.2　编制依据

《生产安全事故报告和调查处理条例》（国务院令第493号）

《生产经营单位安全生产事故应急预案编制导则》（GB/T 29639—2013）

《电力安全事故应急处置和调查处理条例》（国务院令第599号）

《电力企业应急预案管理办法》（国能安全〔2014〕508号）

《电力企业现场处置方案编制导则（试行）》

《电力安全工作规程》（发电厂和变电站电气部分）（GB 26860—2011）

《某风电公司设备事故应急预案》

1.3　适用范围

本方案适用于公司污闪事故的应急处置和应急救援工作。

2　事件特征

2.1　危险性分析和事件类型

电气设备外绝缘污闪引起相关系统故障跳闸，导致系统非正常退出运行或设备损坏。

2.2　事件可能发生的区域、地点和装置名称

变电站室外电气设备。

2.3　可能造成的危害

遇到大雾、雷雨及潮湿的天气，致使污秽严重的地区电力设备不能正常运行，往往会发生闪络放电事故，严重时将造成大面积停电，影响较大。

2.4　事前可能出现的征兆

（1）电气设备外绝缘严重积尘。

（2）回暖天气时空气湿度偏大。

（3）突发性的异常空气污染，空气中尘埃浓度大于正常污秽等级。

3　组织机构及职责

3.1　应急组织

3.1.1　应急处置领导小组

组　长：总经理

副组长：副总经理

成　员：综合管理部经理、资产财务部经理、项目开发部经理、工程管理部经理、电力运营部经理、安全生产部经理、现场工作人员、医护人员、安监人员

3.1.2　应急处置办公室

主　任：安全生产部经理

3.1.3　应急处置工作组

（1）危险源控制、抢险救援组　　组长：工程管理部经理、安全生产部经理

（2）安全保卫工作组　　组长：项目开发部经理、安全生产部经理

（3）交通医疗后勤保障组　　组长：综合管理部经理

（4）新闻发布工作组　　组长：综合管理部经理

（5）技术保障物资供应组　　组长：工程管理部经理、电力运营部经理

（6）善后处理组　　组长：综合管理部经理、资产财务部经理

3.2　各岗位职责

3.2.1　应急处置领导小组职责

（1）经上级应急领导小组批准启动本方案，发布和解除应急救援命令。

（2）负责按照本方案组织健全处置污闪事故的应急救援队伍实施应急处置工作。

（3）负责向上级汇报污闪事故的情况，必要时向有关单位发出救援请求。

（4）负责组织开展本方案的应急保障建设工作。

（5）负责组织编制和完善本应急处置方案，指导本方案的培训和演练。

3.2.2　应急处置办公室职责

（1）应急处置办公室是污闪事故应急管理的常设机构，负责应急处置的日常工作。

（2）及时向应急处置领导小组报告事故情况。

（3）组织落实应急处置领导小组提出的各项措施、要求。

（4）组织制定污闪事故应急处置工作的各项规章制度。

（5）监督检查污闪事故应急处置方案日常应急准备工作、组织演练的情况；指导、协调开关设备事故的处置工作。

（6）污闪事故处置工作完毕后，认真分析发生原因，总结处置过程中的经验教训，进一步完善应急处置方案。

（7）对误操作应急处置工作进行考核。

（8）指导相关应急处置工作组做好善后工作。

3.2.3　应急处置工作组职责

3.2.3.1　危险源控制、抢险救援组职责

（1）负责组织应急救援人员及有关专家及时进入现场，并进行现场抢险救援技术全面指导与技术监督。

（2）负责迅速开展由于污闪事故涉及的解救被困人员和受伤人员的救援工作。

（3）负责现场救援设备和物资及时运送进入现场。

（4）掌握污闪事故应急救援力量（包括应急救援的技术人员、医护人员、受过紧急救护培训的人员、与人身急救有关的专业对口人员）和人身应急救援物资的资源（包括数量、储存情况）。

（5）负责提出上级救援、外部救援力量和物资支援的需求。

3.2.3.2　安全保卫工作组职责

（1）维持现场秩序、现场警戒，划定警戒区域，负责监督应急情况处理时各项安全措施的执行，防止救援时人身事故的发生。

（2）控制现场人员，无关人员不准出入现场，确保抢修人员疏散时的人身安全，做好维持现场秩序、安全警戒装置的设置工作。

（3）负责抢险现场安全隔离措施的检查，并督促相关部门执行到位。

（4）组织实施事故恢复所必须采取的临时性措施。

（5）完成事故（发生原因、处理经过）调查报告的编写和上报工作。

3.2.3.3　交通医疗后勤保障组职责

（1）负责应急救援车辆维护、检查，确保应急抢险救援时所需车辆正常使用。

（2）应急时提供紧急救护车辆，提供应急救援抢险和应急物资、设备设施运送所需车辆。

（3）负责办公电话、移动电话、传真、电子邮件、应急通信，确保调度通信畅通。

（4）与供应商建立物资供应协作关系，保证应急救援物资的质量、数量。

（5）负责接警后及时赶赴事发地，对受伤人员采取现场紧急救治，及时抢救伤员生命。

（6）及时联系120急救中心或当地医院，将伤员转送医院进行治疗。

（7）做好日常相关医疗药品和器材的维护和储备工作。

3.2.3.4　新闻发布工作组职责

（1）在应急处置领导小组的指导下，负责将污闪事故情况汇总，根据应急处置领导小组的决定做好对外新闻发布工作。

（2）根据应急处置领导小组的决定对污闪事故情况向上级报告。

（3）负责新闻媒体及当地政府有关部门和上级相关部门的接待工作。

3.2.3.5　技术保障物资供应组职责

（1）全面提供应急救援时的技术支持。

（2）掌握各种设备设施、器材、工具等配置情况。

（3）掌握污闪事故情况下的应急处置方法。

（4）按照公司要求做好污闪事故相应物资储备和供给工作。

（5）负责应急物资、各种器材、设备的供给。

（6）负责与其他应急处置工作组进行沟通联络，及时做好应急物资的补给工作。

3.2.3.6　善后处理组职责

（1）负责监督消除污闪事故的影响，尽快恢复生产。

（2）负责污闪事故资料的收集，现场的保护。

（3）准确、及时、公正地查清事故原因、责任，总结经验吸取教训，制定措施，对责任人提出处理意见。

（4）负责做好污闪事故涉及的伤害人员的保险赔偿及家属安抚工作，做好受伤人员康复治疗、慰问工作，对因参与应急处理工作受伤、致残、死亡的人员，按照国家有关规定，做好伤亡人员和设备损坏的保险理赔工作。

4　应急处置

4.1　现场应急处置程序

（1）污闪事故发生后，当值值长应立即向调度报告，采取相应停电措施，并向公司主管副总经理汇报。

（2）该方案由应急处置领导小组组长宣布启动。

（3）各应急处置组成员接到通知后，立即赶赴现场开展应急处置。

（4）事故进一步扩大时启动《设备事故应急救援预案》，如有人员伤亡，启动《人身伤亡事故应急救援预案》。

4.2　现场应急处置措施

（1）发生污闪事故以后，值长应立即通过中控室故障信息找到故障点及其可能的原因，并命令运行人员采取必要的应急处置措施，避免造成重大设备损坏和脱网事故。同时上报应急处置领导小组。

（2）由于污闪事故的发生造成人身伤害，按照《触电伤亡事故处置方案》或《机械伤害事故处置方案》进行现场处理。如果造成停电、火灾等情况，按相应的应急现场处置方案进行。

（3）通知检修、试验人员进行设备检查，利用中控室故障信息判断出故障点。

（4）在消除设备故障后，按操作规程恢复设备运行。

（5）调查事故原因，做好运行记录。

4.3　事件报告流程

（1）事发人按照相关规定进行信息报送。应急处置办公室立即向应急处置领导小组汇报污闪事故情况以及现场采取的应急措施情况。

（2）污闪事故扩大时，如主要电气设备损坏、对供电网络造成重大影响或发生人员伤害时，由应急处置领导小组向上级主管单位汇报事故信息，同时上报当地政府应急管理部门，时限最迟不超过1h。

（3）事故报告要求：事故信息的报告采用办公电话、移动电话、计算机网络等方式，报告的内容应准确完整、描述清晰，报告内容主要包括事件发生时间、事件发生地点、事故性质、先期处理情况等。

（4）联系方式。

应急处置办公电话：×××。

移动电话：×××。

急救中心：×××。

5　注意事项

5.1　佩戴个人防护器具的注意事项

任何人进入现场必须按规定穿好工作服、工作鞋，正确佩戴安全帽，涉及高处作业人员必须系好安全带和挂好防坠器。

5.2　使用抢险救援器材的注意事项

必须对应急救援所使用的器材进行认真的检查，严禁使用没有进行检验、试验、不合格的器材从事应急处置活动，包括从事救援用的医疗器械、担架、起重工器具、手持工器具、电动工器具、绝缘工器具等。

5.3　采取救援对策或措施方面的注意事项

在从事应急处置过程中所采取的安全措施、技术措施必须严密符合实际，具备可行性、可操作性、实效性，在措施的落实过程中应做到责任到人、措施到项、检查监督到位，防止次生事故的发生。

5.4　自救和互救的注意事项

（1）应急救援人员应熟悉紧急救护法，学会心肺复苏、外伤急救等应急状态下的紧急救护方法和逃生的各种方法。

（2）在应急处置过程中所有应急救援人员应做好自救和互救的思想准备，一旦威胁到自身安全和他人安全做好逃生准备，一旦发生伤害要采取得当抢救方法（例如：止血、包扎、背、抬等医疗方法），严禁次生伤害的发生。

（3）积极与应急救援医疗处置人员取得联系，以得到及时的支援。

5.5　应急处置能力的确认和人员安全防护注意事项

（1）应对应急救援人员定期进行应急情况下的紧急救护培训教育，提高应急救援人员的思想素质和技术素质以及紧急救护的能力，考试合格后方可参加应急救援队伍。对在培训、考试过程中不遵守纪律、徇私舞弊者进行严格的考核。

（2）应急救援所用的安全防护用品、用具应符合国家标准，购置、保管、存放、发放、使用、佩戴应符合标准要求，应急救援人员应掌握安全防护用具的原理、构造、工艺、检修、维护，以及使用佩戴的方式方法。严禁购置不合格的安全防护用品、用具。

5.6 应急救援结束后的注意事项

(1) 应急救援结束后，应急救援人员撤离现场，应急处置工作组组长清点人数，检查所带工器具，严格保护现场，等待事故调查。

(2) 将污闪事故引起的被伤害人员及时转送医疗部门救治，应对现场进行全面的检查，举一反三防止再次发生类似事故。

(3) 召开事故分析会，分析事故原因、责任，开展反事故教育，对责任者进行处罚，为事故调查收集资料。

(4) 恢复现场正常生产、生活秩序，稳定员工思想情绪，拆除临时措施，恢复常设措施、补充完善安全技术措施。

5.7 其他特别警示的事项

(1) 对于发生污闪事故的设备设施位置，做好警示标志，对没有采取防范措施的设备不准再次使用。

(2) 救护人在进行被伤害人员救治时，必须进行伤员伤情的初步判断，不可直接进行救护，以免由于救护人的不当施救造成伤员的伤情恶化。

(3) 污闪事故引起的受伤人可能在高处，存在高处坠落的危险，要防止伤员高空坠落，救护者也应注意救护中自身的防坠落、摔伤措施。救护人员登高时应随身携带必要的安全带和牢固的绳索等。

(4) 如事故发生在夜间，应设置临时照明灯，以便于抢救，避免意外事故，但不能因此延误急救时间。

十一、自动化设备故障应急处置方案

某风力发电公司
自动化设备故障应急处置方案

1 总则

1.1 编制目的

为高效有序地处置公司自动化设备故障，避免或最大限度地减轻自动化设备故障引起的人身伤害和经济损失，保障员工生命和企业财产安全，维护社会稳定，特编制本应急处置方案。

1.2 编制依据

《生产安全事故报告和调查处理条例》(国务院令第 493 号)

《生产经营单位安全生产事故应急预案编制导则》(GB/T 29639—2013)

《电力安全事故应急处置和调查处理条例》(国务院令第 599 号)

《电力企业应急预案管理办法》(国能安全〔2014〕508 号)

《电力企业现场处置方案编制导则(试行)》

《电力安全工作规程》(发电厂和变电站电气部分)(GB 26860—2011)

《电力调度自动化系统运行管理规程》（DL/T 516—2016）

《某风电公司设备事故应急预案》

1.3 适用范围

本方案适用于公司自动化设备故障的应急处置和应急救援工作。

2 事件特征

2.1 危险性分析和事件类型

因变电站自动化设备遥测过程出现偏差、遥信记录出现错误、线路板故障、接线方式不准确、操作电源故障等原因造成变电站无法正常供应电力。

2.2 事件可能发生的区域、地点和装置名称

变电站自动化系统。

2.3 可能造成的危害

过电压侵入自动化系统造成设备和通信损坏，雷击造成地网电位提高，对室内二次设备形成高压，电源线路接地引起电源故障。

2.4 事前可能出现的征兆

（1）雷雨天气，地网电位升高。

（2）后台数据波动较大，不在正常范围内。

（3）后台报警。

3 组织机构及职责

3.1 应急组织

3.1.1 应急处置领导小组

组　长：总经理

副组长：副总经理

成　员：综合管理部经理、资产财务部经理、项目开发部经理、工程管理部经理、电力运营部经理、安全生产部经理、现场工作人员、医护人员、安监人员

3.1.2 应急处置办公室

主　任：安全生产部经理

3.1.3 应急处置工作组

（1）危险源控制、抢险救援组　组长：工程管理部经理、安全生产部经理

（2）安全保卫工作组　组长：项目开发部经理、安全生产部经理

（3）交通医疗后勤保障组　组长：综合管理部经理

（4）新闻发布工作组　组长：综合管理部经理

（5）技术保障物资供应组　组长：工程管理部经理、电力运营部经理

（6）善后处理组　组长：综合管理部经理、资产财务部经理

3.2 各岗位职责

3.2.1 应急处置领导小组职责

（1）经上级应急领导小组批准启动本方案，发布和解除应急救援命令。

（2）负责按照本方案组织健全处置自动化设备故障的应急救援队伍，实施应急处置工作。

（3）负责向上级汇报自动化设备故障的情况，必要时向有关单位发出救援请求。

（4）负责组织开展本方案的应急保障建设工作。

（5）负责组织编制和完善本应急处置方案，指导本方案的培训和演练。

3.2.2 应急处置办公室职责

（1）应急处置办公室是自动化设备应急管理的常设机构，负责应急处置的日常工作。

（2）及时向应急处置领导小组报告事故情况。

（3）组织落实应急处置领导小组提出的各项措施、要求。

（4）组织制定自动化设备故障应急处置工作的各项规章制度。

（5）监督检查自动化设备故障应急处置方案日常应急准备工作、组织演练的情况；指导、协调开关设备事故的处置工作。

（6）自动化设备故障处置工作完毕后，认真分析发生原因，总结处置过程中的经验教训，进一步完善应急处置方案。

（7）对误操作应急处置工作进行考核。

（8）指导相关应急处置工作组做好善后工作。

3.2.3 应急处置工作组职责

3.2.3.1 危险源控制、抢险救援组职责

（1）负责组织应急救援人员及有关专家及时进入现场，并进行现场抢险救援技术全面指导与技术监督。

（2）负责迅速开展由于自动化设备故障涉及的解救被困人员和受伤人员的救援工作。

（3）负责现场救援设备和物资及时运送进入现场。

（4）掌握自动化设备故障应急救援力量（包括应急救援的技术人员、医护人员、受过紧急救护培训的人员、与人身急救有关的专业对口人员）和人身应急救援物资的资源（包括数量、储存情况）。

（5）负责提出上级救援、外部救援力量和物资支援的需求。

3.2.3.2 安全保卫工作组职责

（1）维持现场秩序、现场警戒，划定警戒区域，负责监督应急情况处理时各项安全措施的执行，防止救援时人身事故的发生。

（2）控制现场人员，无关人员不准出入现场，确保抢修人员疏散时的人身安全，做好维持现场秩序、安全警戒装置的设置工作。

（3）负责抢险现场安全隔离措施的检查，并督促相关部门执行到位。

（4）组织实施事故恢复所必须采取的临时性措施。

（5）完成事故（发生原因、处理经过）调查报告的编写和上报工作。

3.2.3.3 交通医疗后勤保障组职责

（1）负责应急救援车辆维护、检查，确保应急抢险救援时所需车辆正常使用。

（2）应急时提供紧急救护车辆，提供应急救援抢险和应急物资、设备设施运送所需

车辆。

（3）负责办公电话、移动电话、传真、电子邮件、应急通信，确保调度通信畅通。

（4）与供应商建立物资供应协作关系，保证应急救援物资的质量、数量。

（5）负责接警后及时赶赴事发地，对受伤人员采取现场紧急救治，及时抢救伤员生命。

（6）及时联系120急救中心或当地医院，将伤员转送医院进行治疗。

（7）做好日常相关医疗药品和器材的维护和储备工作。

3.2.3.4 新闻发布工作组职责

（1）在应急处置领导小组的指导下，负责将自动化设备故障情况汇总，根据应急处置领导小组的决定做好对外新闻发布工作。

（2）根据应急处置领导小组的决定对污闪事故情况向上级报告。

（3）负责新闻媒体及当地政府有关部门和上级相关部门的接待工作。

3.2.3.5 技术保障物资供应组职责

（1）全面提供应急救援时的技术支持。

（2）掌握各种设备设施、器材、工具等配置情况。

（3）掌握自动化设备故障情况下的应急处置方法。

（4）按照公司要求做好自动化设备故障相应物资储备和供给工作。

（5）负责应急物资、各种器材、设备的供给。

（6）负责与其他应急处置工作组进行沟通联络，及时做好应急物资的补给工作。

3.2.3.6 善后处理组职责

（1）负责监督消除自动化设备故障的影响，尽快恢复生产。

（2）负责自动化设备故障资料的收集，现场的保护。

（3）准确、及时、公正地查清事故原因、责任，总结经验吸取教训，制定措施，对责任人提出处理意见。

（4）负责做好自动化设备故障涉及的伤害人员的保险赔偿及家属安抚工作，做好受伤人员康复治疗、慰问工作，对因参与应急处理工作受伤、致残、死亡的人员，按照国家有关规定，做好伤亡人员和设备损坏的保险理赔工作。

4 应急处置

4.1 现场应急处置程序

（1）自动化设备故障发生后，当值值长应立即向调度报告，并向公司主管副总经理汇报。

（2）该方案由应急处置领导小组组长宣布启动。

（3）各应急处置组成员接到通知后，立即赶赴现场开展应急处置。

（4）事故进一步扩大时启动《设备事故应急救援预案》，如有人员伤亡，启动《人身伤亡事故应急救援预案》。

4.2 现场应急处置措施

（1）发生自动化设备故障以后，当值值长应通知运行人员尽快找到故障点及其可能的原因，并采取必要的应急处置措施，避免造成重大设备损坏和脱网事故。同时上报应急处

置领导小组。

（2）由于自动化设备故障造成人身伤害，按照《触电伤亡事故处置方案》或《机械伤害事故处置方案》进行现场处理。如果造成停电、火灾等情况，按相应的应急现场处置方案进行。

（3）通知检修、试验人员检查设备，利用中控室故障信息判断出故障点。

（4）在消除设备故障后，按操作规程恢复设备运行。

（5）调查事故原因，做好运行记录。

4.3　事件报告流程

（1）事发人按照相关规定进行信息报送。应急处置办公室立即向应急处置领导小组汇报污闪事故情况以及现场采取的应急措施情况。

（2）自动化设备故障扩大时，如主要电气设备损坏、对供电网络造成重大影响或发生人员伤害时，由应急处置领导小组向上级主管单位汇报事故信息，同时上报当地政府应急管理部门，时限最迟不超过1h。

（3）事故报告要求：事故信息的报告采用办公电话、移动电话、计算机网络等方式，报告的内容准确完整、内容描述清晰，报告内容主要包括事件发生时间、事件发生地点、事故性质、先期处理情况等。

（4）联系方式。

应急处置办公电话：×××。

移动电话：×××。

急救电话：×××。

5　注意事项

5.1　佩戴个人防护器具的注意事项

任何人进入现场必须按规定穿好工作服、工作鞋，正确佩戴安全帽，涉及高处作业人员必须系好安全带或防坠器。

5.2　使用抢险救援器材的注意事项

必须对应急救援所使用的器材进行认真的检查，严禁使用没有进行检验、试验、不合格的器材从事应急处置活动，包括从事救援用的医疗器械、担架、起重工器具、手持工器具、电动工器具、绝缘工器具等。

5.3　采取救援对策或措施方面的注意事项

在从事应急处置过程中所采取的安全措施、技术措施必须严密符合实际，具备可行性、可操作性、实效性，在措施的落实过程中应做到责任到人、措施到项、检查监督到位，防止次生事故的发生。

5.4　自救和互救的注意事项

（1）应急救援人员应熟悉紧急救护法，学会心肺复苏、人工呼吸、外伤急救等应急状态下的紧急救护方法和逃生的各种方法。

（2）在应急处置过程中所有应急救援人员应做好自救和互救的思想准备，一旦威胁到自身安全和他人安全做好逃生准备，一旦发生伤害要采取得当抢救方法（例如：止血、包扎、背、抬等医疗方法），严禁次生伤害的发生。

（3）积极与应急救援医疗处置人员取得联系，以得到及时的支援。

5.5 应急处置能力的确认和人员安全防护注意事项

（1）应对应急救援人员定期进行应急情况下的紧急救护培训教育，提高应急救援人员的思想素质和技术素质以及紧急救护的能力，考试合格后方可参加应急救援队伍。对在培训、考试过程中不遵守纪律、徇私舞弊者进行严格的考核。

（2）应急救援所用的安全防护用品、用具应符合国家标准，购置、保管、存放、发放、使用、佩戴应符合标准要求，应急救援人员应掌握安全防护用具的原理、构造、工艺、检修、维护，以及使用佩戴的方式方法。严禁购置不合格的安全防护用品、用具。

5.6 应急救援结束后的注意事项

（1）应急救援结束后，应急救援人员撤离现场，应急处置工作组组长清点人数，检查所带工器具，严格保护现场，等待事故调查。

（2）将自动化设备故障引起的被伤害人员及时转送医疗部门救治，应对现场进行全面的检查，举一反三防止再次发生类似事故。

（3）召开事故分析会，分析事故原因、责任，开展反事故教育，对责任者进行处罚，为事故调查收集资料。

（4）恢复现场正常生产、生活秩序，稳定员工思想情绪，拆除临时措施，恢复常设措施、补充完善安全技术措施。

5.7 其他特别警示的事项

（1）对于发生事故的自动化设备设施位置，做好警示标志，对没有采取防范措施的设备不准再次使用。

（2）救护人在进行被伤害人员救治时，必须进行伤员伤情的初步判断，不可直接进行救护，以免由于救护人的不当施救造成伤员的伤情恶化。

（3）自动化设备故障引起的受伤人可能在高处，存在高处坠落的危险，要防止伤员高空坠落，救护者也应注意救护中自身的防坠落、摔伤措施。救护人员登高时应随身携带必要的安全带和牢固的绳索等。

（4）如事故发生在夜间，应设置临时照明灯，以便于抢救，避免意外事故，但不能因此延误急救时间。

十二、电缆事故处置方案

某风力发电公司
电缆事故处置方案

1 总则

1.1 编制目的

为高效有序地做好公司发生的电缆事故的应急处置工作，避免或最大限度地减轻电缆事故造成的损失，保障员工生命和企业财产安全，维护社会稳定，特编制本应急处置

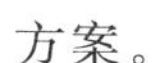

方案。

1.2　编制依据

《生产安全事故报告和调查处理条例》（国务院令第 493 号）

《生产经营单位安全生产事故应急预案编制导则》（GB/T 29639—2013）

《电力安全事故应急处置和调查处理条例》（国务院令第 599 号令）

《电力企业应急预案管理办法》（国能安全〔2014〕508 号）

《电力企业现场处置方案编制导则（试行）》

《电力安全工作规程》（发电厂和变电站电气部分）（GB 26860—2011）

《某风电公司设备事故应急预案》

1.3　适用范围

本方案适用于公司发生的电缆事故的现场应急处置和应急救援工作。

2　事件特征

2.1　危险性分析和事件类型

（1）电缆事故大致由内因和外因两方面原因引起。电缆事故内因包括电缆本身的隐患引发的火灾，如电缆短路起火、接头接触不良、绝缘失效或电流过载引起的电缆火灾等；电缆事故外因包括电缆敷设时由于曲率半径过小，致使电缆绝缘机械损坏或电缆受外界机械损伤（如施工挖断等），造成短路、弧光闪络引燃电缆，阻燃措施不到位，未能刷涂有效的防火涂料，阻燃隔断不够严密等均会导致火灾的扩大。

（2）电缆事故可能使电缆烧损、设备误跳闸、风机被迫停运、发电机组严重损坏；对外减少送电，严重时造成脱网供电全停。

（3）电缆发生事故后可能发生爆炸伤及周围人员及设施，产生的有毒烟雾会污染厂区空气，造成人员中毒、窒息等人身伤亡事故。

电缆事故的主要原因是由于电缆散热不够充分，导致电缆温度升高，致使电缆的绝缘外皮熔化，发生短路，酿成火灾。电缆没有得到应有的维护，在长期的使用中造成电缆老化，绝缘等级下降，造成电缆击穿短路，酿成电缆火灾。电缆长时间过负荷，造成电缆过热，使得电缆外壳熔化，造成绝缘程度降低，使得电缆击穿，造成短路，酿成火灾。汇线排及电缆接头设计或安装不合理，电缆接头会出现虚接等现象，产生电火花，引成电缆火灾。绝缘油老化或其他偶然因素等均会引起短路而着火。电气火灾具有蔓延快、造成损失大、停产时间长等特点，在生产的过程中要认真防范。电气火灾多是因为电缆、电气设备老化，设计不当，违章操作等引起。

2.2　发生的区域、地点或装置的名称

（1）电缆沟道、继电保护室电缆沟、高压室电缆沟、电缆竖井。

（2）继电保护室、高压间电缆沟、电缆桥架、低压配电盘电缆沟；室外电缆沟、配电段、就地安装的配电柜。

2.3　事故发生的季节（时间）可能造成的危害

电缆事故一年四季都可能发生，可造成人员伤害、设备损坏、建筑物烧损。

2.4　事前可能出现的征兆

（1）厂房火灾消防报警系统发出警报（电缆隧道内）。

（2）部分设备误跳闸。

（3）部分设备操作失灵。

（4）部分通信中断。

（5）保护装置误动作。

3　组织机构及职责

3.1　应急组织

3.1.1　应急处置领导小组

组　长：总经理

副组长：副总经理

成　员：综合管理部经理、资产财务部经理、项目开发部经理、工程管理部经理、电力运营部经理、安全生产部经理、现场工作人员、医护人员、安监人员

3.1.2　应急处置办公室

主　任：安全生产部经理

3.1.3　应急处置工作组

（1）危险源控制、抢险救援组	组长：工程管理部经理、安全生产部经理
（2）安全保卫工作组	组长：项目开发部经理、安全生产部经理
（3）交通医疗后勤保障组	组长：综合管理部经理
（4）新闻发布工作组	组长：综合管理部经理
（5）技术保障物资供应组	组长：工程管理部经理、电力运营部经理
（6）善后处理组	组长：综合管理部经理、资产财务部经理

3.2　各岗位职责

3.2.1　应急处置领导小组职责

（1）经上级应急领导小组批准启动本方案，发布和解除应急救援命令。

（2）负责按照本方案组织健全处置电缆事故的应急救援队伍实施应急处置工作。

（3）负责向上级汇报电缆事故的情况，必要时向有关单位发出救援请求。

（4）负责组织开展本方案的应急保障建设工作。

（5）负责组织编制和完善本应急处置方案，指导本方案的培训和演练。

3.2.2　应急处置办公室职责

（1）应急处置办公室是电缆事故应急管理的常设机构，负责应急处置日常工作。

（2）及时向应急处置领导小组报告事故情况。

（3）组织落实应急处置领导小组提出的各项措施、要求。

（4）组织制定电缆事故应急处置工作的各项规章制度。

（5）监督检查电缆事故应急处置方案，日常应急准备工作、组织演练的情况，指导、协调事故的处置工作。

（6）电缆事故处置工作完毕后，认真分析发生原因，总结处置过程中的经验教训，进

一步完善应急处置方案。

（7）对电缆应急处置工作进行考核。

（8）指导相关应急处置工作组做好善后工作。

3.2.3　应急处置工作组职责

3.2.3.1　危险源控制、抢险救援组职责

（1）负责组织应急救援人员及有关专家及时进入现场，并进行现场抢险救援技术全面指导与技术监督。

（2）负责迅速开展由于电缆事故涉及的受伤人员的救援工作。

（3）负责现场救援设备和物资及时运送进入现场。

（4）掌握电缆事故应急救援力量（包括应急救援的技术人员、医护人员、受过紧急救护培训的人员、与人身急救有关的专业对口人员）和人身应急救援物资的资源的情况（包括数量、储存情况）。

（5）负责提出上级救援、外部救援力量和物资支援的需求。

3.2.3.2　安全保卫工作组职责

（1）维持现场秩序、现场警戒，划定警戒区域，负责监督应急情况处理时各项安全措施的执行，防止救援时人身事故的发生。

（2）控制现场人员，无关人员不准出入现场，确保抢修人员疏散时的人身安全，做好维持现场秩序、安全警戒装置的设置工作。

（3）负责抢险现场安全隔离措施的检查，并督促相关部门执行到位。

（4）组织实施电缆事故恢复所必须采取的临时性措施。

（5）完成电缆事故（发生原因、处理经过）调查报告的编写和上报工作。

3.2.3.3　交通医疗后勤保障组职责

（1）负责应急救援车辆维护、检查，确保应急抢险救援时所需车辆正常使用。

（2）应急时提供紧急救护车辆，提供应急救援抢险和应急物资、设备设施运送所需车辆。

（3）负责办公电话、移动电话、传真、电子邮件、应急通信，确保调度通信畅通。

（4）与制造厂家、供应商建立物资供应协作关系，保证应急救援物资的质量、数量。

（5）负责接警后及时赶赴事发地，对受伤人员采取现场紧急救治，及时抢救伤员生命。

（6）及时联系120急救中心或当地医院，将伤员转送医院进行治疗。

（7）做好日常相关医疗药品和器材的维护和储备工作。

3.2.3.4　新闻发布工作组职责

（1）在应急处置领导小组的指导下，负责将电缆事故情况汇总，根据应急处置领导小组的决定做好对外新闻发布工作。

（2）根据应急处置领导小组的决定对电缆事故情况向上级报告。

（3）负责新闻媒体及当地政府有关部门和上级相关部门的接待工作。

3.2.3.5　技术保障物资供应组职责

（1）全面提供应急救援时的技术支持。

（2）掌握处置电缆事故的设备设施、建筑、器材、工具等专业技术。

（3）掌握电缆事故的应急处置方法。

（4）按照公司要求做好电缆事故相应物资储备和供给工作。

（5）应急时，负责应急物资、各种器材、设备的供给。

（6）负责与其他应急处置工作组进行沟通联络，及时做好应急物资的补给工作。

3.2.3.6　善后处理组职责

（1）负责监督消除电缆火灾事故的影响，尽快恢复生产。

（2）负责电缆事故资料的收集，现场的保护。

（3）准确、及时、公正地查清事故原因、责任，总结经验吸取教训，制定措施，对事故责任者提出处理意见。

（4）负责做好电缆事故涉及的伤害人员进行保险赔偿及家属安抚工作，做好受伤人员康复治疗、慰问工作，对因参与应急处理工作受伤、致残、死亡的人员，按照国家有关规定，做好伤亡人员和设备损坏的保险理赔工作。

4　应急处置

4.1　现场应急处置程序

（1）最早发现事故者应立即向当值值长汇报，当值值长通知应急救援队到现场灭火，同时报告应急处置领导领导小组，启动本预案。

（2）应急救援指挥人员到达事故现场后，根据事故状态及危害程度做出相应的应急处置决定，指挥疏散现场无关人员，各应急救援队立即开展救援。

（3）事故扩大时，拨打119、120报警救援电话请求市消防队支援。报警内容：单位名称、地址、着火物资、火势大小、着火范围。把自己的电话号码和姓名告诉对方，以便联系。同时还要注意听清对方提出的问题，以便正确回答。打完电话后，要立即到交叉路口等候消防车的到来，以便引导消防车迅速赶到火灾现场。

（4）事件扩大时与相关应急预案的衔接程序：火灾事故扩大时启动《火灾事故应急预案》；造成人身伤亡时启动《人身伤亡事故应急预案》；造成设备损坏时启动《电力设备事故应急预案》。

4.2　现场处置措施

（1）电缆夹层着火的应急措施。

1）根据火灾情况，关闭所有通往电缆夹层的门、窗，立即启动全淹式卤代烷1211灭火系统。

2）检查、监视通往电缆夹层的竖井、隧道、电缆沟、桥架、盘柜的封堵情况，实施隔离灭火、限制火灾范围。

（2）电缆沟道着火的应急措施。

1）检查关闭沟道内防火门。

2）检查、监视、完善通往电缆沟道的竖井、电缆沟封堵情况，采用窒息法和冷却法对电缆火灾实施隔离扑救。

（3）室外重要电缆沟电缆着火的应急措施。

1）对通往高压配电室的电缆沟、通往升压站的电缆沟等主要地段电缆沟的电缆着火，运行人员应根据火灾情况，实施停机、停电操作准备。

2）当值值长根据变电运行、火势情况，命令实施停机、停电操作。

3）打开电缆沟盖板，用沙土进行隔离扑救。

（4）如火势无法控制，请求辖区消防队支援。

（5）根据现场恢复情况，由应急处置领导小组批准，应急处置办公室宣布事故应急处理情况的终止，生产秩序和生活秩序恢复为正常状态。

4.3 事件报告

（1）当值值长报告应急救援指挥部领导。

（2）火势无法控制时由救援指挥部决定报火警请求辖区消防队救援。

（3）场长在火灾事故发生后1h内向所在地人民政府和上级主管单位速报突发事件信息。速报内容主要包括事故发生的时间、地点、人员伤亡、设备损坏情况、可能的引发因素和发展趋势等。报送、报告突发事件信息，应当做到及时、客观、真实，不得迟报、谎报、瞒报、漏报。

4.4 联系方式

应急处置办公电话：×××。

移动电话：×××。

急救电话：×××。

5 注意事项

5.1 佩戴个人防护器具的注意事项

任何人进入现场必须按规定穿好工作服、工作鞋，正确佩戴安全帽，正确佩戴使用正压式呼吸器、隔热服、隔热手套、绝缘靴等安全防护用具。涉及高处作业人员必须系好安全带和挂好防坠器。

5.2 使用抢险救援器材的注意事项

必须对应急救援所使用的器材进行认真的检查，严禁使用没有进行检验、试验、不合格的器材从事应急处置活动，包括灭火器材、安全绳、安全带、防坠器、担架等，以及从事救援用的起重工器具、手持工器具、电动工器具、绝缘工器具等。

5.3 采取救援对策或措施方面的注意事项

在从事应急处置过程中所采取的安全措施、技术措施必须严密符合实际，具备可行性、可操作性、实效性，在措施的落实过程中应做到责任到人、措施到项、检查监督到位，防止次生事故的发生。

5.4 自救和互救的注意事项

（1）应急救援人员应熟悉紧急救护法，学会心肺复苏、外伤急救等应急状态下的紧急救护方法和逃生的各种方法。

（2）在应急处置过程中所有应急救援人员应做好自救和互救的思想准备，一旦威胁到自身安全和他人安全做好逃生准备，一旦发生伤害要采取得当抢救方法（例如：防止中毒、窒息、触电、烫伤、止血、包扎、背、抬等医疗方法），严禁次生伤害的

发生。

（3）积极与应急救援医疗处置人员取得联系，以得到及时的支援。

5.5　应急处置能力的确认和人员安全防护注意事项

（1）应对应急救援人员定期进行应急情况下的紧急救护培训教育，提高应急救援人员的思想素质和技术素质以及紧急救护的能力，考试合格后方可参加应急救援队伍。对在培训、考试过程中不遵守纪律、徇私舞弊者进行严格的考核。

（2）应急救援所用的安全防护用品、用具应符合国家标准，购置、保管、存放、发放、使用、佩戴应符合标准要求，应急救援人员应掌握安全防护用具的原理、构造、工艺、检修、维护，以及使用佩戴的方式方法。严禁购置不合格的安全防护用品、用具。

5.6　应急救援结束后的注意事项

（1）应急救援结束后，应急救援人员撤离现场，应急处置工作组组长清点人数，检查所带工器具，严格保护现场，等待事故调查。

（2）由于事故涉及的受伤人员及时转送医疗部门救治，应对现场进行全面的检查，举一反三防止再次发生类似事故。

（3）召开事故分析会，分析事故原因、责任，开展反事故教育，为事故调查收集资料，对责任者进行处罚。

（4）恢复现场正常生产秩序，稳定员工思想情绪，拆除临时措施，恢复常设措施、补充完善安全技术措施。

5.7　其他特别警示的事项

（1）对发生电缆事故的位置，做好警示标志，对没有采取防范措施的不得恢复。

（2）对在应急救援过程中受到伤害的人员，进行骨折伤害救治时，必须注意救治时的方法，防止由于救治错误造成的二次伤害。

（3）对于洞口、预留口、通道口、楼梯口、阳台口以及其他各种物体上坠落的人身事故处置与以上处置相同。

十三、变压器及互感器爆炸处置方案

某风力发电公司
变压器及互感器爆炸处置方案

1　总则

1.1　编制目的

为高效有序地做好公司发生的变压器及互感器爆炸事故的应急处置工作，避免或最大限度地减轻电缆事故造成的损失，保障员工生命和企业财产安全，维护社会稳定，特编制本应急处置方案。

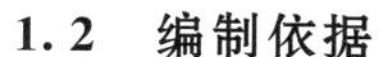

1.2　编制依据

《生产安全事故报告和调查处理条例》（国务院令第 493 号）

《生产经营单位安全生产事故应急预案编制导则》（GB/T 29639—2013）

《电力变压器运行规程》（DL 20572—2010）

《电流互感器》（GB 1208—2006）

《电磁式电压互感器》（GB 1207—2006）

《电力安全事故应急处置和调查处理条例》（国务院令第 599 号）

《电力企业应急预案管理办法》（国能安全〔2014〕508 号）

《电力企业现场处置方案编制导则（试行）》

《电力安全工作规程》（发电厂和变电站电气部分）（GB 26860—2011）

《某风电公司设备事故应急预案》

1.3　适用范围

本方案适用于公司发生的电缆事故的现场应急处置和应急救援工作。

2　事件特征

2.1　危险性分析和事件类型

（1）变压器在电力系统中占有极其重要的地位，与其他电气设备相比其故障率较低，但是一旦发生故障将直接威胁机组安全稳定运行，可能会造成机组降低出力或被迫停运等事故，甚至导致全站停电的重大设备事故。

主变压器故障可能发生的事故类型有：可能导致全场停电或降负荷，可能导致全场对外停止供电，全场用电中断，严重时可能导致设备损坏。

（2）高压电压互感器损坏将直接影响电场正常运行，可能造成继电保护电压降低或消失会引起保护误动和拒动，同时无法准确监测线路及母线电压。

（3）高压电流互感器损坏将直接影响电场正常运行，可能造成表记指示降低或为零、保护误动和剧动，同时在故障时或抢修过程中可能发生人身伤害。

2.2　发生的区域、地点或装置的名称

（1）变压器事故发生在场区主变压器、线路、箱变。

（2）电流互感器事故主要发生在电流互感器瓷瓶，电流互感器一次、二次绕组，电流互感器金属膨胀器，电流互感器基础及附件处。

（3）电压互感器事故主要发生在电压互感器瓷瓶，电压互感器一次、二次绕组，电压互感器金属膨胀器，电压互感器基础及附件处。

2.3　事故发生的季节（时间）可能造成的危害

变压器及互感器爆炸事故夏季发生概率较高，能够造成人员伤害、设备损坏、建筑物烧损。

2.4　事前可能出现的征兆

2.4.1　变压器

（1）变压器的电流表、电压表、功率表剧烈摆动。

（2）在表计摆动的同时发出嗡鸣声。

（3）变压器温度指示非正常升高。

2.4.2　电流互感器

（1）电流互感器发热、冒烟、冒油，发出焦味。

（2）电流互感器内部有噼啪声或其他杂音。

（3）电流互感器瓷瓶破裂有漏油现象。

（4）电流互感器引线与外壳有放电现象。

（5）电流互感器金属膨胀器的伸长超过环境温度时的规定值。

2.4.3　电压互感器

（1）电压互感器发热、冒烟、冒油，发出焦味。

（2）电压互感器内部有噼啪声或其他杂音。

（3）电压互感器瓷瓶破裂有漏油现象。

（4）电压互感器引线与外壳有放电现象。

（5）电压互感器金属膨胀器的伸长超过环境温度时的规定值。

（6）电压互感器油位过高或过低。

3　组织机构及职责

3.1　应急组织

3.1.1　应急处置领导小组

组　长：总经理

副组长：副总经理

成　员：综合管理部经理、资产财务部经理、项目开发部经理、工程管理部经理、电力运营部经理、安全生产部经理、现场工作人员、医护人员、安监人员

3.1.2　应急处置办公室

主　任：安全生产部经理

3.1.3　应急处置工作组

（1）危险源控制、抢险救援组　　组长：工程管理部经理、安全生产部经理

（2）安全保卫工作组　　组长：项目开发部经理、安全生产部经理

（3）交通医疗后勤保障组　　组长：综合管理部经理

（4）新闻发布工作组　　组长：综合管理部经理

（5）技术保障物资供应组　　组长：工程管理部经理、电力运营部经理

（6）善后处理组　　组长：综合管理部经理、资产财务部经理

3.2　各岗位职责

3.2.1　应急处置领导小组职责

（1）经上级应急领导小组批准启动本方案，发布和解除应急救援命令。

（2）负责按照本方案组织健全处置电缆事故的应急救援队伍，实施应急处置工作。

（3）负责向上级汇报电缆事故的情况，必要时向有关单位发出救援请求。

（4）负责组织开展本方案的应急保障建设工作。

（5）负责组织编制和完善本应急处置方案，指导本方案的培训和演练。

3.2.2　应急处置办公室职责

（1）应急处置办公室是变压器及互感器爆炸事故应急管理的常设机构，负责应急处置日常工作。

（2）及时向应急处置领导小组报告事故情况。

（3）组织落实应急处置领导小组提出的各项措施、要求。

（4）组织制定变压器及互感器爆炸事故应急处置工作的各项规章制度。

（5）监督检查变压器及互感器爆炸事故应急处置方案，日常应急准备工作、组织演练的情况，指导、协调事故的处置工作。

（6）变压器及互感器爆炸事故处置工作完毕后，认真分析发生原因，总结处置过程中的经验教训，进一步完善应急处置方案。

（7）对变压器及互感器爆炸事故应急处置工作进行考核。

（8）指导相关应急处置工作组做好善后工作。

3.2.3　应急处置工作组职责

3.2.3.1　危险源控制、抢险救援组职责

（1）负责组织应急救援人员及有关专家及时进入现场，并进行现场抢险救援技术全面指导与技术监督。

（2）负责迅速开展由于变压器及互感器爆炸事故涉及的受伤人员的救援工作。

（3）负责现场救援设备和物资及时运送进入现场。

（4）掌握变压器及互感器爆炸事故应急救援力量（包括应急救援的技术人员、医护人员、受过紧急救护培训的人员、与人身急救有关的专业对口人员）和人身应急救援物资的资源的情况（包括数量、储存情况）。

（5）负责提出上级救援、外部救援力量和物资支援的需求。

3.2.3.2　安全保卫工作组职责

（1）维持现场秩序、现场警戒，划定警戒区域，负责监督应急情况处理时各项安全措施的执行，防止救援时人身事故的发生。

（2）控制现场人员，无关人员不准出入现场，确保抢修人员疏散时的人身安全，做好维持现场秩序、安全警戒装置的设置工作。

（3）负责抢险现场安全隔离措施的检查，并督促相关部门执行到位。

（4）组织实施变压器及互感器爆炸事故恢复所必须采取的临时性措施。

（5）完成变压器及互感器爆炸事故（发生原因、处理经过）调查报告的编写和上报工作。

3.2.3.3　交通医疗后勤保障组职责

（1）负责应急救援车辆维护、检查，确保应急抢险救援时所需车辆正常使用。

（2）应急时提供紧急救护车辆，提供应急救援抢险和应急物资、设备设施运送所需车辆。

（3）负责办公电话、移动电话、传真、电子邮件、应急通信，确保调度通信畅通。

（4）与制造厂家、供应商建立物资供应协作关系，保证应急救援物资的质量、数量。

（5）负责接警后及时赶赴事发地，对受伤人员采取现场紧急救治，及时抢救伤员生命。

（6）及时联系120急救中心或当地医院，将伤员转送医院进行治疗。

（7）做好日常相关医疗药品和器材的维护和储备工作。

3.2.3.4　新闻发布工作组职责

（1）在应急处置领导小组的指导下，负责将电缆事故情况汇总，根据应急处置领导小组的决定做好对外新闻发布工作。

（2）根据应急处置领导小组的决定对电缆事故情况向上级报告。

（3）负责新闻媒体及当地政府有关部门和上级相关部门的接待工作。

3.2.3.5　技术保障物资供应组职责

（1）全面提供应急救援时的技术支持。

（2）掌握处置变压器及互感器爆炸事故的设备设施、建筑、器材、工具等专业技术。

（3）掌握变压器及互感器爆炸事故的应急处置方法。

（4）按照公司要求做好电缆事故相应物资储备和供给工作。

（5）负责应急物资、各种器材、设备的供给。

（6）负责与其他应急处置工作组进行沟通联络，及时做好应急物资的补给工作。

3.2.3.6　善后处理组职责

（1）负责监督消除变压器及互感器爆炸事故的影响，尽快恢复生产。

（2）负责电缆事故资料的收集，现场的保护。

（3）准确、及时、公正地查清事故原因、责任，总结经验吸取教训，制定措施，对事故责任者提出处理意见。

（4）负责做好变压器及互感器爆炸事故涉及的伤害人员进行保险赔偿及家属安抚工作，做好受伤人员康复治疗、慰问工作，对因参与应急处理工作受伤、致残、死亡的人员，按照国家有关规定，做好伤亡人员和设备损坏的保险理赔工作。

4　应急处置

4.1　现场应急处置程序

（1）最早发现事故者应立即向当值值长汇报，当值值长通知辖区消防队到现场灭火，同时报告应急处置领导领导小组，启动本预案，应急指挥及救援人员立即赶赴事故现场。

（2）应急救援指挥人员到达事故现场后，根据事故状态及危害程度做出相应的应急处置决定，指挥疏散现场无关人员，各应急救援队立即开展救援。

（3）事故扩大时，拨打119、120报警救援电话请求市消防队支援。报警内容：单位名称、地址、着火物资、火势大小、着火范围。把自己的电话号码和姓名告诉对方，以便联系。同时还要注意听清对方提出的问题，以便正确回答。打完电话后，要立即到交叉路口等候消防车的到来，以便引导消防车迅速赶到火灾现场。

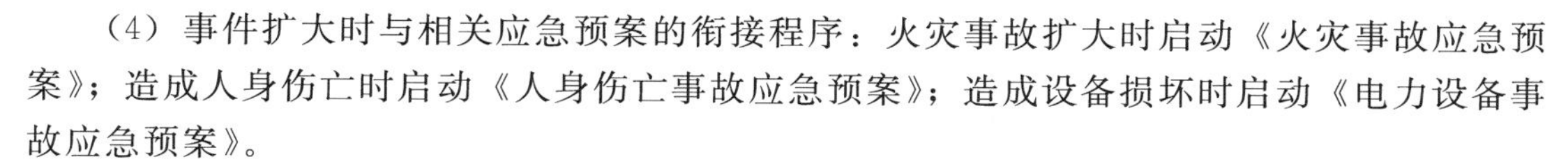

（4）事件扩大时与相关应急预案的衔接程序：火灾事故扩大时启动《火灾事故应急预案》；造成人身伤亡时启动《人身伤亡事故应急预案》；造成设备损坏时启动《电力设备事故应急预案》。

4.2 现场应急处置措施

4.2.1 变压器应急处置措施

（1）瓦斯保护信号动作时，应立即对变压器进行检查，查明动作的原因，是否因积聚空气、油位降低、二次回路故障或是变压器内部故障造成的。

（2）瓦斯保护动作跳闸时，未消除故障前不得将变压器投入运行。未查明原因应考虑以下因素，做出综合判断：是否呼吸不畅或排气未尽；保护及直流等二次回路是否正常；变压器外观有无明显反映故障性质的异常现象；气体继电器中积聚气体量，是否可燃；气体继电器中的气体和油中溶解气体的色谱分析结果；必要的电气试验结果；变压器其他继电保护装置动作情况。

（3）变压器跳闸后，应立即查明原因。如综合判断证明变压器跳闸不是由于内部故障所引起，可重新投入运行。若变压器有内部故障的征象时，应作进一步检查。

（4）变压器着火时，应立即断开电源，停运冷却器，并迅速采取灭火措施，防止火势蔓延。

（5）根据运行规程进一步处理。

4.2.2 电流互感器应急处置措施

（1）运行人员发现故障后，应汇报值班长，并根据实际情况，停用可能误动的保护装置，同时通知检修人员。

（2）电流互感器有下列情况之一者应立即停止运行：严重发热、冒烟、冒油，发出焦味；内部有噼啪声或其他杂音；瓷瓶破裂严重漏油；引线与外壳间有严重放电；电流互感器金属膨胀器的伸长明显超过环境温度时的规定值。

（3）根据检修要求做好相应的安全措施。

（4）抢修完毕后，恢复电流互感器运行。

（5）电流互感器停止运行后根据故障现象，判断故障原因。

（6）组织抢修力量，准备抢修所需材料、工器具等。

（7）办理工作许可手续，仔细检查损坏情况，分析原因，并决定抢修方案。

（8）对损坏处进行抢修。

4.2.3 电压互感器应急处置措施

（1）运行人员发现故障后，应汇报值班长，并根据实际情况，停用可能误动的保护装置，同时通知检修人员。

（2）电流压感器有下列情况之一者应立即停止运行：严重发热、冒烟、冒油，发出焦味；内部有噼啪声或其他杂音；瓷瓶破裂严重漏油；引线与外壳间有严重放电。电压互感器金属膨胀器的伸长明显超过环境温度时的规定值；高压侧有熔丝的互感器熔丝连续熔断二次、三次；油位高于3/4视窗口或低于1/4视窗口。

（3）根据检修要求做好相应的安全措施。

（4）抢修完毕后，恢复电压互感器运行。

(5) 电压互感器停止运行后根据故障现象，判断故障原因。

(6) 组织抢修力量，准备抢修所需材料、工器具等。

(7) 办理工作许可手续，仔细检查损坏情况，分析原因，并决定抢修方案。

(8) 对损坏处进行抢修。

4.3 事件报告

(1) 当值值长报告应急救援指挥部领导。

(2) 火势无法控制时由救援指挥部决定报火警请求辖区消防队救援。

(3) 场长在火灾事故发生后1h内向所在地人民政府和上级主管单位速报突发事件信息。速报内容主要包括事故发生的时间、地点、人员伤亡、设备损坏情况、可能的引发因素和发展趋势等。报送、报告突发事件信息，应当做到及时、客观、真实，不得迟报、谎报、瞒报、漏报。

4.4 联系方式

应急处置办公电话：×××。

移动电话：×××。

急救电话：×××。

5 注意事项

5.1 佩戴个人防护器具的注意事项

任何人进入现场必须按规定穿好工作服、工作鞋，正确佩戴安全帽，正确佩戴使用正压式呼吸器、隔热服、隔热手套、绝缘靴等安全防护用具。涉及高处作业人员必须系好安全带或防坠器。

5.2 使用抢险救援器材的注意事项

必须对应急救援所使用的器材进行认真的检查，严禁使用没有进行检验、试验不合格的器材从事应急处置活动，包括灭火器材、安全绳、安全带、防坠器、担架等，以及从事救援用的起重工器具、手持工器具、电动工器具、绝缘工器具等。

5.3 采取救援对策或措施方面的注意事项

在从事应急处置过程中所采取的安全措施、技术措施必须严密符合实际，具备可行性、可操作性、实效性，在措施的落实过程中应做到责任到人、措施到项、检查监督到位，防止次生事故的发生。

5.4 自救和互救的注意事项

(1) 应急救援人员应熟悉紧急救护法，学会心肺复苏、外伤急救等应急状态下的紧急救护方法和逃生的各种方法。

(2) 在应急处置过程中所有应急救援人员应做好自救和互救的思想准备，一旦威胁到自身安全和他人安全做好逃生，一旦发生伤害要采取得当抢救方法（例如：防止中毒、窒息、触电、烫伤、止血、包扎、背、抬等医疗方法），严禁次生伤害的发生。

（3）积极与应急救援医疗处置人员取得联系，得到及时的支援。

5.5　应急处置能力的确认和人员安全防护注意事项

（1）应对应急救援人员定期进行应急情况下的紧急救护培训教育，提高应急救援人员的思想素质和技术素质以及紧急救护的能力，考试合格后方可参加应急救援队伍。对在培训、考试过程中不遵守纪律、徇私舞弊者进行严格的考核。

（2）应急救援所用的安全防护用品、用具应符合国家标准，购置、保管、存放、发放、使用、佩戴应符合标准要求，应急救援人员应掌握安全防护用具的原理、构造、工艺、检修、维护，以及使用佩戴的方式方法。严禁购置不合格的安全防护用品、用具。

5.6　应急救援结束后的注意事项

（1）应急救援结束后，应急救援人员撤离现场，应急处置工作组组长清点人数，检查所带工器具，严格保护现场，等待事故调查。

（2）将事故中的受伤人员及时转送医疗部门救治，应对现场进行全面的检查，举一反三防止再次发生类似事故。

（3）召开事故分析会，分析事故原因、责任，开展反事故教育，为事故调查收集资料，对责任者进行处罚。

（4）恢复现场正常生产秩序，稳定员工思想情绪，拆除临时措施，恢复常设措施、补充完善安全技术措施。

5.7　其他特别警示的事项

（1）对发生变压器及互感器爆炸事故的位置，做好警示标志，对没有采取防范措施的设备不得恢复。

（2）对在应急救援过程中受到伤害的人员，进行骨折伤害救治时，必须注意救治时的方法，防止由于救治错误造成二次伤害。

（3）对于洞口、预留口、通道口、楼梯口、阳台口以及其他各种物体上坠落的人身事故处置与以上处置相同。

十四、蓄电池爆炸事故处置方案

某风力发电公司
蓄电池爆炸事故处置方案

1　总则

1.1　编制目的

为高效有序地做好公司发生的蓄电池爆炸事故应急处置工作，避免或最大限度地减轻爆炸事故造成的损失，保障员工生命和企业财产安全，维护社会稳定，特编制本应急处置方案。

1.2　编制依据

《生产安全事故报告和调查处理条例》（国务院令第493号）

《生产经营单位安全生产事故应急预案编制导则》（GB/T 29639—2013）

《电力系统用蓄电池直流电源装置运行维护规程》（DL/T 724—2000）

《电力安全事故应急处置和调查处理条例》（国务院令第599号）

《电力企业应急预案管理办法》（国能安全〔2014〕508号）

《电力企业现场处置方案编制导则（试行）》

《电力安全工作规程》（发电厂和变电站电气部分）（GB 26860—2011）

《某风电公司设备事故应急预案》

1.3　适用范围

本方案适用于公司发生的蓄电池爆炸事故的现场应急处置和应急救援工作。

2　事件特征

2.1　危险性分析和事件类型

2.2　可能发生的区域、地点或装置名称

（1）某机组蓄电池。

（2）站内蓄电池室。

2.3　主要危险因素

蓄电池因为老化或过充电不正常，产生大量带氢的气泡，同时电解液温度升高，使水大量蒸发，这时若排气孔堵塞，或由于气体太多来不及逸出，蓄电池内部的压力将上升很高，达到一定程度或稍遇火种，将引起爆炸，造成人员伤害，危及设备安全运行。

2.4　事前可能出现的征兆

蓄电池检测装置告警，有异味。

3　组织机构及职责

3.1　应急组织

3.1.1　应急处置领导小组

组　长：总经理

副组长：副总经理

成　员：综合管理部经理、资产财务部经理、项目开发部经理、工程管理部经理、电力运营部经理、安全生产部经理、现场工作人员、医护人员、安监人员

3.1.2　应急处置办公室

主　任：安全生产部经理

3.1.3　应急处置工作组

（1）危险源控制、抢险救援组　　组长：工程管理部经理、安全生产部经理

（2）安全保卫工作组　　组长：项目开发部经理、安全生产部经理

（3）交通医疗后勤保障组　　组长：综合管理部经理

（4）新闻发布工作组　　组长：综合管理部经理
（5）技术保障物资供应组　　组长：工程管理部经理、电力运营部经理
（6）善后处理组　　组长：综合管理部经理、资产财务部经理

3.2 各岗位职责

3.2.1 应急处置领导小组职责

（1）经上级应急领导小组批准启动本方案，发布和解除应急救援命令。

（2）负责按照本方案组织健全处置蓄电池爆炸事故的应急救援队伍实施应急处置工作。

（3）负责向上级汇报蓄电池爆炸事故的情况，必要时向有关单位发出救援请求。

（4）负责组织开展本方案的应急保障建设工作。

（5）负责组织编制和完善本应急处置方案，指导本方案的培训和演练。

3.2.2 应急处置办公室职责

（1）应急处置办公室是蓄电池爆炸事故应急管理的常设机构，负责应急处置日常工作。

（2）及时向应急处置领导小组报告事故情况。

（3）组织落实应急处置领导小组提出的各项措施、要求。

（4）组织制定蓄电池爆炸事故应急处置工作的各项规章制度。

（5）监督检查蓄电池爆炸事故应急处置方案，日常应急准备工作、组织演练的情况；指导、协调事故的处置工作。

（6）蓄电池爆炸事故处置工作完毕后，认真分析发生原因，总结处置过程中的经验教训，进一步完善应急处置方案。

（7）对蓄电池爆炸事故应急处置工作进行考核。

（8）指导相关应急处置工作组做好善后工作。

3.2.3 应急处置工作组职责

3.2.3.1 危险源控制、抢险救援组职责

（1）负责组织应急救援人员及有关专家及时进入现场，并进行现场抢险救援技术全面指导与技术监督。

（2）负责迅速开展由于蓄电池爆炸事故涉及的受伤人员的救援工作。

（3）负责现场救援设备和物资及时运送进入现场。

（4）掌握蓄电池爆炸事故应急救援力量（包括应急救援的技术人员、医护人员、受过紧急救护培训的人员、与人身急救有关的专业对口人员）和人身应急救援物资的资源（包括数量、储存情况）。

（5）负责提出上级救援、外部救援力量和物资支援的需求。

3.2.3.2 安全保卫工作组职责

（1）维持现场秩序、现场警戒，划定警戒区域，负责监督应急情况处理时各项安全措施的执行，防止救援时人身事故的发生。

（2）控制现场人员，无关人员不准出入现场，确保抢修人员疏散时的人身安全，做好维持现场秩序、安全警戒装置的设置工作。

（3）负责抢险现场安全隔离措施的检查，并督促相关部门执行到位。

（4）组织实施事故恢复所必须采取的临时性措施。

（5）完成蓄电池爆炸事故（发生原因、处理经过）调查报告的编写和上报工作。

3.2.3.3　交通医疗后勤保障组职责

（1）负责应急救援车辆维护、检查，确保应急抢险救援时所需车辆正常使用。

（2）应急时提供紧急救护车辆，提供应急救援抢险和应急物资、设备设施运送所需车辆。

（3）负责办公电话、移动电话、传真、电子邮件、应急通信、确保调度通信畅通。

（4）与制造厂家、供应商建立物资供应协作关系，保证应急救援物资的质量、数量。

（5）负责接警后及时赶赴事发地，对受伤人员采取现场紧急救治，及时抢救伤员生命。

（6）及时联系120急救中心或当地医院，将伤员转送医院进行治疗。

（7）做好日常相关医疗药品和器材的维护和储备工作。

3.2.3.4　新闻发布工作组职责

（1）在应急处置领导小组的指导下，负责将蓄电池爆炸事故情况汇总，根据应急处置领导小组的决定做好对外新闻发布工作。

（2）根据应急处置领导小组的决定对蓄电池爆炸事故事故情况向上级报告。

（3）负责新闻媒体及当地政府有关部门和上级相关部门的接待工作。

3.2.3.5　技术保障物资供应组职责

（1）全面提供应急救援时的技术支持。

（2）掌握各种设备设施、器材、工具等配置情况。

（3）掌握蓄电池爆炸事故的应急处置方法。

（4）按照公司要求做好蓄电池爆炸事故相应物资储备和供给工作。

（5）负责应急物资、各种器材、设备的供给。

（6）负责与其他应急处置工作组进行沟通联络，及时做好应急物资的补给工作。

3.2.3.6　善后处理组职责

（1）负责监督消除蓄电池爆炸事故的影响，尽快恢复生产。

（2）负责蓄电池爆炸事故事故资料的收集，现场的保护。

（3）准确、及时、公正地查清事故原因、责任，总结经验吸取教训，制定措施，对事故责任者提出处理意见。

（4）负责做好蓄电池爆炸事故涉及的被伤害人员进行保险赔偿及家属安抚工作，做好受伤人员康复治疗、慰问工作，对因参与应急处理工作受伤、致残、死亡的人员，按照国家有关规定，做好伤亡人员和设备损坏的保险理赔工作。

4　应急处置

4.1　现场应急处置原则

（1）在岗到位原则。运行值班员加强绝缘状态监视、电压及电流监视、信号报警监视、自动装置监视，若有异常现象，应立即寻找和处理，及时发现和消除缺陷，保证直流电源装置正常。

（2）减少损失原则。当发生蓄电池爆炸事故时，应避免抢险施救人员碰触带电电气设备和电解液体，防止人身触电事故和电解液体腐蚀人体事件发生。

（3）快速隔离原则。发生蓄电池爆炸事故后应迅速隔离故障段蓄电池。

（4）事件扩大时与相关应急预案的衔接程序：火灾事故发生时启动《火灾事故应急预案》；造成人身伤亡时启动《人身伤亡事故应急预案》；造成设备损坏的启动《电力设备事故应急预案》。

4.2　现场处置措施

（1）如有伤员，应先安排人员戴好防毒面具进入蓄电池室，将人员紧急救出并关闭蓄电池室门。

（2）切除故障段蓄电池回路刀闸和保险，隔离故障段蓄电池。

（3）合上合闸母线和控制母线联络开关，恢复故障段负荷的正常运行。

（4）全面检查设备损坏情况，汇报电力运营部，制定修复方案，物资部门立即组织采购，其他部门配合现场有关消防和安全保卫工作。

（5）发生蓄电池爆炸事故后，各部门要积极配合上级有关部门进行灾害调查和评估，尽快消除灾害影响，妥善安置和慰问受伤人员，保证企业稳定，尽快恢复正常生产生活秩序。

（6）根据现场恢复情况，由生产副总经理宣布事故应急处理情况的终止，生产秩序和生活秩序恢复为正常状态。

4.3　事件报告

（1）当值值长报告应急救援指挥部领导。

（2）爆炸起火火势无法控制时由应急救援领导小组决定报火警，请求辖区消防队救援。

（3）应急救援领导小组在火灾事故发生后1h内向所在地人民政府和上级主管单位速报突发事件信息。速报内容主要包括事故发生的时间、地点、人员伤亡、设备损坏情况、可能引发因素和发展趋势等。报送、报告突发事件信息，应当做到及时、客观、真实，不得迟报、谎报、瞒报、漏报。

4.4　联系方式

应急处置办公电话：×××。

移动电话：×××。

急救电话：×××。

5　注意事项

5.1　佩戴个人防护器具的注意事项

应急救援人员进入爆炸现场必须按规定穿好工作服、工作鞋，正确佩戴安全帽，防毒面具，涉及高处作业人员必须系好安全带和挂好防坠器。

5.2　使用抢险救援器材的注意事项

必须对应急救援所使用的器材进行认真的检查，严禁使用没有进行检验、试验、不合格的器材从事应急处置活动，包括从事救援用的灭火器材、医疗器械、担架、起重工器具、手持工器具、电动工器具、绝缘工器具等。

5.3　采取救援对策或措施方面的注意事项

在从事应急处置过程中所采取的安全措施、技术措施必须严密符合实际，具备可行性、可操作性、实效性，在措施的落实过程中应做到责任到人、措施到项、检查监督到位，做好防止中毒、窒息、触电、烫伤的安全技术措施，防止次生事故的发生。

5.4　自救和互救的注意事项

（1）应急救援人员应熟悉紧急救护法，学会心肺复苏、外伤急救等应急状态下的紧急救护方法和逃生的各种方法，注意防止中毒、窒息、触电、烫伤等。

（2）在应急处置过程中所有应急救援人员应做好自救和互救的思想准备，一旦威胁到自身安全和他人安全做好逃生，一旦发生伤害要采取得当抢救方法（例如：止血、包扎、背、抬等医疗方法），严禁次生伤害的发生。

（3）积极与应急救援医疗处置人员取得联系，以得到及时的支援。

5.5　应急处置能力的确认和人员安全防护注意事项

（1）应对应急救援人员定期进行应急情况下的紧急救护培训教育，提高应急救援人员的思想素质和技术素质以及紧急救护的能力，考试合格后方可参加应急救援队伍。对在培训、考试过程中不遵守纪律、徇私舞弊者进行严格的考核。

（2）应急救援所用的安全防护用品、用具应符合国家标准，购置、保管、存放、发放、使用、佩戴应符合标准要求，应急救援人员应掌握安全防护用具的原理、构造、工艺、检修、维护，以及使用佩戴的方式方法。严禁购置不合格的安全防护用品、用具。

5.6　应急救援结束后的注意事项

（1）应急救援结束后，应急救援人员撤离现场，应急处置工作组组长清点人数，检查所带工器具，严格保护现场，等待事故调查。

（2）将蓄电池爆炸事故引起的被伤害人员及时转送医疗部门救治，应对现场进行全面的检查，举一反三防止再次发生类似事故。

（3）召开事故分析会，分析事故原因、责任，开展反事故教育，为事故调查收集资料，对责任者进行处罚。

（4）恢复现场正常生产、生活秩序，稳定员工思想情绪，拆除临时措施，恢复常设措施、补充完善安全技术措施。

5.7　其他特别警示的事项

（1）对于发生爆炸事故的位置，做好警示标志，对没有采取防范措施的不得恢复生产活动。

（2）救护人在进行被伤害人员救治时，必须进行伤员伤情的初步判断，不可直接进行救护，以免由于救护人的不当施救造成伤员的伤情恶化。

（3）如事故发生在夜间，应设置临时照明灯，以便于抢救，避免意外事故，但不能因此延误急救时间。

第十章　火灾事故处置方案

第一节　火灾事故概述

火灾事故来势凶猛、蔓延迅速、救援困难，可造成设备设施、建筑物烧损，不但造成财产严重损失，而且可能引发人身伤害、电网故障、风电全停等次生事故，不同区域、不同类型的火灾会造成不同后果，轻则经济损失，重则造成爆炸、人身伤亡、建筑物倒塌等恶性事故。依据《关于调整火灾等级标准的通知》（公消〔2007〕234 号）规定，火灾事故等级分为特别重大火灾、重大火灾、较大火灾和一般火灾四个等级。

风电场中发生的静电、明火、雷击、电气短路等均极易造成变压器着火、风力发电机着火、电缆着火、蓄电池爆炸、生产场所建筑物着火等火灾事故。

第二节　火灾事故处置方案范例

一、主控室火灾事故现场处置方案

某风力发电公司
主控室火灾事故现场处置方案

1　总则

1.1　编制目的

为高效有序地做好公司主控室火灾事故的应急处置工作，避免或最大限度地减轻火灾事故造成的损失，保障员工生命和企业财产安全，维护社会稳定，特编制本应急处置方案。

1.2　编制依据

《生产安全事故报告和调查处理条例》（国务院令第 493 号）

《生产经营单位安全生产事故应急预案编制导则》（GB/T 29639—2013）

《电力安全事故应急处置和调查处理条例》（国务院令第 599 号令）

《电力企业应急预案管理办法》（国能安全〔2014〕508 号）

《电力企业现场处置方案编制导则（试行）》

《电力设备典型消防规程》（DL 5027—2015）

《电力安全工作规程》（发电厂和变电站电气部分）（GB 26860—2011）

《某风电公司火灾事故专项应急预案》

1.3　适用范围

本方案适用于公司主控室火灾事故现场应急处置和应急救援工作。

2　事件特征

2.1　危险性分析和事件类型

（1）电气线路短路、过载、接触电阻过大、静电、雷击等强电侵入，主控室内电脑、空调等用电设备长时间通电过热、设备故障等原因均可能引起主控室的火灾事故。

（2）主控室火灾可能导致计算机设备损坏，对现场的监控失灵，中控系统网络中断或瘫痪，影响整个风电场的正常运行。

（3）主控室着火后产生的烟雾会污染主控室空气，造成人员中毒、窒息等人身伤亡事故。

2.2　事件可能发生的区域、地点

发生地点为风电场主控室。

2.3　事故发生的季节（时间）及可能造成的危害

火灾事故一年四季都可能发生，造成人员伤害、设备损坏、全场停电、建筑物烧损等。

2.4　事前可能出现的征兆

（1）厂房火灾消防报警系统发出警报（电缆沟、道、竖井内）。

（2）设备误合、误跳闸。

（3）设备操作失灵。

（4）生产指挥系统通信中断。

（5）保护装置误动作。

3　组织机构及职责

3.1　应急组织

3.1.1　应急处置领导小组

组　长：总经理

副组长：副总经理

成　员：综合管理部经理、资产财务部经理、项目开发部经理、工程管理部经理、电力运营部经理、安全生产部经理、现场工作人员、医护人员、安监人员

3.1.2　应急处置办公室

主任：安全生产部经理

3.1.3　应急处置工作组

（1）危险源控制、抢险救援组　　组长：工程管理部、安全生产部经理

（2）安全保卫工作组　　组长：项目开发部、安全生产部经理

（3）交通医疗后勤保障组　　组长：综合管理部经理

（4）新闻发布工作组　　组长：综合管理部经理

（5）技术保障物资供应组　　　　　组长：工程管理部、电力运营部经理

（6）善后处理组　　　　　　　　　组长：综合管理部、资产财务部经理

3.2　各岗位职责

3.2.1　应急处置领导小组职责

（1）经上级应急领导小组批准启动本方案，发布和解除应急救援命令。

（2）负责按照本方案组织健全处置主控室火灾事故的应急救援队伍，实施应急处置工作。

（3）负责向上级汇报主控室火灾事故的情况，必要时向有关单位发出救援请求。

（4）负责组织开展本方案的应急保障建设工作。

（5）负责组织编制和完善本应急处置方案，指导本方案的培训和演练。

3.2.2　应急处置办公室职责

（1）应急处置办公室是主控室火灾事故应急管理的常设机构，负责应急处置日常工作。

（2）及时向应急处置领导小组报告事故情况。

（3）组织落实应急处置领导小组提出的各项措施、要求。

（4）组织制定主控室火灾事故应急处置工作的各项规章制度。

（5）监督检查主控室火灾事故应急处置方案，日常应急准备工作、组织演练的情况；指导、协调事故的处置工作。

（6）主控制室火灾事故处置工作完毕后，认真分析发生原因，总结处置过程中的经验教训，进一步完善应急处置方案。

（7）对主控室火灾应急处置工作进行考核。

（8）指导相关应急处置工作组做好善后工作。

3.2.3　应急处置工作组职责

3.2.3.1　危险源控制抢险救援组职责

（1）负责组织应急救援人员及有关专家及时进入现场，并进行现场抢险救援技术全面指导与技术监督。

（2）负责迅速开展由于主控室火灾事故涉及的受伤人员的救援工作。

（3）负责现场救援设备和物资及时运送进入现场。

（4）掌握主控室火灾事故应急救援力量（包括应急救援的技术人员、医护人员、受过紧急救护培训的人员、与人身急救有关的专业对口人员）和人身应急救援物资的资源（包括数量、储存情况）。

（5）负责提出上级救援、外部救援力量和物资支援的需求。

3.2.3.2　安全保卫工作组职责

（1）维持现场秩序、现场警戒，划定警戒区域，负责监督应急情况处理时各项安全措施的执行，防止救援时人身事故的发生。

（2）控制现场人员，无关人员不准出入现场，确保抢修人员疏散时的人身安全，做好维持现场秩序、安全警戒装置的设置工作。

（3）负责抢险现场安全隔离措施的检查，并督促相关部门执行到位。

（4）组织实施事故恢复所必须采取的临时性措施。

（5）完成主控室火灾事故（发生原因、处理经过）调查报告的编写和上报工作。

3.2.3.3　交通医疗后勤保障组职责

（1）负责应急救援车辆维护、检查，确保应急抢险救援时所需车辆正常使用。

（2）应急时提供紧急救护车辆，提供应急救援抢险和应急物资、设备设施运送所需车辆。

（3）负责办公电话、移动电话、传真、电子邮件、应急通信，确保调度通信畅通。

（4）与制造厂家、供应商建立物资供应协作关系，保证应急救援物资的质量、数量。

（5）负责接警后及时赶赴事发地，对受伤人员采取现场紧急救治，及时抢救伤员生命。

（6）及时联系120急救中心或当地医院，将伤员转送医院进行治疗。

（7）做好日常相关医疗药品和器材的维护和储备工作。

3.2.3.4　新闻发布工作组职责

（1）在应急处置领导小组的指导下，负责将主控室火灾事故情况汇总，根据应急处置领导小组的决定做好对外新闻发布工作。

（2）根据应急处置领导小组的决定将主控室火灾事故情况向上级报告。

（3）负责新闻媒体及当地政府有关部门和上级相关部门的接待工作。

3.2.3.5　技术保障物资供应组职责

（1）全面提供应急救援时的技术支持。

（2）掌握各种设备设施、建筑、器材、工具等专业技术。

（3）掌握主控室火灾事故的应急处置方法。

（4）按照公司要求做好主控室火灾事故相应物资储备和供给工作。

（5）应急时，负责应急物资、各种器材、设备的供给。

（6）负责与其他应急处置工作组进行沟通联络，及时做好应急物资的补给工作。

3.2.3.6　善后处理组职责

（1）负责监督消除主控室火灾事故的影响，尽快恢复生产。

（2）负责主控室火灾事故资料的收集，现场的保护。

（3）准确、及时、公正地查清事故原因、责任，总结经验吸取教训，制定措施，对事故责任者提出处理意见。

（4）负责做好主控室火灾事故涉及的受伤人员的保险赔偿及家属安抚工作，做好受伤人员康复治疗、慰问工作，对因参与应急处理工作受伤、致残、死亡的人员，按照国家有关规定，做好伤亡人员和设备损坏的保险理赔工作。

4　应急处置

4.1　现场应急处置程序

（1）最早发现火情者应立即向当值值长汇报，当值值长立即组织人员现场灭火，同时报告应急处置领导小组，启动本处置方案。

（2）指挥部成员到达现场后，根据事故状态及危害程度做出相应的应急决定，指挥疏

散现场无关人员，各应急救援队立即展开救援。

（3）事故扩大时，拨打119报警电话请求消防应急管理部门支援。报警内容：单位名称、地址、着火物资、火势大小、着火范围。把自己的电话号码和姓名告诉对方，以便联系。同时还要注意听清对方提出的问题，以便正确回答。打完电话后，要立即到交叉路口等候消防车的到来，以便引导消防车迅速赶到火灾现场。

（4）事件扩大时与相关应急预案的衔接程序：火灾事故扩大时启动《火灾事故应急救援预案》；造成人身伤亡时启动《人身伤亡事故应急预案》；造成设备损坏时启动《电力设备事故应急预案》。

4.2　现场应急处置措施

（1）当值领导命令主控室操作人员对设备作出紧急处理指令。

（2）发生火灾后，运行值班人员在人身不受危害的情况下要坚守本岗位，确保设备正常运行。

（3）在应急救援人员未到达之前，临时由当值值长指挥火灾扑救工作。不允许不熟悉设备的人员组织指挥灭火。

（4）火灾初期阶段，应急救援人员要利用区域内常规灭火器（干粉或气体灭火器）进行扑救。控制起初火灾，防止火势蔓延。

（5）被困火场逃生时，应用毛巾捂住口鼻，背向烟火方向迅速离开。逃生通道被切断、短时间内无人救援时，应关紧迎火门窗，用湿毛巾、湿布堵住门窗缝隙，用水淋透房门，防止烟火侵入。

（6）火灾发生要采取有效措施扑灭身上的火焰，使伤员迅速脱离致伤现场。当衣服着火，应采用各种方法尽快地灭火，千万不要直立奔跑或站立呼喊，以免助长燃烧，引起或加重呼吸道烧伤。灭火后伤员应立即将衣服脱去，如衣服与皮肤粘在一起，可在救护人员帮助下把未粘的部分剪去，并对创面进行包扎。

（7）在火场，对于烧伤创面一般可不做特殊处理，尽量不要弄破水泡，不能涂龙胆素一类有色的外用药，以免影响烧伤面深度的判断。为防止创面继续污染，避免加重感染和加深创面，对创面应立即用三角巾、大纱布、清洁的衣服和被单等，给予简单的包扎。手足被烧伤时，应将各个手指、脚趾分开包扎，以防粘连。

（8）如火势无法控制请求辖区消防队支援。

（9）消防队到达火场时，临时灭火指挥人应立即与消防队负责人取得联系并交代失火设备现状和运行情况，然后协助消防队负责指挥灭火，并提供技术支援。

（10）根据现场恢复情况，由生产副总经理宣布事故应急处理情况的终止，生产秩序和生活秩序恢复为正常状态。

4.3　事件报告

（1）事发人、当值值长或事发单位领导立即向应急处置办公室报告，应急处置办公室向应急处置领导小组报告。

（2）火势无法控制时经应急处置领导小组批准，应急处置办公室向辖区消防应急管理部门请求支援。

（3）应急处置领导小组在火灾事故发生1h内向所在地政府应急管理部门、电监局和上级主管部门速报主控室火灾事故信息。报告内容主要包括事故发生的时间、地点、人员伤亡、设备损坏情况、可能的引发因素和发展趋势等。报送、报告火灾事故信息，应当做到及时、客观、真实，不得迟报、谎报、瞒报、漏报。

（4）联系方式。

应急处置办公电话：×××。

移动电话：×××。

急救中心：×××。

消防：×××。

5 注意事项

5.1 佩戴个人防护器具的注意事项

应急救援人员进入火灾现场必须按规定穿好工作服、工作鞋，正确佩戴安全帽，防毒面具，涉及高处作业人员必须系好安全带或防坠器。

5.2 使用抢险救援器材的注意事项

必须对应急救援所使用的器材进行认真的检查，严禁使用没有进行检验、试验不合格的器材从事应急处置活动，包括从事救援用的灭火器材、医疗器械、担架、起重工器具、手持工器具、电动工器具、绝缘工器具等。

5.3 采取救援对策或措施方面的注意事项

在从事应急处置过程中所采取的安全措施、技术措施必须严密符合实际，具备可行性、可操作性、实效性，在措施的落实过程中应做到责任到人、措施到项、检查监督到位，做好防止中毒、窒息、触电、烫伤的安全技术措施，防止次生事故的发生。

5.4 自救和互救的注意事项

（1）应急救援人员应熟悉紧急救护法，学会心肺复苏、人工呼吸、外伤急救等应急状态下的紧急救护方法和逃生的各种方法，注意防止中毒、窒息、触电、烫伤等。

（2）在应急处置过程中所有应急救援人员应做好自救和互救的思想准备，一旦威胁到自身安全和他人安全进行逃生，一旦发生伤害要采取得当抢救方法（例如：止血、包扎、背、抬等医疗方法），严禁次生伤害的发生。

（3）积极与应急救援医疗处置人员取得联系，得到及时的支援。

5.5 应急处置能力的确认和人员安全防护注意事项

（1）应对应急救援人员定期进行应急情况下的紧急救护培训教育，提高应急救援人员的思想素质和技术素质以及紧急救护的能力，考试合格后方可加入应急救援队伍。对在培训、考试过程中不遵守纪律、徇私舞弊者进行严格的考核。

（2）应急救援所用的安全防护用品、用具应符合国家标准，购置、保管、存放、发放、使用、佩戴应符合标准要求，应急救援人员应掌握安全防护用具的原理、构造、工艺、检修、维护、使用佩戴的方式方法。严禁购置不合格的安全防护用品、用具。

5.6 应急救援结束后的注意事项

（1）应急救援结束后，应急救援人员撤离现场，应急处置工作组组长清点人数，检查所带工器具，以及严格保护现场，等待事故调查。

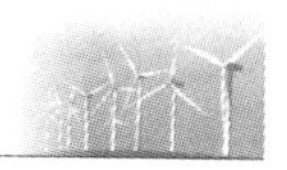

(2) 将主控室火灾事故引起的被伤害人员转送医疗部门救治，应对现场进行全面的检查，举一反三防止再次发生类似事故。

(3) 召开事故分析会，分析事故原因、责任，开展反事故教育，对责任者进行处罚，为事故调查收集资料。

(4) 恢复现场正常生产、生活秩序，稳定员工思想情绪，拆除临时措施，恢复常设措施，补充完善安全技术措施。

5.7　其他特别警示的事项

(1) 对于发生火灾事故的位置，做好警示标志，对没有采取防范措施的不得恢复生产活动。

(2) 救护人在进行被伤害人员救治时，必须进行伤员伤情的初步判断，不可直接进行救护，以免由于救护人的不当施救造成伤员的伤情恶化。

(3) 火灾事故引起的受伤人可能在高处，存在高处坠落的危险，防止伤员高空坠落，救护者也应注意救护中自身的防坠落、摔伤措施。救护人员登高时应随身携带必要的安全带和牢固的绳索等。

(4) 如事故发生在夜间，应设置临时照明灯，以便于抢救，避免意外事故，但不能因此延误急救时间。

二、变压器火灾事故处置方案

某风力发电公司
变压器火灾事故处置方案

1　总则

1.1　编制目的

为高效有序地做好公司范围内发生的变压器火灾事故的应急处置工作，避免或最大限度地减轻火灾事故造成的经济损失，保障员工生命和企业财产安全，维护社会稳定，特编制本应急处置方案。

1.2　编制依据

《生产安全事故报告和调查处理条例》(国务院令第493号)

《生产经营单位安全生产事故应急预案编制导则》(GB/T 29639—2013)

《电力安全事故应急处置和调查处理条例》(国务院令第599号令)

《电力企业应急预案管理办法》(国能安全〔2014〕508号)

《电力企业现场处置方案编制导则(试行)》

《电力设备典型消防规程》(DL 5027—2015)

《电力安全工作规程》(发电厂和变电站电气部分)(GB 26860—2011)

《某风电公司火灾事故专项应急预案》

1.3　适用范围

本方案适用于公司范围内发生的变压器火灾事故的现场应急处置和应急救援工作。

2　事件特征

2.1　危险性分析和事件类型

（1）变压器内部短路、接地故障，附近的电缆着火引燃变压器油系统的火灾事故或变压器外部接头短路、放电引起着火、爆炸等突发事件可能引起的变压器火灾事故。

（2）变压器火灾事故可能造成变压器严重损坏，导致对外少送电、风力发电机组被迫停运、严重时可能对内对外供电全停。

（3）变压器火灾发生的原因。

1）绝缘损坏、检修过程中损坏线圈绝缘、铁心制造不良发热造成线圈绝缘损坏。

2）各部分接头接触不良过热，短路烧损。

3）过电压、过负荷。

4）变压器油质超标起不到绝缘、冷却作用。

5）外部火灾引起变压器着火。

2.2　事件可能发生的区域、地点或装置名称

各项目公司主变压器、SVG 连接变、站用变压器、备用变压器、接地变、箱式变压器、台变等。

2.3　发生的季节（时间）及造成的危害程度

变压器火灾一年四季都有可能发生，箱变（台变）起火可能引起山火、森林火灾、草原火灾等，电站变压器着火可能发生爆炸，伤及周围人员及设施，产生的烟雾会污染空气、土壤及水体，造成人员中毒、窒息、全站停电、设备损坏等事故。

2.4　事前可能出现的征兆

（1）火灾报警装置发出警报。

（2）瓦斯继电器动作发出信号或跳闸。

（3）压力释放阀动作。

（4）变压器油温及绕组温度异常升高。

（5）本体有异响。

（6）油色谱分析气体异常。

3　组织机构及职责

3.1　应急组织

3.1.1　应急处置领导小组

组　长：总经理

副组长：副总经理

成　员：综合管理部经理、资产财务部经理、项目开发部经理、工程管理部经理、电力运营部经理、安全生产部经理、现场工作人员、医护人员、安监人员

3.1.2　应急处置办公室

主　任：安全生产部经理

3.1.3 应急处置工作组

（1）危险源控制、抢险救援组　　组长：工程管理部、安全生产部经理

（2）安全保卫工作组　　组长：项目开发部、安全生产部经理

（3）交通医疗后勤保障组　　组长：综合管理部经理

（4）新闻发布工作组　　组长：综合管理部经理

（5）技术保障物资供应组　　组长：工程管理部、电力运营部经理

（6）善后处理组　　组长：综合管理部、资产财务部经理

3.2　各岗位职责

3.2.1 应急处置领导小组职责

（1）经上级应急领导小组批准启动本方案，发布和解除应急救援命令。

（2）负责按照本方案组织健全处置变压器火灾事故的应急救援队伍实施应急处置工作。

（3）负责向上级汇报变压器火灾事故的情况，必要时向有关单位发出救援请求。

（4）负责组织开展本方案的应急保障建设工作。

（5）负责组织编制和完善本应急处置方案，指导本方案的培训和演练。

3.2.2 应急处置办公室职责

（1）应急处置办公室是变压器火灾事故应急管理的常设机构，负责应急处置日常工作。

（2）及时向应急处置领导小组报告事故情况。

（3）组织落实应急处置领导小组提出的各项措施、要求。

（4）组织制定变压器火灾事故应急处置工作的各项规章制度。

（5）监督检查变压器火灾事故应急处置方案，日常应急准备工作、组织演练的情况；指导、协调事故的处置工作。

（6）变压器火灾事故处置工作完毕后，认真分析发生原因，总结处置过程中的经验教训，进一步完善应急处置方案。

（7）对变压器火灾应急处置工作进行考核。

（8）指导相关应急处置工作组做好善后工作。

3.2.3 应急处置工作组职责

3.2.3.1 危险源控制抢险救援组职责

（1）负责组织应急救援人员及有关专家及时进入现场，并进行现场抢险救援技术全面指导与技术监督。

（2）负责迅速开展由于变压器火灾事故涉及的受伤人员的救援工作。

（3）负责现场救援设备和物资及时运送进入现场。

（4）掌握变压器火灾事故应急救援力量（包括应急救援的技术人员、医护人员、受过紧急救护培训的人员、与人身急救有关的专业对口人员）和人身应急救援物资的资源（包括数量、储存情况）。

（5）负责提出上级救援、外部救援力量和物资支援的需求。

3.2.3.2　安全保卫工作组职责

（1）维持现场秩序、现场警戒，划定警戒区域，负责监督应急情况处理时各项安全措施的执行，防止救援时人身事故的发生。

（2）控制现场人员，无关人员不准出入现场，确保抢修人员疏散时的人身安全，做好维持现场秩序、安全警戒装置的设置工作。

（3）负责抢险现场安全隔离措施的检查，并督促相关部门执行到位。

（4）组织实施事故恢复所必须采取的临时性措施。

（5）完成变压器火灾事故（发生原因、处理经过）调查报告的编写和上报工作。

3.2.3.3　交通医疗后勤保障组职责

（1）负责应急救援车辆维护、检查，确保应急抢险救援时所需车辆正常使用。

（2）应急时提供紧急救护车辆，提供应急救援抢险和应急物资、设备设施运送所需车辆。

（3）负责办公电话、移动电话、传真、电子邮件、应急通信、确保调度通信畅通。

（4）与制造厂家、供应商建立物资供应协作关系，保证应急救援物资的质量、数量。

（5）负责接警后及时赶赴事发地，对受伤人员采取现场紧急救治，及时抢救伤员生命。

（6）及时联系120急救中心或当地医院，将伤员转送医院进行治疗。

（7）做好日常相关医疗药品和器材的维护和储备工作。

3.2.3.4　新闻发布工作组职责

（1）在应急处置领导小组的指导下，负责将变压器火灾事故情况汇总，根据应急处置领导小组的决定做好对外新闻发布工作。

（2）根据应急处置领导小组的决定对变压器火灾事故情况向上级报告。

（3）负责新闻媒体及当地政府有关部门和上级相关部门的接待工作。

3.2.3.5　技术保障物资供应组职责

（1）全面提供应急救援时的技术支持。

（2）掌握各种设备设施、建筑、器材、工具等专业技术。

（3）掌握变压器火灾事故的应急处置方法。

（4）按照分公司要求做好各类变压器火灾事故相应物资储备和供给工作。

（5）应急时，负责应急物资、各种器材、设备的供给。

（6）负责与其他应急处置工作组进行沟通联络，及时做好应急物资的补给工作。

3.2.3.6　善后处理组职责

（1）负责监督消除变压器火灾事故的影响，尽快恢复生产。

（2）负责变压器火灾事故资料的收集，现场的保护。

（3）准确、及时、公正地查清事故原因、责任，总结经验吸取教训，制定措施。对事故责任者提出处理意见。

（4）负责做好变压器火灾事故涉及的受伤人员的保险赔偿及家属安抚工作，做好受伤人员康复治疗、慰问工作，对因参与应急处理工作受伤、致残、死亡的人员，按照国家有关规定，做好伤、亡人员和设备损坏的保险理赔工作。

4 应急处置

4.1 现场应急处置程序

（1）火情、火险发现人员应立即向应急处置办公室报告，应急处置办公室通知应急处置工作组采取措施进行现场灭火，同时向应急处置领导小组报告，启动本预案。报告的主要内容：火灾或爆炸情况，有无人员伤亡，设备有无损坏，救灾物资人员需求等。

（2）应急处置人员到达事故现场后，根据事故状态及危害程度做出相应的应急决定，指挥疏散现场无关人员，各应急救援队立即开展救援。

（3）事故扩大时，拨打119报警电话请求辖区消防队支援。报警内容：单位名称、地址、着火物资、火势大小、着火范围。把自己的电话号码和姓名告诉对方，以便联系。同时还要注意听清对方提出的问题，以便正确回答。打完电话后，要立即到交叉路口等候消防车的到来，以便引导消防车迅速赶到火灾现场。

（4）事件扩大时与相关应急预案的衔接程序：火灾事故扩大时启动《火灾事故应急预案》；造成人身伤亡时启动《人身伤亡事故应急预案》；造成设备损坏的启动《设备事故应急预案》。

4.2 现场处置措施

（1）当值值长申请调度将故障变压器隔离，组织运行人员迅速查明着火原因及部位。

（2）初起火灾可用干粉车、二氧化碳灭火器灭火。

（3）若油溢在变压器顶盖着火时，应打开变压器下部事故排油阀，将油排至事故油池，使变压器油面低于火面。若变压器内部故障着火时，则不能排油，以防发生严重爆炸及人员伤亡。

（4）变压器油流到地面着火时，可用干燥的砂子灭火。

（5）运行人员在保证安全的前提下，迅速查明发生着火部位和原因。检查人员应两人一组，进入着火区域时应戴防毒面具、着防护服进行检查。如火势无法控制，请求消防部门支援。

（6）根据现场恢复情况，由公司生产副总经理宣布事故应急处理情况的终止，生产秩序和生活秩序恢复为正常状态。

4.3 事件报告

（1）发现人应立即向应急处置办公室报告，应急处置办公室通知应急处置工作组采取措施进行现场灭火，同时向应急处置领导小组报告。

（2）火势无法控制时由应急处置领导小组批准报火警119请求辖区消防队救援。

（3）火灾事故发生后1h内向所在地政府应急管理部门和上级主管单位速报变压器火灾信息。速报内容主要包括事故发生的时间、地点、人员伤亡、设备损坏情况、可能的引发因素和发展趋势等。报送、报告突发事件信息应当做到及时、准确、真实，不得迟报、谎报、瞒报、漏报。

（4）联系方式。

应急处置办公电话：×××。

移动电话：×××。

5　注意事项

5.1　佩戴个人防护器具的注意事项

任何人进入现场必须按规定穿好工作服、工作鞋，正确佩戴安全帽，涉及高处作业人员必须系好安全带或防坠器。

5.2　使用抢险救援器材的注意事项

必须对应急救援所使用的器材进行认真的检查，严禁使用没有进行检验、试验不合格的器材从事应急处置活动，包括从事救援用的医疗器械、担架、起重工器具、手持工器具、电动工器具、绝缘工器具等。

5.3　采取救援对策或措施方面的注意事项

在从事应急处置过程中所采取的安全措施、技术措施必须严密、符合实际，具备可行性、可操作性、实效性，在措施的落实过程中应做到责任到人、措施到项、检查监督到位，防止次生事故的发生。

5.4　自救和互救的注意事项

（1）应急救援人员应熟悉紧急救护法，学会心肺复苏、人工呼吸、外伤急救等应急状态下的紧急救护方法和逃生的各种方法。

（2）在应急处置过程中所有应急救援人员应做好自救及互救的思想准备，一旦威胁到自身安全和他人安全进行逃生，一旦发生伤害，要采取得当抢救方法（例如：止血、包扎、背、抬等医疗方法），严禁次生伤害的发生。

（3）积极与应急救援医疗处置人员取得联系，得到及时的支援。

5.5　应急处置能力的确认和人员安全防护注意事项

（1）应对应急救援人员定期进行应急情况下的紧急救护培训教育，提高应急救援人员的思想素质和技术素质以及紧急救护的能力，考试合格后方可参加应急救援队伍。对在培训、考试过程中不遵守纪律、徇私舞弊者进行严格的考核。

（2）应急救援所用的安全防护用品、用具应符合国家标准，购置、保管、存放、发放、使用、佩戴应符合标准要求，应急救援人员应掌握安全防护用具的原理、构造、工艺、检修、维护、使用佩戴的方式方法。严禁购置不合格的安全防护用品、用具。

5.6　应急救援结束后的注意事项

（1）应急救援结束后，应急救援人员撤离现场，应急处置工作组组长清点人数，检查所带工器具，以及严格保护现场，等待事故调查。

（2）将变压器火灾事故引起的被伤害人员转送医疗部门救治，应对现场进行全面的检查，举一反三防止再次发生类似事故。

（3）召开事故分析会，分析事故原因、责任，为事故调查收集资料。开展反事故教育，对责任者进行处罚。

（4）恢复现场正常生产、生活秩序，稳定员工思想情绪，拆除临时措施，恢复常设措施，补充完善安全技术措施。

5.7　其他特别警示的事项

（1）对于发生事故的变压器位置，做好警示标志，对没有采取防范措施的变压器设备

不准再次使用。

（2）救护人在进行被伤害人员救治时，必须进行伤员伤情的初步判断，不可直接进行救护，以免由于救护人的不当施救造成伤员的伤情恶化。

（3）变压器火灾事故引起的受伤人可能在高处，存在高处坠落的危险，防止伤员高空坠落，救护者也应注意救护中自身的防坠落、摔伤措施。救护人员登高时应随身携带必要的安全带和牢固的绳索等。

（4）如事故发生在夜间，应设置临时照明灯，以便于抢救，避免意外事故，但不能因此延误急救时间。

三、电缆火灾事故处置方案

某风力发电公司
电缆火灾事故处置方案

1　总则

1.1　编制目的

为高效有序地做好公司发生的电缆火灾事故的应急处置工作，避免或最大限度地减轻火灾事故造成的损失，保障员工生命和企业财产安全，维护社会稳定，特编制本应急处置方案。

1.2　编制依据

《生产安全事故报告和调查处理条例》（国务院令第493号）

《生产经营单位安全生产事故应急预案编制导则》（GB/T 29639—2013）

《电力安全事故应急处置和调查处理条例》（国务院令第599号令）

《电力企业应急预案管理办法》（国能安全〔2014〕508号）

《电力企业现场处置方案编制导则（试行）》

《电力设备典型消防规程》（DL 5027—2015）

《电力安全工作规程》（发电厂和变电站电气部分）（GB 26860—2011）

《某风电公司火灾事故专项应急预案》

1.3　适用范围

本方案适用于公司发生的电缆火灾事故的现场应急处置和应急救援工作。

2　事件特征

2.1　危险性分析和事件类型

（1）电缆火灾事故大致由内因和外因两方面原因引起：电缆内因火灾包括电缆本身的隐患引发的火灾，如电缆短路起火、接头接触不良、绝缘失效或电流过载引起的电缆火灾等；电缆外因火灾包括电缆敷设时由于曲率半径过小，致使电缆绝缘机械损坏或电缆受外界机械损伤（如施工挖断等），造成短路、弧光闪络引燃电缆，阻燃措施不到位，未能刷涂有效的防火涂料，阻燃隔断不够严密等均会导致火灾的扩大。

（2）电缆火灾事故可能使电缆烧损、设备误跳闸、风机被迫停运、发电机组严重损坏；对外减少送电，严重时造成脱网供电全停。

（3）电缆着火后可能发生爆炸伤及周围人员及设施，产生的有毒烟雾会污染厂区空气，造成人员中毒、窒息等人身伤亡事故。

电缆火灾的主要原因是由于电缆散热不够充分，导致电缆温度升高，致使电缆的绝缘外皮熔化，发生短路，酿成火灾。电缆没有得到应有的维护，在长期的使用过程中造成电缆老化，绝缘等级下降，造成电缆击穿短路，酿成电缆火灾。电缆长时间过负荷，造成电缆过热，使得电缆外壳熔化，造成绝缘程度降低，使得电缆击穿，造成短路，酿成火灾。汇线排及电缆接头设计或安装不合理，电缆接头会出现虚接等现象，产生电火花，引成电缆火灾。绝缘油老化或其他偶然因素等均会引起短路而着火，电气火灾具有蔓延快，造成的损失大，停产时间长等特点，在生产的过程中要认真防范。电气火灾多是因为电缆、电气设备老化，设计不当，违章操作等引起。

2.2　发生的区域、地点或装置的名称

（1）电缆沟道、控制室电缆夹层、35kV段电缆夹层、主机房电缆竖井。

（2）高压间、机房电缆桥架、低压配电盘电缆夹层；室外电缆沟、配电段、就地安装的配电柜。

2.3　事故发生的季节（时间）可能造成的危害

电缆火灾事故一年四季都可能发生，造成人员伤害、设备损坏、建筑物烧损。

2.4　事前可能出现的征兆

（1）厂房火灾消防报警系统发出警报（电缆隧道内）。

（2）部分设备误跳闸。

（3）部分设备操作失灵。

（4）部分通信中断。

（5）保护装置误动作。

3　组织机构及职责

3.1　应急组织

3.1.1　应急处置领导小组

组　长：总经理

副组长：副总经理

成　员：综合管理部经理、资产财务部经理、项目开发部经理、工程管理部经理、电力运营部经理、安全生产部经理、现场工作人员、医护人员、安监人员

3.1.2　应急处置办公室

主　任：安全生产部经理

3.1.3　应急处置工作组

（1）危险源控制、抢险救援组　　　组长：工程管理部、安全生产部经理

（2）安全保卫工作组　　　组长：项目开发部、安全生产部经理

(3) 交通医疗后勤保障组　　组长：综合管理部经理

(4) 新闻发布工作组　　组长：综合管理部经理

(5) 技术保障物资供应组　　组长：工程管理部、电力运营部经理

(6) 善后处理组　　组长：综合管理部、资产财务部经理

3.2 各岗位职责

3.2.1 应急处置领导小组职责

(1) 经上级应急领导小组批准启动本方案，发布和解除应急救援命令。

(2) 负责按照本方案组织健全处置电缆火灾事故的应急救援队伍，实施应急处置工作。

(3) 负责向上级汇报电缆火灾事故的情况，必要时向有关单位发出救援请求。

(4) 负责组织开展本方案的应急保障建设工作。

(5) 负责组织编制和完善本应急处置方案，指导本方案的培训和演练。

3.2.2 应急处置办公室职责

(1) 应急处置办公室是电缆火灾事故应急管理的常设机构，负责应急处置日常工作。

(2) 及时向应急处置领导小组报告事故情况。

(3) 组织落实应急处置领导小组提出的各项措施、要求。

(4) 组织制定电缆火灾事故应急处置工作的各项规章制度。

(5) 监督检查电缆火灾事故应急处置方案，日常应急准备工作、组织演练的情况，指导、协调事故的处置工作。

(6) 电缆火灾事故处置工作完毕后，认真分析发生原因，总结处置过程中的经验教训，进一步完善应急处置方案。

(7) 对电缆火灾应急处置工作进行考核。

(8) 指导相关应急处置工作组做好善后工作。

3.2.3 应急处置工作组职责

3.2.3.1 危险源控制抢险救援组职责

(1) 负责组织应急救援人员及有关专家及时进入现场，并进行现场抢险救援技术全面指导与技术监督。

(2) 负责迅速开展由于电缆火灾事故涉及的受伤人员的救援工作。

(3) 负责现场救援设备和物资及时运送进入现场。

(4) 掌握电缆火灾事故应急救援力量（包括应急救援的技术人员、医护人员、受过紧急救护培训的人员、与人身急救有关的专业对口人员）和人身应急救援物资的资源的情况（包括数量、储存情况）。

(5) 负责提出上级救援、外部救援力量和物资支援的需求。

3.2.3.2 安全保卫工作组职责

(1) 维持现场秩序、现场警戒，划定警戒区域，负责监督应急情况处理时各项安全措施的执行，防止救援时人身事故的发生。

(2) 控制现场人员，无关人员不准出入现场，确保抢修人员疏散时的人身安全，做好维持现场秩序、安全警戒装置的设置工作。

（3）负责抢险现场安全隔离措施的检查，并督促相关部门执行到位。

（4）组织实施电缆火灾事故恢复所必须采取的临时性措施。

（5）完成电缆火灾事故（发生原因、处理经过）调查报告的编写和上报工作。

3.2.3.3　交通医疗后勤保障组职责

（1）负责应急救援车辆维护、检查，确保应急抢险救援时所需车辆正常使用。

（2）应急时提供紧急救护车辆，提供应急救援抢险和应急物资、设备设施运送所需车辆。

（3）负责办公电话、移动电话、传真、电子邮件、应急通信、确保调度通信畅通。

（4）与制造厂家、供应商建立物资供应协作关系，保证应急救援物资的质量、数量。

（5）负责接警后及时赶赴事发地，对受伤人员采取现场紧急救治，及时抢救伤员生命。

（6）及时联系120急救中心或当地医院，将伤员转送医院进行治疗。

（7）做好日常相关医疗药品和器材的维护和储备工作。

3.2.3.4　新闻发布工作组职责。

（1）在应急处置领导小组的指导下，负责将电缆火灾事故情况汇总，根据应急处置领导小组的决定做好对外新闻发布工作。

（2）根据应急处置领导小组的决定将电缆火灾事故情况向上级报告。

（3）负责新闻媒体及当地政府有关部门和上级相关部门的接待工作。

3.2.3.5　技术保障物资供应组职责

（1）全面提供应急救援时的技术支持。

（2）掌握处置电缆火灾事故的设备设施、建筑、器材、工具等专业技术。

（3）掌握电缆火灾事故的应急处置方法。

（4）按照公司要求做好电缆火灾事故相应物资储备和供给工作。

（5）应急时，负责应急物资、各种器材、设备的供给。

（6）负责与其他应急处置工作组进行沟通联络，及时做好应急物资的补给工作。

3.2.3.6　善后处理组职责

（1）负责监督消除电缆火灾事故的影响，尽快恢复生产。

（2）负责电缆火灾事故资料的收集，现场的保护。

（3）准确、及时、公正地查清事故原因、责任，总结经验吸取教训，制定措施，对事故责任者提出处理意见。

（4）负责做好电缆火灾事故涉及的受伤人员的保险赔偿及家属安抚工作，做好受伤人员康复治疗、慰问工作，对因参与应急处理工作受伤、致残、死亡的人员，按照国家有关规定，做好伤、亡人员和设备损坏的保险理赔工作。

4　应急处置

4.1　现场应急处置程序

（1）最早发现火情者应立即向当值值长汇报，当值值长通知运行人员到现场灭火，同时报告应急处置领导领导小组，启动本预案，应急指挥及救援人员立即赶赴事故现场。

（2）应急救援指挥人员到达事故现场后，根据事故状态及危害程度做出相应的应急处置决定，指挥疏散现场无关人员，各应急救援队立即开展救援。

（3）事故扩大时，拨打119报警电话请求辖区消防队支援。报警内容：单位名称、地址、着火物资、火势大小、着火范围。把自己的电话号码和姓名告诉对方，以便联系。同时还要注意听清对方提出的问题，以便正确回答。打完电话后，要立即到交叉路口等候消防车的到来，以便引导消防车迅速赶到火灾现场。

（4）事件扩大时与相关应急预案的衔接程序：火灾事故扩大时启动《火灾事故应急预案》；造成人身伤亡时启动《人身伤亡事故应急预案》；造成设备损坏的启动《电力设备事故应急预案》。

4.2　现场处置措施

（1）电缆夹层着火的应急措施。

1）根据火灾情况，关闭所有通往电缆夹层的门、窗，立即启动全淹式卤代烷1211灭火系统。

2）检查、监视通往电缆夹层的竖井、隧道、电缆沟、桥架、盘柜的封堵情况，实施隔离灭火、限制火灾范围。

（2）电缆沟道着火的应急措施。

1）检查关闭沟道内防火门。

2）检查、监视、完善通往电缆沟道的竖井、电缆沟封堵情况，采用窒息法和冷却法对电缆火灾实施隔离扑救。

（3）室外重要电缆沟电缆着火的应急措施。

1）对通往35kV配电室的电缆沟、通往220kV升压站的电缆沟主要地段电缆沟电缆着火，运行人员应根据火灾情况，实施停机、停电操作准备。

2）当值值长根据变电运行、火势情况，命令实施停机、停电操作。

3）打开电缆沟盖板，用沙土进行隔离扑救。

（4）如火势无法控制，请求辖区消防队支援。

（5）根据现场恢复情况，由应急处置领导小组批准，应急处置生产副总经理事故应急处理情况的终止，生产秩序和生活秩序恢复为正常状态。

4.3　事件报告

（1）当值值长报告应急救援指挥部领导。

（2）火势无法控制时由救援指挥部决定报火警请求辖区消防队救援。

（3）火灾事故发生后1h内向所在地人民政府和上级主管单位速报突发事件信息。速报内容主要包括事故发生的时间、地点、人员伤亡、设备损坏情况、可能的引发因素和发展趋势等。报送、报告突发事件信息，应当做到及时、客观、真实，不得迟报、谎报、瞒报、漏报。

4.4　联系方式

应急处置办公电话：×××。

移动电话：×××。

医务急救：×××。

5 注意事项

5.1 佩戴个人防护器具的注意事项

任何人进入现场必须按规定穿好工作服、工作鞋正确佩戴安全帽，正确佩戴使用正压式呼吸器、隔热服、隔热手套、绝缘靴等安全防护用具，涉及高处作业人员必须系好安全带或防坠器。

5.2 使用抢险救援器材的注意事项

必须对应急救援所使用的器材进行认真的检查，严禁使用没有进行检验、试验不合格的器材从事应急处置活动，包括灭火器材、安全绳、安全带、防坠器、担架等，以及从事救援用的起重工器具、手持工器具、电动工器具、绝缘工器具等。

5.3 采取救援对策或措施方面的注意事项

在从事应急处置过程中所采取的安全措施、技术措施必须严密符合实际，具备可行性、可操作性、实效性，在措施的落实过程中应做到责任到人、措施到项、检查监督到位，防止次生事故的发生。

5.4 自救和互救的注意事项

（1）应急救援人员应熟悉紧急救护法，学会心肺复苏、人工呼吸、外伤急救等应急状态下的紧急救护方法和逃生的各种方法。

（2）在应急处置过程中所有应急救援人员应做好自救和互救的思想准备，一旦威胁到自身安全和他人安全进行逃生，一旦发生伤害要采取得当抢救方法（例如：防止中毒、窒息、触电、烫伤、止血、包扎、背、抬等医疗方法），严禁次生伤害的发生。

（3）积极与应急救援医疗处置人员取得联系，得到及时的支援。

5.5 应急处置能力的确认和人员安全防护注意事项

（1）应对应急救援人员定期进行应急情况下的紧急救护培训教育，提高应急救援人员的思想素质和技术素质以及紧急救护的能力，考试合格后方可参加应急救援队伍。对在培训、考试过程中不遵守纪律、徇私舞弊者进行严格的考核。

（2）应急救援所用的安全防护用品、用具应符合国家标准，购置、保管、存放、发放、使用、佩戴应符合标准要求，应急救援人员应掌握安全防护用具的原理、构造、工艺、检修、维护、使用佩戴的方式方法。严禁购置不合格的安全防护用品、用具。

5.6 应急救援结束后的注意事项

（1）应急救援结束后，应急救援人员撤离现场，应急处置工作组组长清点人数，检查所带工器具，以及严格保护现场，等待事故调查。

（2）由于事故涉及的受伤人员转送医疗部门救治，应对现场进行全面的检查，举一反三防止再次发生类似事故。

（3）召开事故分析会，分析事故原因、责任，开展反事故教育，为事故调查收集资料，对责任者进行处罚。

（4）恢复现场正常生产秩序，稳定员工思想情绪，拆除临时措施，恢复常设措施、补充完善安全技术措施。

5.7　其他特别警示的事项

（1）对发生电缆火灾事故的位置，做好警示标志，对没有采取防范措施的不得恢复。

（2）对在应急救援过程中受到伤害的人员，进行骨折伤害救治时，必须注意救治时的方法，防止由于救治错误造成的二次伤害。

（3）对于洞口、预留口、通道口、楼梯口、阳台口以及其他各种物体上坠落的人身事故处置与以上处置相同。

四、发电机组火灾事故处置方案

某风力发电公司
发电机组火灾事故处置方案

1　总则

1.1　编制目的

为高效有序地做好公司发生的风力发电机火灾事故应急处置工作，避免或最大限度地减轻火灾事故造成的损失，保障员工生命和企业财产安全，维护社会稳定，特编制本应急处置方案。

1.2　编制依据

《生产安全事故报告和调查处理条例》（国务院令第493号）

《生产经营单位安全生产事故应急预案编制导则》（GB/T 29639—2013）

《电力安全事故应急处置和调查处理条例》（国务院令第599号令）

《电力企业应急预案管理办法》（国能安全〔2014〕508号）

《电力企业现场处置方案编制导则（试行）》

《电力设备典型消防规程》（DL 5027—2015）

《电力安全工作规程》（发电厂和变电站电气部分）（GB 26860—2011）

《某风电公司火灾事故专项应急预案》

1.3　适用范围

本方案适用于公司发生的风力发电机火灾事故的现场应急处置和应急救援工作。

2　事件特征

2.1　危险性分析和事件类型

（1）风机内部故障导致火灾。

（2）由雷击导致火灾。风力发电机机组处于60m以上的高空，如没有避雷设施或设施维护不当，因雷击导致火灾的风险就特别高。若安装的避雷针接触电阻太高，则易遭受雷击。

（3）电气安装不当引发火灾。风力发电机组电气安装不当也是引起火灾的主导原因之一。火灾由接地故障、电路短路及产生的电弧等造成部件过载，继而过热引起。

（4）表面炙热触发火灾。如果风力发电机组的空气动力制动发生故障，一般采用机械制动的方式使转子减速，而产生的热量易使可燃金属燃烧。若发生紧急制动现象，机械制动产生的飞溅火花也能点燃远处的可燃金属，产生较高的火灾风险。风力发电机组或其中部件的缺陷，如泄漏或液压系统受污染，也会增加火灾风险。另外，由于过载或电机润滑故障等原因，使风力发电机组设备过热，从而使润滑油等易燃材料与高温表面接触也能引起易燃物燃烧。

（5）修理、安装和拆卸等工作引起火灾。

（6）齿轮油火灾。风电场大量的风机齿轮箱中采用润滑剂，每台风机配备有单独的润滑油箱，油箱内储有润滑油。润滑油为不易燃物资，但是在设备运行不良，油温过高时很容易燃烧。如果有润滑油大量泄漏，而此时岗位人员没有及时发现，泄漏的润滑油遇到明火很可能造成燃烧，也容易酿成火灾。

（7）风力发电机组内部存在着大量的可燃、易燃材料也是引发火灾的原因。

1）机舱内部有被油污沉淀污染的隔音泡沫。

2）塑料机舱罩由玻璃增强热固性塑料或玻璃钢玻璃纤维增强塑料制成。

3）液压系统（如角度调整器和制动系统）存在油污，当这些系统有任何损坏或温度偏高，液压管的高压就能导致液压油以雾状的形式被挤出，从而可导致扩散速度极快的火灾。

4）齿轮箱用油和其他润滑用油（如风机轴承、低速轴轴承处）。

2.2 可能发生的区域、地点或装置名称

（1）风电场风机塔架。

（2）风力风机组内部。

2.3 事故发生的季节（时间）造成的危害程度

夏季发生较多，其他季节也有发生，可造成风力发电机组烧损、影响发电。

2.4 事前可能出现的征兆

（1）风力发电机组出现明火和烟雾。

（2）风力发电机表面炙热。

3 组织机构及职责

3.1 应急组织

3.1.1 应急处置领导小组

组　长：总经理

副组长：副总经理

成　员：综合管理部经理、资产财务部经理、项目开发部经理、工程管理部经理、电力运营部经理、安全生产部经理、现场工作人员、医护人员、安监人员

3.1.2 应急处置办公室

主　任：安全生产部经理

3.1.3 应急处置工作组

（1）危险源控制、抢险救援组　　组长：工程管理部、安全生产部经理

（2）安全保卫工作组　　组长：项目开发部、安全生产部经理
（3）交通医疗后勤保障组　　组长：综合管理部经理
（4）新闻发布工作组　　组长：综合管理部经理
（5）技术保障物资供应组　　组长：工程管理部、电力运营部经理
（6）善后处理组　　组长：综合管理部、资产财务部经理

3.2 各岗位职责

3.2.1 应急处置领导小组职责

（1）经上级应急领导小组批准启动本方案，发布和解除应急救援命令。

（2）负责按照本方案组织健全处置风力发电机组火灾事故的应急救援队伍实施应急处置工作。

（3）负责向上级汇报风力发电机组火灾事故的情况，必要时向有关单位发出救援请求。

（4）负责组织开展本方案的应急保障建设工作。

（5）负责组织编制和完善本应急处置方案，指导本方案的培训和演练。

3.2.2 应急处置办公室职责

（1）应急处置办公室是风力发电机组火灾事故应急管理的常设机构，负责应急处置日常工作。

（2）及时向应急处置领导小组报告事故情况。

（3）组织落实应急处置领导小组提出的各项措施、要求。

（4）组织制定风力发电机组火灾事故应急处置工作的各项规章制度。

（5）监督检查风力发电机组火灾事故应急处置方案，日常应急准备工作、组织演练的情况；指导、协调事故的处置工作。

（6）风力发电机组火灾事故处置工作完毕后，认真分析发生原因，总结处置过程中的经验教训，进一步完善应急处置方案。

（7）对风力发电机火灾应急处置工作进行考核。

（8）指导相关应急处置工作组做好善后工作。

3.2.3 应急处置工作组职责

3.2.3.1 危险源控制、抢险救援组职责

（1）负责组织应急救援人员及有关专家及时进入现场，并进行现场抢险救援技术全面指导与技术监督。

（2）负责迅速开展由于风力发电机组火灾事故涉及的受伤人员的救援工作。

（3）负责现场救援设备和物资及时运送进入现场。

（4）掌握风力发电机组火灾事故应急救援力量（包括应急救援的技术人员、医护人员、受过紧急救护培训的人员、与人身急救有关的专业对口人员）和人身应急救援物资的资源（包括数量、储存情况）。

（5）负责提出上级救援、外部救援力量和物资支援的需求。

3.2.3.2 安全保卫工作组职责

（1）维持现场秩序、现场警戒，划定警戒区域，负责监督应急情况处理时各项安全措

施的执行，防止救援时人身事故的发生。

（2）控制现场人员，无关人员不准出入现场，确保抢修人员疏散时的人身安全，做好维持现场秩序、安全警戒装置的设置工作。

（3）负责抢险现场安全隔离措施的检查，并督促相关部门执行到位。

（4）组织实施事故恢复所必须采取的临时性措施。

（5）完成风力发电机火灾事故（发生原因、处理经过）调查报告的编写和上报工作。

3.2.3.3 交通医疗后勤保障组职责

（1）负责应急救援车辆维护、检查，确保应急抢险救援时所需车辆正常使用。

（2）应急时提供紧急救护车辆，提供应急救援抢险和应急物资、设备设施运送所需车辆。

（3）负责办公电话、移动电话、传真、电子邮件、应急通信，确保调度通信畅通。

（4）与制造厂家、供应商建立物资供应协作关系，保证应急救援物资的质量、数量。

（5）负责接警后及时赶赴事发地，对受伤人员采取现场紧急救治，及时抢救伤员生命。

（6）及时联系120急救中心或当地医院，将伤员转送医院进行治疗。

（7）做好日常相关医疗药品和器材的维护和储备工作。

3.2.3.4 新闻发布工作组职责

（1）在应急处置领导小组的指导下，负责将风力发电机火灾事故情况汇总，根据应急处置领导小组的决定做好对外新闻发布工作。

（2）根据应急处置领导小组的决定将风力发电机火灾事故情况向上级报告。

（3）负责新闻媒体及当地政府有关部门和上级相关部门的接待工作。

3.2.3.5 技术保障物资供应组职责

（1）全面提供应急救援时的技术支持。

（2）掌握各种设备设施、建筑、器材、工具等专业技术。

（3）掌握风力发电机组火灾事故的应急处置方法。

（4）按照公司要求做好风力发电机组火灾事故相应物资储备和供给工作。

（5）应急时，负责应急物资、各种器材、设备的供给。

（6）负责与其他应急处置工作组进行沟通联络，及时做好应急物资的补给工作。

3.2.3.6 善后处理组职责

（1）负责监督消除风力发电机组火灾事故的影响，尽快恢复生产。

（2）负责风力发电机火灾事故资料的收集，现场的保护。

（3）准确、及时、公正地查清事故原因、责任，总结经验吸取教训，制定措施。对事故责任者提出处理意见。

（4）负责做好风力发电机组火灾事故涉及的受伤人员的保险赔偿及家属安抚工作，做好受伤人员康复治疗、慰问工作，对因参与应急处理工作受伤、致残、死亡的人员，按照国家有关规定，做好伤、亡人员和设备损坏的保险理赔工作。

4　应急处置

4.1　现场应急处置程序

（1）最早发现火情者应立即向当值值长汇报，当值值长通知运行人员到现场灭火，同时报告救援指挥部领导。

（2）指挥部成员及抢险救援组到达事故现场后，根据事故状态及危害程度做出相应的应急决定，指挥疏散现场无关人员，应急救援队立即开展救援。

（3）事故扩大时，拨打119报警电话请求辖区消防队支援。报警内容：单位名称、地址、着火物资、火势大小、着火范围。把自己的电话号码和姓名告诉对方，以便联系。同时还要注意听清对方提出的问题，以便正确回答。打完电话后，要立即到交叉路口等候消防车的到来，以便引导消防车迅速赶到火灾现场。

（4）事件扩大时与相关应急预案的衔接程序：火灾事故扩大时启动《火灾事故应急预案》；造成人身伤亡时启动《人身伤亡事故应急预案》；造成设备损坏的启动《电力设备事故应急预案》。

4.2　现场处置措施

（1）当变电站系统初始发生火灾时，由于火势较小，比较容易控制及扑灭，第一发现人立即现场切断电气设备电源开关，以防止扑救时触电；就近呼喊或电话求援，其他运行维护人员听到求援信息后立即持灭火器、防毒面具奔向出事现场。

（2）在救援队伍到来之前，火灾发现人应进行以下工作：

1）立即电话通知当值值长及值班人员停机并切断箱变和机组电源，之后使用附近的灭火器材进行扑救。

2）按现场逃生照明指示确认逃生线路，并力保逃生通道的畅通。

3）组织其他应急人员用现场的灭火器、灭火砂进行灭火。

（3）救援组到达现场后应立即进行以下工作：

1）指挥应急人员进行现场扑救。

2）指挥做好现场隔离，避免火焰蔓延。

（4）当值值长配合运行部有关人员迅速查明着火原因。

（5）如火势无法控制，请求辖区消防队支援。

（6）根据现场恢复情况，由生产副总经理宣布事故应急处理情况的终止，生产秩序和生活秩序恢复为正常状态。

4.3　事件报告

（1）当值值长报告应急救援指挥部领导。

（2）火势无法控制时由应急救援领导小组决定，请求辖区消防队救援。

（3）应急救援领导小组在火灾事故发生后1h内向所在地人民政府和上级主管单位速报突发事件信息。速报内容主要包括事故发生的时间、地点、人员伤亡、设备损坏情况、可能引发因素和发展趋势等。报送、报告突发事件信息，应当做到及时、客观、真实，不得迟报、谎报、瞒报、漏报。

4.4　联系方式

应急处置办公电话：×××。

移动电话：×××。

急救中心：×××。

消防报警：×××。

5　注意事项

5.1　佩戴个人防护器具的注意事项

应急救援人员进入火灾现场必须按规定穿好工作服、工作鞋，正确佩戴安全帽，防毒面具，涉及高处作业人员必须系好安全带或防坠器。

5.2　使用抢险救援器材的注意事项

必须对应急救援所使用的器材进行认真的检查，严禁使用没有进行检验、试验不合格的器材从事应急处置活动，包括从事救援用的灭火器材、医疗器械、担架、起重工器具、手持工器具、电动工器具、绝缘工器具等。

5.3　采取救援对策或措施方面的注意事项

在从事应急处置过程中所采取的安全措施、技术措施必须严密符合实际，具备可行性、可操作性、实效性，在措施的落实过程中应做到责任到人、措施到项、检查监督到位，做好防止中毒、窒息、触电、烫伤的安全技术措施，防止次生事故的发生。

5.4　自救和互救的注意事项

（1）应急救援人员应熟悉紧急救护法，学会心肺复苏、人工呼吸、外伤急救等应急状态下的紧急救护方法和逃生的各种方法，注意防止中毒、窒息、触电、烫伤等。

（2）在应急处置过程中所有应急救援人员应做好自救和互救的思想准备，一旦威胁到自身安全和他人安全进行逃生，一旦发生伤害要采取得当抢救方法（例如：止血、包扎、背、抬等医疗方法），严禁次生伤害的发生。

（3）积极与应急救援医疗处置人员取得联系，得到及时的支援。

5.5　应急处置能力的确认和人员安全防护注意事项

（1）应对应急救援人员定期进行应急情况下的紧急救护培训教育，提高应急救援人员的思想素质和技术素质以及紧急救护的能力，考试合格后方可参加应急救援队伍。对在培训、考试过程中不遵守纪律、徇私舞弊者进行严格的考核。

（2）应急救援所用的安全防护用品、用具应符合国家标准，购置、保管、存放、发放、使用、佩戴应符合标准要求，应急救援人员应掌握安全防护用具的原理、构造、工艺、检修、维护、使用佩戴的方式方法。严禁购置不合格的安全防护用品、用具。

5.6　应急救援结束后的注意事项

（1）应急救援结束后，应急救援人员撤离现场，应急处置工作组组长清点人数，检查所带工器具，严格保护现场，等待事故调查。

（2）将发电机火灾事故引起的被伤害人员转送医疗部门救治，应对现场进行全面的检查，举一反三防止再次发生类似事故。

（3）召开事故分析会，分析事故原因、责任，开展反事故教育，为事故调查收集资料，对责任者进行处罚。

（4）恢复现场正常生产、生活秩序，稳定员工思想情绪，拆除临时措施，恢复常设措施，补充完善安全技术措施。

5.7　其他特别警示的事项

（1）对于发生火灾事故的位置，做好警示标志，对没有采取防范措施的不得恢复生产活动。

（2）救护人在进行被伤害人员救治时，必须进行伤员伤情的初步判断，不可直接进行救护，以免由于救护人的不当施救造成伤员的伤情恶化。

（3）火灾事故引起的受伤人可能在高处，存在高处坠落的危险，防止伤员高空坠落，救护者也应注意救护中自身的防坠落、摔伤措施。救护人员登高时应随身携带必要的安全带和牢固的绳索等。

（4）如事故发生在夜间，应设置临时照明灯，以便于抢救，避免意外事故，但不能因此延误急救时间。

五、食堂火灾事故处置方案

某风力发电公司
食堂火灾事故处置方案

1　总则

1.1　编制目的

为高效有序地做好公司员工食堂火灾事故的应急处置工作，避免或最大限度地减少员工食堂火灾事故造成的损失，保障员工生命和企业财产安全，维护社会稳定，特编制本应急处置方案。

1.2　编制依据

《生产安全事故报告和调查处理条例》（国务院令第493号）

《生产经营单位安全生产事故应急预案编制导则》（GB/T 29639—2013）

《电力安全事故应急处置和调查处理条例》（国务院令第599号令）

《电力企业应急预案管理办法》（国能安全〔2014〕508号）

《电力企业现场处置方案编制导则（试行）》

《电力设备典型消防规程》（DL 5027—2015）

《电力安全工作规程》（发电厂和变电站电气部分）（GB 26860—2011）

《某风电公司火灾事故专项应急预案》

1.3　适用范围

本方案适用于公司员工食堂火灾事故的现场应急处置和应急救援工作。

2 事件特征

2.1 危险性分析和事件类型

（1）食堂电气线路短路、过载、接触电阻过大，静电，雷击等强电侵入，食堂电器，燃气灶等使用不当，或疏忽大意也会造成火灾事故的发生。

（2）食堂火灾可能造成人员伤亡，瓶装煤气爆炸等。

（3）食堂着火后产生的烟雾会污染食堂空气，造成人员中毒、窒息等人身伤亡事故。

2.2 事件可能发生的区域、地点或装置名称

食堂火灾一般容易发生在食堂厨房的煤气管道、灶台、煤气罐、餐厅电器，饮用、食品加工机械、炊事机械的电源、控制回路，照明回路等。

2.3 事故发生的季节（时间）造成的危害程度

火灾事故一年四季都可能发生，造成人员伤害、设备损坏、建筑物烧损。

2.4 事前可出现的征兆

（1）煤气管道、煤气罐、炉具发生异常漏泄或灭火，伴有一氧化碳气味。

（2）照明发生闪烁随即熄灭。

（3）食品加工机械、炊事机械失效电气部分发生短路伴有爆炸声。

（4）其他明火引起的火情、火险。

3 组织机构及职责

3.1 应急组织

3.1.1 应急处置领导小组

组　长：总经理

副组长：副总经理

成　员：综合管理部经理、资产财务部经理、项目开发部经理、工程管理部经理、电力运营部经理、安全生产部经理、现场工作人员、医护人员、安监人员

3.1.2 应急处置办公室

主　任：安全生产部经理

3.1.3 应急处置工作组

（1）危险源控制、抢险救援组　组长：工程管理部、安全生产部经理

（2）安全保卫工作组　组长：项目开发部、安全生产部经理

（3）交通医疗后勤保障组　组长：综合管理部经理

（4）新闻发布工作组　组长：综合管理部经理

（5）技术保障物资供应组　组长：工程管理部、电力运营部经理

（6）善后处理组　组长：综合管理部、资产财务部经理

3.2 各岗位职责

3.2.1 应急处置领导小组职责

（1）经上级应急领导小组批准启动本方案，发布和解除应急救援命令。

（2）负责按照本方案组织健全处置食堂火灾事故的应急救援队伍，实施应急处置工作。

（3）负责向上级汇报食堂火灾事故的情况，必要时向有关单位发出救援请求。

（4）负责组织开展本方案的应急保障建设工作。

（5）负责组织编制和完善本应急处置方案，指导本方案的培训和演练。

3.2.2　应急处置办公室职责

（1）应急处置办公室是食堂火灾事故应急管理的常设机构，负责应急处置日常工作。

（2）及时向应急处置领导小组报告事故情况。

（3）组织落实应急处置领导小组提出的各项措施、要求。

（4）组织制定食堂火灾事故应急处置工作的各项规章制度。

（5）监督检查食堂火灾事故应急处置方案，日常应急准备工作、组织演练的情况；指导、协调事故的处置工作。

（6）食堂火灾事故处置工作完毕后，认真分析发生原因，总结处置过程中的经验教训，进一步完善应急处置方案。

（7）对食堂火灾应急处置工作进行考核。

（8）指导相关应急处置工作组做好善后工作。

3.2.3　应急处置工作组职责

3.2.3.1　危险源控制、抢险救援组职责

（1）负责组织应急救援人员及有关专家及时进入现场，并进行现场抢险救援技术全面指导与技术监督。

（2）负责迅速开展由于食堂火灾事故涉及的受伤人员的救援工作。

（3）负责现场救援设备和物资及时运送进入现场。

（4）掌握食堂火灾事故应急救援力量（包括：应急救援的技术人员、医护人员、受过紧急救护培训的人员、与人身急救有关的专业对口人员）和人身应急救援物资的资源（包括数量、储存情况）。

（5）负责提出上级救援、外部救援力量和物资支援的需求。

3.2.3.2　安全保卫工作组职责

（1）维持现场秩序、现场警戒，划定警戒区域，负责监督应急情况处理时各项安全措施的执行，防止救援时人身事故的发生。

（2）控制现场人员，无关人员不准出入现场，确保抢修人员疏散时的人身安全，做好维持现场秩序、安全警戒装置的设置工作。

（3）负责抢险现场安全隔离措施的检查，并督促相关部门执行到位。

（4）组织实施事故恢复所必须采取的临时性措施。

（5）完成食堂火灾事故（发生原因、处理经过）调查报告的编写和上报工作。

3.2.3.3　交通医疗后勤保障组职责

（1）负责应急救援车辆维护、检查，确保应急抢险救援时所需车辆正常使用。

（2）应急时提供紧急救护车辆，提供应急救援抢险和应急物资、设备设施运送所需车辆。

（3）负责办公电话、移动电话、传真、电子邮件、应急通信、确保调度通信畅通。

（4）与制造厂家、供应商建立物资供应协作关系，保证应急救援物资的质量、数量。

（5）负责接警后及时赶赴事发地，对受伤人员采取现场紧急救治，及时抢救伤员生命。

（6）及时联系120急救中心或当地医院，将伤员转送医院进行治疗。

（7）做好日常相关医疗药品和器材的维护和储备工作。

3.2.3.4　新闻发布工作组职责

（1）在应急处置领导小组的指导下，负责将食堂火灾事故情况汇总，根据应急处置领导小组的决定做好对外新闻发布工作。

（2）根据应急处置领导小组的决定对食堂火灾事故情况向上级报告。

（3）负责新闻媒体及当地政府有关部门和上级相关部门的接待工作。

3.2.3.5　技术保障物资供应组职责

（1）全面提供应急救援时的技术支持。

（2）掌握各种设备设施、建筑、器材、工具等专业技术。

（3）掌握食堂火灾事故的应急处置方法。

（4）按照公司要求做好食堂火灾事故相应物资储备和供给工作。

（5）应急时，负责应急物资、各种器材、设备的供给。

（6）负责与其他应急处置工作组进行沟通联络，及时做好应急物资的补给工作。

3.2.3.6　善后处理组职责

（1）负责监督消除食堂火灾事故的影响，尽快恢复生产。

（2）负责食堂火灾事故资料的收集，现场的保护。

（3）准确、及时、公正地查清事故原因、责任，总结经验吸取教训，制定措施，对事故责任者提出处理意见。

（4）负责做好食堂火灾事故涉及的受伤人员的保险赔偿及家属安抚工作，做好受伤人员康复治疗、慰问工作，，对因参与应急处理工作受伤、致残、死亡的人员，按照国家有关规定，做好伤、亡人员和设备损坏的保险理赔工作。

4　应急处置

4.1　现场应急处置程序

（1）最早发现火情者应立即向当值值长汇报，当值值长立即通知运行人员到现场灭火，同时报告应急处置领导小组，启动本预案，应急救援人员立即赶赴火灾事故现场。

（2）应急指挥和应急救援人员到达现场后，根据事故状态及危害程度做出相应的应急决定，指挥疏散现场无关人员，各应急救援队立即展开救援。如果食堂厨房采用液化石油气灶，应立即将液化石油气罐移动到安全地带。

（3）事故扩大时，拨打119报警电话请求消防队支援。报警内容：单位名称、地址、着火物资、火势大小、着火范围。把自己的电话号码和姓名告诉对方，以便联系。同时还要注意听清对方提出的问题，以便正确回答。打完电话后，要立即到交叉路口等候消防车的到来，以便引导消防车迅速赶到火灾现场。

（4）事件扩大时与相关应急预案的衔接程序：火灾事故扩大时启动《火灾事故应急救援预案》；造成人身伤亡时启动《人身伤亡事故应急预案》；造成设备损坏时启动《电力设备事故应急预案》。

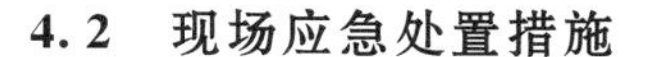

4.2　现场应急处置措施

（1）当值值长命令切断食堂供电电源。

（2）发生火灾后，应首先抢救食堂的易燃易爆物资（如液化石油气罐），并将其移动到安全地带；如果易燃易爆物资已经处于直接危险之下，并且随时有爆炸危险时，应立即组织疏散人员，逃离火灾现场。

（3）在消防队未到达之前，临时指挥由当值值长担任。不允许不熟悉环境的人员组织指挥灭火。

（4）火灾初期阶段，工作人员要利用区域内常规灭火器（干粉灭火器）进行扑救。控制初期火灾，防止火势蔓延。

（5）被困火场逃生时，应用毛巾捂住口鼻，背向烟火方向迅速离开。逃生通道被切断、短时间内无人救援时，应关紧迎火门窗，用湿毛巾、湿布堵住门窗缝隙，用水淋透房门，防止烟火侵入。

（6）火灾发生后要采取有效措施扑灭身上的火焰，使伤员迅速脱离致伤现场。当衣服着火，应采用各种方法尽快地灭火，千万不要直立奔跑或站立呼喊，以免助长燃烧，引起或加重呼吸道烧伤。灭火后应立即将衣服脱去，如衣服与皮肤粘在一起，可在救护人员帮助下把未粘在一起的部分剪去，并对创面进行包扎。

（7）在火场，对于烧伤创面一般可不做特殊处理，尽量不要弄破水泡，不能涂龙胆素一类有色的外用药，以免影响烧伤面深度的判断。为防止创面继续污染，避免加重感染和加深创面，对创面应立即用三角巾、大纱布、清洁的衣服和被单等，给予简单的包扎。手足被烧伤时，应将各个手指、脚趾分开包扎，以防粘连。

（8）如火势无法控制请求辖区消防队支援。

（9）消防队到达火场时，临时灭火指挥人应立即与消防队负责人取得联系并交代失火设备现状和运行情况，然后协助消防队负责指挥灭火，并提供技术支援。

（10）根据现场恢复情况，由生产副总经理宣布事故应急处理情况的终止，生产秩序和生活秩序恢复为正常状态。

4.3　事件报告

（1）事发单位领导立即向应急处置领导领导小组报告。

（2）火势无法控制时由应急处置领导小组决定，应急处置办公室向辖区消防应急管理部门请求救援。

（3）应急处置领导小组在火灾事故发生1h内向所在地政府应急管理部门和上级主管部门速报突发事件信息。事件报告内容主要包括事故发生的时间、地点、人员伤亡、设备损坏情况、可能的引发因素和发展趋势等。报送、报告突发事件信息，应当做到及时、客观、真实，不得迟报、谎报、瞒报、漏报。

（4）联系方式。

应急处置办公电话：×××。

移动电话：×××。

医务急救：×××。

消防队：×××。

5　注意事项

5.1　佩戴个人防护器具的注意事项

应急救援人员进入火灾现场必须按规定穿好工作服、工作鞋，正确佩戴安全帽，防毒面具，涉及高处作业人员必须系好安全带或防坠器。

5.2　使用抢险救援器材的注意事项

必须对应急救援所使用的器材进行认真的检查，严禁使用没有进行检验、试验不合格的器材从事应急处置活动，包括从事救援用的灭火器材、医疗器械、担架、起重工器具、手持工器具、电动工器具、绝缘工器具等。

5.3　采取救援对策或措施方面的注意事项

在从事应急处置过程中所采取的安全措施、技术措施必须严密符合实际，具备可行性、可操作性、实效性，在措施的落实过程中应做到责任到人、措施到项、检查监督到位，做好防止中毒、窒息、触电、烫伤的安全技术措施，防止次生事故的发生。

5.4　自救和互救的注意事项

（1）应急救援人员应熟悉紧急救护法，学会心肺复苏、人工呼吸、外伤急救等应急状态下的紧急救护方法和逃生的各种方法，注意防止中毒、窒息、触电、烫伤等。

（2）在应急处置过程中所有应急救援人员应做好自救和互救的思想准备，一旦威胁到自身安全和他人安全进行逃生，一旦发生伤害要采取得当抢救方法（例如：止血、包扎、背、抬等医疗方法），严禁次生伤害的发生。

（3）积极与应急救援医疗处置人员取得联系，得到及时的支援。

5.5　应急处置能力的确认和人员安全防护注意事项

（1）应对应急救援人员定期进行应急情况下的紧急救护培训教育，提高应急救援人员的思想素质和技术素质以及紧急救护的能力，考试合格后方可参加应急救援队伍。对在培训、考试过程中不遵守纪律、徇私舞弊者进行严格的考核。

（2）应急救援所用的安全防护用品、用具应符合国家标准，购置、保管、存放、发放、使用、佩戴应符合标准要求，应急救援人员应掌握安全防护用具的原理、构造、工艺、检修、维护、使用佩戴的方式方法。严禁购置不合格的安全防护用品、用具。

5.6　应急救援结束后的注意事项

（1）应急救援结束后，应急救援人员撤离现场，应急处置工作组组长清点人数，检查所带工器具，严格保护现场，等待事故调查。

（2）将食堂火灾事故引起的被伤害人员转送医疗部门救治，应对现场进行全面的检查，举一反三防止再次发生类似事故。

（3）召开事故分析会，分析事故原因、责任，开展反事故教育，对责任者进行处罚，为事故调查收集资料。

（4）恢复现场正常生产、生活秩序，稳定员工思想情绪，拆除临时措施，恢复常设措施，补充完善安全技术措施。

5.7　其他特别警示的事项

（1）对于发生食堂火灾事故的位置，做好警示标志，对没有采取防范措施的不得恢复饮食服务活动。

（2）救护人在进行被伤害人员救治时，必须进行伤员伤情的初步判断，不可直接进行救护，以免由于救护人的不当施救造成伤员的伤情恶化。

（3）火灾事故引起的受伤人可能在高处，存在高处坠落的危险，防止伤员高空坠落，救护者也应注意救护中自身的防坠落、摔伤措施。救护人员登高时应随身携带必要的安全带和牢固的绳索等。

（4）正确佩戴使用正压式呼吸器、隔热服、隔热手套、绝缘靴等安全防护用品。

（5）如事故发生在夜间，应设置临时照明灯，以便于抢救，避免意外事故，但不能因此延误急救时间。

六、档案火灾事故处置方案

某风力发电公司
档案火灾事故处置方案

1　总则

1.1　编制目的

为高效有序地做好公司档案火灾事故的应急处置工作，避免或最大限度地减少档案火灾事故造成的损失，保障员工生命和企业财产安全，维护社会稳定，特编制本应急处置方案。

1.2　编制依据

《生产安全事故报告和调查处理条例》（国务院令第 493 号）

《生产经营单位安全生产事故应急预案编制导则》（GB/T 29639—2013）

《电力安全事故应急处置和调查处理条例》（国务院令第 599 号令）

《电力企业应急预案管理办法》（国能安全〔2014〕508 号）

《电力企业现场处置方案编制导则（试行）》

《电力设备典型消防规程》（DL 5027—2015）

《电力安全工作规程》（发电厂和变电站电气部分）（GB 26860—2011）

《某风电公司火灾事故专项应急预案》

1.3　适用范围

本方案适用于公司档案火灾事故的现场应急处置和应急救援工作。

2　事件特征

2.1　危险性分析和事件类型

（1）档案室电气线路短路、过载、接触电阻过大；静电、雷击等强电侵入；档案室供热设备使用不当或疏忽大意也会造成火灾事故的发生。

（2）档案火灾可能造成人员伤亡，档案烧毁等。

（3）档案室着火后产生的烟雾会污染办公区域空气，造成人员中毒、窒息等人身伤亡事故。

2.2　事件可能发生的区域、地点或装置名称

档案火灾一般容易发生在档案室、资料室、办公室等纸质文件较多场所。

2.3　事故发生的季节（时间）造成的危害程度

火灾事故一年四季都可能发生，造成档案烧损、人员伤害、设备损坏建筑物烧损等。

2.4　事前可出现的征兆

（1）供暖设备过热与纸张有接触，人为产生明火。

（2）其他明火引起的火情、火险。

3　组织机构及职责

3.1　应急组织

3.1.1　应急处置领导小组

组　长：总经理

副组长：副总经理

成　员：综合管理部经理、资产财务部经理、项目开发部经理、工程管理部经理、电力运营部经理、安全生产部经理、现场工作人员、医护人员、安监人员

3.1.2　应急处置办公室

主　任：安全生产部经理

3.1.3　应急处置工作组

（1）危险源控制、抢险救援组　　组长：工程管理部、安全生产部经理

（2）安全保卫工作组　　组长：项目开发部、安全生产部经理

（3）交通医疗后勤保障组　　组长：综合管理部经理

（4）新闻发布工作组　　组长：综合管理部经理

（5）技术保障物资供应组　　组长：工程管理部、电力运营部经理

（6）善后处理组　　组长：综合管理部、资产财务部经理

3.2　各岗位职责

3.2.1　应急处置领导小组职责

（1）经上级应急领导小组批准启动本方案，发布和解除应急救援命令。

（2）负责按照本方案组织健全处置档案火灾事故的应急救援队伍，实施应急处置工作。

（3）负责向上级汇报档案火灾事故的情况，必要时向有关单位发出救援请求。

（4）负责组织开展本方案的应急保障建设工作。

（5）负责组织编制和完善本应急处置方案，指导本方案的培训和演练。

3.2.2　应急处置办公室职责

（1）应急处置办公室是食堂火灾事故应急管理的常设机构，负责应急处置日常工作。

（2）及时向应急处置领导小组报告事故情况。

（3）组织落实应急处置领导小组提出的各项措施、要求。

（4）组织制定档案火灾事故应急处置工作的各项规章制度。

（5）监督检查档案火灾事故应急处置方案，日常应急准备工作、组织演练的情况；指导、协调事故的处置工作。

（6）档案火灾事故处置工作完毕后，认真分析发生原因，总结处置过程中的经验教训，进一步完善应急处置方案。

（7）对档案火灾应急处置工作进行考核。

（8）指导相关应急处置工作组做好善后工作。

3.2.3　应急处置工作组职责

3.2.3.1　危险源控制、抢险救援组职责

（1）负责组织应急救援人员及有关专家及时进入现场，并进行现场抢险救援技术全面指导与技术监督。

（2）负责迅速开展由于档案火灾事故涉及的受伤人员的救援工作。

（3）负责现场救援设备和物资及时运送进入现场。

（4）掌握档案火灾事故应急救援力量（包括应急救援的技术人员、医护人员、受过紧急救护培训的人员、与人身急救有关的专业对口人员）和人身应急救援物资的资源（包括数量、储存情况）。

（5）负责提出上级救援、外部救援力量和物资支援的需求。

3.2.3.2　安全保卫工作组职责

（1）维持现场秩序、现场警戒，划定警戒区域，负责监督应急情况处理时各项安全措施的执行，防止救援时人身事故的发生。

（2）控制现场人员，无关人员不准出入现场，确保抢修人员疏散时的人身安全，做好维持现场秩序、安全警戒装置的设置工作。

（3）负责抢险现场安全隔离措施的检查，并督促相关部门执行到位。

（4）组织实施事故恢复所必须采取的临时性措施。

（5）完成档案火灾事故（发生原因、处理经过）调查报告的编写和上报工作。

3.2.3.3　交通医疗后勤保障组职责

（1）负责应急救援车辆维护、检查，确保应急抢险救援时所需车辆正常使用。

（2）应急时提供紧急救护车辆，提供应急救援抢险和应急物资、设备设施运送所需车辆。

（3）负责办公电话、移动电话、传真、电子邮件、应急通信，确保调度通信畅通。

（4）与制造厂家、供应商建立物资供应协作关系，保证应急救援物资的质量、数量。

（5）负责接警后及时赶赴事发地，对受伤人员采取现场紧急救治，及时抢救伤员

生命。

（6）及时联系120急救中心或当地医院，将伤员转送医院进行治疗。

（7）做好日常相关医疗药品和器材的维护和储备工作。

3.2.3.4　新闻发布工作组职责

（1）在应急处置领导小组的指导下，负责将档案室火灾事故情况汇总，根据应急处置领导小组的决定做好对外新闻发布工作。

（2）根据应急处置领导小组的决定对档案火灾事故情况向上级报告。

（3）负责新闻媒体及当地政府有关部门和上级相关部门的接待工作。

3.2.3.5　技术保障物资供应组职责

（1）全面提供应急救援时的技术支持。

（2）掌握各种设备设施、建筑、器材、工具等专业技术。

（3）掌握档案火灾事故的应急处置方法。

（4）按照公司要求做好档案火灾事故相应物资储备和供给工作。

（5）应急时，负责应急物资、各种器材、设备的供给。

（6）负责与其他应急处置工作组进行沟通联络，及时做好应急物资的补给工作。

3.2.3.6　善后处理组职责

（1）负责监督消除档案火灾事故的影响，尽快恢复生产。

（2）负责档案火灾事故资料的收集，现场的保护。

（3）准确、及时、公正地查清事故原因、责任，总结经验吸取教训，制定措施，对事故责任者提出处理意见。

（4）负责做好档案火灾事故涉及的受伤人员的保险赔偿及家属安抚工作，做好受伤人员康复治疗、慰问工作，对因参与应急处理工作受伤、致残、死亡的人员，按照国家有关规定，做好伤亡人员和设备损坏的保险理赔工作。

4　应急处置

4.1　现场应急处置程序

（1）最早发现火情者应立即向当值值长汇报，当值值长立即通知运行人员到现场灭火，同时报告应急处置领导小组，启动本预案，应急救援人员立即赶赴火灾事故现场。

（2）应急指挥和应急救援人员到达现场后，根据事故状态及危害程度做出相应的应急决定，指挥疏散现场无关人员，各应急救援队立即展开救援。对资料室、档案室、办公区域存在的大量纸张进行转移。

（3）事故扩大时，拨打119报警电话请求消防部门支援。报警内容：单位名称、地址、着火物资、火势大小、着火范围。把自己的电话号码和姓名告诉对方，以便联系。同时还要注意听清对方提出的问题，以便正确回答。打完电话后，要立即到交叉路口等候消防车的到来，以便引导消防车迅速赶到火灾现场。

（4）事件扩大时与相关应急预案的衔接程序：火灾事故扩大时启动《火灾事故应急救援预案》；造成人身伤亡时启动《人身伤亡事故应急预案》；造成设备损坏时启动《电力设备事故应急预案》。

4.2　现场应急处置措施

（1）当值值长命令切断档案室供电电源。

（2）发生火灾后，应首先抢救重要档案，并将其移动到安全地带；如果易燃物资已经处于直接危险之下，应立即组织疏散人员，逃离火灾现场。

（3）在消防队未到达之前，临时指挥由当值值长担任。不允许不熟悉环境的人员组织指挥灭火。

（4）火灾初期阶段，工作人员要利用区域内常规灭火器（二氧化碳灭火器）进行扑救，扑救前应正确佩戴防毒面具。控制初期火灾，防止火势蔓延。

（5）被困火场逃生时，应用毛巾捂住口鼻，背向烟火方向迅速离开。逃生通道被切断、短时间内无人救援时，应关紧迎火门窗，用湿毛巾、湿布堵住门窗缝隙，用水淋透房门，防止烟火侵入。

（6）火灾发生后要采取有效措施扑灭身上的火焰，使伤员迅速脱离致伤现场。当衣服着火，应采用各种方法尽快地灭火，千万不要直立奔跑或站立呼喊，以免助长燃烧，引起或加重呼吸道烧伤。灭火后应立即将衣服脱去，如衣服与皮肤粘在一起，可在救护人员帮助下把未粘在一起的部分剪去，并对创面进行包扎。

（7）在火场，对于烧伤创面一般可不做特殊处理，尽量不要弄破水泡，不能涂龙胆素一类有色的外用药，以免影响烧伤面深度的判断。为防止创面继续污染，避免加重感染和加深创面，对创面应立即用三角巾、大纱布、清洁的衣服和被单等，给予简单的包扎。手足被烧伤时，应将各个手指、脚趾分开包扎，以防粘连。

（8）如火势无法控制请求辖区消防队支援。

（9）消防队到达火场时，临时灭火指挥人应立即与消防队负责人取得联系并交代失火设备现状和运行情况，然后协助消防队负责指挥灭火，并提供技术支援。

（10）根据现场恢复情况，由公司生产副总经理宣布事故应急处理情况的终止，生产秩序和生活秩序恢复为正常状态。

4.3　事件报告

（1）事发单位领导立即向应急处置领导领导小组报告。

（2）火势无法控制时由应急处置领导小组决定，应急处置办公室向辖区消防部门请求救援。

（3）应急处置领导小组在火灾事故发生1h内向所在地政府应急管理部门和上级主管部门速报突发事件信息。事件报告内容主要包括事故发生的时间、地点、人员伤亡、设备损坏情况、可能的引发因素和发展趋势等。报送、报告突发事件信息，应当做到及时、客观、真实，不得迟报、谎报、瞒报、漏报。

（4）联系方式。

应急处置办公电话：×××。

移动电话：×××。

医务急救：×××。

消防队：×××。

5　注意事项

5.1　佩戴个人防护器具的注意事项

应急救援人员进入火灾现场必须按规定穿好工作服、工作鞋，正确佩戴安全帽，防毒面具，涉及高处作业人员必须系好安全带或防坠器。

5.2　使用抢险救援器材的注意事项

必须对应急救援所使用的器材进行认真的检查，严禁使用没有进行检验、试验不合格的器材从事应急处置活动，包括从事救援用的灭火器材、医疗器械、担架、起重工器具、手持工器具、电动工器具、绝缘工器具等。

5.3　采取救援对策或措施方面的注意事项

在从事应急处置过程中所采取的安全措施、技术措施必须严密符合实际，具备可行性、可操作性、实效性，在措施的落实过程中应做到责任到人、措施到项、检查监督到位，做好防止中毒、窒息、触电、烫伤的安全技术措施，防止次生事故的发生。

5.4　自救和互救的注意事项

（1）应急救援人员应熟悉紧急救护法，学会心肺复苏、人工呼吸、外伤急救等应急状态下的紧急救护方法和逃生的各种方法，注意防止中毒、窒息、触电、烫伤等。

（2）在应急处置过程中所有应急救援人员应做好自救和互救的思想准备，一旦威胁到自身安全和他人安全进行逃生，一旦发生伤害要采取得当抢救方法（例如：止血、包扎、背、抬等医疗方法），严禁次生伤害的发生。

（3）积极与应急救援医疗处置人员取得联系，得到及时的支援。

5.5　应急处置能力的确认和人员安全防护注意事项

（1）应对应急救援人员定期地进行应急情况下的紧急救护培训教育，提高应急救援人员的思想素质和技术素质以及紧急救护的能力，考试合格后方可参加应急救援队伍。对在培训、考试过程中不遵守纪律、徇私舞弊者进行严格的考核。

（2）应急救援所用的安全防护用品、用具应符合国家标准，购置、保管、存放、发放、使用、佩戴应符合标准要求，应急救援人员应掌握安全防护用具的原理、构造、工艺、检修、维护、使用佩戴的方式方法。严禁购置不合格的安全防护用品、用具。

5.6　应急救援结束后的注意事项

（1）应急救援结束后，应急救援人员撤离现场，应急处置工作组组长清点人数，检查所带工器具，严格保护现场，等待事故调查。

（2）将档案火灾事故引起的被伤害人员转送医疗部门救治，应对现场进行全面的检查，举一反三防止再次发生类似事故。

（3）召开事故分析会，分析事故原因、责任，开展反事故教育，对责任者进行处罚，为事故调查收集资料。

（4）恢复现场正常生产、生活秩序，稳定员工思想情绪，拆除临时措施，恢复常设措施，补充完善安全技术措施。

5.7　其他特别警示的事项

（1）对于发生档案火灾事故的位置，做好警示标志，对没有采取防范措施的不得恢复

档案存放工作。

（2）救护人在进行被伤害人员救治时，必须进行伤员伤情的初步判断，不可直接进行救护，以免由于救护人的不当施救造成伤员的伤情恶化。

（3）火灾事故引起的受伤人可能在高处，存在高处坠落的危险，防止伤员高空坠落，救护者也应注意救护中自身的防坠落、摔伤措施。救护人员登高时应随身携带必要的安全带和牢固的绳索等。

（4）正确佩戴使用正压式呼吸器、隔热服、隔热手套、绝缘靴等安全防护用品。

（5）如事故发生在夜间，应设置临时照明灯，以便于抢救，避免意外事故，但不能因此延误急救时间。

第十一章　电力信息系统安全防护应急处置方案

第一节　电力信息系统事故概述

随着计算机信息技术的发展，电力系统对信息系统的依赖性也逐步增加，电力 MIS 系统、电能电量计费系统、SAP 系统、电力 ISP 业务系统等已经完全依赖计算机信息系统来管理。地震、台风、雷电、火灾、洪水等自然灾害，电力中断、网络损坏、软件和硬件设备故障等事故灾难，人为破坏通信设施、黑客攻击、病毒攻击、恐怖袭击等人为破坏，都可能造成电力信息系统事故。

风力发电企业在加强电力信息系统自身稳定性的同时，要加强应对电力信息系统突发事件的应急响应和综合处理能力，要特别防范黑客及恶意代码对电力信息系统的攻击侵害、完整性破坏、违反授权、工作人员随意行为、非法使用、信息泄露等引发的事故。

第二节　电力信息系统安全防护应急处置方案范例

某风力发电公司
电力信息系统安全防护应急处置方案

1　总则

1.1　编制目的

为高效有序地处置公司电力信息系统安全防护事件，避免或最大限度地减轻因电力信息系统事故引起的人身伤害和经济损失，保障员工生命和企业财产安全，维护社会稳定，特编制本应急处置方案。

1.2　编制依据

《中华人民共和国安全生产法》(中华人民共和国主席令第 13 号)

《中华人民共和国突发事件应对法》(中华人民共和国主席令第 69 号)

《生产经营单位安全生产事故应急预案编制导则》(GB/T 29639—2013)

《生产安全事故应急预案管理办法》(安监总局令第 88 号)

《电力信息系统安全防护规定》(国家电监会第 5 号令)

《电力企业应急预案管理办法》(国能安全〔2014〕508 号)

《电力企业应急预案评审和备案细则》(国能综安全〔2014〕953 号)

《电力突发事件应急演练导则》(电监安全〔2009〕22号)

《某风电公司设备事故专项应急预案》

1.3　适用范围

本方案适用于公司电力信息系统事故的应急处置和应急救援工作。

2　事件特征

2.1　危险性分析和事件类型

黑客及恶意代码等对电力信息系统的攻击侵害、完整性破坏、违反授权、工作人员的随意行为、非法使用、信息泄露等引发电力系统事故。

2.2　事件可能发生的区域、地点和装置名称

变电站二次系统。

2.3　可能造成的危害

造成电力信息系统的崩溃或瘫痪、电力系统事故及大面积停电事故。

2.4　事前可能出现的征兆

(1) 二次系统大量数据丢失、损坏。

(2) 防火墙被攻破。

(3) 网络遭到非法入侵。

3　组织机构及职责

3.1　应急组织

3.1.1　应急处置领导小组

组　长：总经理

副组长：副总经理

成　员：综合管理部经理、资产财务部经理、项目开发部经理、工程管理部经理、电力运营部经理、安全生产部经理、现场工作人员、医护人员、安监人员

3.1.2　应急处置办公室

主　任：安全生产部经理

3.1.3　应急处置工作组

(1) 危险源控制、抢险救援组　　组长：工程管理部、安全生产部经理

(2) 安全保卫工作组　　组长：项目开发部、安全生产部经理

(3) 交通医疗后勤保障组　　组长：综合管理部经理

(4) 新闻发布工作组　　组长：综合管理部经理

(5) 技术保障物资供应组　　组长：工程管理部、电力运营部经理

(6) 善后处理组　　组长：综合管理部、资产财务部经理

3.2　各岗位职责

3.2.1　应急处置领导小组职责

(1) 经上级应急领导小组批准启动本方案，发布和解除应急救援命令。

(2) 负责按照本方案组织健全处置电力信息系统故障的应急救援队伍，实施应急处置

工作。

（3）负责向上级汇报电力信息系统故障的情况，必要时向有关单位发出救援请求。

（4）负责组织开展本方案的应急保障建设工作。

（5）负责组织编制和完善本应急处置方案，指导本方案的培训和演练。

3.2.2　应急处置办公室职责

（1）应急处置办公室是电力信息系统故障应急管理的常设机构，负责应急处置的日常工作。

（2）及时向应急处置领导小组报告事故情况。

（3）组织落实应急处置领导小组提出的各项措施、要求。

（4）组织制定电力信息系统故障应急处置工作的各项规章制度。

（5）监督检查电力信息系统故障应急处置方案日常应急准备工作、组织演练的情况。指导、协调开关设备事故的处置工作。

（6）电力信息系统故障处置工作完毕后，认真分析发生原因，总结处置过程中的经验教训，进一步完善应急处置方案。

（7）对误操作应急处置工作进行考核。

（8）指导相关应急处置工作组做好善后工作。

3.2.3　应急处置工作组职责

3.2.3.1　危险源控制、抢险救援组职责

（1）负责组织应急救援人员及有关专家及时进入现场，并进行现场抢险救援技术全面指导与技术监督。

（2）掌握电力信息系统故障应急救援力量（包括应急救援的技术人员、医护人员、受过紧急救护培训的人员、与人身急救有关的专业对口人员）和人身应急救援物资的资源（包括数量、储存情况）。

（3）负责提出上级救援、外部救援力量和物资支援的需求。

3.2.3.2　安全保卫工作组职责

（1）维持现场秩序、现场警戒，划定警戒区域，负责监督应急情况处理时各项安全措施的执行，防止救援时人身事故的发生。

（2）控制现场人员，无关人员不准出入现场，确保抢修人员疏散时的人身安全，做好维持现场秩序、安全警戒装置的设置工作。

（3）负责抢险现场安全隔离措施的检查，并督促相关部门执行到位。

（4）组织实施事故恢复所必须采取的临时性措施。

（5）完成事故（发生原因、处理经过）调查报告的编写和上报工作。

3.2.3.3　交通医疗后勤保障组职责

（1）负责应急救援车辆维护、检查，确保应急抢险救援时所需车辆正常使用。

（2）应急时提供紧急救护车辆，提供应急救援抢险和应急物资、设备设施运送所需车辆。

（3）负责办公电话、移动电话、传真、电子邮件、应急通信，确保调度通信畅通。

（4）与供应商建立物资供应协作关系，保证应急救援物资的质量、数量。

3.2.3.4　新闻发布工作组职责

（1）在应急处置领导小组的指导下，负责将电力信息系统事故情况汇总，根据应急处置领导小组的决定做好对外新闻发布工作。

（2）根据应急处置领导小组的决定对电力信息系统事故情况向上级报告。

（3）负责新闻媒体及当地政府有关部门和上级相关部门的接待工作。

3.2.3.5　技术保障物资供应组职责

（1）全面提供应急救援时的技术支持。

（2）掌握各种二次设备设原理技术。

（3）掌握电力信息系统防护的应急处置方法。

（4）做好电力信息系统故障相应物资储备和供给工作。

（5）负责与其他应急处置工作组进行沟通联络，及时做好应急物资的补给工作。

3.2.3.6　善后处理组职责

（1）负责监督消除电力信息系统故障的影响，尽快恢复生产。

（2）负责电力信息系统故障资料的收集，现场的保护。

（3）准确、及时、公正地查清事故原因、责任，总结经验吸取教训，制定措施。对责任人提出处理意见。

（4）负责做好电力信息系统故障导致设备损坏的保险理赔工作。

4　应急处置

4.1　现场应急处置程序

（1）电力信息系统故障发生后，当值值长应立即向公司主管副总经理汇报。

（2）该方案由应急处置领导小组组长宣布启动。

（3）各应急处置组成员接到通知后，立即赶赴现场开展应急处置。

（4）事故进一步扩大时启动《设备事故应急救援预案》，如有人员伤亡，启动《人身伤亡事故应急救援预案》。

4.2　现场应急处置措施

（1）发生电力信息系统故障以后，当值值长应立即找到故障点及其可能的原因，并命令运行人员采取必要的应急处置措施，避免造成重大设备损坏和脱网事故。同时上报应急处置领导小组。

（2）由于电力信息系统故障的发生造成人身伤害，按照《触电伤亡事故处置方案》或《机械伤害事故处置方案》进行现场处理。如果造成停电、火灾等情况，按相应的应急现场处置方案进行。

（3）通知检修、试验人员进行设备检查，利用主控室故障信息判断故障点。

（4）在消除设备故障后，按操作规程恢复设备运行。

（5）调查事故原因，做好运行记录。

4.3　事件报告流程

（1）事发人按照相关规定进行信息报送。应急处置办公室立即向应急处置领导小组汇报电力信息系统事故情况以及现场采取的应急措施情况。

（2）电力信息系统故障扩大时，如主要电气设备损坏、对供电网络造成重大影响或发生人员伤害时，由应急处置领导小组向上级主管单位汇报事故信息，同时上报当地政府应急管理部门、电监局，时限最迟不超过1h。

（3）事故报告要求。事故信息的报告采用办公电话、移动电话、计算机网络等方式，报告的内容准确完整、内容描述清晰，报告内容主要包括事件发生时间、事件发生地点、事故性质、先期处理情况等。

（4）联系方式。

应急处置办公电话：×××。

移动电话：×××。

急救中心：×××。

5 注意事项

5.1 佩戴个人防护器具的注意事项

任何人进入现场必须按规定穿好工作服、工作鞋，正确佩戴安全帽，涉及高处作业人员必须系好安全带或防坠器。

5.2 使用抢险救援器材的注意事项

必须对应急救援所使用的器材进行认真的检查，严禁使用没有进行检验、试验不合格的器材从事应急处置活动，包括从事救援用的医疗器械、担架、起重工器具、手持工器具、电动工器具、绝缘工器具等。

5.3 采取救援对策或措施方面的注意事项

在从事应急处置过程中所采取的安全措施、技术措施必须严密符合实际，具备可行性、可操作性、实效性，在措施的落实过程中应做到责任到人、措施到项、检查监督到位，防止次生事故的发生。

5.4 应急救援结束后的注意事项

（1）应急救援结束后，应急救援人员撤离现场，应急处置工作组组长清点人数，检查所带工器具，严格保护现场，等待事故调查。

（2）将电力信息系统故障引起的被伤害人员转送医疗部门救治，应对现场进行全面的检查，举一反三防止再次发生类似事故。

（3）召开事故分析会，分析事故原因、责任，开展反事故教育，对责任者进行处罚，为事故调查收集资料。

（4）恢复现场正常生产、生活秩序，稳定员工思想情绪，拆除临时措施，恢复常设措施，补充完善安全技术措施。

5.5 其他特别警示的事项

（1）对于发生电力信息系统故障的设备设施位置，做好警示标志，对没有采取防范措施的设备不准再次使用。

（2）救护人在进行被伤害人员救治时，必须进行伤员伤情的初步判断，不可直接进行救护，以免由于救护人的不当施救造成伤员的伤情恶化。

（3）电力信息系统故障引起的受伤人可能在高处，存在高处坠落的危险，防止伤员高

空坠落，救护者也应注意救护中自身的防坠落、摔伤措施。救护人员登高时应随身携带必要的安全带和牢固的绳索等。

（4）如事故发生在夜间，应设置临时照明灯，以便于抢救，避免意外事故，但不能因此延误急救时间。

附件1　风电场发电检修危险源辨识、评价、控制措施清单

序号	作业活动/场所	危险和有害因素	可能导致的事故	危险性评价（LEC法）					控制措施
				L	E	C	D	风险等级	
1	风机内活动作业	人员精神状态不佳、带病作业	高处坠落	1	6	7	42	4	工作负责人对作业人员的身心状况进行了解，禁止作业人员带情绪、带病在风机内作业
2		平台盖板未盖好	物体打击	1	3	7	21	5	攀爬塔架要盖好平台盖板
3		未系安全带，未使用防坠器	高处坠落	1	3	7	21	5	塔筒内作业系安全带、正确使用防坠器
4		机舱内有油污、油脂	高处坠落	1	6	7	42	4	及时清理机舱内油污、油脂，穿上风机专用防滑安全鞋
5		照明不足	高处坠落	1	6	7	42	4	上塔架前，保证有良好的照明条件
6		未戴安全帽、未穿安全鞋	高处坠落、物体打击	1	6	7	42	4	塔筒内作业戴好安全帽、穿上安全鞋
7		高温天气	其他伤害	1	6	7	42	4	准备防暑降温药，多喝盐水，调整作息时间
8		雷雨天气	触电	1	3	7	21	5	遇雷雨天气停止作业，撤离机组
9		同节塔筒内，有一人以上攀爬	物体打击	1	6	7	42	4	禁止有一人以上在同节塔筒内同时攀爬
10		在塔筒梯子顶端时，卸掉防坠器前，未盖好盖板或未用减震绳与安全挂点连接	高处坠落	1	6	7	42	4	在塔筒梯子顶端时，卸掉防坠器前，盖好盖板或用减震绳与安全挂点连接后，再拆下安全锁扣
11		抛接风机零部件或工具	物体打击	3	6	3	54	4	禁止抛接风机零部件或工具
12		将工具放入身上口袋中	物体打击	3	6	3	54	4	上机舱前，不得将工具放入自己口袋，防止工具从口袋中脱落伤人及工具损坏
13	提升机作业	作业人员未系安全绳	高处坠落	1	6	7	42	4	在提升机作业前，系好安全绳
14		吊物时，未按规定关闭防护栏或盖板	高处坠落、物体打击	1	6	7	42	4	严格按照提升机操作规程进行作业，按规定关闭防护栏或盖板
15		提升物体到机舱时，未使用导向绳稳定吊物（提升口在机舱处）	物体打击	1	6	3	18	5	严格按照提升机操作规程进行作业，使用导向绳吊物
16		提升机或链条有故障或吊物固定不牢	物体打击	1	6	7	42	4	提升机作业前，检查提升机和吊链，并做好吊物固定
17		物件重量大于提升机额定提升重量	物体打击	1	6	7	42	4	严格按照提升机操作规程，禁止吊额定重量以上物件
18		提升物体时，作业区域下方有人	物体打击	1	6	7	42	4	严格按照提升机操作规程，禁止提升作业区域下方有人

续表

序号	作业活动/场所	危险和有害因素	可能导致的事故	危险性评价（LEC法）					控 制 措 施
				L	E	C	D	风险等级	
19	主电缆扭缆	主电缆与塔内设施摩擦电缆磨损严重，绝缘破坏相间短路	火灾	1	6	7	42	4	定检过程中检查平台上电缆碎屑，电缆过渡段认真检查电缆
20	液压系统	油管爆裂、密封损坏	火灾	1	6	3	18	5	按维保手册定期维护检查，发现问题及时检查更换，一旦漏油，及时清除
21		未戴护目镜	人身伤害	1	3	3	9	5	按照风机作业安全规程，戴好护目镜
22	开启塔筒门	门未固定	硬物挤伤	1	6	3	18	5	及时用插销固定
23	在电容、电感性设备上作业	未充分接地放电	触电	1	6	3	18	5	按照《安规》要求，规范进行充分放电，并进行验电
24	机舱区域作业	未系安全带出机舱	高处坠落	1	6	7	42	4	按维保手册要求，系安全带，用双钩固定
25		超出规定风速出机舱	高处坠落	1	3	7	21	5	按照风机作业安全规程，禁止超出额定风速出机舱
26		机舱外工作后，工具、废弃物未收集	物体打击	1	3	3	9	5	按照风机作业安全规程，机舱外工作后及时将工具、废弃物收回，工作负责人要进行核查
27		机舱外工作时，偏航未关闭	高处坠落	1	3	7	21	5	按照风机作业安全规程，机舱外工作前确保风机偏航关闭
28		在机舱内吸烟	火灾	1	3	3	9	5	按照风机作业安全规程，禁止机舱吸烟
29	机舱内刹车盘	刹车盘未锁定	机械伤害	1	6	3	18	5	及时锁定刹车盘
30	发电机作业	误碰定子、转子等带电部分	触电	3	10	7	210	2	在定子、转子周边作业，穿绝缘鞋，戴绝缘手套，工作时集中注意力
31		发电机绝缘不合格	触电	6	6	7	252	2	穿好绝缘鞋，戴绝缘手套等防护用品，并对发电机绝缘进行测量
32	在传动链（叶轮主轴、齿轮箱、联轴器发电机等）上作业	未锁定叶轮	机械伤害	1	6	7	42	4	工作时集中注意力，采取必要的防范措施
33	电气设备检修作业	控制柜检修带电作业安全距离不够	触电	3	6	7	126	3	保持安全距离，必要时断开电源开关，停电作业
34		电气元件或作业工具绝缘不合格	触电	1	6	3	18	4	穿好安全防护用品，做好验电工作，定期对工具绝缘进行校验
35		未与临近的带电设备做好安全或隔离措施	触电	6	6	7	252	2	作业前确认周围带电设备已做好安全或隔离措施

续表

序号	作业活动/场所	危险和有害因素	可能导致的事故	危险性评价（LEC法）					控制措施
				L	E	C	D	风险等级	
36	水冷系统作业	带电进行风扇电机、加热器维护	触电、机械伤害	1	3	7	21	5	作业前将风扇电机、加热器断电
37		带压力进行管路维护	人身伤害	1	3	7	21	5	作业前将对管路进行泄压
38	变桨系统作业	进入导流罩工作时，变桨电源未切断	机械伤害	1	6	7	42	4	按照风机作业安全规程，将变桨电源切断
39		变桨柜作业时，未切断变桨柜电源	触电	1	6	7	42	4	按照风机作业安全规程，将变桨柜电源切断
40		变流器调试运行时，未关闭柜门	触电	1	6	7	42	4	变流器调试运行时，保证柜门关闭
41		拆卸变流器功率模块控制单元板卡时，未进行防静电处理	触电	3	6	7	126	3	按照《安规》要求，规范进行充分放电，并进行验电
42	进入轮毂内工作	叶轮未完全锁定	机械伤害	1	6	7	42	4	进入轮毂作业先锁定叶轮
43	变流柜作业	作业前未断开相关电源	触电	1	6	7	42	4	断开电源开关
44		直流母排维护时，未充分放电	触电	3	6	7	126	3	按照《安规》要求，规范进行充分放电，并进行验电
45		进行滤波电容更换时，未对电容充分放电	触电	3	6	7	126	3	按照《安规》要求，规范进行充分放电，并进行验电
46		使用不合格表计进行测量工作	触电	3	6	7	126	3	定期对表计进行校验
47	使用电动或液压工具进行螺栓力矩紧固	电动工具漏电	触电	3	3	7	63	4	使用前进行检查，并定期对表计进行校验
48		人员配合不好，把持工具时误将手放在工具支撑点	机械伤害	3	3	3	27	5	确保工作人员经过相关培训并具备作业资格，作业时按操作规范进行操作，作业人员要集中注意力
49	重大检修吊装作业	挂钩、摘钩时钩子撑劲	机械伤害	1	2	3	6	5	按照作业规程，将挂钩留有余量再挂摘物品
50		不佩戴安全帽	物体打击	3	2	7	42	4	要求工作人员佩戴安全帽
51		在吊车操作舱旋转半径内逗留	物体打击	1	2	7	14	5	禁止吊车操作舱旋转半径内有人逗留
52		吊车钢丝绳承重不够或吊车吨位偏低，不满足吊装要求	机械伤害	1	2	3	6	5	严禁超负荷作业
53		大风吊装	机械伤害	1	2	3	6	5	做好安全教育，严格遵守安全规章，禁止超出规定风速吊装
54		场地未达到要求	机械伤害	1	2	3	6	5	吊装前做好现场检查，平整现场

编制人：　　　　审核人：　　　　批准人：　　　　日期：　年　月　日

附件 2　风电场发电运行危险源辨识、评价、控制措施清单

序号	作业活动/场所		危险和有害因素	可能导致的事故	危险性评价(LEC 法)					控　制　措　施
					L	E	C	D	风险等级	
1	运行管理		未进行三级安全教育及培训，违章作业、违章指挥	起重伤害、高处坠落、触电等	1	6	15	90	3	1. 认真执行三级安全教育制度，认真开展班组安全活动； 2. 严格安全考试制度，禁止弄虚作假； 3. 明确安全职责及必要的安全知识，强化安全操作技能培训
2	运行管理		违反两票三制，违章作业、违章指挥	人身伤害	1	6	15	90	3	1. 严格执行两票三制，加强生产管理； 2. 落实考核制度
3	运行管理		违反电力运行规程及检修规程，违章作业、违章指挥	人身伤害	1	6	15	90	3	1. 严格执行电力运行规程及检修规程，加强教育培训； 2. 落实考核制度
4	风机	塔筒内作业，攀爬梯子	平台盖板未盖好，未系安全带	物体打击、人身伤害	1	3	7	21	4	塔筒内作业系安全带、戴安全帽；随手关闭休息平台人孔门；工具等放入工具袋中
5	风机	机舱逃生窗口处作业	高处坠物、坠落	高处坠落	1	3	7	21	4	作业人员系安全带；吊物放入专用袋中；作业完成后及时关闭机舱逃生窗口
6	风机	主电缆扭缆过程中，与塔内设施摩擦	电缆磨损严重，绝缘破坏相间短路	火灾	1	3	7	21	4	定检过程中检查平台上电缆碎屑，电缆过渡段认真检查电缆
7	风机	发电机绝缘	发电机绝缘不合格	触电	1	6	15	90	3	停止机组运行，查明原因，恢复绝缘强度
8	风机	液压系统	油管爆裂、密封损坏	火灾	1	6	7	42	4	按维保手册定期维护检查，发现问题及时检查更换，一旦漏油，及时清除
9	风机	开启塔筒门	门未固定	其他伤害	1	6	3	18	5	及时用插销固定
10	风机	塔筒、机舱内作业	高温天气	中暑	1	6	7	42	4	准备防暑降温药，多喝盐水，调整作息时间
11	风机	机舱罩顶部	未系安全带出机舱	高处坠落	1	6	15	90	3	按维保手册要求，系安全带，用双钩固定
12	风机	雷雨天气	风机巡检、风机内作业或消缺	雷击	1	3	40	120	3	遇雷雨天气停止作业，撤离机组
13	风机	机舱内刹车盘	刹车盘未锁定	其他伤害	1	6	7	42	4	及时锁定刹车盘
14	风机	发电机检测	误碰定子、转子等带电部分	触电	1	6	15	90	3	在定子、转子周边作业，穿绝缘鞋，戴绝缘手套，工作时集中注意力

续表

序号	作业活动/场所		危险和有害因素	可能导致的事故	危险性评价(LEC法)					控制措施
					L	E	C	D	风险等级	
15	风机	主轴旋转过程中	踩踏主轴	其他伤害	1	6	7	42	4	工作时集中注意力，采取必要的防范措施
16		控制柜检修	带电作业安全距离不够	触电	1	6	15	90	3	保持安全距离，必要时断开电源开关，停电作业
17	箱变	变频柜检修	检修前未断开相关电源	触电	1	6	15	90	3	断开电源开关
18		进入轮毂内工作	叶轮未完全锁定	高处坠落	1	6	15	90	3	进入轮毂作业先锁定叶轮
19		箱变门开启后	箱变门开启后未固定	挤伤	1	6	3	18	5	开启后及时固定
20		箱变平台上	未设栏杆	高处滑落	1	6	3	18	5	集中注意力
21		高压电缆室门开启	误碰带电设备	触电	6	3	15	270	2	执行两票三制，执行监护制，保持安全距离，安全距离不够时采取隔离措施
22		高压开关室门开启	误碰带电设备	触电	6	3	15	270	2	
23		变压器室隔离门开启	误碰带电设备	触电	6	3	15	270	2	
24	箱变	低压配电室开关柜门开启	误碰带电设备	触电	1	6	15	90	3	
25		复合绝缘子引线与接地体接触不良	箱变内放电，导致绝缘部件电老化	火灾	1	6	7	42	4	巡视检查，有放电声音，立即检查
26		操作高压开关	误操作	触电、人身伤害	6	3	15	270	2	完善“五防”措施，严格执行操作票制度
27		雷雨天气靠近箱变	未穿绝缘鞋，未戴绝缘手套	雷击触电	1	3	15	45	4	穿带好绝缘防护用品，遇电气接地，双脚并拢跳着离开
28		变压油	漏油	火灾	1	6	15	90	3	加强巡视，遇漏油及时停电处理
29	SF_6 断路器	SF_6 气体	气体泄漏	环境污染、人身伤害	1	6	7	42	4	巡视室外设备注意站在上风向，巡视室内设备应先通风15min，发现 SF_6 气体有泄漏应迅速离开，接近泄漏处应戴防毒面具，安装 SF_6 监测装置

续表

序号	作业活动/场所		危险和有害因素	可能导致的事故	危险性评价(LEC法)					控制措施
					L	E	C	D	风险等级	
30	SF_6 断路器	SF_6 断路器	误碰带电设备	人身触电	6	6	7	252	2	与带电设备保持安全距离，雨天巡视应穿绝缘鞋，高压设备发生接地室外不得接近故障点 8m，室内不得接近故障点 4m
31		SF_6 断路器	设备巡视	摔伤、擦伤	1	6	7	42	4	巡视设备时应戴安全帽，夜间应有充足的照明，巡视路线上盖板应稳固，孔洞或障碍物应设围栏或警示标志
32		SF_6 气体	设备爆炸	人身伤害、中毒	1	6	7	42	4	听到设备异常响声，并逐渐增大时，应迅速远离设备，巡视时不准在设备防爆膜附近停留
33		断路器巡检	检查中误分运行断路器	人身伤害	1	6	7	42	4	巡视设备时，不得进行其他工作，检查断路器操作机构，不得用手触摸手动分合闸开关
34		检查端子箱、机构箱	误碰	人身伤害	1	6	7	42	4	不得触碰端子箱，不得操作设备控制回路开关
35	6～35kV 开关室	设备巡视	误碰分合闸按钮	人身伤害	1	6	7	42	4	不得用手触摸手动分合闸开关
36		开关柜门	门未关	触电、人身伤害	1	6	15	90	3	巡视检查或检修完毕后及时关闭
37		35kV 开关小车对位不准	三相不同步接触，或者三相长时间接触不良	爆炸	1	6	15	90	3	操作过程中按照步骤进行，熟练操作，正确判断
38		高压电器绝缘	绝缘强度不够	触电、人身伤害	1	6	15	90	3	及时恢复绝缘
39		雷雨天气靠近避雷器	未做防护	雷击触电	1	6	15	90	3	穿绝缘鞋，戴绝缘手套，不得靠近
40		设备巡视检查或维护	设备标识不明，走错间隔	触电、人身伤害	1	6	15	90	4	对设备标识清楚
41	变压器室	主变巡视	巡视人员摔伤、擦伤	人身伤害	1	6	7	42	4	巡视设备时应戴安全帽，夜间应有充足的照明，巡视路线上盖板应稳固，孔洞或障碍物应设围栏或警示标志

续表

序号	作业活动/场所		危险和有害因素	可能导致的事故	危险性评价(LEC法)					控制措施
					L	E	C	D	风险等级	
42	变压器室	主变巡检	误碰带电设备	人身伤害	1	6	7	42	4	与带电设备保持安全距离，雨天巡视应穿绝缘鞋，高压设备发生接地室外不得接近故障点 8m，室内不得接近故障点 4m
43	变压器室	变压器油	泄漏	火灾	1	6	7	42	4	停电检修
44	变压器室	主变巡检	设备爆炸	人身伤害	1	6	7	42	4	听到设备异常响声，并逐渐增大时，应迅速远离设备，巡视时不准在设备防爆膜附近停留
45	变压器室	检查端子箱、冷却器控制箱	误碰	触电	1	6	15	90	3	不得触碰端子箱，不得操作设备控制回路开关
46	变压器室	本体热辐射		人身伤害	1	6	3	18	5	采取散热措施
47	直流系统、蓄电池室	巡检及维护	误碰带电部分	人身触电	1	6	15	90	3	不得触及带电部分
48	直流系统、蓄电池室	巡检及维护	误碰带电端子造成二次回路接地或短路	触电	1	6	15	90	3	不得触及端子带电部分
49	直流系统、蓄电池室	蓄电池	蓄电池酸液外溢	其他伤害	1	6	7	42	4	检查固定式铅酸蓄电池，进入蓄电池室前应先通风一定时间，铅酸蓄电池在充电过程中应戴口罩和防酸手套
50	直流系统、蓄电池室	巡检及维护	误断开直流回路电源	触电	1	6	15	90	3	检查直流屏过程中，运行维护人员不得触及屏面上的开关和随意调整参数
51	继电保护室	巡检及维护	误碰带电端子造成二次回路接地或短路	火灾	1	6	7	42	4	检查时不得用手触碰带电部位
52	继电保护室	巡检及维护	检查后没有关闭屏门小动物进入屏内造成电气短路	爆炸	1	6	15	90	3	检查中打开的屏门检查后必须一一关上，检查密封良好
53	继电保护室	巡检及维护	CT、PT端子松动引起PT短路、CT开路小动物进入屏内造成电气短路	爆炸	1	6	15	90	3	重要端子排应有明显的标记，未经允许不可打开后柜门检修，检修后复核
54	继电保护室	巡检及维护	误改保护定值区	触电	1	6	15	90	3	检查过程中不得触及保护装置上更改保护定值的按钮
55	继电保护室	巡检及维护	误碰造成连接片瞬时接通回路	触电	1	6	15	90	3	检查过程中小心，特别注意不要触碰屏上断开的连接片

续表

序号	作业活动/场所		危险和有害因素	可能导致的事故	危险性评价(LEC法)					控制措施
					L	E	C	D	风险等级	
56	综合自动化装置	巡检及维护	误碰带电端子	触电	1	6	15	90	3	检查时不得用手触碰带电部位
57		巡检及维护	误动	触电	1	6	15	90	3	不得随意触碰计算机重起动按钮或电源插件，不得拔插网络连线，不得随意摇动尾纤及其端子
58	SVC无功补偿装置	电容器组放电装置接触不良	不能正常放电	触电	1	6	15	90	3	巡视检查，有放电声音，立即检查
59		电容器室网门打开	误入电容器室电容器未充分放电	触电	1	6	15	90	3	巡视检查，若发现必须停电处理
60	电缆室电缆沟	巡检及维护	安全防护及监督不到位	人员伤害	1	6	7	42	4	严格执行两票三制，加强管理及人员培训，必须有专人监护
61		巡检及维护	人为造成电缆绝缘或电缆支架损坏	触电	1	6	7	42	4	严格执行两票三制，加强管理及人员培训，必须有专人监护，发现隐患应及时处理
62		巡检及维护	进入狭窄空间未检查通风环境，造成人员窒息中毒	人身伤害	1	6	7	42	4	作业前应注意检查通风系统及环境，必须有专人监护，发生危险时应停止作业，并采取应急措施
63		巡检及维护	照明设施不完善，发生人员碰撞	人身伤害	1	3	3	9	5	装设或携带照明设备，作业前检查照明设备是否完好，做好个人安全防护措施
64		电缆孔洞	电缆孔洞未封堵或密封不严，小动物进入后造成电气短路	火灾、爆炸	3	3	3	27	5	加强巡检，及时采取封堵措施防止小动物进入
65		电缆沟	排水不畅，杂物堆积，发生短路或火灾	火灾、爆炸	3	3	3	27	5	保持排水通畅，作业完成后及时清理杂物
66	生产运维	安全用品、用具	安全用品、用具不符合要求	人身伤害、高处坠落、触电等	3	6	3	54	4	1. 凡无生产厂家、许可证、生产日期及国家鉴定合格证书的安全防护用品、用具，严禁采购和使用； 2. 安全防护用品、用具不得接触高温、明火、化学腐蚀物及尖锐物体，不得移作他用； 3. 安全防护用品、用具应定期进行试验，使用前进行外观检查

续表

序号	作业活动/场所		危险和有害因素	可能导致的事故	危险性评价(LEC法)					控制措施
					L	E	C	D	风险等级	
67	生产运维	劳保用品	不正确使用劳动防护用品	人身伤害、高处坠落、触电等	3	6	3	54	4	1. 熟悉劳保用品和防护用品的使用方法； 2. 使用前应进行日常检查，作业中正确使用； 3. 安全防护用品、用具应设专人管理
68		围栏、警示标识	危险设备场所（包括孔洞等）无安全围栏、警示标志	人身伤害、高处坠落、触电等	3	6	3	54	4	1. 严格按要求开展安全标准化工作，规范现场管理； 2. 危险设备、场所必须设置安全围栏和安全警示标志； 3. 警示标志应符合有关标准和要求
69		安全装置与设施	擅自拆除或挪用安全装置和设施	人身伤害、高处坠落、触电等	1	6	3	54	4	1. 安全装置及设施严禁私自拆除、挪用； 2. 若作业需要，须拆除时应征得安全员及工作许可人的同意，并采取临时措施，工作结束后按原样及时恢复
70		工具使用前校验	工器具没有进行校验检测	人身伤害、高处坠落、触电等	1	6	3	54	4	1. 工器具应该按照要求进行定期的预防性试验，不合格产品严禁使用，每次使用前应进行外观检查； 2. 绝缘工具必须定期进行绝缘试验，其绝缘性能应符合要求；每次使用前应进行外观检查
71	使用行车	行车操作检修维护	安全措施不到位，违章作业	人身伤害、高处坠落、触电等	3	3	3	27	5	1. 严格执行行车操作手册及检修规程； 2. 做好安全技术措施及个人安全防范措施； 3. 落实安全交底
72			行车起吊时发生钢丝绳断裂、控制失灵	人身伤害、高处坠落、触电等	1	3	3	9	5	1. 使用前进行设备安全及性能检查； 2. 定期进行设备检测和保养； 3. 行车下方严禁站人，设专人监护
73			起吊时发生货物坠落	人身伤害、高处坠落、触电等	1	3	3	9	5	1. 检查起重设施安全性及牢固性，确保吊装绳索及工装符合要求； 2. 行车下方严禁站人，设专人监护，加强现场管理
74			作业人员未持证上岗，冒险作业	人身伤害、高处坠落、触电等	1	3	3	9	5	1. 作业人员必须取得特种作业资格证方可上岗，且资格证合法有效； 2. 经常开展安全教育及技术作业培训； 3. 规范和加强作业监督管理

编制人：　　　　审核人：　　　　批准人：　　　　日期：　年　月　日

附件3 风电场施工危险源辨识、评价、控制措施清单

序号	作业活动/场所		危险和有害因素	可能导致的事故	危险性评价（LEC法）					控制措施
					L	E	C	D	风险等级	
1	道路工程	挖填路基	悬崖、陡壁等危险地段未设置警示标志和防护设施	高处坠落	6	6	7	252	2	在悬崖、陡壁等危险地段未设置警示标志和防护设施
2			边坡松动的石块未清理干净	物体击打	1	6	7	42	4	设置专人对完工的作业面进行清理、检查
3			边坡未设置护栏和警示标示，护栏不牢固	高处坠落	1	6	7	42	4	边坡边缘必须设置护栏，且护栏必须牢固
4			弃土下方范围内的道路上作业时没有设置禁行标志	车辆伤害	1	6	7	42	4	作业前对施工机械进行检查，必要时采取相应保护或隔离措施
5			挖掘机铲斗运转范围内站人	车辆伤害	1	6	7	42	4	作业前对施工人员进行安全教育，严禁挖掘机作业面站人
6			装载机车斗载人行驶	车辆伤害	1	6	7	42	4	作业前对施工人员进行安全教育，严禁装载机车斗载人
7			装载机作业场所的倾斜度过大、铲斗单边用力	车辆伤害	1	6	7	42	4	作业前对施工人员进行安全交底及熟悉施工现场，确保驾驶员规范作业
8		路面整平碾压	自卸车超载、混载、偏载	车辆伤害	1	6	7	42	4	作业前对施工人员进行安全教育，严禁自卸车超载、混载、偏载
9			施工机械作业范围内有带电线路	触电	1	6	7	42	4	作业前对施工人员进行安全交底，确保作业时保持必要的安全距离
10			推土机下陡坡（超过30度）、横向作业坡度大于10度	车辆伤害	1	6	7	42	4	作业前对施工人员进行安全交底及熟悉施工现场，在安全坡度作业
11			压路机工作时未检查前后左右是否有障碍物或人员	车辆伤害	1	6	7	42	4	作业前对施工人员进行安全教育，严禁作业面站人
12			压路机靠近路堤边缘作业时没有保持必要的安全距离	车辆伤害	1	6	7	42	4	作业前对施工人员进行安全交底，确保作业时保持必要的安全距离

续表

序号	作业活动/场所		危险和有害因素	可能导致的事故	危险性评价（LEC法）					控制措施
					L	E	C	D	风险等级	
13	风机基础工程	基础开挖回填	施工现场有陡峭边坡	高处坠落	1	6	7	42	4	在陡峭边坡处设置安全警示标识，禁止人员靠近
14			基坑边缘违规堆土或其他物品	物体打击	1	6	7	42	4	弃土堆高≤1.5m。软土场地的基坑边不应堆土，坑边如需堆放材料机械，必须经计算确定放坡系数，必要时采取支护措施
15			基础开挖土未按规定自然放坡	坍塌	1	6	7	42	4	一般土质条件下，弃土堆底至基坑顶边距离≥1.2m，垂直坑壁边坡条件下弃土堆底至基坑顶边距离≥3m
16			作业人员在坑内休息	坍塌	1	6	7	42	4	禁止作业人员在坑内休息
17			人工清理、撬挖土石方不遵守安全规程规定	坍塌	1	6	7	42	4	1. 先清除上坡滚动土石。 2. 严禁上、下坡同时撬挖。 3. 土石滚落下方不得有人，并设专人警戒。 4. 作业人员之间保持适当距离
18			基坑开挖和基础工程施工中，未及时监测基坑及周边条件的变化	坍塌	1	6	7	42	4	应特别注意监测：支护结构变形、坑外地面沉降或坑底隆起变形、地下水位变化以及塔机基础、周边建筑物及道路和地下管线等设施沉降及变形，发现隐患及时报告和处理
19			人员与机械之间未保持一定的距离	机械伤害	1	6	7	42	4	挖土专人指挥、监督，保证人员与挖土机械之间的安全距离
20			雨后作业前未检查土体和支护的情况	坍塌	1	6	7	42	4	雨前对土体和支护进行检查并采取排水、防护措施，雨后作业前对土体和支护情况检查
21			各种机械、车辆在开挖的基础边缘2m内行驶、停放	坍塌	1	6	7	42	4	挖土区域设警戒线，各种机械、车辆严禁在开挖的基础边缘2m内行驶、停放
22			基础开挖违章爆破作业	爆炸	6	1	15	90	3	严格执行爆破器材保管、领取相关制度，加强爆破指挥警戒、采取防飞石措施、对盲炮进行妥善处理

续表

序号	作业活动/场所		危险和有害因素	可能导致的事故	危险性评价（LEC法）					控制措施
					L	E	C	D	风险等级	
23	风机基础工程	钢筋绑扎	切割、焊接作业不规范	火灾	1	10	7	70	4	严格遵守安全规定和监督检查
24			运输过程中钢筋从运输车辆跌落	物体打击	1	6	7	42	4	严禁人和钢筋同时混装，钢筋构件必须固定牢固
25			成品钢筋堆放过高、不稳	物体打击	1	6	7	42	4	现场钢筋堆放设专用架子
26			钢筋卸车过程中的传递	物体打击	1	6	7	42	4	小型构件必须手递手传递，大型构件使用吊车卸车，严禁相互间抛接
27			钢筋绑扎过程中绑丝扎伤、勒伤	其他伤害	1	6	7	42	4	人员培训合格方可上岗，正确佩戴和使用手套
28			竖向钢筋头	其他伤害	1	6	7	42	4	危险部位的竖向钢筋头加设保护帽施工人员正确佩戴防护用品
29		模板支、拆	现浇混凝土模板支撑系统未经承力计算	坍塌	1	6	7	42	4	编制模板施工专项施工措施
30			模板卸车、安装过程中的传递	物体打击	1	6	7	42	4	模板的传递必须手对手，佩戴手套
31			模板的支撑后背不牢	物体打击	1	6	7	42	4	模板上施工荷载对支撑进行检查
32			各种模板堆放不整齐或过高	物体打击	1	6	7	42	4	各种模板堆放整齐，不得超高堆放
33			拆除的模板、支撑等未及时清理，按指定位置堆放、木模板有“朝天钉”	其他伤害	1	6	7	42	4	现场应坚持安全文明施工，做到工完、料清场地清，并将“朝天钉”及时清除或打弯
34			清理模板时脱手、抛接	物体打击	1	6	7	42	4	正确使用防护手套和安全鞋，进行安全教育，现场严禁抛接模板
35		基础浇筑	搭设架有探头板或跳板有缺陷（强度不够，裂纹，腐蚀等）	高处坠落	1	6	7	42	4	跳板材质和搭设符合要求，跳板捆绑牢固，支撑牢固可靠，有上料通道
36			现浇基础模板支撑不牢	高处坠落	1	6	7	42	4	模板的支撑应牢固，后背支撑稳固
37			上料平台结构不稳定，未设护栏	高处坠落	1	6	7	42	4	上料平台不得搭悬臂结构，中间应设支撑点并结构可靠，平台应设护栏
38			振捣器振捣过程漏电	触电	1	6	7	42	4	1. 使用前检查振捣器绝缘情况，确保绝缘良好； 2. 受电侧应安装漏电保安器并指定专人戴绝缘手套穿绝缘鞋操作

续表

序号	作业活动/场所		危险和有害因素	可能导致的事故	危险性评价（LEC法）					控制措施
					L	E	C	D	风险等级	
39	风机基础工程	防雷接地	对接地扁铁进行焊接	触电	1	6	7	42	4	焊接人员持证事故，焊接设备必需检测合格后方可使用，焊接人员配备必需的安全防护用品
40			对焊接部位进行防腐处理	中毒和窒息	1	6	7	42	4	防腐施工时保持现场通风良好，施工人员配备必需的安全防护用品施工人员施工时进入和离开深基坑
41			钻机的打眼作业	机械伤害	1	6	7	42	4	操作人员持证上岗，非工作人员严禁进入作业区域
42	风机吊装	基本要求	特种作业人员未严格检查		1	6	15	90	3	监理单位对司机、吊装指挥、起重机械安装拆卸工、起重信号工、司索工等特种作业人员进行检查，对本人进行和核对
43			吊装车辆带病运行	机械伤害	1	6	15	90	3	项目部、监理单位对吊装使用的吊车及配套车辆进行专项的检查
44			专业吊具有隐患	机械伤害	1	6	15	90	3	监理单位对吊装使用的吊具进行专项的检查
45			在机舱、塔架内吸烟	火灾	1	6	7	42	4	禁止作业人员带打火机、火柴、烟等进入机舱、塔架内
46			电动工具未接地	触电	1	6	15	90	3	检查接地情况，检查符合要求后方可投入使用
47			吊装过程中遇大风、强对流天气	起重伤害	6	2	15	180	2	注意观察天气预报，遇大风、强对流天气时及时停止作业，对现场设备迅速采取加固措施
48			吊车违章作业	起重伤害	1	3	7	21	4	执行场内交通安全管理制度，吊车吊臂及吊物下方严禁站人
49			作业现场不戴安全帽	物体打击	3	6	3	54	4	加强现场安全工作，督促做好安全防护工作
50			吊物过程中钢丝绳断裂	起重伤害	3	6	3	54	4	施工前检查吊具和吊车工况，钢丝绳出现断股、锈蚀等情况及时更换
51			吊车超载起吊	起重伤害	1	6	7	42	4	根据吊装工作任务，选择合适的吊车和作业工况，禁止超负荷工作
52			塔吊超载	起重伤害	1	6	7	42	4	根据吊装工作任务，选择合适的吊车和作业工况，严禁超负荷作业

续表

序号	作业活动/场所		危险和有害因素	可能导致的事故	危险性评价（LEC法）					控制措施
					L	E	C	D	风险等级	
53	风机吊装	基本要求	安装吊具不合格	起重伤害	1	6	7	42	4	吊装前，做好检查，对不合格吊具及时更换
54			现场照明不足	人身伤害	1	6	7	42	4	保证有足够的照明，严格控制夜间施工
55			塔机防雷装置存在缺陷	雷击、触电	1	6	15	90	4	及时对防雷装置修复，同时做好接地措施
56			塔机回转半径与高压线小于安全距离	触电	1	6	15	90	4	塔机启吊前检查周边环境情况，如有高压线路，要充分考虑塔机回转半径与高压线路的安全距离，否则，停电后再起吊
57			塔机超负荷或物体重量不清时起吊	起重伤害	1	6	7	42	4	事先对塔机工况充分计算，并留有安全裕度，阅读出厂资料，弄清楚被吊物重量
58			塔机安全装置失灵	起重伤害	1	6	7	42	4	及时修复安全装置，并检查合格后方可投入使用
59			被吊物捆绑不牢或不平衡	起重伤害	1	6	7	42	4	起重作业人员起钩前仔细检查，符合要求后再起钩
60			塔机起吊过程中指挥信号不明、视物不清	起重伤害	1	6	7	42	4	起重工按规范手势指挥，事先与司机沟通，对周边物体进行清理
61			遇六级以上大风恶劣天气司机未采取停机保护措施	起重伤害	1	6	7	42	4	塔机司机应每天关注天气预报，遇大风天气应停止起重作业，并采取防塔机倾覆的安全措施
62			塔机风速仪损坏失灵	起重伤害	1	6	7	42	4	及时更换或修复风速仪，检查合格后方可投入使用
63			塔吊起升高度限位损坏失灵	起重伤害	1	6	7	42	4	及时更换或修复已损坏失灵的塔吊起升高度限位，检查合格后方可投入使用
64			塔机吊钩裂纹、变形、防脱钩存在缺陷	起重伤害	1	6	7	42	4	及时更换或修复塔机吊钩，检查合格后方可投入使用
65			拆装维修现场未设置安全警戒绳或安全标识	起重伤害	1	6	7	42	4	拆装维修现场及时架设安全警戒绳或悬挂安全标识，无关人员禁止进入作业现场
66			拆装施工中选用拆装吊具、吊索不符合规定	起重伤害	1	6	7	42	4	拆装施工中选用拆装吊具、吊索应满足吊装要求
67			拆装施工用电设备无防雨设施	触电	1	6	15	90	3	对施工用电设备做好防雨措施

续表

序号	作业活动/场所		危险和有害因素	可能导致的事故	危险性评价（LEC法）					控制措施
					L	E	C	D	风险等级	
68	风机吊装	基本要求	吊装场地未达到要求，承载力不足	起重伤害	6	6	7	252	2	吊装场地严格按技术要求施工，发现吊车下陷，立即停止作业，采取加固措施
69	风机吊装	塔筒吊装	在塔架内部作业不戴安全帽，不系安全带	物体打击	1	6	7	42	4	按厂家作业手册要求做好个人防护
70	风机吊装	塔筒吊装	塔筒吊装时连接件安装违规操作	起重伤害	6	6	15	252	2	现场吊装统一指挥，安装工人必须佩戴和使用手套、安全帽、安全鞋，施工前进行安全和技术交底，施工人员掌握施工技术要点
71	风机吊装	塔筒吊装	吊车违规进行塔筒吊装	起重伤害	1	6	15	90	3	现场吊装统一指挥，吊车操作人员接受安全技术交底，上岗前经检查精神状态良好，起重臂下以及吊装的塔筒下发不准站人，非施工人员退至安全警戒线外，塔筒内部构件绑扎固定牢固
72	风机吊装	塔筒吊装	吊装过程中风速加大	起重伤害	1	6	15	90	3	施工前进行安全和技术交底，施工人员掌握施工技术要点制定应急方案，对其他参加施工的人员进行教育；提前了解当地气象情况和特点，风速超标准时严禁施工
73	风机吊装	机舱吊装	出机舱不系安全带	高处坠落	6	6	15	540	1	严格按厂家吊装作业手册要求系安全带，采用双挂方式
74	风机吊装	机舱吊装	专用吊具的安装违规操作	物体打击 高处坠落	1	6	15	90	3	1. 施工人员经培训掌握吊具的使用方法和安装要求； 2. 施工人员登高作业时对爬梯和支架提前进行检查； 3. 安装工人必须佩戴和使用手套、安全帽、安全鞋
75	风机吊装	机舱吊装	安装人员违规攀登塔筒	物体打击 高处坠落	1	6	15	90	3	每次每节塔架梯子上，只允许一人爬，不得两个人在同一段塔筒内同时登塔；塔筒内无照明，要求佩戴头灯或携带其他照明设备；爬塔筒时松散的小件不允许放在衣服口袋中且手上应不带任何东西；下塔筒时，携带工具者最先下塔架；在攀登风机塔架时要戴安全帽，系安全衣并把防坠落安全锁扣安装牢靠，并要穿结实的橡胶底鞋

续表

序号	作业活动/场所		危险和有害因素	可能导致的事故	危险性评价（LEC法）					控制措施
					L	E	C	D	风险等级	
76	风机吊装	机舱吊装	人工控制导向绳违规	其他伤害	1	6	15	90	3	拖拽导向绳的施工人员设置指挥人员，听从现场统一指挥；提前熟悉现场环境，设计工作线路，保证与周围电气线路的安全距离；对尾端绳索及时收集，避免遇到紧急情况尾端绳索伤人；施工人员必须佩戴和使用手套、安全帽、安全鞋
77	风机吊装	叶片轮毂组装和吊装	叶片轮毂组装违规	物体打击 高处坠落 其他伤害	1	6	15	90	3	施工人员登高作业时对爬梯和支架提前进行检查；安装工人必须佩戴和使用手套、安全帽、安全鞋；组装时叶片的固定必须牢固，由安全管理人员和施工负责人提前进行检查；施工人员登高作业时对爬梯和支架提前进行检查
78	风机吊装	叶片轮毂组装和吊装	叶片轮毂吊装违规	起重伤害	1	6	15	90	3	现场指挥严格安装经审批施工方案进行指挥；提前了解当地气象情况和特点，风速超标准时严禁施工
79	风机吊装	叶片轮毂组装和吊装	叶片轮毂组装违规	其他伤害 触电	1	6	15	90	3	拖拽导向绳的施工人员设置指挥人员，听从现场统一指挥；提前熟悉现场环境，设计工作线路，保证与周围电气线路的安全距离；对尾端绳索及时收集，避免遇到紧急情况尾端绳索伤人；施工人员必须佩戴和使用手套、安全帽、安全鞋
80	风机吊装	螺栓紧固	使用液压扳手、电动扳手对螺栓进行紧固时违规操作	触电 机械伤害 高处坠落	1	6	15	90	3	1. 施工前进行安全和技术交底，施工人员掌握施工技术要点和设备使用要求； 2. 施工前对使用的设备进行检查，合格后方可使用，不准带病使用； 3. 进入上一个平台后，应立即盖好盖板，方可进行施工； 4. 进行施工时必须保证现场同时有2人以上； 5. 施工人员必须佩戴和使用手套、安全帽、安全鞋

续表

序号	作业活动/场所		危险和有害因素	可能导致的事故	危险性评价（LEC法）					控制措施
					L	E	C	D	风险等级	
81	风机吊装	螺栓紧固	紧固工具在塔筒内的上下搬动	物体打击	1	6	15	90	3	1. 下塔筒时，携带工具者最先下塔架； 2. 上塔架时，携带工具者最后攀爬； 3. 在攀爬过程中，随身携带的小工具或小零件应放在工具包中，放置可靠，防止意外坠落； 4. 不方便随身携带的重物应使用提升机输送
82	风机设备安装、调试	风机设备安装	安装电缆时电缆固定设施失效	物体打击	1	6	7	42	4	施工前对操作人员强调机舱内部原有电缆固定设施不准移动
83			紧固螺栓时紧固工具脱手	其他伤害	1	6	7	42	4	施工人员正确佩戴和使用劳保用品
84			安装过程柜体倾斜	其他伤害	1	6	7	42	4	安装前柜体提前一次吊装到位
85			紧固螺栓时紧固工具脱手	其他伤害	1	6	7	42	4	施工人员正确佩戴和使用劳保用品
86			操作位置不准确导致碰伤	其他伤害	1	6	7	42	4	操作前熟悉现场环境，明确操作方式
87			安装过程中走梯坠落	物体打击	1	6	7	42	4	施工前对施工人员进行技术交底，现场统一指挥，施工人员正确使用个人防护用品
88		风机设备调试	调试人员未掌握调试大纲的内容即调试风机	人身伤害	1	6	7	42	4	加强作业工人技术、安全培训工作，掌握调试大纲的全部内容后方可工作
89			电器设备误操作	触电	1	6	15	90	3	加强作业工人技术、安全培训工作，电工持证上岗
90			未按要求戴防护用品操作电器设备	触电	1	6	15	90	3	操作可能带电设备时，要求断电或做好防护
91			塔架内作业未戴安全帽	物体打击	1	6	7	42	4	按有关规定戴安全帽，并穿戴好其他劳动防护用品
92			违章攀爬塔架	高处坠落	1	6	15	90	3	进入塔架内戴安全帽，系安全带，工具和物件装入工具袋中，随手关闭塔架休息平台人孔门
93			照明不足	人身伤害	1	6	7	42	4	保证有良好的照明条件
94			生病或有情绪上塔架	人身伤害	3	3	7	63	4	上下塔架，调整好自己的身体和情绪，有妨碍正常工作的病症时禁止上塔架
95			高温或低温条件下塔架和机舱内工作	中暑、冻伤	3	6	3	54	4	做好防寒、防暑降温准备

续表

序号	作业活动/场所		危险和有害因素	可能导致的事故	危险性评价（LEC法）					控制措施
					L	E	C	D	风险等级	
96	风机设备安装、调试	风机设备调试	未断电更换电器设备	触电	1	6	15	90	3	更换电器设备时，要停电后进行
97			违规操作设备	人身伤害	1	6	15	90	3	严格按照调试手册调试风机
98			接触旋转部件	机械伤害	1	6	7	42	4	接触或接近旋转部件，要做好防护，安装防护罩
99			戴手套接触旋转部件	机械伤害	1	6	7	42	4	接触或接近旋转部件，严禁戴手套
100			未卸压操作更换液压设备	人身伤害	1	6	7	42	4	在更换有压力的装置时，要注意保证设备内无压力，才能工作
101			不按规程操作液压站	人身伤害	1	6	7	42	4	注意调整压力，防止风机故障
102			更换液压仪表违章高压冲击	人身伤害	1	6	7	42	4	更换仪表前检查表内是否有压力
103	输电线路工程	基础施工	坑口边缘堆满材料、工具和泥土	坍塌	1	6	15	90	3	坑口边缘 0.8m 以内不得堆放材料、工具、泥土。并视土质特性，留有安全边坡
104			土质松软，流沙坑施工时无专人安全监护	坍塌	1	6	15	90	3	化冻后土质容易塌方，流沙坑也容易塌方。以上这两种情况施工时，应派专人安全监护，随时检查
105			基坑开挖、支模找正，浇制时基面或坑口边有土块、浮石	高处坠落	1	6	15	90	3	基坑开挖、支模找正或混凝土浇制时，应将基面上浮石、松石或坑边浮石、土块及时清除干净，避免施工时掉下砸伤坑内施工人员
106			搭设架有探头板或跳板有缺陷（强度不够，裂纹，腐蚀等）	高处坠落	1	6	15	90	3	跳板材质和搭设符合要求，跳板捆绑牢固，支撑牢固可靠，有上料通道
107			土石方坍塌	人身伤害	1	6	7	63	4	基坑开挖按规范要求放坡，弃土堆放符合规定
108		杆塔组立	杆塔倒塌	人身伤害	1	6	7	42	4	严格按技术要求组装并吊装杆塔，及时紧固螺栓，严把材料质量关
109			钢塔施工高处坠物	物体打击	1	6	15	90	3	上下传递物件要捆绑牢固，螺栓、工具等应用工具袋，作业现场戴安全帽
110			上塔作业不系安全带、不戴安全帽	高处坠落	1	6	7	42	4	上塔作业做好个人防护

续表

序号	作业活动/场所		危险和有害因素	可能导致的事故	危险性评价（LEC法）					控 制 措 施
					L	E	C	D	风险等级	
111	输电线路工程	杆塔组立	地锚埋深不够或夯得不实，不设马道	物体打击	1	6	7	42	4	地锚埋设前，派专人测尺检查，深度足够，挖好马道，回填夯实
112	输电线路工程	杆塔组立	工器具以小代大或使用有缺陷的工器具	物体打击 高处坠落	1	6	7	42	4	严格按作业指导书要求配制，对主要施工工器具应符合技术检验标准，并附有许用荷载标志，使用前必须进行外观检查，不合格者严禁使用，并不得以小代大
113	输电线路工程	杆塔组立	在起吊物垂直下方停留或通过	起重伤害	1	6	7	42	4	加强现场监督，起吊物垂直下方严禁逗留和通行
114	输电线路工程	杆塔组立	因地形所限，起吊、组装同时进行，以致组装人员暴露在起吊物下方	起重伤害	1	6	7	42	4	合理安排工作程序，尽量避免上下交叉作业。努力做到起吊、组装依次进行，吊物正下方无人作业
115	输电线路工程	杆塔组立	组立或整修杆塔时，随意拆除受力构件	起重伤害	1	6	7	42	4	拆除受力构件必须事先采取补强措施，严格监护，必要时应编制相应的作业指导书
116	输电线路工程	杆塔组立	分解组立铁塔超重吊装	起重伤害 高处坠落	1	6	7	42	4	施工前仔细核对施工图纸的吊段参数（塔形、段别组合、段重），严格控制单吊重量
117	输电线路工程	杆塔组立	吊段上斜材未固定好（活铁）	起重伤害	1	6	7	42	4	起吊前，将所有可能影响就位安装的“活铁”固定好
118	输电线路工程	杆塔组立	各种起重工器具有缺陷	高处坠落	1	6	7	42	4	定期进行检测、试验和检查，确保现场所有工器具合格有效
119	输电线路工程	杆塔组立	抱杆外拉线线间或对地角度过大	物体打击	1	6	7	42	4	组塔前，应根据作业指导书的要求分拉线坑，各拉线间以拉线及对地角度要符合措施要求，技术员或安全员负责检查
120	输电线路工程	杆塔组立	钢丝绳端部用绳卡连接错误	起重伤害	1	6	7	42	4	钢丝绳端部用绳卡固定连接时，绳卡压板应在钢丝绳主要受力的一边，且绳卡不得正反交叉设置；绳卡间距不应小于钢丝绳直径的6倍；绳卡数量应符合规定
121	输电线路工程	杆塔组立	整立杆塔用人字抱杆，一侧抱杆脚下陷	起重伤害	1	6	7	42	4	人字抱杆根部应水平，采取防滑、防陷安全措施

续表

序号	作业活动/场所		危险和有害因素	可能导致的事故	危险性评价（LEC法）					控制措施
					L	E	C	D	风险等级	
122	输电线路工程	杆塔组立	抱杆外拉线地钻群的双钩未收紧，地钻前未加挡木	起重伤害	1	6	7	42	4	组立铁塔现场应按照施工作业指导书的要求布置，连接地钻群的双钩规格应符合要求并收紧。地钻前应加设挡木
123			组立杆塔时，随意拆除临时拉线，或不按规定使用拉线	起重伤害	1	6	7	42	4	1. 永久拉线未全部安装完毕，不得拆除临时拉线； 2. 组立杆塔时，永久拉线未全部安装完毕，不得登塔拆除吊点； 3. 临时拉线单杆不得少于4根，双杆不得少于6根； 4. 调整杆塔倾斜或弯曲时，应根据需要增设临时拉线；杆塔上有人时，不得调整临时拉线
124			交叉作业	起重伤害	1	6	7	42	4	1. 应避免交叉作业，无法避免时，塔上塔下作业应统一指挥，相互协调； 2. 地面人员应避开塔上人员的垂直下方
125			人力搬运、组装塔材	起重伤害 高处坠落	1	6	7	42	4	1. 搬运塔材遇山路、弯道、雨雪天气等应采取相应的安全措施； 2. 人力抬运时，应绑扎牢靠，两人应同肩、同起、同落
126			在成堆的角钢中选材时，随意搬动，强行抽拉	物体打击	1	6	7	42	4	在成堆的角钢中选材时，应由上往下搬动，不得强行抽拉，分料时应按规格、型号分类放置
127			塔材组装时，用手指找孔	其他伤害	1	6	7	42	4	塔材组装连铁时，应用尖头扳手找孔，如孔距相差较大，应对照图纸核对件号，不得强行敲击螺栓。任何情况下禁止用手指找正
128		架线施工	架线前铁塔未安装接地	触电	1	6	7	42	4	架线前认真检查，按要求安装好铁塔接地
129			架线前未检查工器具	起重伤害 高处坠落 机械伤害等	1	6	7	42	4	1. 架线前应认真检查工器具，仓库要有工具出库检查试验记录并签字，防止不合格工器具流入作业现场； 2. 现场施工人员使用工器具时要再次认真检查确认，不合格者严禁使用

续表

序号	作业活动/场所		危险和有害因素	可能导致的事故	危险性评价（LEC法）					控制措施
					L	E	C	D	风险等级	
130	输电线路工程	架线施工	通信设备障碍	起重伤害 高处坠落 机械伤害等	1	6	7	42	4	放线前的通信工具要认真检查，保证电池充足电，并配备必要的备用电源。施工中要保持通信畅通，旗号要明确，如有一处不通，停止放线。严禁用通信设备进行说笑、闲谈
131			挂瓷瓶时施工人员在垂直下方作业	起重伤害	1	6	7	42	4	安全监护人随时提醒作业人员不得在吊物下方停留或通过，防止物体打击
132			展放导引绳、牵引绳越过跨越架时未设专人看护	起重伤害 触电等	1	6	7	42	4	展放导引绳、牵引绳越过跨越架时应派专人监护，防止卡住拉倒跨越架引发事故
133			放导引绳时将导引绳临时锚在跨越架上	物体打击	1	6	7	42	4	严禁在跨越架上临时锚固导引绳，地线等
134			抗弯连接器规格不符合要求	起重伤害	1	6	7	42	4	1. 导引绳的抗弯连接器的规格要符合技术要求； 2. 使用前进行检查、试验
135			压钳、压模处置不当	机械伤害	1	6	7	42	4	1. 压接机应有固定设施，操作时放置平稳，两侧扶线人员应对准位置，手指不得伸入压模内； 2. 切割导线时线头应扎牢，并防止线头回弹伤人
136			压钳体裂开	机械伤害	1	6	7	42	4	使用前检查压钳体与顶盖的接触口，钳体有裂纹的严禁使用
137			压接机顶盖未盖好	机械伤害	1	6	7	42	4	压接前必须使顶盖与钳体完全吻合，严禁在未旋转到位的状态下压接
138			附件安装时有感应电	触电 高处坠落	1	6	7	42	4	在挂耐张串之前将耐张瓷瓶用金属线短接，在附件安装作业前挂好保安接地线
139			附件安装提升导地线时，发生横担变形或落线	物体打击 其他伤害	1	6	7	42	4	导地线的提升点应挂在施工孔处，提升位置无施工孔时，其位置必须经验算确定，并衬垫软物。防止过牵引
140			上下瓷瓶串未正确使用安全措施	高处坠落	1	6	7	42	4	上下瓷瓶串，必须使用下线爬梯和速差自控器
141			弛度调整用链条葫芦手拉链或扳手未采取保险措施	起重伤害	1	6	7	42	4	弛度调整时或其他工作使用链条葫芦时，应将手拉链或扳手绑扎在起重链上，并采取保险措施

续表

序号	作业活动/场所		危险和有害因素	可能导致的事故	危险性评价（LEC法）					控制措施
					L	E	C	D	风险等级	
142	输电线路工程	架线施工	安装间隔棒等作业同时在同一相导线上作业	高处坠落其他伤害	1	6	7	42	4	避免同时同相作业
143			跨越高压电力线时，附件安装不使用二道防护	触电	1	6	7	42	4	跨越带电线路时两侧杆塔的绝缘子串，在附件安装前安装好二道防护，以免发生落线
144			在带电线路上方的导线上安装或测量间隔棒距离时，使用带有金属丝的绳索	触电	1	6	7	42	4	在带电线路上方的导线上安装或测量间隔棒距离时，上下传递物件或测量时必须用绝缘绳索，严禁使用带有金属丝的测绳或绳索
145			带电运行线路长距离平行（平行距离在100m以内），在附件安装前，未增设临时接地线	触电	1	6	7	42	4	带电运行线路长距离平行时，在新建线路上将产生高达上千伏的感应电压，为了防止感应电伤人，首先必须在附件安装作业区间两端装设保安接地线外，还应在作业点两侧增设接地线
146			导地线附件安装完成后，人员未撤离导地线前即拆除临时接地线	触电	6	6	7	252	2	导地线附件安装完成后，作业人员未从导地线上全部撤离前，严禁拆除临时接地线。附件（包括跳线）待全部安装完毕后，也应保留部分接地线并做好记录，竣工验收后方可拆除
147	施工交通运输	进入施工现场	施工作业现场车辆盲目进场	车辆伤害	1	6	7	42	4	参加施工作业项目时，车辆进场前，应派专人会同驾驶人员对运输线路进行查勘，必要时对道路、桥梁进行加固修补，危险地段派专人指挥
148			施工现场车速过快	车辆伤害	1	6	7	42	4	车辆进入施工现场，最高时速不得超过5km
149			不察看周围情况，匆忙工作	车辆伤害	1	6	7	42	4	1. 吊车、工程车进入施工现场前，驾驶人员应了解和熟悉施工现场带电区域及与带电设备应保持的安全距离； 2. 吊车在架空电力线路下通过时，应保证吊臂与带电线路的安全距离
150			停车位置不当	车辆伤害	1	6	7	42	4	各类车辆进入施工地段，需停放在安全位置
151			未设置警示标志	车辆伤害	1	6	15	90	3	在道路和公共场所施工作业时，停放的车辆应设置警示标志

续表

序号	作业活动/场所		危险和有害因素	可能导致的事故	危险性评价（LEC法）					控制措施
					L	E	C	D	风险等级	
152	施工交通运输	进入施工现场	路基松软、路面宽度不够、转弯半径小	车辆伤害	1	6	7	42	4	根据场内道路设计标准施工，严把验收关，车辆通行前先对行走路线进行踏勘
153			山区道路坡度过大，大件运输车辆通行困难	车辆伤害	1	6	7	42	4	在条件允许时，放缓坡度，在条件不允许时，前后用推土机牵引和顶推，对设备进一步捆绑牢固
154			车辆大件设备捆绑不牢	物体打击	1	6	7	42	4	按厂家要求捆绑牢固，经常检查捆绑情况
155			车辆方向、制动、灯光、前轮胎存在安全隐患	交通事故	1	6	7	42	4	做好车辆日常保养，落实车辆管理“三项制度”
156			司机无证、酒后及违规驾驶	交通事故	1	6	7	42	4	加强对驾驶员的安全教育，严禁酒后驾车
157			驾驶员不服从安全管理、指挥	交通事故	1	6	7	42	4	加强对驾驶员的安全教育，对不服从管理的驾驶员予以辞退或不准在场区内驾驶车辆
158			车辆超载、超速行驶	交通事故	1	6	15	90	3	加强对驾驶员的安全教育，严禁车辆超载、超速行驶
159			人、货混装	交通事故	1	6	7	42	4	加强对驾驶员的安全教育，严禁人、货混装
160		特殊天气行车	冰、雨、雪天气影响车辆通行	交通事故	1	6	7	42	4	尽量停止出车，必要时加防滑链，控制车速，集中注意力
161			雾天不开灯光	车辆伤害	1	6	15	90	3	1. 每天出车前均应检查各种灯光是否齐全有效； 2. 雾天应开启防雾灯、近光灯、前后位灯，危险报警闪光灯
162			能见度低	车辆伤害	1	6	15	90	3	1. 能见度小于100m时，车距应在50m以上，时速不得超过40km，同时开启各种防雾灯光。 2. 能见度小于50m时，无紧急抢修任务应停车待命；必须出车时，时速在30km以下，开启各种应急灯光，必要时前方派人引导。行驶中遇有团雾时，应提前减速慢行，注意观察，禁止盲目驶人
163			打方向过急	车辆伤害	1	6	15	90	3	行驶中需变道、转弯、掉头时应缓慢使用方向，禁止急打方向盘
164			侧滑时打错方向	车辆伤害	1	6	15	90	3	当车辆发生侧滑时，方向应与车后身侧滑同方向微微修正，反之车辆将加剧侧滑
165			未装防滑装置	车辆伤害	1	6	15	90	3	冬季雨、雪后地冰冻路面行车，应加装防滑装置

附件4 风电场办公、生活区危险源辨识、评价、控制措施清单

序号	作业活动/场所	危险和有害因素	可能导致的事故	危险性评价（LEC法）					控制措施
				L	E	C	D	风险等级	
1	办公室、宿舍	电源插座不合格	触电	1	6	3	18	低	建立员工活动室；配置灭火器材；进行消防检查；进行安全宣传教育
2		打印纸锋利	人身伤害	1	6	3	18	低	
3		长期接受电脑辐射	健康受损	1	6	3	18	低	
4		长期使用电脑活动过少	肩周炎颈椎病	3	6	3	54	4	
5		长期使用打印/复印机	辐射	1	6	3	18	低	
6		电源短路及吸烟	火灾	1	6	7	42	4	
7		饮用水遭到污染不卫生	健康受损	3	6	3	54	4	
8		上下楼梯造成伤害	人身伤害	3	3	3	27	低	
9		大功率设备未做到一机一闸、违章用电	触电	1	6	7	42	4	
10	因公外出	遇到安全事故发生意外	车辆伤害、人身伤害	1	6	7	42	4	开展交通安全教育培训
11	车辆使用	违章驾驶（疲劳驾驶、酒后驾车、无证驾驶）	车辆伤害	3	6	7	126	3	开展驾驶员教育培训
12		路面环境或车况不清楚，超速行驶	车辆伤害	7	6	7	294	2	
13		失修失养发生自燃	火灾	3	6	3	54	4	
14		未按照规定年检或未按照规定保养	车辆伤害	3	6	7	126	3	
15	食堂	使用大功率设备未做到一机一闸、违章操作	触电	3	6	3	54	4	定期检查
16		燃气泄漏、未按规定与明火隔离	火灾	3	6	15	270	2	
17		未按要求加工食品或食品腐败	食物中毒	3	6	3	54	4	
18		人员未经体检上岗、加工不洁食品	发生传染病	3	6	3	54	4	

填表人：　　　　审核人：　　　　批准人：　　　　日期：　年　月　日

编委会办公室

主　任　胡昌支　陈东明

副主任　王春学　李　莉

成　员　殷海军　丁　琪　高丽霄　王　梅

邹　昱　张秀娟　汤何美子　王　惠

本书编辑出版人员名单

封面设计　芦　博　李　菲

版式设计　吴翠翠

责任排版　吴建军　郭会东　孙　静　丁英玲　聂彦环

责任校对　张　莉　梁晓静　张伟娜　黄　梅　曹　敏

吴翠翠　杨文佳

责任印制　刘志明　崔志强　帅　丹　孙长福　王　凌